●サンプルデータについて

本書で紹介したデータは、サンプルとして秀和システムのホームページからダウンロードできます。詳しいダウンロードの方法については、次のページをご参照ください。

4.1.1 「鬼コーチオブジェクト」登場！（クラスの作成）

「ここがポイント！」で長々とお話ししてしまいましたが、まずはオリジナルのオブジェクトを作って、プログラムを個性的なものにしたいと思います。オブジェクトを作るには、まずその定義が必要で、これがすなわち**クラス**です。すでにお話ししたように、オブジェクトはクラスから作られます。作成できるオブジェクトの数に制限はありません。これらのことから、「クラスはオブジェクトの設計図」「クラスはオブジェクトの工場」、さらには「クラスはオブジェクトを実体化し振る舞いを定義するもの」といった説明が巷のオブジェクト指向の解説本やWebサイトにあふれています。

クラスは、次のように**class**キーワードを使って定義します。

MyCoach クラス (coach.ipynb)

サンプル 1

```
class MyCoach:
    """鬼コーチクラス

    def __init__(self, max):
        """初期化メソッド         「int」の前後の「__」はアン
                                  ダースコア2つ（ダブルアン
        Args:                     ダースコア）
            max (int): 繰り返しの回数
        """
        self.max = max   # インスタンス変数self.maxをmaxパラメーターで初期化
        self.count = 0   # インスタンス変数self.countを0で初期化

    def teach(self):
        """熱血指導メソッド
        """
        if self.count < self.max:
            # self.countが self.max未満のときの処理
            print('もっと強く！')
        else:
            # self.countが self.maxに達したら以下を実行
            print('よーしオッケーだ！')
        # カウンターを1増やす
        self.count += 1
```

▼クラスの定義

書式
```
class クラス名:
    メソッドの定義...
```

Attention

ソースコード内で使用しているトリプルクォート「"""」「'''」は、複数行をまとめてコメント化するためのものです。トリプルクォートとトリプルクォートの間の行は、すべてコメントとして扱われます。

201

4

オブジェクト、そしてAIチャットボットへ向けての第一歩

●中見出し
紹介する機能や内容を表します。

●本文の太字
重要語句は太字で表しています。用語索引 (➡ P.709) とも連動しています。

●具体的な操作
どこをどう操作すればよいか、具体的な操作と、その手順を表しています。

●手順解説 (Process)
操作の手順について、順を追って解説しています。

●ソースコード
「Visual Studio Code」などでの表示を再現し、可読性を高めています。

●理解が深まる囲み解説
下のアイコンのついた囲み解説には関連する操作や注意事項、ヒント、応用例など、ほかに類のない豊富な内容を網羅しています。

Onepoint
正しく操作するためのポイントを解説しています。

Attention
操作上の注意や、犯しやすいミスを解説しています。

Tips
関連操作やプラスアルファの上級テクニックを解説しています。

Hint
機能の応用や、実用に役立つヒントを紹介しています。

Memo
内容の補足や、別の使い方などを紹介しています。

見やすい手順とわかりやすい解説で理解度抜群！

◢ サンプルデータについて

　本書で紹介したデータは、㈱秀和システムのホームページからダウンロードできます。本書を読み進めるときや説明に従って操作するときは、サンプルデータをダウンロードして利用されることをおすすめします。

　ダウンロードは以下のサイトから行ってください。

・㈱秀和システムのホームページ

> https://www.shuwasystem.co.jp/

・サンプルファイルのダウンロードページ

> https://www.shuwasystem.co.jp/books/pythonpermas4thed/

　サンプルデータは、「chap02.zip」「chap03.zip」など章ごとに分けてありますので、それぞれをダウンロードして、解凍してお使いください。

　ファイルを解凍すると、フォルダーが開きます。そのフォルダーの中には、サンプルファイルが節ごとに格納されていますので、目的のサンプルファイルをご利用ください。

　なお、解凍したファイルは、操作を始める前にバックアップを作成してから利用されることをおすすめします。

▼サンプルデータのフォルダー構造

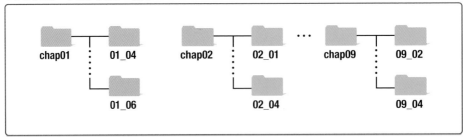

Perfect Master 192

主要機能徹底解説

Python

パイソン

プログラミング

最新Visual
Studio
Code対応

パーフェクトマスター

第4版

🌐 ダウンロードサービス付

金城 俊哉 著

秀和システム

Pythonはじめます！

　従来のAIの常識をくつがえすChatGPTの登場は、世の中に衝撃を与え、賞賛をもって迎えられました。どんな質問にも的確な答えを返し、さらには生活や仕事の上での相談事に対しても有益な解決策を提案するなど、これまで人間がしていたレベルに匹敵するか、場合によってはそれ以上の賢い応答ができるようになったため、利用する際のルール作りが検討されたりもしています。

　AI開発の分野で定番のプログラミング言語が、本書で紹介するPython（パイソン）です。Pythonは、文法がシンプルで、誰が書いても読みやすいコードになるため、プログラミングの初学者にとっても学びやすい言語ですが、同時に高い実用性も備えています。そのため、AIに関連するディープラーニングやデータ分析の分野だけでなく、Webアプリの開発をはじめとする大規模システムの開発などでも広く利用されています。

　本書では、AIプログラミングと聞くと思わず身構えてしまう人も、積極的に学びたいと考えている人も、Pythonの文法や使い方から、ChatGPTやBardの「大規模言語モデル」「生成AI」の基礎となる考え方までを、無理なく学べるように解説しています。

　本書の前半では、Pythonの初心者あるいはプログラミング自体が初めてという方のために、開発環境の使い方に始まり、Pythonの基礎から段階的に解説を進めます。続く中盤からは実用編として、GUI画面を備えたチャットボットの開発、Webスクレイピング、ディープラーニングへと進みます。チャットボットの開発関連では、自然言語処理やテキストマイニング、文章生成について紹介しています。

　皆さんの中には、最終章のディープラーニングまで読み通せるかどうか不安に思う方もおられるかもしれませんが、先述のとおりPythonの基本から順序立てて丁寧に解説しているので、途中でつまずくことなく読み通していただけると思います。

　今回の改訂にあたり、開発環境として多言語対応の「Visual Studio Code」を新たに採用しました。世界中のプログラマーにいま最も人気があり、開発現場でも普及が進んでいるからです。

　本書は、Pythonというプログラミング言語の解説にとどまらず、実践編としてAI関連のプログラミングについてきちんと解説したものです。Pythonをこれから学ぼうとしている方はもちろん、将来、AIプログラマーを目指す方にとっても、本書がお役に立てることを願っております。

2023年10月　　　　　　　　　　　　　　　　　　　　　　　　　　　　　　　　金城俊哉

Contents
目次

Chapter 3　条件分岐と繰り返し、関数を使う　133

Chapter 5　ピティナのGUI化と[人工感情]の移植　249

5.1　GUI版ピティナ　250

Chapter 6　「記憶」のメカニズムを実装する（機械学習）　395

Chapter 7　マルコフ連鎖で文章を生成する　501

Chapter 8　インターネットアクセス　　　　　　　　　　579

Chapter 9　ピティナ、ディープラーニングに挑戦！　623

9.1　ディープラーニングといえばPythonなのです　624

9.2　認識率98%の高精度のニューラルネットワークを作る　630

9.3　ディープラーニング版ピティナ　660

Perfect Master Series
Python AI Programming

Chapter 0

いま、なぜPythonなのか

　この章では、「Pythonとは何か?」というところから解説していきます。プログラミング言語にはいろいろな種類があり、それぞれの言語には違った特徴があります。

　「いま、なぜPythonを使うのか」、「Pythonを使うと何ができるのか」を見ていくことで、Pythonを学ぶメリットとその魅力が明らかになります。

　また、「この本にどんなことが書いてあるか」もまとめてあるので、本書を読み進める上での参考にしてください。

そもそもPythonって
何のためのものなの？

tion

Level ★★★

この本は、プログラミングがまったく初めての人、あるいは、プログラミ
ングは得意だけどPythonは初めてという人を対象に、Pythonを
使ってプログラミングについて学んでもらうための本です。
　皆さんがPythonを始めたいと思ったきっかけは何だったのでしょうか。そもそも「Pythonっ
て何のためのもの？」――というところから、まずは見ていくことにしましょう。

0.1.1　まずは「Pythonって何？」

　Pythonは、オランダ人のグイド・ヴァンロッサム氏が開発し、1991年に登場したプログラミン
グ言語です。名前は、イギリスのテレビ局BBCが製作したコメディ番組『空飛ぶモンティ・パイソン』
に由来します。Pythonという単語は、爬虫類のニシキヘビを意味することから、ヘビのデザインを
用いたロゴがPython言語のマスコットやアイコンとして使われています。

　Pythonのソースコードの書き方は、オブジェクト指向、命令型、手続き型、関数型などの形式に対
応していますので、状況に応じて使い分けることができます。オブジェクト指向を使えばより高度な
プログラミングを行えますが、命令型、手続き型、関数型は名前こそ異なりますが、プログラムを書く
ための基本なので、まずはこれらの書き方を学んでからオブジェクト指向に進むのが一般的です。

　Pythonの用途は広く、PC上で動作するデスクトップ型アプリケーションから、Webアプリ、ビデ
オゲーム、画像処理をはじめとする各種処理の自動化、さらにはAIの開発や機械学習（ディープラー
ニング）用ツールの開発まで幅広く利用されています。

0.1.2 Pythonって他のプログラミング言語と何が違うの？

コンピューターが理解できる0と1で構成された命令文を、人間が理解しやすい言葉で書くためのものが**プログラミング言語**です。世の中には実に様々な言語が存在します。

●Java

Web系や組み込み系など幅広い分野で利用されているので、Javaを知っていれば様々な分野で活躍できます。特にWebシステムやオンラインゲームの世界では、高負荷に耐えられる堅牢なシステムが構築できることから、アクセスが集中するシステムの開発には、Javaがよく使われています。以前、アメリカ大統領選挙を控えてTwitter（現在のX）のアクセス集中が懸念される中、開発言語をRubyからJavaに切り替えてこれを乗り切った、というのは有名な話です。ただ、言語的にRubyがJavaよりも劣っていたというわけではなく、「Javaは負荷に強い分散型のシステムを構築できる」という拡張性の部分によるものです。一方、Androidアプリの開発言語でもあることから、圧倒的なシェアを持つ言語です。

●C#

Microsoft社が、JavaをベースにC／C++言語の拡張版として開発したコンパイラー型言語です。実行速度が速く、かつ安定性が高いのが特徴で、ゲームプログラミングの分野では必須の言語といわれています。MicrosoftのポータルサイトのBingがC#で作られています。

●PHP

正式名称は「PHP: Hypertext Preprocessor」。Webアプリの開発を目的とした言語です。多くのサイトで、PHPで開発されたWebアプリが使われています。YahooのWebサービスでは、PHPが使用されています。また、Facebookでは、PHPを進化させた自社開発のHackというプログラミング言語が使われています。

●Ruby

小規模なWebサービスから大規模なものまで開発できる言語です。Twitterでは初期の開発段階からRubyが用いられ、リツイートなどの機能を追加した現在のかたちになるまでRubyが大いに貢献しました。プログラミングの考え方については、後発のPythonと非常に近いものがあります。

●Perl

初学者が学びやすく、かつテキスト処理に強い言語であることから、以前は、Web上のほとんどの掲示板サイトやブログサイトでPerlが使われていました。歴史ある言語として現在でも需要は高く、「mixi」や「はてなブックマーク」の開発言語としても知られています。

●JavaScript

JavaやPHPのWebアプリが「サーバー上で動く」のに対し、「クライアントのブラウザー上で動く」アプリを開発するための言語です。フロントエンドのWebアプリの開発の定番となっている言語です。

● Visual Basic／Visual C#

Microsoft社の開発ツール「Visual Studio」に搭載されている開発言語です。デスクトップアプリの開発からWebアプリの開発まで、幅広く使われています。

● C/C++

WindowsやLinuxなどのOSは、C言語で開発されています。PythonやRubyなどのプログラミング言語も、実際にアプリを動作させる基盤の部分はC言語で書かれています。いわゆるソフトウェアの根幹となる部分を支えているのが、Cやそれを拡張したC++言語です。

Pythonは、書いたらすぐに実行できる「インタープリター型言語」

まだほかにもいろいろな言語がありますが、主だった言語をピックアップしてみました。この中で、Pythonに似ている言語として、PHP、Ruby、Perlがあります。Pythonを含むこれらの言語は、**インタープリター型**と呼ばれるものです。これらの言語では、**インタープリター**というソフトが、ソースコードをその場で（実行時に）機械語に翻訳してくれるので、プログラムを書いたらすぐに実行することができます。対して、**コンパイラー型**と呼ばれるJavaやCなどの言語では、プログラムを実行する前に**コンパイル**という処理を行って、ソースコードを事前に機械語、あるいは機械語に近いかたちに翻訳しておく作業が必要になります。

このような「ひと手間」が要らないぶん、手軽に開発できるのがインタープリター型言語の特徴です。翻訳しながらプログラムを実行するので、コンパイラー型言語に比べて「実行速度が遅い」ともいわれていましたが、実行環境の改良により、現在ではコンパイラー型に見劣りすることなく、高速で動作するようになっています。いずれにしても、書いたらすぐに実行できるという手軽さがインタープリター型言語の強みです。

M<small>emo</small> | プログラミング言語

プログラミング言語には、OSの開発に使われるCやC++をはじめ、JavaやC#、Visual Basic、さらにはWeb開発に特化したJavaScriptやPHP、Rubyなどたくさんの種類があります。いずれも有名な言語ですので、名前を聞いたことがあるものもいくつかあるのではないでしょうか。

このようにいくつもの言語が使われているのは、それぞれに違った特徴があるためです。文法やソースコードの書き方はもちろん、デスクトップアプリを開発するのか、Webアプリを開発するのかによって、チョイスする言語がある程度、決まります。

そんな中にあってPythonは、デスクトップアプリやWebアプリ、さらにはデータベースとの連携、ディープラーニングまで、様々な分野で開発が行えるオールマイティな言語です。

Java、PHP、Rubyがあるのに、なぜPythonなの？

表題の3つの言語は、Webアプリの開発現場で多く使われています。Javaはコンパイラー型言語なので、PHPやRuby、Pythonのようなインタープリター型言語とはやや異なりますが、「PYPL」が発表した2023年のプログラミング言語の人気ランキングではPythonが1位、Javaが2位となっています。同じく2023年の「TIOBEインデックス」の人気ランキングではPythonが1位、Javaが4位です。実際の事例を見ても、オンラインストレージ（インターネット上でファイルを共有するサービス）の「Dropbox」や画像共有アプリ「Instagram（インスタグラム）」、写真共有サイト「Pinterest（ピンタレスト）」がPythonで開発されているほか、Google社の3大言語として、C++、Javaと並んでPythonが採用されています。

0.2.1 日本語対応もしっかり！

　このようにPythonの人気が高い理由としては、「ソースコードの構文がシンプルなので覚えやすい」、「ソースコードが読みやすくてメンテナンスしやすい」といったことが挙げられます。Python3にバージョンアップされてからは、日本語への対応も完璧です。第3次AIブームといわれる現在、AI開発の現場はPythonの独壇場と言ってもよいのではないでしょうか。それは別としても、「覚えておきたい言語」ナンバーワンであることは確かだと思います。

▼Instagramのサイト (https://www.instagram.com/)

おなじみの「インスタ」はPythonで開発されています

▼Pinterestのサイト (https://www.pinterest.jp/)

写真共有アプリPinterest（ピンタレスト）の開発言語もPythonです

どうしてPythonはプログラミングの学習に向いてるの?

前 節で見たように、Pythonのほかにも様々なプログラミング言語がありますが、「プログラミングを学ぶならPythonがいい」と言われるのはなぜでしょうか。もちろん、「プログラミングをしっかり学ぶにはJavaを学習すべきだ」「プログラミングを学習するならC言語は外せません」「手軽に学習できるJavaScriptでしょ」など、プログラミングの学習に最適だと言われる言語はいろいろあります。なので、「プログラミングを学ぶなら絶対Pythonだ!」と決め付けるのではなく、どうしてPythonがプログラミング初学者に向いた言語だと言われるのか、その理由について見ていきたいと思います。

0.3.1 Pythonが褒められる2つの理由

「Pythonは学習に最適だ」とばかり言っていると、「初心者用の言語なんでしょ?」ということになり、なんだかPython自体が非力な言語のようにも思えてしまいます。ですが、前節でもお話ししたように、超有名なWebサービス（SNS）をはじめ、ネット上のメジャーなサービスでPythonが使われていますし、AIの分野でもPythonによる開発がもはや定番です。Pythonは、「エキスパートたちがわざわざ選ぶ」言語でもあるのです。その一方で、大規模な開発において使われるほどの言語でありながら、初心者にも学びやすいという側面も持ち合わせているのです。

●シンプルな言語体系

- ソースコードは、しっかりインデント（字下げ）する決まりがあるので、コード全体の構造がわかりやすい。
- 面倒な手続きが少ないので、他の言語と比較して記述するコードの量が少なく、すっきりしたコードになる。
- 記号を使う場面が少ないので、記述が楽（コードを書いている間 Shift キーを押しっぱなし、ということがない）。

●低い学習コスト

- 文法が平易で、直感的に理解しやすい。
- 使用される用語に、言語仕様を駆使した難しい言い回しが少ないので、学習にあたって戸惑うことが少ない。

Pythonには面倒な手続きが少ない

　やっぱり、書くべきコードの量が少ない、というのは魅力的です。例えば、Pythonなら10行程度で済むところが、同じことをするプログラムをJavaで書くと、倍の20行になったりします。さらにC言語で同じことをやろうとすると40行を超える、なんてことにもなります。1つのことをやるために必要な手続きの数が、Python➡Java➡Cと増えるためです。特にC言語は、ハードウェアを直接扱える強力な言語ですが、低レベル、つまりハードウェアに寄り添ったことから書いてあげるので、そのぶんコードの量も多くなります。大雑把にいえば、C言語のコードはPythonの3倍以上の量になりがちです。

　概念的には、PythonならAというコードで実現できることを、「Aに行くためのB」、さらには「Bに行くためのC」のようにみっちりと、あるいはきっちりと書くのがC言語です。そうであるがゆえに、OSの開発言語といえばCなのです。

「プログラマーの頭」になるための近道

　一方、PythonはOSを開発するための言語ではなく、OS上で動作するアプリケーションを開発するための言語であって、その目的はまったく異なります。求められるのは、「スピーディに効率よく開発できる」ことです。そう言ってしまうと、「必要なことを端折っているのでは？」と言われそうですが、「本筋とは関係のない煩雑な手続きをなくす」ことで、Pythonのシンプルなコードが実現されています。「やりたいこと以外の面倒なことは書かなくて済む」ので、プログラムを組み立てやすくなります。複雑な処理を実現するには、そのぶん多くのコードを書くことになりますが、まずは「大きな処理を小さい単位に分解して、どんな順序で実行するのか」を考えることになります。これを「アルゴリズム」と呼んだりしますが、本来の処理を行うための前段階の「手続き」が多いと、余計な作法に振り回されてしまって、プログラム自体の本質が見えなくなることもしばしばあります。「え？　これって何のためのコードだっけ？」などと引っかかってばかりだと、なかなか先に進めませんよね。

　それなら、Pythonのようにシンプルな言語で「プログラミングの本質」に迫る方が効率的です。そのぶん早くプログラミングスキルが身に付くはずです。

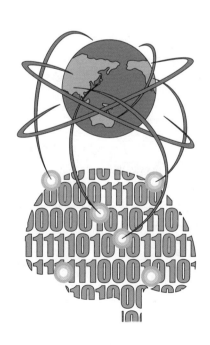

Pythonのコードが読みやすいって、どんなふうに？

Pythonの大きな特徴に、インデントの強制というものがあります。ここで取り上げるのは、C言語で書かれた階乗を求めるプログラムです。あくまで例ですので、「ソースコードが書かれている様子」のみに着目してください。

0.4.1　階乗を求めるプログラムで比べてみよう

　階乗というのは、ある数について、1からその数までのすべての整数を掛け算したものです。3の階乗は、1×2×3のように、3までの数を1つずつ増やしながら順番に掛けていきます。ここでは、ソースコードの書き方の例として使いました。

▼C言語で書いた、階乗を求めるプログラム

```c
#include <stdio.h>

int factorial(int x)
{
    if (x == 0) {
        return 1;
    } else {
        return x * factorial(x - 1);
    }
}
```

　カッコが多く入っていますが、インデントを入れて改行もしているので、何となくではありますが全体の構造がわかります。ところが、同じものを次のように書くこともできます。

▼インデントや改行を無視したC言語のプログラム

```c
#include <stdio.h>

int factorial(int x) {
 if(x == 0) {return 1;} else
 {return x * factorial(x - 1); } }
```

このように書いてもプログラムは動きます。「書く人によってどうとでもなる」ので、深いインデントを入れたり、あるいは改行を少なくして1行の文字数がやたら長くなったりと、その人の嗜好でいろんな見栄えのコードが出来上がってしまいます。もしも、このようなプログラムを別の人がメンテナンスすることになれば、中身を読むだけでも大変です。

一方、Pythonはといえば、ソースコードの構造に沿って改行とインデントを入れる決まりになっています。

▼Pythonで書いた、階乗を求めるプログラム

```
def factorial(x):
    if x == 0:
        return 1
    else:
        return x * factorial(x - 1)
```

もしも、ソースコードの構造を無視して、次のように書くと、とたんにエラーになります。

▼Pythonではこんなふうに書くとエラーになる

```
def factorial(x):
    if x == 0: return 1 else:
return x * factorial(x - 1)
```

変なカッコが入らないぶんスッキリしていますが、何より書き方自体がきっちり決められているので、同じ処理であれば、どんな人が書いてもほぼ同じコードになるのです。「こう書いた方がカッコいいから」のようなことはできません。

別の人が見ても読みやすいコードは、何より自分で書いていても読みやすいものです。ひいては、このことが「コードを書きやすい」ことになるのです。

▼Pythonのソースコードの書き方は統一されている

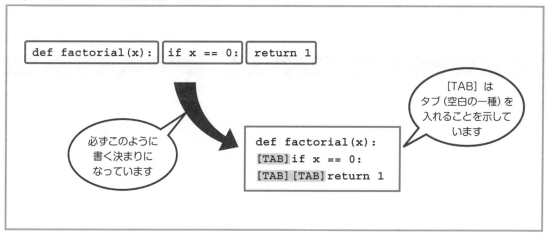

結局のところPythonで何が作れるの？

すでに紹介したように、オンラインストレージの「Dropbox」や画像共有アプリ「Instagram」、写真共有アプリ「Pinterest」の開発にPythonが使われています。ここでは、実際にPythonを使ってどんなソフトウェアが開発され、公開されているのか、ざっと見ていくことにしましょう。

0.5.1 具体的にソフトウェアとしてはどんなものが作られているの？

「Pythonを習得したらその先に何があるのか」を知っておくことは、重要です。それが学習のモチベーションを高めることにもつながります。そこで、現在公開されている、Pythonで開発されたソフトウェアを、ジャンル別にピックアップしてみました。「Pythonでこんなものが作れるんだ」というノリで見ていただき、Pythonを習得したあと、どのような分野のプログラミングに進むのか、そのイメージを思い描いてもらえればと思います。

統合開発環境

まずは、Pythonで開発するための**IDE（統合開発環境）**です。**開発ツール**とも呼ばれ、コード入力用のエディターはもちろん、コーディングの際の入力補助やコードの解析、文法エラーのハイライト表示をはじめ、プログラムに必要なファイルを管理するウィンドウなど、大規模開発も支援する機能が搭載されています。

▼Pythonで開発されているIDE（統合開発環境）

名称	説明
PyCharm	Python専用の統合開発環境です。業務で使用するのでなければ、無料のライセンスで利用できます。
Jupyter Notebook	PythonでAI開発や統計解析を行う際の定番ツールです。Pythonの学習用の開発ツールとしても広く使われています。「セル」と呼ばれる画面にコードを入力し、セル単位でコードを実行して結果を見られるのが他の開発ツールと大きく異なる点です。
Spyder	Python専用の統合開発環境です。本格的なアプリの開発に適したツールです。

●Visual Studio Code

Microsoft社が提供する多言語対応の開発ツールです。Python専用ではありませんが、後付けの拡張機能を導入することで、Pythonの開発に加えてJupyter Notebookによる開発が行えます。

▼PyCharmのダウンロードページ (https://www.jetbrains.com/ja-jp/pycharm/)

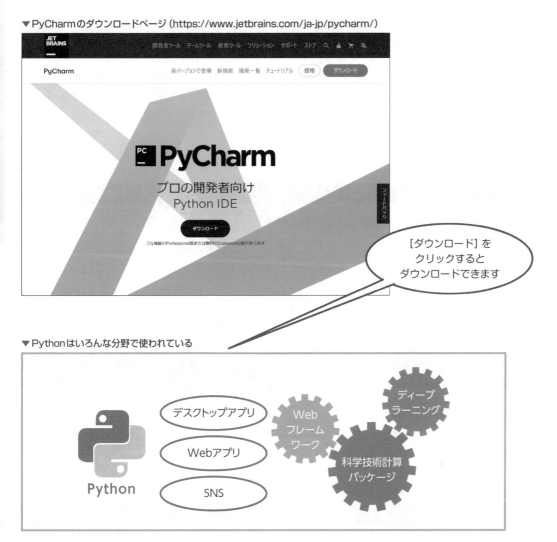

▼Pythonはいろんな分野で使われている

[ダウンロード] を
クリックすると
ダウンロードできます

Memo

　Pythonインタープリターの実体は「python.exe」という実行可能ファイルです。「Python」をインストールすることで入手できます。

Webフレームワーク

フレームワークとは、ある目的を実現するために用意されたプログラム部品を集めたものであり、1つのパッケージとして配布されています。PythonによるWebアプリ開発用のフレームワークとして、次表のものが公開されています。これらのフレームワークを使用すれば、より短時間でWebアプリの開発が行えます。

▼Pythonで開発したPythonのためのWebフレームワーク

フレームワーク名	内容
CherryPy（チェリーパイ）	Pythonで開発されたオブジェクト指向のWebアプリケーションフレームワーク。
Django（ジャンゴ）	Pythonで開発されたWebアプリケーションフレームワーク。MVCと呼ばれるWebフレームワークの考え方を取り入れたフルスタック（全部込み）のWebフレームワーク。
Flask（フラスク）	Python用の軽量なWebアプリケーションフレームワーク。柔軟性と迅速な開発を売りにしている。フルスタックのDjangoに比べて細かいレベルまでプログラミングすることが求められるが、そのぶん柔軟な開発が行えるために人気を集めている。

科学／数学用のライブラリ

科学計算や数学計算のためのPythonで開発したプログラムをライブラリ化したものが各種、公開されています。これらのライブラリを開発環境に組み込むことで、複雑な科学計算や数学計算が手軽に行えます。

▼Pythonで開発したPythonのための数学・科学計算用ライブラリ

名称	内容
SciPy（サイパイ）	数学、科学、工学のための数値解析ライブラリ。
scikit-learn（サイキット・ラーン）	オープンソースの機械学習ライブラリ。ディープラーニングにも対応していて、機械学習には必須のライブラリ。
Pandas（パンダス）	データ解析を支援する機能を提供するライブラリ。特に、数表および時系列データを操作するためのデータ構造と演算を提供する。
NumPy（ナンパイ）	数値計算を効率的に行うための拡張モジュール。Pythonでベクトルや行列の計算を行うのであれば、インストールは必須。
SymPy（シムパイ）	代数計算（数式処理）を行うためのライブラリ。因数分解したり、方程式を解いたり、微分や積分の計算が行える。
Matplotlib（マットプロットリブ）	グラフ描画ライブラリ。

ディープラーニング用のライブラリ

近年の第3次AIブームを牽引しているといってもいいくらいに、AI開発の現場で活躍するライブラリたちです。数年前までは群雄割拠の様相を呈していましたが、現在はGoogle主導のTensorFlowと、Facebook（現在の運営会社名はMeta）主導のPyTorchに集約されています。

▼Pythonでディープラーニングするためのライブラリ

名称	内容
TensorFlow（テンソルフロー）	Googleが「Google Brain」というプロジェクトのもとで開発を行っているディープラーニング用のライブラリです。ディープラーニング用ライブラリの中では知名度／シェア共に、PyTorchと人気を二分しています。
Keras（ケラス）	TensorFlowは優れたライブラリなのですが、ディープラーニングに特化した独特の設計思想のために習得の難易度がやや高いです。そこで、TensorFlow独自のコードを使わずに、もっと簡単なコードでTensorFlowを使えるようにした**ラッパーライブラリ**がKerasです。ラッパーライブラリとは、あるライブラリの機能を拡充する、あるいはもっと簡単に使えるようにするためのライブラリのことです。核となるライブラリを「包み込む」存在であることから、このような呼び方がされています。当初は独立したライブラリとして配布されていましたが、その後TensorFlowに統合されたため、TensorFlowをインストールすればKerasを使うことができます。
Chainer（チェイナー）	日本のベンチャー企業「PFN」が開発した国産ディープラーニング用ライブラリです。国産ということもあって、日本人エンジニアにとても人気がありましたが、2019年に、Chainerの開発終了ならびに同社の研究開発基盤をChainerからPyTorchへ移行することが発表されました。なお、PyTorchは米FacebookがChainerを参考に開発を始めたフレームワークだといわれています。
PyTorch（パイトーチ）	Chainerからfork（あるソフトウェアパッケージのソースコードから分岐して別の独立したソフトウェアを開発すること）して開発されたといわれるライブラリ。Chainerと同様に、神経細胞を模したプログラム上のネットワークの構造を動的に変化させられる、強力なライブラリです。

実は「儲かる」Pythonプログラマー

少々古い情報になりますが、参考程度にお読みください。求人検索エンジン「スタンバイ」(https://jp.stanby.com/) の運営元（当時）の株式会社ビズリーチが発表した「プログラミング言語別 平均年収ランキング2018」では、スタンバイに掲載されているプログラミング言語別の求人情報から、給与金額の平均値がランキング形式で集計されています。

▼求人検索エンジン「スタンバイ」プログラミング言語別年収ランキング2018（提示年収の中央値ベスト10）

順位	言語	年収中央値（万円）	最大提示年収（万円）	求人数（件）
1	Go	600	1,600	2,202
2	Scala	600	1,300	1,489
3	Python	575.1	1,499	9,344
4	Kotlin	575	1,200	961
5	TypeScript	575	1,200	667
6	R	574.8	1,000	220
7	Ruby	550	1,200	11,676
8	Swift	550	1,200	3,353
9	Perl	525	1,200	4,509
10	C	525	1,000	9,347

https://www.bizreach.co.jp/pressroom/pressrelease/2018/0807.html

1位になったGoは、Google社によって開発されたプログラミング言語で、シンプルな構文とプログラム自体が軽量なことが特徴です。国内でもフリマアプリ「メルカリ」やニュースアプリ「Gunosy」でもサービス開発の一部でGoが活用されています。調査時の求人数こそ2,200件と少ないものの、ビズリーチは「今後もGoの人気が高まり、求人数も増える」と予想しています。当時は、求人に対する技術者の数が足りていないため、年収が高めに設定されています。

2位のScalaは、オブジェクト指向言語と関数型言語の特徴を併せ持った言語です。高い生産性と堅牢性が特長で、米Twitter（X）や米LinkedInなどが利用していることが知られています。国内のインターネット企業で「Scala」の採用企業が増えているのに対し、人材が少ないことから、年収が高めに設定されているようです。ただし、Javaと同じオブジェクト指向という点から、今後多くのJavaエンジニアがScalaに参入することが予想され、エンジニアの数もそれだけ多くなることが見込まれていました。

Pythonの9,344という求人件数は、Go、Scalaを大きく上回っています。対前年比で約1.7倍の増加（Goは1.9倍）ということですが、このことは、依然としてPython技術者の需要が増え続けていることを示しています。技術者の数に対して需要が増加すると報酬額も上昇します。AIブームも相まってPython技術者への需要、ひいては待遇（年収）も高止まりの傾向が続くことでしょう。

0.6 Pythonを学ぶとどんなメリットがある？

これまでにも「Pythonのイイところ」をいくつか紹介しましたが、具体的に何がよくて、それが今後どのように役立っていくのでしょうか。そのあたりのことを、現実的な視点に立って見ていくことにしましょう。

0.6.1 Pythonにはイイことがいっぱい

持ち上げすぎかもしれませんが、Pythonはいろんな可能性が詰まった魅力あふれる言語です。

プログラミングの本質をスイスイ理解できる

Pythonの構文がシンプルであることはすでにお話ししたとおりですが、いくらシンプルだからといっても、他のプログラミング言語を使ったことがないと実感できないものです。しかし、シンプルであるということは、「ソースコードを書きやすい」のはもちろん、「やりたいことだけを簡潔に書ける」というメリットがあります。

ある処理をするのに、「言語特有のしきたり」のような面倒な手続きがないので、プログラミングの本質がすんなりと理解できます。きっと、学習もスイスイ進むことでしょう。

最新のオブジェクト指向プログラミングが身に付く！

Pythonは関数型プログラミングにも対応してはいますが、根っからの**オブジェクト指向言語**です。「オブジェクト指向」とは、プログラミングの世界で主流となっているプログラミングテクニックです。多くの場合、言語特有の構文を学んだあとで次のステップとしてオブジェクト指向を学ぶのですが、Pythonは言語自体がオブジェクト指向を基盤にしています。初歩の段階から「オブジェクト」というものを意識しつつ学習することになりますので、「基礎はわかったけどオブジェクト指向も学ばなきゃ」という余計なプレッシャーに悩まされることがありません。ストレスなく最新のプログラミングテクニックが学べます。

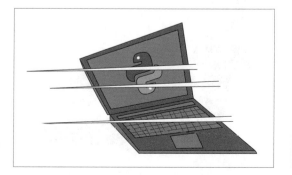

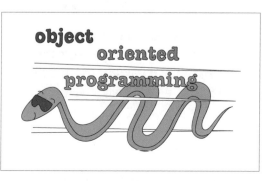

Pythonは対話的にプログラミングができるからいい！

Pythonには、「Jupyter Notebook」と呼ばれる開発ツールがあります。Jupyter Notebookの最大の特徴は、「セル」に入力したソースコードをブロック単位で実行できることです。1つのNotebookに任意の数だけセルを作成できるので、「必要なコードを書いては実行する」ことを繰り返し行えます。これはPythonを学習するときにとても便利なだけでなく、ディープラーニングのように試行錯誤が必要なプログラミングにおいて真価を発揮します。もちろん、一般的なソースコードエディターを利用したプログラミングも行えますので、用途に応じて使い分けることになります。

▼Jupyter Notebookの画面（Visual Studio Code上で実行）

ソースコードを入力してブロック単位で実行できます

スキルを磨いて、将来はPythonプログラマー！

Pythonは、Web系、ディープラーニング、データ解析など、多方面でメジャーな言語としての地位を確立しています。どの分野も目指せるよう、この機会にしっかりとしたスキルを身に付けましょう。

Pythonはいろいろ使えるしライブラリが豊富！

Pythonには、プログラムの機能をまとめた**標準ライブラリ**というものが付いています。基本的な処理なら標準ライブラリの機能で十分まかなえるのですが、Webアプリケーションの開発や科学技術に関わる専門的な計算処理といった分野では、「後付けの追加機能」が必要になります。これを**外部ライブラリ**と呼ぶのですが、Pythonには数多くのライブラリが公式サイトで公開されています。インストールももちろん簡単です。

特に、ディープラーニングやビッグデータなど、いま最も熱い分野のライブラリが他の言語よりもかなり充実しています。AIの開発でPythonが注目されていることには、こんな理由があったのです。

▼ライブラリを公開しているPyPIの公式サイト

9万以上のパッケージ（ライブラリ）が公開されています

Pythonプログラミングをゼロからスタート！

この本では、Pythonプログラミングの基礎的なことから書いています。まずは、この本にどんなことが書いてあるのか紹介しますので、この節を道しるべにして読み進めていただけたらと思います。

0.7.1 なるべく順番に読んでほしいけど、好きなところから始めてもかまいません！

　この本には、Pythonプログラミングのために必要なことが、ひととおり書かれています。でも、最初からひたすら順番に読まなくてはならない、ということはありません。

　目的別にどの章を読めばいいのかをまとめておきましたので、まずは以下を読んで、この本のどこに何が書いてあるかを確認していただければと思います。

まずは開発環境を揃えたい

➡ Chapter 1 へ GO！

　Pythonでプログラミングを行うには、プログラムを実行するためのPythonインタープリターが必要です。それから、ソースコードを入力したり編集したりするエディター、さらにはPythonの標準機能が収められた「標準ライブラリ」が必要です。これらのツールは、誰でも無料で入手できる「Python」にオールインワンで組み込まれていますので、これをダウンロードしてインストールすれば、すぐにPythonでプログラミングできるようになります。

　また、プログラミングツールとして大人気の「Visual Studio Code」のダウンロードとインストール、セットアップの方法も紹介します。

Pythonプログラミングのキホン中のキホンを知りたい！

➡ Chapter 2、3 へ GO！

　プログラミングの基本、データとその扱い方について紹介します。変数、データ型、演算子についてです。「Pythonではどんなデータを扱うの？」というなら、まずはChapter 2を読んでください。

　Chapter 3では、プログラムの構造（アルゴリズム）を作るための制御文、プログラミングの核となる関数について紹介していますので、この章を読んでもらえば基本的なプログラムが作れるようになります。

オブジェクト指向プログラミングを身に付けたい！

➡Chapter 4へGO！

　Pythonを使ったオブジェクト指向プログラミングについて紹介しています。Pythonは完全なオブジェクト指向型の言語です。高度な処理、とりわけAIプログラミングのような状況では、オブジェクト指向に基づいたプログラミングテクニックが必須です。

　この章では、テニスのシミュレーションや人工知能「ピティナ」の試作版の作成を通じて、オブジェクト指向プログラミングを楽しく学びます。

人工知能（AI）というものを作ってみたい！

➡Chapter 5、6、7へGO！

　Pythonの基本的なことはだいたいわかるからAIプログラミングというのをやってみたい、という人はここから読んでもいいでしょう。Chapter 5では、AIチャットボット・ピティナとの対話用の画面（GUI）を作成し、ピティナとの対話を始めます。怒ったり喜んだり、そんな感情も持つようになります。

　Chapter 6では、AIとしての学習機能を植え付けます。ユーザーの発言を学習し、それを自らの知識として蓄積し、会話のパターンをどんどん増やしていきます。Chapter 7では、それをさらに進化させ、学習したことをもとに自分の言葉に作り替えるところまでもっていきます。

Pythonでインターネットにアクセスしてみたい！

➡Chapter 8へGO！

　Pythonには、インターネットにアクセスして様々な情報を収集するための機能（ライブラリ）が用意されています。これを利用して、ネット上で公開されているWebサービスを利用してみます。天気予報を配信するWebサービス「OpenWeatherMap」から天気予報を取得したり、MediaWikiを使って「ウィキペディア」から情報を収集したりします。また、Beautiful Soup4というライブラリを使って「Yahoo!ニュース」のヘッドラインも収集してみます。

　最後にピティナをネットに接続し、天気予報を調べてくれる機能を移植します。

Pythonでディープラーニング！

➡Chapter 9へGO！

　ディープラーニングとは、ヒトの神経細胞を模した人工ネットワークをプログラミングし、「学習」を行わせることで、「その物体が何であるか」、あるいは「この質問にはどう答えるか」といった、「考える力」を与えることを意味します。プログラムが実際に考えるわけではありませんが、学習することを通してあたかもプログラム自身が考えているように、あるいはそれに非常に近い振る舞いをします。

　この本の締めくくりの章として、AIブームの一端を担う「ディープラーニング」について、実際にPythonでプログラミングしながら学んでいきます。

Perfect Master Series
Python AI Programming

Chapter 1

Pythonを使えるようにして
プログラミングを始めよう
（環境構築とソースコードの入力）

Pythonでプログラミングを行うには、ソースコードを書くためのエディターと、Pythonのプログラムを動かすための実行環境が必要です。

この章では、Python本体のインストールと、開発環境として「Visual Studio Code」のインストールを行います。Pythonのプログラミングについては、Pythonのモジュール（ソースファイル）でのプログラミング方法と、Jupyter Notebookでのプログラミング方法をそれぞれ紹介します。

Pythonをダウンロードしてインストールしよう

Python本体のダウンロードとインストールを行います。

Pythonが使えるようにする

Pythonは、「python.org」のサイトから入手できます。

▼「python.org」のサイト (https://www.python.org/)

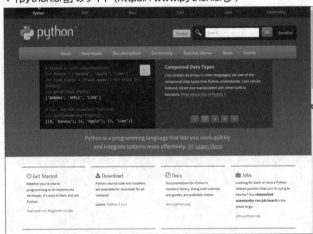

Pythonのバージョンを選択してダウンロードします

　Python本体には、Pythonプログラムを実行するためのインタープリターや簡易型の開発ツール「IDLE」をはじめとする、Pythonの実行環境一式が含まれます。上記サイトからインストールプログラム (インストーラー) をダウンロードして実行すれば、Pythonをインストールすることができます。

　本書では、Pythonの開発環境 (開発ツール) として「Visual Studio Code」を使用しますが、多言語に対応した開発ツールなので、Python本体を先にインストールしておくことが必要になります。

1.1.1 Pythonをダウンロードしよう

Pythonをpython.orgのサイトからダウンロードします。

▼Pythonのダウンロード

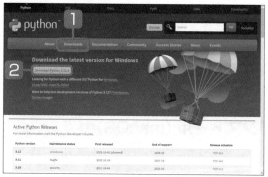

1 ブラウザーで「https://www.python.org/」にアクセスし、[Downloads] をクリックします。

2 [Download Python 3.11.x] のボタンをクリックします。ここでクリックするボタンは、現在ダウンロード可能なPythonの最新バージョンをインストールするためのものです。

1.1.2 Pythonをインストールする

引き続き、Pythonのインストールを進めることにしましょう。

▼インストールの開始

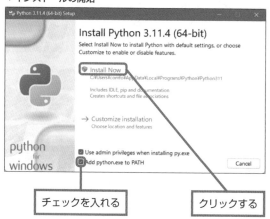

チェックを入れる

クリックする

1 ダウンロードしたインストーラー (「python-3.11.x-amd64.exe」のような名前になっています) をダブルクリックして起動します。

2 インストーラーが起動したら、[Add python.exe to PATH] にチェックを入れて [Install Now] をクリックします。

Onepoint

Add python.exe to PATHにチェックを入れておくと、Windowsの環境変数にPythonの実行ファイルへのパスが登録されます。パスを登録しておくと、コマンドプロンプトを使用してPythonを実行するような場合に、インストールフォルダーへの長いパスを入力する手間を省けるようになります。

▼インストールの完了

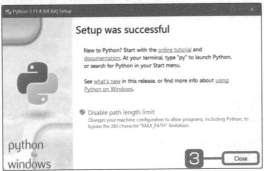

③ インストールが完了したら、[Close] ボタンをクリックしてインストーラーを終了します。

■ Pythonのダウンロードとインストール（macOS）

　macOS用のpkgファイルをダウンロードします。ダウンロードしたファイルをダブルクリックするとインストーラーが起動するので、画面の指示に従ってインストールを行ってください。

▼Pythonのインストール

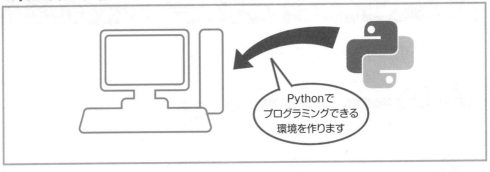

開発環境のVSCodeは、拡張機能を用いることでPython本体と連携したプログラミングを行います。

Hint 本書で使う標準ライブラリ以外のライブラリ

Pythonに最初から組み込まれている「標準ライブラリ」を使えば、プログラミングに必要なたいていのことはできます。ただし、デスクトップ用のアプリの画面を作ったり、プログラムからネットに接続して通信を行うといった特殊な用途では、専用のライブラリをプログラムに組み込んで使うことになります。この本では、中盤以降、次のライブラリを使ってプログラミングを行います。

・Janome
Janomeは、**形態素解析**という、「文章を語句レベル（形態素）に分解し、品詞情報を解析する」処理のためのライブラリです。会話を行うプログラムで、文章を語句レベルに分解し、それぞれの品詞情報を知るために使用します。

・Requests
Web上のサーバーにアクセスする機能を持つライブラリです。Webサーバーにアクセスして情報を収集するために利用します。

・BeautifulSoup4
「Webサービスを通じて公開されているデータを、プログラムで扱いやすい形式に変換する」機能を持つライブラリです。収集したデータから必要なものだけを取り出すために利用します。

・PyQt5（パイキュートファイヴ）
PyQt5は、GUIを開発するための高機能なライブラリです。本書の後半では、ドラッグ＆ドロップの操作でGUIを開発できる超便利なツール、Qt Designerによる開発を行います。

・TensorFlow（テンソルフロー）
ディープラーニング用のライブラリです。

・Keras（ケラス）
TensorFlowをシンプルなコードで利用するためのラッパーライブラリです。KerasはTensorFlowに同梱されているので、別途でインストールする必要はありません。

上記意外に、NumPy、Pandas、Matplotlibも使用します。

Memo Pythonのロゴ

Pythonという名前の由来は、イギリスのテレビ局BBCが製作したコメディ番組『空飛ぶモンティ・パイソン』である――と0章で説明しましたが、より正確には、Pythonの開発者であるグイド・ヴァンロッサム氏が同番組に出演していたイギリスのコメディグループ「モンティ・パイソン」のファンであったことが由来のようです。

そもそもPythonという英単語が意味するのは爬虫類の「ニシキヘビ」であることから、これを模したロゴマークがPython言語のマスコットやアイコンとして使われています。

ロゴマークは、Pythonのサイト（https://www.python.org/community/logos/）で配布されています。

> PNG形式やPhotoshopフォーマットのロゴマークをダウンロードすることができます

Pythonのロゴを配布しているページ ▶

1.2

Visual Studio Codeの
インストールと初期設定

Level ★ ★ ★   Keyword   Visual Studio Code

この本では、無償で利用できる多言語対応のソースコードエディター「Visual Studio Code」(本書では「VSCode」とも表記) を利用してプログラミングを行います。本節では、VSCodeのダウンロードとインストール、初期設定について解説します。

ここが
ポイント!

VSCodeのインストール

VSCodeは、Windows、macOSそれぞれの対応版が、公式サイト (https://code.visualstudio.com/) において配布されています。macOS版は実行ファイルをダウンロードするだけですぐに使えますが、Windows版を利用するには、インストーラーをダウンロードして起動し、インストールを行う必要があります。

▼ VSCodeのダウンロードページ

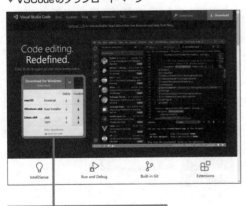

▼ Windows版VSCodeのインストーラーの起動直後の画面

OSの種類ごとにダウンロードの
リンクがある

次へボタンをクリックして
先へ進む

1

1.2.1 VSCodeのダウンロードとインストール

Visual Studio Code（本書では「VSCode」とも表記）は、公式サイトにおいて無償で公開されています。Windowsの場合はインストーラーをダウンロードし、これを実行してインストールを行います。

◤Windows版VSCodeのダウンロード

VSCodeのサイトにアクセスして、インストーラーをダウンロードしましょう。

▼VSCodeのインストーラーをダウンロードする

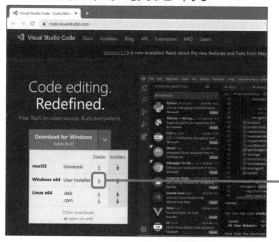

1 ブラウザーを起動し、「https://code.visual studio.com/」にアクセスします。

2 ダウンロード用ボタンの▼をクリックして、**[Windows x64 User Installer]** の **[Stable]** のダウンロード用アイコンをクリックします。

[Windows x64 User Installer] の [Stable] の
ダウンロード用アイコンをクリック

◤Windows版VSCodeのインストール

インストーラーを起動して、VSCodeをインストールしましょう。

▼VSCodeのインストーラー

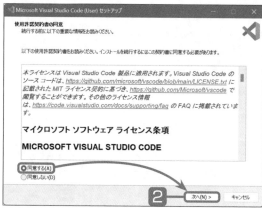

1 ダウンロードした「VSCodeUserSetup-x64-x.xx.x.exe」（x.xx.xはバージョン番号）をダブルクリックして実行します。

2 インストーラーが起動するので、使用許諾契約書の内容を確認して **[同意する]** をオンにした上で、**[次へ]** ボタンをクリックします。

3 インストール先のフォルダーが表示されるので、これでよければ [**次へ**] ボタンをクリックします。変更する場合は [**参照**] ボタンをクリックし、インストール先を指定してから [**次へ**] ボタンをクリックしてください。

4 ショートカットを保存するフォルダー名が表示されるので、このまま [**次へ**] ボタンをクリックします。

▼ VSCode のインストーラー

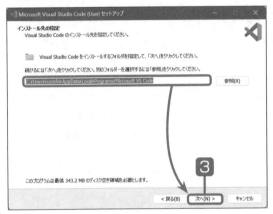

▼ VSCode のインストーラー

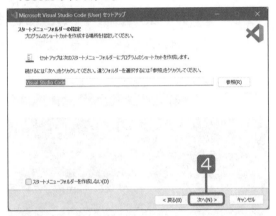

5 VSCodeを実行する際のオプションを選択する画面が表示されます。[**サポートされているファイルの種類のエディターとして、Codeを登録する**] および [**PATHへの追加（再起動後に使用可能）**] がチェックされた状態のまま、必要に応じて他の項目もチェックして、[**次へ**] ボタンをクリックします。

6 [**インストール**] ボタンをクリックして、インストールを開始します。

▼ VSCode のインストーラー

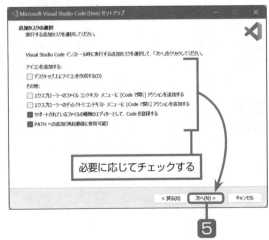

▼ インストールの開始

▼インストールの終了

7 インストールが完了したら、[完了] ボタンをクリックしてインストーラーを終了しましょう。

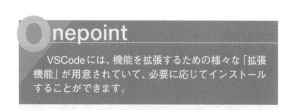

nepoint

ここでは Visual Studio Code を実行するにチェックが入っているので、このあとVSCodeが起動します。

macOS版VSCodeのダウンロード

macOSの場合は、「https://code.visualstudio.com/」のページでダウンロード用ボタンの▼をクリックして、[macOS Universal] の [Stable] のダウンロード用アイコンをクリックします。

ダウンロードしたZIP形式ファイルをダブルクリックして解凍すると、アプリケーションファイル「VSCode.app」が作成されるので、これを「アプリケーション」フォルダーに移動します。以降は「VSCode.app」をダブルクリックすれば、VSCodeが起動します。

VSCodeの日本語化

VSCodeは、標準で英語表示になっていますが、拡張機能の「Japanese Language Pack for VSCode」(日本語化パック) をインストールすることで日本語表記にできます。

nepoint

VSCodeには、機能を拡張するための様々な「拡張機能」が用意されていて、必要に応じてインストールすることができます。

●日本語化パックのインストール

日本語化パックは、次の2つの方法のいずれかを利用してインストールすることができます。

●VSCodeの初回起動時のメッセージを利用する

VSCodeを初めて起動したときに表示される、日本語化パック (Japanese Language Pack for VSCode) のインストールを促すメッセージの [インストールして再起動 (Install and Restart)] をクリックしてインストールします。

● Extensions Marketplaceタブを利用する

VSCodeには、拡張機能をインストールするための [Extensions Marketplace] タブがあります。「Japanese Language Pack for VSCode」を検索し、[Install] ボタンをクリックしてインストールします。この方法による操作手順を次項で説明します。

▼日本語化パック適用後のVSCode

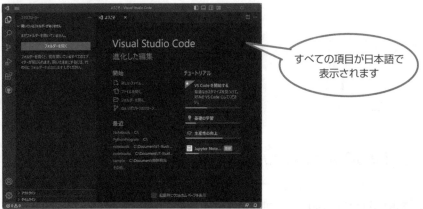

1.2.2 「Japanese Language Pack for VSCode」を インストールする

VSCodeを起動すると、次のような画面が表示されます。ここで画面左端の [アクティビティバー] に、拡張機能をインストールするための [Extensions] ボタンがあります。このボタンを使って日本語化パックをインストールする手順は以下のとおりです。

▼VSCodeのアクティビティバー

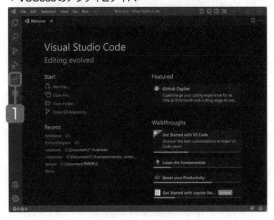

1 VSCodeの画面左側、アクティビティバーの [Extensions] ボタンをクリックします。

▼「Japanese Language Pack for VSCode」のインストール

2 [Extensions] パネルが開くので、検索欄に「Japanese」と入力します。

3 「Japanese Language Pack for VSCode」が検索されるので、[Install] ボタンをクリックします。

▼VSCodeの再起動

4 インストールが完了すると、VSCodeの再起動を促すメッセージが表示されるので、[Change Language and Restart] ボタンをクリックします。

▼再起動後のVSCode

5 VSCodeが起動すると、メニューをはじめ、すべての表記が日本語に切り替わったことが確認できます。

日本語化されている

Section

1.3

VSCodeの画面構成

Level ★★★   Keyword   配色テーマ   画面構成

VSCodeを起動すると、画面全体の配色には初期状態で特定の配色テーマが設定されています。

ここが
ポイント!

配色テーマの切り替えとVSCodeの画面構成

VSCodeの画面全体の配色は、「配色テーマ」の設定を変更することで、好みのパターンにすることができます。

▼配色テーマを「Light(Visual Studio)」に設定したところ

VSCodeの画面は、ソースコードの編集画面（エディター）を中心に、開発を支援する複数の画面で構成されます。

▼VSCodeでPythonのモジュール（ソースファイル）を開いたところ

1.3.1 配色テーマの切り替え

VSCodeの画面には **[配色テーマ]** が適用されていて、暗い色調や淡い色調で表示されるようになっています。ここでは、**[Dark(Visual Studio)]** が適用されている状態から **[Light(Visual Studio)]** に切り替えて、白を基調にした淡い色調に変更してみることにします。

▼[ファイル]メニュー

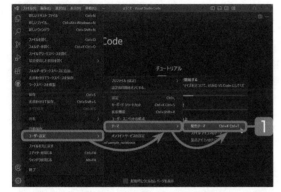

1 [ファイル] メニューをクリックして、**[ユーザー 設定]** ➡ **[テーマ]** ➡ **[配色テーマ]** を選択します。

▼配色テーマの設定

2 設定したい配色テーマを選択します。ここでは **[Light(Visual Studio)]** を選択しましょう。

▼配色テーマ設定後の画面

3 選択した配色テーマが適用されます。

選択した配色テーマが適用される

1.3.2 VSCodeの画面構成

　VSCodeの画面は、6つの領域で構成されます。ここではVSCodeの画面を構成する、それぞれの領域と各種のメニューの内容について見ていきます。

■ VSCodeの画面

　VSCodeの画面は6つの領域で構成されます。上下の細い領域が [メニューバー] と [ステータスバー] です。左端に上下に細くのびるのが [アクティビティバー]、その隣が [サイドバー]、そしてコーディングを行うための [エディター] が配置されます。エディターの下には、プログラムの出力結果やターミナルが表示される [パネル] が表示されるようになってます。次に示すのは、Pythonのソースファイル (モジュール) を開いたときの画面です。

▼VSCodeの画面

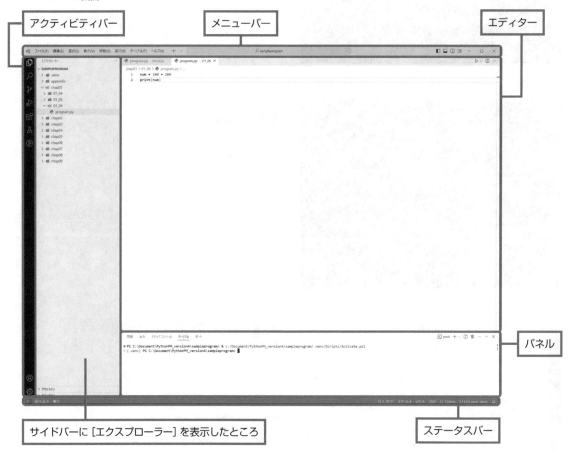

アクティビティバー　　メニューバー　　エディター

サイドバーに [エクスプローラー] を表示したところ　　ステータスバー

パネル

■ メニューバー

画面最上部の [メニューバー] には、8つのメニューが配置されています。

●[ファイル] メニュー

> 　[ファイル] メニューでは、ファイルやフォルダーの作成、保存、開く操作、エディターやワークスペースを閉じるなどの操作が行えます。

▼ [ファイル] メニュー

ファイル(F)	編集(E)	選択(S)	表示(V)	移動(G)
新しいテキスト ファイル				Ctrl+N
新しいファイル...		Ctrl+Alt+Windows+N		
新しいウィンドウ				Ctrl+Shift+N
ファイルを開く...				Ctrl+O
フォルダーを開く...			Ctrl+K Ctrl+O	
ファイルでワークスペースを開く...				
最近使用した項目を開く				>
フォルダーをワークスペースに追加...				
名前を付けてワークスペースを保存...				
ワークスペースを複製				
保存				Ctrl+S
名前を付けて保存...				Ctrl+Shift+S
すべて保存				Ctrl+K S
自動保存				
ユーザー設定				>
ファイルを元に戻す				
エディターを閉じる				Ctrl+F4
ワークスペースを閉じる				Ctrl+K F
ウィンドウを閉じる				Alt+F4
終了				

●[編集] メニュー

> 　[編集] メニューでは、操作の取り消しとやり直し、切り取りやコピー、貼り付けの操作や、検索、置き換え、さらにはソースコード内のコメントに関する操作が行えます。

▼ [編集] メニュー

編集(E)	選択(S)	表示(V)	移動(G)	実行(R)	タ
元に戻す				Ctrl+Z	
やり直し				Ctrl+Y	
切り取り				Ctrl+X	
コピー				Ctrl+C	
貼り付け				Ctrl+V	
検索				Ctrl+F	
置換				Ctrl+H	
フォルダーを指定して検索				Ctrl+Shift+F	
フォルダーを指定して置換				Ctrl+Shift+H	
行コメントの切り替え				Ctrl+/	
ブロック コメントの切り替え				Shift+Alt+A	
Emmet: 省略記法を展開				Tab	

Shortcut

　VSCodeでは、作業を始める前にフォルダーを開く操作を行うことが多いです。フォルダーを開くためのショートカットキーは次のとおりです。

Windows ： Ctrl + K ➡ Ctrl + O
macOS 　： ⌘ + O

●[選択] メニュー

[選択] メニューでは、選択範囲の展開（拡大）や縮小、行単位での移動やコピー、マルチカーソル（複数のカーソルを表示する機能）に関する操作が行えます。

●[表示] メニュー

[表示] メニューでは、サイドバーやパネルへのビューの表示などの操作が行えます。

▼ [選択] メニュー

選択(S)	表示(V)	移動(G)	実行(R)	ターミナル(T)
すべて選択				Ctrl+A
選択範囲の展開				Shift+Alt+RightArrow
選択範囲の縮小				Shift+Alt+LeftArrow
行を上へコピー				Shift+Alt+UpArrow
行を下へコピー				Shift+Alt+DownArrow
行を上へ移動				Alt+UpArrow
行を下へ移動				Alt+DownArrow
選択範囲の複製				
カーソルを上に挿入				Ctrl+Alt+UpArrow
カーソルを下に挿入				Ctrl+Alt+DownArrow
カーソルを行末に挿入				Shift+Alt+I
次の出現個所を追加				Ctrl+D
前の出現箇所を追加				
すべての出現箇所を選択				Ctrl+Shift+L
マルチ カーソルを Ctrl+Click に切り替える				
列の選択モード				

▼ [表示] メニュー

表示(V)	移動(G)	実行(R)	ターミナル(T)
コマンド パレット...			Ctrl+Shift+P
ビューを開く...			
外観			>
エディター レイアウト			>
エクスプローラー			Ctrl+Shift+E
検索			Ctrl+Shift+F
ソース管理			Ctrl+Shift+G
実行			Ctrl+Shift+D
拡張機能			Ctrl+Shift+X
問題			Ctrl+Shift+M
出力			Ctrl+Shift+U
デバッグ コンソール			Ctrl+Shift+Y
ターミナル			Ctrl+@
右端での折り返し(&W)			Alt+Z
✓ ミニマップ			
✓ 階層リンク			
✓ 空白を描画する			
✓ 制御文字を表示する			
固定スクロール()			

Shortcut

次のショートカットキーを使うと、最近使用したフォルダーの履歴の一覧を表示することができます。履歴の一覧は、VSCodeの画面上部に開くパネルに表示されます。

Windows : Ctrl + R
macOS : ⌘ + R

●[移動] メニュー

> **[移動]** メニューでは、ソースコードの特定の場所（定義など）への移動などの操作が行えます。

▼ [移動] メニュー

移動(G) 実行(R) ターミナル(T) ヘルプ(H)	
戻る	Alt+LeftArrow
進む	Alt+RightArrow
最後の編集場所	Ctrl+K Ctrl+Q
エディターの切り替え	>
グループの切り替え	>
ファイルに移動...	Ctrl+P
ワークスペース内のシンボルへ移動...	Ctrl+T
エディター内のシンボルへ移動...	Ctrl+Shift+O
定義に移動	F12
型定義に移動	
宣言へ移動	
実装箇所に移動	Ctrl+F12
参照へ移動	Shift+F12
行/列に移動...	Ctrl+G
ブラケットに移動	Ctrl+Shift+\
次の問題箇所	F8
前の問題箇所	Shift+F8
次の変更箇所	Alt+F3
前の変更箇所	Shift+Alt+F3

●[実行] メニュー

> **[実行]** メニューでは、プログラムのデバッグに関する操作が行えます。

▼ [実行] メニュー

実行(R) ターミナル(T) ヘルプ(H)	
デバッグの開始	F5
デバッグなしで実行	Ctrl+F5
デバッグの停止	Shift+F5
デバッグの再起動	Ctrl+Shift+F5
構成を開く	
構成の追加...	
ステップ オーバーする	F10
ステップ インする	F11
ステップ アウトする	Shift+F11
続行	F5
ブレークポイントの切り替え	F9
新しいブレークポイント	>
すべてのブレークポイントを有効にする	
すべてのブレークポイントを無効にする	
すべてのブレークポイントの削除	
その他のデバッガーをインストールします...	

Onepoint

[実行] メニューには、プログラムを実行（デバッグ）するための項目が登録されていますが、VSCodeでは主な項目について専用のボタンが表示されるようになっています。Pythonのソースファイルの場合とNotebookの場合とで違いがありますが、これについてはのちほど解説します。

●[ターミナル] メニュー

[**ターミナル**] メニューでは、ターミナルの表示、分割表示、タスクの実行など、ターミナルに関する操作が行えます。

●[ヘルプ] メニュー

[**ヘルプ**] メニューでは、ヘルプに関する操作が行えるほか、VSCodeのバージョンや更新の確認が行えます。

▼ [ターミナル] メニュー

ターミナル(T)	ヘルプ(H)
新しいターミナル	Ctrl+Shift+@
ターミナルの分割	Ctrl+Shift+5
タスクの実行...	
ビルド タスクの実行...	Ctrl+Shift+B
アクティブなファイルの実行	
選択したテキストの実行	
実行中のタスクを表示...	
タスクの実行を再開...	
タスクの終了...	
タスクの構成...	
既定のビルド タスクの構成...	

▼ [ヘルプ] メニュー

ヘルプ(H)	
作業の開始	
すべてのコマンドの表示	Ctrl+Shift+P
参照資料	
エディター プレイグラウンド	
リリース ノート	
キーボード ショートカットの参照	Ctrl+K Ctrl+R
ビデオ チュートリアル	
ヒントとトリビア	
Twitter でフォローする	
機能要求の検索	
問題を報告	
ライセンスの表示	
プライバシーに関する声明	
開発者ツールの切り替え	Ctrl+Shift+I
プロセス エクスプローラーを開く	
更新の確認...	
バージョン情報	

■ アクティビティバーとサイドバー

アクティビティバーには、「エクスプローラー」「検索」「ソース管理」「実行とデバッグ」「拡張機能」をサイドバーに表示するためのボタンが配置されています。

▼ [アクティビティバー] のボタン

ボタン	名称	説明
	エクスプローラー	開いているファイルの格納場所を示すファイル構造を表示するための**エクスプローラービュー**を表示します。
	検索	キーワードを指定して、検索や置き換えを行うための**検索**ビューを表示します。
	ソース管理	Git (ギット) と連携するための**ソース管理**ビューを表示します。
	実行とデバッグ	プログラムを実行またはデバッグするための**実行とデバッグ**ビューを表示します。
	拡張機能	拡張機能をインストールするための**拡張機能**ビューを表示します。

Level ★★★ | Keyword | VSCodeの拡張機能

VSCodeは多言語対応の開発ツールなので、Pythonでプログラミングするための拡張ツール「Python」をインストールすることが必要です。本節では、Pythonでプログラミングするための拡張ツールのインストールについて紹介します。

拡張機能のインストール

VSCodeでPythonプログラミングをするためには、拡張機能「Python」のインストールは必須です。このほかに、インストールしておくと便利な拡張機能のインストールについても紹介します。

●Python

Pythonでプログラミングするために必要なデバッグ機能やインテリセンスに加え、「Jupyter Notebook」をVSCodeから使えるようになります。

●indent-rainbow

ソースコードのインデントの深さを色分けして表示します。ソースコードのインデントが重要な意味を持つPythonでは重宝する機能です。

●vscode-icons

VSCode上で表示するファイルアイコンのデザインを見た目でわかりやすいデザインにします。

●autoDocstring

「ドキュメンテーション文字列(docstring)」を自動入力します。

▼関数の宣言部直下に入力されたドキュメンテーション文字列

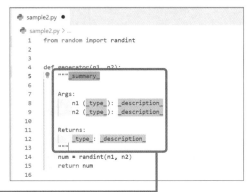

docstringのひな形が自動入力されるので、ハイライト表示されている箇所を実際のものに書き換える

1.4.1　拡張機能「Python」

　拡張機能「Python」は、Microsoft社が提供しているPython用の拡張機能です。VSCodeにインストールすることで、インテリセンスによる入力候補の表示が有効になるほか、デバッグ機能などの開発に必要な機能が使えるようになります。さらに、関連する以下の拡張機能も一緒にインストールされます。

●Pylance

　Python専用のインテリセンスによる入力補完をはじめ、次の機能を提供します。

- ・関数やクラスに対する説明文 (Docstring) の表示
- ・パラメーターの提案
- ・インテリセンスによる入力補完およびIntelliCodeとの互換性の確保
- ・自動インポート (不足しているライブラリのインポート)
- ・ソースコードのエラーチェック
- ・コードナビゲーション
- ・Jupyter Notebookとの連携

●isort

　ライブラリのインポート文を、

- ・標準ライブラリ
- ・外部ライブラリ
- ・ユーザー開発のライブラリ

の順に並べ替え、さらに各セクションごとにアルファベット順で並べ替えます。

●Jupyter

　Jupyter NotebookをVSCodeで利用するための拡張機能です。これに関連した「Jupyter Cell Tags」「Jupyter Keymap」「Jupyter Slide Show」もインストールされます。

拡張機能Pythonのインストール

VSCodeの [拡張機能] ビューをサイドバーに表示して、拡張機能Pythonをインストールしましょう。

▼Pythonのインストール

1　[アクティビティバー] の [拡張機能] ボタンをクリックします。

2　[拡張機能] サイドバーの入力欄に「Python」と入力します。

3　候補の一覧から「Python」を選択し、[インストール] ボタンをクリックします。

1.4.2　indent-rainbowのインストール

ソースコードのインデントの深さを色分けして表示する拡張機能indent-rainbowをインストールしましょう。

▼indent-rainbowのインストール

1　[アクティビティバー] の [拡張機能] ボタンをクリックします。

2　[拡張機能] サイドバーの入力欄に「indent-rainbow」と入力します。

3　候補の一覧から「indent-rainbow」を選択し、[インストール] ボタンをクリックします。

1.4.3　vscode-iconsのインストール

　　VSCodeで表示するファイルのアイコンをわかりやすいデザインにするvscode-iconsをインストールしましょう。

▼vscode-iconsのインストール

1 ［アクティビティバー］の［拡張機能］ボタンをクリックします。

2 ［拡張機能］サイドバーの入力欄に「vscode-icons」と入力します。

3 候補の一覧から「vscode-icons」を選択し、［インストール］ボタンをクリックします。

1.4.4　autoDocstringのインストール

　　ソースコードの関数やメソッドの定義部に説明用のコメント（ドキュメンテーション文字列）を自動入力する拡張機能autoDocstringをインストールしましょう。

▼autoDocstringのインストール

1 ［アクティビティバー］の［拡張機能］ボタンをクリックします。

2 ［拡張機能］サイドバーの入力欄に「autoDocstring」と入力します。

3 候補の一覧から「autoDocstring」を選択し、［インストール］ボタンをクリックします。

Level ★ ★ ★ 　　Keyword 　仮想環境　Python インタープリター

　Pythonでは、プログラミングの目的別にPythonの実行環境を用意する仕組みになっています。これを「仮想環境」と呼びます。Pythonでプログラミングする場合、その目的によって外部ライブラリをインストールして使うことがありますが、ライブラリの数が多くなるとアップデートをはじめとする管理が困難になります。そこで、Pythonのインストールフォルダーを丸ごとコピーして専用の実行環境を作成し、プログラミングの目的によって使い分ける——というのが仮想環境の目的です。

ここが
ポイント！

Pythonの仮想環境を作成しよう

　仮想環境は、VSCodeから作成することができます。この場合、VSCode上のNotebookから作成する方法と、Pythonのモジュール（ソースファイル）から作成する方法の2通りがあります。

•VSCode上のNotebookから作成する

　VSCodeでNotebookを開いた状態で仮想環境を作成します。この場合、VSCodeの[コマンドパレット]で操作するだけで簡単に作成できます。

▼VSCodeのコマンドパレットを使って仮想環境を作成

コマンドパレット

•VSCodeでモジュールを開いた状態で作成する

　VSCodeでPythonのモジュールを開いた状態で仮想環境を作成します。この場合、VSCodeの[ターミナル]を開いてコマンドを入力することで作成します。

▼VSCodeの [ターミナル] を使って仮想環境を作成

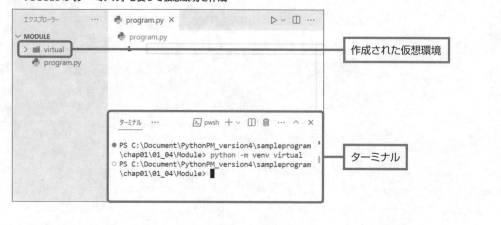

作成された仮想環境

ターミナル

1.5.1 Notebookを開いた状態で仮想環境を作成する

Jupyter Notebookのファイルのことを「Notebook」と呼びます。ここでは、Notebook専用の
フォルダーを作成し、このフォルダー内にNotebookを作成します。Notebookを作成したら、
VSCodeの**[コマンドパレット]**を利用して仮想環境を同じフォルダー内に作成します。

■ 専用のフォルダー内にNotebookを作成する

あらかじめ、Notebookの保存専用のフォルダーを、「Notebook」などの名前で作成しておきます。
以下の手順では、このフォルダー内にNotebookを作成します。

▼VSCodeの [ファイル] メニュー

1 VSCodeの**[ファイル]**メニューをクリック
し、**[フォルダーを開く]**を選択します。

Onepoint
VSCode起動時に表示される [ようこそ] 画面は閉
じています。

▼ [フォルダーを開く] ダイアログ

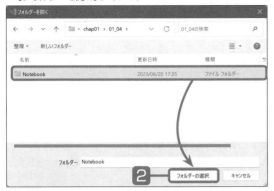

2 作成したフォルダーを選択して [**フォルダーの選択**] をクリックします。

▼ Notebook の作成

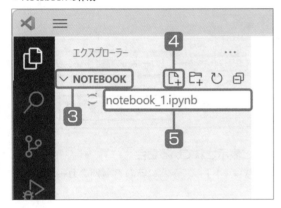

3 [**エクスプローラー**] が開いて、**2** で選択したフォルダーが表示されます (フォルダー名はすべて大文字になります)。

4 フォルダー名の右横に [**新しいファイル**] ボタンが表示されるので、これをクリックします。

5 ファイル名の入力欄が開くので、「ファイル名.ipynb」のようにファイル名の拡張子に「.ipynb」を付けて入力し、[Enter] キーを押します。ここでは「notebook_1.ipynb」と入力しました。

6 拡張子「.ipynb」を付けたことでNotebookであることが認識され、Notebookの画面が開きます。

▼ 作成直後の Notebook の画面

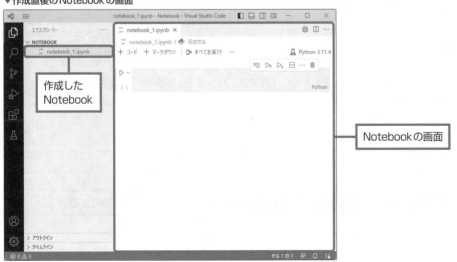

Notebookの画面から仮想環境を作成する

VSCodeでNotebookを開いた状態で、Pythonの仮想環境を作成します。

1 Pythonの実行環境を設定するための **[コマンドパレット]** を表示します。状況に応じて次のいずれかの操作を行ってください。

●Notebookの画面右上に **[カーネルの選択]** と表示されている場合

　[カーネルの選択] をクリックすると **[カーネルの選択]** というタイトルの **[コマンドパレット]** が表示されるので、**[Python環境]** を選択します。

▼ [カーネルの選択]

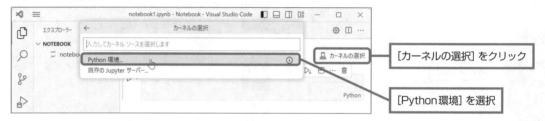

●Notebookの画面右上に **[Python 3.xx.x]** と表示されている場合

　[Python 3.xx.x] をクリックすると **[コマンドパレット]** が表示されるので、**[別のカーネルを選択]** を選択します。

▼ [コマンドパレット]

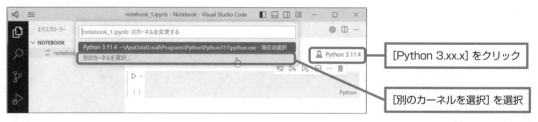

　[別のカーネルを選択] というタイトルの **[コマンドパレット]** に表示が切り替わるので、**[Python環境]** を選択します。

▼ [別のカーネルの選択]

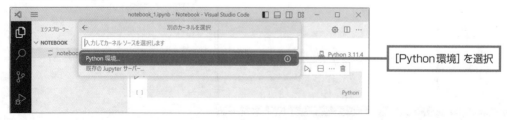

2 仮想環境の作成を始めます。[+Python環境
の作成] を選択しましょう。

3 [Venv 現在のワークスペースに 'venv' 仮想環
境を作成します] を選択します。

▼ [+Python環境の作成] の選択

▼仮想環境の作成

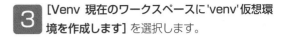

4 インストール済みのPythonのパスが表示され
ている場合はこれを選択すると、仮想環境が作
成されます。Pythonのパスが表示されていな
い場合は、[+インタープリターパスを入力] を
選択します。

▼仮想環境の作成

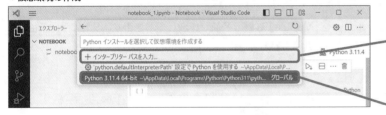

Pythonのパスが表示されてい
ない場合は、[+インタープリ
ターパスを入力] を選択

インストール済みのPythonの
パスが表示されている場合はこ
れを選択すると、仮想環境が作
成される

　先の画面で [+インタープリターパスを入力] を選択した場合は、パスの入力欄が表示されるので、
「python.exe」のパスを入力して [Enter] キーを押します。

▼Python 3.11のパスの例 (Windows)

```
C:\Users\<ユーザー名>\AppData\Local\Programs\Python\Python311\python.exe
```

▼仮想環境の作成

Pythonインタープリターのパ
スを入力して [Enter] キーを押す

▼Notebook用のフォルダー以下に作成された仮想環境

5 「.venv」という名前のフォルダーにPythonの仮想環境が作成されます。Notebookにおいて、作成した仮想環境が選択された状態になっているのが確認できます。

Pythonの仮想環境を格納したフォルダー

作成した仮想環境が選択された状態になっている

1.5.2 Pythonのモジュールを開いた状態で仮想環境を作成する

専用のフォルダーを作成し、このフォルダー内にPythonのモジュールを作成します。以下の手順でモジュールを作成したら、VSCodeの**[コマンドパレット]**を利用して仮想環境を同じフォルダー内に作成します。

■ 専用のフォルダー内にPythonのモジュールを作成する

あらかじめ、専用のフォルダーを「Module」などの名前で作成しておきます。以下の手順では、このフォルダー内にPythonのモジュールを作成します。

▼VSCodeの [ファイル] メニュー

1 VSCodeの**[ファイル]**メニューをクリックし、**[フォルダーを開く]**を選択します。

▼[フォルダーを開く] ダイアログ

2 作成したフォルダーを選択して**[フォルダーの選択]**をクリックします。

▼Pythonのモジュールの作成

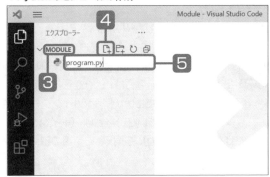

3 [エクスプローラー] が開いて、**2**で選択したフォルダーが表示されます (フォルダー名はすべて大文字になります)。

4 フォルダー名の右横に [**新しいファイル**] ボタンが表示されるので、これをクリックします。

5 ファイル名の入力欄が開くので、「ファイル名.py」のようにファイル (モジュール) 名の拡張子に「.py」を付けて入力し、[Enter] キーを押します。ここでは「program.py」と入力しました。

6 拡張子「.py」を付けたことでPythonのモジュールであることが認識され、エディターが起動してモジュールの画面が開きます。

▼作成直後のモジュールの画面

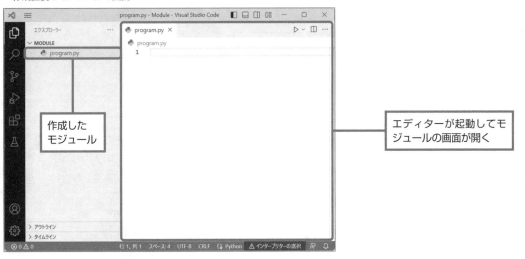

作成したモジュール

エディターが起動してモジュールの画面が開く

■ Pythonインタープリターを選択する

現在開いているモジュールに関連付けるPythonインタープリターを選択します。

1 ステータスバーの右端に表示されている [**インタープリターの選択**] をクリックします。 [**3.xx.x 64-bit**] と表示されている場合はこれ をクリックしてください。

2 インストール済みのPythonインタープリター が表示されている場合は、これを選択して手順 の**4**に進んでください。Pythonインタープリ ターが表示されていない場合は、[**＋インター プリターパスを入力**] を選択して手順の**3**に進ん でください。

▼ [インタープリター] の選択

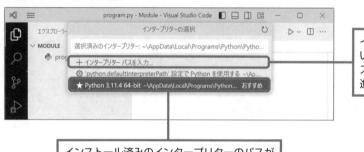

インタープリターのパスが表示されて いない場合は、[＋インタープリターパ スを入力] を選択して操作手順の**3**に 進む

インストール済みのインタープリターのパスが 表示されている場合は、これを選択する

▼Pythonインタープリターのパスの入力

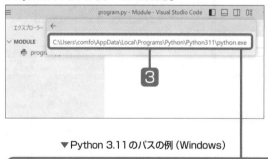

3 先の画面で [**＋インタープリターパスを入力**] を選択した場合は、パスの入力欄が表示される ので、「python.exe」のパスを入力して [Enter] キーを押します。

▼Python 3.11のパスの例 (Windows)

C:\Users\comfo\AppData\Local\Programs\Python\Python311\python.exe

▼Pythonインタープリター選択後の画面

4 Pythonインタープリターが選択され、ステー タスバーに [**3.xx.x 64-bit**] のようにイン タープリターのバージョンが表示されます。

Pythonインタープリターのバージョンが表示される

VSCodeの［ターミナル］から仮想環境を作成する

VSCodeに搭載されている［ターミナル］を使って、Pythonの仮想環境を作成します。

1 ［ターミナル］メニューをクリックして［新しいターミナル］を選択します。

2 エディターの下に［ターミナル］が表示されます。プロンプトに表示されているパスは、Pythonのモジュールが格納されているフォルダーのパスです。

▼［ターミナル］の表示

▼［ターミナル］

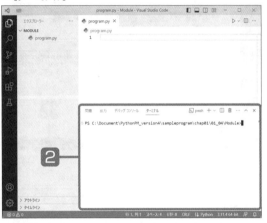

venvコマンドで仮想環境を作成する

3 Pythonの［venvコマンド］を実行して仮想環境を作成します。［ターミナル］に画面のように入力して実行してください。「virtual」の箇所は仮想環境の名前ですので、任意の名前をアルファベットで設定します（以後は「virtual」の例で説明します）。

4 Pythonのインタープリターをはじめとするプログラム一式のコピーが格納された「virtual」フォルダーが作成されます。仮想環境のフォルダーです。

▼venvコマンドで仮想環境を作成する

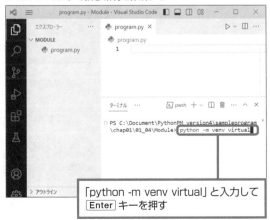

「python -m venv virtual」と入力して[Enter]キーを押す

▼作成された仮想環境

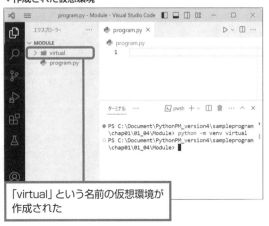

「virtual」という名前の仮想環境が作成された

■ Pythonモジュールの実行環境を設定する

現在、Pythonモジュールの実行環境は、Python本体が設定された状態になっています。先ほど作成した仮想環境に変更しましょう。

▼ [インタープリターの選択]

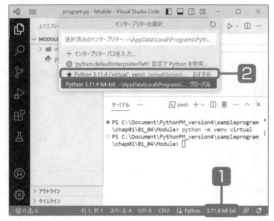

1 ステータスバー右端のPythonインタープリターのバージョンが表示されている箇所をクリックします。

2 [**インタープリターの選択**] が表示されるので、作成済みの仮想環境 (画面中の'virtual'の部分が仮想環境名) を選択します。

▼ 仮想環境選択後の画面

3 ステータスバーの表示が仮想環境の表示に切り替わります。

nepoint

モジュールに記述したソースコードは、設定した仮想環境のPythonを使って実行されるようになります。

■ 仮想環境に関連付けて［ターミナル］を開く

現在、Pythonモジュールの実行先として仮想環境「virtual」が設定されています。この状態で新しい［ターミナル］を起動すると、仮想環境に関連付けられた状態で［ターミナル］が開きます。

▼［ターミナル］の起動

1 ［ターミナル］メニューの［新しいターミナル］を選択します。

2 仮想環境に関連付けられた状態で［ターミナル］が開きます。

▼仮想環境に関連付けられた［ターミナル］

```
問題    出力    デバッグ コンソール    ターミナル

● PS C:\Document\PythonPM_version4\sampleprogram\chap01\01_04\Module> & c:/Document/Py
  thonPM_version4/sampleprogram/chap01/01_04/Module/virtual/Scripts/Activate.ps1
 (virtual) PS C:\Document\PythonPM_version4\sampleprogram\chap01\01_04\Module>
```

仮想環境に関連付けられている

Onepoint

Pythonでは、外部ライブラリのインストールをpipコマンドで行います。仮想環境に関連付けられたターミナルでpipコマンドを実行することで、仮想環境内にライブラリをインストールすることができます。

Pythonを使えるようにしてプログラミングを始めよう

1

Section

1.6 Notebookでプログラムを実行する

Level ★ ★ ★　　Keyword　Notebook　Notebookのセル

前節では、Notebookを作成して仮想環境を構築する手順を紹介しました。ここでは、Notebookにソースコードを入力し、プログラムを実行する方法を紹介します。

Notebookの使い方

Jupyter Notebookでは、ソースコードをはじめ、プログラムの実行結果など、プログラムに関するすべての情報をNotebookで管理します。Notebookの画面はとてもシンプルであり、メニューやツールバーの表示領域と、「セル」と呼ばれる入力領域、セルの実行結果を表示する部分で構成されます。

●Notebookのセル

セルは必要な数だけ作成できるので、長いソースコードをいきなり1つのセルに入力するのではなく、「複数のセルに小分けにして入力し、それぞれのセルで実行結果を確認しながら進めていく」のが基本的な使い方です。もちろんプログラミングの学習にもうってつけで、ソースコードの結果を逐次、確かめながら学習を進めることができます。

▼ Notebook

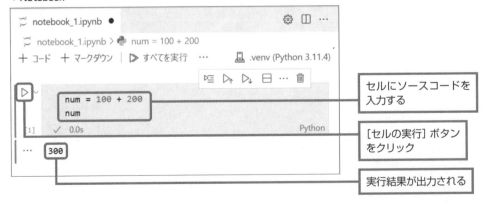

1.6.1 Notebookでプログラミングするための準備

　次に示すのは、前節の1.5.1項でNotebookから仮想環境を作成した直後の画面です（**[ファイル]**メニューの**[フォルダーを開く]**で、1.5.1項で作成したNotebookのフォルダーを選択して**[フォルダーの選択]**をクリックすれば、この状態に戻れます）。カーネル（Pythonの実行環境）として仮想環境「.venv」のPythonインタープリターが選択されています。この状態であれば、ソースコードを入力してすぐに実行することができます。

▼実行可能な状態のNotebook

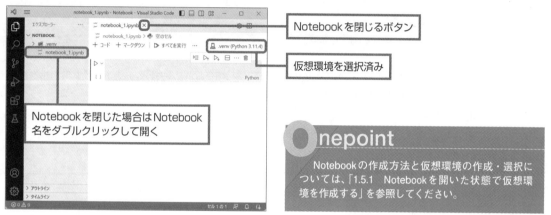

Notebookを閉じるボタン

仮想環境を選択済み

Notebookを閉じた場合はNotebook名をダブルクリックして開く

Onepoint

　Notebookの作成方法と仮想環境の作成・選択については、「1.5.1　Notebookを開いた状態で仮想環境を作成する」を参照してください。

■ Notebookの画面

　Notebookの画面は、ツールバー、セル、セルの出力領域、ツールパレットで構成されます。

▼Notebookの画面

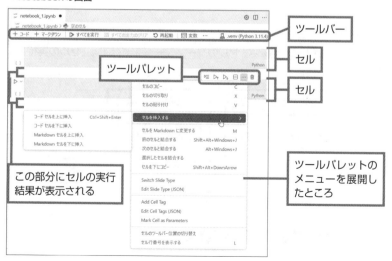

ツールバー

セル

ツールパレット

セル

この部分にセルの実行結果が表示される

ツールパレットのメニューを展開したところ

●ツールバー

ツールバーには次のボタンが表示されます。

・**[＋コード]**
現在選択中のセルの下に、新規のセルを作成します。

・**[マークダウン]**
セルをマークダウン用のセルに変換します。ソースコードを入力するセルではなく、説明文などの
テキスト入力専用のセルになります。

・**[すべてを実行]**
Notebookのすべてのセルのソースコードを実行します。

・**[すべての出力のクリア]**
セルの実行結果をすべて削除します。

・**[再起動]**
Notebookを再起動します。実行中のプログラムをメモリから消去して、Notebookのセルを最初
から実行したい場合に使用します。

・**[変数]**
変数の情報を表示するパネルを表示します。

・**その他のメニュー**
ツールバーの展開ボタンをクリックすると、次のメニューが表示されます。

▼ツールバーから展開するメニュー

●ツールパレット

ツールパレットでは、選択中のセルに関連する操作が行えます。次の画面は、ツールパレットと展
開メニューを表示したところです。セルの左側には、セルのソースコードを実行する**[セルの実行]**ボ
タンが表示されています。

▼ツールパレット

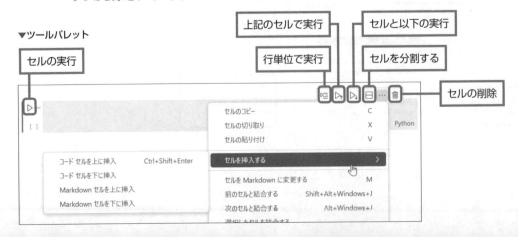

1.6.2　セルに入力して実行する

Notebookのセルにソースコードを入力して実行してみましょう。

■ セルにソースコードを入力して実行する

作成直後のNotebookのセルにソースコードを入力して、実行してみます。

▼セルに入力して実行する

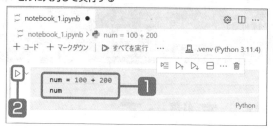

1　セルに次のコードを入力します。

▼1番目のセルのコード

```
num = 100 + 200

num
```

2　[セルの実行] ボタンをクリックします。

▼セルの実行結果

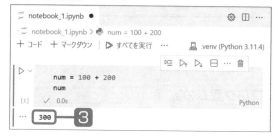

3　セルに入力したコードが実行され、結果が表示されます。

> **nepoint**
>
> Notebookのセルの最後に変数名を書くと、セルの実行後に、その変数に格納されている値が出力されます。ただし、変数が宣言済みで、値が格納されていることが必要です。

■ 新しいセルを追加する

Notebookのセルは、[+コード] をクリックすることで必要なだけ追加できます。

▼セルを追加する

クリックする

新しいセルが追加される

> **nepoint**
>
> Notebookを保存したいときは、[ファイル] メニューの [保存] を選択することで、セルの内容や出力結果をまとめて保存することができます。

「1.5.2　Pythonのモジュールを開いた状態で仮想環境を作成する」では、Pythonのモジュールの作成から仮想環境の作成、設定までを解説しました。本節では、その続編として、モジュールにソースコードを記述して実行する手順を紹介します。

VSCodeのエディターを使ってプログラミングする

　Pythonのモジュールでのプログラミングには、VSCodeに搭載されている「エディター」が使われます。

●エディターを用いたプログラミング

　VSCodeのエディターは多言語に対応しています。拡張機能「Python」をインストールすることでPythonのモジュールに対応し、インテリセンス（入力支援機能）やデバッガー（プログラムのミスである「バグ」を見つけて修正する機能）などの機能が使えるようになります。

▼エディターを用いたプログラミング

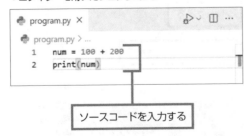

ソースコードを入力する

●プログラムの実行

　[実行とデバッグ] ビューの [実行とデバッグ] ボタンをクリックすると、プログラムが実行されます。

▼[実行とデバッグ] ビュー

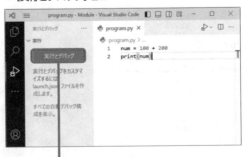

[実行とデバッグ] ボタンをクリックすると、プログラムが実行される

1.7.1 VSCodeのエディターでPythonプログラミングをする

次に示すのは、「1.5.2　Pythonのモジュールを開いた状態で仮想環境を作成する」において、Pythonモジュールから仮想環境を作成した直後の画面です（[ファイル] メニューの [フォルダーを開く] で、Pythonモジュールのフォルダーを選択すれば、この状態に戻れます）。カーネル (Pythonの実行環境) として仮想環境「virtual」のPythonインタープリターが選択されています。この状態であれば、ソースコードを入力して実行することができます。

▼実行可能な状態のPythonモジュール

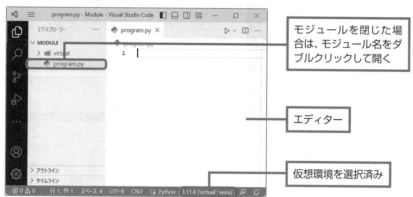

モジュールを閉じた場合は、モジュール名をダブルクリックして開く

エディター

仮想環境を選択済み

ソースコードを入力して実行する

Pythonのモジュールにソースコードを入力して、実行してみましょう。

▼ソースコードの入力

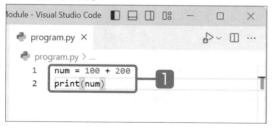

1 次のコードを入力します。

▼モジュールに入力する

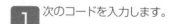

```
num = 100 + 200
print(num)
```

▼ [実行とデバッグ] ビューの表示

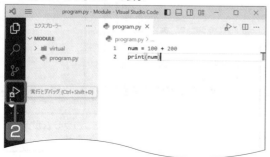

2 [アクティビティバー] の [実行とデバッグ] ボタンをクリックします。

3 [実行とデバッグ] ビューが表示されるので、[実行とデバッグ] ボタンをクリックします。

4 プログラムの実行方法を選択するパネルが開くので、[Python ファイル 現在アクティブな Python ファイルをデバッグする] を選択します。

▼ [実行とデバッグ] ビュー

▼ プログラムの実行 (デバッグの開始)

5 [コンソール] が開いて、プログラムが実行されます。

▼ [実行とデバッグ] 終了直後の画面

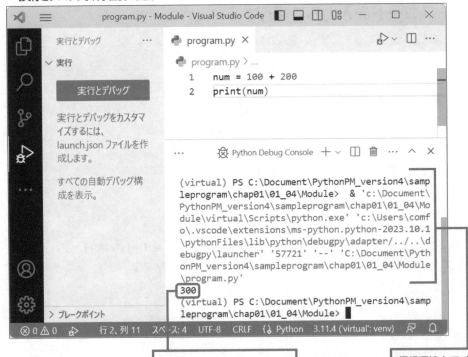

print(num)
と記述したので、変数numの値が出力されている

仮想環境上でプログラムが実行されたことを示す出力

Chapter 2

Pythonプログラムの材料
（オブジェクトとデータ型）

プログラミングするということは、すなわち「何かのデータを操る」ということです。画面に「こんにちは」と表示するには、これらの文字列をプログラムで画面に出力するわけですが、プログラムで扱うこのようなデータには、名前を付けておくことができます。一度、名前を付けたデータは、プログラムの実行中は保持されているため、名前を指定すれば、そのデータをいつでも取り出すことができます。

この章では、Pythonでデータを扱う方法について見ていきたいと思います。

データのかたち（データ型）

Level ★★★　　Keyword　リテラル　予約語　識別子　データ型

そもそも、プログラミングの目的は、「値」を操作することです。簡単な例として、「10+10=？」という計算を行う場合は、「数値の10と10を足す」処理を行うコードを書きます。この章から、VSCode上で作成したNotebookを使ってプログラミングを行います。

ここがポイント！

プログラムで扱う「データ」

例えば、プログラムで会話をシミュレーションすることを考えた場合、プログラムを使って何らかの言葉を繰り出さなければなりません。最も簡単な方法として、言葉を文字にして画面に表示すればよいのですが、この場合、表示するための文字データが必要になります。このように、プログラミングと値は切っても切れない関係です。「何らかの値を、ある目的のために操作していく」のがプログラミングですので、常に何かの値を扱うことになります。

- **Pythonのソースコードは、リテラル、予約語、識別子、記号、()などの要素によって構成される。**
- **プログラムで扱う数値や文字列などの値のことを「リテラル」と呼ぶ。**
- **Pythonでは、すべてのデータを「データ型」によって区別する。**

▼Pythonのソースコード

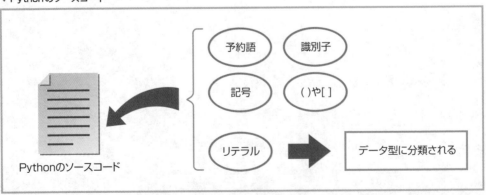

2.1.1 プログラムとデータは別のもの (リテラル)

プログラムのソースコードを書くときは、次の要素を扱います。

●リテラル

生の値のことです。つまり、ソースコードの中に直接、書き込まれた値、あるいは外部 (ファイルなど) から読み込まれた値です。「100」という数値や「Hello world!」のような文字列はすべてリテラルと呼び、他の要素と区別します。

●予約語

Pythonにおいて特別な意味が割り当てられた、「if」「for」「def」といった単語のことです。これらの予約語は、「もし○○なら××を実行」のような、あらかじめ決められている処理を行う場合に使用します。予約語は全部で30程度あります。

●識別子

Pythonでは、値を保存したり、ほかのソースコードに引き渡すために、**変数**というものを使います。変数には好きな名前を付けることができます。また、ある処理を行うためのソースコードのまとまりに、わかりやすい名前を付けることもあります。このように、変数やソースコードのまとまりに付ける名前のことを**識別子**と呼びます。たんに「名前」でもいいような気もしますが、混乱を避けるためにこのような呼び方がされます。

●コロンや改行コード

ソースコードの途中にある「：」や改行も、ソースコードを構成する要素です。

●カッコ ( )

print()関数のように、関数を呼び出すときは関数名のあとに ( ) を付けます。これは「引数」というものを関数本体に引き渡すためのカッコです。

●記号

print()関数で「Hello world!」を表示する際には、「print('Hello world')」のように、文字列を「'」で囲みます。このように、特別な意味を持つ記号があります。

値 (リテラル) の姿

プログラミングにおいて「値」(データ) を扱う場合に、それが「どんな種類の値なのか」がとても重要になってきます。1などの値、つまり数値であれば、ほかの数値と計算を行うことができます。でも、リテラルとして見た場合、数値と文字は種類が違うので、計算しようとするとおかしなことになってしまいます。

そこでPythonでは、データの種類を**データ型**という枠によって区別します。例えば、データ型の一種である数値型は、整数リテラルおよび浮動小数点数リテラル (小数を含む値) を扱います。また、文字列型は文字列リテラルを扱います。

▼ Pythonで扱う基本のデータ型

データ型	内容	値の例
数値型（int型）	整数リテラルを扱います。	100
数値型（float型）	浮動小数点数リテラルを扱います。	3.14159
文字列型（str型）	文字列リテラルを扱います。	こんにちは、Program
ブール型（bool型）	YesとNoを表す「True」「False」の2つの値を扱います。	TrueとFalseのみ

　基本的なデータ型には、大きく分けて以上のような種類があります。数値型のみ、整数を扱うint型と浮動小数点数を扱うfloat型の2つがあります。このほかに、リスト型という特殊な型があります。関係のある複数のデータを1つにまとめるためのデータ型です。これについては3章で取り上げます。

Memo | プログラムを書くときにハマりやすいこと

　プログラミング言語のソースコードは、コンピューターに命令するための「言葉」です。言葉といっても、プログラミング言語特有の文法に基づくものであり、ちょっとした間違いがあるだけでプログラムは動いてくれません。

　間違えやすい筆頭は何といっても「記号」ではないでしょうか。ピリオド(.)とカンマ(,)は形こそ似ていますが、まったく別の意味を持ちます。また、Pythonでは文字列をシングルクォート(')またはダブルクォート(")で囲むのですが、どちらかに統一して囲まなければなりません。最初が ' で終わりが " であってはならないのです。

　また、同じカッコでも [ ] と｛｝、( ) ではまったく意味が異なります。例えば、Pythonでは複数のデータを1つにまとめて名前を付けることができるのですが、次の2つは別の種類のデータとして扱われます。

['こんにちは', 'こんばんは']
('こんにちは', 'こんばんは')

　最初の[ ]で囲んだデータは「リスト」と呼ばれるデータです。これに対してあとの方の( )で囲んだデータは「タプル」と呼ばれるデータです。カッコの種類を変えるだけで、データの種類までもが変わってしまうのです。

　こんな細かいことでプログラムが動かなかったり、動いたとしても期待どおりには動かない、ということはしょっちゅうです。なんだか不安になるかもしれませんが、裏を返せば「ソースコードを正しく書けば、期待したとおりにプログラムは動く」のです。とはいえ、ベテランの域に達しても入力ミスや単語のスペルミスはよくあることです。プログラムがうまく動かないときは、単語のスペルはもちろん、細かい記号まで間違っていないかチェックしていきましょう。

2.1.2　整数も小数も正も負も（数値型）

では、数値型から見ていくことにしましょう。

●数値型のポイント

・数値型には、整数リテラルを扱うint型と、浮動小数点数リテラルを扱うfloat型があります。

数値型

　　数値型は、そのものズバリ「数の値」ですが、「値＝リテラル」として見た場合、整数や、小数を含む浮動小数点数などの種類があります。Pythonでは、数値型のうち、整数を整数型（int型）、小数を含む値を浮動小数点数型（float型）として扱います。

▼数値型

int型（整数型）	整数値を扱うためのデータ型
float型（浮動小数点数型）	小数を含む値を扱うためのデータ型

整数リテラル

1とか10のような整数をソースコードの一部として書く場合は、そのまま書けばOKです。

●整数リテラル（10進数）の書き方

```
10
150
1000000
```

　　これは、ふだん使っている10進数の書き方ですが、Pythonでは、2進数や8進数、16進数を表現することもできます。コンピューターの最小の処理単位は**バイト**で、1バイトは8ビット、つまり8桁の2進数で表されるのですが、16進数を使うとこれを2桁の値で表すことができます。2進数の4桁がちょうど16進数の1桁になるからなのですが、コンピューターの世界では、1バイトのデータを表すのに16進数がよく用いられます。

●2進数の書き方（基数2）

```
【例】 0b1  0B100  0b101010
```

　　先頭に「0b」または「0B」（どちらも0は数値のゼロ）を付けます。

●8進数の書き方（基数8）

```
【例】 0o7  0O23  0o10000
```

　　先頭に「0o」または「0O」（ゼロに続いてアルファベット「オー」の小文字または大文字）を付けます。

●16進数の書き方（基数16）

```
【例】 0x1  0X100  0xCCB8
```

　　先頭に「0x」または「0X」（どちらも0は数値のゼロ）を付けます。

　　VSCodeを起動して新規のNotebookを作成し、2進数、8進数、16進数それぞれの値を入力して、どのように出力されるのかを見てみましょう。Notebookの実行環境として仮想環境を設定しておくことをお忘れなく。セルへの入力が済んだら、**［セルの実行］** ボタンをクリックして、ソースコードを実行してください。

Attention

以降は、Notebookのセルに入力したソースコードには セル1 のようにセル番号を表示し、実行結果には OUT を表示することにします。

Onepoint

16進数では9の次をAまたはaと表し、アルファベット順にA～F（またはa～f）が10進数の10～15に対応します。

●扱える整数の範囲

　　初期のPythonでは、数値型で64ビットまでのデータが扱えましたが、Python3では、64ビットよりも大きな数値を表現できるようになっています。ちなみに64ビットというと、2進数の64桁のデータになります。これを整数で扱える範囲で表すと、次のようになります。

最小値	−9,223,372,036,854,775,808
最大値	9,223,372,036,854,775,807

　　この範囲を超える数値を扱えるようになったということですから、途方もない数値、例えば天文学的な数値計算も処理できるということです。

●整数型の値を画面に表示してみる

　　Pythonのインタープリター（機械語変換ソフト）は、内部ではソースコードで指定されている基数として処理しますが、画面への出力は10進数で行います。Notebookのセルに2進、8進、16進の数を入力し、順次実行して結果を見てみましょう。

▼まずはふつうの10進数の10（data_type.ipynb）

セル1	10 ──── 入力してセルを実行
OUT	10 ──── 結果（整数型の値）

▼2進数

セル2	0b10 ──── 10進で1個の2と0個の1
OUT	2

▼8進数

セル3	0o10 ──── 10進で1個の8と0個の1
OUT	8

▼16進

セル4	0x10 ──── 10進で1個の16と0個の1
OUT	16

　　Notebookのセルは、Pythonのモジュール（.py）に書かれたプログラムを読み込んだときとまったく同じように動作しますが、1つだけの例外として、値そのもの（リテラル）を入力すると、自動的にその値を表示します。入力がたんに「10」のときは、「print(10)」と解釈して「10」と表示します。同様に、入力が変数名の「num」だけだった場合は、「print(num)」と解釈して、変数numに格納されている値を表示します。

浮動小数点数リテラル

コンピューターでは、小数を含んだ値を**浮動小数点数**として扱います。通常の「0.00001」のような形式は**固定小数点数**と呼ばれます。どちらも小数を含む値ですが、それぞれ浮動小数点数方式と固定小数点数方式で表された数ということになります。Pythonで小数を扱うデータ型は、**浮動小数点数型**（float型）です。

▼固定小数点数

| セル5 | 3.14 ——————————————————————————————————— 固定小数点方式で入力 |
| OUT | 3.14 ——————————————————————————————————— 浮動小数点数型 (float型) の値 |

固定小数点数の方が見た目にはわかりやすいのですが、例えば1000兆分の1を表すには、固定小数点数では「0.000000000000001」となり、たくさんの桁が必要になります。このように小数点以下の桁数が多い場合は、浮動小数点数を使えば、「1.0E−15」または「1.0e−15」だけで済みます。このような表記方法を「指数表記」と呼びます。コンピューターは桁数が少ない方が速く計算できるため、広い範囲の数を高速に計算するには、固定小数点数より浮動小数点数の方が有利なのです。Pythonで小数を扱うデータ型は浮動小数点数型 (float型) なので、固定小数点数方式で入力した値であっても、内部的に浮動小数点数として扱われます。

●浮動小数点数の仕組み

浮動小数点数では、「$\pm 1.m \times 2^n$」または「$\pm 0.m \times 2^n$」と表記できる値について、符号、仮数 (mの部分)、指数 (nの部分) をビットの並びとして記憶します。なお、仮数 (mの部分) は、あるビットが2分の1であれば、その下位のビットは4分の1、さらに下位が8分の1になります。10進数の小数点第1位が10分の1、第2位が100分の1となるのとは異なるため、10進数表記との間で誤差が生じ、10進数の小数が浮動小数点数で正確に表されるとは限りません。コンピューターでは、この誤差を浮動小数点数の「まるめ誤差」として扱います。

▼浮動小数点数

| セル6 | 1.0e4 ——————————————————————————————————— 浮動小数点数方式で入力 |
| OUT | 10000.0 |

Attention

本書では、Notebookのセル（ セル1 の部分）と実行結果（ OUT の部分）の間に空白行を入れるようにしていますが、コードの量が少ない場合などは空白行を入れていない場合があります。ご了承ください。

2.1.3 文字も文字列も（文字列型）

文字列型（**str型**）は、文字を扱うデータ型です。具体的には、0個以上のUnicode文字の並びを表します。

●文字列型のポイント

・文字列型（str型）は文字列リテラルを扱います。

文字列リテラル

文字列リテラルは、シングルクォート「'」またはダブルクォート「"」で囲んで記述します。

▼文字列の表記

```
'Python'
"これは文字列です。"
'I'm a programmer.' ──────────────────────── 正しくない例
```

シングルクォートとダブルクォートのどちらを使ってもよいのですが、3つ目の例の場合に「'I'm a programmer.'」とすると、Iだけが文字列リテラルとなってしまい、正しく扱われません。このような場合は、文字列全体をダブルクォートで囲みます。

セル7	`"I'm a programmer."` ──────────── 文字列全体を"で囲む
OUT	`"I'm a programmer."` ──────────── 出力

このように、ダブルクォートで全体を囲むと文字列内にシングルクォートを入れることができ、逆にシングルクォートで全体を囲むと文字列内にダブルクォートを入れることができます。

■ トリプルクォートで囲む

テキストを**トリプルクォート**（シングルクォート3つ、またはダブルクォート3つ）で囲むと、囲まれた文字列の中に改行があっても、文字列の続きとして扱われます。つまり、改行している文字列がそのままの状態で扱われます。

▼トリプルクォートで囲む

セル8	`'''aaa`
	`bbb`
	`ccc'''` ──────────── ここまでが入力範囲
OUT	`'aaa\nbbb\nccc'` ──────────── 結果

そのままの状態ではありませんね。改行の位置に「\n」という変な文字列が入っています。これは、プログラム内部で改行を扱うための記号なのですが、先のような状態でセルを実行すると、\nがそのまま出力されます。次のように入力すると、ちゃんと改行された状態で表示されます。

▼print()で文字列を出力する

セル9

```
str = '''今日の予定：                    ── strという変数に3行ぶんの文字列を登録する
掃除
洗濯'''
print(str)                          ── print()でstrの中身を出力
```

OUT

```
今日の予定：
掃除
洗濯
```

冒頭にstrという単語が出てきましたが、これは**変数**です。変数とは、オブジェクトに付けられる名札のようなものです（好きな名前にできます）。このあと詳しく見ていきますが、Pythonでは、「任意の文字 = 何かの値」と書くと「任意の文字」が「何かの値」を示すようになります。strに「=」を使って文字列を登録しておいて、print(str)とすれば、strに登録された文字列が表示されます。この方法を使えば、文字列を囲んでいた「'」「"」が取り除かれると共に、\nではなく、ちゃんと改行されて出力されます。

Hint **「'」と「"」のどっちがいい？**

　文字列リテラルは、シングルクォートとダブルクォートのどちらかを使って囲むのですが、両者にプログラミング上の違いはまったくないので、どっちを使うか悩むところではあります。

　結論をいえば「好み」ということになります。「"」の方が目立つので文字列リテラルであることがわか

りやすいという人もいれば、「'」の方が見た目もスッキリしていてコードも読みやすいという人もいます。解説書やWeb上のドキュメントを見ると、「"」がやや多いかなという印象ですが、「'」もよく使われています。ちなみに本書では「'」を多く用いています。

2.1.4 データではない文字列（コメント）

文字列は、プログラムの中で文字列型というデータだけでなく、プログラム内にメモを残すためにも使われます。プログラムを書いていると、「なぜこのような処理をしているのか」、「この部分は何のためのものなのか」をメモとして残しておきたいことがあります。あとで忘れてしまっても大丈夫なように、あるいは、他の人がソースコードを見たときわかりやすいようにするためです。

そこでPythonでは、行のはじめに「#」を書くことで、その行はメモのための文字列、すなわち**コメント**として扱われるようになっています。

ソースコードのメモ書き「コメント」

冒頭に「#」（シャープ）を付けると、その行がまるまるコメントとして扱われるので、プログラムの実行時に、その行に書いてあることは無視されます。

▼コメントを書いてみる

セル10
```
# ソースコードの一部とは見なされないので、どんなことでも書けます。
```
└── セルに入力して実行しても何も起こらない

複数行に書くときは、次のように書きます。

▼複数行のコメントを書く

セル11
```
# ソースファイルでは
# 各行の冒頭に＃を入れることで
# 複数行にわたるコメントを書くことができます。
```

nepoint

例を見てわかるように、文字列の中に含まれる＃は文字として扱われます。

▼コメントはポイントのみを簡潔に

2.1.5　YesかNoだけ（ブール〈bool〉型）

プログラムでは、"真か偽か"といった二者択一の状態を扱うことがよくあります。「正しい」「正しくない」あるいは「ON」「OFF」など、現在の状態がどっちなのかを調べるような場合です。

●ブール型のポイント

・ブール（bool）型の値は、TrueおよびFalseという2つの真偽リテラルのみです。

真偽リテラル

bool型の値は、「True」（真）および「False」（偽）という2つの予約語で表されます。2つの値を比較するときの定番としてよく利用されます。例えば、左側の数値が右側の数値よりも大きいかどうかを調べる「>」という記号（正確には演算子と呼びます）があります。

▼左側の数値が右側の数値よりも大きいか

| セル12 | `10 > 1` |
| OUT | `True` |

10は1よりも大きいので、True（真）が返ってきます。なお、Trueという文字列が返されるのではなく、真偽リテラルとしてのTrueが返ってきて、これが便宜的にTrueという文字列で出力されています。なんだかややこしいですが、「Trueという真偽リテラルを示すデータが返ってくる」と考えてもらうとよいでしょう。

Onepoint

何らかの操作を行った際に、操作先から何らかの反応がある場合は、結果が「返される」というような言い方をします。

▼bool型のイメージ

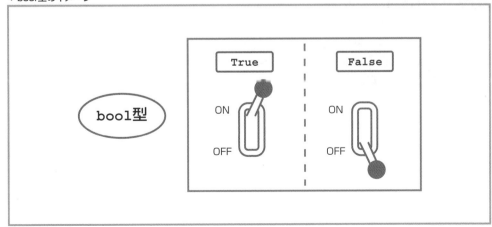

■ 空の値はFalseと見なされる

空の値とはいったい何のことなのかよくわかりませんが、数値の0とか、文字列の''（文字列リテラルであることを示しているにもかかわらず中身の文字が何もない）といった場合は、「空の値」ということになります。Pythonは、このような空の値を「Falseである」と判断します。

▼Falseと見なされるもの

要素	値
整数のゼロ	0
浮動小数点数のゼロ	0.0
空の文字列	''
空のリスト	[]
空のタプル	()
空の辞書	{}
空の集合	set()
値が存在しない	None＊

「>」などで左辺と右辺を比較する以外に、「0」そのものはFalseになるというわけです。値が空である場合にTrueを返す演算子としてnotがあります。「not x」と書くと、xがFalseだとTrueが返ってきますので、実際に結果を見てみることにしましょう。

▼値がFalseなのかを調べる

セル13	`not 0`
OUT	`True` ———————————————— 0はFalseなので、notの結果はTrue

セル14	`not 1`
OUT	`False`

セル15	`not ''` ———————————————— シングルクォート2つ
OUT	`True` ———————————————— 空の文字列（False）なので

これに何の意味があるのかちょっと不思議ですが、プログラムの中で「0ではないか？」とか「文字列が空ではないか？」を調べることは、よくあります。「値の中身がFalseであれば、何らかの処理をする」という場合などです。

＊**None** これは、値が空ではなく「値そのものが存在しない」ことを示す予約語。

2.1.6　「値そのものが存在しない」は「None」

　　空の値は、0とか''のことでした。厳密にいうと、前者は「値が0の数値型」、後者は「空の文字列型」ということになります。しかし、プログラムの処理の中で「値そのものが存在しない」ということがあります。例えば、「どこからかデータを読み込んだつもりが、何も読み込めなかった」という場合は、データ型がどうこうという前に「値そのものがない」という状態です。で、このような状態に対処するために、「データをうまく読み込んだか？」➡「値は存在するか？」ということを調べることがあるのですが、そういった場合は「値がNoneであるか？」という調べ方をします。

●Noneのポイント
・Noneは「値自体が存在しない」ことを示すためのリテラルです。
・プログラムの処理において、「値があるかどうか」を調べる目的で使われます。

何もないことを示す特殊なリテラル「None」

　　「None」は、何も存在しないことを示す特殊なリテラルです。値そのものが存在するかどうかは等価演算子（==）では判定できないので、この場合はis演算子とNoneを使って判定します。

▼値が存在するかどうかを調べる

セル16	`x = None` ———————————	xにNoneを格納
	`x is None` ———————————	xはNoneであるか？
OUT	`True` ———————————	xはNoneである（値が存在しない）という結果になった

　　ここでは、xというデータの入れ物（変数）にNoneを登録して、「xには何も存在しない」という状態にしました。で、次の行でisという記号（演算子）を使っていますが、これは、左側の要素と右側の要素が同じであればTrue、違うものであればFalseを返します。結果として、xには何も存在しないので、Trueと表示されました。

　　このようにして、「値があるのか、それとも何もないのか」を調べる目的で、Noneが使われます。

▼Noneは「値がない」ことを示す

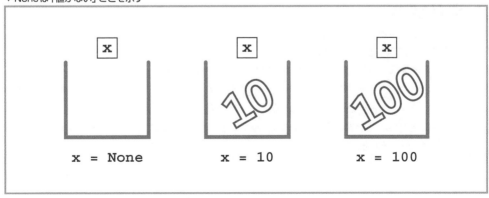

オブジェクトと変数

Pythonは、プログラムのデータをすべてオブジェクトとして扱います。プログラムを実行すると、必要なデータがメモリ上に読み込まれますが、早い話、この「読み込まれたデータ」がオブジェクトです。この読み込まれたデータにアクセスする手段として、変数というものを使います。

変数はオブジェクトの「名札」

本節では、Pythonが扱うデータ、すなわち「オブジェクト」と、オブジェクトを扱うための「変数」について見ていきます。

•オブジェクトと変数

・変数は、オブジェクトを操作するための「名札」のようなものです。

・変数には好きな名前を付けることができます。

・「x = 値」と書くと、xという変数に=の右側の値（オブジェクト）が結び付けられ（代入され）ます。

・オブジェクトには、文字列や数値などの情報のほかに、オブジェクト固有のメソッドが結び付けられています。

・オブジェクトを変数に代入し、変数経由でオブジェクトを操作することで、柔軟なプログラムを作ることができます。

•変数への代入

・変数に値を格納（代入）するには「変数名 = 値」のように書き、このことを「値を格納する」または「値を代入する」といいます。

・変数の実体は、メモリ上に確保された「オブジェクト」。

・変数名には、システム内部でオブジェクトのメモリアドレスが結び付けられるので、変数名を指定すればオブジェクトを参照できる仕組みになっています。

・変数に格納した値を書き換える（再代入する）と、それまでのオブジェクトは破棄され、新しいオブジェクトが作られます。

2.2.1 オブジェクトを捕まえろ！

プログラムでは、ソースコード上で入力した値 (リテラル) の保管や、処理結果の保管、さらに別のソースコードに引き渡すための手段として、**変数**を使います。

プログラムのデータはすべてオブジェクトになる

プログラムで扱う数値や文字列などの「ソースコードに直接書かれている値」をリテラルと呼ぶのでした。でも、プログラムを書いていると、「同じ値をほかでも使いたい」ということがよくあります。

Notebookのセルは、「100+100」と入力すると、その結果を表示してくれるので、ちょっとした電卓のように使えます。

▼100+100を計算してみる (variable.ipynb)

セル 1	100 + 100
OUT	200 ———————— 計算結果が表示される

計算した結果に、さらに別の値を加えたいとします。ですが、結果を示す「200」という数字は、表示されていますが、プログラムの中には残っていません。計算して結果を出したとたんに、値は消えてしまいます。「値を残しておく」ことをしていないためです。

■ Pythonは操作の対象をすべて「オブジェクト」として扱う

正確にいうと、ソースコードの中に書いた「100」とか「'こんにちは'」というリテラルは、コンピューターのメモリに一時的に記憶されます。このように、メモリ上に展開されたものをPythonでは**オブジェクト**と呼びます。オブジェクトには様々な種類があり、文字列もその一種 (文字列オブジェクト) です。オブジェクトはPythonというプログラミング言語の最も重要な基本単位であり、Pythonのプログラムはオブジェクトを中心として構成されます。

▼ソースコードの中のリテラルとオブジェクトの関係

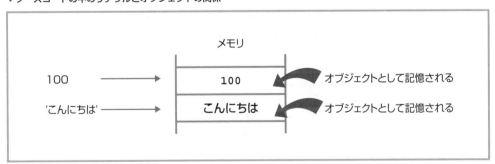

こんな感じでメモリに記憶されるのですが、一度使ったオブジェクトはもう使えません。メモリ上に残っていたとしても、これにアクセスする手段がないからです。だからといって、同じ結果を表示するのにまたもや同じ計算式「100+100」を書くのは面倒ですし、入力をミスすると同じ結果を得ることができません。そこで変数の登場です。ここでは「x」という名前の変数を使います。

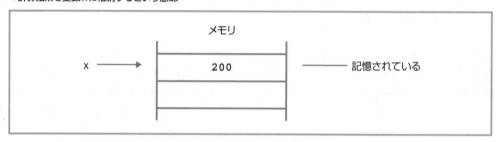

```
セル2    x = 100 + 100 ─────────────────────────── xは「200」
         x ────────────────────────────────────── xの中身を表示する
OUT      200 ──────────────────────────────────── xの中身が表示された
```

　前にもお話ししましたが、変数とは、オブジェクトに付けられる名札のようなものです。Pythonでは、「変数名 ＝ 値」と書くと変数が使えるようになり、同時に変数名に＝の右側の値が結び付けられます。「x = 100+100」と書くと、＝の右側の計算結果（正確にはint型のオブジェクト）がxに結び付けられるので、以降は「x」と書けばそれは「200」ということになります。つまり、xと書くだけで計算結果の「200」を何度でも手に入れることができるというわけです。

▼計算結果を変数xに格納するという意味

```
                              メモリ

        x ──────────→  ┌──────────────┐
                       │     200      │──── 記憶されている
                       └──────────────┘
```

■「オブジェクト？　どこにそんなのがあるの？」

　上の図にあるように、xと書くと代入したオブジェクトにアクセスできるようになります。

　Pythonでは、数値リテラルであろうと文字列リテラルであろうと、それぞれにデータが記憶されているメモリ領域上を「オブジェクト」として扱う――というのは、先ほどお話ししたとおりです。「変数xのデータが格納されているメモリ上の領域」というよりも「変数xのオブジェクト」といった方がスッキリしますよね。これがオブジェクトの実体です。

　先の例ですと、変数xに、「100+100」の結果の「200」が格納されたオブジェクトが結び付けられます。これがどうやって結び付けられるのかというと、xにオブジェクトのメモリアドレス（メモリ上の番地）が関連付けられるのです。Pythonのインタープリターは、「xはメモリの500番地」であると解釈し、機械語のコードに変換します。実際のメモリ番地は、プログラムの実行時によってまちまちですので、そのときに確保されたメモリ番地になります。

▼変数xがオブジェクトを参照する

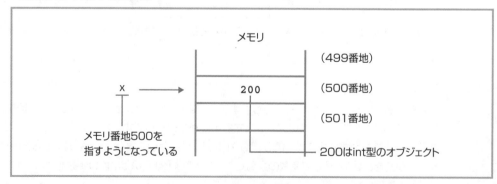

オブジェクトには関数（メソッド）が結び付けられている

　オブジェクトは、文字列や数値などの情報を保持します。が、それだけではなくて、オブジェクトの面白さは「固有の**メソッド**をも併せ持つことができる」という点にあります。ある情報と、その情報に関連したメソッドをひとまとめにしたものがオブジェクトです。これでは、ちょっと意味がわかりませんね。変数xもオブジェクトですので、もちろんメソッドを持ちます。やってみましょう。

セル3

```
x = 100 + 100
x.bit_length()
```

OUT

```
8
```

　この例にあるとおり、オブジェクトのメソッドを呼び出すときは「オブジェクト.メソッド」のようにピリオド (.) でつなぎます。int型のオブジェクトにはbit_length()というメソッドがあり、「保持する数値を表現するために必要なバイト数を調べて返す」という働きをします。

　「ある情報に、その情報を操作するためのメソッドが装備されている」というイメージがつかめたでしょうか？　オブジェクトを変数に代入し、変数経由でオブジェクトを操作することで、柔軟なプログラムを作ることができます。これが変数の効果です。

▼変数に代入したオブジェクトとメソッド

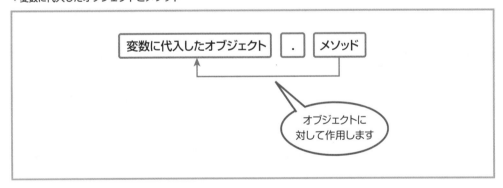

Python プログラムの材料

2

2.2.2 3回続けてあいさつしてみよう——変数への代入

変数は、値を保管しているオブジェクトを参照します。ですので、「x = 'こんにちは'」と書けば、x が参照しているオブジェクトに文字列の「こんにちは」が格納されます。ですが、かなり回りくどい言い方なので、端的に「xに10を格納する」とか「xに10を代入する」といった言い方をします。

「=」は、プログラミングの用語で**代入演算子**と呼びます。代入演算子は、リテラルを直接代入するほかに、計算式の結果を代入することもできます。

▼値の代入

変数名 = 値

プログラミングの「=」は、「左（左辺）と右（右辺）が等しい」という意味ではなく、「右辺の値を左辺に代入する」という働きをします。右辺の「値」を左辺の「変数」に代入します。「こんにちは」を変数に代入しておくと、変数名を使って連続して出力することができます。

▼「こんにちは」を3回表示するプログラム

セル4
```
str = 'こんにちは'
print(str)
print(str)
print(str)
```

OUT
```
こんにちは
こんにちは
こんにちは
```

「こんにちは」を「おはようございます」にしたければ、1行目を「str = 'おはようございます'」に書き換えればOKです。print(str)のコードはそのまま使えます。

変数に異なる値を代入して中身を書き換えることができます。

代入した値のデータ型は変更できないけれど、値そのものを書き換えることはできる

Pythonで扱う値（リテラル）には、それぞれデータ型が決められています。Pythonは、強い型付けを行うので、数値型の値は数値型のままオブジェクトに保持されます。オブジェクトから取り出した数値の10を、メソッドを使って文字列の10に変換することは可能ですが、元のオブジェクトを文字列のように操作しようとするとエラーになります。あくまで、そのオブジェクトに関連付けられているメソッドしか使うことはできないためです。一方、xという変数に格納した値は、あとから変更することができます。もちろん、別のデータ型の値を格納することもできます。この場合、オブジェクトに関連付けられるデータ型は、新たに格納した（代入した）値に対応するデータ型になります。

▼変数の中身を書き換える

セル5	`x = 12345` ——————————————————————— まずは数値型の値を代入
	`print(x)`
OUT	`12345` ——————————————————————————— 変数xの中身

セル6	`x = 'こんにちは'` ————————————————————— 文字列を代入する
	`print(x)`
OUT	`こんにちは` ——————————————————————— 変数xの中身が書き換わっている

xの値が「12345」から「こんにちは」に変わりましたね。

変数のコピー？

変数の中身を別の変数にコピーすることができます。

セル7	`x = '調子はどう?'` ———————————————————— xに文字列を代入する
	`y = x`
	`print(y)`
OUT	`調子はどう?` ——————————————————————— 変数yの中身がxと同じになっている

コピーするといいましたが、正確な言い方ではありません。「xの値が、yが参照するオブジェクトにコピーされる」のではなく、「xが参照しているオブジェクトを、yも参照するようになる」のです。

▼変数yにxを代入すると、xもyも同じオブジェクトを参照するようになる

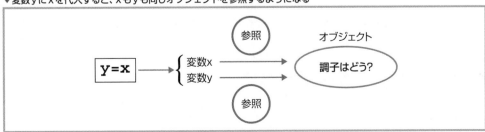

■ 変数の中身を書き換えると新しいオブジェクトが用意される

引き続き、yに別の値を代入すると、新しいオブジェクトが作られ、それを参照するようになります。

セル8
```
y = 1000 ————————————————————————————————— yに「1000」を代入する
print(y)
```
OUT
```
1000 ——————————————————————————————————————— yの値
```

セル9
```
print(x)
```
OUT
```
調子はどう？ ——————————————————————————————— xの値は元のまま
```

　yは、xと同じオブジェクトを参照することをやめ、新しいオブジェクトを参照するようになります。xとyは別々のオブジェクトを参照するようになったのです。このように、変数には「別の値を代入すると、新しいオブジェクトが作られてそれを参照するようになる」という特徴があります。

　これは、オブジェクトのアドレスを調べるid()という関数で確かめることができます。id(x)と書けば、「変数xがメモリのどこを指しているか」つまり「参照しているオブジェクトのメモリ番地」がわかります。

▼変数が参照しているオブジェクトのアドレスを調べる

セル10
```
x = 100
y = x ——————————————————————————————————————— yにxを代入する
id(x)
```
OUT
```
1506275120 ——————————————————————————— xが参照しているオブジェクトのアドレス
```

セル11
```
id(y)
```
OUT
```
1506275120 ——————————————————————————————— yも同じアドレスを参照している
```

セル12
```
y = '調子はどう？' ———————————————————————————— yに文字列を代入
id(y)
```
OUT
```
2728280529864 ————————————————————————————— yのアドレスが変わった！
```

セル13
```
id(x)
```
OUT
```
1506275120 ——————————————————————————————— xのアドレスはそのまま
```

　変数yは、最初はxと同じオブジェクトを参照していましたが、別の値を代入すると、新しく作られたオブジェクトを参照するようになりました。もちろん、xにも別の値を代入すれば、これまでのオブジェクトは破棄され、新しいオブジェクトが参照されるようになります。

▼xに別の値を代入する

セル14
```
x = 1
id(x)
```
OUT
```
1506275408 ——————————————————————— 元のアドレス「1506275120」が変更されている
```

Memo 変数名を付けるときのルール

変数には、任意の名前を付けることができますが、いくつかのルールがあり、これに従わなければなりません。

・変数名に使用できるのは、半角英数字とアンダースコア「_」です。
・1文字目に数字は使えません。
・予約語を変数名にすることはできません。ただし、予約語を変数名の一部に含めることはできます。
・変数名は1つの単語なので、スペースを入れて複数の単語を変数名にすることはできません。複数の単語を使用する場合は「user_name」のようにアンダースコアを間に入れます。

また、ソースコードと同様に大文字と小文字は区別されます。変数Aと変数aは、まったく別の変数として扱われます。

▼Pythonの予約語（キーワード）

False	None	True	and	as
assert	async	await	break	class
continue	def	del	elif	else
except	finally	for	from	
global	if	import	in	is
lambda	nonlocal	not	or	
pass	raise	return	try	
while	with	yield		

Hint 命名規則

Pythonでは、変数名をはじめとする命名規則が次のように定められています。

・モジュール名はすべて小文字かスネークケース
・クラス名はパスカル記法
・メソッド、関数名、変数名はすべて小文字かスネークケース

▼命名規則

記法	説明	例
キャメル記法	複数の単語を連結し、先頭文字は小文字、あとに続く単語の先頭文字は大文字にします。Pythonでは用いられない記法です。	userName
パスカル記法	複数の単語を連結し、すべての単語の先頭文字を大文字にします。Pascalというプログラミング言語で使われたのが名前の由来です。	UserName
アンダースコア記法（スネークケース）	単語をすべて小文字で記述し、単語の間にアンダースコア（_）を入れます。	user_name

変数を使って計算をする

　大辞林によると、数式とは「数や量を表す数字または文字を計算記号で結び、数学的な意味を持たせたもの」とされています。いわゆる普通の計算式がこれに当たるわけですが、プログラミングにおいても1つの式や複数の式を組み合わせることで様々な処理（演算）を行います。「変数aにbの値を加算して結果を画面に表示する」といった、ごく基本的な処理も式を使って行います。

プログラミングにおける「式」と「演算」

　数学で使う数式は「数字や文字を計算記号で結んだもの」でしたが、プログラミングにおける式とは「結果として値を返すもの」を指します。整数リテラルや文字列リテラル、さらには変数そのものも式ということになります。

- プログラミングにおける「式」とは「結果として値を返すもの」のことです。演算を行う観点から見た場合、変数の「x」、整数リテラルの「100」、文字列リテラルの「'Python'」は式になります。
- 「演算子」を使用することで、式同士を組み合わせて1つの式を作ることができます。

　Pythonインタープリターが100という数値をソースコードの中で見つけると、「数値の100」として評価します。つまり、100という値を返す式として評価されます。文字列の"Hello world!"も、文字列を返す式ということになります。この点が数学の数式と異なるところです。
　もちろん、式は1つだけではなく、式同士を組み合わせてさらに複雑な式を作ることができます。この場合、式と式を組み合わせるための**演算子**を使います。変数に値を代入するときに使った「=」は**代入演算子**で、右辺の値を左辺の変数に代入する機能があります。

2.3.1 算術演算子

　「=」をはじめ、「+」や「−」などの計算に使う記号は、**演算子**と呼ばれます。演算子を用いた式を処理することを、計算とはいわずに**演算**と呼びます。コンピューターの機能の1つに「演算」機能がありますが、加算や減算などの計算のほかに「数値の大小を比較する」といったことも含むので、計算とはいわずに演算としています。ちなみに、足し算、引き算、掛け算、割り算（加減乗除）の計算のことは**四則演算**と呼ばれます。このほかに、数値の符号を扱う単項プラス／マイナス演算子があり、これらの演算子と四則演算子をまとめて**算術演算子**と呼びます。次表は、算術演算子の種類をまとめたものです。

▼算術演算子の種類

演算子	機能	使用例	説明
＋（単項プラス演算子）	正の整数	＋a	正の整数を指定する。数字の前に＋を追加しても符号は変わらない。
−（単項マイナス演算子）	符号反転	−a	aの値の符号を反転する。
＋	足し算（加算）	a＋b	aにbを加える。
−	引き算（減算）	a−b	aからbを引く。
＊	掛け算（乗算）	a＊b	aにbを掛ける。
/	割り算（除算）	a/b	aをbで割る。
//	整数の割り算（除算）	a//b	aをbで割った結果から小数を切り捨てる。
％	剰余	a％b	aをbで割った余りを求める。
＊＊	べき乗（指数）	a＊＊b	aのb乗を求める。

●算術演算子のポイント
・「算術演算子」には、数値型の値の演算を行う働きがあります。

計算をさせるための記号、算術演算子

　アプリケーションには、「電卓」のように「入力された値を計算する」機能を持つものがあります。また、Webサイトで買い物をすると、自動的に合計金額を表示して決済するシステムも使われています。

　次に示すのは、キーボードで入力された数値を2倍にして表示するプログラムです。input()というのは、キーボードの入力を文字列として取得する関数です（使い方はこのあとで詳しく見ていきます）。

▼入力された数値を2倍にする（operation_variable.ipynb）

セル1
```
a = int(input('2倍にしてあげるよ→'))
print(a*2)                                    変数aの中身を2倍にする
```

　セルを実行すると、次のように入力用のパレットが開くので、任意の数値を入力して Enter キーを押すと、入力値を2倍にした値が出力されます。

▼セル1を実行したところ

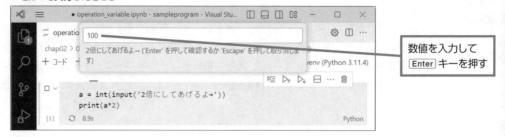

数値を入力して
Enter キーを押す

```
a = int(input('2倍にしてあげるよ→'))
print(a*2)
```

足し算、引き算、掛け算

　Notebookのセルは、入力した式を即座に解釈して結果を表示します。四則演算の式を入力して結果を見てみましょう。

▼足し算、引き算、掛け算

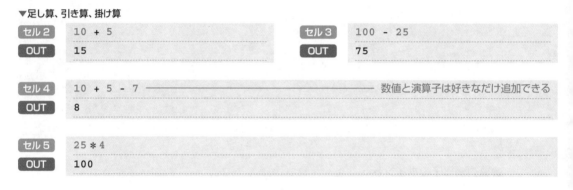

セル2
```
10 + 5
```
OUT
```
15
```

セル3
```
100 - 25
```
OUT
```
75
```

セル4
```
10 + 5 - 7
```
数値と演算子は好きなだけ追加できる
OUT
```
8
```

セル5
```
25 * 4
```
OUT
```
100
```

　数値と演算子の間にスペースを入れましたが、必ずしも入れる必要はありません。ただし、スペースを入れた方が読みやすくなります。＝の左右にはスペースを入れます。また、慣用的に算術演算子の＋や−の左右にはスペースを入れ、＊や／の左右にはスペースを入れません。これは、演算子の優先順位が見た目でわかるようにするためです。こうすると、＋や−、＊、／が混在した式の場合に「どこから先に計算されるのか」がわかりやすいためです。

除算（割り算）と剰余

　除算には、2つのバージョンがあります。

- 「/」 …………ふつうの割り算ですが、浮動小数点数の除算を行うので、小数以下の値まで求めます。
- 「//」 …………整数のみの割り算を行います。割り切れなかった値は切り捨てられます。

　％演算子は、「割った（除算した）余り（剰余）」を求めます。値が割り切れたのか、割り切れなかったのかを知りたい場合などに使われます。

▼2パターンの除算と剰余

セル6	4/2 ——— 【浮動小数点数の除算】		セル7	7/5
OUT	2.0 ——— 浮動小数点数で返される		OUT	1.4

セル8	7//5 ——— 【整数のみの除算】		セル9	7%5 ——— 【剰余】
OUT	1 ——— 割った余りは切り捨てられる		OUT	2 ——— 割った余り

ゼロで割ろうとすると**ゼロ除算**となるので、エラーになります。

▼ゼロ除算

セル10	7/0 ——————————————————————— ゼロ除算はエラーになる
OUT	Traceback (most recent call last): ——————— エラーメッセージ
	File "<pyshell#105>", line 1, in <module>
	7/0
	ZeroDivisionError: division by zero

変数を使って演算する

変数に整数リテラルを代入し、これを使って演算してみましょう。算術演算子で求めた値は、代入演算子の「=」を使って変数に代入することができます。

▼変数を使用した演算

セル11	a = 10 ——— 変数aに10を代入		セル12	a ——— aの値を表示する
	a - 3 ——— aから3を減算		OUT	10 ——— 代入した値は変わらない
OUT	7			

上記の「a − 3」では、結果をaに代入していないので、aの値はそのままです。結果を代入する場合は、次のように書きます。これを変数の**再代入**と呼びます。

▼演算結果を変数に代入する

セル13	a = a - 3 ————————— この演算結果が＝の左辺の変数aに代入される
	a ——— 演算結果が代入される
OUT	7

単項プラス演算子（＋）、単項マイナス演算子（−）

　単項プラス／マイナス演算子は**単項演算子**なので、「＋2」や「−2」のように、演算の対象は1つです。**単項プラス演算子**の場合、「＋2」は「2」と同じことになります。また、「＋（−2）」とした場合も結局は「−2」なので、あえて付ける意味はありません。さらに「a = −1」の場合「＋a」の値は「−1」のままで、何の処理も行いません。

　これに対し、**単項マイナス演算子**は、「符号を反転する」処理を行います。「−2」は当然−2ですが、「−（＋2）」とした場合は（ ）の中の＋2の符号が反転して−2となります。さらに、変数においてはその効果が顕著なものになります。「y＝2」の場合、「x＝−y」とするとyの値の符号が反転するので、xには−2が代入されます。

　単項プラス演算子は何も処理を行わないのでほとんど使い道がありませんが、単項マイナス演算子は、「マイナスの値をプラスにする」というような場面で活用できます。

▼単項プラス／マイナス演算子を使う

セル14	2
OUT	2

セル15	+2
OUT	2 ─────────────────── +2としても結果は変わらない

セル16	+(-2)
OUT	-2 ─────────────────── +（−2）としても結果は変わらない

セル17	a = -1
	+a
OUT	-1 ─────────────────── +aとしても結果は変わらない

セル18	-2
OUT	-2

セル19	-(+2)
OUT	-2 ─────────────────── −(+2)とすると+2の符号が反転する

セル20	y = 2
	x = -y ─────────────── yの符号を反転させてxに代入する
	x
OUT	-2 ─────────────────── xには、yの符号を反転した結果が代入されている

2.3.2　「x = '僕の名前はPythonです'」(代入演算子)

代入演算子には、単純に右辺の値を左辺に代入する**単純代入演算子**「=」のほかに、＋や－などの演算子と「=」を組み合わせた**複合代入演算子**もあります。

●代入演算子のポイント

・代入演算子には、右辺の値を左辺に代入する機能があります。

代入演算子による値の代入

代入演算子は、これまでに変数に値を代入するために使ってきました。代入演算子は、指定した値を変数に代入するために使うので、左辺 (=の左側) は常に変数であることが必要です。

▼代入演算子 (単純代入演算子)

演算子	内容	使用例	変数xの値
=	右辺の値を左辺に代入する。	x ＝ 5	5

▼代入式の書き方

> **変数名　＝　値または式**

▼代入演算子

`セル21`
```
name = 'Python'───────────────────────── 'Python'を代入
name
```
`OUT`
```
Python ──────────────────────────── 出力結果
```

■ 再代入

再代入は、「左辺の変数が、右辺の式に含まれている」場合を指します。なお、再代入なので、再代入を行う変数は、あらかじめ何らかの値が代入されていなければなりません。変数の中身がないと演算が不可能になるためです。

▼再代入

`セル22`
```
num = 10 ─────────────────── 10を代入
num = num + 10 ──────────────── 「num + 10」の計算結果をnumに再代入する
num
```
`OUT`
```
20 ──────────────────── numの値は20
```

複合代入演算子による式の簡略化

再代入は、**複合代入演算子**を使うことで、簡略に表記できます。

▼複合代入演算子を使わない再代入

```
a = 10
b = 20
a = a + b
```

3行目の「a＝a＋b」は、次のように書くことができます。

▼複合代入演算子を使って再代入する

```
a += b
```

次のように「a ＋= b ＋ c」と書くと、「a ＝ a ＋ b ＋ c」と解釈されます。

▼再代入

セル23
```
a = 10
b = 20
c = 30
a += b + c ──────────────────────── aの値に、b＋cの結果を加算する
```
OUT
```
60
```

セル24
```
b
```
OUT
```
20
```

セル25
```
c
```
OUT
```
30
```

複合代入演算子には、＋=、−=、＊=、/=、％=があります。

▼複合代入演算子による簡略表記

代入演算子での表記	複合代入演算子での簡略表記
a＝a＋b	a += b
a＝a−b	a −= b
a＝a＊b	a *= b
a＝a/b	a /= b
a＝a//b	a //= b
a＝a％b	a %= b
a＝a＊＊b	a **= b

■ 複合代入演算子の働き

複合代入演算子の働きをまとめておきます。

▼複合代入演算子の働き

演算子	内容	使用例	変数xの値
+=	左辺の値に右辺の値を加算して左辺に代入する。	x = 5 ➡ x += 2	7
-=	左辺の値から右辺の値を減算して左辺に代入する。	x = 5 ➡ x -= 2	3
*=	左辺の値に右辺の値を乗算して左辺に代入する。	x = 5 ➡ x *= 2	10
/=	左辺の値を右辺の値で除算して左辺に代入する。	x = 10 ➡ x /= 2	5.0
//=	左辺の値を右辺の値で整数のみの除算をして左辺に代入する。	x = 5 ➡ x //= 3	1
%=	左辺の値を右辺の値で除算した結果の剰余を左辺に代入する。	x = 5 ➡ x %= 3	2
**=	左辺の値を右辺の値でべき乗した結果を左辺に代入する。	x = 2 ➡ x **= 3	8

多重代入

代入演算子は、「a = b = c」のように続けて書くことができます。これを**多重代入**と呼びます。代入演算子は右結合（右側の値から順に代入）なので、次のように記述すると、右端から順に代入が行われます。結果、a、b、cの値はすべて'Python'になります。

▼多重代入

セル26
```
a = 'Py'
b = 'thon'
c = 'Python'
a = b = c ──────────────────────────────────── 多重代入
a
```
OUT
```
'Python'
```

セル27
```
b
```
OUT
```
'Python'
```

セル28
```
c
```
OUT
```
'Python'
```

また、続けて以下のように記述して、すべての変数の値を'Python'にすることもできます。

▼多重代入

セル29
```
a = b = c = 'Python'
a
```
OUT
```
'Python'
```

セル30
```
b
```
OUT
```
'Python'
```

セル31
```
c
```
OUT
```
'Python'
```

2.3.3 どこから手を付ける？（演算子の優先順位）

「演算子を並べて書いた場合に、どの演算から行われるのか」という「優先順位」が決められています。

演算子には優先順位があるけれど( )でコントロールできる

「2+3＊4」のように書いた場合は、乗算の「＊」が加算の「+」よりも優先順位が高いので、先に「3＊4」が行われ、結果の12に2が加算されます。

このように、演算子には優先順位が決められていますが、( )を使って「2+（3＊4）」のようにグループ化することで、わかりやすく記述できます。

▼加算と乗算

セル32	2 + 3＊4
OUT	14

▼カッコを使う

セル33	2 + （3＊4）
OUT	14

演算子の優先順位をすべて覚えるのは大変ですが、( )を使ってグループ化すれば、優先順位に頭を悩ませる必要もなく、コード自体も読みやすくなります。

▼カッコを使う

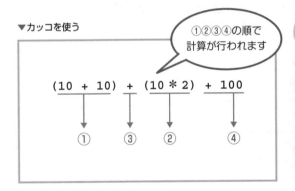

①②③④の順で計算が行われます

$(10 + 10) + (10 * 2) + 100$

① ③ ② ④

Onepoint

先にも少し触れましたが、慣用的に＋と－の左右にはスペースを入れ、それ以外の＊や／などの演算子の左右にはスペースを入れません。このようにするのは、複数の演算子が混在している場合に「見た目で優先順位がわかるようにする」ためです。なお、スペースは見た目のために入れてあるだけで、プログラムの動作には何の影響も及ぼしません。「スペースがないから優先順位が上がる」ということではないので、注意してください。

演算子には優先順位がありますが、( )を使ってグループ化することで、計算の順番をコントロールできます。

Memo｜演算子の優先順位

　数値の演算に関する演算子の優先順位は下表のとおりです。1個の計算式に複数の演算子がある場合は、表の上方に位置する演算子が優先的に処理されます。なお、同じ枠内に位置する演算子の優先順位は同じです。優先順位の同じ演算子は、左から右へと順番に処理されます。

　なお、大小関係や同値関係、条件の各演算子は、数値の比較などに使用する演算子です（このあとの章で順次紹介します）。

▼演算子の優先順位

演算子	内容
[v1, ...]、{v1, ...}、{ key1: v1, ...}、(...)	リスト／集合／辞書／ジェネレーターの作成、カッコで囲まれた式
x[index]、x[index:index]、func(args, ...)、obj.attr	添字、スライス、関数呼び出し、属性の参照
**	指数（べき乗）
+、−、~	単項プラス、単項マイナス、ビット単位のNOT
*、/、//、%	乗算、浮動小数点数の除算、整数の除算、剰余
+、−	加算、減算
<<、>>	左シフト、右シフト
&	ビット単位のAND
|	ビット単位のOR
<、<=、>、>=、!=、==	等価性
in、not in、is、is not	集合内のメンバーの評価
not X	論理NOT
and	論理AND
if ... else	条件式
lambda ...	ラムダ式

高 ↑ 優先順位 ↓ 低

文字列や数値をPythonの道具で自在に操ろう（関数、メソッド）

オブジェクトを操作するには、関数やメソッドを使います。

オブジェクトの操作は関数、メソッドで

Pythonでは、関数やメソッドを使ってオブジェクトを操作します。

•関数とメソッド

・関数は、関数名を書くだけで使える。

・メソッドは、処理の対象のオブジェクトを指定してから使う。

・関数もメソッドも、Pythonの開発者が用意したものがあらかじめ組み込まれている。

・関数もメソッドも独自のものを作れる。

•整数型（int型）への変換

int()関数は、整数以外のデータ型を整数型（int型）に変換します。()の中に、整数型に変換したいリテラルまたは変数を指定します。文字リテラルの「'100'」や「'3.14'」などの数字を整数型に変換できるほか、数値の「3.14159」を小数部のない整数部のみの値にすることもできます。

▼int()関数

```
int(ここに変換したい対象を書く)
```

•浮動小数点数型（float型）への変換

float()関数は、文字リテラルの数字をfloat型の数値に変換したり、int型をfloat型に変換します。

▼float()関数

```
float(float型に変換する対象)
```

•エスケープシーケンス

・print('こんにちは \nPython!')と書くと、「\n」のところで改行されます。
・このような、「\」を使ってあとに続く文字に特別な意味を与えているものを、**エスケープシーケンス**と呼びます。\nの「n」は「改行」という意味になります。

•文字列の連結と繰り返し

・加算演算子の＋の左右に文字列を書くと、左右の文字列を結合する文字列連結演算子として機能するようになります。
・文字列のあとに「＊数字」を書くと、「＊」は直前の文字列を繰り返す演算子として機能するようになります。

•ブラケットによる文字列の抽出

ブラケット[ ]を使うと、1つの文字列の中から特定の文字を取り出すことができます。

例：文字列から1文字取り出す

> 文字列 [インデックス] ──────── インデックスは文字の位置を示す数値

・[インデックス]で1文字抽出する。
・[インデックス:]で指定した位置から末尾までの文字列をスライスする。
・[:インデックス]で先頭からインデックス−1までの文字列をスライスする。
・[インデックス:インデックス]で指定した範囲の文字列を取り出す。
・[インデックス:インデックス:ステップ]で指定した文字数ごとに文字列を取り出す。

•文字列の分割、結合、置換

●len()関数で文字列の長さを調べる
　len()関数は、文字列の文字数を数えた結果を返します。

▼len()関数

> len(文字数を調べたい文字列)

●split()メソッドで文字列を規則的に切り分ける
　split()メソッドは、文字列に含まれる任意の文字を区切り文字として指定することで、文字列を切り分けることができます。

▼split()メソッド

> str型オブジェクト.split(セパレーター)

●join() メソッドで文字列をジョイント！
　join() メソッドは、リストの中に格納された個々の文字列を連結して、1つの文字列にまとめます。

▼ join() メソッド

間に挟む文字列.join(文字列を格納したリスト)

●replace() メソッドで文字列の一部を置き換える
　replace() メソッドは、指定した文字列を別の文字列に書き換えます。

▼ replace() メソッド

対象の文字列.replace(書き換える文字列, 書き換え後の文字列, 書き換える回数)

●format() メソッドで文字列を自動作成
　format() メソッドは、文字列の中に別の文字を持ってきて埋め込むことができます。「文字列{}文字列」の{}の部分に、「埋め込む文字列」を埋め込みます。

▼ format() メソッド

文字列{}文字列.format(埋め込む文字列)

●input() 関数
　input() 関数は、コンソール上で入力された文字列を取得して、これを返します。「a = input('入力してください')」と書くと、コンソールに「入力してください」と表示され、入力待ち状態になります。

▼ インタラクティブシェルの入力文字を取得する

返された文字列を格納する変数 = input(文字列)

2.4.1 Pythonの道具（関数、メソッド）

Pythonで扱うすべての対象はオブジェクトであり、すべてのメソッドはオブジェクトに関連付けられて定義されています。「オブジェクト.メソッド名()」と書くと、オブジェクトに関連付けられたメソッドが呼ばれて処理が行われます。オブジェクトとメソッド名の間にあるピリオド(.)は、「～に対して」という意味を持つことから**参照演算子**または**メンバー参照演算子**と呼ばれます（そのほかに**ドット演算子**という呼び方もあります）。

ところで、これまで何度も使用してきたprint()には、実行元のオブジェクトがありません。このような「オブジェクトを指定せずに実行できる」メソッドのことを**関数**と呼びます。

また、別の見方をすれば、

・メソッドはクラス内部で定義される
・関数はモジュールレベルで定義される

という点が異なります。メソッドはクラス内部で定義されているので、クラスのオブジェクトを指定して、

クラスのオブジェクト.メソッド名()

と書いて実行します。一方、関数の場合は、事前に関数が定義されているモジュールを読み込めるようにしておく必要はあるものの、基本的に

関数名()

の記述でOKです。なお、Pythonの標準ライブラリに含まれるprint()などの関数は、モジュールの読み込みが不要なので、関数名を書くだけで済みます。

少々大雑把ですが、メソッドと関数の違いについて悩んだ場合のために、

「メソッドはクラスで定義されたもの」
「関数はソースファイル（モジュール）に直接定義されたもの」

と覚えておくとよいでしょう。

前置きが長くなりましたが、つまるところメソッドや関数の実体は、「ある処理を行うためのソースコードのまとまり」です。ソースコードのまとまりに名前を付けておくことで、いつでも呼び出せるようにしているのです。

print()関数ってどこから呼んできたの？

ところで、そもそもprint()関数やメソッドのソースコードはどこにあるのでしょうか。その答えは、Pythonのインストールフォルダーの中です。Pythonの実行環境の中に「標準ライブラリ」として組み込まれているために、ソースコードそのものを見ることはできませんが（.py形式のモジュールに含まれている一部の関数を除く）、print()関数の本体はちゃんと入っています。このようにPythonには、Pythonの開発者が用意した関数やメソッドが標準ライブラリとして多数収録されています。これらの「定義済みの関数やメソッド」は、名前を書けばその場で呼び出すことができます。もちろん、自分で独自の関数やメソッドを作ることもできます。「print()だけじゃ物足りないから、足し算をしたあとでprint()を呼び出す関数を作ろう」というように、自分でソースコードを書いて、それに名前を付けることで、オリジナルの関数やメソッドを作成できます。

■ 関数もメソッドもオブジェクトなのです

Pythonでは「すべてのデータをオブジェクトとして扱う」と、前にお話ししました。関数もメソッドも例外ではなく、オブジェクトです。変数と同じように、関数名が参照するメモリ領域に関数のコードがあります。

▼関数（メソッド）もオブジェクト

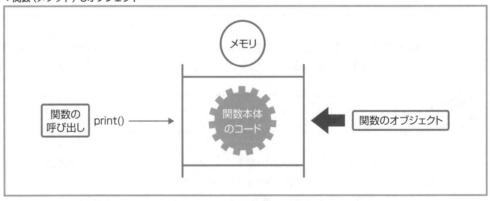

「えっ？　いつメモリに読み込んだの？」と言いたいところですが、print()などのあらかじめ用意されている関数は、関数名を書けば、プログラムを実行するときにPythonインタープリターがライブラリから読み込んでくれます。

■ 関数名()、メソッド名()のカッコの中身を「引数」と呼ぶ

print('こんにちは')の'こんにちは'の部分を**引数**（ひきすう）と呼びます。関数に引き渡す値なので引数というわけです。すべてのデータはオブジェクトとして扱われるので、'こんにちは'のように直接、リテラルを指定することも、オブジェクトを格納した変数を指定することもできます。

一方、関数やメソッドには処理した結果を返すものがあります。このような、呼び出し先から返ってくる値を**戻り値**と呼びます。もちろん戻り値もオブジェクトですので、変数に代入したり、オブジェクトに対して何らかのメソッドを実行することもできます。

2.4.2　整数型への変換と浮動小数点数型への変換

プログラミングを行う上で、「文字列で表された'100'や'3.14'などの数字を数値型として扱いたい」、「3.14159を小数部のない整数部だけにしたい」といった場面があります。このようなときは、「文字列の数字➡数値」あるいは「小数を含む値➡整数だけの値」の変換が必要です。

整数以外の値をint型に変換する

Pythonに搭載されている**int()関数**は、整数以外のデータ型を整数型（int型）に変換します。int()と書いて、()の中に「整数型に変換したい値」を書きます。値には「数値リテラル」または「数値が格納された変数」を指定します。また、文字列リテラルの数字を指定して、整数値へ変換することもできます。

▼int()関数

```
int(int型に変換したい値)
```

◢ bool型を整数にする

bool型は、最も単純なデータ型で、TrueとFalseの2つの値しかありません。これらの値をint型に変換すると1と0になります。この変換が何の役に立つのか疑問に思うかもしれませんが、何らかのデータについてTrueかFalseかを調べ、これを1または0に変換して、「1なら○○」「0なら××」のように処理したい場合に使えたりします。

▼bool型を1か0の整数にする（use_int_float.ipynb）

| セル1 | `int(True)` |
| OUT | 1 ──────── 整数の1に変換される |

| セル2 | `int(False)` |
| OUT | 0 ──────── 整数の0に変換される |

◢ 浮動小数点数型（float型）を整数に変換する

float型をint型に変換すると、小数点以下の部分が切り捨てられます。

▼float型をint型にする

| セル3 | `int(3.14159)` ──────── 固定小数点数方式で記述する |
| OUT | 3 ──────── 小数点以下が切り捨てられる |

| セル4 | `int(1.0e4)` ──────── 指数表現で記述する |
| OUT | 10000 |

ちなみに、int型をint型に変換しても何も変わりません。

▼int型をint型にしても何も変わらない

セル5	`int(12345)`
OUT	12345 ── 整数は整数のまま

数字をint型に変換する

数字も整数型に変換できます。

▼数字を数値に変換

セル6	`int('5000')`
OUT	5000─── 整数型に変換される

　＋または－と数字の組み合わせパターンを整数型に変換することも可能です。この場合、＋や－は単項プラス／マイナス演算子と解釈されます。

▼＋または－と数字を組み合わせた文字列を整数型に変換する

セル7	`int('+123')`		セル8	`int('-123')`
OUT	123		OUT	-123

数字であっても変換できないパターン

数字から始まっていても、数字以外の文字列が続いているとエラー（例外）になります。

▼数字と文字列の組み合わせはエラーになる

セル9	`int('1は数字です')`
| OUT | ```
ValueError                                Traceback (most recent call last)
<ipython-input-9-58580abf8bf0> in <module>
----> 1 int('1は数字です')


ValueError: invalid literal for int() with base 10: '1は数字です'
``` |

▼計算式もエラーになる

セル10	`int('10+10')` ──────────────── 10のあとの＋も文字列の＋として解釈される
| OUT | ```
ValueError                                Traceback (most recent call last)
<ipython-input-10-d9c7a53f9d0e> in <module>
----> 1 int('10+10')


ValueError: invalid literal for int() with base 10: '10+10'
``` |

小数や指数表現を含む文字列は変換できません。

▼小数や指数表現を含む文字列も変換できない

セル11	`int('3.14')` ─────────────────── 固定小数点数方式で記述してもダメ

```
OUT    ValueError                          Traceback (most recent call last)
       <ipython-input-11-1456603af047> in <module>
       ----> 1 int('3.14')


       ValueError: invalid literal for int() with base 10: '3.14'
```

セル12	`int('1.04e4')` ─────────────────── 指数表現で記述してもダメ

```
OUT    ValueError                          Traceback (most recent call last)
       <ipython-input-12-f8de35ba6052> in <module>
       ----> 1 int('1.04e4')


       ValueError: invalid literal for int() with base 10: '1.04e4'
```

浮動小数点数型（float型）への変換

float()という関数を使うと、ブール型をfloat型に変換したり、int型をfloat型に変換することができます。変換する値としては、リテラルを直接書くか、リテラルが代入されている変数を指定します。

書 式

▼float()関数

```
float(floatに変換したい値)
```

▼bool型をfloat型に変換する

セル13	`float(True)`
OUT	1.0

セル14	`float(False)`
OUT	0.0

▼int型をfloat型に変換する

セル15	`float(100)`
OUT	100.0

▼数字（str型）をfloat型に変換する

セル16	`float('123')`
OUT	123.0

小数を含む数字や符号が付いたstr型の数字も、そのままfloat型に変換できます。

▼単独でfloat型に変換できる文字列であれば変換が可能

セル17	`float('3.14')`
OUT	3.14

セル18	`float('-1.5')`
OUT	-1.5

セル19	`float('1.0e4')`
OUT	10000.0

リテラルも変数もすべてがオブジェクト

Pythonでは、プログラムで扱うすべての要素をオブジェクトとして扱います。「すべての要素」とは、変数、メソッド、関数、このあとの章で紹介するクラスです。

これらの要素は、プログラムが実行されたときにメモリ上に読み込まれるわけですが、この「メモリ上に読み込まれた状態」がオブジェクトです。変数や関数、メソッドにはすべて名前が付いていますが、この名前にはメモリ上のオブジェクトの位置を示す情報

（**メモリアドレス**）が関連付けられているので、名前を示すことでメモリ上のオブジェクトにアクセスできる――という仕組みです。

もちろん、文字列などのリテラルもオブジェクトとして扱われます。リテラルに名前を付けて変数にしておけば、変数名を書くことでリテラルのオブジェクトにアクセスできるようになります。これが変数の仕組みです。

小数を含むstr型の「数字」をfloat型にする

本文の解説にあるとおり、小数を含む数字、あるいは符号が付いたstr型の数字も、そのままfloat型に変換することができます。

▼単独でfloat型に変換できる文字列であれば、変換が可能

セル1	`float('3.14')`
OUT	`3.14` ―――――――――――――――― float型に変換された

セル2	`float('-1.5')`
OUT	`-1.5` ―――――――――――――――― float型に変換された

セル3	`float('1.0e4')` ―――――――――― 指数表記で「1×10の4乗」を表現
OUT	`10000.0` ―――――――――――――― これもfloat型に変換された

2.4.3　文字が逃げる？（エスケープシーケンス）

文字列には、文字だけではなく、改行やタブなども含まれます。これらは特殊な文字を使って表すのですが、このような「文字として表示されない特殊な機能を持つ文字」のことを**エスケープシーケンス**と呼びます。

●エスケープシーケンスのポイント

・その文字本来の意味ではなく特殊な意味を持つ「エスケープシーケンス」という文字列を使うと、「改行」や「タブ」などを文字列の中に含めることができます。

自動エコーとprint()関数による出力結果の違い

エスケープシーケンスを見る前に、まずはNotebookの文字列表示と、print()関数を使った場合の表示の違いを確認しておきましょう。

Notebookのセルでは、シングルクォートまたはダブルクォートで囲んだ文字列を入力して実行すると、これを自動で出力します。これを**自動エコー**と呼ぶのですが、自動エコーとprint()関数による出力には、若干の違いがあります。実際にプログラムを作成する際はprint()関数を使うことになるので、ここで確認しておくことにしましょう。

トリプルクォートを使うと、文字列の途中に改行を入れることはできますが、このままコードを実行しても、改行を示す「\n」が表示されるだけで、改行は行われません。

▼トリプルクォートで文字列を改行して入力する

セル1
```
'''こんにちは
Python!'''
```

OUT
```
'こんにちは \nPython!'
```
改行を示す「\n」が表示される

一方、print()関数を使うと、きちんと改行され、文字列を示すクォートも取り除かれます。

▼print()関数で改行が含まれる文字列を出力する

セル2
```
print('''こんにちは
Python!''')
```
入力はここまで

OUT
```
こんにちは
Python!
```
改行して表示される

文字の表示にprint()関数を使ったときの挙動の違いは知っておいた方がよいでしょう。

なお、print()関数では、「,」で区切ることで、異なる文字列をまとめて表示できます。

▼print() 関数で異なる文字列をまとめて出力する

セル3		
`str1 = 'こんにちは'`	────	変数str1に文字列を格納
`str2 = 'Python!'`	────	変数str2に文字列を格納
`print(str1, str2)`	────	str1、str2を出力

OUT	こんにちは Python!
	└─ 間にスペースが入る

　　変数str1とstr2をまとめて出力しましたが、print()関数の仕様として、それぞれの文字列の間にスペースが入ります。なお、Notebookのセルで自動エコーをした場合は、スペースは入りません。

▼Notebookの自動エコー

セル4	`'こんにちは' 'Python!'`	
OUT	`'こんにちはPython!'`	──── 文字列が続けて表示される

「\」で文字をエスケープすれば改行やタブを入れられる

Onepoint

　　先ほど、トリプルクォートで文字列を改行して入力した際に、自動エコーでは「'こんにちは\nPython!'」のように、改行されない代わりに「\n」という記号のようなものが表示されました。これが**エスケープシーケンス**です。「\」を使って、あとに続く文字に特別な意味を与えているのです。
　　この場合の「n」は「改行」という意味になります。文字としてのnを「エスケープ」して改行という意味を与えているので、文字列の中に「\n」と書けば、そこで改行されるようになります。「\」（バックスラッシュ）は［¥］キーで入力できます。

▼「\n」で改行する

セル5	`print('こんにちは\nPython!')`
OUT	こんにちは
	Python!

▼主なエスケープシーケンス

？？	内容
\0	NULL文字（何もないことを示すためのもの）
\b	バックスペース
\n	改行（Line Feed）
\r	復帰（Carriage Return）
\t	タブ
\'	文字としてのシングルクォート
\"	文字としてのダブルクォート
\\	文字としてのバックスラッシュ（円記号）

　　「\n」を入れるとその場で改行されるので、トリプルクォートを使ったときのように実際に改行しなくても、1行のコードで複数行の文字列を作ることができます。なお、「\」は日本語環境のWindowsでは「¥」（円記号）として表示されます。ただし、Windows上で実行されるVSCodeでは、「\」記号はちゃんと「\」で表示されます。macOSはOS側の設定で「¥」「\」のどちらを表示するかを選択できるので、混乱することはないと思います。
　　「'I'm a programmer.'」では「I」だけが文字列リテラルとして認識されますが、「'I\'m a programmer.'」とすることで、「I'm a programmer.」の全体が文字リテラルとして認識されます。

2.4.4　「'こん' + 'にちは'」「'ようこそ' * 4」（文字列の連結と繰り返し）

Important

　　四則演算子の「+」は加算を行う演算子でした。でも、これは+の前後のオペランド（演算の対象）が数値のときに限ります。両方のオペランド、もしくはどちらか一方のオペランドが文字列の場合は、文字列同士を結合する**文字列結合演算子**として機能するようになります。

文字列を連結したり繰り返したりする

　　「+」を文字列結合演算子として使ってみましょう。

▼文字列結合演算子の「+」で連結する

セル6
```
a = 'こん'
b = 'にちは'
print(a + b)  ────────────────── 変数aとbに格納されている文字列を連結する
```
OUT
```
こんにちは
```

セル7
```
print(a + 'ばんは')  ────────────── 変数aの中身と文字列そのものを連結する
```
OUT
```
こんばんは
```

　　このように、「+」の左右が文字列であれば、左右の文字列が連結されます。なお、print()関数は、「,」で区切ることで異なる文字列を連続して表示するので、文字列の連結が可能ですが、間にスペースが入るので、連結した文字列をスペースで区切るような場合に使うとよいでしょう。

▼「,」で区切って連続して表示する

セル8
```
print(a, b)
```
OUT
```
こん にちは
```
　　└─ 間にスペースが入る

　　'文字列'のあとに「* 数字」を書くと、「*」は直前の文字列を繰り返す演算子として機能するようになります。

▼「* 数字」で直前の文字列を繰り返す

セル9
```
start = 'ようこそ ' * 4 + '\n'  ────────── 「*4」で'ようこそ 'を4回繰り返して改行
middle = '!' * 8 + '\n'  ──────────── 「*8」で'!'を8回繰り返して改行
end = 'Pythonの世界へ'
print(start + middle + end)  ────── a、b、cの文字列を連結して表示
```
OUT
```
ようこそ ようこそ ようこそ ようこそ
!!!!!!!!
Pythonの世界へ
```

2.4.5 会話文の中から必要な文字だけ取り出そう

ブラケット[ ] を使うと、1つの文字列の中から特定の文字を取り出すことができます。例えば、「僕はパイソンです」という文字列から名前の部分だけを取り出す、といったことができます。

▼ブラケットによる文字列の抽出

> ・[インデックス] で1文字抽出する。
> ・[インデックス:]で指定した位置から末尾までの文字列をスライスする。
> ・[:インデックス]で先頭からインデックス−1までの文字列をスライスする。
> ・[インデックス:インデックス]で指定した範囲の文字列を取り出す。
> ・[インデックス:インデックス:ステップ]で指定した文字数ごとに文字列を取り出す。

[] で1文字抽出する

ブラケット[ ] を使うと、文字列の中から1つの文字を取り出すことができます。

▼文字列から1文字取り出す

> **対象の文字列[インデックス]**

インデックスというのは、文字の位置を示す数値のことで、文字列の先頭を「0」として数えます。2番目が「1」、3番目が「2」と続きます。なお、最後尾の文字のインデックスは「−1」で指定できるので、右端までの文字数を数える必要はありません。右端の左は「−2」、そのまた左は「−3」と続きます。

▼文字列の先頭の文字を取り出す

セル10	`'2の3乗は8'[0]` ———————————————— 先頭文字のインデックスは「0」
OUT	`'2'`

変数に格納された文字も、同じように取り出せます。

▼変数に格納された文字列から取り出す

セル11	`a = '2の3乗は8'`
	`a[2]` ——————— 3つ目の文字を取り出す
OUT	`'3'`

セル12	`a[-1]` ———— 右端の文字を取り出す
OUT	`'8'`

Attention

文字列の長さ以上のインデックス（操作例の場合は「6」以上の数）を指定するとエラーになります。指定できるのは、最大「文字数 −1」までの数です。

[:] や [::] で文字列を切り出す

[:] や [::] を使うと、任意の位置の文字列または文字をスライス（切り取り）できます。文字列の中から「必要な箇所だけ抜き出したい」あるいは「不要な文字を取り除きたい」といった場合に使える方法です。

■ [インデックス:] で指定した位置から末尾までの文字列をスライスする

次のように書くと、インデックスで指定した位置の文字から末尾までの文字をまとめてスライスできます。

▼指定した位置から末尾までをスライス

> 対象の文字列[インデックス:]

▼ [:] でスライス

セル13	`mail = 'user-111@example.com'` —— 全部で20文字
	`mail[:]` ———————————————— インデックスを指定しないと文字列がすべてスライスされる
OUT	`'user-111@example.com'`

| セル14 | `mail[9:]` ———————————————— @のあとのeは10番目なのでインデックスは「9」 |
| OUT | `'example.com'` ———————————— インデックス9以降の文字列がスライスされる |

インデックスにマイナスを付けた場合は右端を−1から数えるので、次のように [−3:] とすれば、末尾から3文字目以降の文字列、言い換えると末尾の3文字をスライスできます。

▼末尾の3文字をスライス

| セル15 | `mail[-3:]` ———————————————— 末尾から3つ目の文字から末尾までをスライス |
| OUT | `'com'` |

■ [:インデックス] で、先頭からインデックス−1までの文字列をスライスする

次のように書くと、先頭の文字から「インデックスの数から1を引いた位置」までの文字列をスライスします。

▼先頭から指定した位置までをスライス

> 対象の文字列[:インデックス]

　　　3番目の文字はインデックス「2」ですが、マイナス1されるので、逆に1を足して[:3]とすれば、3番目までを取り出せます。要するに、文字を数えた位置をそのまま指定すればOKです。

▼「user-111@example.com」の先頭から任意の位置までをスライスする

| セル16 | `mail[:0]` ─── 0を指定すると何もスライスされない |
| OUT | `''` |

| セル17 | `mail[:1]` ─── 1を指定すると「1−1」でインデックス0となり、先頭文字のみスライスされる |
| OUT | `'u'` |

| セル18 | `mail[:8]` ─── 8を指定すると「8−1」でインデックス7となり、8番目までの文字列がスライスされる |
| OUT | `'user-111'` |

　　　指定したインデックスよりも−1のインデックスになるので、次のように「−3」を指定した場合は「−4」の位置までがスライスされます。言い換えると、末尾から−3してスライスされることになるので、直観的にわかりやすいと思います。

▼末尾から指定してスライスする

| セル19 | `mail[:-3]` |
| OUT | `'user-111@example.'` |

［インデックス：インデックス］で指定した範囲の文字列を取り出す

　　　これまでのパターンを組み合わせて、次のように書くと、指定した範囲の文字列をスライスできます。

▼範囲を指定してスライス

書式

対象の文字列 [インデックス：インデックス]
└── 終了位置を示すインデックスは−1されるので、実際の文字位置の数
─── 開始位置を示すインデックスは実際の文字の位置から−1した数

▼「user-111@example.com」の指定した範囲の文字列をスライスする

| セル20 | `mail[0:5]` ─────────── 先頭から5文字目までをスライス |
| OUT | `'user-'` |

| セル21 | `mail[9:16]` ─────────── 10文字目から16文字目までをスライス |
| OUT | `'example'` |

セル22
```
mail[9:-4]
```
—————————— 10文字目から末尾から数えて5文字目までをスライス

OUT
```
'example'
```
————————— （末尾から−4してスライス）

最後の[9:−4]は、「10番目の文字からスライスするが、末尾の4文字を除く」という処理になります。

■ [インデックス：インデックス：ステップ]で指定した文字数ごとに文字列を取り出す

次のように書くと、先頭のインデックスからステップで指定した文字数ごとに、末尾インデックスから−1した位置までの文字（1文字）を繰り返しスライスできます。

▼先頭のインデックスから、ステップ数ごとに、末尾インデックス−1までを1文字ずつスライス

> **書式**
>
> 対象の文字列[インデックス：インデックス：ステップ]

ちょっとわかりづらいので、ステップ数のみを指定してスライスしてみましょう。

▼ステップ数のみを指定してスライス

セル23
```
str = '1,2,3,4,5,6,7,8,9'
str[::1]
```
————————————— ステップの数は「1」

OUT
```
'1,2,3,4,5,6,7,8,9'
```
————————— 1文字ごとにスライスしても何も変わらない

セル24
```
str[::2]
```
————————————— ステップの数は「2」

OUT
```
'123456789'
```
————————————— 先頭から2文字ごとにスライス

ステップを2にすると、先頭から末尾まで、2文字ごとにスライスされていくので、「,」が飛ばされてその次の数字のみがスライスされました。この方法を使えば、9までの数なら、途中の「,」を取り除くことができます。では、先頭と末尾を指定してステップ数ごとにスライスしてみましょう。

▼先頭と末尾を指定してステップごとにスライスする

————— 先頭のインデックスは2なので3文字目

セル25
```
str[2:-2:2]
```

OUT
```
'2345678'
```
——— 2文字ごとに取り出す

——— 末尾から2文字目までは除く

3文字目から2文字ごとに、末尾から3文字目まで、1文字ずつスライスできました。

2.4.6　関数やメソッドを使えば文字列の分割、結合、置換、いろいろできる

文字列の分割や結合、置き換えを行う関数やメソッドについて見ていきましょう。

len()関数で文字列の長さを調べる

len()関数は、文字列の文字数を数えた結果を返します。文字数を数えることが何の役に立つのか疑問に思うかもしれませんが、例えばWebページの入力欄で「200文字以内で」というのがよくあります。そのような場合にプログラム側で文字数をチェックするといった用途で使うことができます。

▼len()関数

```
len(文字数を数えたい文字列)
```

では、先ほども使用したメールアドレスを例に、全体の文字数を取得してみましょう。

▼文字列の文字数を知る

セル26
```
mail = 'user-111@example.com'
len(mail)
```
OUT
```
20 ────────────────────────────────── 全部で20文字
```

split()メソッドで文字列を規則的に切り分ける

split()メソッドは、文字列に含まれる任意の文字を区切り文字として指定することで、文字列を切り分けることができます。例えば、「1,2,3」の「,」を区切り文字（セパレーター）として指定すれば、「1」「2」「3」だけを取り出すことができます。「,」だけでなく、「−」や「:」、さらには「スペースで区切られた文字列から、文字の部分だけを取り出す」といった用途で使えます。

str型のメソッドなので、処理したいstr型のオブジェクトを指定してから呼び出します。

▼split()メソッド

```
str型オブジェクト.split(セパレーター)
```

■ 文字列とメソッド名の間にある「.」って何？

上に示したsplit()メソッドの書式中、「str型オブジェクト」のあとに「.」が付いていますが、これは、split()メソッドが操作対象の文字列（のオブジェクト）を参照するために付けます。**ドット演算子**とか**参照演算子**、**メンバー参照演算子**と呼んだりします。

print()は「()の中身を出力する」、len()は「()の中の文字数を数える」という処理のみを行いますが、split()の場合は、「()の中のセパレーターで区切る」文字列を指定しなければならないので、このような書き方になります。なお、指定するstr型オブジェクトは、文字列リテラル、または文字列（str型）を格納した変数になります。

■ split()で切り分けた文字を取り出す

では、「,」で区切られた文字列の中から、数字の部分だけを取り出してみましょう。

▼「,」をセパレーターにして文字列を取り出す

セル27
```
str = '1,2,3,4,5,6,7,8,9,10,100,1000'
str.split(',')
```
OUT
```
['1', '2', '3', '4', '5', '6', '7', '8', '9', '10', '100', '1000', '']
```

出力結果の[ ]の中に'1', '2', '3', …., '1000'のように文字列が入っています。これは**リスト**と呼ばれるもので、複数の値を1つにまとめるためのものです。いわば、1つの変数の中に複数の値をまとめて格納するようなものです。複数の値をまとめて扱いたい場合は、値を一つひとつ変数に格納するのは大変ですので、そういったときにリストを使います。リストに格納された値は、もちろん一つひとつ取り出すことができます。これについては、次章で詳しく見ていきます。

さて、話を戻して、スペースが間に入っている文字列の場合を見てみましょう。次に示すのは、単語の間に全角スペースが入っている例です。全角スペースをセパレーターにして、個々の文字列のみを取り出してみます。

▼全角スペースをセパレーターにする

セル28
```
sentence = 'ぼくは　ハイソン　です　よろしくね'
sentence.split('　')
```
OUT
```
['ぼくは', 'ハイソン', 'です', 'よろしくね']
```
――――――――――――― 全角スペースの部分で区切って文字列が取り出された

join()メソッドで文字列をジョイント！

join()メソッドは、リストの中に格納された個々の文字列を連結文字で結合して、1つの文字列にまとめます。先ほどのsplit()は、セパレーターで文字列を分割し、それをリストの中に1つずつ格納しました。一方、join()はそれとは逆に、リストの中の個々の文字列を連結文字で結合して1つにするというわけです。

▼join()メソッド

連結に使用する文字.join(文字列リスト)

「join(リスト)のリスト内の文字列を、連結文字で挟んで結合する」という意味になります。連結文字として「＝」を指定すれば、「文字列＝文字列＝文字列」のように、＝を挟んでリスト内の文字列が次々に結合されます。「\n」を指定した場合は、改行文字を間に挟んで結合されます。

では、split()で分割したリストをjoin()で結合するまでを通してやってみましょう。

▼split()で分割したリストをjoin()で1つの文字列にまとめる

セル29

```
sentence = '僕の　名前は　ハイソン　といいます'  ———まずはスペースで区切った文字列を用意
list = sentence.split(' ')  ——— ❶スペースをセパレーターにして分割し、listに格納する
join = '\n'.join(list)  ——————— ❷リストに格納されている分割された文字列を連結
print(join)  ——————————————— 変数joinを出力
```

OUT

```
僕の
名前は
ハイソン
といいます
```

❶のところでは、split()メソッドで分割した文字列をlistに格納しています。この場合のlistは、普通の変数ではなく、リスト型の変数になり、分割した複数個の文字列を格納しています。

▼listの中はこんなふうになっています

```
list = ['僕の', '名前は', 'ハイソン', 'といいます']
```

❷では、listに格納されている文字列を、「\n」を間に入れて1つに連結して、変数joinに格納しています。1つの文字列を格納しているので、joinは普通のstr型の変数です。で、最後にprint()で出力すると、間に入った\nによって改行される——という仕組みです。

もし、改行や他の文字を間に入れず、たんに1つの文字列として連結するなら、クォートを2つ続けた空文字「''」を指定すれば、連続した文字列になります。

▼間に何も入れずに連結する

セル30

```
join2 = ''.join(list)  ————————————————— 間に入れる文字を空文字にする
print(join2)
```

OUT 僕の名前はハイソンといいます ————————————— リストの中身が連続して連結された

この方法を使えば、文字列の中の不要なスペースや文字を取り除いて文字列を再構築する、といったことができます。

replace() メソッドで文字列の一部を置き換える

replace() メソッドを使うと、指定した文字列を別の文字列に置き換えることができます。

▼replace() メソッド

> 対象の文字列.replace（置き換え前の文字列， 置き換え後の文字列， 置き換える回数）

2

Pythonプログラムの材料

「置き換える回数」の部分では、置き換えの回数を指定します。省略した場合は、該当する文字列がすべて置き換えられます。では、「こんばんはハイソンです」の「こんばんは」を「調子はどう？」に置き換えてみましょう。

▼文字列の一部を置き換える

```
セル31    msg = 'こんばんはハイソンです'
          print(msg) ──────────────────────────── msgの中身を出力
OUT       こんばんはハイソンです
```

```
セル32    msg = msg.replace('こんばんは', '調子はどう？') ── ❶'調子はどう？'に置き換えて再代入する
          print(msg) ──────────────────────────── msgの中身を出力
OUT       調子はどう？ハイソンです ──────────────── '調子はどう？'に置き換えられている
```

❶のところでは、置き換えた文字列を変数msgに再代入しています。置き換えただけではmsgの中身は変わりませんので、再代入しているというわけです。結果、print()でmsgを出力すると、置き換え後の文字列が出力されています。

●繰り返し置き換える

replace()において第3引数の置き換える回数を省略した場合、該当する箇所がすべて置き換えられますが、状況によっては置き換える回数を指定しなければならない場合があります。

▼replace()で繰り返し置き換える

```
セル33    str = '美しい花が美しい庭に美しく咲いていました。'
          str = str.replace('い', 'すぎる', 2) ──────────────── 回数を設定
          print(str)
OUT       美しすぎる花が美しすぎる庭に美しく咲いていました。
```

2箇所の「美しい」が「美しすぎる」に置き換えられました。置き換える回数を2としたので、このような結果になりました。置き換える回数を省略した場合は、2箇所の「美しい」の「い」に加えて、「咲いていました」の2箇所の「い」が「すぎる」に置き換えられてしまいます。

format()メソッドで文字列を自動作成

str型のオブジェクトで使える**format()メソッド**は、文字列の中に別の文字を持ってきて埋め込むことができます。例えば、「さん、こんにちは」という文字列を作っておいて、プログラムの実行中に取得した名前を埋め込み、「Pythonさん、こんにちは」と表示することができます。

このように、「プログラムの実行中に文字列を作りたい」場合に、format()メソッドを使います。

▼format()メソッド

文字列{ }文字列.format(埋め込む文字列)

「文字列{}文字列」の{}の部分に、「埋め込む文字列」が埋め込まれます。

▼セルに入力して実行

| セル34 | `'こん{}は'.format('にち')` ──────────── {}の部分に「にち」を埋め込む |
| OUT | `'こんにちは'` |

▼{}の部分に文字列を埋め込む

'こん**{}**は'.format(**'にち'**)

( )の中の文字列を埋め込む

複数の箇所の{}に文字列を埋め込む

文字列の埋め込みは、いくつでもできます。この場合、{}の並び順に対応して、format()の引数として指定した文字列が順番に埋め込まれます。なお、引数として設定する文字列が複数になるので、「,」で区切って書いていきます。

▼{}に文字列を埋め込む

| セル35 | `'{}は{}です。'.format('本日', '10日')` |
| OUT | `'本日は10日です。'` |

▼複数の{}を置き換える

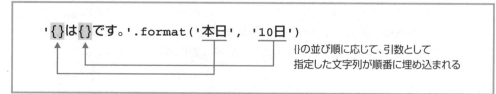

'**{}**は**{}**です。'.format(**'本日'**, **'10日'**)

{}の並び順に応じて、引数として
指定した文字列が順番に埋め込まれる

なお、{}の数と埋め込む文字列の数（文字数ではない）が合わないとエラーになるので要注意です。

文字列を埋め込む位置を指定する

メソッドの引数の並び順に関係なく、指定した文字列を埋め込みたい場合は、{}の中に引数のインデックスを書きます。引数のインデックスは、最初の引数が「0」、次が「1」、「2」、…のように、並び順に応じて0から1ずつ増えていきます。

▼引数として設定した文字列を埋め込む位置を指定する

`セル36` `'{1}は{0}です。'.format('本日', '10日')`

`OUT` `'10日は本日です。'`

▼文字列を埋め込む位置を指定する

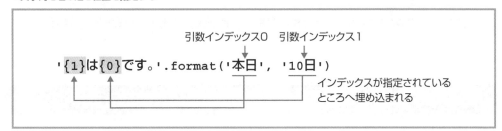

引数インデックス0　引数インデックス1

`'{1}は{0}です。'.format('本日', '10日')`

インデックスが指定されているところへ埋め込まれる

小数点以下の桁数を指定する

format()メソッドには、小数点以下の桁数を指定する機能があります。この場合、埋め込む部分を次のように書きます。

書式

{引数のインデックス : .桁数f} ──────── 桁数（精度）の先頭に「.」を付けることに注意

インデックスの指定を省略せずに{: .桁数f}のように書きます。

▼小数点以下の表示桁数を指定する

`セル37` `'{: .3f}'.format(1/3)` ──────── 1/3の結果を小数点以下3桁までにする

`OUT` `' 0.333'`

計算結果はfloat型になりますが、format()メソッドは文字列型（str型）の戻り値を返します。

数値を3桁で区切る

桁数fの部分を「,（カンマ）」にして{: ,}とすると、引数に指定した数値の整数部が3桁ごとにカンマ「,」で区切られます。

▼3桁区切りのカンマを入れる

`セル38` `'{: ,}'.format(1111111111.123)` ──────── 小数も含めてみる

`OUT` `' 1,111,111,111.123'` ──────── 整数部のみが3桁区切りになる

2.4.7　初恋したのはいつ？（input()関数）

ここでは、**input()関数**を使ってちょっとしたやり取りをしてみましょう。現在の年齢とある出来事があったときの年齢を聞いて、あれから何年たったかを答えるだけのプログラムですが、いかにも、といった感じで答えるようにしてみたいと思います。

●ここで作成するプログラムのポイント

> ・ユーザーが入力した文字の取得はinput()関数で行う。
> ・input()関数は文字列を返すので、数値として取得したい場合はint()関数でint型にするなどの処理を行う。
> ・計算結果のint型の値をstr()関数で文字列型に変換してから画面に表示する。

コンソール上で入力された文字列をinput()関数で取得

input()関数は、ターミナルなどのコマンドラインツールで入力された文字列を取得して、これを返します。

▼コンソールの入力文字を取得する

> 返された文字列を格納する変数 ＝ input(メッセージ文など)

例えば、「a = input('入力してください')」と書くと、引数に指定した文字列が次のように表示され、入力待ち状態になります。VSCodeでJupyter Notebookを実行している場合は、入力用のパレットが開いて入力待ち状態になります。

▼「a = input('入力してください')」と書いた場合

> 入力してください　◀── 入力待ち状態。ここで何かを入力して Enter キーを押すと、
> 　　　　　　　　　　　　入力した文字列が変数aに格納される

■ 入力された年齢をint型に変換して何年経ったか教えてあげよう

では、Notebookのセルに以下のコードを入力してみましょう。

▼あれから何年経った？を答える（first_love.ipynb）

`セル1`
```
age = int(input('年はいくつ？'))                                                    ❶
first_love = int(input('初恋したのはいくつのとき？'))                                 ❷
print('あれから' + str(age - first_love) + '年経ちましたね (T_T)')                   ❸
```

❶現在の年齢の取得

input()関数は、押されたキーの文字を返してくるので、これをint()関数の()の中に書いておくことで、int型に変換された値が変数ageに格納されるようにします。

▼入力された文字を取得する

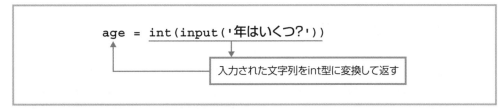

❷初恋時の年齢の取得

❶と同じように、入力された値をint型に変換します。

❸差を求めて表示する

ageからfirst_loveの値を引くことで、経過年数を求めています。求めた値はint型なので、str()関数で文字列にしてから出力します。

▼セル実行後に表示される入力用のパレット

▼続いて表示される入力用のパレット

メッセージの最後の顔文字に若干の悪意を感じますが、会話はこれで終わりです。「就職したのはいくつのとき？」とか「いくつのときに結婚したの？」に変えてみてもよいでしょう。ただし、何の対策もしていないので、数字以外を入力するとint型への変換がエラーになります。「予期せぬ値」が入力されたときの対処法については、別の章で見ていくことにします。

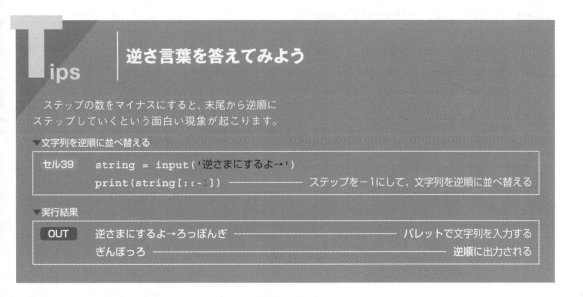

Tips

逆さ言葉を答えてみよう

ステップの数をマイナスにすると、末尾から逆順にステップしていくという面白い現象が起こります。

▼文字列を逆順に並べ替える

```
セル39    string = input('逆さまにするよ→')
          print(string[::-1]) ──────── ステップを−1にして、文字列を逆順に並べ替える
```

▼実行結果

```
OUT    逆さまにするよ→ろっぽんぎ ──────────── パレットで文字列を入力する
       ぎんぽっろ ──────────────────── 逆順に出力される
```

2.4.8　あなたの標準体重は？

　　数値や文字列の操作について、プログラムもう1つを作ってみましょう。今回も、質問して答えを出すだけですが、ちょっと複雑な標準体重の計算をさせてみたいと思います。

●ここで作成するプログラムのポイント

> ・ユーザーが入力した身長（cm）から標準体重を計算し、結果を画面に表示する。
> ・input()関数は文字列を返すので、float()関数でfloat型にしてから計算を行う。
> ・計算結果のfloat型の値をstr()関数で文字列型に変換してから画面に表示する。

BMI（体格指数）を使って標準体重を計算してあげよう

　　BMI（Body Mass Index）は「体格指数」と呼ばれ、標準的な体重を求める指数として利用されています。理想体重を求めるときのBMIの基準値は「22」で、次の式を使って求めます。

▼標準体重の計算

> 標準体重〔kg〕 = BMI × （身長〔m〕）^{2}

■ プログラムの作成

　　では、Notebookのセルに次のコードを入力してみましょう。

▼標準体重を求めるプログラム（bmi.ipynb）

`セル1`
```
height = float(input('身長（cm）は？'))                                    ①
bmi = 22
weight = bmi * (height / 100) ** 2                                        ②
print('身長が' + str(height) + 'cmの場合の標準体重は', end='')              ③
print('{:.2f}kgです。'.format(weight))                                     ④
```

①のソースコード

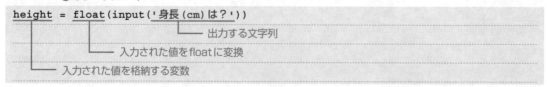

❷のソースコード

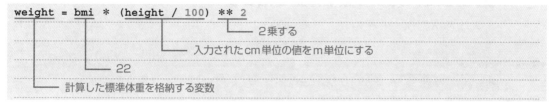

```
weight = bmi * (height / 100) ** 2
```
├── 2乗する
├── 入力されたcm単位の値をm単位にする
├── 22
└── 計算した標準体重を格納する変数

入力はcm単位で行うので、これを100で割ってm単位に直しています。

❸のソースコード

```
print('身長が' + str(height) + 'cmの場合の標準体重は', end='')
```
├── 改行を行わないようにする
├── 文字列を連結する
└── heightの中身はfloatなので、str()関数で文字列型に変換する

●print()関数で改行しないようにする

　print()関数で文字列を出力すると、最後に改行（\n）が出力されるので、print()を繰り返し実行すると、文字列が出力されるたびに自動で改行されることになります。print()を続けて実行しても改行せずに、すべてを1行で表示したい場合は、print()の()の最後に「, end=''」を追加します。最初の「,」は出力する文字列と区切るためのもので、「end=''」は最後に空文字を出力することを示します。こうすると、文字列の最後に「\n」ではなく空文字「''」が出力され、改行されなくなります。

```
print('こんにちは', end='')
print('Python')
```
↓
こんにちは Python ─── 改行されずに1行で表示される

❹のソースコード

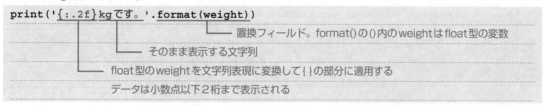

```
print('{:.2f}kgです。'.format(weight))
```
├── 置換フィールド。format()の()内のweightはfloat型の変数
├── そのまま表示する文字列
└── float型のweightを文字列表現に変換して{}の部分に適用する
　　データは小数点以下2桁まで表示される

■ 身長を入力して標準体重を知ろう！

入力が済んだら、セルを実行してみましょう。

▼実行中の Notebook

身長を入力して Enter キーを押す

「170」と入力した場合は、「身長が170.0cmの場合の標準体重は63.58kgです。」と出力される

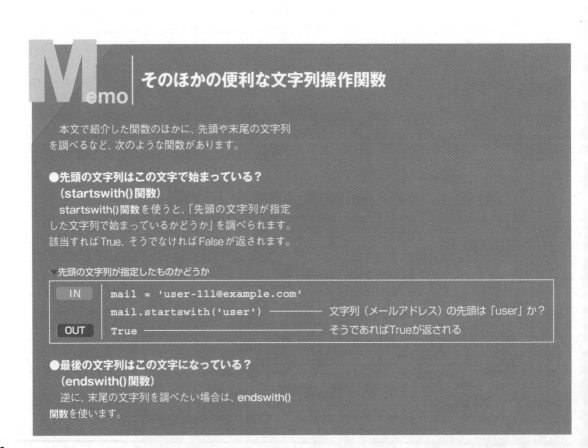

Memo | そのほかの便利な文字列操作関数

本文で紹介した関数のほかに、先頭や末尾の文字列を調べるなど、次のような関数があります。

●先頭の文字列はこの文字で始まっている？（startswith()関数）

startswith()関数を使うと、「先頭の文字列が指定した文字列で始まっているかどうか」を調べられます。該当すれば True、そうでなければ False が返されます。

▼先頭の文字列が指定したものかどうか

```
IN    mail = 'user-111@example.com'
      mail.startswith('user')          文字列（メールアドレス）の先頭は「user」か？
OUT   True                             そうであればTrueが返される
```

●最後の文字列はこの文字になっている？（endswith()関数）

逆に、末尾の文字列を調べたい場合は、endswith()関数を使います。

▼末尾の文字列を調べる

IN	`mail.endswith('.com')` ──────── メールアドレスの末尾は「.com」か？
OUT	`True` ──────────── 「.com」で終わっているのでTrue

●この文字は何番目に出てくる？（find()関数）

find()関数では、指定した文字列のインデックスを
調べることができます。

▼文字列のインデックスを調べる

IN	`mail.find('@')` ──────── メールアドレス内の@のインデックスを調べる
OUT	`8` ──────────── インデックスは8、つまり9番目に登場することがわかる

●この文字はいくつある？（count()関数）

count()関数では、「指定した文字列が何回登場する
か」を調べることができます。

▼文字列が登場する回数を調べる

IN	`mail.count('.')` ──────── メールアドレスの中に「.」はいくつあるか？
OUT	`1` ──────────── 1個だけ

●文字列はすべて英数字？（isalnum()関数）

isalnum()関数は、「文字列がすべて英数字のみかど
うか」を調べます。英数字のみで構成されるべき文字
列に記号が含まれていないことを確認する、といった
用途で使用できます。

▼文字列はすべて英数字であるか

IN	`mail.isalnum()` ──────── メールアドレスはすべて英数字か？
OUT	`False` ──────────── 「@」や「.」が含まれているのでFalseになる

●小文字➡大文字、大文字➡小文字

upper()関数はすべてのアルファベットを大文字に
変換し、lower()関数は小文字に変換します。アル
ファベット以外に使用した場合は、何も変わりません。

▼「小文字➡大文字」「大文字➡小文字」の変換

IN	`mail = mail.upper()` ──── メールアドレスを大文字に変換する `print(mail)`
OUT	`USER-111@EXAMPLE.COM`
IN	`mail = mail.lower()` ──── 大文字に変換されたメールアドレスを小文字に戻す `print(mail)`
OUT	`user-111@example.com`

文字列の処理から「大規模言語モデル」へ

　文字列の処理（テキスト処理）を発展させ、文字列が持つ意味などをデータとして取り出し、分析する技術に「テキストマイニング」があります。テキストマイニングには、主に次の技術が使われます。

・正規表現

　正規表現は、文字列をコンピューターが理解できる文字列の集合、言い換えるとコンピューターが理解できる記号として表現するための方法のことを指します。正規表現を使うと、大量のテキストデータの中から特定の文字列を探し出せるほか、ある一定のパターン（言い回しなど）に従う単語のつながりを検出する、といったことができます。

・形態素解析

　文章から意味をくみ取るなど、何らかの分析を行うことを考えた場合、単語の単位で抽出する作業が必要になります。英文は単語ごとにスペースが入るので、最初から単語が区切られた状態になっていますが、日本語の場合は句読点などを除き、基本的に単語が連続しているので、「分かち書き」という作業を行って単語単位に分解する作業が必要になります。

　分かち書きを通じて単語単位に分解することを「形態素解析」と呼びます。形態素解析では、単語単位（形態素）で、品詞情報（名詞、形容詞など）なども得られます。

・自然言語処理

　人間が日常的に使っている自然言語をコンピューターに処理させる一連の技術の総称です。、正規表現や形態素解析も、自然言語処理の1つの分野として考えることができます。

　ChatGPT、Bardなどの「大規模言語モデル」や「生成AI」は、テキストマイニングをコア（核）とする技術です。もちろん、ディープラーニングをはじめとする様々な技術の組み合わせによって実現されますが、コンピューターと人間との会話を考えた場合、テキストマイニングはその根幹を成す基礎技術となります。

Perfect Master Series
Python AI Programming

Chapter 3

条件分岐と繰り返し、関数を使う

　この章では、「プログラムの制御」について解説します。プログラムはソースコードの1行目から順に実行されていきますが、制御の仕組みを利用することで、処理をスキップしたり、同じ箇所のコードを何度も繰り返したりできます。

　章の後半では、「関数」を使うことで自在にプログラムを操る方法について見ていきたいと思います。

3.1 テニスの攻撃パターンを シミュレートする

Level ★★★　**Keyword** for if else elif and or

前章ではPythonの文法的な細々としたことを見てきましたが、ここからは「プログラムらしい何か」を作っていくことにしましょう。ここで取り上げるのは、テニスのシミュレーションプログラムです。ストロークをベースに、状況によって、いろんな攻撃パターンを繰り出せるようにしたいと思います。

繰り返しと条件分岐

繰り返しと条件分岐は、プログラミングにおけるアルゴリズム（何かの処理を行うときの手順）の基本テクニックです。ここでは、for、if...else、if...elif...else の3つを駆使したプログラムを作っていきます。

●forによる処理の繰り返し

forは、指定した回数だけ処理を繰り返すためのキーワード（予約語）です。

▼forの書式

書式

```
for 回数を保持する変数 in range(繰り返す回数):
    繰り返す処理
```

●ifによる処理の分岐

ifは、「もし○○ならAを、それ以外ならBを」というように、条件に合うかどうかで異なる処理を行います。

▼ifの書式

書式

```
if 条件式:
    条件式がTrueになるときに実行される処理
else:
    条件式がFalseのときに実行される処理
```

▼ for と if

for

↓

指定した回数で
同じ処理を繰り返す

if

↓

条件式に一致（True）するか
否（False）かで別々の処理
を行う

•if...elif で複数の条件式を設定

ifにelifを追加することで、2つ以上の条件式を設定できます。

▼if...elifの書式

```
if 条件式1:
    条件式1がTrueになるときに実行される処理
elif 条件式2:
    条件式2がTrueになるときに実行される処理
else:
    条件式がすべてFalseのときに実行される処理
```

•and と or

and、またはorで2つの条件式をつないで、1つの条件を作り出すことができます。

▼andの書式

```
条件式1 and 条件式2
```

「条件式1がTrue、かつ条件式2がTrue」の場合にのみTrueになり、それ以外はFalse
になります。

▼orの書式

```
条件式1 or 条件式2
```

「条件式1がTrue、または条件式2がTrue」の場合にTrueになり、条件式1も条件式2
もFalseの場合にFalseになります。

3.1.1 同じ技を10回繰り出す（forによる繰り返し）

「起きて！」と知らせるアラームの場合、1回だけじゃ起きないこともあるので、5回、10回と連続して告知してあげることが必要です。でも、1つの処理を何度も書くのは面倒なので、できれば、指定した回数だけ同じステートメントを繰り返してもらいたいところです。

forは、指定した回数だけ処理を繰り返すためのキーワード（**予約語**）です。

▼forの書式

```
for 回数を保持する変数 in range(繰り返す回数):
    繰り返す処理
```

スマッシュを連続10回繰り出す

次に示すのは、テニスのスマッシュを放つプログラムです。

▼スマッシュを放つ（ただし画面上に）（for_if.ipynb）

`セル1`
```
print('スマッシュ')
```
`OUT`
```
スマッシュ
```

でも、1回スマッシュしただけでは決まらないかもしれないので、相手のボールを連続してスマッシュで返してみましょう。

▼連続してスマッシュで返す

`セル2`

処理回数を保持する変数
処理を10回繰り返す

```
for count in range(10):
    print('スマッシュ')
```
繰り返す処理

`OUT`
```
スマッシュ
スマッシュ
スマッシュ
スマッシュ
スマッシュ
スマッシュ
スマッシュ
スマッシュ
スマッシュ
スマッシュ
```

　'スマッシュ'という文字列の表示を10回繰り返しました。スマッシュだけでこんなに続くのか疑問ですが、いちおうラリーが続いた場合の攻撃パターンとしておくことにしましょう。問題は、forからあとの部分です。「print('スマッシュ')」としか書かれていないのに、表示が10回繰り返されています。

　変数countには、0から始まる繰り返しの回数が格納されます。最初の繰り返しが始まるときに0が格納され、あとは処理を1回行うたびに1が足されていきます。で、in range()の()内に回数を書いておけば、「変数の値が回数になった時点で、繰り返しが終わる」仕組みです。()の中に書いた数だけ処理が繰り返されるというわけです。

　あとは、繰り返す処理の範囲ですが、「インデントして書かれたステートメント（文）」がforの中身として扱われます。先頭のforからインデントされた最後の行までの範囲を、**コードブロック**またはたんに**ブロック**と呼びます。また、ここで変数countのように、ブロック内の制御に使われる変数のことをブロックパラメーターと呼ぶことがあります。

▼forのブロック

```
for count in range(10):  ──────  countの値が0〜9までの間、処理を10回繰り返す
    処理1
    処理2  ───────────────  ここまで処理したら先頭に戻る
forブロック外の処理1  ───────  forの処理が終わったらここから、順に実行されていく
forブロック外の処理2
```

> countの値が0〜9までの間は
> ブロック内の処理が10回繰り返され、
> 繰り返しを終えたのち、
> 次の処理に進みます。

3

条件分岐と繰り返し、関数を使う

3.1.2 2つの技を交互に繰り出す（ifによる条件分岐）

スマッシュだけでは攻撃に変化がありませんし、そもそもそんなに連続してできるのか、ということもあります。基本のストロークも混ぜて攻撃パターンの基本型を作りましょう。

ifは、「もし○○なら処理[A]を、それ以外なら処理[B]を」のように、条件に合うかどうかで異なる処理を行います。

▼ifの書式

```
if 条件式:
    条件式がTrueになるときに実行される処理
else:
    条件式がFalseのときに実行される処理
```

スマッシュとストロークを交互に繰り出す

次に示すのは、スマッシュとストロークを交互に繰り出すプログラムです。

▼スマッシュとストロークを織り交ぜた攻撃

セル3
```
attack1 = 'スマッシュ'
attack2 = 'ストローク'

for count in range(10):
    if count % 2 ==0:
        print(attack1)          ← countの値を2で割った余りが0であれば次のステートメントを実行
    else:
        print(attack2)          ← それ以外は次のステートメントを実行
```

OUT
```
スマッシュ
ストローク
スマッシュ
ストローク
スマッシュ
ストローク
スマッシュ
ストローク
スマッシュ
ストローク
```

今回は、攻撃用の文字列を変数に格納しました。こうしておけば、あとで'スマッシュ'を'ボレー'に変えたいと思ったときに、変数の代入式のところだけ書き換えれば済むからです。

さて、今回のポイントはforブロックの中のifとelseです。ifとelseは、「もし○○ならAのステートメントを、それ以外ならBを」というように、条件に合うかどうかで異なる処理を行う役目をします。

今回のプログラムでは、条件を「count % 2 == 0」にしました。変数countには、繰り返しの処理を始めると0から9までの値が繰り返しの回数に応じてセットされていきます。「%」は割った余り（剰余）を求める演算子なので、「count % 2」とすることで2で割った余りを求めています。

続く「== 0」の「==」は、左と右が等しいかどうかを調べる比較演算子です。これを付けることで、「countを2で割ったときの余りが0と等しいか？」という条件式になります。つまり、countが偶数かどうかを調べているのです。

このように、条件式には「==」をはじめ、「<」や「>」、さらにはイコールを含んだ「<=」「>=」などの比較演算子を使います。そうすると、演算結果が真（正しい）であればTrueがPythonのシステムから返ってきます。反対に偽（正しくない）であればFalseが返るので、ifはこれを利用して処理を振り分けているというわけです。

▼ifとelse

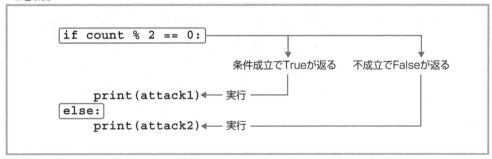

forブロックの中にifブロックを入れたことで、countが0、1、2…と増えていくに従ってスマッシュとストロークが交互に出力され、結果、攻撃に変化が生まれることになりました。

文法上、特に必要がなければ、else:はなくてもかまいません。この場合は「もし、countが偶数ならば」のifブロックの処理部分だけが実行されます。

リスト内包表記という書き方を使って先のプログラムを書き換えると、次のようになります。リスト内包表記とは、リストを作成するときに使われる記法のことです。

▼スマッシュとボレーを織り交ぜた攻撃プログラムをリスト内包表記に書き換える

セル4
```python
list = [print(attack1) if i % 2 == 0 else print(attack2) for i in range(10)]
```

この場合、リスト内包表記はprint()関数の実行だけを行うので、戻り値はNoneが返され、listの中身は[None, None, None, None, None, None, None, None, None, None]となります。

ただし、リスト内包表記の本来の使い方とは異なる使い方なので、「こういうこともできる」程度に見ておいていただければと思います。

rangeオブジェクト（1）

「for　回数を保持する変数　in　range(繰り返す回数):」で使われているrange()は、標準ライブラリの関数です。

▼range()関数

宣言部		range([start,]stop[, step])
パラメーター	start	カウントを開始する値。
	stop	カウントを終了する値。
	step	カウントアップする際のステップ。省略すると1ずつカウントアップ。

　range()関数のstartを省略すると、デフォルトで0として扱われます。range(10)とした場合は、stopの部分だけが指定されたことになるので、0 (start) から1 (step) ずつ10 (stop) までカウントアップするrangeオブジェクトが生成されます。 forステートメ

ントの繰り返しの最初でrangeオブジェクトは0を返し、以降、処理を繰り返すたびに1、2、3、...を順に返します。そうして、10が返されたところでforステートメントが終了します。

True／Falseと真／偽

　ifなどで条件式を調べる（評価する）コードが実行されるとき、その式の結果が「真（正しい）」であるか「偽（正しくない）」であるかの判定が行われています。真であれば条件は成立し、偽であれば不成立です。Pythonには、bool型のTrueとFalseというオブジェクトがあり、これらはそれぞれ真と偽の値を代表しています。Trueは必ず真となり、Falseは必ず偽となります。

　「a == 10」と書いたとき、比較演算子==は左右の値を比較し、等しければTrue、そうでなければFalseがPythonのシステムから通知されます。ifなどの制御構造は、この結果を見て処理の流れを変化させるわけです。

　ただし、TrueとFalseだけが真または偽と判定されるわけではありません。Pythonでは、次のような値を返す式も条件式として使えます。

▼Pythonにおける真（True）と偽（False）

- 数値型の0（0、0.0など）は偽、0以外は真
- 空の文字列（''または""）は偽、空の文字列以外は真
- Noneは偽

3.1.3 3つの技を織り交ぜる (if...elif...else)

ifには、「もし○○ならAを、××ならBを、それ以外ならCを」というように、2つの条件の成否によって異なる処理を行わせることもできます。

ifにelifを加えて条件を2つに増やす

先のプログラムでは、スマッシュとストロークを繰り出すようにしましたが、交互に繰り出すだけなので攻撃としては単調です。ifには、elifを加えることで、「もし○○ならAを、××ならBを、それ以外ならCを」というように、2つの条件の成否によって異なる処理を行わせることができます。

▼if...elifの書式

```
if 条件式1:
    条件式1がTrueになるときに実行される処理[A]
elif 条件式2:
    条件式2がTrueになるときに実行される処理[B]
else:
    条件式がすべてFalseのときに実行される処理[C]
```

条件式1がTrueになれば、[A]が実行されます。条件式2がTrueになるときは[B]が実行されます。条件式1と条件式2のどちらもTrueにならなければ[C]の処理が実行されます。なお、条件式1も条件式2もTrueになる場合は、先に書いてある条件式1の処理[A]が実行されて終了します。

▼スマッシュ／ストローク／ボレーを織り交ぜた攻撃

セル5
```
attack1 = 'ボレー'
attack2 = 'スマッシュ'
attack3 = 'ストローク'


for count in range(10):
    if (6 <= count) and (count % 2 == 0):       ┐count が6以上、かつ2で割った余りが0であるか?
        print(attack1)
    elif (count % 2 == 0):       ┐count を2で割った余りが0であるか?
        print(attack2)
    else:       ┐どれにも当てはまらない場合に実行
        print(attack3)
```

OUT	
スマッシュ	
ストローク	
スマッシュ	
ストローク	
スマッシュ	
ストローク	
ボレー	
ストローク	
ボレー	
ストローク	

今回は、elifというものを加えて、条件式を2つにしています。1つ目の条件式「countが6以上、かつ2で割った余りが0」であればattack1のボレーが繰り出されます。2つ目の条件式「countを2で割った余りが0」であればattack2のスマッシュです。どれにも当てはまらなければ、attack3のストロークとなります。countが6以上であれば条件式1も2も成立しますが、そのときは先に書いてある条件式1の処理が実行されて終了します。

andとor

ifとelifについて見たところで、今度は条件式について見てみましょう。ifの条件式がずいぶん長くなっていて、2つの条件式が組み合わされているのがわかります。**and**または**or**というキーワードを使うことにより、2つの条件式をつないで1つの条件を作り出すことができます。

▼andの書式

```
条件式1 and 条件式2
```

「条件式1がTrue、かつ条件式2がTrue」の場合にのみTrueになり、それ以外はFalseになります。

▼orの書式

```
条件式1 or 条件式2
```

「条件式1がTrue、または条件式2がTrue」の場合にTrueになり、条件式1も条件式2もFalseの場合のみFalseになります。今回のifの条件式は、次のように「countが6以上で、かつ2で割った余りが0（偶数）」という意味になります。

```
if (6 <= count) and (count % 2 == 0):
```
　　　　　└── countが6以上である　　└── countを2で割った余りが0である

andやorはTrueまたはFalseを返すことから**bool演算子**と呼ばれます。**論理演算子**と呼ばれることもあります。

Onepoint

andやorでは、書いた順番に条件式が評価されていきます。(count % 2 == 0)を先に書くと、まずは2で割った余りを評価してから(6 <= count)で6以上かどうか評価するので、効率が悪いです。先に6以上かどうかを評価すれば、そうでない場合はこの段階で評価が終了するので、無駄がないのです。

　forの繰り返しではカウントが0から始まるので、7回目と9回目にボレーが繰り出されることになります。

▼forで処理を10回繰り返すときの流れ

```
 1回目 (count = 0)    スマッシュ
 2回目 (count = 1)    ストローク
 3回目 (count = 2)    スマッシュ
 4回目 (count = 3)    ストローク
 5回目 (count = 4)    スマッシュ
 6回目 (count = 5)    ストローク
 7回目 (count = 6)    ボレー ──────────── (6 <= count) and (count % 2 == 0)
 8回目 (count = 7)    ストローク
 9回目 (count = 8)    ボレー ──────────── (6 <= count) and (count % 2 == 0)
10回目 (count = 9)    ストローク
```

ifの条件式を書く順番に気を付けよう

　ifを使う場合に、気を付けるべきポイントがあります。それは、**条件式を書く順番**です。プログラムのコードには「上から順番に実行される」という大前提があるので、条件式を書く順番によって処理の結果が変わってしまうことがあります。今回のボレーを織り交ぜるプログラムのifとelifの条件式を入れ替えるとどうなるか、見ていきましょう。

▼ifとelifの条件を入れ替えてみる

セル6
```
attack1 = 'ボレー'
attack2 = 'スマッシュ'
attack3 = 'ストローク'


for count in range(10):
    if (count % 2 == 0):                        ── 先に「countを2で割った余りが
        print(attack1)                             0か?」を判定する
    elif (6 <= count) and ( count % 2 == 0):    ── 次に「countが6以上かつ2で
        print(attack2)                             割った余りが0か?」を判定する
    else:
        print(attack3)
```

OUT	ボレー
	ストローク
	ボレー
	ストローク
	ボレー
	ストローク
	ボレー
	ストローク
	ボレー
	ストローク

上から実行されるので、countが偶数ならattack1の'ボレー'が出力されます。たとえ「countが6以上かつ2で割った余りが0」であっても、「countを2で割った余りが0かどうか」の条件に当てはまった時点で'ボレー'が出力されてしまうのです。よって、'スマッシュ'が出力されることはなく、'ボレー'と'ストローク'が交互に出力される、という結果になりました。先に「××」を判定すると、「○○かつ××」までは評価されないということです。

このことから、「どちらの条件も成立することがあれば、より厳しい条件の方を先に書く」ことの必要性がわかります。今回の場合は、先に「○○かつ××」を評価して、次に「××」を評価することになります。

▼厳しい条件をあとに書くのはダメ！

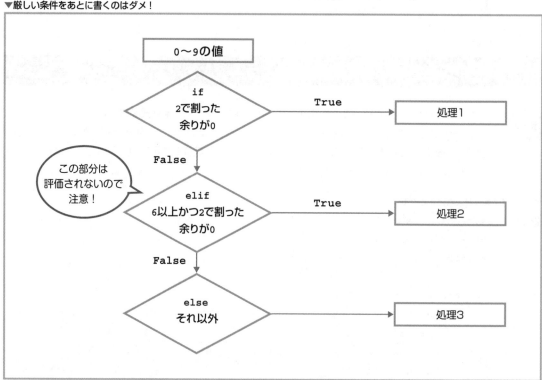

3.1.4　攻撃のパターンをランダムにしよう

　いろんな攻撃を織り交ぜるようになったのはよいのですが、プログラムを実行するたびに毎回、同じパターンで攻撃が繰り出されるのが、どうも気になります。これでは次の一手を見抜かれてしまうでしょう。そこで、攻撃パターンをある程度ランダムにすることを考えてみます。

▼ランダムに攻撃を繰り出す

`セル 7`

```python
import random

attack1 = 'ボレー'
attack2 = 'スマッシュ'
attack3 = 'ロブ'
attack4 = 'ストローク'

for count in range(5):
    x = random.randint(1, 10)      ❶
    if x <= 3:
        print(attack1)
    elif x >= 4 and x <= 5:
        print(attack2)
    elif x >= 6 and x <= 7:
        print(attack3)
    else:
        print(attack4)
```

▼実行結果の例（実行結果はランダムに変わる）

`OUT`

```
ストローク
ロブ
ストローク
ストローク
スマッシュ
```

▼ifとelif

randomモジュールを使って疑似乱数を発生させる

Pythonにデフォルトで含まれるライブラリを**標準ライブラリ**と呼ぶのでした。標準ライブラリには、これまで利用してきた整数型（int）や文字列型（str）などの組み込み型やprint()などの組み込み関数、メソッドをまとめた**モジュール**が多数、搭載されています。randomもそのようなモジュールの1つで、擬似乱数を生成するオブジェクトが収録されています。

モジュールを使うには、importキーワードで**インポート**（読み込むこと）をします。次のように書けば、randomモジュールをインポートできます。

▼randomモジュールのインポート

```
import random ──────── 今回は、forループの中の❶で1〜10のランダムな整数を生成する
```

●random.randint()メソッド

メソッドの書式	randint(a, b)
機能	a以上b以下のランダムな整数を返します。

randomオブジェクト（インスタンス）は、便宜的に内部で1個だけ生成されます。なので、randomというオブジェクト名を書けばそのインスタンスが参照され、メソッドを実行できます。

```
x = random.randint(1, 10)
            └────── 1〜10の整数をランダムに生成
     └────── 内部で生成済みのrandomオブジェクトを参照
```

1〜10の10通りの可能性があり、この値によってどの攻撃を繰り出すかを決めています。1、2、3のいずれかであれば'ボレー'、4か5であれば'スマッシュ'、6か7で'ロブ'、残りの8、9、10で'ストローク'を出力します。この割合によって繰り出す攻撃の確率が決まり、「ランダムだけど出方に傾向がある」ということを表現できます。攻撃の偏りを調整したいときは、ここを修正すればよいわけです。

「ランダムな値によって処理を分岐させる」という手法は、ゲームなどでも多用されるものなので、この機会に慣れておくとよいと思います。

Onepoint

ここでは疑似乱数を利用して攻撃を繰り出しましたが、このあとで紹介する「リスト」を使うと、乱数を使わずに直接、攻撃手法をランダムにチョイスできるようになります。ここで使用したプログラムを書き換えたものを「memo　リスト要素をランダムに抽出する」（本文174ページ）の最後に載せたので、あとで参照してみてください。

もう1つの繰り返し技 （whileによる繰り返し）

　Pythonには、処理を繰り返すためのキーワードとしてもう1つ、whileがあります。forは「回数を指定して繰り返す」ものでしたが、whileは「条件を指定して繰り返す」場合に用います。「○○が××になったら処理を終了」という場合、プログラミングの段階では何回繰り返すのかはわかりません。そんなときに重宝するのがwhileです。

whileで、条件が成立するまで繰り返す

whileは、指定した条件が成立（True）している限り、処理を繰り返します。

▼whileによる繰り返し

```
while 条件式:
    繰り返す処理
```

　whileはforと同様に処理を繰り返しますが、「条件が成立している限り」という点が異なります。これを使えば、「○○である限り無限に処理を繰り返す」というプログラムを作れます。処理を終えるタイミングは、内部のifステートメントで決めます。

▼条件が成立すれば無限ループを終了

```
while 1:                    ――― 1はTrueと同じ意味を持つ。つまり、whileの条件は
                                  永遠に成立しっぱなし
    if 条件式:               ――― 条件成立でループ終了
        print('バイバイ')
        break
    □□□□□□□□□          ――― ifの条件が成立しない限り繰り返す処理、つまりwhile
                                  としての処理をここに書く
```

3.2.1 条件がTrueの間は繰り返す

forは、回数を指定して処理を繰り返すものでした。一方、**while**は「条件式がTrueである限り」処理を繰り返します。英単語のwhileに「〜の間」という意味があるように、Pythonのwhileキーワードは、指定した条件が成立している（Trueである）限り、処理を繰り返し続けます。

▼whileの書式

```
while 条件式:
        繰り返す処理
```

スマッシュを連続10回繰り出す

前節のはじめの方で作成した、スマッシュを連続して放つプログラムを、今回紹介するwhileで書き換えてみます。

▼連続してスマッシュを放つ（ただし画面上に）（while.ipynb）

セル1
```
counter = 0
while counter < 10:
    print('スマッシュ')
    counter = counter + 1
```

OUT
```
スマッシュ
スマッシュ
スマッシュ
スマッシュ
スマッシュ
スマッシュ
スマッシュ
スマッシュ
スマッシュ
スマッシュ
```

まず、回数を数える変数counterに0を格納しておき、「10より小さい間」を条件式にします。

▼whileの条件式

```
counter = 0
while counter < 10:
```

whileは、「条件式が成立してTrueが返ればブロック内の処理を実行し、再びwhileの先頭に戻る」ということを繰り返します。whileブロックの範囲もforと同様に「インデントして書かれたステートメント（文）」になります。

▼ whileのブロック

```
while(counter < 10):  ─── counterの値が0➡9になるまで処理を繰り返す
    処理1
    処理2 ──────────── ここまで処理したら先頭に戻る
whileブロック外の処理1 ──── whileの処理が終わったら、ここから順に実行されていく
whileブロック外の処理2
```

■ 無限ループ

さて、問題は「何回繰り返すか」です。条件式は「counter < 10」で、counterの値は0なので、問題なく次の繰り返しが開始されます。えっ？　でもいつまで？

気付かれたと思いますが、counterの値が0のままであれば、無限に処理が繰り返されます。これを**無限ループ**と呼びます。次のプログラムは無限ループになりますが、Notebookのセルの左側に表示される、セルの実行を停止するボタン（□）で中断できるので、試してみてください。

▼無限にスマッシュを返し続ける

セル2
```
counter = 0
while (counter < 10):
    print('スマッシュ')
```

OUT
```
スマッシュ
スマッシュ
スマッシュ
・・・・・省略・・・・・
スマッシュ
スマッシュ
```

セルの左側に
表示される停止ボタン
で止めます

■ 処理回数をカウントする

ポイントは、変数counterです。当初は0が格納されています（これを**0で初期化**という）が、繰り返し処理の最後でcounterに1を足します。そうすれば、処理を行うたびにcounterの値が1ずつ増えるので、値が10になったところで「counter < 10」が不成立（False）になり、whileを抜けます。

nepoint
「抜ける」というのは、プログラムの制御が次の段階（次のステートメント）に進むことを表します。

▼処理を10回で終えるときの様子
```
counter = 0
while counter < 10:  ──────── 先頭に戻り、条件が満たされないのでwhileブロックを抜ける
    print('スマッシュ')
    counter = counter + 1  ── 10回目の時点ではcounterの値は「10」
```

▼無限ループ

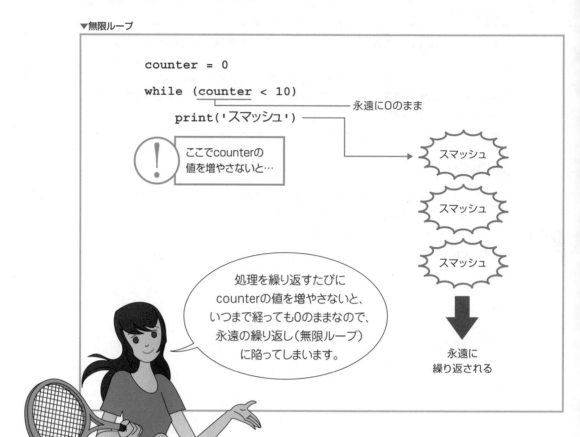

```
counter = 0

while (counter < 10)

    print('スマッシュ')
```

――― 永遠に0のまま

ここでcounterの
値を増やさないと…

処理を繰り返すたびに
counterの値を増やさないと、
いつまで経っても0のままなので、
永遠の繰り返し（無限ループ）
に陥ってしまいます。

スマッシュ

スマッシュ

スマッシュ

永遠に
繰り返される

3.2.2　ピティナ、入力された言葉を再生する

　ここで、チャットボット「ピティナ（Pityna）」試作1号として、オウム返しバージョンを作ってみることにしましょう。あいさつをしたら、あとは言われた言葉を延々と繰り返すだけのものです。でも、それだといつまで経っても終わらないので、「さよなら」と入力したらプログラムを終了することにします。

相手の言葉をそのまま再生、'さよなら'で終了

　前項ではwhileでの繰り返し処理を取り上げましたが、やっていることはforと同じでした。そこで、ピティナ試作1号では、「条件が成立する間は繰り返す」というwhileの特徴を生かし、ユーザーが入力した内容に反応させるようにします。

▼ピティナ「オウム返し」バージョン（pityna.ipynb）

セル1

```
# 名前を取得
name = input('お名前は？')
print('%s さん、こんにちは！' % name) ────────────────── ❶
# 入力待ちのメッセージ
prompt = name + 'さん発言をどうぞ'
# 'さよなら'と入力、または未入力以外は応答を続ける
while 1: ────────────────────────────────────── ❷
    answer = input(name + 'さん発言をどうぞ')
    if answer == 'さよなら': ────────────────────── ❸
        print('バイバイ')
        break
    # 未入力ならループ終了
    elif not answer: ──────────────────────────── ❹
        print('......')
        break
    # 応答
    print('「{}」なんですね。'.format(answer))
```

3

条
件
分
岐
と
繰
り
返
し
、
関
数
を
使
う

▼最初の質問（Notebookの上部に入力用のパレットが表示される）

| じゅんのすけ ──────────────────── | ── 名前を入力 |

お名前は? ('Enter' を押して確認するか 'Escape' を押して取り消します)

▼セルの下部に出力された応答メッセージ

| じゅんのすけ さん、こんにちは! | ── メッセージが出力される |

▼発言する

何か発言する

じゅんのすけさん発言をどうぞ ('Enter' を押して確認するか 'Escape' を押して取り消します)

▼セルの下部に出力された応答メッセージ

じゅんのすけ さん、こんにちは!
「いい天気だね」 なんですね。

── メッセージが出力される

▼「さよなら」と入力してみる

「さよなら」と入力

じゅんのすけさん発言をどうぞ ('Enter' を押して確認するか 'Escape' を押して取り消します)

▼プログラム終了

じゅんのすけ さん、こんにちは!
「いい天気だね」 なんですね。
バイバイ

「バイバイ」と出力され、プログラム
が終了する

相手の言葉を返すだけなので、こんな感じになりますが、コードの中身を見ていきましょう。今回は、whileの中にif...elifを入れたことがポイントです。

❶まずはあいさつ

```
print('%s さん、こんにちは！' % name)
```

「name = input('お名前は?')」で取得した文字列を含めて出力します。

❷入力された文字列に対して「○○なんですね」の応答を繰り返す

```
while 1:                    ─── メッセージを表示し、入力された文字列をanswerに格納
    answer = input(name + 'さん発言をどうぞ')
    print('「{}」なんですね。'.format(answer))
                            ─── 格納されている文字列を{}の部分に表示
```

whileの条件式を「1」にしました。1はTrueを返すので、input()とprint()の処理が無限に繰り返されるようになります。

❸ループの終了（その1）

'さよなら'と入力されたら'バイバイ'と表示してループを止めます。breakは、ループを止めるためのキーワードです。プログラムがbreakにさしかかった時点でループを抜けるので、ここではwhileブロックを抜けて次の行に進む（次の行は何もないのでプログラムが終了する）ことになります。

```
if answer == 'さよなら':     ───────────── 入力された文字列が'さよなら'と一致するか？
    print('バイバイ')
    break                  ───────────── ここでループを抜ける
```

❹ループの終了（その2）

notは、andやorと同じ仲間のbool演算子で、次に書いた値が偽である場合にTrueを、それ以外はFalseを返します。プロンプト（入力待ち）の状態で何も入力せずに Enter キーを押すと、answerの中身は空の文字列（すなわち偽）になります。not answerでTrueが返されたら、breakでループを止めます。

```
elif not answer:           ───────────── 何も入力されていないか？
    print('......')
    break                  ───────────── ループを抜ける
```

Section

3.3 リスト

Level ★ ★ ★ | Keyword | リスト　タプル　シーケンス

　プログラミングを行う上で、「データの管理」は最も重要な要素です。変数を利用することで容易にデータを管理できますが、「住所、氏名、電話番号」のように、1人分のデータをまとめて扱う場合は、これらのデータをまとめて1つの変数に格納できると便利です。そこでPythonには、複数の値をまとめることができる「リスト」「タプル」というものが用意されています。

Pythonの「シーケンス型」

　シーケンスとは、データが順番に並んでいて、並んでいる順番に処理が行えることを指します。対義語は**ランダム**です。str型オブジェクトは、一つひとつの文字が順番に並ぶことで意味を成すので、シーケンスです。

　このようなstr型オブジェクトとは別に、Pythonには基本的なシーケンス型として、リスト、タプル、rangeの3つのオブジェクトがあります。これらのオブジェクトは、1つのオブジェクトに複数のデータを格納できるのが大きな特徴です。

•リスト、タプル

　リストと**タプル**は、オブジェクトの中に複数のオブジェクトを格納し、格納した順番でこれらのオブジェクトを管理できます。

▼リストとタプル

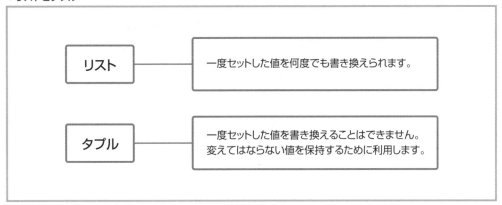

● シーケンス用のビルトイン関数とメソッド

Pythonには、リスト、タプル、rangeオブジェクトなどのシーケンス型で利用できる便利な関数やメソッドが用意されています。これらの関数やメソッドは、Pythonの標準ライブラリに組み込まれていることから、**ビルトイン関数**、**ビルトインメソッド**と呼ばれます。

▼シーケンス用のビルトイン関数

関数	内容
len()	シーケンス型オブジェクトのサイズ（長さ）を返します。
min()	シーケンス型オブジェクトの最小値を返します。
max()	シーケンス型オブジェクトの最大値を返します。

▼シーケンス用のビルトインメソッド

関数	内容
s.index(x)	s の中で x が最初に出現するインデックス（並び順を示す数値）を返します。
s.count(x)	s の中に x が出現する回数を返します。

※sは、シーケンスオブジェクトを使って実行することを示しています。

● ミュータブルなシーケンス用のビルトインメソッド

リストは、中身を書き換えることができるオブジェクトで、これを**ミュータブル**と呼びます。ミュータブルなシーケンス用のメソッドもビルトインされています。

▼ミュータブルなシーケンスのビルトインメソッド

関数	内容
s.append(x)	x をsの最後に加えます。
s.clear()	s からすべての要素を取り除きます。
s.copy()	s のコピーを作成します。
s.extend(t)	sにtの内容を追加します。s += tでも同じことができます。
s.insert(i, x)	sの i番目の要素として、x を挿入します。
s.pop(i)	s から i 番目の要素を取り除き、取り除いた要素を呼び出し元に返します。
s.remove(x)	s からxに該当する要素を取り除きます。
s.reverse()	sの要素の並び順を逆転させます。

※sは、シーケンスオブジェクトを使って実行することを示しています。

3.3.1　4種類のストロークを順に繰り出す（リスト）

　おなじみのテニスのミュレーションですが、別の方法で攻撃を組み立ててみましょう。今回は、**リスト**というオブジェクトを使います。

▼4種類のストロークを順に繰り出す (list.ipynd)

セル1
```python
attacks = ['グランドストローク', 'ボレー', 'スマッシュ', 'ロブ']
for count in range(5):
    for attack in attacks:
        print (attack,' ',end="")
    print()
```

OUT
```
グランドストローク　ボレー　スマッシュ　ロブ
グランドストローク　ボレー　スマッシュ　ロブ
グランドストローク　ボレー　スマッシュ　ロブ
グランドストローク　ボレー　スマッシュ　ロブ
グランドストローク　ボレー　スマッシュ　ロブ
```

リストで複数のオブジェクトをまとめて管理

　プログラムの1行目で変数attacksに代入しているのがリストです。4つの文字列をカンマ (,) で区切り、ブラケット [ ] で囲んでまとめています。リストは、このように、複数のオブジェクトをまとめて管理するオブジェクトです。

 ▼リストの書式

```
[オブジェクト1, オブジェクト2, ...]
```

　このように、[ ] の中にオブジェクトをカンマで区切って並べることで、リストが生成されます。並べたオブジェクトが、リストの要素です。オブジェクトの型は何でもかまいません。次の例のように、int型とstr型のオブジェクトを混ぜてもOKです。

```
[40, 'アドバンテージ', 'setpoint']
 └──int型  └──str型  └──str型
```

インデックシング

 　リストの要素の順序は維持されるので、何番目かを表すインデックスを[ ]で囲んで指定することで、各要素にアクセスできます。**インデックス**（シーケンス番号）は、要素の順番を表す、0から始まる数値です。1番目の要素のインデックスは0、2番目の要素は1、…と続きます。

▼リストの要素にアクセスする

書 式

リスト型変数名[インデックス]

▼リスト要素へのアクセス例

セル 2	`attacks = ['グランドストローク', 'ボレー', 'スマッシュ', 'ロブ']`
	`attacks[0]`
OUT	`'グランドストローク'`

セル 3	`attacks[1]`
OUT	`'ボレー'`

セル 4	`attacks[2]`
OUT	`'スマッシュ'`

セル 5	`attacks[3]`
OUT	`'ロブ'`

Onepoint　最後の要素を指定したいけどインデックスがわからない、という場合は「−1」を指定すればアクセスできます。これを**ネガティブインデックス**と呼び、最後の要素から−1、−2、…と続きます。

▼ネガティブインデックスでアクセス

セル 6	`attacks[-1]` — 最後の要素にアクセス
OUT	`'ロブ'`

セル 7	`attacks[-2]`
OUT	`'スマッシュ'`

セル 8	`attacks[-3]`
OUT	`'ボレー'`

セル 9	`attacks[-4]`
OUT	`'グランドストローク'`

　インデックスもネガティブインデックスも、範囲を超えると、エラーを示すIndexErrorがPythonインタープリターから返されます。

▼範囲外の要素にアクセス

セル 10	`attacks[-5]` ——————————— attacksの要素数は4

```
OUT
IndexError  Traceback (most recent call last)
Cell In[10], line 1
----> 1 attacks[-5]

IndexError: list index out of range
```

スライス

インデックスを2つ指定することで、特定の範囲の要素を参照できます。これを**スライス**と呼びます。スライスされた要素もリストとして返されます。

▼リストの要素をスライスする

> リスト変数名[開始インデックス ： 終了インデックス]

「開始インデックスの要素」から「終了インデックスの直前の要素」までがスライスされます。該当する要素がない場合は空のリストが返されます。なお、末尾の要素までをスライスする場合は末尾のインデックスの次の値を指定します。範囲外の値ですが、この場合はエラーにはなりません。

▼開始インデックスと終了インデックスの例

セル 11
```
attacks = ['グランドストローク', 'ボレー', 'スマッシュ', 'ロブ']
attacks[0:3]              インデックス0～2（1番目～3番目）の要素をスライス
```
OUT
```
['グランドストローク', 'ボレー', 'スマッシュ']
```

セル 12
```
attacks[-3:-1]           末尾から3番目の要素から、末尾から2番目の要素までをスライス
```
OUT
```
['ボレー', 'スマッシュ']
```

3番目のインデックスを指定すれば、1つおきや2つおきにスライスできます。

▼3番目のインデックスを指定する例

セル 13
```
attacks[::1]                              1だと連続してスライスされる
```
OUT
```
['グランドストローク', 'ボレー', 'スマッシュ', 'ロブ']
```

セル 14
```
attacks[::2]                         2を指定すると1つおきにスライスされる
```
OUT
```
['グランドストローク', 'スマッシュ']
```

セル 15
```
attacks[::-2]                                末尾から1つおきにスライス
```
OUT
```
['ロブ', 'ボレー']
```

セル 16
```
attacks[::-1]                               -1だと逆順でスライスできる
```
OUT
```
['ロブ', 'スマッシュ', 'ボレー', 'グランドストローク']
```

3

条件分岐と繰り返し、関数を使う

イテレーション

リストに対する処理でよく使われるのは、すべての要素に順番に何らかの処理をする「**イテレーション**」です。

▼forの書式

```
for 変数 in イテレート可能なオブジェクト：
    処理...
```

「イテレート」とは「繰り返し処理する」という意味で、オブジェクトから順番に要素を取り出すことを表します。3.1節で扱ったrangeオブジェクトは、イテレート可能なオブジェクトだったのです。

```
for attack in range(10):　　　　　　0～9までの値を要素に持つイテレート可能なrangeオブジェクト
    print('スマッシュ')
```

リストも、含まれているオブジェクトを1つずつ取り出せるので、イテレート可能なオブジェクトです。次のように書くと、[ ]内の要素が順番に1つずつ取り出され、変数attackに格納されます。forブロックの内部でこの変数を指定すれば、すべての要素に対して順番に処理が行えます。

セル17
```
for attack in ['グランドストローク', 'ボレー', 'スマッシュ', 'ロブ']:
    print(attack)　　　　　　　　　　処理を繰り返すたびにattackに要素が格納される
```
OUT
```
グランドストローク
ボレー
スマッシュ
ロブ
```

次に示すテニスのシミュレーションでは、外側のforステートメントによる5回のループの内部で、attacksリストから要素をattackに取り出し、attackの中身を出力しています。
print()関数は最後に改行を出力しますが、「end=""」を()の中に書いておくと改行ではなく空文字を出力するので、結果として改行されないようになります。

セル18
```
for count in range(5):　　　　　　　　　　処理を5回繰り返す
    for attack in attacks:　　　　　　　　attacksリストの要素を順番に取り出す
        print (attack,' ',end="")　　　　attackに格納されている要素を改行せずに出力
    print()　　　　　　　　　　　　　　　　外側のforの処理の最後に改行のみを出力
```

こうすることで、攻撃パターンが「グランドストローク　ボレー　スマッシュ　ロブ」のように1行で出力され、このパターンが計5回ぶん繰り出されます。

OUT	グランドストローク　ボレー　スマッシュ　ロブ
	グランドストローク　ボレー　スマッシュ　ロブ
	グランドストローク　ボレー　スマッシュ　ロブ
	グランドストローク　ボレー　スマッシュ　ロブ
	グランドストローク　ボレー　スマッシュ　ロブ

リストの更新

Pythonのリストは、要素の内容を変更したり、別のオブジェクトに変更できます。これを「**ミュータブル**（変更可能）である」といいます。

▼リストの要素を書き換える

セル 19
```
attacks = ['グランドストローク', 'ボレー', 'スマッシュ', 'ロブ']
attacks[0] = 'スライス'
attacks
```
OUT
```
['スライス', 'ボレー', 'スマッシュ', 'ロブ']
```

リストはlist型の立派なオブジェクトですので、この節の冒頭で紹介したミュータブルなシーケンス用のビルトインメソッドが使えます。よく使われるのは、最後尾に要素を追加する**append()**、任意の位置の要素を取り除いてそれを返す**pop()**です。

▼要素の追加と取り出し

セル 20
```
attacks = ['グランドストローク', 'ボレー', 'スマッシュ', 'ロブ']
attacks.append('クロスショット') ──────────── 末尾に追加
attacks
```
OUT
```
['グランドストローク', 'ボレー', 'スマッシュ', 'ロブ', 'クロスショット']
```

セル 21
```
attacks.pop() ──────────────── 最後尾のオブジェクトを取り出す
```
OUT
```
'クロスショット'
```

セル 22
```
attacks ──────────────── 取り出し後のattacksの中身
```
OUT
```
['グランドストローク', 'ボレー', 'スマッシュ', 'ロブ']
```

pop()は、取り除く要素をインデックスで指定します。引数を指定しない場合は−1が補われるので、pop(−1)として末尾のオブジェクトが取り出されます。pop(0)にすると、先頭の要素が取り出されます。これを利用すると、コンピューターで使われている**スタック**や**キュー**（待ち行列）を実現できます。スタックはLIFO（後入れ先出し）と呼ばれるデータ構造で、キューはFIFO（先入れ先出し）と呼ばれるデータ構造です。

▼リストをスタック（LIFO）として使う

`セル23`
```
attacks = []
attacks.append('トップスピン')
attacks
```
空のリストを作成
リストに追加する

`OUT`
```
['トップスピン']
```

`セル24`
```
attacks.append('ボレー')
attacks
```
リストの末尾に追加

`OUT`
```
['トップスピン', 'ボレー']
```

`セル25`
```
attacks.pop()
```
末尾の（最後に入れた）要素を取り出す

`OUT`
```
'ボレー'
```

`セル26`
```
attacks
```
処理後のattacksの中身

`OUT`
```
['トップスピン']
```

▼リストをキュー（FIFO）として使う（上記の続き）

`セル27`
```
attacks.append('ボレー')
attacks
```
リストに追加する

`OUT`
```
['トップスピン', 'ボレー']
```

`セル28`
```
attacks.pop(0)
```
先頭の（先に入れた）要素を取り出す

`OUT`
```
'トップスピン'
```

`セル29`
```
attacks
```
処理後のattacksの中身

`OUT`
```
['ボレー']
```

リストは、様々なデータ型を格納できるだけでなく、リストのリスト（多重リスト）にできるなど、応用範囲の広い便利なデータ構造です。

Memo | **range オブジェクト (2)**

何気なく使ってきたrangeオブジェクトですが、これも立派なシーケンスです。規則に沿って連続した数値のシーケンスを作ります。

▼range()関数の例

IN	`list(range(10))` ——————— 0〜9までの連続した10個の要素
OUT	`[0, 1, 2, 3, 4, 5, 6, 7, 8, 9]`

IN	`list(range(1, 11))` ——————— 1〜10までの連続した10個の要素
OUT	`[1, 2, 3, 4, 5, 6, 7, 8, 9, 10]`

IN	`list(range(0, 30, 5))` ——————— 0〜29までの範囲で5ずつ進める
OUT	`[0, 5, 10, 15, 20, 25]`

IN	`list(range(0, 10, 3))` ——————— 0〜9までの範囲で3ずつ進める
OUT	`[0, 3, 6, 9]`

IN	`list(range(0, -10, -1))` ——————— 0から−9までの範囲で−1ずつ進める
OUT	`[0, -1, -2, -3, -4, -5, -6, -7, -8, -9]`

IN	`list(range(0))` ——————— 範囲は0
OUT	`[]`

IN	`list(range(1, 0))` ——————— 0〜1までの範囲でstepは0
OUT	`[]`

rangeオブジェクトの中身はシーケンス（連続したデータ）なので、要素を区切って表示する手段としてリストの要素にしています。リストオブジェクトは、[ ]で作成する方法のほかに、list()関数で作成する方法もあります。

▼list()関数でリストを作成する

IN	`list('book')`
OUT	`['b', 'o', 'o', 'k']`

IN	`list(range(5))`
OUT	`[0, 1, 2, 3, 4]`

2つのリストをforで処理してみる

リストを使うことで、複数のオブジェクトを1か所で集中管理できるようになります。前のサンプルコードでは、すべての攻撃が1つのリストに集約されているので、リストの要素を変更するだけで別のコンビネーションが使えるようになります。

また、次のように2つのリストを作れば、相手側の攻撃パターンを別に用意することができます。

▼2人で打ち合う (list_for.ipynb)

```
selves = ['サービス', 'ネット&ボレー', 'クロスショット', 'グランドストローク']
others = [
    'リターン[ドロップショット]', 'リターン[スライス]',
    'リターン[ロビング]', 'リターン[ストローク]']

n = min(len(selves), len(others))
for i in range(n):          ┌── リストの要素を順番に出力
    print (selves[i], others[-i-1], sep=' <-- ')
                                          └── 区切り文字を指定
                          └── 相手のリストの末尾要素から順に出力
```

▼実行結果

```
サービス <-- リターン[ストローク]
ネット&ボレー <-- リターン[ロビング]
クロスショット <-- リターン[スライス]
グランドストローク <-- リターン[ドロップショット]
```

今回は、2つのリストの要素に対して繰り返し処理を行うので、それぞれの要素数を調べて、少ない方の要素数を繰り返しの回数としました。

```
n = min(len(selves), len(others))
                              └── othersの要素数を取得する
                  └── selvesの要素数を取得する
         └── 最も小さい数を返す
```

●min()関数

2つ以上の引数の中で最小のものを返します。Pythonのビルトイン関数です。

▼min()関数の書式

```
min(arg1, arg2, ...)
```

●len()関数

オブジェクトの長さ (要素の数) を返します。Pythonのビルトイン関数です。

▼len()関数の書式

```
len (リスト)
```

●print()関数

これまで何度も使用してきたprint()ですが、改めて構造を確認しておきましょう。

引数として渡したオブジェクトは、すべて文字列に変換され、sepパラメーターで指定された文字で区切られながら書き出され、最後にendパラメーターの値が出力されます。sepとendの値を指定するには、sep、endのキーワードを指定します。値は文字列であることが必須で、指定を省略した場合はデフォルトの値が使われます。引数を何も指定しなかったときは、print() はendの値 (改行) だけを出力します。

書式	print(objects, sep=' ', end='\n')	
パラメーター	objects	出力するオブジェクト。カンマ (,) で区切ることで複数指定可。
	sep=' '	省略した場合は、区切り文字として半角スペースを出力。
	end='\n'	省略した場合は、出力の最後に改行を出力。

Onepoint

「シーケンス型」とは、複数の値を順番に並べたものをひとかたまりとして格納するための型のことです。Pythonでは、str型オブジェクト、リスト、タプル、rangeオブジェクトがシーケンス型に分類されます。

Onepoint

Pythonのリストは、プログラミングの用語でいうところの「配列」です。厳密にいうと1次元配列になります。リストは多重化が可能なので、リストの要素をリストにして2次元配列のかたちにすることもできます。

「for i in range(n):」の変数iのことを「ブロックパラメーター」と呼ぶことがあります。

リストのリスト

リストでは、いろいろな種類のオブジェクトを要素にできますが、リスト自体を要素にすることもできます。

▼リストのリスト（多重リスト）（list_multiple.ipynb）

`セル1`
```
attacks1 = ['トップスピン','スライス','ライジング']──── 1つ目のリスト
attacks2 = ['ロブ','ボレー','スマッシュ']──────── 2つ目のリスト
all_attacks = [attacks1, attacks2]─────── 2つのリストを要素にする
all_attacks ──────────────── リストの要素を持つリストを出力
```
`OUT`
```
[['トップスピン', 'スライス', 'ライジング'], ['ロブ', 'ボレー', 'スマッシュ']]
```

`セル2`
```
all_attacks[0] ──────────── 第1要素のリストを出力❶
```
`OUT`
```
['トップスピン', 'スライス', 'ライジング']
```

`セル3`
```
all_attacks[1][0] ──────────── 第2要素のリストの先頭要素を出力❷
```
`OUT`
```
'ロブ'
```

❶のように、要素がリストである場合は、インデックスで参照するとリストそのものが参照されます。

```
all_attacks[0]
          └──── 先頭要素のリストattacks1を参照
```

❷のように、リスト内部のリストの要素を参照する場合は、2個のインデックスを使います。

```
all_attacks[1][0]
          │    └── 第2要素の先頭要素を参照
          └─────── 第2要素のリストattacks2を参照
```

▼リストのリスト

Memo｜リストの操作

本文で紹介したほかに、リストでは次のメソッドや関数、演算子が使えます。

●リストの結合：extend()メソッド

extend()メソッドは、2つのリストを1つにまとめます。

メソッドの書式	s.extend(t)
機能	オブジェクトsにtの内容を追加します。

▼リストに別のリストの要素を追加する (list_manipulate.ipynb)

IN	
	`selves = ['ロビング', 'クロスショット', 'トップスピン']`
	`others = ['ボレー', 'スライス', 'スマッシュ']`
	`selves.extend(others)`
	`selves`
OUT	`['ロビング', 'クロスショット', 'トップスピン', 'ボレー', 'スライス', 'スマッシュ']`

extend()メソッドは、演算子「+=」で置き換えることもできます。

```
selves += others ——— selves.extend(others)と同じ結果になる
```

●指定した位置に要素を追加する：insert()メソッド

append()メソッドはリストの末尾にしか要素を追加できませんが、insert()メソッドでは任意の位置に要素を追加できます。

メソッドの書式	s.insert(i, x)
機能	オブジェクトsのi（インデックス）で指定した位置にxを挿入します。

▼インデックスで指定した位置に要素を追加する

IN	
	`attacks = ['ボレー', 'スマッシュ']`
	`attacks.insert(1, 'ドロップショット')` ——— 2番目の位置に追加する
	`attacks`
OUT	`['ボレー', 'ドロップショット', 'スマッシュ']`

●インデックスで指定した要素を削除する：delキーワード

del演算子はブラケット[ ]と組み合わせることで、任意の位置の要素を削除します。

書式	del s[i:j]
機能	インデックスiからjまでの要素を削除します。iだけを指定すれば、該当の要素が1つ削除されます。

▼インデックスで指定した要素を削除する

```
IN    attacks = ['ボレー', 'ドロップショット', 'スマッシュ']
      del attacks[1] ―――― 2番目の要素を削除
      attacks
OUT   ['ボレー', 'スマッシュ']
```

●位置がわからない要素を削除する：
remove()メソッド

削除したい要素がリストのどこにあるのかはっきりしない場合は、remove()で値を指定して削除することができます。

メソッドの書式	s.remove(x)
機能	sからxに合致する最初の要素を取り除きます。

▼値を指定して削除する

```
IN    attacks = ['ボレー', 'ドロップショット', 'スマッシュ']
      attacks.remove('ドロップショット')
      attacks
OUT   ['ボレー', 'スマッシュ']
```

●要素のインデックスを知る：
index()メソッド

値を指定して、要素のインデックスを知ることができます。

メソッドの書式	s.index(x)
機能	sの中で x が最初に出現するインデックスを返します。

▼インデックスを調べる

```
IN    attacks = ['ボレー', 'ドロップショット', 'スマッシュ']
      attacks.index('スマッシュ')
OUT   2 ―――― インデックス
```

●その値はあるか：in演算子

演算子のinで、指定した値がリストにあるか調べることができます。

書式	x in s
機能	オブジェクトsのある要素が x と等しければ True、そうでなければ False を返します。

▼指定した値がリストにあるか調べる

```
IN    attacks = ['ボレー', 'ドロップショット', 'スマッシュ']
      'ロブ' in attacks
OUT   False ―――― 該当する値はリストにない
```

●その値はリストにいくつあるか：
count()メソッド

特定の値がリストにいくつ含まれているかは、count()メソッドで知ることができます。

メソッドの書式	s.count(x)
機能	sの 中に x が出現する回数を返します。

▼指定した要素がリストにいくつあるか調べる

IN	attacks = ['ボレー', 'ボレー', 'スマッシュ']
	attacks.count('ボレー')
OUT	2

IN	attacks.count('スマッシュ')
OUT	1

●要素の並べ替え

リスト（list）オブジェクト専用の**sort()**メソッドで、要素の並べ替えが行えます。

IN	attacks = ['ロブ', 'クロスショット', 'トップスピン', 'ボレー', 'スライス', 'スマッシュ']
	attacks.sort() ─────── 昇順で並べ替え
	attacks
OUT	['クロスショット', 'スマッシュ', 'スライス', 'トップスピン', 'ボレー', 'ロブ']

IN	n = [5, 3, 0, 4, 1]
	n.sort() ─────── 数値の要素を昇順で並べ替え
	n
OUT	[0, 1, 3, 4, 5]

IN	n.sort(reverse=True) ─── 降順で並べ替える
	n
OUT	[5, 4, 3, 1, 0]

アルファベット、ひらがな、カタカナは、文字コード順で並べ替えるので、abc順、あいうえお順で並べることができます。漢字も文字コード順になりますが、並べ替えてもあまり意味がないでしょう。なお、引数に「reverse=True」を指定すると、降順で並べ替えられます。

●リストのコピー

　リストはオブジェクトですので、リスト変数を他の変数に代入すると、オブジェクトの参照が代入されます。

▼リストを別の変数に代入する

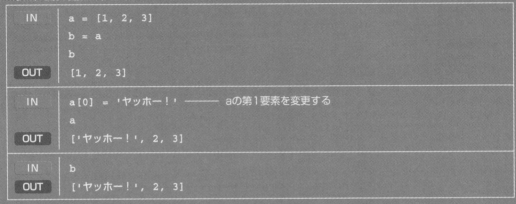

```
IN    a = [1, 2, 3]
      b = a
      b
OUT   [1, 2, 3]
```

```
IN    a[0] = 'ヤッホー！' ——— aの第1要素を変更する
      a
OUT   ['ヤッホー！', 2, 3]
```

```
IN    b
OUT   ['ヤッホー！', 2, 3]
```

　結果を見てみると、リストaに対する操作はリストbにも反映されています。aもbも同じオブジェクトを参照しているためです。

　このような「参照の代入」ではなく、「リストの本物のコピー」を作成するには、次のいずれかの方法を使います。

・シーケンスオブジェクトのcopy()メソッドを使う
・list()関数を使う
・リストをスライスして新しいリストを作る

▼リストをコピーして新しいリストを作る

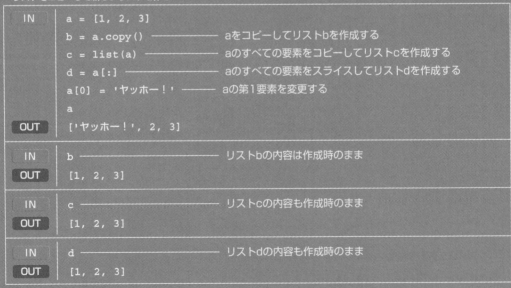

```
IN    a = [1, 2, 3]
      b = a.copy() ——————— aをコピーしてリストbを作成する
      c = list(a) ———————— aのすべての要素をコピーしてリストcを作成する
      d = a[:] ——————————— aのすべての要素をスライスしてリストdを作成する
      a[0] = 'ヤッホー！' ——— aの第1要素を変更する
      a
OUT   ['ヤッホー！', 2, 3]
```

```
IN    b ——————————— リストbの内容は作成時のまま
OUT   [1, 2, 3]
```

```
IN    c ——————————— リストcの内容も作成時のまま
OUT   [1, 2, 3]
```

```
IN    d ——————————— リストdの内容も作成時のまま
OUT   [1, 2, 3]
```

リストの中に要素製造装置を入れる（リスト内包表記）

リストの中に、1から5までの整数を1つずつ追加していくとしたらどのように書くでしょうか。

▼リストに1～5までの整数を1つずつ追加する（list_compre.ipynb）

セル1

```
num_list = []
num_list.append(1)
num_list.append(2)
num_list.append(3)
num_list.append(4)
num_list.append(5)
num_list
```

OUT
```
[1, 2, 3, 4, 5]
```

タイプするのが面倒ですね。forステートメントでスマートに書きましょう。

▼forステートメントを使う

セル2

```
num_list2 = []
for num in range(1, 6):
    num_list2.append(num)
num_list2
```

OUT
```
[1, 2, 3, 4, 5]
```

いっそのこと、rangeオブジェクトを直接、リストに変換してしまいましょうか。

▼rangeオブジェクトをリストに変換する

セル3

```
num_list3 = []
num_list3 = list(range(1, 6))
num_list3
```

OUT
```
[1, 2, 3, 4, 5]
```

簡単になりましたね。これでよいのですが、**リスト内包表記**というものを使うとPythonらしいコードになります。

▼リスト内包表記の書式

> [変数 for アイテム in イテレート可能なオブジェクト]

先ほどのコードをリスト内包表記にすると次のようになります。

▼リスト内包表記で要素を追加する

セル4
```
comp1 = [num for num in range(1, 6)]
comp1
```

OUT
```
[1, 2, 3, 4, 5]
```

　リスト内包表記の先頭の変数は、リストに入れる値を作るためのものです。ループの1回ごとの結果をnumに格納するというわけです。2つ目のnumは、forステートメントの一部で、rangeのシーケンスから1つずつ取り出された値が格納されます。これを確かめてみましょう。

▼リスト内包表記の先頭の変数を−1してみる

セル5
```
comp2 = [num-1 for num in range(1, 6)] # リストに入れるnumから-1する
comp2
```

OUT
```
[0, 1, 2, 3, 4]
```
───────── 各要素は−1された値になっている

　リスト内包表記では、forループの中にifステートメントを入れることもできます。そうすると、奇数だけをリストに追加する、といったことが簡単にできます。

▼1〜5の範囲の奇数だけをリストに追加する

セル6
```
comp3 = [num for num in range(1, 6) if num % 2 == 1]
comp3
```

OUT
```
[1, 3, 5]
```

　rangeのストリームのうち、2で割った余りが1になることをifステートメントの条件にすることで、奇数のみがリストに格納されるようになります。

▼リスト内包表記の処理

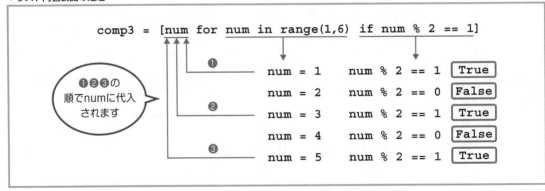

3.3.2 いわゆる「定数リスト」（タプル）

一度セットした要素の書き換えが不可能（**イミュータブル**〈不変〉）なリストがあります。これを**タプル**と呼びます。前項の冒頭のプログラムを、タプルを使うように書き換えると次のようになります。

▼4種類のストロークを順に繰り出す（タプルバージョン）（tuple.ipynb）

セル1
```python
attacks = ('グランドストローク', 'ボレー', 'スマッシュ', 'ロブ')
for count in range(5):
    for attack in attacks:
        print (attack,' ',end="")
    print()
```

OUT
```
グランドストローク　ボレー　スマッシュ　ロブ
グランドストローク　ボレー　スマッシュ　ロブ
グランドストローク　ボレー　スマッシュ　ロブ
グランドストローク　ボレー　スマッシュ　ロブ
グランドストローク　ボレー　スマッシュ　ロブ
```

実行結果はリストのときとまったく同じですが、attacksはタプルなので、中身の要素を書き換えることは不可能です。これが何の役に立つのかよくわからない——という方もおられると思いますが、タプルには次のような特徴があります。

・同じ要素を扱うのであれば、リストよりパフォーマンスの点で有利（書き換えられることがないので、最適化によってコードの解釈が速くなる）。
・要素の値を誤って書き換える危険がない。
・辞書（このあとで紹介）のキーとして使える。
・関数やメソッドの引数は、実はタプルとして渡されている。

タプルの中身は書き換え不可です。変更したいときは、新しいタプルを作って新しい値をセットすることになります。

タプルの使い方

　　タプルは()を使って作成できますが、個々の要素をカンマで区切って書いていけば、()で全体を囲まなくてもタプルを作れます。最後の要素のあとのカンマは省略できます。

▼タプルを使う

セル2	`attacks1 = ('トップスピン', 'ネット&ボレー', 'クロスショット')`
	`attacks1`
OUT	`('トップスピン', 'ネット&ボレー', 'クロスショット')`

セル3	`attacks2 = 'トップスピン', 'ネット&ボレー', 'クロスショット',` ── 最後のカンマは省略可
	`attacks2`
OUT	`('トップスピン', 'ネット&ボレー', 'クロスショット')`

　　タプルを使うと、一度に複数の変数に代入できます。

▼タプルの要素を変数に代入する

セル4	`attacks3 = ('トップスピン', 'ネット&ボレー', 'クロスショット')`
	`a, b, c = attacks3` ──────── 先頭の要素から順に変数a、b、cに代入する
	`a`
OUT	`'トップスピン'`

セル5	`b`
OUT	`'ネット&ボレー'`

セル6	`c`
OUT	`'クロスショット'`

▼書き換え不可のタプル

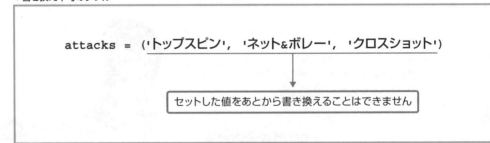

　リストやタプルに格納された要素は、並びの順序によって管理されます。「○○番目の要素」を取り出すにはインデックスを指定するわけですが、状況によっては「取り出したい要素がいったい何番目なのかわからない」ということもあります。

　このような場合は、要素に名前を付けて管理できる「辞書」を使うと便利です。

辞書 (dict) 型

　リストやタプルが「順序を保ったオブジェクトの並び」であって、各要素へのアクセスには整数値のインデックスを使うのに対し、**辞書型** (dict型) のオブジェクトは「キー (名前) と値のペアが集まった、順序を持たないオブジェクト」です。イミュータブル (書き換え不可) な型なら何でも (文字列、数値、タプルなど) キーとして使うことができます。

•辞書型 (dict型)

　辞書型のオブジェクトを作るには、キーと値を「:」で結び、全体を {} で囲みます。

▼辞書オブジェクトの作成

```
代入先の変数 = {key1 : obj1, key2 : obj2, ...}
```

　辞書に格納されているオブジェクトを取り出すには、ブラケット[ ]でキーを指定してアクセスします。

▼辞書の要素を取り出す

```
変数 = 辞書オブジェクト[キー]
```

●要素の重複を許さない集合

集合 (set型) は、リストやタプルと同様に複数のデータを1つにまとめるものですが、「重複した要素を持たない」という違いがあります。集合は、{ }の中に要素をカンマで区切って並べることで作成します。書式を見てわかるように、辞書のキーだけを残したのが集合です。

▼集合の作成

```
{要素1, 要素2, ...}
```

集合の「重複した値を持たない」という特徴を生かして、リストから重複した要素を取り除くような場面で使うことができます。リストを集合に変換しただけで重複した値がなくなるので、これをもう一度リストに戻すことで、重複した要素を簡単に取り除くことができます。

Memo | リスト要素をランダムに抽出する

「3.1.4 攻撃のパターンをランダムにしよう」では、疑似乱数を発生させることでランダムに攻撃を繰り出すようにしました。randomモジュールには、リストからランダムに1つの要素を取り出すchoice()というメソッドがあるので、これを使ってみましょう。

▼リストの要素をランダムに抽出する

```
import random
attacks = ['ストローク', 'ボレー', 'スマッシュ', 'ロブ']
for count in range(5):  ──────────────── 5回繰り返す
    print(random.choice(attacks)) ──────── リストから要素をランダムに1つ抽出する
```

▼実行結果

```
ボレー
ロブ
ロブ
ロブ
ロブ
```

疑似乱数を使用したときはifステートメントで攻撃が出る確率を調整しましたが、今回は完全にメソッド任せです。実行するタイミングによって、実行例のように同じ攻撃が連続することもあります。

3.4.1　ボールを打ったら音を出す（名前と値のペア）

テニスの攻撃パターンをあれこれやっていますが、リストなどのシーケンスとは似てるけれども
ちょっと違う**辞書**オブジェクトを使ってみましょう。ストロークの種類によって擬音（「パッコーン」
とか）を出すようにしたいと思います。

▼ストロークの種類によって擬音を出す（ただし文字列として）（dictionary.ipynb）

セル1
```python
import random


sound = {
    'グランドストローク' : '「パッコーン」',
    'スマッシュ' : '「パコンッ」',
    'ボレー' : '「ベキィッ」'
    }
for count in range(5):
    x = random.randint(1, 10)
    if x <= 4:
        attack = 'グランドストローク'
    elif x >= 5 and x <= 7:
        attack = 'ボレー'
    else:
        attack = 'スマッシュ'
    print(attack, '\n', sound[attack])
```

OUT
```
グランドストローク
「パッコーン」
スマッシュ
「パコンッ」
ボレー
「ベキィッ」
スマッシュ
「パコンッ」
グランドストローク
「パッコーン」
```

辞書 (dict) 型

リストやタプルが「順序を保ったオブジェクトの並び (シーケンス)」であって、各要素へのアクセスには整数値のインデックスを使うのに対し、辞書型のオブジェクトは「キー (名前) と値のペアがごちゃっと集まった、順序を持たない集合」であり、イミュータブル (書き換え不可) な型なら何でも (文字列、数値、タプルなど) キーとして使うことができます。つまり、キーだけを変更することはできないので、キーを変更したい場合はキーと値のペアを変更 (追加・削除) することになります。辞書そのものはミュータブル (書き換え可能) です。

サンプルの1行目で変数soundに代入しているのが辞書型のオブジェクトです。

▼辞書オブジェクトの作成

書式

```
代入先の変数 = {key1 : obj1, key2 : obj2, ...}
```

辞書オブジェクトを作るには、このようにキーと値を「:」で結び、「{」と「}」で囲みます。要素の数が多い場合は、複数行にわたって書いてもOKです。soundに代入されている'グランドストローク'には '「パッコーン」'、'スマッシュ'には「パコンッ」、'ボレー' には'「ベキィッ」'という文字列が関連付けられています。

forステートメントで5回の繰り返し処理に入り、その中でランダムにストロークの種類を決めます。ここはリストのときとほぼ同じです。forブロックの最後でストロークの種類とその擬音を出力するとき、printに引数を3つ渡していますが、第1引数がストロークの種類、第2引数が改行、第3引数が擬音です。辞書に格納されているオブジェクトを取り出すには、ブラケット[ ]内にキーを書いてアクセスします。このとき、新たな値を代入するようにすると、キーの値を変更することができます。

▼先の辞書soundのキーを指定して値を変更

セル2
```
sound['グランドストローク'] = '「カコーン」'     ──────── 値を変更する
sound
```

OUT
```
{'スマッシュ': '「パコンッ」', 'ボレー': '「ベキィッ」', 'グランドストローク': '「カコーン」'}
```

▼キー／値の追加

セル3
```
sound['ロブ'] = 'ポコーン'
sound
```

OUT
```
{'スマッシュ': '「パコンッ」', 'ボレー': '「ベキィッ」', 'グランドストローク': '「カコーン」', 'ロブ': 'ポコーン'}
```

辞書の中身が、初期化したときの順番と異なっていることに注意してください。リストのようなシーケンスと違って辞書には「順序」という概念がなく、「どのキーとどの値のペアか」という情報のみが保持されています。

イテレーションアクセス

　辞書の要素は、ブラケット[ ]でキーを指定すればその値を取り出せます。このほかに、forステートメントを使ってすべてのキーをイテレート(反復処理)できます。

▼キーをイテレートして値を列挙する

セル4
```
sound = {
    'グランドストローク' : '「パッコーン」',
    'スマッシュ' : '「パコンッ」',
    'ボレー' : '「ベキィッ」'
    }
for key in sound:
    print(key)
```

OUT
```
グランドストローク
スマッシュ
ボレー
```

　values()メソッドを使うと、キーではなく値をイテレートできます。

セル5
```
for value in sound.values():
    print(value)
```

OUT
```
「パッコーン」
「パコンッ」
「ベキィッ」
```

　さらにitems()メソッドを使うと、キーと値をイテレートできます。

セル6
```
for key, value in sound.items():
    print(key, value)
```

OUT
```
グランドストローク 「パッコーン」
スマッシュ 「パコンッ」
ボレー 「ベキィッ」
```

辞書に使えるメソッド

辞書（dict）オブジェクトでは、次の関数やメソッドが使えます。

◎**2要素のシーケンスを辞書に変換する：dict()関数**

dict()関数を使うと、2要素のシーケンスであれば辞書に変換できます。次に示すのは、2要素のリストやタブルから辞書にする例です。

▼リストを辞書にする（dictionary_memo.ipnb）

IN	`seq1 = [ ['a', 'b'], ['c', 'd'], ['e', 'f'] ]`—リストのリストから辞書を作成 `dict(seq1)`
OUT	`{'a': 'b', 'c': 'd', 'e': 'f'}`

IN	`seq2 = ['ab', 'cd', 'ef']` ——— リストの2文字の要素から辞書を作成 `dict(seq2)`
OUT	`{'a': 'b', 'c': 'd', 'e': 'f'}`

IN	`seq3 = ('ab', 'cd', 'ef')` ——— タブルの2文字の要素から辞書を作成 `dict(seq3)`
OUT	`{'a': 'b', 'c': 'd', 'e': 'f'}`

◎**辞書に辞書を追加する：update()メソッド**

update()メソッドで、辞書のキーと値を別の辞書にコピーすることができます。なお、追加される方の辞書に追加する辞書と同じキーがある場合は、追加した辞書の値で上書きされます。

▼辞書に辞書を追加

IN	`sound = {`
	　　`'グランドストローク' : '「パッコーン」',`
	　　`'スマッシュ' : '「パコンッ」',`
	　　`'ボレー' : '「ベキィッ」'`
	　　`}`
	`add = {`
	　　`'ドロップショット' : '「ポワッッ」',`
	　　`'ボレー' : '「ガッコーン」',`
	　　`}`
	`sound.update(add)`
	`sound`

OUT	`{'スマッシュ': '「パコンッ」', 'ボレー': '「ガッコーン」',` 　`'ドロップショット': '「ポワッッ」', 'グランドストローク': '「パッコーン」'}`

◎辞書の要素をまるごとコピーする：
copy()メソッド

copy()メソッドで、辞書の要素をまとめてコピーで　　ピーされます。
きます。参照ではなく、オブジェクトそのものがコ

▼辞書のコピー

```
IN    new = add.copy()
      new
OUT   {'ボレー': '「ガッコーン」', 'ドロップショット': '「ポワッッ」'}
```

◎キーと値のペアをすべて取得する：
items()メソッド

items()メソッドで、キーと値のすべてのペアを取得
できます。

▼辞書の要素をすべて取得

```
IN    new.items()
OUT   dict_items([('ボレー', '「ガッコーン」'), ('ドロップショット', '「ポワッッ」')])
```

◎値だけを取得する：values()メソッド

values()メソッドは、辞書の値の部分だけをすべて
返します。

▼辞書の値だけを取得

```
IN    new.values()
OUT   dict_values(['「ガッコーン」', '「ポワッッ」'])
```

◎要素の削除：del演算子

del演算子でキーを指定すると、対象の要素が削除　　「ポワッッ」を削除してみましょう。
されます。先の例で追加した'ドロップショット'：

▼キーを指定して要素を削除する

```
IN    del sound['ドロップショット']
      sound
OUT   {'スマッシュ': '「パコンッ」', 'ボレー': '「ガッコーン」',
       'グランドストローク': '「パッコーン」'}
```

◎すべての要素を削除する：clear()メソッド

clear()メソッドで、辞書からすべてのキーと値を
削除できます。

▼辞書のすべての要素を削除

```
IN    sound.clear()
      sound
OUT   {} ——— 中身は空
```

複数のシーケンスのイテレート

　リストやタプルなど、複数のシーケンスに対して同時にイテレートしたい場合は、ビルトイン型の
zip()関数を使うと便利です。この関数は、複数のシーケンス要素を集めたタプル型のイテレーター
を作ります。

▼3つのリストをまとめてイテレートする (dictionary2.ipynb)

`セル1`
```python
scene = ['attack1', 'attack2', 'attack3']
attack = ['グランドストローク', 'スマッシュ', 'ボレー']
sound = ['「パッコーン」', '「パコンッ」', '「ベキィッ」']
for scene, attack, sound in zip(scene, attack, sound):
    print(scene, ': 攻撃->', attack, '(疑音)', sound)
```

`OUT`
```
attack1 : 攻撃-> グランドストローク (疑音)「パッコーン」
attack2 : 攻撃-> スマッシュ (疑音)「パコンッ」
attack3 : 攻撃-> ボレー (疑音)「ベキィッ」
```

　inのあとのzip(scene, attack, sound)によって各リストの要素が1つずつ取り出され、forのあ
とのsceneとattack、soundに格納されます。zip()によるイテレートは、最もサイズが小さいシー
ケンスの要素を処理した時点で止まるので、これよりも大きいサイズのシーケンスがある場合、残り
の要素は処理されません。この点、ご注意ください。
　さて、本題の辞書ですが、2つのリストからキーと値のペアを作ってみることにしましょう。

▼2つのリストからキーと値のペアを作る

`セル2`
```python
attack = ['グランドストローク', 'スマッシュ', 'ボレー']
sound = ['「ポッコーン」', '「パコンッ」', '「ベキィッ」']
list( zip(attack, sound) )  ─────── リストを作ってみる
```

`OUT`
```
[('グランドストローク', '「パッコーン」'), ('スマッシュ', '「パコンッ」'), ('ボレー', '「ベキィッ」')]
```

`セル3`
```python
attacks = dict( zip(attack, sound) )  ───── キーと値のペアで辞書を作る
attacks
```

`OUT`
```
{'グランドストローク': '「パッコーン」', 'スマッシュ': '「パコンッ」', 'ボレー': '「ベキィッ」'}
```

　最初にlist()関数を使って、zip()で生成されたイテレーターを1つのリストにまとめてみました。
リストの中にそれぞれの要素のペアのリストが格納されています。
　dict()関数では、zip(attack, sound)を引数にすることで、attackの要素をキー、soundの要素を
値にした辞書を作成しています。

●内包表記によるイテレート

辞書も**内包表記**を利用して作成できます。

▼辞書の内包表記の書式

> {キー : 値 for 変数 in イテレート可能なオブジェクト}

セル4

```
attack = ['グランドストローク', 'スマッシュ', 'ボレー']
sound = ['「ポッコーン」', '「パコンッ」', '「ベキィッ」']
attacks = {i : j for (i, j) in zip(attack, sound)}
attacks
```

OUT

{'グランドストローク': '「パッコーン」', 'スマッシュ': '「パコンッ」', 'ボレー': '「ベキィッ」'}

forループ1回ごとにリストの要素が(i, j)の各変数に格納され、最後に「キー：値」を表すi：jにセットされて、キーと値のペアとして辞書に格納されます。

先の例に比べると書き方がちょっと面倒ですが、内包表記を使うとキーと値を入れ替えることができてしまいます。

セル5

```
attacks = {j : i for (i, j) in zip(attack, sound)}
attacks
```

OUT

{'「パッコーン」': 'グランドストローク', '「パコンッ」': 'スマッシュ', '「ベキィッ」': 'ボレー'}

今度は、もともとsoundリストの要素だった値がキーになりました。内包表記で辞書を作成するとこんなことができるので、覚えておくとよいでしょう。

▼内包表記によるイテレートで、キーと値を入れ替える

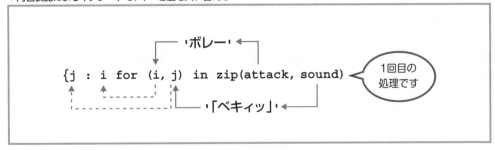

3.4.2 要素の重複を許さない集合

似たような型が続いて退屈かもしれませんが、最後に1つだけ紹介させてください。**集合**（set型）は、リストやタプルと同様に複数のデータを1つにまとめるものです。ですが、「重複した要素を持たない」という決定的な違いがあります。

まずは集合を作ってみる

集合は、辞書と同じように { } の中で要素をカンマで区切ることで作成します。書式を見てわかるように、辞書のキーだけを残したのが集合です。

 ▼集合の作成

```
{要素1，要素2，...}
```

 ▼set()関数で作成

```
set (リストまたはタプル、文字列)
```

▼集合の作成例（set.ipynb）

セル1
```
month = { '1月', '2月', '3月', '4月', '5月' }
month
```
OUT
```
{'1月', '3月', '2月', '5月', '4月'}
```

セル2
```
set('Python')                                    set()で文字列から集合を作る
```
OUT
```
{'o', 'y', 'P', 'n', 't', 'h'}                   1文字ずつ要素になる
```

セル3
```
set(['Python', 'App'])                           リストから集合を作成
```
OUT
```
{'App', 'Python'}
```

セル4
```
set(('Python', 'App'))                           タプルから集合を作成
```
OUT
```
{'App', 'Python'}
```

セル5
```
set({'スマッシュ': '「パコンッ」', 'ボレー': '「ガッコーン」' })   辞書から集合を作成
```
OUT
```
{'スマッシュ', 'ボレー'}
```

set()の引数を辞書にすると、キーだけが集合の要素になります。

集合を使って重複した要素を削除する

「PCに保存した音楽のリストから、アルバムとシングルに入っている重複した曲を除きたい」とか「宛先リストから重複したメールアドレスを除きたい」という場合にうってつけなのが**集合**です。複数のデータを扱うときは、リストを使うことが多いでしょう。

この場合、リストを集合に変換したものを作成すれば重複したデータは除かれるので、それを再びリストに変換すればいいのです。

▼リストから重複したデータを取り除く

セル6
```
data = ['スマッシュ', 'ボレー', 'ロブ' ,'スマッシュ', 'ボレー']
```
重複したデータを含むリスト
```
data_set = set(data)
```
リストから集合を作成
```
data_set
```
OUT
```
{'ロブ', 'ボレー', 'スマッシュ'}
```

セル7
```
attacks = list(data_set)
```
集合からリストを作成
```
attacks
```
OUT
```
['ロブ', 'ボレー', 'スマッシュ']
```

それからもう1つ、集合から集合を「－」で引き算すると、引かれた方の集合は**重複して存在するデータを除いた**ものを返します。また、「**&**」で演算すると、**重複しているデータ**だけが返されます。

▼「－」と「&」で演算する

セル8
```
data1 = { 'スマッシュ', 'ボレー', 'ロブ' }
data2 = { 'スマッシュ', 'ボレー', 'ドロップショット' }
data1 - data2
```
data1の重複していない要素だけが返される
OUT
```
{'ロブ'}
```

セル9
```
data1 & data2
```
data1とdata2で共通のデータだけが返される
OUT
```
{'スマッシュ', 'ボレー'}
```

どちらの場合も「結果が返されるだけ」なので、集合の中身は変わりません。結果を保持する場合は、新たな集合に格納するようにします。

最後にunion()とintersection()を見て終わりにします。

▼ユニオンとインターセクション

セル10
```
data1 = { 'スマッシュ', 'ボレー', 'ロブ' }
data2 = { 'スマッシュ', 'ボレー', 'ドロップショット' }
data3 = { 'スマッシュ', 'ボレー', 'グランドストローク' }
data1.union(data2, data3)
```
重複した要素を除いた集合を作る
OUT
```
{'スマッシュ', 'ドロップショット', 'グランドストローク', 'ボレー', 'ロブ'}
```

セル11
```
data1.intersection(data2, data3)
```
重複している要素だけで集合を作る
OUT
```
{'ボレー', 'スマッシュ'}
```

union()メソッドは、「重複した要素を除いて」1つの集合を作る**ユニオン**という処理を行います。一方、intersection()メソッドは、「重複している要素だけで」1つの集合を作る**インターセクション**という処理を行います。

装置を作る（関数）

Level ★★★　　Keyword　関数　メソッド

　これまでのPythonのコードは、ステートメントを並べた小さな断片ともいえるものでした。その場限りの処理をちゃちゃっとやるにはこれでよいのですが、どこかで同じことをやるとしたら同じコードをタイプするのは面倒です。定型的な処理は、関数としてまとめておけば、あちこちで使い回すことができます。変数はオブジェクトを使い回すためのものでしたが、関数は処理を再利用できるようにするための仕組みです。

関数

　関数とは「名前の付いたコード」で、任意の場所に書くことができます。前に「Pythonの関数はメソッドである」とお話ししましたが、正確にいうとPythonには「メソッドではない関数」もあって、両者は呼び出すときの書き方が異なります。

▼メソッドの実行

```
obj.method()
```
　　└────── オブジェクトを参照する変数

▼関数の実行

```
func()
```
　　──── 関数名を書くだけで実行できる

　関数もメソッドも、何らかのオブジェクトに対して実行されるという点では同じです。ただし、関数はモジュールに書かれたほかのコードから切り離されているものなので、「便宜的に内部でオブジェクトが用意される」という違いがあります。メソッドがオブジェクトを定義する「クラス」の内部で定義されるのに対し、関数はそれ以外の場所——つまりソースファイル（モジュール）中のクラスに属さない部分——で定義されます。なお、メソッドについては4章で詳しく説明します。

3.5.1 呼び出すと擬音を付けてくれる関数

さっそくですが、「呼び出し元から受け取った文字列に'-->パコーン'という擬音を追加し、これを5回表示する」関数を作ってみましょう。

▼受け取った文字列に擬音を付けて5回表示する

セル 1

```
                            ┌──────────── 関数名
def add_sound(attack):
    for i in range(5):  ──────────────────────── 5回繰り返す
        print(attack, '-->パコーン')  ──────── パラメーターの値に擬音を付けて表示
    return attack ── パラメーター
         └── 戻り値を設定
result = add_sound('スマッシュ')  ──────────── 関数の呼び出し
```

OUT

```
スマッシュ -->パコーン
スマッシュ -->パコーン
スマッシュ -->パコーン
スマッシュ -->パコーン
スマッシュ -->パコーン
```

関数もメソッドも構造自体は同じものなので、書き方のルールも同じです。defキーワードに続けて関数名を書き、呼び出し元からの値を受け取るパラメーターを()の中に書いて、最後にコロン（:）を付けます。インデントして書いた範囲が、関数のブロックとして扱われます。

▼関数の定義

```
def 関数名(パラメーター1, パラメーター2, ...):
    処理
    ...
    return 戻り値
```

nepoint

関数名の先頭は英字か _ でなければならず、英字、数字、_ 以外の文字は使えません。

パラメーターは、関数の呼び出し元から値を受け取るためのもので、変数と同じように任意の名前を付けることができます。**仮引数**（これに対し呼び出し元から渡されるものを**実引数**）と呼ばれることもありますが、見た目で区別しやすいよう、本書では**パラメーター**と表記することにします。

パラメーターが不要であれば、( )の中を空にしておきます。関数で処理した結果を呼び出し元に渡したい場合は、**戻り値**として返すようにします。「return 戻り値」と書き、戻り値にはTrueやFalseのようなリテラルまたは変数を指定できます。

▼関数を呼び出したときの処理の流れ

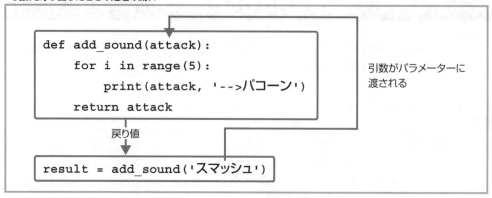

引数がパラメーターに渡される

戻り値

「関数名（引数）」の形で呼び出すと、引数に指定した値が関数側のパラメーターにコピーされます。関数内部の処理が順次実行されて、最後にreturnで指定した戻り値が呼び出し元に返されます。パラメーターattackが戻り値なので、変数resultには'スマッシュ'が代入されます。

なお、戻り値を返す必要がない場合には、returnステートメントは不要です。returnを持たない関数は「処理のみを行う関数」になります。ここで作成したadd_sound()関数も、画面への出力のみを行えばよいので、returnステートメントは取り除いた方がよいかもしれません。この場合、呼び出す際に戻り値を受け取る変数は不要になるので、

```
add_sound('スマッシュ')
```

とだけ書いて、関数を呼び出すようにします。

パラメーターの指定

パラメーターは必要な数だけ設定できるので、関数側で攻撃パターンも擬音も受け取るようにしてみましょう。

▼複数のパラメーターを設定

セル2
```
def add_sound2(a, b):
    print(a, '-->', b)

add_sound2('スマッシュ', 'パコーン')
```
関数の呼び出し

OUT　スマッシュ --> パコーン

 呼び出し側の引数と関数のパラメーターの順番は同じである必要があります。上記の場合は、'スマッシュ'がパラメーターa、'パコーン'がbに渡されます。とはいえ、「順番を気にしないでパラメーターに渡したい」ということもあると思います。その場合はパラメーター名を指定することで、引数の値を順番に関係なく渡すことができます。これを**キーワード引数**と呼びます。

▼パラメーター名を指定して引数を渡す

セル3
```
add_sound2(b='パコーン', a='スマッシュ')
```

次のように、位置指定の引数とキーワード引数を混ぜてもかまいません。ただし、キーワード引数は位置指定タイプの引数のあとに書く必要があります。先に書いてしまうとエラーになるので、注意してください。

セル4
```
add_sound2('スマッシュ', b='パコーン')
```
　　　　　　　　　　　　　　　└ パラメーターbに渡される
　　　　　　　　　　　　（キーワード引数は位置指定の引数のあとに書く）
　　　　　　　　└── パラメーターaに渡される

デフォルトパラメーター

パラメーターをとる関数には、引数を必ず渡さなくてはならないというわけではありません。関数側でパラメーターの初期値を設定しておけば、引数がない場合に、設定した値が使用されるようになります。これを**デフォルトパラメーター**と呼びます。

▼デフォルトパラメーター

セル5
```
def add_sound3(a, b='パコーン'):
    print(a, '-->', b)
add_sound3('スマッシュ')
```

OUT
```
スマッシュ --> パコーン
```

デフォルトパラメーターは、デフォルト値を持たないパラメーターのあとに書く必要があります。例では、引数が1つだけなのでこの値がパラメーターaに渡されます。もし、引数を2つ指定したら、パラメーターbのデフォルト値が上書きされます。

Memo｜デフォルトパラメーターの使いどころ

デフォルトパラメーターは、その名のとおりデフォルト値を持つパラメーターなのですが、そもそもパラメーターは「引数として渡された値を受け取る仕組み」なので、デフォルト値があるのは矛盾しているようにも思えます。

しかし、プログラミングするときは、「ほぼ確定している値だけど変更されるかもしれない値」というものがよくあります。操作例の返球音「パコーン」は、ひょっとしたら「ポコーン」に変更されるかもしれません。別の話として、消費税を計算する関数の場合、将来的に税率が変更されることがあります。この場合、現在の税率をデフォルトパラメーターに設定しておき、将来の変更に備えるといった使い方ができます。

Hint リストをデフォルトパラメーターにするときの注意

デフォルトパラメーターにリストを使用する場合を
見てみましょう。

▼ function_hint.ipynb

```
IN    def append_sound(sounds=[]):
          sounds.append('スパコンッ！')
          return sounds
```

```
IN    append_sound()
OUT   ['スパコンッ！']
```

```
IN    append_sound()
OUT   ['スパコンッ！', 'スパコンッ！']
```

```
IN    append_sound()
OUT   ['スパコンッ！', 'スパコンッ！', 'スパコンッ！']
```

引数が省略された場合は、空のリストに'スパコ
ンッ！'を追加して戻り値として返すようにしたつもり
ですが、関数を呼び出すたびに同じ要素が追加されて
います。実は、soundsパラメーターのリストオブジェ
クトは、関数が呼び出されるたびに新しく作られるの
ではなく、最初の呼び出し時に作成されたものが再利

用されます。このため上記の例では、関数を呼び出す
たびに同じ要素がどんどん追加されてしまいます。
　この場合は、デフォルトパラメーターにリストオブ
ジェクトを直接指定するのではなく、引数が省略され
た場合に新しいリストオブジェクトを作成するように
します。

```
IN    s = list() ─────────────────────── 空のリストオブジェクトsを作成

      def append_sound2(sounds=s):
          if sounds is s: ─────── soundsとsは同じオブジェクトか⇨soundsは空であるか
              sounds = [] ─────────── 空のリストオブジェクトを作成
          sounds.append('スパコンッ！') ─────── 要素を追加
          return sounds
```

```
IN    append_sound2()
OUT   ['スパコンッ！']
```

```
IN    append_sound2()
OUT   ['スパコンッ！']
```

伸縮自在のパラメーター

パラメーター名の前にアスタリスク（＊）を付けると、**可変長パラメーター**になります。

▼可変長パラメーターを使う（function2.ipynb）

可変長パラメーター

```
セル1   def sequence_sound(*args):
            for s in(args):                          渡された引数の数だけ繰り返す
                print(s)                             タプルから取り出した値を出力


        sequence_sound('ポーン', 'パコーン', 'スコーン')
```

```
OUT    ポーン
       パコーン
       スコーン
```

「＊パラメーター名」と書くと、パラメーターがタプルとして扱われるようになるためです。

▼可変長パラメーターの中身を表示

```
セル2   def sequence_sound2(*args):
            print(args)
```

```
OUT    sequence_sound2('ポーン', 'パコーン', 'スコーン')
       ('ポーン', 'パコーン', 'スコーン')          渡した引数がタプルとしてまとめられている
```

可変長パラメーターは単独で設定するほかに、通常のパラメーターのあとに設定することもできます。可変長パラメーターの名前はargsでなくてもよいのですが、慣用的に使われています。

▼可変長パラメーターの書式

```
def 関数名(*args)                         可変長パラメーターのみ
def 関数名(パラメーター1, パラメーター2, *args)    通常のパラメーターのあとに可変長
```

3

条件分岐と繰り返し、関数を使う

キーと値がセットになったパラメーター

「**パラメーター名」と書くと、そのパラメーターは辞書（dict）型になります。

▼辞書型のパラメーターにキーワード引数を渡す

`セル3`
```
def attacks(**kwargs):
    print(kwargs)
attacks(volley='ポーン', smash='バコーン')  ──────── キーワード引数を渡す
```

`OUT`
```
{'volley': 'ポーン', 'smash': 'バコーン'}
```

キーワード引数を渡すと、キーワードがキーに、その値がキーワードの値になります。ですので、キーワードは変数名と同じようにアルファベットであることが必要です。

▼辞書型パラメーターの書式

```
def 関数名(**kwargs) ──────────────── 辞書型パラメーターのみ
```

```
def 関数名(パラメーター1, パラメーター2, **kwargs) ── 位置型のパラメーターの
                                                      あとに辞書型
```

書式
```
def 関数名(パラメーター1, パラメーター2, *args, **kwargs) ── 位置型、可変長型、
         ┌──────┐        ┌──────┐  ┌───────┐ ┌──────┐      辞書型の順でパラメ
         │位置型│        │位置型│  │可変長型│ │辞書型│      ーターを設定
         └──────┘        └──────┘  └───────┘ └──────┘
```

関数オブジェクトと高階関数

Pythonでは、すべてのものがオブジェクトだと考えます。関数とて例外ではありません。他のオブジェクトと同様に、変数に代入したり、ほかの関数に引数として渡したり、戻り値として関数を受け取ることだってできます。では、やってみましょう。

まずは、service()関数を定義します。

▼画面への出力を行う関数（function3.ipynb）

`セル1`
```
def service():
    print('フラットサーブ')
```

次に、「パラメーターで関数を取得し、これを実行する」関数を定義します。このような、関数をパラメーターで取得したり戻り値として返したりする関数を、**高階関数**と呼びます。

▼高階関数の定義

セル2
```
def run_something(func):  ──────── パラメーターで取得した関数を実行する関数
    func()
```

service()関数の名前を引数にして、run_something()関数を呼び出してみます。

▼高階関数を呼び出す

セル3
```
run_something(service)
```
OUT
```
フラットサーブ
```

run_something()にserviceを引数として渡すと、service()関数が実行されました。Pythonでは、service()と書くと**関数呼び出し**を意味し、serviceのようにカッコなしで書くと「オブジェクトとして扱われる」からです。

▼高階関数に関数以外の引数も渡して実行する

セル4
```
# 高階関数
def run_something(func, arg1, arg2):
    func(arg1, arg2)
# 画面への出力を行う関数
def attack_sound(a, s):
    print(a, '-->', s)
# 高階関数を呼び出す
run_something(attack_sound, 'ドロップショット', 'ポワーン')
```

OUT
```
ドロップショット --> ポワーン
```

今度のattack_sound()関数にはパラメーターが2つあるので、run_something()には「関数オブジェクトを受け取るパラメーター」に加えて「関数に渡す引数のための2つのパラメーター」も用意しました。

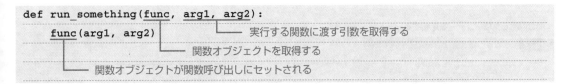

関数内関数とクロージャー

関数の中で関数を定義できます。複雑な処理を内部の関数に任せることで、コードの重複を避けるために役立つことがあります。

▼関数内関数の定義（closure.ipynb）

セル1
```
def outer(a, b):
    def inner(c, d):                  ————————————— 関数内関数
        return c + d
    return inner(a, b)                ————————————— 関数内関数の結果を返す

outer(1, 5)
```

OUT
```
6
```

文字列の例を見てみましょう。**関数内関数**は、パラメーターの値に文字列を追加します。

▼文字列を扱う関数内関数

セル2
```
def add_sound(stroke):
    def inner(s):                     ————————————— 関数内関数
        return s + '--> パッコーン'
    return inner(stroke)              ————————————— 関数内関数の結果を返す

add_sound('フォアハンドストローク')
```

OUT
```
'フォアハンドストローク--> パッコーン'
```

関数内関数の便利なところは、**クロージャー**として使えることです。クロージャーとは、引数をセットして関数を呼び出すコードを作っておいて、それをあとで実行できるようにするものです。関数を呼び出すパターンがあらかじめわかっているなら、それを記録しておいて必要なときに実行するといった使い方ができます。次に示すコードは、先の関数内関数をクロージャーにしたものです。

▼関数内部でクロージャーを定義する

セル3
```
def add_sound(stroke):
    def inner():                      ————————————————— クロージャー
        return stroke + '--> パッコーン'
    return inner
```

関数内関数とクロージャーは、次の点が異なります。

・クロージャーinner()にはパラメーターがなく、代わりに外側の関数のパラメーターstrokeを直接使う。

・外側の関数add_sound()はクロージャーinner()の処理結果を返すのではなく、関数名（関数オブジェクト）を返す。

これがどういうことかというと、クロージャーであるinner()関数は外側の関数add_sound()に渡されたstrokeにアクセスすることができ、これを覚えておくことができます。これがクロージャーの重要なポイントです。

一方、add_sound()関数は戻り値としてinner()を関数オブジェクトとして返します。パラメーターstrokeに渡す値を引数にしてadd_sound()を実行すれば、strokeの値を保持したinner()関数のオブジェクトが返されます。この関数オブジェクトがすなわちクロージャーです。

では、引数を指定してadd_sound()を2回呼び出してみましょう。

▼aとbにクロージャーを格納する

`セル4`
```
a = add_sound('バックハンドストローク')
b = add_sound('バックハンドボレー')
```

aとbには、関数オブジェクト、つまりクロージャーが格納されています。クロージャーは動的に生成された関数オブジェクトですから、()を付けて実行できるかどうかやってみましょう。

▼クロージャーを実行する

`セル5` `a()`

`OUT` `'バックハンドストローク--> パッコーン'`

`セル6` `b()`

`OUT` `'バックハンドボレー--> パッコーン'`

クロージャーaとbは、自分たちが作られたときに使われていたstrokeの内容を覚えています。あとは、実行したいタイミングでクロージャーを呼び出せばよいというわけです。

グローバル変数は
モジュール全体で使える反面、
多少使いにくいところがあります。
場合によっては、代わりにクロージャーを
使うという手もあります。

小さな関数は処理部だけの「式」にしてしまう（ラムダ式）

関数内関数やクロージャーのように関数内部で関数を定義するのではなく、内部で別の関数を呼んできて処理したいことがあります。例えば、「データを加工する関数を別に定義しておいて、これをforループの中で呼び出す」ような処理が考えられます。

ここでは、「パラメーターで取得した打音リストの要素を、画面に順次表示する」関数を定義してみることにします。ですが、これだけでは味気ないので、打音を強調する処理を行う関数を別途で用意することにします。

▼リストと関数オブジェクトをパラメーターで取得する関数 (lambda.ipynb)

`セル1`
```python
def edit_sound(sounds, func):
    for sound in sounds:
        print(func(sound))
```

edit_sound()は高階関数です。パラメーターで取得した関数オブジェクトを使って処理した結果を出力します。次に、関数に渡す打音のリストを作成します。

▼打音のリスト

`セル2`
```python
pattern = ['ポーン', 'パッコーン', 'ビシッ']
```

パラメーターで取得した値の末尾に感嘆符を追加する関数を作成します。

▼打音を強調する

`セル3`
```python
def impact(sound):
    return sound + '!!!'
```

では、「打音のリスト」と「感嘆符を追加する関数のオブジェクト」を引数にして、edit_sound()を呼び出してみましょう。

▼edit_sound()関数を実行

`セル4`
```python
edit_sound(pattern, impact)
```

`OUT`
```
ポーン!!!
パッコーン!!!
ビシッ!!!
```

ここで**ラムダ式**の登場です。impact()関数をラムダ式で書き換えてみます。

▼打音の強調処理をラムダ式にしてedit_sound()を実行する

`セル5`
```python
edit_sound(pattern, lambda sound: sound + '!!!')
```

impact()関数の処理はシンプルなので、edit_sound()に渡す引数の部分に直接、書きました。これがラムダ式です。

▼ラムダ式の書式

```
lambda パラメーター1, パラメーター2, ... : 処理
```

　ラムダ式にしたことによって、impact()関数が不要になりました。ラムダ式は名前のない処理部だけの関数であることから、**無名関数**と呼ばれることもあります。

　とはいえ、impact()のように関数として定義しておいた方が、コードが明確ではあります。ですが、小さな関数をいくつも作ってその名前を覚えておかなければならないような場面では、ラムダ式の利用が効果的です。

ジェネレーター

　ラケットでボールを打ったときの疑似音に、動画のコマ送りみたいな効果を与えてみることにしましょう。

▼文字列から1文字ずつ取り出す（generator.ipynb）

セル1
```
def generate(str):
    for s in str:
        yield '「' + s +'」'


gen = generate('パコーンッッ!')  ──────────── ジェネレーターオブジェクトを生成
print(next(gen))
```
OUT
```
「パ」
```

セル2
```
print(next(gen))
```
OUT
```
「コ」
```

セル3
```
print(next(gen))
```
OUT
```
「ー」
```

セル4
```
print(next(gen))
```
OUT
```
「ン」
```

セル5
```
print(next(gen))
```
OUT
```
「ッ」
```

セル6
```
print(next(gen))
```
OUT
```
「ッ」
```

セル7
```
print(next(gen))
```
OUT
```
「!」
```

　ジェネレーターとは、Pythonのシーケンスを表現するオブジェクトのことです。ジェネレーターオブジェクトは、戻り値をreturnではなくyieldで返す関数（**ジェネレーター関数**）で生成することができます。これまで反復処理に使用してきたrange()もジェネレーター関数です。

　ジェネレーターは、反復処理のたびに、最後に呼び出されたときにシーケンスのどこを指していたのかを覚えていて、次の値を返します。この点が、以前の呼び出しについて何も覚えおらず、常に同じ状態で1行目のコードを実行する通常の関数と異なります。

　先の例では、ジェネレーターオブジェクトから1つずつ取り出しましたが、イテレート（反復処理）が可能なのでforステートメントを使った方が簡単です。

▼for を使う

セル8
```
gen = generate('パコーンッッ!')
for s in gen:
    print(s)
```

OUT
```
「パ」
「コ」
「ー」
「ン」
「ッ」
「ッ」
「!」
```

▼ジェネレーターを利用したイテレート（反復処理）

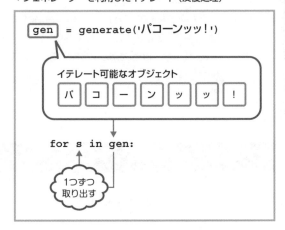

ラムダ式はいろんなプログラミング言語で使われている

nepoint

　ラムダ式は、関数にするまでもない軽微な処理を定義するためのものなので、Pythonに限らず、Java、Visual Basic、C#といった様々な言語で使われています。

　余談ですが、C#ではラムダ式を、

```
(パラメーター) => {関数本体};
```

のように書きます。Pythonに比べると、ちょっと難し目の書き方ですね。

ジェネレーターの内部的な処理

nepoint

　ジェネレーターは、すべての値を取り出すと「空」の状態になります。つまり、取り出した値はジェネレーター内から消えるのです。なので、ジェネレーターから値を取り出すと、次に取り出せるのは「先に取り出した値の次にあった値」です。

　ジェネレーターに対して反復処理をすると、先頭の値から順番に取り出せるのは、このためです。

Tips ┃ デコレーター

　デコレーターの役割は、関数を書き換えずに処理を追加することです。デコレーターそのものは関数であり、パラメーターで関数を受け取り、戻り値関数やクラスを返します。次に示すのは、関数オブジェクトを受け取って、関数名、関数の戻り値を出力する高階関数の例です。

▼高階関数 (decorator.ipynb)

```python
def print_name(func):
    """関数を受け取り関数を返す高階関数

    Args:
        func (object): 関数オブジェクト
    """
    def inner():
        """クロージャー
        Returns:
            str: func()の戻り値
        """
        # 引き渡された関数名を出力
        print('function called:' + func.__name__)
        print('------------------')
        func()
        print('------------------')
    # 関数オブジェクト(クロージャー)を返す
    return inner

def hello():
    """メッセージを出力する関数
    """
    print('ごぶさた！')

# hello()関数に高階関数を組み込む
hello = print_name(hello)
# 組み込み後のhello()関数を実行
hello()
```

OUT
```
function called:hello
------------------
ごぶさた！
------------------
```

任意の関数で宣言部の上に「@関数名」と書くと、関数の処理を追加することができます。これを「デコレーター」と呼びます。デコレーターとして使用する関数（「@関数名」の関数）は、パラメーターで関数オブジェクトを受け取り、関数オブジェクトを返すものであることが必要です。先ほどの高階関数はこの条件に合致するので、高階関数をデコレーターとして使ってみましょう。

▼高階関数をデコレーターとして使う

```
セル2    def print_name(func):
             def inner():
                 print ('function called:' + func.__name__)
                 print('-------------------')
                 func()
                 print('-------------------')
             return inner


         @print_name
         def hello():
             print('ごぶさた！')


         hello()
OUT      function called:hello
         -------------------
         ごぶさた！
         -------------------
```

hello()関数の上部に「@print_name」を付けたことで、hello()関数に高階関数を組み込む

```
hello = print_name(hello)
```

の記述が不要になりました。このようなデコレーターの機能が何の役に立つのか少々イメージしづらいですが、「@関数名」を付けることで、何らかの機能を追加していることがすぐわかります。デコレーターには、プロパティを設定する「@property」やクラスメソッドを設定する「@classmethod」といった、定義済みのものがあります。これらについては、次章以降で見ていくことにします。

これまでに紹介したラムダ式やジェネレーター、デコーダーは、Pythonの外部ライブラリでも頻繁に使われていますので、この機会にしっかりチェックしておくとよいでしょう。

Chapter 4

オブジェクト、そして AIチャットボットへ 向けての第一歩

　プログラムでやるべき処理が多くなってくると、関数だけではまかなえなくなってきます。つまり、関数を用途別にまとめる何かが必要になるというわけです。それが「クラス」です。クラスはオブジェクト指向言語のキモとなるものであり、これを使うことでプログラミングの幅がぐっと広がります。

　後半では、ついにAIチャットボット「ピティナ」の初期バージョンが登場します。オブジェクト指向プログラミングの醍醐味を味わいながら、楽しく読み進めてもらえればと思います。

オリジナルの
オブジェクト

　Pythonでは、数値であろうと文字であろうと、すべてがオブジェクトです。しかし、Pythonはオブジェクトの実体や仕掛けのほとんどを特殊な構文によって隠しています。使う側にとっては必要な部分だけ見えればよいので、これはこれでよいのですが、プログラマー自ら オブジェクトを作るとなると話は別です。

クラスを作る

　「クラス」を辞書でひくと、「種類」「授業」「学級」などと出ています。オブジェクト指向言語のクラスは、「プログラマーによって定義された、一定の振る舞いを持つオブジェクトの構造」となっています。

　Pythonのint型やstr型などはすべて**クラス**で定義されています。intクラスやstrクラスという具合です。これまで「int型のオブジェクト」とか「str型（文字列）のオブジェクト」といっていたのは、正確にはintクラスのオブジェクト、strクラスのオブジェクトになります。

　「じゃあ、いままでのオブジェクトっていったい何だったのか」ということになりますが、正確には「クラスから作られた物体」です。ますます意味がわからなくなりましたが、例えば「lucky = 7」と書くと、運がいいかどうかはさておき、Pythonはコンピューターのメモリ上に7という値を読み込みます。で、たんに7をメモリに置くのではなく、「この値はint型である」という制約をかけます。つまり、「オブジェクトとは、クラスによって作られたメモリ上の領域」なのです。

　ですが、こんな細かいことを意識しなければならなくなるのは、独自のオブジェクトを作りたいときと、既存のオブジェクトの動作を変えたいときだけです。

▼クラスをインスタンス化してオブジェクトを生成

4.1.1 「鬼コーチオブジェクト」登場！（クラスの作成）

「ここがポイント！」で長々とお話ししてしまいましたが、まずはオリジナルのオブジェクトを作って、プログラムを個性的なものにしたいと思います。オブジェクトを作るには、まずその定義が必要で、これがすなわち**クラス**です。すでにお話ししたように、オブジェクトはクラスから作られます。作成できるオブジェクトの数に制限はありません。これらのことから、「クラスはオブジェクトの設計図」「クラスはオブジェクトの工場」、さらには「クラスはオブジェクトを実体化し振る舞いを定義するもの」といった説明が巷のオブジェクト指向の解説本やWebサイトにあふれています。

クラスは、次のように**class**キーワードを使って定義します。

▼MyCoachクラス（coach.ipynb）

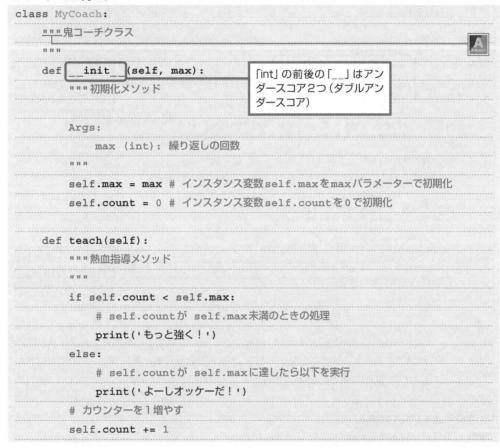

```python
class MyCoach:
    """鬼コーチクラス
    """

    def __init__(self, max):
        """初期化メソッド

        Args:
            max (int): 繰り返しの回数
        """
        self.max = max # インスタンス変数self.maxをmaxパラメーターで初期化
        self.count = 0 # インスタンス変数self.countを0で初期化

    def teach(self):
        """熱血指導メソッド
        """
        if self.count < self.max:
            # self.countが self.max未満のときの処理
            print('もっと強く！')
        else:
            # self.countが self.maxに達したら以下を実行
            print('よーしオッケーだ！')
        # カウンターを1増やす
        self.count += 1
```

「int」の前後の「__」はアンダースコア2つ（ダブルアンダースコア）

▼クラスの定義

書式

```
class クラス名:
    メソッドの定義...
```

Attention

ソースコード内で使用しているトリプルクォート「"""」「"""」は、複数行をまとめてコメント化するためのものです。トリプルクォートとトリプルクォートの間の行は、すべてコメントとして扱われます。

Notebookのセルを見てみよう

　　　Notebookのセルを見ると、インデントが薄く色付けされているのがわかります。VSCodeに拡張機能「indent-rainbow」がインストールされていると、このようにインデントの深さを色分けして表示してくれます。

▼ Notebookのセル

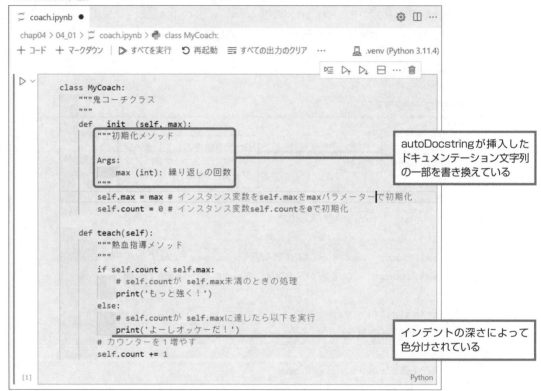

　　　また、拡張機能「autoDocstring」がインストールされている場合に、メソッドの宣言部のすぐ下の行で「"""」のようにトリプルクォートを入力して Enter キーを押すと、次のようにドキュメンテーション文字列のひな形が自動入力されます。

▼「autoDocstring」による自動入力

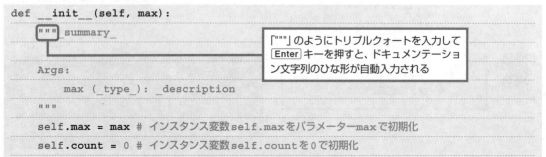

入力された

```
_summary_
```

の部分をメソッドの説明に書き換えます。メソッドにパラメーターがある場合は

```
Args:
    max (_type_): _description_
```

のように入力されるので、(_type_)の部分をパラメーターの型に書き換え、_description_をその説明に書き換えます。

オリジナルのクラス = オブジェクト

鬼コーチ登場です。このクラスの名前は「MyCoach」です。このクラスから作られるオブジェクトを「MyCoachオブジェクト」と呼ぶことにします。MyCoachオブジェクトは選手を熱血指導します。ある回数までは「もっと強く！」と叱咤し、一定の回数に達したら「よーしオッケーだ！」と指導を終えます。

MyCoachクラスには、2つのメソッドが定義されています。1つ目は__init__()、2つ目は**teach()**というメソッドです。オブジェクトが備えるメソッドは、このようにクラスの内部で定義されます。

●オブジェクトの初期化を行う__init__()

クラス定義において、__init__()というメソッドは特別な意味を持ちます。クラスからオブジェクトが作られた直後、オブジェクトの内部でそのあとの使用に備えなければならないことがあります。

例えば「カウンターの値を0にセットする」「必要な情報をファイルから読み込む」などです。「初期化」を意味するinitializeの先頭4文字をダブルアンダースコアで囲んだ__init__()というメソッドは、オブジェクトの初期化処理を担当し、オブジェクト作成直後に自動的に呼び出されます。

▼__init__()メソッドの書式（initの前後はダブルアンダースコア）

```
def __init__(self, パラメーター2, パラメーター3):
    初期化のための処理...
```

__init__()メソッドに限らず、Pythonではすべてのメソッドの決まりとして、第1パラメーターは「self」でなければなりません。これは、「メソッドを呼び出すときは呼び出し元のオブジェクトを明示的に渡す」というPython特有のしきたりがあるためです。ただし、名前がselfである必要はなく、myとかmeでもよいのです。慣用的にselfが使われている、ということです。

selfパラメーターのあとには、必要な数だけ独自のパラメーターを設定できるので、与えられた情報を初期化処理に利用することができます。

●インスタンスごとの情報を保持するインスタンス変数

MyCoachクラスがどのような初期化処理を定義しているのか見てみましょう。例のselfの次に設定したmaxというパラメーターで取得した値を、self.maxという変数に代入しています。ここでselfが使われていますが、self.maxは**インスタンス変数**を表しています。**インスタンス**とはクラスの実体、つまりオブジェクトを表す言葉ですが、「メモリ上に読み込まれているオブジェクトそのもの」を指す場合にインスタンスという用語が使われます。クラスからはいくつでもオブジェクトを作成できるので、「個々のオブジェクトを指すときにインスタンスという言い方をする」と捉えてください。

▼インスタンス変数の書式

```
self.インスタンス変数名 = 値
```

インスタンス変数とは、インスタンスが独自に保持する情報（これもやはりオブジェクト）を格納するための変数です。1つのクラスからオブジェクト（インスタンス）はいくつでも作れますが、これまで何度も出てきた文字列オブジェクトがそうであったように、それぞれのインスタンスは別々の情報を保持できます。このようなオブジェクト固有の情報は、インスタンス変数を利用して保持するというわけです。

このとき、どのインスタンスかを示すのがselfの役割です。パラメーターselfには、呼び出し元、つまりクラスのインスタンス（の参照情報）が渡されてくるので、「self.max」は「インスタンスの参照.max」という意味になり、そのインスタンスが保持している変数maxを指すようになります。

Attention
以降も、__init__とある箇所で、initの前後の__はすべてダブルアンダースコアです。

Onepoint
インスタンス変数は、__init__()メソッドだけでなく、クラスに属するその他のメソッドの内部で定義することもできます。

●__init__()メソッドの処理

MyCoachクラスで使用するインスタンス変数は、self.maxとself.countの2つです。どちらも__init__()メソッド内での代入により初期化されます。

▼MyCoachクラスの__init__()メソッド

```
def __init__(self, max):
    self.max = max # インスタンス変数self.maxをパラメーターmaxで初期化
               インスタンス変数
    self.count = 0
          インスタンス変数
```

インスタンス変数self.maxとパラメーターmaxはまったく別の変数だということに注意してください。「self.max = max」という代入式により、パラメーターmaxが指すオブジェクトをself.maxも指すようになります。

すなわち、maxに10という数値が与えられていたとしたら、self.maxもまた10を指し示すようになり、そのようにして作られたMyCoachオブジェクトは、self.maxによって10という情報を保持することになります。オブジェクトを作るときに__init__()メソッドに引数として情報を渡すことで、オブジェクトに個性を与えているわけです。

　その一方で、self.countの方は0を直接代入しているので、どのMyCoachオブジェクトも初期化された直後はこのインスタンス変数についての違いはありません。

　以上のとおり、__init__()メソッドによって、MyCoachオブジェクトは2つの情報を保持するようになりました。ですが、これらのインスタンス変数は何のために使うのか、そもそもself.maxとself.countを用意した目的は何でしょうか？　メソッドteach()を見るとそれが明らかになります。

●気合を入れるteach()メソッド

　teach()メソッドは大きく分けて2つの処理をします。まず、前半のifに与えた条件によって、「もっと強く！」あるいは「よーしオッケーだ！」のどちらかを表示します。

▼MyCoachクラスのteach()メソッド

```
def teach(self):
    if self.count < self.max:
        print('もっと強く！')
    else:
        print('よーしオッケーだ！')
    self.count += 1
```

書式

▼メソッドを定義する書式

```
def メソッド名(self, パラメーター2, ...):
    処理...
```

　メソッドの第1パラメーターは、オブジェクトを受け取るためのselfです。このように、実行元のオブジェクト（インスタンス）を第1パラメーターで受け取るメソッドを特に**インスタンスメソッド**と呼びます。

　メソッド内部のif...elseでは「self.count < self.max」を条件式にしています。self.countとself.maxを比べてself.countの方が小さければTrueとなります。つまり、このif...elseの部分は、self.countがself.maxに達しない間は「もっと強く！」と出力し、self.countがself.maxと同じかそれ以上だったら「よーしオッケーだ！」と出力することになります。

　「self.count += 1」は、self.countが指す値に1を足した結果をself.countに再代入する、という処理をするので、teach()メソッドが呼び出されるたびに、self.countの値は1ずつ増えていくことになります。つまり、self.countはカウンター変数としてteach()メソッドが実行された回数を保持しており、それをifステートメントで毎回self.maxと比較するのです。self.maxは「もっと強く！」と表示する最大回数を示し、self.countがその値に達した時点から、teach()メソッドは「よーしオッケーだ！」と表示するようになります。

　MyCoachオブジェクトの機能が、インスタンス変数とメソッドの連携によって成り立っているところがポイントです。

4.1.2 「鬼コーチ」を呼んでこよう（オブジェクトの生成）

クラスの定義が終わったので、さっそく使ってみることにします。まずはオブジェクトの生成からです。

▼MyCoachオブジェクトの生成
```
mc = MyCoach(5)
```

MyCoachクラスのインスタンスを作り、それをmcという変数に代入しています。

▼オブジェクト（インスタンス）の生成

書式

変数 ＝ クラス名（引数）

MyCoachクラスからMyCoachオブジェクトを作る

オブジェクトは、このように「クラス名（引数）」と書くことによって作ることができます。「クラス名（）」となっていることに注意してください。これは関数の呼び出し式ですね。でも、MyCoach()関数なんて作った覚えがありません。これはどうしたことでしょう？

実は、MyCoach()はオブジェクトを作るためのコンストラクターです。**コンストラクター**はクラスを定義するともれなく付いてくるものですので、コンストラクターそのものを定義する必要はありません。コンストラクター名はクラス名と同じになります。

コンストラクターを実行することによってクラスのインスタンスが作られ、__init__()が自動実行されたあと、戻り値としてそのインスタンスが返されます。

▼インスタンス（オブジェクト）の生成

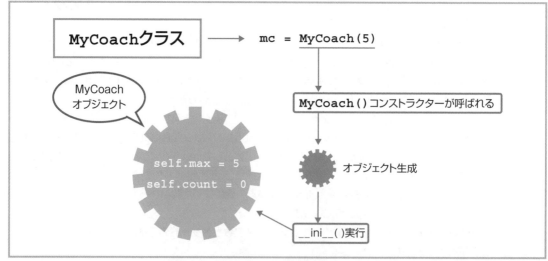

▼インスタンス生成の流れ

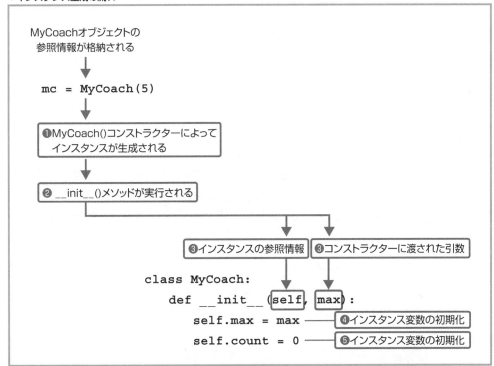

MyCoach()コンストラクターに渡した引数は、そのまま__init__()メソッドに引き継がれます。ここでは5を渡していますが、それが__init__()メソッドのパラメーターmaxにパスされて、self.maxが5で初期化されます。これでMyCoachオブジェクトが作られ、変数mcによってそのオブジェクトを扱うことが可能になりました。

▼オブジェクトを使う

`セル2`
```
mc = MyCoach(5)
for i in range(6):
    print('スマッシュ')
    mc.teach()
```

使用例はこんな感じです。5回目の処理の終わりにself.countの値が5になります。続く6回目の繰り返しに入った時点ではself.countがself.maxに達していたため「よーしオッケーだ！」と表示されました。繰り返す回数の上限はオブジェクトを作るときに決められるので、「oni = MyCoach(100)」などとすれば、とんでもない鬼コーチを作ることができます。

▼実行結果

`OUT`
```
スマッシュ
もっと強く！
スマッシュ
もっと強く！
スマッシュ
もっと強く！
スマッシュ
もっと強く！
スマッシュ
もっと強く！
スマッシュ
よーしオッケーだ！
```

▼オブジェクトを生成して反復処理を行う

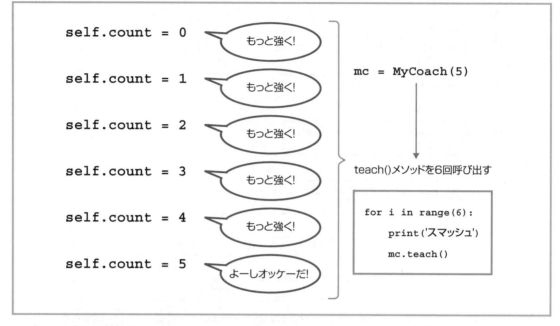

「オブジェクト」と「インスタンス」

「オブジェクト」と「インスタンス」は、基本的に同じモノを指します。「クラスから生成されたモノ」です。具体的にいうと、メモリ上に展開されたインスタンス変数やメソッド一式のことですが、「クラスをプログラムから使える状態にしたモノ」と考えた方がわかりやすいでしょう。

なお、Pythonの場合は「クラスからオブジェクトを生成する」のように、インスタンスではなくオブジェクトと呼ぶ方が多いように思います。対して、他のオブジェクト指向の言語（Javaなど）では、「クラスをインスタンス化する」という言い方がよく使われます。

メソッドと関数って何が違うの？

メソッドと関数の違いは、「クラスで定義されたものか否か」です。関数は、クラスではなくモジュール直下で定義されているため、インスタンス化の処理を必要とせず、関数名を書いてすぐに実行できます。

定義コードを見れば、メソッドの場合はパラメーターに「self」があるのですぐにわかりますが、使う側からすれば中身を見ることはできないので、区別に迷うときがあるかもしれません。もちろん、メソッドも

関数も実行コードは同じなので、実際に「これはいったいどっちなんだ」と思うこともあります。

ただ、「メソッドはインスタンス化しないと使えない」という縛りがあるので、それを目安に判断できます。とはいえ、クラスメソッドのように、インスタンス化なしで使えるメソッドもあるので、この場合は最初に述べたとおり「クラスで定義されたものか否か」で判断することになります。

4.1.3 打ち返した回数を覚えておいてもらおう（クラス変数）

同じストロークばかりじゃ練習になりません。違う打ち方も織り交ぜたいところですが、「よーし
オッケーだ！」と言ってもらうまでストロークの回数を1から数えていたのではへばってしまいます。
そこで、繰り返しの上限と共に、打ち返した回数を鬼コーチに覚えておいてもらうことにしましょう。

▼クラス変数を使う（coach2.ipynb）

セル1
```python
class MyCoach2:
    """鬼コーチクラス
    """
    count = 0  # カウンター用のクラス変数
    max = 5     # 上限を設定するクラス変数

    def teach(self):
        """熱血指導メソッド
        """
        if self.__class__.count < self.__class__.max:
            # countがmax未満のときの処理
            print('もっと強く！')
        else:
            # countが maxに達したら以下を実行
            print('よーしオッケーだ！')
        self.__class__.count += 1
```

▼実行ブロック

セル2
```python
# 1回目のチャレンジ、teach()を3回繰り返す
my1 = MyCoach2()
for i in range(3):
    print('スマッシュ')
    my1.teach()

# 2回目のチャレンジ、teach()を3回繰り返す
my2 = MyCoach2()
for i in range(3):
    print('ライジング')
    my2.teach()
```

▼実行結果

OUT
```
スマッシュ
もっと強く！
スマッシュ
```

もっと強く！
スマッシュ
もっと強く！
ライジング
もっと強く！
ライジング
もっと強く！
ライジング
よーしオッケーだ！

オブジェクト同士で共有するクラス変数

　今回は、my1とmy2の2つのインスタンスを生成し、my1ではteach()を3回、my2でもteach()
を3回呼び出しています。

　一方、MyCoach2クラスには、count、maxの2つの**クラス変数**があります。

▼クラス変数の書式

書式

```
class クラス名:
    クラス変数名 = 値
    ......
```

　「クラス変数」とは、クラスそのものに属する変数で、メソッドの内部ではなく、メソッドの外側、つ
まりクラスの直下に書きます。インスタンス変数はインスタンスごとに用意されるので、それぞれの
インスタンスごとに固有の値を持ちます。一方、クラス変数は「クラスに用意される変数」なので、そ
の実体は1つだけです。

▼インスタンス変数

MyCoachオブジェクト1 ➡ `self.count`（インスタンス変数）┐
　　　　　　　　　　　　　　　　　　　　　　　　　　　├➡ **別々の値を保持**
MyCoachオブジェクト2 ➡ `self.count`（インスタンス変数）┘

▼クラス変数

MyCoach2オブジェクト1 ┐
　　　　　　　　　　　　├➡ `MyCoach2.count`（**クラス変数**）
MyCoach2オブジェクト2 ┘

クラス変数にアクセスするには、クラス名を使います。クラス内部であっても、クラスから生成したオブジェクトからであっても、書き方は同じです。

▼クラス変数にアクセスする

> **クラス名.クラス変数名**

▼ __class__ でクラス名を取得してアクセスする (classの前後はダブルアンダースコア)

> **インスタンス.__class__.クラス変数名**

Attention

　以降も、__class__ とある箇所で、classの前後の __ はすべてダブルアンダースコアです。

Onepoint

　「クラス名.クラス変数名」でアクセスすることに問題はないのですが、クラス内部でアクセスする場合は「self.__class__.クラス変数名」と書いてアクセスするのがよいでしょう。もし、何かの事情でクラス名を変更しなければならなくなっても、self.__class__.~と書いておけば、その部分は書き換える必要がないからです。

　MyCoach2オブジェクトをいくつ生成しようとも、すべてのオブジェクトがクラス変数のcountを参照します。ですので、あるオブジェクトでcountの値を変更したら、すべてのオブジェクトに反映されます。teach()メソッドで「self.__class__.count += 1」によって増加した値は保持されているので、新しいオブジェクトを生成すると引き続きその値を使えるというわけです。

▼実行ブロック

```
my1 = MyCoach2()                    ──────── 1個目のオブジェクトを生成
for i in range(3):
    print('スマッシュ')
    my1.teach()                     ──────── メソッドを実行
my2 = MyCoach2()                    ──────── 2個目のオブジェクトを生成
for i in range(3):
    print('ライジング')
    my2.teach()                     ──────── メソッドを実行
```

　もう1つのクラス変数maxは、5で初期化されたあとはcountと違って変化しませんが、やはりすべてのMyCoach2オブジェクトがこの値を参照します。MyCoach2オブジェクトをいくつ作っても、この回数になったら (5回になったら) 次回は「よーしオッケーだ！」と言ってもらえる、ということです。

4

オブジェクト、そしてAIチャットボットへ向けての第一歩

▼クラス変数はクラスに1つだけ

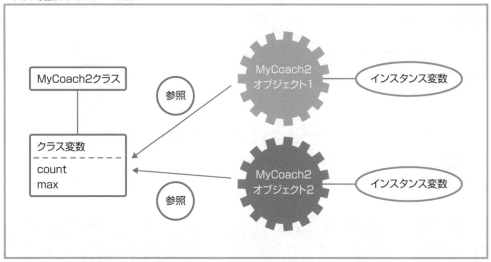

クラス変数を外部で初期化する

　打ち込んだ回数を鬼コーチに覚えてもらうようになったのはよいのですが、一定の回数に達すると、あとは「よーしオッケーだ！」としか言ってくれません。もっとシゴいてほしいなら、クラス変数countを0にすれば、また1からやり直せます。

▼クラス変数の値を外部で変更する

セル3
```python
oni1 = MyCoach2()
for i in range(3):
    print('スマッシュ')
    oni1.teach()
oni2 = MyCoach2()
for i in range(3):
    print('ライジング')
    oni2.teach()                    # ここでいったん終了
MyCoach2.count = 0                  # クラス変数の値を0にする
oni3 = MyCoach2()
for i in range(2):                  # MyCoach2.count = 0の状態から始める
    print('トップスピン')
    oni3.teach()
```

▼実行結果

OUT
スマッシュ

もっと強く！

スマッシュ

もっと強く！	
スマッシュ	
もっと強く！	
ライジング	
もっと強く！	
ライジング	
もっと強く！	
ライジング	
よーしオッケーだ！	ここでいったん終了
トップスピン	最初から始める
もっと強く！	
トップスピン	
もっと強く！	

4

オブジェクト、そしてAIチャットボットへ向けての第一歩

teach()をクラスメソッドに変更する

　インスタンス変数をクラス変数に変えたおかげで、新規のオブジェクトを生成しても、コーチは打ち込んだ回数を覚えてくれるようになりました。一方、違う視点から見ると、MyCoach2クラスにはクラス変数しかなく、teach()メソッドもクラス変数しか扱っていません。ということは、オブジェクトをいくつ作っても同じ変数を使い回していることになります。こういうときは、インスタンスメソッドではなく**クラスメソッド**にした方がスッキリします。

▼クラス変数しか扱わないteach()をクラスメソッドにする（coach3.ipynb）

セル1
```python
class MyCoach3:
    """鬼コーチクラス
    """
    count = 0 # カウンター用のクラス変数
    max = 5   # 上限を設定するクラス変数

    @classmethod       # デコレーターを指定する
    def teach(cls):
        """クラスメソッドの定義
        """
        if cls.count < cls.max:
            # countがmax未満のときの処理
            print('もっと強く！')
        else:
            # countが maxに達したら以下を実行
            print('よーしオッケーだ！')
        cls.count += 1
```

▼実行ブロック

セル2

```
# 1回目のチャレンジ、teach() を3回繰り返す
for i in range(3):
    print('スマッシュ')
    MyCoach3.teach()


# 2回目のチャレンジ、teach() を3回繰り返す
for i in range(3):
    print('ライジング')
    MyCoach3.teach()
```

クラスメソッドにするには、デコレーター@classmethodを

```
@classmethod
def teach(cls):
```

のように、メソッドの宣言部の上に記述するだけです。クラスメソッドは、実行元からクラスを受け取る必要があるので、第1パラメーターに「cls」を指定しておきます。インスタンスメソッドの場合はオブジェクトを取得する「self」でしたが、クラスメソッドの場合は慣用的に「cls」が使われます。

クラスメソッドは
「クラス名.メソッド名()」のように
直接クラス名を書いて実行します。
インスタンス化が不要なので
関数のように呼び出せます。

Memo | メソッドやクラス変数を動的に追加する

　クラスを定義したあとでも、メソッドやクラス変数、さらにはインスタンス変数を追加することができます。「あ、忘れた！」という場合はクラスそのものに書き加えればよいわけですが、あくまでプログラムの流れの中で追加していく、というやり方にこだわりたいときのためのテクニックです。

▼定義済みのクラスにクラス変数とメソッドを追加する (coach_dynamic.ipynb)

セル1
```python
class DynamicCoach:
    """鬼コーチクラス
    """
    def __init__(self, max):
        """初期化メソッド

        Args:
            max (int): 繰り返しの回数
        """
        self.max = max
        self.count = 0

    def teach(self):
        """熱血指導メソッド
        """
        if self.count < self.max:
            print('もっと強く！')
        else:
            print('よーしオッケーだ！')
        # カウンターを1増やす
        self.count += 1
```

セル2
```python
# DynamicCoachクラスにクラス変数を追加する
DynamicCoach.final_word = '少し休んでいいぞ！'  # ----❶
```

セル3
```python
def counter(self):                          # ----❷
    """残りの回数を表示するメソッド
    """
    i = (self.max) - (self.count)
    if i >= 0:
        print('あと', i + 1, '回！')
    elif i < 0:
        print(self.__class__.final_word)
```

4

オブジェクト、そしてAIチャットボットへ向けての第一歩

```
# DynamicCoachクラスにcounter()メソッドを追加する
DynamicCoach.counter = counter                # ----❸
```

セル4
```
# 実行ブロック
# 上限を5回に指定してDynamicCoachをインスタンス化
dc = DynamicCoach(5)
# teach()とcounter()を6回実行する
for i in range(6):
    print('スマッシュ')
    dc.teach()
    dc.counter()
```

▼実行結果

OUT
```
スマッシュ
もっと強く!
あと 5 回!
スマッシュ
もっと強く!
あと 4 回!
スマッシュ
もっと強く!
あと 3 回!
スマッシュ
もっと強く!
あと 2 回!
スマッシュ
もっと強く!
あと 1 回!
スマッシュ
よーしオッケーだ
少し休んでいいぞ!
```

❶では、final_wordというクラス変数を追加しています。クラス変数は、クラス名を指定するだけで追加できます。

メソッドの場合は、まずメソッドを定義してからその参照を使って追加する手順になります。❷がメソッドの定義で、❸が追加を行うコードです。メソッドもオブジェクトなので、普通のオブジェクトと同じように扱えるのがわかりますね。

●インスタンス変数の追加

インスタンス変数を追加する場合は、クラスのインスタンスを生成したあとで追加を行います。

ただし、インスタンス変数はインスタンスdcに対してのみ有効です。ほかのDynamicCoachオブジェクトからは参照できません。

▼インスタンス変数を追加する

セル5
```
obj = DynamicCoach(5)
obj.final_word = '少し休んでいいぞ!'        #インスタンス変数final_wordを追加
```

4.1.4 大事な変数は隠しておこう（カプセル化）

Pythonでは、プログラマーが行儀よく振る舞うのが前提になっているので、すべての属性（変数）やメソッドが公開であり、自由に使えます。ですが、クラスの変数やメソッドに直接アクセスされるのは不安だ（あるいは落ち着かない）という場合は、クラスの中身を「非公開」にすることができます。

ただし、非公開にするとクラスの存在自体に意味がなくなるので、Pythonには**プロパティ**という「間接的に」アクセスできる仕組みが用意されています。

インスタンス変数へのアクセスはすべてプロパティ経由にする

鬼コーチオブジェクトが続きますが、これで最後ですので一気に進めましょう。今回は、__init__()メソッドの内容を少し書き換えて、パラメーターにデフォルト値を設定しました。

▼インスタンス変数のデフォルト値が設定されるパターン（coach_default.ipynb）

セル1
```python
class DefaultCoach:
    """デフォルト値で初期化される鬼コーチクラス
    """
    # パラメーターmaxとcountのデフォルト値を設定
    def __init__(self, max = 5, count = 0):
        """初期化メソッド

        Args:
            max (int, optional): 繰り返しの上限。デフォルト値は5
            count (int, optional): 繰り返しの回数。デフォルト値は0
        """
        # 引数が渡されない場合はデフォルト値で変数を初期化
        # 引数が渡されたら引数の値で変数を初期化
        self.max = max
        self.count = count

    def teach(self):
        """熱血指導メソッド
        """
        if self.count < self.max:
            print('もっと強く！')
        else:
            print('よーしオッケーだ！')
        # カウンターを1増やす
        self.count += 1
```

4

オブジェクト、そしてAIチャットボットへ向けての第一歩

▼実行ブロック

セル2
```
df = DefaultCoach()      # DefaultCoachをインスタンス化
df.count = 1             # countの初期値を1にする
for i in range(5):       # teach()を5回繰り返す
    print('スマッシュ')
    df.teach()
```

▼実行結果

OUT
| スマッシュ |
| もっと強く！ |
| スマッシュ |
| もっと強く！ |
| スマッシュ |
| もっと強く！ |
| スマッシュ |
| もっと強く！ |
| スマッシュ |
| よーしオッケーだ！ ─────────────────── 5回繰り返すと表示される |

　インスタンス変数の値は自由に書き換えられるので、countの値を1にしました。1回ズルするのです。結果、countを0から始めるときよりも1回少ないタイミングで「よーしオッケーだ！」と表示されました。そこでコーチは、こういうズルをさせないために「変数の値を勝手に操作させない」ことにしました。プロパティの登場です。

▼インスタンス変数へのアクセスをプロパティ経由に書き換えたCapsuleCoachクラス（coach_property.ipynb）

セル1
```
# インスタンス変数へのアクセスをプロパティ経由に書き換え
class CapsuleCoach:
    """プロパティを実装した鬼コーチクラス
    """
    def __init__(self, max = 5, count = 0):
        """初期化メソッド

        Args:
            max (int, optional): 繰り返す回数の上限。デフォルト値は5
            count (int, optional): 繰り返しの回数。デフォルト値は0
        """
        self.__max = max                              ❶
        self.__count = count                          ❶

    @property
    def max(self):                                    ❷
        """__maxのゲッター
```

```
        Returns:
            int: __maxの値
        """
        return self.__max

    @max.setter
    def max(self, max):                                           ❸
        """__maxのセッター

        Args:
            max (int): 繰り返す回数の上限
        """
        self.__max = max

    @property
    def count(self):                                              ❹
        """__countのゲッター

        Returns:
            int: __countの値
        """
        return self.__count

    @count.setter
    def count(self, count):                                       ❺
        """__countのセッター

        Args:
            count (int): 繰り返しの回数
        """
        self.__count = count

    def teach(self):
        """熱血指導メソッド
        """
        if self.count < self.max:
            print('もっと強く！')
        else:
            print('よーしオッケーだ！')
        # カウンターを1増やす
        self.count += 1
```

Attention
カプセル化した変数名や関数名の前に付いている
__ は、すべてダブルアンダースコアです。

❶ダブルアンダースコアによる隠ぺい

変数名やメソッド名の前にダブルアンダースコア（__）を付けると、外部からアクセスできないようになります。これを**隠ぺい**とか**カプセル化**などと呼びます。

▼ダブルアンダースコアによる隠ぺい

max ➡ __max ―――――――――――――――――――――	インスタンス.__maxと書いてもアクセスできない
count ➡ __count ――――――――――――――――――――	インスタンス.__countと書いてもアクセスできない

❷～❸インスタンス変数のゲッターとセッターの定義

外部から隠しただけでは意味がないので、アクセスする手段を用意します。**ゲッター**はインスタンス変数の値を取得するためのメソッドで、**セッター**はインスタンス変数の値を設定するためのメソッドです。ここでは、インスタンス変数__maxのゲッターとセッターを定義しています。

●ゲッター（❷）

メソッドに@propertyデコレーターを付けると、メソッド名がそのままプロパティ名になり、次のように定義することで、インスタンス変数の値を取得するゲッターとして機能するようになります。

▼ゲッターの書式

```
@property
def プロパティ名(self):
    return self.インスタンス変数名
```

●セッター（❸）

セッターとして定義するメソッドには、デコレーターとして「@プロパティ名.setter」を付けます。メソッド名はプロパティ名と同じです。次のように定義することで、インスタンス変数の値を設定するセッターとして機能するようになります。

▼セッターの書式

```
@プロパティ名.setter
def プロパティ名(self, 任意のパラメーター名):
    self.インスタンス変数名 = パラメーター名
```

❹〜❺インスタンス変数のゲッターとセッターの定義

インスタンス変数__countのゲッターとセッターを定義しています。

以上で2つのプロパティが用意できました。一方、インスタンスメソッドの中身は変わっていませんが、self.countとself.maxは、共にプロパティを参照するようになりました。インスタンス変数ではありません。

▼teach()メソッド

```
def teach(self):　──── countプロパティのゲッターによって値を取得
    if self.count < self.max:
        print('もっと強く！')　──── maxプロパティのゲッターによって値を取得
    else:
        print('よーしオッケーだ！')
    self.count += 1
            └──── countプロパティのセッターによって値を設定
```

ということで、インスタンス変数__max、__countへのアクセスはすべてプロパティ経由となりました。なので、CapsuleCoachオブジェクトを生成して、インスタンス変数に値をセットする場合は、次のように書かなくてはなりません。

```
cc = CapsuleCoach()
cc.max = 2
      └──── maxプロパティに値を代入すると、セッター経由で__maxに格納される
```

▼セッターとゲッター

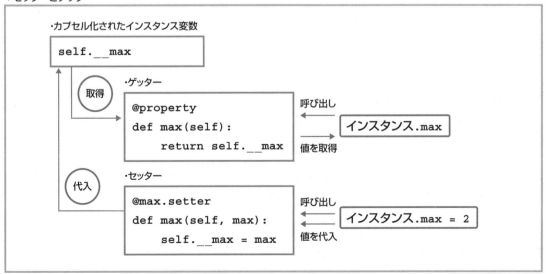

4

オブジェクト、そしてAIチャットボットへ向けての第一歩

プロパティを使うことに意味はあるの？

プロパティを使うことで、外部からはすべてゲッター／セッターを経由してのアクセスになりました。でも、「プロパティを使えばアクセスできるから結局は同じじゃない？」という気もします。

ですが、「変数名を知られるのはイヤ」という人もいるでしょうし、「変数を直接操作されるのは落ち着かない」という人もいるでしょう。プログラムは完成品だけでなく、ある処理を行うソースコードだけをまとめて配布するようなことがあります。自分が作ったクラスを安全に使ってもらいたい、という気持ちになるのは自然なことです。

そして、

- ゲッターのみを用意し、プロパティは「読み取り専用にする」➡変数に値をセットすることは不可
- クラス内部でしか使用しないメソッドは、ダブルアンダースコアを付けてアクセス不可にする

といった使い方ができます。

先のcountプロパティは、ゲッターのみを用意して読み取り専用にすれば、外部で書き換えて回数をズルできないようになります。

また、maxプロパティのセッターを次のようにすれば、「よーしオッケーだ！」と言ってもらうまでの回数は5以上しか設定できなくなります。

▼maxプロパティのセッターで値のチェックを行う (coach_property_check.ipynb)

```
@max.setter
def max(self, max):
    """__maxのセッター

    Args:
        max (int): 繰り返す回数の上限
    """
    if max < 5:
        self.__max = 5                              ─ maxが4以下なら有無を言わさず5をセット
    else:
        self.__max = max
```

▼maxに2をセットしてみる

セル2
```
cc = CapsuleCoach()    # CapsuleCoachをインスタンス化
cc.max = 2             # countの初期値を1にする
cc.max
```

OUT
```
5 ─────────────maxに4以下の値をセットすると強制的に5がセットされる
```

　以上、駆け足で紹介してきましたが、クラスを作って自前のオブジェクトを使ってみる、というところまでたどり着きました。「オブジェクト指向」というと、とたんに難解な雰囲気が漂い始めますが、ここで出てきた鬼コーチオブジェクト程度のものであれば、それほど身構える必要がないことはわかっていただけたと思います。

　以降の節からは、クラスの構造がいっそう複雑になっていきますが、複雑なことを難しくて理解しにくい方法でやるのではなく、理路整然とシンプルにできるのがPythonの特徴であるように思えます。

　いよいよAIチャットボットの開発に取りかかります。ここまでに知り得たことをベースに、新たなトピックを随時織り交ぜながら、最終的なゴールを目指していきたいと思います。

4

オブジェクト、そしてAIチャットボットへ向けての第一歩

Ｍｍｏ｜**インスタンス変数名の前に付ける「＿＿」について**

　プロパティを定義する場合は、間違いを避けるためにもインスタンス変数名と同じ名前が望ましいのですが、そうするとプログラムとして問題です。そこで多くの場合、プロパティ名の先頭に「＿＿（ダブルアンダースコア）」を付けたものをインスタンス変数名にする方法が使われます。さらに本文でもお話ししたように、Pythonでは先頭にダブルアンダースコアが付けられたインスタンス変数には外部からアクセスできないようになるメリットがあります。

本節からPythonによる人工無脳の開発が始まるわけですが、まずはとっても基本的でミニマムな機能だけを持ったプログラムを作ります。はっきり言ってとてもおバカです。おバカですが、注目してほしいのが、ここで試作するプログラムの構造が次章以降でも大きく変化しないという点です。

ばかちんなんて言わないでね

　3章の途中でピティナ（Pityna）の試作1号として「オウム返し」バージョンを作ってみました。簡素なソースコードを打ち込んだだけの質素なプログラムでした。

　本節からピティナの本格的な開発に入るわけですが、まずは「Pityna」というピティナの本体クラスを作成します。このクラスは、ピティナの中枢となるクラスで、各機能への振り分けを行って処理結果を返す、といういわゆるコントローラー的な仕事をします。それ自体には具体的な処理はないのですが、これから先、どんどん追加していく機能を絶妙なタイミングで呼び出し、軽妙なトーク（？）を繰り広げるための重要なクラスです。

　まずはピティナの開発版の最初のバージョンということで、次のクラスや関数のみを定義したモジュール（pityna.py）を作っていきます。

- **ピティナの本体、Pityna クラス**
- **応答を作る Responder クラスと RandomResponder クラス**
- **ターミナル上で会話を行うための実行ブロック**

　ところでピティナという名前ですが、Python ➡ Pytn ➡ Pitynaのように、Pythonのh、oを外してiを加え、ytを入れ替えて末尾にaを置いただけ、というシンプルこの上ないネーミングとなっております。

4.2.1 人工知能って何？ えっ知能？ 無脳？

人工無脳とは、人間とおしゃべりをしてくれるプログラム、つまり**会話プログラム**（チャットボット）のことです。「会話プログラム」というとAI（人工知能）を思い浮かべますが、AIが目指しているのは「知能」そのものです。AIチャットボットは、その知的活動の結果として会話を行うので、相手が言ったことの意味を理解していなければならず、人工知能自身も自分が何を言っているかわかった上で発言します。AIチャットボットにとって重要なのは、会話という行為そのものではなく、意味の理解や想像（推論）、感情認識といった、会話を支える「目に見えない」知的活動です。

そういう意味では、巷で話題のChatGPTはもちろん、GoogleのBard（バード）、Amazon Alexa（アレクサ）、Windows搭載のCortana（コルタナ）、iPhone、Mac搭載のSiri（シリ）などは、高度なタスクを実行できることから**AIアシスタント**とも呼ばれていて、もはや人工無能（チャットボット）の領域をはるかに超えた「AIチャットボット」です。

絶妙トークは続く

その一方、人工無脳は「会話」という行為そのものを目指します。それも「愉快な会話」「相手を楽しませる会話」です。そこに「知的な活動」はありません。もし、意味の理解や推論ができたとしても、話し相手を飽きさせてしまったり、つまらない気持ちにさせてしまったら、それは人工無脳として失敗なのです。人工無脳にとって重要なのは、知的活動の有無ではなく、「ユーザーが期待する応答」をしていかにユーザーを楽しませるかです。

●人工無脳だってそれなりの知能はあるのです

ただ、意味不明の受け答えしかできないのでは、相手をうんざりさせるだけですので、人工無脳は巧妙な受け答えをします。ですが、必ずしも知的な受け答えをする必要はありません。トンチンカンなことを言わないように、会話の流れのパターンを把握し、適切な応答ができるように学習するのです。

このように、人工無脳はごく表面の部分だけを捉えることで、手軽にそれっぽい何かをすることを目指しています。あくまでも知能があるフリをするだけなので、人工無脳なのです。

```
問題   出力   ターミナル   …        Python Debug Console  ＋ ∨  □ 🗑  ∧ ✕

PowerShell 7.3.4
PS C:\Document\PythonPM_version4\sampleprogram> & c:/Document/PythonPM
_version4/sampleprogram/.venv/Scripts/Activate.ps1
(.venv) PS C:\Document\PythonPM_version4\sampleprogram> & 'c:\Documen
t\PythonPM_version4\sampleprogram\.venv\Scripts\python.exe' 'c:\Users\
comfo\.vscode\extensions\ms-python.python-2023.10.1\pythonFiles\lib\py
thon\debugpy\adapter/../..\debugpy\launcher' '64324' '--' 'C:\Document
\PythonPM_version4\sampleprogram\chap04\04_02\Pityna_ver1\prototype.py'

Pityna System prototype : Pityna
 > こんにちは！
Pityna:Repeat>  こんにちは！ってなに？
 > 挨拶だよ
Pityna:Repeat>  挨拶だよってなに？
 > うーん
Pityna:Repeat>  うーんってなに？
 >
バイバイ
(.venv) PS C:\Document\PythonPM_version4\sampleprogram> ▮
```

相手の言葉を繰り返す

◀オウム返しバージョンのピティナ

4

オブジェクト、そしてAIチャットボットへ向けての第一歩

ピティナ、君は本当にAI？

　感情認識ヒューマノイドロボットのPepper君は立派な人工知能と感情認識エンジンを搭載し、相手や自分の感情を認識した上で言葉を発します。一方、これから開発するPityna（ピティナ）は、表層的な現象を捉えて会話する人工無脳です。「自分で考えていないのなら、そんなのは見せかけでしかない」というのはごもっともですし、確かに人工無脳は悪く言えばユーザーを「だまして」いるわけです。しかし、だからといってそれが「無意味」かといえば、そうではありません。

●人工知能への扉

　「コミュニケーションを楽しめるか？」という観点からすると、「相手に本当に知能があるのか？」ということは、実はそれほど重要ではないのかもしれません。単純な仕組みしか持たない人工無脳が発した言葉が、ときとしてこちらの気持ちを見通しているかのようで、はっとすることがあります。RPG（ロールプレイングゲーム）における脇役たちがそうです。彼ら（彼女ら）は、共に戦い、ときには叱咤激励してくれます。最適なタイミングで発せられた言葉は、「だまし」の巧妙さではなく、その意味をくみ取ろうとする人間の柔軟性によって「癒やし」、ときには強力な「励まし」となります。

　ピティナはときとしてトンチンカンな言葉を発することもあります。ですが、会話は共同作業的なものですので、ピティナのつたない発言を積極的に理解してあげることも大事です。

　ピティナには学習機能に加え、感情モデルも組み込んでいきます。さらに、形態素解析というものを駆使し、自ら蓄積したデータをもとに文章を作って発信する「生成AI」と呼べる領域にまでに成長していきます。そうなると、「人工無脳」と呼ぶのはちょっとかわいそうな気もします。知能と呼ぶにはまったくもって幼稚なレベルですし、そもそも知能など持っていないのですが、だからといって「人工無脳」ではあんまりなので、この本の中では（そっと）AIチャットボットと呼んであげることにしましょう。

▼辞書ファイルを読み込んでランダムに言葉を返すピティナ

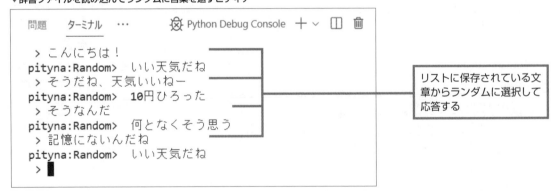

Pitynaオブジェクトの動作原理

ピティナをプログラムとしての視点から考えてみます。プログラムとしての人工無脳が持つべき最も基本的なデータの流れを表したのが、次の図です。

▼ピティナとユーザー

ピティナは文字による会話プログラムですので、ユーザーとの間で受け渡しするデータは言葉、つまり文字列です。ユーザーから何か言葉が投げかけられたら、それに反応してピティナも何かひと言返します。このような言葉のやり取りを繰り返すことが、ピティナの最も基本的な機能となります。

これをPythonで表すと次のようになります。

▼ピティナとユーザー

ピティナとやり取りされる文字列は、文字列オブジェクトとして表現できます。さらに、「何かを渡して何かを取得する」という仕組みはメソッドで実現できるので、Pitynaオブジェクトには対話メソッドを持たせましょう。対話メソッドは、ユーザーからの発言となる文字列オブジェクトを引数として受け取り、それに対する応答として文字列オブジェクトを返すので、Pitynaオブジェクトを定義するクラスはこんな感じになります。

▼Pitynaオブジェクトを定義するクラス

```
class Pityna:
    def 対話(Youの発言):
        いろいろな応答を作る
    return 応答
```

骨格しか書いていませんが、Pitynaクラスの基本的な枠組みはこのようにシンプルです。発言を面白くするために「いろいろな応答を作る」と書いてある部分にあれこれ手を加えていくのですが、この部分にどのような紆余曲折があろうとも、Pitynaオブジェクトは言葉を受け取って言葉を返すのが基本です。

Pitynaクラスと応答クラス

　対話メソッドは、いろいろな応答を作って返すので、「Aという方法で応答を作る」「Bという方法で応答を作る」というように、いくつかの応答パターンを用意することになるのですが、1つのメソッド内に2つの方法を共存させなければなりません。2つならまだしも、3つ4つとなってきたら、応答メソッドの中身がとても複雑になってしまい、何かの不具合があっても改良しにくくなるなど、たぶんあまりよいことはないでしょう。

　いっそのことPitynaオブジェクトそのものを複数用意して、状況に応じて切り替えることも考えられますが、応答のバリエーションを増やすために人工無能本体を複数用意するのは不自然です。本体は1つであってしかるべきです。

　そう考えると、何もかもを1つのオブジェクトに詰め込む構成では、Pitynaをプログラム的に成長させにくいということがわかります。そこで、対話メソッドから「いろいろな応答を作る部分」を応答オブジェクトとして分離することにしたらどうでしょう。

▼Pitynaオブジェクト

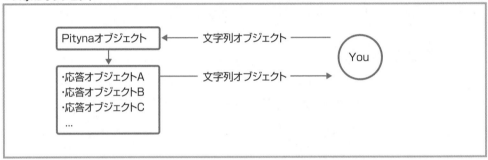

　こうすることで、Aという応答クラスを使いたくなったらそのオブジェクトを作り、応答クラスBを使いたいならそのオブジェクトを作って、対話メソッドの中で利用できるようにするのです。

　対話メソッドは、作成したオブジェクトに基づいて応答を返すだけなので、コードが入り交じることはありません。応答のバリエーションを増やすことは、すなわち応答クラスのバリエーションを増やすことで対応できるので、プログラムの成長に伴って応答クラスが増えていくことになります。根幹の部分（Pitynaクラス）の基本構造は変わらないので、全体的に「読みやすい」プログラムになるはずです。

　では、この方針に沿って先のコードを書き直してみます。

▼Pitynaオブジェクトと応答オブジェクトを定義するクラス

```
class 応答クラス：
    def 応答メソッド（Youの発言）：
        いろいろな応答を作る
        return 応答


class Pityna：
    def __init__()：
```

```
応答オブジェクトを準備する
（インスタンス変数を使用して応答オブジェクトを保持する）


def 対話メソッド (Youの発言) :
    応答オブジェクトの選択
    return 応答オブジェクト . 応答メソッド (Youの発言)
```

　応答クラスを分離したことによって、Pitynaクラスの役割がほぼ決まりました。Pitynaクラスの役割は、

・応答オブジェクトの保持（複数ある）
・応答オブジェクトを選択し、応答メソッドを呼び出し、その戻り値を対話メソッドで返す

という2点に集約されました。

4

オブジェクト、そしてAIチャットボットへ向けての第一歩

M emo｜ソースコードのドキュメント化

　Pythonには、ソースコードをドキュメント化する機能があって、クラスやメソッド、関数のブロックの最初の文字列が、ドキュメンテーションとして扱われます。このあとの「4.2.2　最初のピティナ」で作成するprototype.pyと同じ場所にモジュールを作成して次のコードを入力して実行すると、「prototype.py」のソースコードをドキュメント化することができるので、興味があったらやってみてください。

　下記のコードを入力したモジュールを開いた状態で、VSCodeのアクティビティバーの［実行とデバッグ］ボタンをクリックし、サイドバーに表示される［実行とデバッグ］ボタンをクリックすると、［ターミナル］に次ページのリストのように出力されます。

▼prototype.pyのソースコードをドキュメント化する（make_document.py）

```
import prototype
help(prototype)
```

▼ソースコードのドキュメント化の例（ターミナル）

```
Pityna System prototype : Pityna
>  ◀──────────── いったんプログラムが実行されるので何も入力せずに Enter キーを押す
バイバイ
Help on module prototype:
```

以下は出力されたドキュメント

```
NAME
    prototype

CLASSES
    builtins.object
        Pityna
        Responder

    class Pityna(builtins.object)
     |  ピティナの本体クラス
     |
     |  Methods defined here:
     |
     |  __init__(self, name)
     |      Pitynaオブジェクトの名前をnameに格納
     |      Responderオブジェクトを生成してresponderに格納
     |
     |      Args: name(str): Pitynaオブジェクトの名前
......中略......
FUNCTIONS
    prompt(obj)
        ピティナのプロンプトを作る関数
        Args:
            obj(object): 呼び出し元のPitynaオブジェクト
        Returns:
            str: ピティナのプロンプト用の文字列
DATA
    inputs = ''
    Pityna = <prototype.Pityna object>

FILE
    c:\users\public\documents\prototype.py
```

4.2.2 最初のピティナ

ピティナの本体クラスには「Pityna」という名前を付けることにします。応答クラスには「Responder」(応答者)という名前を付けることにしましょう。Pitynaクラス／オブジェクト、Responderクラス／オブジェクト、という感じです。「3.2.2 ピティナ、入力された言葉を再生する」で相手の言葉をオウム返しにするプログラムを作成しましたが、これをクラスで作り替えたようなものだと思ってください。

●ピティナ初期バージョン

●コンソールアプリケーション

コンソール(ターミナル)上で動作する、文字だけのプログラム(コンソールアプリケーション)です。

●文字列を1行入力すると応答を1行表示する、という処理を反復します。

[Enter]キーを入力の区切りとし、一問一答式にPitynaオブジェクトと対話します。

●[Enter]キーのみの入力で終了

空の文字列を入力することでプログラムが終了します。

●Pitynaオブジェクトが保持するResponderは1つで、応答は「〜ってなに？」のみ

まずはシンプルに、ユーザーが入力した文字列に「ってなに？」を追加して聞き返します。

●Pitynaオブジェクト、Responderオブジェクトは名前を保持する

PitynaオブジェクトとResponderオブジェクトは、インスタンス変数にそれぞれの名前(文字列オブジェクト)を保持します。

VSCodeでPythonのモジュールを作成しよう

ピティナの開発は、Pythonのモジュール(拡張子「.py」のファイル)で行うことにします。以降の開発では複数のクラスを定義することになり、それぞれのクラスを独立したモジュールにするからです。Jupyter Notebookはソースコードをブロック単位で実行できて便利なのですが、モジュール単位での開発には向いていません。そういう訳なので、VSCode上でPythonのモジュールを作成し、エディターを使って開発を進めることにします。

4

オブジェクト、そしてAIチャットボットへ向けての第一歩

●モジュール「prototype.py」を作成しよう

VSCodeでPythonプログラムを保存するフォルダーを開きましょう。

1 フォルダーを開いたら、エクスプローラー上部の **[新しいファイル]** ボタンをクリックし、「prototype.py」と入力してモジュールを作成しましょう。

2 ステータスバーのPythonインタープリターを選択するボタンをクリックして、作成済みの仮想環境を選択します。

▼モジュールの作成と仮想環境の選択

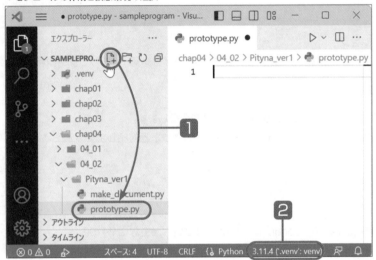

本書では、「sampleprogram」フォルダーに仮想環境「.venv」を作成し、「章のフォルダー」➡「節のフォルダー」にモジュールやNotebookを作成しています。ここでは、「chap04」以下の「04_02」フォルダーに「Pityna_ver1」フォルダーを作成し、この中に「prototype.py」を作成しています。

拡張機能「Python」がインストールされていれば、拡張子「.py」のファイルはPythonのモジュールとして認識されるので、このままプログラミングして実行することができます。

ピティナ、オウム返しボットバージョン

ピティナ初期バージョンのソースコードです。

▼最初のピティナ（prototype.py）

```python
class Pityna:
    """ ピティナの本体クラス

    """
    def __init__(self, name):
        """ インスタンス変数name、responderの初期化

        Args:
            name (str): Pitynaオブジェクトの名前
        """
        # Pitynaオブジェクトの名前をインスタンス変数に代入
        self.name = name
        # Responderオブジェクトを生成してインスタンス変数に代入
        self.responder = Responder('Repeat')

    def dialogue(self, input):
        """応答オブジェクトのresponse()を呼び出して応答文字列を取得する

        Args:
            input (str): ユーザーの発言

        Returns:
            str: 応答文字列
        """
        # response()メソッドを実行し、戻り値（応答文字列）をそのまま返す
        return self.responder.response(input)

    def get_responder_name(self):
        """ 応答に使用されたオブジェクト名を返す

        Returns:
            str: 応答オブジェクトの名前
        """
        # responderに格納されているオブジェクト名を取得し戻り値にする
        return self.responder.name

    def get_name(self):
```

```
        """ Pitynaオブジェクトの名前を返す

        Returns:
            str: Pitynaクラスの名前
        """
        # Pitynaクラスの名前を取得し戻り値にする
        return self.name

class Responder:
    """ 応答クラス
    """
    def __init__(self, name):
        """ Responderオブジェクトの名前をnameに格納

        Args:
            name(str)  : Responderオブジェクトの名前
        """
        self.name = name

    def response(self, input):
        """ 応答文字列を作って返す

        Args:
            input(str): ユーザーが入力した文字列
        Returns:
            str: 応答メッセージ
        """
        # オウム返しの返答をする
        return '{}ってなに？'.format(input)


################################################################
#実行ブロック
################################################################
def prompt(obj):
    """ ピティナのプロンプトを作る関数

    Args:
        obj(object): 呼び出し元のPitynaオブジェクト
    Returns:
        str: ピティナのプロンプト用の文字列
    """
    # 「'Pitynaオブジェクト名：応答オブジェクト名 > '」の文字列を返す
```

```
        return obj.get_name() + ':' + obj.get_responder_name() + '> '
```

```python
# ここからプログラム開始
# プログラムの情報を表示
print('Pityna System prototype : Pityna')
# Pitynaオブジェクトを生成
pityna = Pityna('Pityna')

# 対話処理開始
while True:
    inputs = input(' > ')
    if not inputs:
        print('バイバイ')
        break
    else:
        # 応答文字列を取得
        response = pityna.dialogue(inputs)
        # プロンプトと応答文字列をつなげて表示
        print(prompt(pityna), response)
```

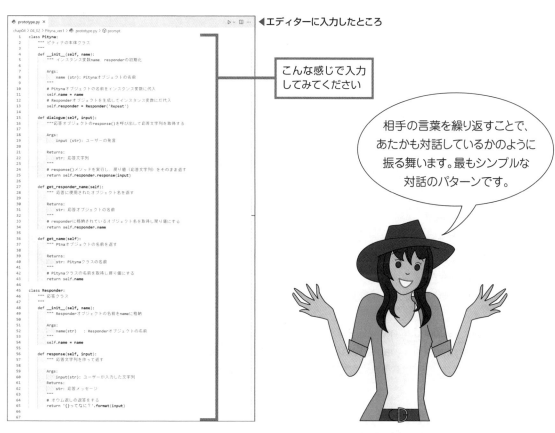

◀エディターに入力したところ

こんな感じで入力
してみてください

相手の言葉を繰り返すことで、
あたかも対話しているかのように
振る舞います。最もシンプルな
対話のパターンです。

▼Pitynaクラスと Responder クラス

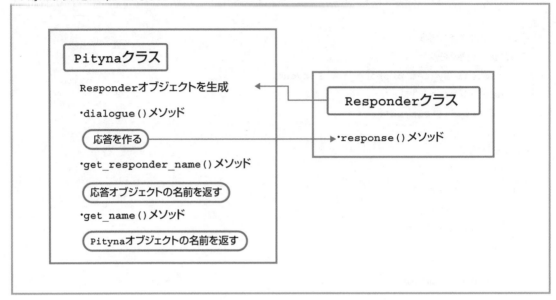

■ プログラムの内容

今回は、すべてのコードをprototype.pyに入力しました。それぞれのコードにはコメントを付けています。メソッドのコメントは、拡張機能「autoDocstring」を利用して入力しています。

●Pitynaクラス
ピティナの本体クラスです。

●__init__()メソッド
Pitynaオブジェクトを生成する際に渡される引数をオブジェクト名としてインスタンス変数nameに格納します。続いてResponderオブジェクトを生成し、responderに格納します。このとき、Responderオブジェクトには「Repeat」という名前が与えられます。

●dialogue()
ユーザーの発言（入力した文字列）をパラメーターinputで受け取り、このままResponderのresponse()メソッド（応答メソッド）に渡し、その戻り値をそのまま返しています。このように、dialogue()メソッドの役割は、Pitynaオブジェクトと外部のResponderオブジェクトのresponse()メソッドを接続するだけです。

●get_responder_name()メソッド、get_name()メソッド
get_responder_name()メソッドは保持しているResponderオブジェクトの名前を返し、get_name()メソッドはPitynaオブジェクト自身の名前を返します。

●Responderクラス

応答オブジェクトを定義するクラスです。

●__init__()メソッド

自分自身の識別名をパラメーターnameで受け取り、インスタンス変数nameに格納します。

●response()メソッド

図解で説明したときの「応答メソッド」に当たります。仕様のとおり、ユーザーの発言に「ってなに？」を付けて返すだけの機能しかありません。

●プログラムの実行ブロック

「実行ブロック」のコメントから下が、プログラムを実行する部分です。

●prompt()関数

PitynaクラスやResponderクラスには関係ない、独立した関数で、「Pityna:Repeat >」のように2つのオブジェクトの名前を使ったプロンプトを作ります。

●対話処理の実行

プログラムのタイトルを表示し、次の行でPitynaオブジェクトを作成して「Pityna」という名前を付けています。

whileブロックが対話を繰り返す部分です。whileの条件式を「True」にしているので、whileが評価するこの条件式によって繰り返しが終了することはありません。このままではプログラムが終了しませんので、ifステートメントで「空行が入力されたら終了する」という処理を行います。

▼対話処理

```
while True:
    inputs = input(' > ')  ──────────── プロンプトを作って、入力された文字列を取得する
    if not inputs:  ──────────── inputsがFalse（空文字）ならwhileブロックを抜ける
        print('バイバイ')
        break  ──────────── ループを抜ける
```

bool演算子のnotは、次に書いた値が偽である場合にTrue、それ以外はFalseを返します。プロンプト（入力待ち）の状態で何も入力せずに Enter キーを押すと、inputsの中身は空の文字列になり、Trueが返されるので、breakでwhileループを抜けます。

では、いったい何が起こるのか、プログラムを実行して確かめてみましょう。

▼プログラムの実行

1 アクティビティバーの **[実行とデバッグ]** ボタンをクリックします。

2 アクティビティバーの **[実行とデバッグ]** をクリックします。

▼実行例

3 **[ターミナル]** が起動してプログラムが実行されます。

4 入力待ちの状態になっているので、何か入力して [Enter] キーを押します。

実行例はこんな感じです。

▼ターミナル

5 応答が返ってきます。

6 何も入力しないで [Enter] キーを押すと、プログラムが終了します。

　一応、会話っぽくはありますが、かなりうっとうしいですね(笑)。
　[ファイル] メニューの **[保存]** を選択して、モジュールを上書き保存して終わりにしましょう。

4.2.3　「オウム返し」+「ランダム応答」の2本立てで反応する （継承とオーバーライド）

　もう1つ別の応答パターンを作ってみましょう。今回はいくつかの応答をあらかじめ用意しておいて、その中からランダムに選択して返すようにしてみます。

　応答に多少のバリエーションを持たせてみたいと思いますので、2つほど新しい仕組みを導入します。

　これに伴い、今回は次の3つのモジュールを作成します。

- ・prototype.py ：プログラムを実行するソースコードをまとめる。
- ・pityna.py 　　：Pitynaクラスを定義する。
- ・responder.py ：スーパークラスResponder、2つのサブクラスRepeatResponder、RandomResponderを定義する。

　上記のモジュールを作成し、以下へお進みください。

ピティナ・バージョン2の実行モジュール「prototype.py」

　まずはprototype.pyから見ていきましょう。

▼ピティナを実行するソースコードをまとめたファイル (prototype.py)

```python
import pityna  # pitynaモジュールのインポート ─────────────────────────── ❶

""" 実行ブロック
"""
def prompt(obj):
    """ ピティナのプロンプトを作る関数

        Args:
            obj(object)： 呼び出し元のPitynaオブジェクト
        Returns:
            str： ピティナのプロンプト用の文字列
    """
    # 「'Pitynaオブジェクト名：応答オブジェクト名 > '」の文字列を返す
    return obj.get_name() + ':' + obj.get_responder_name() + '> '

# ここからプログラム開始
# プログラムの情報を出力
print('Pityna System prototype : Pityna')
# Pitynaオブジェクトを生成
```

```
pityna = pityna.Pityna('pityna')
#  対話処理開始
while True:
    inputs = input(' > ')
    if not inputs:
        print('バイバイ')
        break
    #  応答文字列を取得
    response = pityna.dialogue(inputs)
    #  プロンプト文字列と応答文字列を連結して出力
    print(prompt(pityna), response)
```

今回は、対話処理を実行するソースコードを専用のモジュールにまとめました。Pitynaクラスや Responderクラスが書かれていないことと、❶の1行が追加されている以外は、以前のprototype. pyと同じ内容です。

Ｍemo｜モジュール（Pythonファイル）の取り込み

importは、Pythonファイル（Pythonライブラリ）の取り込み（インポート）を行うキーワードです。Pythonには、標準で添付されているライブラリのほかに、Web上で様々なライブラリが配布されています。それらをimportで取り込む（インポートする）ことで、利用可能となります。

◎モジュール（py形式ファイル）のインポート

書式
```
import module1, module2 ─── カンマで区切ることで、複数のモジュールを
                              取り込める
```

モジュールの中で定義されている関数やクラス（これを**メンバー**と呼ぶ）を利用するには、次のように記述します。

◎インポートしたモジュールで定義されているメンバーを利用する

書式
```
モジュール名.メンバー名
```

次の形式でメンバーを直接インポートすると、モジュール名を省略してメンバー名を書くだけで利用できるようになります。

◎モジュールから取り込むメンバーを指定する

書式
```
from モジュール名 import メンバー名, メンバー名, ...
```

　　Pythonでは、別のモジュールに書かれたコードを、そのファイルを「取り込む」ことによって利用することができます。以前にもrandomモジュールを取り込んでrandom.choice()メソッドを利用したことがありました。このときに使ったのがimport文です。

　　以降のプログラムでは、主要なクラス単位でファイルを分割することにします。これは、1つのファイルにすべてのコードを記述することでファイルが巨大化してしまうのを避けるためです。

　　❶では、pityna.pyファイルの中身を丸ごとインポート（取り込み）しています。次はこのファイルを見てみましょう。

Pitynaクラスのモジュール「pityna.py」

　　「pityna.py」では、Pitynaクラスが定義されています。ここでも以前のPitynaクラスとの違いはわずかであり、❶でresponderモジュールをインポートしていることと、❷で保持するResponderオブジェクトがRandomResponderクラスのインスタンスであるということくらいです。

▼Pitynaクラスのモジュール「pityna.py」

```
import responder ─────────────────────────────────────────❶


class Pityna(object):
    """ ピティナの本体クラス

    """

    def __init__(self, name):
        """ インスタンス変数name、responderの初期化


        Args:
            name(str)   : Pitynaオブジェクトの名前
        """
        # Pitynaオブジェクトの名前をインスタンス変数に代入
        self.name = name
        # Responderオブジェクトを生成してインスタンス変数に代入
        self.responder = responder.RandomResponder('Random') ─────❷


    def dialogue(self, input):
        """ 応答オブジェクトのresponse()を呼び出して応答文字列を取得する


        Args:
            input(str)   :ユーザーの発言
        Returns:
            str：応答メッセージ
        """
        return self.responder.response(input)
```

```
    def get_responder_name(self):
        """ 応答に使用されたオブジェクト名を返す


        Args:
            self(object)： 呼び出し元のPitynaオブジェクト
        Returns:
            str： 応答オブジェクトの名前
        """
        # responderに格納されているオブジェクト名を返す
        return self.responder.name

    def get_name(self):
        """ Pitynaオブジェクトの名前を返す


        Args:
            self(object)： 呼び出し元のPitynaオブジェクト
        Returns:
            str： Pitynaクラスの名前
        """
        # Pitynaクラスの名前を返す
        return self.name
```

RandomResponderクラスの定義は、インポートしているresponder.pyにありそうです。

応答オブジェクトのモジュール「responder.py」

❶のResponderクラスはかなり変わりました。nameに保持される名前関連のコードはそのままですが、response()メソッドの❷では空文字列を返すように修正されています。
　また、❸ではRepeatResponderというクラスが定義され（なにやら「(Responder)」とか引数のようなモノが付いてます）、唯一のメソッドであるresponse()は、前項で作成したときのResponderクラスが持っていたものと同じ内容です。以前のResponderクラスが持っていた、名前の保持に関する機能と応答に関する機能が分離しているようにも見えます。

▼応答オブジェクトのモジュール (responder.py)

```
import random

class Responder(object):  ───────────────────────────────────  ❶
    """ 応答クラスのスーパークラス
    """
    def __init__(self, name):
        """ Responderオブジェクトの名前をnameに格納
```

```
        Args:
            name(str)    : Responderオブジェクトの名前
        """
        self.name = name

    def response(self, input):
        """ オーバーライドを前提としたresponse()メソッド

        Args:
            input(str)  : ユーザーの発言
        Returns:
            str: 応答メッセージ（ただし空の文字列）
        """
        return ''                                                          ❷

class RepeatResponder(Responder):                                          ❸
    """ オウム返しのためのサブクラス
    """
    def response(self, input):
        """ response()をオーバーライド、オウム返しの返答をする

        Args:
            input(str): ユーザーの発言
        Returns:
            str: 応答メッセージ
        """
        # オウム返しの返答をする
        return '{}ってなに？'.format(input)

class RandomResponder(Responder):                                          ❹
    """ ランダムな応答のためのサブクラス
    """
    def __init__(self, name):
        """ ランダムに抽出するメッセージのリストを作成する

        Args:
            name(str)    : Responderオブジェクトの名前
        """
        # スーパークラスの初期化メソッドを呼んでResponder名をnameに格納
        super().__init__(name)                                             ❺
        # ランダム応答用のメッセージリストを用意
```

4

オブジェクト、そしてAIチャットボットへ向けての第一歩

```
        self.responses = ['いい天気だね', '何となくそう思う', '10円ひろった']

    def response(self, input):
        """ response()をオーバーライド、ランダムな応答を返す

        Args:
            input(str)  : ユーザーが入力した文字列
        Returns:
            str: リストからランダムに抽出した文字列
        """
        # リストresponsesからランダムに抽出して戻り値として返す
        return (random.choice(self.responses))                    ❻
```

●スーパークラスResponder（ソースコードの❶）

　Pythonに限らず多くのオブジェクト指向言語には、あるクラスの定義内容をそのまま引き継いで別のクラスを作ることができる機能があり、その機能のことを**継承**と呼んでいます。クラスAを受け継いだクラスBがあったとき「BはAを継承している」と表現され、Aのインスタンスでできたことは、Bのインスタンスでもできることが保証されます。AとBの継承関係において、AはBの**スーパークラス**、BはAの**サブクラス**と呼ばれます。

▼スーパークラスとサブクラス

　継承するベースになるクラス、すなわちスーパークラスがResponderです。

●サブクラスRepeatResponder（ソースコードの❸）

　クラスAを継承してクラスBを作るにはBのクラス定義を「class B(A):」とします。サンプルでは、RepeatResponderクラスはResponderクラスを継承していることになります。

　継承で重要な点は、サブクラスがスーパークラスの機能の一部を書き換え（再定義）できることにあります。これにより、スーパークラスの必要な部分はそのまま受け継ぎつつ、気に入らないところだけ書き直すという、いわば「いいとこどり」的なプログラミングができるようになるのです。

　Responderクラスの機能は主に名前の管理で、RepeatResponderはそれをそのまま利用しながら（__init__()メソッドも受け継がれます）、response()メソッドを再定義しています。

　このため、RepeatResponderのクラス定義はとてもコンパクトです。

なお、スーパークラスはベースになるクラスですので、

```
class クラス名:
```

と書いて定義すればよいのですが、「Pythonのクラスはすべてobjectクラスを継承する」という仕様になっています。objectというクラスがあらかじめ定義されていて、「クラスが備える最も基本的な機能」が実装されているので、Pythonのクラスはすべてobjectクラスを継承します。なので、スーパークラス、あるいは単独で定義するクラスであっても、

```
class クラス名(object):
```

と明示的にobjectクラスを継承するように書くのが基本です（ただし、明示的に書かなくてもエラーにはならない）。このような理由で、先のPitynaクラスと今回のResponderクラスの宣言部では、

```
class Pityna(object):
class Responder(object):
```

のように書いています。

●もう1つのサブクラスRandomResponder（ソースコードの❹）

以前は1つだったResponderをわざわざ二分して継承関係のある2つのサブクラスを作ったことに何の意味があるのか疑問に思うかもしれませんが、新たにRandomResponderを作ろうとしたときに、スーパークラスResponderのありがたみがわかることになります。

▼RandomResponderクラス

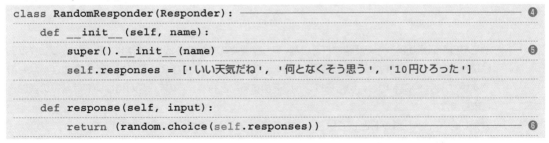

```
class RandomResponder(Responder): ────────────────────────── ❹
    def __init__(self, name):
        super().__init__(name) ────────────────────────── ❺
        self.responses = ['いい天気だね', '何となくそう思う', '10円ひろった']

    def response(self, input):
        return (random.choice(self.responses)) ────────────── ❻
```

❹から、Responderを継承したRandomResponderの定義が始まるのですが、RandomResponderの初期化処理では「ランダムに選択される応答の準備」という処理が必要なので、__init__()メソッドを再定義しなければなりません。ただ、オブジェクト名に関する処理はResponderに任せた方がスッキリします。そういうときには、❺のようにビルトイン関数のsuper()を呼び出します。

　super()はクラスのメソッドを実行するためのオブジェクト（**プロキシオブジェクト**と呼ばれる）を返すので、「super().スーパークラスのメソッド名()」と書けば、スーパークラスのメソッドを実行することができます。ここでは、再定義したメソッドのパラメーターを引数に指定しているので、引数がそのままスーパークラスのメソッドに渡り、インスタンス変数nameに名前が格納されます。

　一般的にBがAを継承するとき、意味的には「BはAの一種である」ということがいえます。名前を管理でき、response()というメソッドで応答を返すというResponderの機能を共通の機能として持つサブクラスは、スーパークラスResponderの一種であるわけです。

　ではRandomResponder自体の解説をしていきましょう。RandomResponderは「複数の応答用文字列を保持し、response()メソッドにおいてランダムに選択された応答を返す」という機能を持ちます。__init__()メソッドで複数の応答をリストとして用意し、インスタンス変数responsesに保持します。ここではランダムに応答を選択するために、randomモジュールのchoice()メソッドを使いました（❻）。

　では、「prototype.py」をさっそく実行してみましょう。エディターで「prototype.py」内にカーソルを置いた状態で**[実行とデバッグ]**ボタン（アクティビティバーの**[実行とデバッグ]**ボタンをクリックしたときに表示されるサイドバー上のボタンです）をクリックしてください。今回は、PitynaクラスでRandomResponderオブジェクトを応答用に使うようにしているので、ランダムな応答が返ってくるはずです。

▼実行例

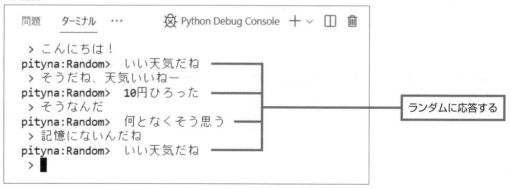

　こちらの発言がまったく反映されていないので、脈絡のないやり取りが行われています。プログラムは複雑になったのですが、自然な会話にはなっていません。応答が3パターンだけなのでこんなものですが、いいセリフを思い付いたらリストに追加することもできるので、これについては今後の課題としましょう。

　最初のチャットボットとしてはこんなものでしょうか。次章ではGUIを付けて、よりアプリケーションぽくしてみましょう。

▼Pitynaプログラムの構造

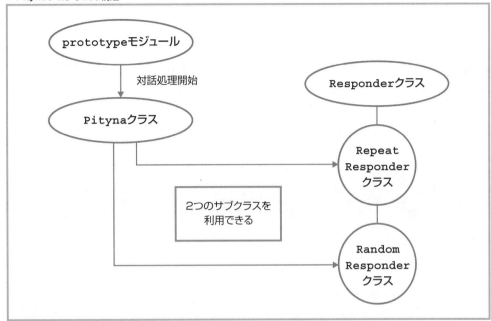

Memo | RepeatResponderへの切り替え

　本文では、PitynaクラスでRandomResponderを応答用のオブジェクトにしました。Responderのもう1つのサブクラスとしてRepeatResponderがあるので、Pitynaクラスの__init__()メソッド内の❶の部分を次のように書き換えれば、RepeatResponderによるオウム返しの応答をするようになります。

▼Pitynaクラスのモジュール「pityna.py」

```python
import responder

class Pityna(object):
    def __init__(self, name):
        self.name = name
        self.responder = responder.RepeatResponder('Repeat')        ❶

    def dialogue(self, input):
        return self.responder.response(input)

    def get_responder_name(self):
        return self.responder.name

    def get_name(self):
        return self.name
```

自然言語処理って何をするの？

近年のAIブームの盛り上がりによってよく耳にするのが**自然言語処理**というワードです。実は、本書でもピティナプログラムを高機能化するにあたり、自然言語処理の技術である**形態素解析**というものを取り入れています。

ここでは、Pythonを学習していても時折遭遇する、「自然言語処理」がいったい何なのか、その概要をチェックしておきましょう。

●そもそも自然言語って何？

自然言語とは、「人間が日常的に書いたり話したりする自然な言語のこと」で、日本語や英語などがこれに当たります。一方、自然言語と対比される言語にプログラミング言語があります。両者の違いはズバリ、「言葉の曖昧性の有無」です。

自然言語には、文の意味や解釈をきっちり1つに決められない曖昧性があります。「燃えるような褐色の瞳の大きな少女」と言ったとき、[燃えるような褐色の [瞳の大きな] 少女]➡「瞳が大きく、褐色の肌をした少女」と「[[燃えるような褐色の瞳の] [大きな少女]]➡「褐色の瞳で、体が大きな少女」の2通りの解釈ができます。

一方、プログラミング言語で「1+1」とすると、「1に1を加算する」ことしか意味しません。ここには、自然言語のような曖昧性がありません。

●自然言語処理って何をするの？

先の例のように、自然言語には言葉の曖昧性が存在します。この言葉の曖昧性に対応し、膨大なテキストデータを実用的に扱うために、自然言語処理という技術が使われます。実際の処理の流れは次のようになります。

❶形態素解析

形態素とは、「文字で表記された自然言語の文において、意味を持つ最小の言語単位」のことです。詳しくは「6.2　形態素解析入門」で解説しますが、先の例の「燃えるような褐色の瞳の大きな少女」というフレーズを形態素に分解すると、

燃える　ような　褐色　の　瞳　の　大きな　少女

となります。このように「語の区切りに空白を挟む処理」は、**分かち書き**と呼ばれています。分かち書きを行って、形態素ごとに品詞を付与し、語形変化までを

解析することが形態素解析です。このような処理によって、文章中から名詞だけを抽出してキーワードの集合を作ったりすることが可能になります。

❷構文解析

次に行われるのが、**構文解析**（係り受け解析とも呼ばれる）という作業です。ここでは、形態素解析で得られた単語間の関係性についての解析を行います。具体的には、**構文木**と呼ばれる表現方法を用いて、構文解析の結果をツリー状の構造で出力します。先のフレーズには2通りの解釈がありましたが、この場合は2通りの構文木が出力されることになります。こうすることで単語間の係り受け関係を可視化して、文法的にどのような構造をしているのかを調べます。

❸意味解析

構文解析をした文から、意味内容を正しく解釈するために行われるのが、**意味解析**です。先のフレーズでは、構文解析の時点で2つの構文木はどちらも正解なので、1つの文に対して解釈の仕方が複数存在することになります。1つの単語にも意味は複数存在するので、他の単語間とのつながりなどを考慮して、正しい1つに絞り込みます。

❹文脈解析

最後に行われるのが、**文脈解析**です。複数の文に対して形態素解析と構文解析、意味解析を行い、文を超えたつながりについて分析します。文脈解析には、文章中に現れる語の関係や、文章の背景に隠れた知識などといった複雑な情報が必要になるので、意味解析以上に難しい処理です。ディープラーニング（深層学習）の世界では、「ニューラルネットワーク」を用いた様々な取り組みがなされてきました。そうした試行錯誤を経て、いまでは大規模言語モデルを搭載したChatGPTのような完璧な文脈解析を行うシステムが登場するまでに至ったのです。

自然言語処理は、大きく分けて以上4つの分析を経てようやく達成される大規模な技術です。これを達成するためには深層学習だけでなく、言語学や統計学などの様々な分野の技術が使われます。この本に書かれている形態素解析の項目を読んで興味を持たれたなら、自然言語処理について書かれた書籍を読んでみるのもよいと思います。

Perfect Master Series
Python AI Programming

Chapter 5

ピティナのGUI化と
[人工感情] の移植

2種類のパターンで応答を返すようになったピティナですが、動作環境はCUI（キャラクター
ユーザーインターフェイス）なので、かなり地味目なプログラムです。そこで、きれいなGUIの画面
を与えてあげることにしましょう。もちろん、ピティナのグラフィックスも登場します。

後半では、会話の中にパターンを作り出し、さらには人工的な感情をピティナに移植することで、
AIっぽいさらなる高みを目指します。

PyQt5ライブラリとQt Designerで GUIアプリを開発！

　Pythonの GUI 開発用ライブラリでは「Tkinter（ティキンター）」が有名です。一方で、クロスプラットフォーム（異なる環境上で動作すること）のGUI 開発用のフレームワーク、Qt（キュート）を Python に移植した PyQt（パイキュート）が人気です。

　Qtは高品位なGUI部品（ウィジェット）を備え、OpenGLやXMLに対応……等々、その特徴についてはいろいろありますが、何といってもありがたいのは、Qtを利用してアプリの画面（GUI）を開発するためのツール（「UIデザイナー」と呼ばれる）である「Qt Designer」が利用できることではないでしょうか。これを使えば、画面開発がすごくラクになります。そこで本書では、GUI 開発用のライブラリにPyQt5を使用し、画面の開発をQt Designerで行うことにしました。

● PyQt5

　C++ で開発されている Qt を Python から利用できるようにした、いわゆる Python バインディング（「Pythonに移植した」という意味）の最新バージョンです。VSCodeの **[ターミナル]** で pip コマンドを実行してインストールします。

● Qt Designer

　Qt専用のUIデザイナーです。VSCodeの **[ターミナル]** で pip コマンドを実行して「qt5-tools」をインストールすることで、QT Designerが使えるようになります。QT Designerは作成した画面をXMLデータとして出力するため、Pythonモジュールへの変換が必要になりますが、WYSIWYG＊のアプリなので、画面の見た目そのままにドラッグ＆ドロップで画面開発を行えるのがポイントです。

＊ **WYSIWYG** 「What You See Is What You Get」の略で、見たとおりのものが得られることを指す。DTPソフトだと、Illustrator、InDesignなどがWYSIWYGである。Web系では、Dreamweaverなど。

●Qt DesignerでPythonアプリを作る手順

Qt Designerは、Androidなどのスマホアプリの画面や、その他のアプリの画面のデータ形式として使われている「XML形式」で、画面データを出力します。これは、クロスプラットフォームのQtとして、どのような環境にも対応するためです。とはいえ、このままだとPythonで使えないため、XML形式の画面データをPythonのコードに変換（コンバート）してから利用することになります。

●Qt DesignerでPythonアプリを作る流れ

・Qt Designerで画面を作り、XMLデータをui形式のファイルに出力する。
・出力されたui形式ファイルをPyQtのコマンドでPythonのコードに変換（コンバート）する。画像などのリソースを使用する場合は、リソースファイルのコンバートも行う。
・Python形式にコンバートされたモジュールをプログラム側でインポートして使う。

以上で、プログラムにきれいな画面を組み込んだGUIアプリを作ることができます。もちろん、「ボタンがクリックされたら××」などのイベントドリブン的な処理は、Qt Designerで画面を作るときに設定できるので、画面とプログラムの連携に頭を悩ます必要はありません。

プログラムの開発は、VSCodeでPythonモジュールを作成し、**[エディター]** を使って行います。これは、前章と同様に、モジュール単位での開発がしやすいためです。したがって、今後の開発は、Qt DesignerとVSCodeの2本立てて行うことになります。

▼Qt Designer

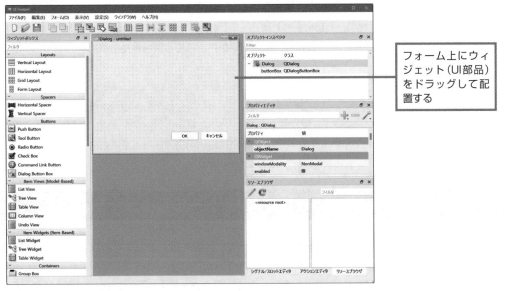

フォーム上にウィジェット（UI部品）をドラッグして配置する

5

ピティナのGUI化と［人工感情］の移植

5.1.1 ピティナをGUIモジュールに移植する

GUI版ピティナは、高品位な画面を備えた魅惑のアプリのはずです……。

▼GUI版ピティナ

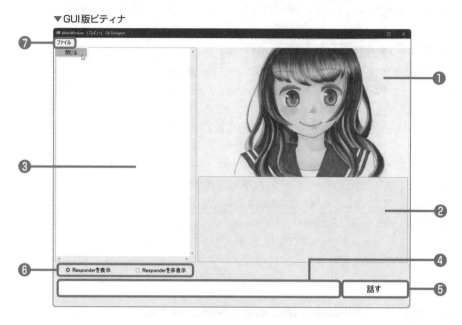

どんなプログラムなのか簡単に紹介しましょう。右側にはピティナのイメージが表示される領域❶があり、その下にピティナからの応答メッセージが返ってくる領域❷があります。会話が弾むことが期待できそうです。

さて、左側はログを表示するためのウィンドウ❸で、ピティナとの対話が記録されていきます。ウィンドウの下部には入力エリア❹があり、ここに入力して「話す」ボタン❺をクリックすることで、ピティナとの会話ができます。❻の領域には2つのラジオボタンがあります。❼の [ファイル] メニューには、プログラムを終了するための [閉じる] という項目が見えます。

「PyQt5」と「pyqt5-tools」をインストールしよう

仮想環境に「PyQt5」と「pyqt5-tools」をインストールしましょう。「pyqt5-tools」にはQT Designerが同梱されています。VSCodeでPythonのモジュールを表示し、ステータスバーのボタンをクリックして仮想環境を選択しましょう。続いて [ターミナル] メニューの [新しいターミナル] を選択して、[ターミナル] を表示しましょう。

▼仮想環境に関連付けられた [ターミナル] を開く

②[ターミナル] メニューの [新しいターミナル] を選択して、仮想環境に関連付けられた状態でターミナルを起動する

①ここをクリックしてPythonの仮想環境を選択する

5

ピティナのGUI化と [人工感情] の移植

■「PyQt5」をインストールする

[ターミナル] に次のようにpipコマンドを入力して「PyQt5」をインストールします。

▼[ターミナル]

入力して [Enter] キーを押すと、インストールが始まる

■「pyqt5-tools」をインストールする

[ターミナル] に次のようにpipコマンドを入力して「pyqt5-tools」をインストールします。

▼[ターミナル]

入力して [Enter] キーを押すと、インストールが始まる

QT Designerを起動しよう

QT Designerの実行ファイル「designer.exe」は、仮想環境のフォルダー以下の次のディレクトリに格納されています。

▼「designer.exe」が保存されているディレクトリ

「仮想環境のフォルダー」➡「Lib」➡「site-packages」➡「qt5_applications」➡「Qt」➡「bin」➡「designer.exe」

本書では「sampleprogram」以下に仮想環境「.venv」を作成しましたので、このフォルダーを別途（エクスプローラーなど）で開きます。

▼VSCodeの［エクスプローラー］

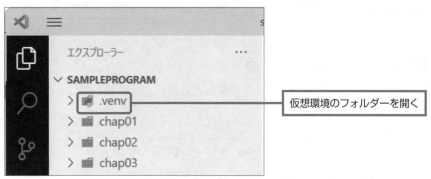

仮想環境のフォルダーを開く

▼Windowsのエクスプローラーで、仮想環境以下「designer.exe」が格納されたフォルダーを開いたところ

「.venv（仮想環境のフォルダー）」➡「Lib」➡「site-packages」➡「qt5_applications」➡「Qt」➡「bin」を開く

QT Designerの実行ファイル

「designer.exe」を直接、ダブルクリックすると、QT Designerが起動します。今後のために、ショートカットアイコンを作成しておくとよいでしょう。Windowsの場合は、「designer.exe」を右クリックして [スタートメニューにピン留めする] を選択しておく手もあります。

Qt Designerの画面

次に示すのはQt Designerの起動直後の画面です。

▼Qt Designerを初めて起動したときの画面

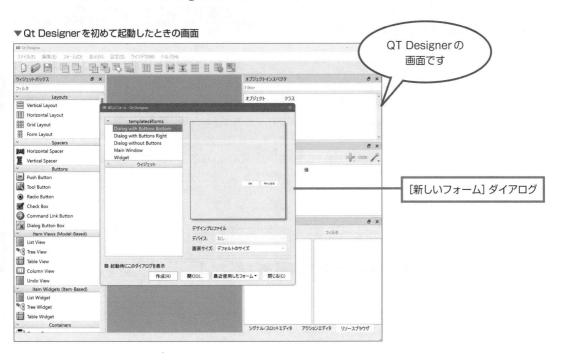

QT Designerの
画面です

[新しいフォーム] ダイアログ

5 ピティナのGUI化と [人工感情] の移植

[新しいフォーム] ダイアログが中央に表示されています。Qt Designerの初期画面では、このようにフォーム（GUIの土台となる部品です）を作成するためのダイアログが表示され、ここでフォームを作成するか、もしくは作成済みのフォームを読み込むかを指定して、作業を開始するようになっています。

終了は、[新しいフォーム]ダイアログの[閉じる]ボタンをクリックし、[ファイル] メニューの [終了] を選択することで行えます。

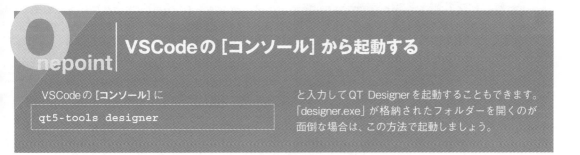

Onepoint | VSCodeの [コンソール] から起動する

VSCodeの [コンソール] に

```
qt5-tools designer
```

と入力してQT Designerを起動することもできます。「designer.exe」が格納されたフォルダーを開くのが面倒な場合は、この方法で起動しましょう。

5.1.2 メインウィンドウを作成してウィジェット（widget）を配置しよう

PyQt5では、UI画面上のボタンやラベルなどの部品のことを総称して**ウィジェット**（widget）と呼びます。Qt Designerでは、まずUI画面の土台となる「フォーム」を作成し、その上にウィジェットをドラッグ＆ドロップで配置する——という流れで画面開発を行います。

メインウィンドウを作成する

では、Qt Designerの起動直後の画面に戻りましょう。中央に**[新しいフォーム]**ダイアログが見えていると思います。このダイアログが、UI画面の土台である「フォーム」を作成したり、既存のフォームを呼び出すためのものです。Qt Designerでは、このダイアログを使ってフォームを用意してから、ウィジェットの配置などの作業に取りかかるようになっています。

UI画面を作るのは初めてですので、新規のフォームを作成することにしましょう。ダイアログの左側のペインに**[templates¥forms]**というカテゴリがあるので、これを展開し、**[Main Window]**を選択してください。選択したら**[作成]**ボタンをクリックしましょう。

▼メインウィンドウの作成

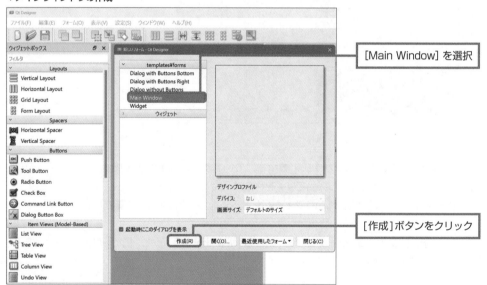

[Main Window]を選択

[作成]ボタンをクリック

メインウィンドウ用のフォームが作成されます。フォームの境界線上をドラッグして、サイズを幅855×高さ625（単位はピクセル）になるように調整します。とはいえ、ドラッグ操作でこのサイズぴったりに設定するのは難しいので、**[プロパティエディタ]**で以下の項目を探して、それぞれの値を設定するようにしてください。

▼メインウィンドウのプロパティ設定

プロパティ名		設定値
objectName		MainWindow
geometry	幅	855
	高さ	625

▼メインウィンドウのサイズ調整

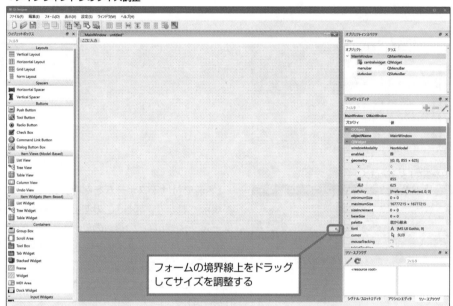

フォームの境界線上をドラッグ
してサイズを調整する

▼[プロパティエディタ]でプロパティを設定する

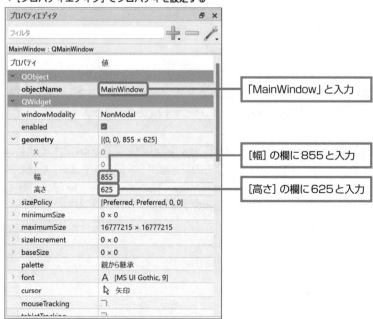

「MainWindow」と入力

[幅]の欄に855と入力

[高さ]の欄に625と入力

■ メインウィンドウを保存しよう

▼ Qt Designerの［ファイル］メニュー

すぐにやっておく必要はないのですが、ここでメインウィンドウを保存しておくことにしましょう。［ファイル］メニューの［保存］を選択します。

▼［名前を付けてフォームを保存］ダイアログ

［名前を付けてフォームを保存］ダイアログが表示されます。なお、このあとでPythonのソースファイルなどの複数のファイルを作成するので、それらのファイルをまとめて保存するフォルダーを作成した上で、そのフォルダーを保存先に指定してください。ここでは、「Pityna」フォルダーを作成しました。ファイル名（ここでは「qt_PitynaUI」としました）を入力して［保存］ボタンをクリックします。

　以上でメインウィンドウ（フォーム）が拡張子「.ui」のファイルとして保存されます。以降、メインウィンドウの保存を行えば、メインウィンドウ上に配置したボタンやラベルなどのウィジェット、さらにはウィジェットに対して行った設定など、メインウィンドウの設定のすべてがまとめて保存されるようになります。

　ここで、どのようなデータとして保存されているのか、ファイルの中身を見てみることにしましょう。これからの開発のこともあるので、VSCodeで保存先のフォルダーを開きましょう。本書では「sampleprogram」フォルダー以下に仮想環境「.venv」を作成し、「章のフォルダー」➡「節のフォルダー」にプログラムを保存するようにしているので、「chap05」➡「05_01」フォルダーに「Pityna」フォルダーがあります。この中に先ほど保存した「qt_PitynaUI.ui」があるので、これをダブルクリックして［エディター］で開いたのが次ページの画面です。

XMLのタグがびっしりと記述されています。**タグ**とは、ドキュメントの情報（ボタンの配置などの情報）を＜＞の記号を使って表した、XMLのソースコードのことです。XMLはWebページの作成に使われるHTML言語の上位に位置する言語なので、Webページの作成に携わったことがあるなら、ソースコードの構造がよく似ていることにお気付きになると思います。

　XMLのコードを編集することはまずないので、ソースを眺めるのはこのくらいにして、ファイルを閉じておきます。

▼VSCodeで「qt_PitynaUI.ui」を開いたところ

「Pityna」フォルダーに保存した「qt_PitynaUI.ui」をダブルクリックして開く

XMLのタグが記述されている

「indent-rainbow」によってindentが色分けされているものの、Pythonのコードではないため、一部のインデント色が濃く表示されている

5

ピティナのGUI化と［人工感情］の移植

UI画面の開発は手打ち派？　それともUIデザイナー派？

Hint

　AndroidアプリやiPhoneアプリの開発ツールがそうであるように、UI画面の開発方法は、「ソースコードの入力のみ」あるいは「UIデザイナーを併用する」という2つのパターンから選べます。この点ではPyQtも同様で、Qt Designerをまったく使わずに、ソースコードの入力のみでUI画面を作ることも可能です。ソースコードを理解していれば、コード入力の方が手っ取り早いですし、細かな制御も確実に行えます。ですが、UIデザイナーにはプロパティの編集用ウィンドウが備わっているのが常なので、これを使えば、UI部品のサイズや配置する位置をそれこそ1ピクセル単位で制御できます。プロパティの名前もソース

コードで使われるキーワードと共通しているため、仕組み的なことにおいても問題ありません。

　開発効率の点から、アプリの画面開発にはUIデザイナーを使うのが定番です。ただし、UIデザイナーであっても、ダイアログのようにプログラムの実行中に生成されるUI画面を作ることは不可能なので、このような場合は画面生成用のソースコードを書かなくてはなりません。このことから、「UIデザイナーを使いつつ、必要に応じてソースコードでの制御を覚えていく」というスタンスで学習を進めるのがよいでしょう。

ログを表示するためのリストを配置する

最初に配置するのは、ログ表示用のリストです。Qt Designerには、テキストを表示する**ウィ
ジェット**（UI部品のこと）として、ラベルとリストが用意されていますが、ここはテキストをリスト形
式で表示する機能に特化したリストウィジェット（List Widget）を使うことにしました。

■ リストの配置とプロパティの設定

Qt Designerの画面左側には、ウィジェットを配置するための**[ウィジェットボックス]**が表示さ
れています。ここからドラッグ＆ドロップすれば、任意のウィジェットをフォーム上に配置すること
ができます。配置したウィジェットは、ドラッグ操作でサイズや位置を調整できるので、「**[ウィジェッ
トボックス]**からフォーム上にドラッグ＆ドロップ」➡「ドラッグ操作でサイズと位置の調整」という
流れが、ウィジェット配置の基本操作になります。

[ウィジェットボックス]の[Item Widgets（Item-Based）]カテゴリにある[List Widget]を
フォーム（メインウィンドウ）上へドラッグ＆ドロップしてください。

▼List Widgetの配置

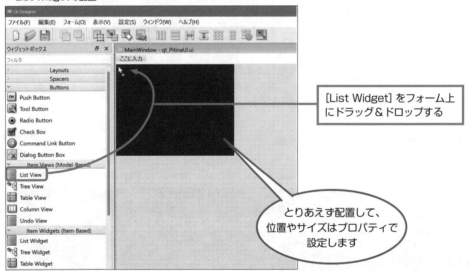

配置したら、幅340×高さ500になるように調整します。ウィジェットの識別名をはじめとする
プロパティの設定値は、次の表を参照してください。geometryのX、Yには、フォームのX軸（横方
向）、Y軸（縦方向）に対するウィジェットの左上隅の位置を設定します。QFrameプロパティはリス
トのスタイル、QAbstractScrollAreaプロパティは「リストの縦と横のスクロールバーの表示」を制
御します。

▼List Widgetのプロパティ設定

プロパティ名			設定値
QObject	objectName		listWidgetLog
QWidget	geometry	X	5
		Y	0
		幅	340
		高さ	500
	font	ポイントサイズ	10
QFrame	frameShape		StylePanel（デフォルト値）
	frameShadow		Sunken（デフォルト値）
	lineWidth		1（デフォルト値）
QAbstractScrollArea	verticalScrollBarPolicy		ScrollBarAlwaysOn（メニューから選択）
	horizontalScrollBarPolicy		ScrollBarAlwaysOn（メニューから選択）

▼QObjectとQWidgetの設定

▼QFrameとQAbstractScrollAreaの設定

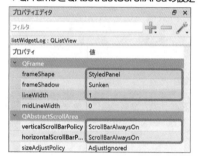

応答クラス名の表示／非表示用のラジオボタンを配置する

　続いてラジオボタンを配置します。いまのところピティナは2つの応答クラス、Repeat ResponderとRandomResponderを備えているので、「現在、ピティナがどのクラスで応答しているのか」がわかるように、ログに応答クラス名を出力するようにしましょう。ただし、会話だけを出力したいこともあるでしょうから、2つのラジオボタンで、応答クラス名の表示と非表示を切り替えるようにします。

ラジオボタンの配置とプロパティの設定

[ウィジェットボックス] の [Buttons] カテゴリに [Radio Button] のアイコンがあるので、それをフォーム上のリストの下にドラッグ＆ドロップし、計2個配置します。配置が済んだら、2個のラジオボタンが横に並んで配置されるように、それぞれのプロパティを次表のように設定しましょう。

ラジオボタンを選択すると、[プロパティエディタ] の表示がそれぞれのプロパティに切り替わるので、それぞれのラジオボタンについて設定を行ってください。

▼Radio Button（左側）のプロパティ設定

プロパティ名			設定値
QObject	objectName		RadioButton_1
QWidget	geometry	X	30
		Y	510
		幅	130
		高さ	16
	font	ポイントサイズ	10
QAbstractButton	text		Responderを表示（テキスト入力）
	checked		オン（チェックを入れる）

▼Radio Button（右側）のプロパティ設定

プロパティ名			設定値
QObject	objectName		RadioButton_2
QWidget	geometry	X	200
		Y	510
		幅	130
		高さ	16
	font	ポイントサイズ	10
QAbstractButton	text		Responderを非表示（テキスト入力）
	checked		オフ（チェックを外した状態）

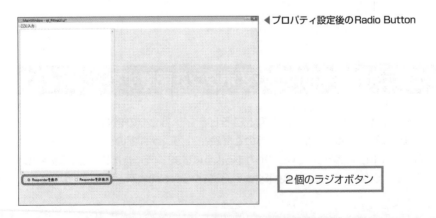

◀プロパティ設定後のRadio Button

2個のラジオボタン

会話入力用のテキストボックスを配置する

　ピティナと会話するためのテキストボックスを配置します。ここにメッセージを打ち込んでボタンをクリックするとピティナの応答が返ってくる、という仕掛けにします。テキストボックス用のウィジェットには、「Text Edit」「Plain Text Edit」「Line Edit」の3種類がありますが、ここでは1行のみの入力エリアがあればよいので、「Line Edit」を配置することにします。

■ テキストボックスの配置とプロパティの設定

　テキストボックス用のウィジェット [Line Edit] は、[ウィジェットボックス] の [Input Widgets] カテゴリにあります。これを配置済みのラジオボタンの下側へドラッグ＆ドロップしましょう。配置が済んだら、次のようにプロパティを設定します。

▼Line Editのプロパティ設定

プロパティ名			設定値
QObject	objectName		LineEdit
QWidget	geometry	X	5
		Y	540
		幅	680
		高さ	40
	font	ポイントサイズ	14
QLineEdit	text		空欄のまま
	alignment	横方向	左端揃え（デフォルト値）
		縦方向	中央揃え（縦方向）（デフォルト値）

▼プロパティ設定後のLineEdit

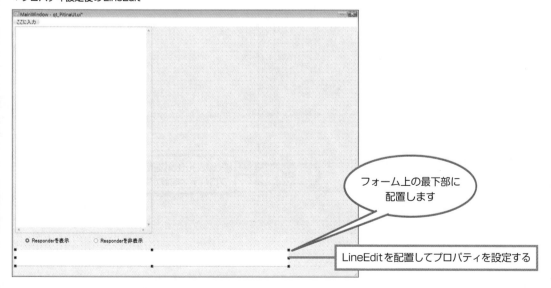

フォーム上の最下部に配置します

LineEditを配置してプロパティを設定する

メッセージの送信ボタンを配置する

　GUI版ピティナは、イベントドリブン型のプログラムです。イベントドリブン（イベント駆動）というのは、「ある出来事（イベント）をきっかけに」プログラムが動く仕組みのことです。今回のプログラムのイベントは「ボタンがクリックされた」です。

■ プッシュボタンの配置とプロパティの設定

　ボタンが「クリックされた」（clicked）というイベントを発生させる元になるプッシュボタンというウィジェットを配置します。[ウィジェットボックス] の [Buttons] カテゴリに [Push Button] のアイコンがあるので、これをクリックして配置済みのテキストボックスの右横へドラッグ＆ドロップしてください。プロパティの設定は次のようになります。

▼Push Buttonのプロパティ設定

プロパティ名			設定値
QObject	objectName		ButtonTalk
QWidget	geometry	X	690
		Y	540
		幅	160
		高さ	40
	font	ポイントサイズ	14
QAbstractButton	text		話す（テキストを書き換え）

▼ボタン（Push Button）の配置

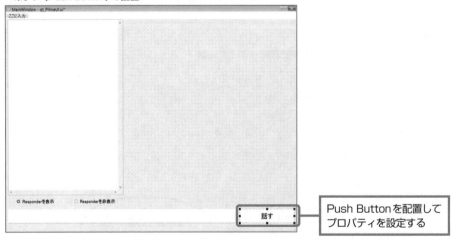

Push Buttonを配置して
プロパティを設定する

ピティナの応答領域、ラベルを配置する

　ピティナは、ユーザーの発言に対して、楽しげな応答メッセージをテキストで返してきます。これを表示するためにラベルというウィジェットを使います。ラベルはテキストだけでなくイメージの表示も可能なので、UI画面に何らかの情報を出力したい場合はラベルを使うのが常套手段です。テキストのフォント、サイズなどのスタイルを細かいレベルで設定できるほか、出力する内容をプログラム側で動的に切り替えられるので、ピティナの応答領域としてうってつけです。

■ ラベルの配置とプロパティの設定

　[ウィジェットボックス] の [Display Widgets] カテゴリに [Label] のアイコンがあります。これをクリックして、配置済みのリスト（List Widget）の右隣にドラッグ＆ドロップします。位置とサイズを調整しつつ、いつものようにプロパティを次のように設定しましょう。

5

ピティナのGUI化と［人工感情］の移植

▼Labelのプロパティ設定

プロパティ名			設定値
QObject	objectName		LabelResponce
QWidget	geometry	X	350
		Y	300
		幅	500
		高さ	200
	font	ポイントサイズ	14
QFrame	frameShape		Box
	frameShadow		Sunken
	lineWidth		1
QLabel	text		空欄にする
	alignment	横方向	中央揃え（横方向）
		縦方向	中央揃え（縦方向）

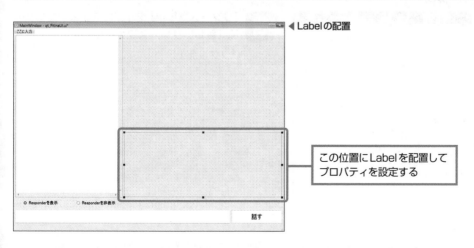

◀Labelの配置

この位置にLabelを配置してプロパティを設定する

ピティナのイメージを表示する

　　ピティナのイメージをPNG形式の画像ファイルとして用意しました。このような、プログラムで使うデータのことを**リソース**と呼びますが、プログラムに組み込めるように、専用のリソースファイルにまとめるのが一般的です。そこで、まずはイメージファイルをリソースファイルに取り込んでから、フォーム上に配置したラベルに表示するようにしたいと思います。

■ イメージをリソースとして取り込む

　　リソースの取り込みは、**[リソースブラウザ]** で行います。**[リソースブラウザ]** は初期状態でQt Designerの画面右下にタブ表示のかたちで配置されていて、**[リソースブラウザ]** タブをクリックすることで前面に表示できます。タブが表示されていない場合は、**[表示]** メニューの **[リソースブラウザ]** を選択してチェックが付いている状態にすると表示されます。本書のダウンロード用サンプルデータでは、ピティナの画像ファイル「img1.gif」を、開発中のプログラム用フォルダー「Pityna」に格納してあるので、これをリソースとして取り込みます。

▼ [リソースを編集] ダイアログの表示

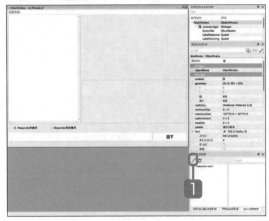

1　　**[リソースブラウザ]** の上部に **[リソースを編集]** ボタン 🖊 があるので、これをクリックしましょう。

Attention

リソースを取り込む際は、対象のフォームを表示した状態で行ってください。アクティブになっているフォームに対してリソースが設定されるようになっているためです。

▼ [リソースを編集] ダイアログ

新しいリソースファイルを作成するためのボタンです

2　　**[リソースを編集]** ダイアログが表示されるので、**[新しいリソースファイル]** ボタン 📄 をクリックします。

▼ [新しいリソースファイル] ダイアログ

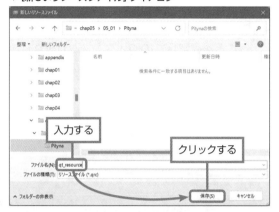

3 [新しいリソースファイル] ダイアログが表示されるので、今回のプログラム用に作成したフォルダー (「Pityna」フォルダー) を保存先として選択し、ファイル名 (ここでは「qt_resource」としました) を入力して [保存] ボタンをクリックします。

Onepoint

リソースファイルは拡張子が「.qrc」のファイルとして保存されます。

▼ プレフィックスの設定

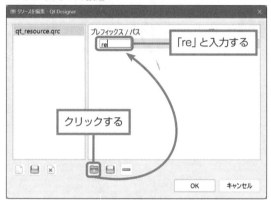

4 続いてリソースの取り込みを行います。[リソースを編集] ダイアログの右側のペイン下にある [プレフィックスを追加] ボタン■をクリックすると、上部のペインに入力欄が表示されるので、プレフィックス (ここでは「re」としました) を入力します。

Onepoint

プレフィックスは、リソースの接頭辞として追加される文字列で、任意の文字列 (アルファベット) を設定できます。

5 続いて、右側のペイン下の [ファイルを追加] ボタン■をクリックします。

6 [ファイルを追加] ダイアログが表示されるので、ピティナのイメージファイルを選択して [開く] ボタンをクリックします。

▼ [ファイルを追加] ダイアログの表示

▼ [ファイルを追加] ダイアログ

5

ピティナのGUI化と [人工感情] の移植

▼[リソースを編集]ダイアログ

7 再び**[リソースを編集]**ダイアログが表示されます。イメージのファイル名が表示されていることを確認して**[OK]**ボタンをクリックしましょう。以上でリソースの準備は完了です。

クリックする

▼VSCodeの[エクスプローラー]で「Pityna」フォルダーを展開したところ

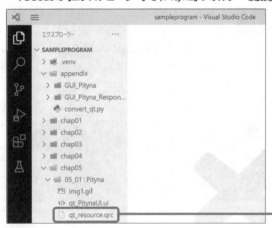

8 VSCodeで開発中のプログラムの保存用フォルダー「Pityna」を展開すると、作成済みのリソースファイル「qt_resource.qrc」が表示されていることが確認できます。

リソースファイルが作成された

ラベルを配置してピティナのイメージを表示する

▼イメージ表示用のLabelの配置

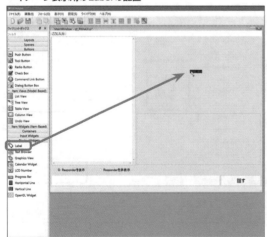

1 **[ウィジェットボックス]**の**[Display Widgets]**カテゴリから**[Label]**をメインウィンドウ右上の領域にドラッグ&ドロップします。

プロパティを次のように設定します。

▼イメージ表示用のLabelのプロパティ設定

プロパティ名			設定値
QObject	objectName		LabelShowImg
QWidget	geometry	X	350
		Y	0
		幅	500
		高さ	300
QLabel	text		空欄にする

では、ラベルにピティナのイメージを表示しましょう。

▼[リソースを選択] ダイアログを表示する

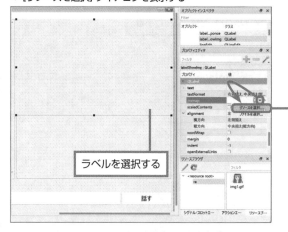

ラベルを選択する

2 対象のラベルを選択した状態で、[**プロパティ エディタ**] の [**QLabel**] カテゴリ以下、[**pixmap**] の▼をクリックして [**リソースを選択**] を選択します。

3 [**リソースを選択**] ダイアログが表示されます。左側のペインで登録済みのプレフィックスを選択し、右側のペインでピティナのイメージファイルを選択して、[**OK**]ボタンをクリックします。

▼イメージの選択

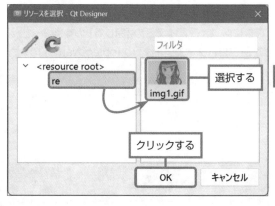

選択する

img1.gif

クリックする

▼ラベル上に表示されたピティナのイメージ

無事、ラベル上に
ピティナが
表示されました

メニューを使う

Qt Designerでフォームを作成する際に「Main Window」を選択しました。これは、フォーム上に
メニューを配置するためです。その甲斐あって、現在、フォームの上部にはメニューのための「メ
ニューバー」が表示されています。これから、メニューバーを編集して**[ファイル]** メニューを作成
し、メニューアイテムとして**[閉じる]** という項目を設定します。

■ **[ファイル] メニューを配置してメニューアイテムを設定する**

1 現在、メニューバーには「ここに入力」という文字列が見えています。これをダブルクリックす
ると編集可能な状態になるので、「ファイル」と入力して、Enter（またはreturn）キーを押しま
しょう。

▼ [ファイル] メニューの設定

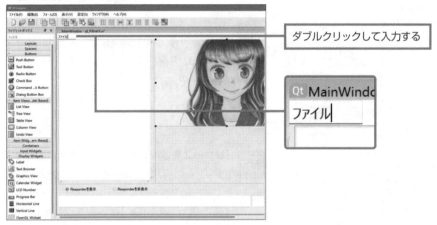

2 **[ファイル]** というトップレベルのメニューが設定されます。続いてメニューアイテムを設定
します。**[ファイル]** メニューが展開され、「ここに入力」の文字が見えるので、これをダブルク
リックして「閉じる」と入力し、Enter（またはreturn）キーを押しましょう。

3 これでメニューの外観は決まったので、最後にメニューアイテムの **[閉じる]** の識別名を設定
しておきます。**[閉じる]** を選択した状態で、**[プロパティエディタ]** の **[objectName]** の入力
欄に「menuClose」と入力します。

Attention

状況によって、メニュー項目を日本語で入力でき
ないことがあります。このような場合は、テキストエ
ディターなどに項目名を入力し、これをコピー＆ペー
ストすることで対処してください。

Onepoint

プロパティを設定する場合、確実にメニューアイ
テム **[閉じる]** を選択するには、**[オブジェクトインス
ペクタ]** で「menubar」➡「menu」以下のメニューア
イテムを直接、クリックして選択します。

▼メニューアイテム［閉じる］の識別名を設定

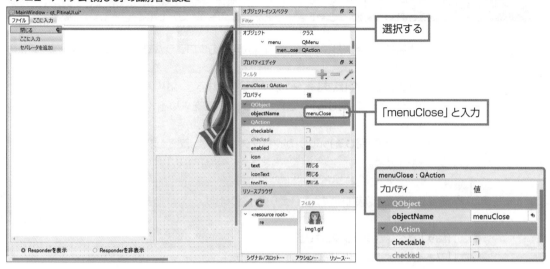

以上でUI画面の作成は完了です。実際にどのように表示されるのか見てみましょう。**［フォーム］**メニューをクリックして**［プレビュー］**を選択します。

▼フォームのプレビュー

デザイナーと同じ状態で表示されました。ちゃんとメニューも展開できるのが確認できます。

5.1.3 イベント駆動の仕組みを実装しよう

GUI版ピティナはイベントドリブン（イベント駆動）型のプログラムです。具体的には、

❶ メッセージが入力されて **[話す]** ボタンがクリックされると、応答メッセージを返す。
❷ **[ファイル]** メニューの **[閉じる]** が選択されると、確認を求めるメッセージを表示してプログラムを終了する。
❸ メインウィンドウの **[閉じる]** ボタンがクリックされると、確認を求めるメッセージを表示してプログラムを終了する。

の3つの処理を行うことになります。それぞれのイベントは、

❶は「**[話す]** ボタンがクリックされた」
❷は「**[ファイル]** メニューの **[閉じる]** が選択された」
❸は「**[閉じる]** ボタンがクリックされた」

となるので、これらのイベントを検知して処理を行うプログラム（メソッド）を呼び出す仕組みを作ります。❶の場合は、

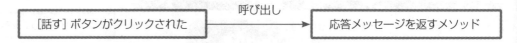

という仕組みを作ることになります。これがイベントドリブン型プログラミングです。

ボタンクリックで駆動する仕組みを作ろう

これからQt Designerで、「**[話す]** ボタンがクリックされたら、プログラム本体で定義するbutton_talk_slot()を呼び出す」仕組みを作ります。これは、UI画面のコードに次図の記述を盛り込むことが目的です。

▼ **[話す]** ボタンがクリックされたらイベントハンドラーbutton_talk_slot()を呼び出す

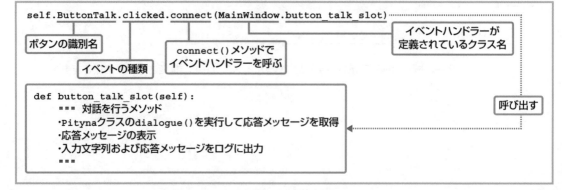

イベント self.ButtonTalk.clicked が発生したら、connect() メソッドを実行してイベントハンドラーの button_talk_slot() メソッドを呼び出す、というコードになります。clicked、connect() は PyQt5 で定義されているイベントとメソッドです。

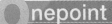

nepoint

ここで紹介した [話す] ボタンのコードは、Qt Designer が出力する XML のコードを Python のコードにコンバートしたあとのものです。したがって、このあとの作業は、前記の Python のコードのもとになる XML のコードを生成するためのものになります。

■ [話す] ボタンのシグナル／スロットを設定する

Qt Designer では、イベントのことを**シグナル**、シグナルによってコールバックされる（呼び出される）イベントハンドラーを**スロット**と呼びます。先のソースコードだと、シグナルが clicked、スロットが button_talk_slot に当たります。これを接続するのが connect() メソッドです。

5

ピティナの GUI 化と [人工感情] の移植

▼「シグナル／スロットの編集」モードへの切り替え

[シグナル／スロットを編集] ボタンをクリックする

1 では、シグナル／スロットを設定できるように、Qt Designer の編集画面を「シグナル／スロットの編集」モードに切り替えましょう。ツールバーにある **[シグナル／スロットを編集]** ボタンをクリックします。

画面が「シグナル／スロットの編集」モードに切り替わりました。それでは、**[話す]** ボタンのシグナル／スロットを接続してみましょう。

2 **[話す]** ボタンの中にマウスポインターを移動するとボタンが赤く表示されるので、そのままボタンの外にドラッグします。

▼ [話す] ボタンのシグナル／スロットを設定

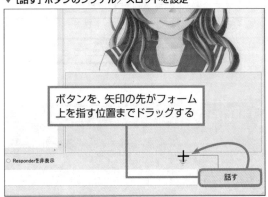

ボタンを、矢印の先がフォーム上を指す位置までドラッグする

3 すると、赤い矢印が出現するので、この矢印がフォーム上（他のウィジェットのないところ）を指す位置でマウスボタンを離してください。この操作は「シグナルをどこで受信するか」を設定するためのものであり、フォームを受信者とすることで、シグナルがフォームに向けて送信されるようになります。

Attention

矢印の指す位置がシグナルの受信者として設定されます。この場合、フォームだけでなく他のウィジェットも設定できるので、ここでは矢印がフォーム以外のウィジェットを指さないように注意してください。

▼［シグナル／スロット接続を設定］ダイアログ

4 ドラッグが完了すると［**シグナル／スロット接続を設定**］ダイアログが表示されます。左側のペインで［**clicked()**］を選択し、続いて右側のペイン下の［**編集**］ボタンをクリックしましょう。

5 ［**MainWindowのシグナル／スロット**］ダイアログが表示されます。［**スロット**］の［**+**］ボタンをクリックするとスロット名が入力できるようになるので、「button_talk_slot()」と入力します。入力が済んだら［**OK**］ボタンをクリックしましょう。

6 再び［**シグナル／スロット接続を設定**］ダイアログが表示されます。左側のペインで［clicked］が選択されている状態のまま、右側のペインで先ほど入力した［**button_talk_slot()**］を選択し、［**OK**］ボタンをクリックします。

▼［MainWindowのシグナル／スロット］ダイアログ

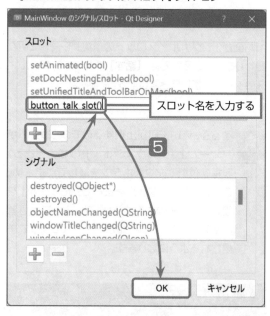

▼［シグナル／スロット接続を設定］ダイアログ

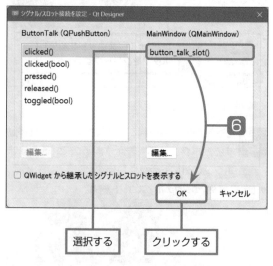

nepoint

スロット名は、すなわちイベントハンドラー名のことです。button_talk_slot()はこのあとで作成するMainWindowクラスのメソッド（イベントハンドラー）の名前になります。

▼ [話す] ボタンのシグナル / スロットの設定完了後の画面

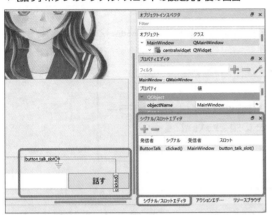

7 以上で [話す] ボタンのシグナル / スロットの設定は完了です。フォーム上のボタンに、「clickedイベント（シグナル）をフォームで受信し、button_talk_slot()（スロット）が呼び出される」ことを示す矢印が描画されていることが確認できます。画面右下の [**シグナル/スロットエディタ**] タブをクリックすると、シグナル、受信者、スロットの設定状況が表示されるので、確認してみてください。

5

ピティナのGUI化と [人工感情] の移植

ラジオボタンのオン / オフで駆動する仕組みを作ろう

「フォーム上に配置した2個のラジオボタンがそれぞれオン／オフされたときに、プログラム本体にあるイベントハンドラー（スロット）を呼び出す」仕組みを作ります。

▼ [Responderを表示] ボタンがオンにされたらshow_responder_name()を呼び出すコード

「イベントself.RadioButton_1.clickedが発生したら、connect()メソッドを実行してイベントハンドラーshow_responder_name()を呼び出す」というコードになります。RadioButton_1.clicked['bool']となっているのは、イベント発生時に、ラジオボタンのオン/オフの状態を示すTrue/Falseの値をシグナルと一緒に受信するためです。clickedはラジオボタンがクリックされると常に発生しますが、このときオンであるかオフであるかを通知する仕組みを備えています。そこで、プログラム側ではこの値を参照することで、「ラジオボタンがオン（True）であればResponder名を出力」という処理を行うようにします。次に示すのは、[**Responderを非表示**] がオンにされたときの処理です。

▼[Responderを非表示]ボタンがオンにされたらhidden_responder_name()を呼び出すコード

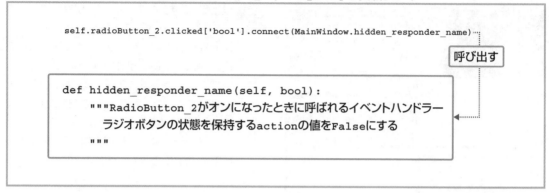

```
self.radioButton_2.clicked['bool'].connect(MainWindow.hidden_responder_name)
```

呼び出す

```
def hidden_responder_name(self, bool):
    """RadioButton_2がオンになったときに呼ばれるイベントハンドラー
    ラジオボタンの状態を保持するactionの値をFalseにする
    """
```

■ [Responderを表示] ボタンのシグナル/スロットを設定する

　ツールバーにある [**シグナル/スロットを編集**] ボタンをクリックして、Qt Designerの編集画面を「シグナル/スロットの編集」モードにします。

▼[Responderを表示]ボタンのシグナル/スロットを設定

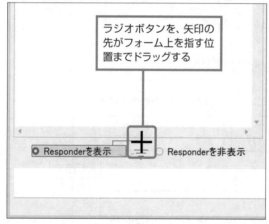

ラジオボタンを、矢印の先がフォーム上を指す位置までドラッグする

○ Responderを表示　　○ Responderを非表示

1 [**Responderを表示**] ボタンの中にマウスポインターを移動し、ラジオボタンが赤く表示されたらボタンの外側にドラッグし、矢印がフォーム上を指す位置に移動したらマウスボタンを離します。

Attention

矢印がフォーム以外のウィジェットを指さないように注意してください。

▼[シグナル/スロット接続を設定]ダイアログ

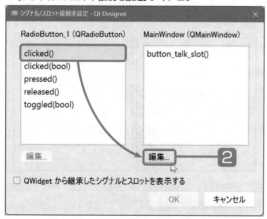

2 [**シグナル/スロット接続を設定**] ダイアログが表示されるので、左側のペインで [**clicked()**] を選択し、続いて右側のペイン下の [**編集**] ボタンをクリックします。

▼ [MainWindowのシグナル/スロット] ダイアログ

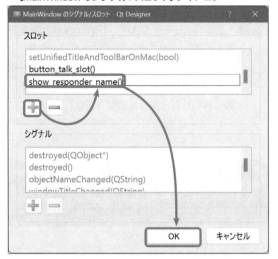

③ [MainWindowのシグナル/スロット] ダイアログが表示されます。[スロット] の [+] ボタンをクリックするとスロット名が入力できるようになるので、「show_responder_name()」と入力します。入力が済んだら[OK]ボタンをクリックしましょう。

Onepoint

show_responder_name()は、このあとで作成するMainWindowクラスのメソッド（イベントハンドラー）の名前です。

▼ [シグナル/スロット接続を設定] ダイアログ

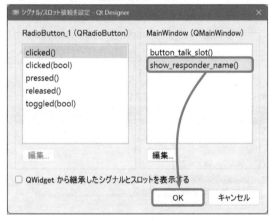

④ [シグナル/スロット接続を設定] ダイアログの左側のペインで [clicked()] が選択されている状態のまま、右側のペインで先ほど入力した [show_responder_name()] を選択し、[OK] ボタンをクリックします。

以上で[Responder を表示]ボタンのシグナル／スロットの設定は完了です。続いて[Responder を非表示] のシグナル／スロットを設定します。

[Responderを非表示] ボタンのシグナル／スロットを設定する

ここまでの操作で、Qt Designerの編集画面には [Responderを表示] ボタンのclicked()シグナルをフォームで受信し、show_responder_name()（スロット）が呼び出されることを示す矢印が描画されていることが確認できます。画面右下の [シグナル/スロットエディタ] タブをクリックすると、シグナル、受信者、スロットの設定状況が確認できます。

では、[Responderを非表示] のシグナル／スロットを設定しましょう。

5

ピティナのGUI化と［人工感情］の移植

▼[Responderを非表示]ボタンのシグナル/スロットを設定

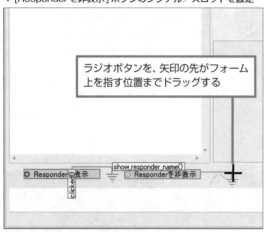

ラジオボタンを、矢印の先がフォーム上を指す位置までドラッグする

1 Qt Designerの編集画面が「シグナル/スロットの編集」モードの状態で**[Responderを非表示]**ボタンの中にマウスポインターを移動し、ラジオボタンが赤く表示されたらボタンの外側にドラッグします。矢印がフォーム上を指す位置に移動したらマウスボタンを離します。

Attention

矢印がフォーム以外のウィジェットを指さないように注意してください。

2 **[シグナル/スロット接続を設定]**ダイアログが表示されるので、左側のペインで**[clicked()]**を選択し、続いて右側のペイン下の**[編集]**ボタンをクリックします。

3 **[MainWindowのシグナル/スロット]**ダイアログが表示されます。**[スロット]**の**[+]**ボタンをクリックするとスロット名が入力できるようになるので、「hidden_responder_name()」と入力します。入力が済んだら**[OK]**ボタンをクリックしましょう。

▼[シグナル/スロット接続を設定]ダイアログ

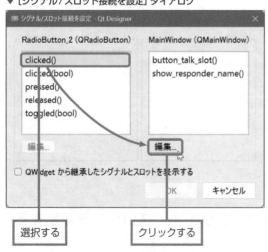

選択する　　　クリックする

▼[MainWindowのシグナル/スロット]ダイアログ

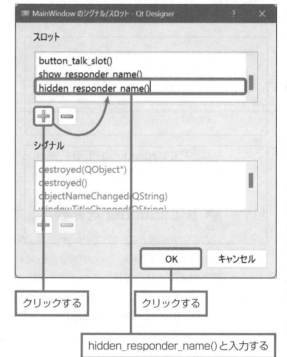

クリックする　　クリックする

hidden_responder_name()と入力する

Onepoint

hidden_responder_name()はこのあとで作成するMainWindowクラスのメソッド（イベントハンドラー）の名前です。

4 [シグナル/スロット接続を設定] ダイアログの左側のペインで [clicked()] が選択されている状態のまま、右側のペインで先ほど入力した [hidden_responder_name()] を選択し、[OK] ボタンをクリックします。

▼ [シグナル/スロット接続を設定] ダイアログ

以上で [Responderを非表示] ボタンのシグナル/スロットの設定は完了です。

▼ [Responderを非表示] ボタンのシグナル/スロット設定後の画面

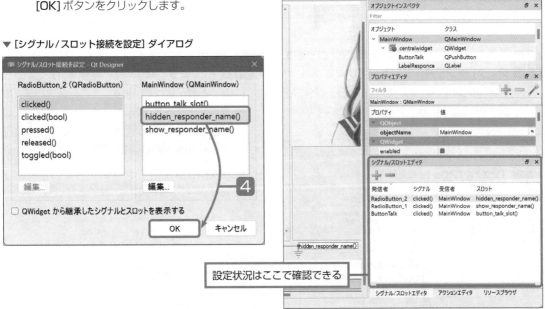

メニューの [閉じる] 選択で駆動する仕組みを作ろう

[ファイル] メニューの [閉じる] が選択されたときに、プログラム本体にあるイベントハンドラー close() を呼び出す仕組みを作ります。UI画面のコードに次図の記述を盛り込むことが目的です。

▼ [ファイル] メニューの [閉じる] が選択されたらclose()を呼び出す

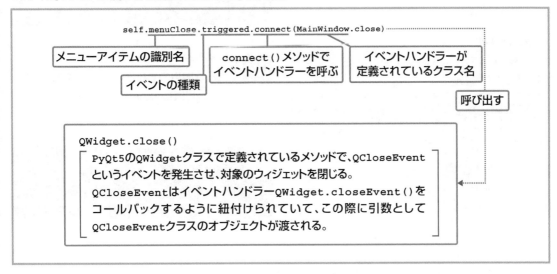

■［閉じる］が選択されたときのシグナル／スロットを設定する

メニューアイテムのシグナル／スロットの設定は、これまでのように「シグナル／スロットの編集」モードを使った操作ではなく、**[シグナル/スロットエディタ]** で行います。このため、現在、「シグナル／スロットの編集」モードになっている場合は、ツールバーの **[ウィジェットを編集]** ボタンをクリックして、通常の「ウィジェットを編集」モードにしておいた方がよいでしょう（誤操作を防ぐため）。

1 画面右下のエリアに **[シグナル/スロットエディタ]** タブが見えていると思いますが、これをクリックします。続いて上部の **[+]** ボタンをクリックしましょう。

2 新規の「シグナル／スロット」が追加され、＜発信者＞、＜シグナル＞、＜受信者＞、＜スロット＞と表示されています。＜発信者＞をダブルクリックすると、表示が＜オブジェクト＞に切り替わって▼が表示されるので、これをクリックして **[menuClose]** を選択します。

▼新規の「シグナル/スロット」の追加

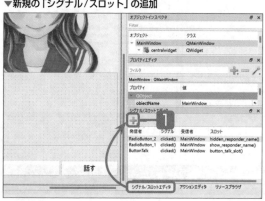

▼オブジェクト名の選択

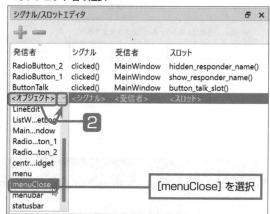

[menuClose] を選択

nepoint

「menuClose」は、メニューアイテム ［閉じる］ の識別名（オブジェクト名）です。

▼シグナルの選択

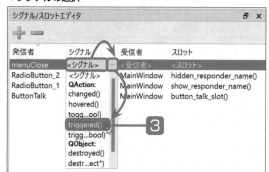

3 次に＜シグナル＞をダブルクリックするとメニュー展開用の▼が表示されるのでこれをクリックして、**[triggered()]** を選択します。

nepoint

「triggered」は、メニューアイテムが選択されたときに発生するイベント（シグナル）です。

4 ＜受信者＞をダブルクリックすると、表示が＜オブジェクト＞に切り替わって▼が表示されるので、これをクリックして [MainWindow] を選択します。

▼受信者の選択

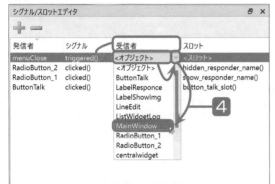

5 ＜スロット＞をダブルクリックするとメニュー展開用の▼が表示されるので、これをクリックして [close()] を選択します。

▼スロットの選択

close()は、PyQt5のQWidgetクラスで定義されているメソッドです。

●close() メソッド

QCloseEventというイベント（シグナル）を発生させ、ウィジェットを閉じます。QCloseEventはイベントハンドラーQWidget.closeEvent()をコールバックするように紐付けられていて、引数としてQCloseEventクラスのオブジェクトが渡されます。

書式	QWidget.close ()

●QWidget.closeEvent()

QCloseEventが発生したときにコールバックされるイベントハンドラー（スロット）です。オーバーライド（メソッドの処理を上書きすること）して任意のコードを記述することで、ウィジェットを閉じる直前に何らかの処理を行わせることができます。なお、このイベントハンドラーはデフォルトで、「**QCloseEvent.accept()**」を実行し、イベントQCloseEventを受け入れます（ウィジェットは閉じられます）。ウィジェットを閉じないようにする必要がある場合は、イベントハンドラーをオーバーライドし、「**QCloseEvent.ignore()**」を実行してイベントを無効にする、といった使い方ができます。

書式	QWidget.closeEvent (QCloseEventオブジェクト)
引数	QCloseEventクラスのオブジェクト。QCloseEventは、ウィジェットが閉じられるときに発生するイベントを表現するクラスであり、イベントを受け入れてウィジェットを閉じるかどうかを示す情報が含まれている。

以上のように、close()は、PyQt5のQWidgetクラスで定義されているメソッドなので、**[話す]** ボタンや2つのラジオボタンとは異なり、Pythonのプログラム側でイベントハンドラーを用意する必要はありません。メニューアイテムのシグナル「triggered」に対するスロットとして登録しておくだけでOKです。話が長くなりましたが、これで、メニューアイテムの **[閉じる]** に対するシグナル／スロットの設定は完了です。

▼設定完了後の [シグナル／スロットエディタ]

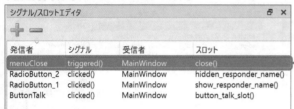

[menuClose] のシグナル／スロット
が設定された

5.1.4　XML➡Pythonモジュールへのコンバート

▼UI形式のファイル (qt_PitynaUI.ui) をVScodeのエディターで開いたところ

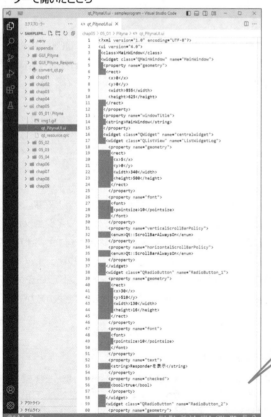

XMLのタグがびっしり
書き込まれています

UI画面の開発手順を細かく追ってきたので、ボリュームのある紙面になったものの、操作自体はそんなに大変ではなかったと思います。何より実際のパーツを直接操作しながら画面を作れるので、楽しささえ感じる開発でした。

さて、開発したUI画面のデータ（メインウィンドウ）を改めて保存してVSCodeの **[エディター]** で表示すると、XMLのコードがUI形式のファイルに保存されていることが確認できます。

本項では、Qt Designerで生成したXMLのコードをPythonのコードにコンバート（変換）して、プログラムに組み込めるようにします。

コマンドラインツール「pyuic5」でコンバートする

PyQt5をインストールすると、UI形式ファイルのXMLコードをPythonのソースコードに変換するコマンドラインツール「**pyuic5**」もインストールされます。まずは、このツールを使ってPythonのコードにコンバートする方法を紹介します。なお、このあと引き続き、Pythonのプログラムでコンバートする方法も紹介するので、コマンドラインによる方法が不要なら本項を飛ばして次に進んでください。

■ VSCodeの [ターミナル] を起動して「Pityna」ディレクトリに移動する

「pyuic5」でのコンバートは、VSCodeの [**ターミナル**] で行います。仮想環境に連動した [**ターミナル**] では「pyuic5」を直接実行できますが、コンバート対象のUI形式ファイルが格納されているフォルダーにcdコマンドで事前に移動しておく必要があります。本書では「sampleprogram」フォルダー以下に仮想環境を作成し、現在開発中のプログラムを「chap05」➡「05_01」➡「Pityna」フォルダーに格納するようにしています。UI形式ファイル「qt_PitynaUI.ui」もこのフォルダーに格納されているので、次の手順のようにcdコマンドで相対パスを指定して移動します。仮想環境に連動した [**ターミナル**] では、仮想環境が保存されているフォルダーがカレントディレクトリになっているので、次の手順で操作すると簡単にディレクトリを移動できます。

1 開発中のプログラムを保存する「Pityna」フォルダー以下に任意のPythonモジュールを作成し、Pythonインタープリターとして仮想環境のものを選択しておきます。ここではあとあと必要になる「main.py」を作成しています。

2 [**ターミナル**] メニューの [**新しいターミナル**] を選択します。

▼仮想環境に連動した [ターミナル] を開く

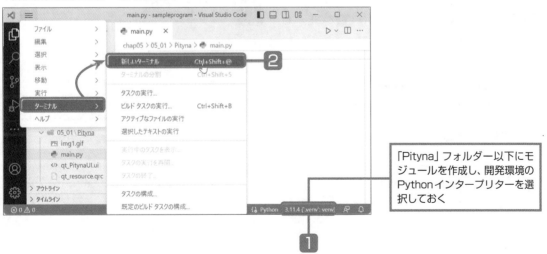

「Pityna」フォルダー以下にモジュールを作成し、開発環境のPythonインタープリターを選択しておく

▼仮想環境に連動した［ターミナル］

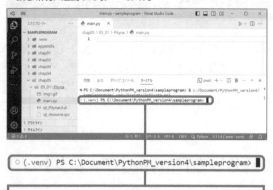

```
○ (.venv) PS C:\Document\PythonPM_version4\sampleprogram> ▮
```

仮想環境が保存されている「sampleprogram」フォルダーがカレントディレクトリになっている

3 仮想環境に連動した［ターミナル］が開きます。このとき、カレントディレクトリは仮想環境が保存されているフォルダーになっています。本書の例では

C:\Document\PythonPM_version4\

のように「sampleprogram」フォルダーがカレントディレクトリになっています。

▼相対パスのコピー

4 ［エクスプローラー］で「Pityna」フォルダーを右クリックして［相対パスのコピー］を選択します。

5 ［ターミナル］で「cd + 半角スペース」と入力し、続けて [Ctrl]＋[V] キーを押して**4**でコピーした相対パス：

```
chap05\05_01\Pityna
```

を貼り付けて、

```
cd chap05\05_01\Pityna
```

とします。

6 [Enter] キーを押します。

▼カレントディレクトリの移動

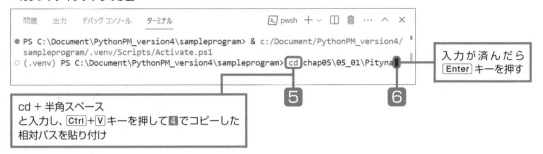

7 カレントディレクトリが「Pityna」フォルダー
に移動します。

5

ピティナのGUI化と［人工感情］の移植

▼「Pityna」フォルダーへの移動後の［ターミナル］

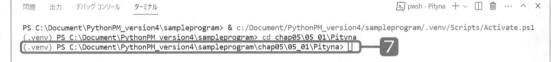

■「pyuic5」で「qt_PitynaUI.ui」をPythonモジュールにコンバートする

　現在、VSCodeの［ターミナル］のカレントディレクトリは、「qt_PitynaUI.ui」が保存されている「Pityna」フォルダーになっています。

　続いて、出力形式を指定する-oオプション、変換先のファイル名（〜.py）、変換元のファイル名（〜.ui）を入力してpyuic5を実行します。

▼pyuic5の書式

```
pyuic5 -o コンバート後のファイル名.py コンバートするUIファイル名.ui
```

　ここでは、

```
pyuic5 -o qt_pitynaui.py qt_PitynaUI.ui
```

と入力しました。コンバート後のモジュール名は「qt_pitynaui.py」です。

▼pyuic5を実行して「qt_PitynaUI.ui」から「qt_pitynaui.py」を作成

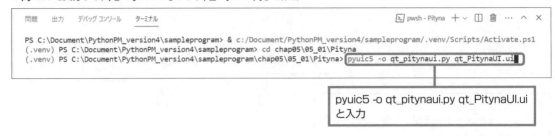

pyuic5 -o qt_pitynaui.py qt_PitynaUI.ui
と入力

pyuic5実行後、「Pityna」フォルダー以下にPythonモジュール「qt_pitynaui.py」が作成されます。モジュールを開くと、XMLをPythonプログラムに変換したコードが確認できます。

▼Pythonプログラムに変換されたコード

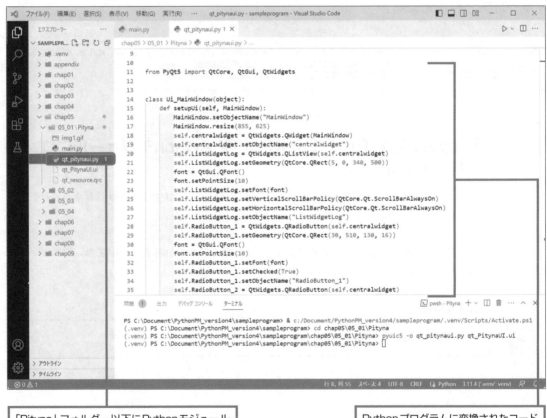

「Pityna」フォルダー以下にPythonモジュール「qt_pitynaui.py」が作成される

Pythonプログラムに変換されたコード

コンバート専用のプログラムを作る

コマンドラインツールによるPython（のコード）へのコンバートについて見てきましたが、コマンドの入力は少々、面倒でもあります。UI画面を変更するたびにコンバートが必要となるのでなおさらです。幸い、PyQt5にはUI形式ファイルをコンバートできるcompileUi()という関数が備わっているので、これを使ってコンバートするプログラムを作れば、「ボタンクリックで一発変換」みたいなことができます。

VSCodeの**[エクスプローラー]** を使って、「Pityna」フォルダー以下にPythonモジュール「convert_qt.py」を作成しましょう。

▼「convert_qt.py」の作成

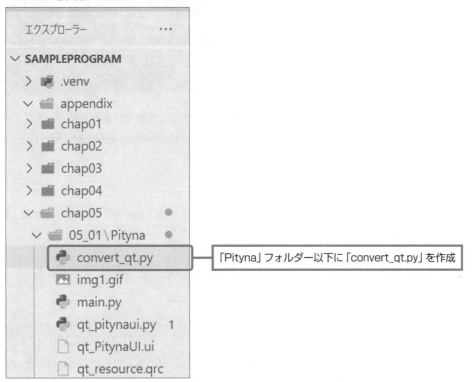

「Pityna」フォルダー以下に「convert_qt.py」を作成

「convert_qt.py」を作成したら、**[エディター]** で開いて次のように入力しましょう。

▼UI形式ファイルをPythonのモジュールにコンバートするプログラム（convert_qt.py）

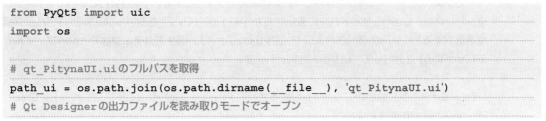

```python
from PyQt5 import uic

import os


# qt_PitynaUI.uiのフルパスを取得
path_ui = os.path.join(os.path.dirname(__file__), 'qt_PitynaUI.ui')
# Qt Designerの出力ファイルを読み取りモードでオープン
```

```
fin = open(path_ui, 'r', encoding='utf-8')
# qt_Pitynaui.pyのフルパスを取得
path_py = os.path.join(os.path.dirname(__file__), 'qt_pitynaui.py')
# Python形式ファイルを書き込みモードでオープン
fout = open(path_py, 'w', encoding='utf-8')
# コンバートを開始
uic.compileUi(fin, fout)
# 2つのファイルをクローズ
fin.close()
fout.close()
```

Onepoint

ファイルをオープンする際は、Python標準の文字コード変換方式「UTF-8」を指定しています。これを指定しないと、ファイルのオープンに失敗するためです。

　　Pythonのモジュールは、実行元のディレクトリが「仮想環境が保存されているディレクトリ」になっています。このため、「qt_PitynaUI.ui」や「qt_Pitynaui.py」を開く際は相対パスの指定が必要です。

▼相対パスを指定してファイルをオープンする

```
fin = open('chap05/05_01/Pityna/qt_PitynaUI.ui', 'r', encoding='utf-8')
fout = open('chap05/05_01/Pityna/qt_Pitynaui.py', 'w', encoding='utf-8')
```

　　「qt_PitynaUI.ui」の相対パスは、VSCodeの **[エクスプローラー]** 上で「qt_PitynaUI.ui」を右クリックして **[相対パスをコピー]** で、

```
chap05\05_01\Pityna\qt_PitynaUI.ui
```

のように取得できるので、これをopen()の引数として' 'で囲んだところに貼り付け、バックスラッシュ（\）をスラッシュ（/）に書き換えると簡単です。ソースコードでは、バックスラッシュはスラッシュにしておく必要があるので注意してください。qt_Pitynaui.pyの場合も同様に相対パスで指定しておきましょう。

　　入力が済んだらモジュールを保存し、VSCodeのアクティビティバーの **[実行とデバッグ]** ボタンをクリックしましょう。サイドバーに表示された **[実行とデバッグ]** をクリックすると、 **[デバッグ構成を選択する]** パネルが表示されるので、 **[Pythonファイル 現在アクティブなPythonファイルをデバッグする]** を選択してプログラムを実行します。

　　[ターミナル] が起動してプログラムが実行され、「Pityna」フォルダー以下にコンバート後の「qt_Pitynaui.py」が作成されます。

▼「Pityna」フォルダー以下に作成された「qt_Pitynaui.py」

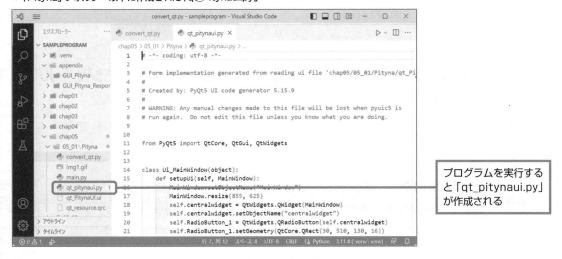

プログラムを実行すると「qt_pitynaui.py」が作成される

ピティナのGUI化と[人工感情]の移植

　生成されたPythonモジュールは、このプログラムを実行するたびに上書きされるので、「UI画面の開発中や編集中はVSCodeでこのプログラムを開いておいて、変更があった場合にその都度プログラムを実行してコンバート」という便利な使い方ができます。

リソースファイル（.qrc）をPythonにコンバートする

Important

　Qt Designerで出力したファイルには、UI形式のファイルのほかにもう1つ、リソースファイル（.qrc）があります。このファイルには、UI画面に取り込むピティナのイメージを保存しているのですが、このままの状態ではPythonのプログラムから利用できません。そこで、pyrcc5というコマンドラインツールを使ってPythonのモジュールにコンバートすることにします。

　pyrcc5も、pyuic5（つづりが似ているので注意）と同様に、PyQt5をインストールしたときに一緒にインストールされています。

■ VSCodeの［ターミナル］で「Pityna」ディレクトリに移動

　「pyrcc5」によるコンバートも、VSCodeの［ターミナル］で行います。このときにも、コンバートするリソースファイル（qt_resource.qrc）が格納されているフォルダーにcdコマンドで事前に移動しておくことが必要です。本書では「sampleprogram」フォルダー以下に仮想環境を作成し、現在開発中のプログラムを「chap05」➡「05_01」➡「Pityna」フォルダーに格納するようにしているので、次のようにcdコマンドで相対パスを指定して、カレントディレクトリを「sampleprogram」フォルダーから「chap05\05_01\Pityna」に移動します。カレントディレクトリの移動は「VSCodeの［ターミナル］を起動して『Pityna』ディレクトリに移動する」において紹介した手順と同じなので、併せてご参照ください。

▼cdコマンドでカレントディレクトリを移動する

```
cd chap05\05_01\Pityna
```

pyrcc5を実行してリソースファイルをPythonモジュールにコンバートする

pyrcc5でリソースファイルをPythonモジュールにコンバートする際の書式は、次のようになります。

▼pyrcc5コマンドの書式

```
pyrcc5 -o コンバート後のファイル名.py リソースファイル名.qrc
```

ここで1つ注意があります。先のQt Designerにおけるリソースファイルの作成時に、ファイル名を「qt_resource」としました。実際に作成されるファイルは「qt_resource.qrc」ですが、次ページのコラムで示したように、UI形式ファイルをコンバートしたPythonモジュールでは、リソースファイルのインポート文が、「import qt_resource_rc」となっていて、リソースファイル名に接尾辞「_rc」が付いています。そのため、これからコンバートして生成するPythonモジュールの名前を、これに合わせて「qt_resource_rc.py」とする必要があります。

ここでは、

```
pyrcc5 -o qt_resource_rc.py qt_resource.qrc
```

と入力しました。コンバート後のモジュール名は「qt_resource_rc.py」です。

▼pyrcc5を実行して「qt_resource.qrc」から「qt_resource_rc.py」を作成

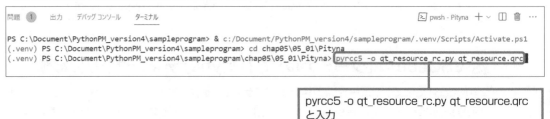

pyrcc5実行後、「Pityna」フォルダー以下にPythonモジュール「qt_resource_rc.py」が作成されます。モジュールを開くと、qrc形式のリソースファイルがPythonのコードに変換されていることが確認できます。

▼Pythonのコード

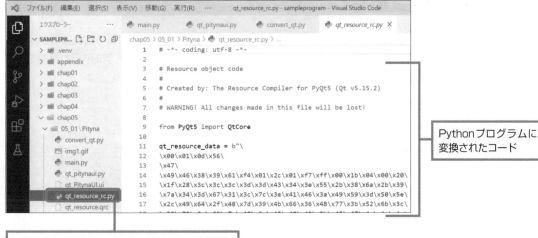

Pythonプログラムに変換されたコード

「Pityna」フォルダー以下にPythonモジュール「qt_resource_rc.py」が作成される

Attention リソースファイルの名前に注意！

　本文でも触れましたが、1つ注意点があります。ソースファイル（qt_pitynaui.py）を下にスクロールしてみてください。

　リソースのモジュールを読み込むための「import qt_resource_rc」というインポート文が記載されています。これは、Qt Designerで作成したリソースファイル名「qt_resource」に接尾辞の「_rc」が付いた「qt_resource_rc」というモジュールをインポートすることを意味します。したがって、QRC形式のリソースファイルをPythonモジュールにコンバートする際は、拡張子を含むモジュール名を「qt_resource_rc.py」として、インポート文の記載に合わせることが必要になります。

▼「qt_pitynaui.py」を下にスクロールしたところ

```
        MainWindow.setMenuBar(self.menubar)
        self.statusbar = QtWidgets.QStatusBar(MainWindow)
        self.statusbar.setObjectName("statusbar")
        MainWindow.setStatusBar(self.statusbar)
        self.menuClose = QtWidgets.QAction(MainWindow)
        self.menuClose.setObjectName("menuClose")
        self.menu.addAction(self.menuClose)
        self.menubar.addAction(self.menu.menuAction())

        self.retranslateUi(MainWindow)
        self.ButtonTalk.clicked.connect(MainWindow.button_talk_slot) # type: ignore
        self.RadioButton_1.clicked.connect(MainWindow.show_responder_name) # type: ignore
        self.RadioButton_2.clicked.connect(MainWindow.hidden_responder_name) # type: ignore
        self.menuClose.triggered.connect(MainWindow.close) # type: ignore
        QtCore.QMetaObject.connectSlotsByName(MainWindow)

    def retranslateUi(self, MainWindow):
        _translate = QtCore.QCoreApplication.translate
        MainWindow.setWindowTitle(_translate("MainWindow", "MainWindow"))
        self.RadioButton_1.setText(_translate("MainWindow", "Responderを表示"))
        self.RadioButton_2.setText(_translate("MainWindow", "Responderを非表示"))
        self.ButtonTalk.setText(_translate("MainWindow", "話す"))
        self.menu.setTitle(_translate("MainWindow", "ファイル"))
        self.menuClose.setText(_translate("MainWindow", "閉じる"))
import qt_resource_rc
```

「import qt_resource_rc」の記述がある

5.1.5 GUI版ピティナプログラムの開発

ここから、GUI版ピティナプログラム本体の開発に取りかかります。プログラムの機能としてはCUI (コンソール実行型) 版のときと大差ないのですが、GUI化に伴って画面を制御するためのコードが必要になるので、以下のモジュールを作成してプログラミングを行うことにします。

●main.py

プログラムの起点となるモジュールです。アプリケーションオブジェクトを構築するQApplicationクラスとMainWindowクラスのオブジェクトを生成し、UI画面の表示を行います。

●mainwindow.py

UI画面の描画を行うMainWindowクラスを定義します。このクラスは、UI画面のためのモジュール「qt_pitynaui.py」を読み込んで画面を構築する処理を行います。メインウィンドウで設定したシグナル/スロットのスロットに当たるイベントハンドラーの定義もここで行います。

●pityna.py

ピティナの本体、Pitynaクラスを定義します。構造としてはCUI版とほぼ同じです。Responderオブジェクトを呼び出して応答を返すのが主な仕事です。

●responder.py

応答を返すResponderクラス、およびそのサブクラスを定義します。CUI版と同じ構造です。

プログラムの起点、「main.py」モジュールを用意する

ピティナのGUI化に伴い、画面を構築するMainWindowクラスを新設します。したがって、プログラムの起動時にMainWindowクラスをインスタンス化し、画面表示を行わせる処理が必要になります。この点がCUI版との大きな違いです。ここでは、プログラムの起点となる処理をまとめたモジュール「main.py」を作成します。

> ### nepoint
>
> 本文では、GUI版ピティナ専用のフォルダー「Pityna」を作成し、必要なファイルをまとめて保存するようにしています。これまでの経緯で、現在、このフォルダーには、
>
> - convert_qt.py
> - qt_pitynaui.py
> - qt_resource_rc.py
> - qt_PitynaUI.ui (Qt Designerで出力)
> - qt_resource.qrc (Qt Designerで出力)
>
> が保存されています。このあと作成するモジュール (ソースファイル) についても、すべてこのフォルダー内に保存します。

■ メインウィンドウを起動してメッセージループを開始する

VSCodeの**[エクスプローラー]**で「Pityna」フォルダーを右クリックして**[新しいファイル]**を選択し、「main.py」と入力してモジュールを作成しましょう。本書の例では「sampleprogram」以下に仮想環境が作成され、「chap05」➡「05_01」以下に「Pityna」フォルダーがあります。

▼「Pityna」フォルダー以下に「main.py」を作成

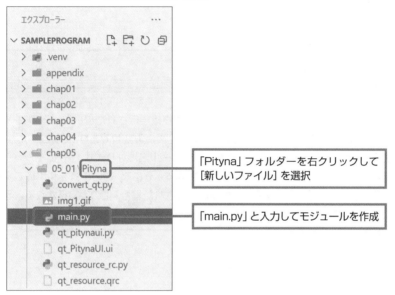

※「img1.gif」はリソースファイルに取り込んだイメージファイルです。

「main.py」をダブルクリックして**[エディター]**で開き、プログラムの起点になる次のコードを入力しましょう。

▼「main.py」のソースコード

```python
import sys
from PyQt5 import QtWidgets
import mainwindow


# このモジュールが直接実行された場合に以下の処理を行う
if __name__ == "__main__":
    # QApplicationはウィンドウシステムを初期化し、
    # コマンドライン引数を使用してアプリケーションオブジェクトを構築
    app = QtWidgets.QApplication(
            sys.argv  # コマンドライン引数を指定
            )
    # 画面を構築するMainWindowクラスのオブジェクトを生成
    win = mainwindow.MainWindow()
    # メインウィンドウを画面に表示
```

```
win.show()
# メッセージループを開始、プログラムが終了されるまでメッセージループを維持
# 終了時に0が返される
ret = app.exec()
# exec()の戻り値をシステムに返してプログラムを終了
sys.exit(ret)
```

冒頭に、

```
if __name__ == "__main__":
```

という記述がありますが、これは、「このモジュールが直接実行された場合に以下のコードを実行する」という意味になります。__name__はPythonの定義済み変数であり、モジュールがインポートによって読み込まれた場合、__name__の値はモジュール名になります。一方、モジュールを直接、実行した場合、__name__の値は__main__になります。そこで、このことを利用して、プログラムの起点となるソースコードは「モジュールが直接実行された場合」にのみ実行されるようにする、というわけです。もちろん、このifブロックがなくてもプログラムは動きますが、慣習的にこのような書き方が使われます。

プログラムを起動する順番としては、まず、

```
app = QtWidgets.QApplication(sys.argv)
```

として、QtWidgets.QApplicationクラスのオブジェクトを生成します。QApplicationはGUIアプリを制御する根幹となるクラスで、コマンドライン引数を指定してインスタンス化を行います。コマンドライン引数とは、コマンドラインでアプリを実行する際に渡すことができる引数のことで、sys.argvで取得できます。ただし、これはQApplicationクラスの仕様として指定しているだけであり、実際にプログラムを実行する際にこの引数で何かをすることはありません。

続いて、MainWindowクラスのオブジェクトを生成し、UI画面を表示します。MainWindowは、Qt Designerで作成したUI画面を読み込んで画面を構築するクラスで、このあと作成します。

```
win = mainwindow.MainWindow()  # MainWindowクラスのオブジェクトを生成
win.show()                      # メインウィンドウを画面に表示
```

今回のプログラムはGUIを使うので、プログラムの実行に際しては、終了の操作が行われるまでは画面が閉じないようにする必要があります。このことを**メッセージループ**と呼び、メッセージループ上でプログラムを実行するのがQApplicationクラスのexec()メソッドです。

```
ret = app.exec()
```

Onepoint

> app.exec_()のようにアンダースコアを付けて書くこともできます。おおもとのQtではアンダースコアなしのexecが使われているのですが、Python2のころに"exec"が予約語として使われていたため、"exec_"を使う必要がありました。ですが、Python3からは予約語でなくなったため、現在はどちらの記述もできるようになっています。

　UI画面上で **[閉じる]** ボタンがクリックされるなど、プログラムを終了する操作が行われると、exec()は戻り値として0を返し、UI画面を閉じます。そこで、次の

```
sys.exit(ret)
```

で、exec()の戻り値を引数にしてsys.exit()関数を実行し、プログラムを終了するようにしています。ただ、実際にはメッセージループが終了し、exec()メソッドが戻り値を返した時点でプログラムが終了するので、sys.exit()関数がなくても問題はないと思われます。ですが、明示的にプログラムを終了してメモリ解放を行うことを示すため、そしてPyQt5のドキュメントにもsys.exit()関数による終了処理が明記されていることから、ここでは記述しておくことにしました。

▼「PyQt5 Reference Guide」の「Using the Generated Code」で紹介されているコードの一部
```
import sys
from PyQt5.QtWidgets import QApplication, QDialog
from ui_imagedialog import Ui_ImageDialog


app = QApplication(sys.argv)
window = QDialog()
ui = Ui_ImageDialog()
ui.setupUi(window)
window.show()
sys.exit(app.exec_())  ──────────────── sys.exitの引数に直接app.exec_()を指定している
```

UI画面を構築する「mainwindow.py」モジュールを用意する

　Qt Designerで開発したUI画面は、Pythonのモジュール「qt_pitynaui.py」にUi_MainWindowクラスとして保存されています。このUi_MainWindowをインスタンス化して画面の構築を行うMainWindowクラスを定義します。
　VSCodeの **[エクスプローラー]** で「Pityna」フォルダーを右クリックして **[新しいファイル]** を選択し、「mainwindow.py」と入力してモジュールを作成しましょう。

▼「Pityna」フォルダー以下に「mainwindow.py」を作成

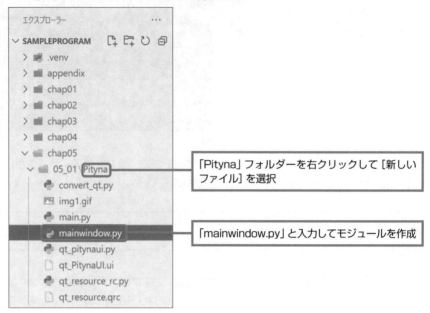

「mainwindow.py」を作成したら、ダブルクリックして**【エディター】**で開きましょう。

　　次に示すのがMainWindowクラスを定義するコードです。メインウィンドウ用のQtWidgets.QMainWindowクラスを継承したサブクラスとして定義します。細かくコメントを入れているのでコードの量が多いように見えますが、実際のコードの量はそれほど多くないので頑張って入力しましょう。

▼MainWindowクラスの定義（mainwindow.py）

```python
from PyQt5 import QtWidgets
import qt_pitynaui
import pityna


class MainWindow(QtWidgets.QMainWindow):
    """QtWidgets.QMainWindowを継承したサブクラス
    UI画面の構築を行う

    Attributes:
        pityna (obj): Pitynaオブジェクトを保持
        action (bool): ラジオボタンの状態を保持
        ui (obj): Ui_MainWindowオブジェクトを保持
    """

    def __init__(self):
        """初期化処理
```

```
    """
    # スーパークラスの__init__()を実行
    super().__init__()
    # Pitynaオブジェクトを生成
    self.pityna = pityna.Pityna('pityna')
    # ラジオボタンの状態を初期化
    self.action = True
    # Ui_MainWindowオブジェクトを生成
    self.ui = qt_pitynaui.Ui_MainWindow()
    # setupUi()で画面を構築、MainWindow自身を引数にすることが必要
    self.ui.setupUi(self)

def putlog(self, str):
    """QListWidgetクラスのaddItem()でログをリストに追加する


    Args:
        str (str): ユーザーの入力または応答メッセージをログ用に整形した文字列
    """
    self.ui.ListWidgetLog.addItem(str)

def prompt(self):
    """ピティナのプロンプトを作る


    Returns:
        str: プロンプトを作る文字列
    """
    # Pitynaクラスのget_name()でオブジェクト名を取得
    p = self.pityna.get_name()
    # 「Responderを表示」がオンならオブジェクト名を付加する
    if self.action == True:
        p += ':' + self.pityna.get_responder_name()
    # プロンプト記号を付けて返す
    return p + '> '

def button_talk_slot(self):
    """ [話す] ボタンのイベントハンドラー


    ・Pitynaクラスのdialogue()を実行して応答メッセージを取得
    ・入力文字列および応答メッセージをログに出力
    """
    # ラインエディットからユーザーの発言を取得
    value = self.ui.LineEdit.text()
```

```python
    if not value:
        # 未入力の場合は「なに？」と表示
        self.ui.LabelResponce.setText('なに？')
    else:
        # 発言があれば対話オブジェクトを実行
        # ユーザーの発言を引数にしてdialogue()を実行し、応答メッセージを取得
        response = self.pityna.dialogue(value)
        # ピティナの応答メッセージをラベルに出力
        self.ui.LabelResponce.setText(response)
        # プロンプト記号にユーザーの発言を連結してログ用のリストに出力
        self.putlog('> ' + value)
        # ピティナのプロンプト記号に応答メッセージを連結してログ用のリストに出力
        self.putlog(self.prompt() + response)
        # QLineEditクラスのclear()メソッドでラインエディットのテキストをクリア
        self.ui.LineEdit.clear()


def closeEvent(self, event):
    """ウィジェットを閉じるclose()メソッド実行時にQCloseEventによって呼ばれる


    Overrides:
        ・メッセージボックスを表示する
        ・[Yes]がクリックされたらイベントを続行してウィジェットを閉じる
        ・[No]がクリックされたらイベントを取り消してウィジェットを閉じないようにする
    Args:
        event(obj): 閉じるイベント発生時に渡されるQCloseEventオブジェクト


    """
    reply = QtWidgets.QMessageBox.question(
        self,
        '確認',                    # タイトル
        "プログラムを終了しますか？", # メッセージ
        # Yes|Noボタンを表示
        buttons = QtWidgets.QMessageBox.Yes | QtWidgets.QMessageBox.No
        )

    # [Yes]クリックでウィジェットを閉じ、[No]クリックで閉じる処理を無効にする
    if reply == QtWidgets.QMessageBox.Yes:
        event.accept() # イベント続行
    else:
        event.ignore() # イベント取り消し
```

```
def show_responder_name(self):
    """RadioButton_1がオンのときに呼ばれるイベントハンドラー


    """
    # ラジオボタンの状態を保持するactionの値をTrueにする
    self.action = True

def hidden_responder_name(self):
    """RadioButton_2がオンのときに呼ばれるイベントハンドラー


    """
    # ラジオボタンの状態を保持するactionの値をFalseにする
    self.action = False
```

■ UI画面（メインウィンドウ）が表示されるまでの流れ

まずは初期化メソッドの__init__()から見ていきましょう。QtWidgets.QMainWindowクラスを継承しているので、冒頭でスーパークラスの__init__()を呼び出します。続いてPitynaオブジェクトの生成やラジオボタンの初期化を行い、Ui_MainWindowクラスに関する処理が行われますが、この部分はピティナプログラムの起点になる「main.py」の処理と密接に関係するので、詳しく見ていくことにしましょう。

▼MainWindowクラスの初期化処理

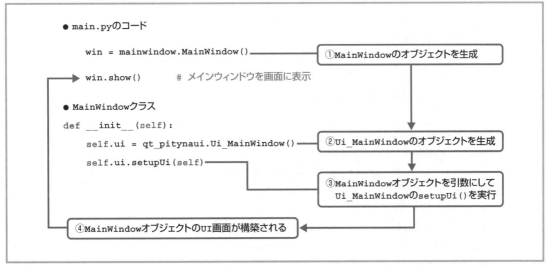

プログラムの起点であるmain.pyの「**win = mainwindow.MainWindow()**」でMainWindowをインスタンス化すると、MainWindowクラスの__init__()が実行され、UI画面を構築するモジュールqt_pitynaui.pyのUi_MainWindowクラスのインスタンス化が行われます。

　続いて、このオブジェクトに対してsetupUi()メソッドが実行されます。このとき、引数はselfなので、現在のMainWindowオブジェクトがsetupUi()によってセットアップ（UI画面の構築）されることになります。MainWindowクラスはQtWidgets.QMainWindowを継承しているので、setupUi()ではモジュールqt_pitynaui.pyにおいてインポートされたQtCore、QtGui、QtWidgetsクラスのメソッドを使ってUI画面を構築できる——という仕組みです。Ui_MainWindowクラスにはウィジェットを配置する具体的なコードが書かれていて、処理の流れが少しわかりにくいので整理しておきました。

　以上でUI画面が構築され、一方のmain.pyの「**win.show()**」の記述によって、メインウィンドウがディスプレイ上に出現することになります。

▌対話処理に関わるメソッド群

　putlog()は、ユーザーが入力したテキストやピティナの応答を画面上のラベルに追加する処理を行います。prompt()は、ピティナの応答メッセージの先頭に、プロンプト用のテキストを追加する処理を行います。ラジオボタンの状態によっては応答クラス名の追加も行います。

▌核心の対話処理

　button_talk_slot()は、**[話す]** ボタンがクリックされたときにコールバックされるイベントハンドラーです。

▼ **[話す]** ボタンをクリックすると呼ばれるイベントハンドラー

```python
def button_talk_slot(self):
    """ [話す] ボタンのイベントハンドラー

    ・Pitynaクラスのdialogue() を実行して応答メッセージを取得
    ・入力文字列および応答メッセージをログに出力
    """
    # ラインエディットからユーザーの発言を取得
    value = self.ui.LineEdit.text()                           ❶

    if not value:
        # 未入力の場合は「なに？」と表示
        self.ui.LabelResponce.setText('なに？')              ❷
    else:
        # 発言があれば対話オブジェクトを実行
        # ユーザーの発言を引数にしてdialogue() を実行し、応答メッセージを取得
        response = self.pityna.dialogue(value)               ❸
        # ピティナの応答メッセージをラベルに出力
        self.ui.LabelResponce.setText(response)              ❹
        # プロンプト記号にユーザーの発言を連結してログ用のリストに出力
        self.putlog('> ' + value)                            ❺
        # ピティナのプロンプト記号に応答メッセージを連結してログ用のリストに出力
```

```
    self.putlog(self.prompt() + response) ─────────────────────────── ⑥
    # QLineEditクラスのclear()メソッドでラインエディットのテキストをクリア
    self.ui.LineEdit.clear()
```

ついにこの部分でピティナとの対話が実現されます。ユーザーの発言は、ラインエディットのオブジェクトLineEditに対してtext()メソッドを実行することで、テキストとして取り出せます（❶）。

次のifステートメントでは、valueの中身が空だったとき（テキストを入力しないで**[話す]**ボタンをクリックしたとき）に「なに？」とラベルに表示する処理を行います（❷）。ラベルのオブジェクトLabelResponceに対してsetText()メソッドを実行すれば、引数に指定した'なに？'がラベルに出力されます。

一方、ラインエディットにテキストが入力されていれば、else:以下の処理が行われます。ユーザーの発言valueを引数にして、ピティナの本体クラスにあるdialogue()メソッドを呼び出すと、ピティナからの応答が返ってくるので、これをresponseに格納します（❸）。

続いて、ピティナの応答をラベルに出力し（❹）、プロンプト用テキストを冒頭に追加してユーザーの発言をログ表示用のリストに出力します（❺）。ピティナの応答にも同じようにプロンプト用テキストを追加して、ログ表示用のリストに出力します（❻）。このとき、ピティナ用のプロンプトのテキストを作成するprompt()メソッドは、**[Responderを表示]**ボタンがオンにされていれば、プロンプト記号「＞」の前に応答に使用したクラス名を出力します。

最後に、ラインエディットに入力されているテキストを削除して、button_talk_slot()は終了します。

■ プロンプトの生成とログの出力

button_talk_slot()によって呼び出される2つのメソッド、putlog()とprompt()について見ておきましょう。

▼putlog()メソッド

```
def putlog(self, str):
    self.ui.ListWidgetLog.addItem(str) ─────────────── ログの文字列をリストに追加
```

putlog()メソッドは、ログ用に整形された「ユーザーからのメッセージ」または「ピティナの応答メッセージ」をリストに追加する処理を行います。リストウィジェットのQListWidgetクラスのメソッドであるaddItem()は、引数に指定したテキストをリストの末尾に追加します。

▼prompt()メソッド

```
def prompt(self):
    p = self.pityna.get_name() ──────── Pitynaクラスのget_name()でオブジェクト名を取得
    if self.action == True:                「Responderを表示」がオンなら応答クラスの名前を付加 ─┐
        p += ':' + self.pityna.get_responder_name() ───────────────────────────────┘
    return p + '> ' ─────────────────────────── '末尾にプロンプト記号を付けて返す
```

　　prompt()メソッドは、ピティナ専用のログ整形メソッドです。ピティナの応答をログとして記録するときは、プロンプト記号「＞」のほかに、応答に使用されたクラス名を付加します。ただし、クラス名の表示／非表示をUI画面上で切り替えられるようにしているので、ifステートメントでself.actionの状態をチェックし、Trueのときだけクラス名を付けて、

ピティナの名前：応答クラス名＞

のかたちに整形するようにしています。self.actionがFalseの場合は、

ピティナの名前＞

のようになります。

■ 閉じるイベントQCloseEvent発生時にコールバックされるイベントハンドラー

　　[ファイル]メニューの[閉じる]アイテムが選択されたときのtriggeredイベント（シグナル）に対応するイベントハンドラー（スロット）としてclose()を設定しました。前にもお話ししましたが、close()はQWidgetクラスで定義されていて、対象のウィジェットを閉じる処理を行いますが、画面を閉じる直前にQCloseEventというイベントを発生します。で、これがどうなるかというと、QCloseEventのスロットとして紐付けられているcloseEvent()が即座にコールバックされます。この流れを図にして整理しておきましょう。

▼ウィジェットを閉じるイベントの発生から実際に閉じられるまでの流れ

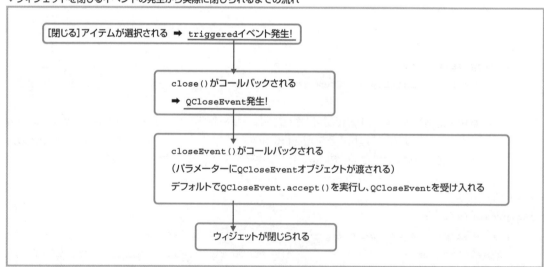

close()が呼ばれてから実際にウィジェットが閉じられるまでに、closeEvent()が呼び出されるわけですが、このイベントハンドラーはQCloseEvent.accept()を実行して「イベントを続行する」ことしかしません。では、なぜ間に「何もしないイベントハンドラー」が入っているのかというと、ウィジェットを閉じる前に何らかの処理ができるようにするためです。つまり、closeEvent()をオーバーライドすることで、画面を閉じる前の処理を書くことができるのです。よく、画面を閉じようとすると「ファイルを上書き保存しますか？」というダイアログが表示されることがありますが、そういった用途で利用できます。

　ここで1つの疑問が生じます。それは、メインウィンドウ用のウィジェットには[閉じる]ボタンが付いていますが、このボタンをクリックしたときはどうなるか、ということです。幸いにもPyQt5の仕様として、[閉じる]ボタンもクリック時にclose()が呼ばれるようになっているので、closeEvent()の処理は[閉じる]アイテムが選択されたときだけでなく、[閉じる]ボタンがクリックされたときにも行われることになります。

　では、closeEvent()の処理を紹介しましょう。まず、QtWidgets.QMessageBox.question()メソッドでメッセージボックスを表示し、[Yes]ボタンがクリックされたらプログラムを終了する、という処理を行います。

▼メッセージボックスの表示

```
reply = QtWidgets.QMessageBox.question(
    self, '確認', "プログラムを終了しますか?",
    buttons = QtWidgets.QMessageBox.Yes | QtWidgets.QMessageBox.No)
```

▼question()関数の書式

```
QMessageBox.question(実行元のオブジェクト,
                    'タイトル用のテキスト',
                    'メッセージ用のテキスト',
                    buttons = StandardButtons(Yes | No),
                    defaultButton = NoButton)
```

　question()では、名前付き引数buttonsでメッセージボックスのボタンの種類を指定するようになっています。次表は、表示可能な主なボタンを表示するための定数です。

▼メッセージボックス上のボタンの種類を設定する定数

定数名	定数値	説明
QMessageBox.Ok	0x00000400	「OK」ボタン
QMessageBox.Open	0x00002000	「開く」ボタン（英語表記となる、以下同）
QMessageBox.Save	0x00000800	「保存」ボタン
QMessageBox.Cancel	0x00400000	「キャンセル」ボタン
QMessageBox.Close	0x00200000	「閉じる」ボタン
QMessageBox.Yes	0x00004000	「はい」ボタン
QMessageBox.No	0x00010000	「いいえ」ボタン

ここでは行いませんが、名前付き引数defaultButtonを使って、どのボタンをアクティブにするかを設定できます。メッセージボックスの [No] ボタンをアクティブにする場合は、引数の最後に

```
defaultButton = QtWidgets.QMessageBox.No
```

と書きます。

メッセージボックスのボタンがクリックされたときの処理としては、question()関数はクリックされたボタンのオブジェクトを戻り値として返すので、

```
if reply == QtWidgets.QMessageBox.Yes:
```

で [Yes] がクリックされたことを検知し、

```
event.accept()
```

で閉じるイベントQCloseEventを有効にし、ウィジェット（メインウィンドウ）を閉じます。これはcloseEvent()のデフォルトの処理です。一方、[No] がクリックされたときは、else以下で、

```
event.ignore()
```

のようにQCloseEventクラスのignore()でイベントを取り消します。イベントが取り消されたことにより、ウィジェット（メインウィンドウ）は閉じられません。

■ ラジオボタンをオンにすると呼ばれるイベントハンドラー

show_responder_name()とhidden_responder_name()です。前者は [Responderを表示] ボタンがオンにされたときにコールバックされ、self.actionの値をTrueにします。後者は [Responderを非表示] ボタンがオンにされたときにコールバックされ、self.actionの値をFalseにします。

■ ピティナのUI画面を表示してみよう

以上でピティナのGUIまわりのプログラミングは完了ですので、ここで、画面を起動してみることにしましょう。ただし、プログラム自体は未完成なので、「mainwindow.py」の以下の部分をコメントアウトしておいてください。

▼ソースコードのコメントアウト (mainwindow.py)

```
from PyQt5 import QtWidgets
import qt_pitynaui
# import pityna  ──────────────────────────────── コメントアウトする

class MainWindow(QtWidgets.QMainWindow):
```

```
"""QtWidgets.QMainWindowを継承したサブクラス
"""
def __init__(self):
    """初期化処理
    """
    # スーパークラスの__init__()を実行
    super().__init__()
    # Pitynaオブジェクトを生成
    # self.pityna = pityna.Pityna('pityna')a ─────────── コメントアウトする
    # ラジオボタンの状態を初期化
    self.action = True
    # Ui_MainWindowオブジェクトを生成
    self.ui = qt_pitynaui.Ui_MainWindow()
    # setupUi()で画面を構築、MainWindow自身を引数にすることが必要
    self.ui.setupUi(self)
```

5

ピティナのGUI化と[人工感情]の移植

では、「main.py」を実行して、ピティナのUI画面を起動してみましょう。

1 VSCodeの[**エディター**]で「main.py」を開いておきます。

2 アクティビティバーの[**実行とデバッグ**]ボタンをクリックします。

3 [**実行とデバッグ**]ビューの[**実行とデバッグ**]をクリックしてください。

▼「main.py」を実行してピティナのUI画面を表示する

ピティナのUI画面が起動します。プログラムが未完成の状態なので、[**話す**]ボタンをクリックしたりするとエラーが発生します。ここではこのまま[**閉じる**]ボタンをクリックしましょう。[**ファイル**]メニューの[**閉じる**]を選択してもOKです。

▼ピティナのUI画面

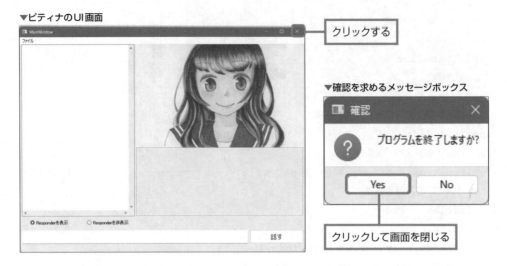

クリックする

▼確認を求めるメッセージボックス

クリックして画面を閉じる

　　　確認が済んだら、先のコメントアウトした2か所の「#」を削除して、コメントアウトを解除してお
いてください。

ピティナの本体「pityna.py」を用意する

　　　ピティナの本体、Pitynaクラスが定義された「pityna.py」を用意します。
　　　VSCodeの**［エクスプローラー］**を使って、「Pityna」フォルダー以下にPythonモジュール
「pityna.py」を作成しましょう。

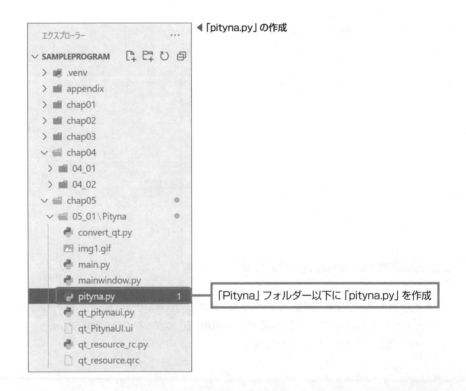

◀「pityna.py」の作成

「Pityna」フォルダー以下に「pityna.py」を作成

「pityna.py」を作成したら、**[エディター]**で開いて次のように入力しましょう。
ソースコードは、CUI版ピティナのときとまったく同じです。

▼Pitynaクラスの定義 (pityna.py)

```python
import responder


class Pityna(object):
    """ ピティナの本体クラス

    """
    def __init__(self, name):
        """ インスタンス変数name、responderの初期化


        Args:
            name(str)    : Pitynaオブジェクトの名前

        """

        # Pitynaオブジェクトの名前をインスタンス変数に代入
        self.name = name
        # Responderオブジェクトを生成してインスタンス変数に代入
        self.responder = responder.RandomResponder('Random')


    def dialogue(self, input):
        """ 応答オブジェクトのresponse()を呼び出して応答文字列を取得する


        Args:
            input(str)    :ユーザーの発言
        Returns:
            str: 応答メッセージ
        """

        return self.responder.response(input)


    def get_responder_name(self):
        """ 応答に使用されたオブジェクト名を返す


        Args:
            self(object): 呼び出し元のPitynaオブジェクト
        Returns:
            str: 応答オブジェクトの名前
        """

        # responderに格納されているオブジェクト名を返す
        return self.responder.name


    def get_name(self):
```

```
        """ Pitynaオブジェクトの名前を返す

        Args:
            self(object)：呼び出し元のPitynaオブジェクト
        Returns:
            str: Pitynaクラスの名前
        """
        # Pitynaクラスの名前を返す
        return self.name
```

応答クラスの「responder.py」モジュールを用意する

ピティナの応答メッセージを生成するスーパークラスResponderと、そのサブクラスRepeat
Responder、RandomResponderを定義します。

VSCodeの**[エクスプローラー]**を使って、「Pityna」フォルダー以下にPythonモジュール
「responder.py」を作成しましょう。

▼「responder.py」の作成

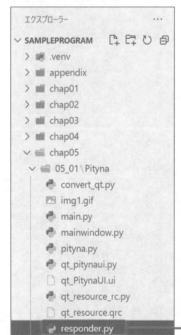

「Pityna」フォルダー以下に「responder.py」を作成

「responder.py」を作成したら、**[エディター]**で開いて次のように入力しましょう。なお、ピティナ
のランダム応答用のテキストが若干増えている以外は、CUI版ピティナのときとまったく同じです。

▼ピティナの応答クラス Responder の定義 (responder.py)

```python
import random


class Responder(object):
    """ 応答クラスのスーパークラス

    """
    def __init__(self, name):
        """ Responderオブジェクトの名前をnameに格納

        Args:
            name(str)    : Responderオブジェクトの名前
        """
        self.name = name


    def response(self, input):
        """ オーバーライドを前提としたresponse()メソッド

        Args:
            input(str)   : ユーザーの発言
        Returns:
            str: 応答メッセージ（ただし空の文字列）
        """
        return ''


class RepeatResponder(Responder):
    """ オウム返しのためのサブクラス
    """
    def response(self, input):
        """ response()をオーバーライド、オウム返しの返答をする

        Args:
            input(str): ユーザーの発言
        Returns:
            str: 応答メッセージ
        """
        # オウム返しの返答をする
        return '{}ってなに?'.format(input)


class RandomResponder(Responder):
    """ ランダムな応答のためのサブクラス
    """
    def __init__(self, name):
```

```
        """ ランダムに抽出するメッセージのリストを作成する

        Args:
            name(str)    : Responderオブジェクトの名前
        """
        # スーパークラスの初期化メソッドを呼んでResponder名をnameに格納
        super().__init__(name)
        # ランダム応答用のメッセージリストを用意
        self.responses = [
            'いい天気だね', '何となくそう思う', '10円ひろった',
            'かわいいー', 'ま、しょうがないよね', 'お腹すいた']

    def response(self, input):
        """ response()をオーバーライド、ランダムな応答を返す

        Args:
            input(str)    : ユーザーが入力した文字列
        Returns:
            str: リストからランダムに抽出した文字列
        """
        # リストresponsesからランダムに抽出して戻り値として返す
        return (random.choice(self.responses))
```

すべてのモジュールを確認してピティナを起動してみよう

　これで準備が整いました。今回のGUI化に伴い、ピティナプログラムは、次の6モジュールで構成されています。UI形式ファイルのコンバートを行う「convert_qt.py」は入れていないため、これを加えれば7モジュールということになります。

●GUI版ピティナプログラムを構成するモジュール

●main.py
プログラムの起点となるコードをまとめたモジュール。

●mainwindow.py
Ui_MainWindowクラスを利用してUI画面（メインウィンドウ）を構築する、MainWindowクラスが定義されている。

●qt_pitynaui.py
PyQt5を利用してUI画面（メインウィンドウ）を生成するUi_MainWindowクラスが定義されている。Qt Designerで出力したUI形式ファイルをPythonのコードにコンバートすることで生成されたモジュール。

- ●qt_resource_rc.py

  ピティナのイメージが格納されているリソースファイル。Ui_MainWindowクラスのメソッドによって読み込みと画面上への出力が行われる。

- ●pityna.py

  ピティナの本体、Pitynaクラスが定義されている。

- ●responder.py

  ピティナの応答を生成するクラスが定義されている。

　大量のGUI用コードに惑わされず、button_talk_slot()メソッドでのピティナとの対話に注目すれば、Pitynaクラスのシンプルな構造はほとんど変わっていません。「ユーザーとPitynaオブジェクトとの間を取り持つのが、whileループであるか、メインウィンドウのメッセージループであるか」の違いだけで、プログラムとしての構造そのものはほとんど変化していないことがおわかりいただけると思います。これは、「Pitynaオブジェクトがチャットボットとしての役割のみに徹し、UI画面に関わる機能とはいっさい無関係」という役割分担が徹底されているからです。以降は、このバージョンをベースに、もっと気の利いた会話ができるように、このあともまだまだ開発は続きます。

　では、GUIバージョンを起動してみましょう。「main.py」を**[エディター]**で開き、**[実行とデバッグ]**ビューの**[実行とデバッグ]**をクリックしてプログラムを起動します。RandomResponderによる脈絡のない応答ですが、何とか会話についていってあげましょう。

▼ピティナGUIバージョン

GUIバージョンで会話をしてみる

何とか会話についていってあげましょう

ランダムに応答する

Onepoint

　GUI版ピティナプログラムは、VSCodeからの起動のほかに、プログラムの起点となるモジュール（main.py）のアイコンを直接、ダブルクリックして起動する方法もあります。

　ただし、モジュールの拡張子を変更し、変更した拡張子についてPythonの実行ファイルへの関連付けを行うことが必要になります。これについては、354ページの「Memo　プログラムをダブルクリックで起動する方法」で紹介しているので、そちらを参照してください。

5.1.8　Responderをランダムに切り替える

ここまでは、GUI部分の説明がほとんどでしたが、Pitynaクラスも少しだけ進化しました。一方、これまで2つのResponderを作りましたが、現状では、プログラムを直接修正してこれらを切り替えるようにしています。しかし、それでは手間もかかりますし、複数のResponderを適宜切り替えながら応答させることができればメッセージのバリエーションも増えて、もっと会話っぽいことができるはずです。

応答時にRandomResponderとRepeatResponderをランダムに実行する

Onepoint

そこで、今回のPitynaクラスでは、2つのResponderをプログラムの実行中に動的に切り替えることを考えます。「どういうときにどのResponderを使うか」という考え方もチャットボット開発のポイントになる部分だとは思いますが、現時点での手持ちのResponderは2個だけなので、単純にランダムにどちらかを選択するということにしましょう。

「pityna.py」を【エディター】で開いて、次のようにソースコードを編集しましょう。編集する箇所は赤枠で囲んだ部分です。

▼ Responderオブジェクトをランダムに使い分けるPitynaクラス（pityna.py）

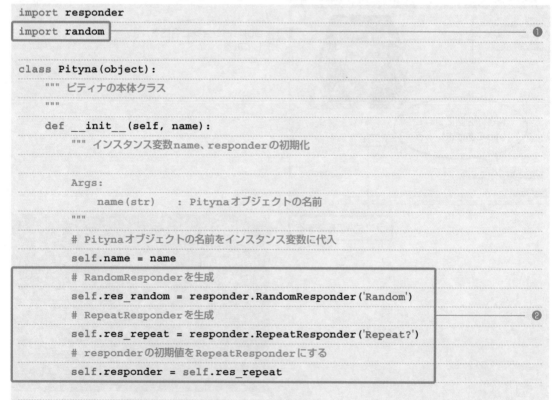

```python
import responder
import random                                                              ①


class Pityna(object):
    """ ピティナの本体クラス
    """

    def __init__(self, name):
        """ インスタンス変数name、responderの初期化


        Args:
            name(str)   : Pitynaオブジェクトの名前
        """

        # Pitynaオブジェクトの名前をインスタンス変数に代入
        self.name = name
        # RandomResponderを生成
        self.res_random = responder.RandomResponder('Random')
        # RepeatResponderを生成                                           ②
        self.res_repeat = responder.RepeatResponder('Repeat?')
        # responderの初期値をRepeatResponderにする
        self.responder = self.res_repeat
```

```
    def dialogue(self, input):
        """ 応答オブジェクトのresponse()を呼び出して応答文字列を取得する

        Args:
            input(str)  :ユーザーの発言
        Returns:
            str: 応答メッセージ
        """
        # 0か1をランダムに生成
        x = random.randint(0, 1)
        # 0ならRandomResponderオブジェクトにする
        if x==0:
            self.responder = self.res_random
        # 0以外ならRepeatResponderオブジェクトにする
        else:
            self.responder = self.res_repeat
        # 選択されたResponderオブジェクトからの応答を返す
        return self.responder.response(input)


    def get_responder_name(self):
        """ 応答に使用されたオブジェクト名を返す

        Args:
            self(object): 呼び出し元のPitynaオブジェクト
        Returns:
            str: responderに格納されている応答オブジェクト名
        """
        return self.responder.name


    def get_name(self):
        """ Pitynaオブジェクトの名前を返す

        Args:
            self(object): 呼び出し元のPitynaオブジェクト
        Returns:
            str: Pitynaクラスの名前
        """
        return self.name
```

❸

5

ピティナのGUI化と［人工感情］の移植

● randomのインポート

❶において、ランダムな整数値を生成するrandint()関数のためのrandomモジュール（Pythonの標準ライブラリに収録）をインポート（読み込み）します。

●RandomResponderとRepeatResponderのインスタンス化

　__init__()メソッドの❷の上2行（コメント行を除く）では、RandomResponderとRepeat Responderの2つのインスタンス（オブジェクト）を作って、インスタンス変数に保持しています。対話メソッドでこのうちのどちらかが選択されるようにします。

　その次の行で初期化しているresponderは「現在選択されているResponder」を保持するインスタンス変数です。この時点ではどちらでもいいのですが、とりあえずres_repeat、つまりRepeat Responderオブジェクトで初期化しておきます。

●オブジェクトのランダムな選択

　対話のためのdialogue()メソッドでは、❸の1行目で0か1の値をrandom.randint()関数で生成します。この値をもとに、最初のifステートメントで0だった場合にはres_random（Random Responderオブジェクト）を、elseでそうではなかった（1だった）場合にres_repeat（Repeat Responderオブジェクト）が選択され、responderに代入されます。最後にresponderに対してresponse()メソッドを実行してdialogue()メソッドは終了します。

　サンプルプログラムは本書配布サンプルデータの「chap05」➡「05_01_random」➡「Pityna」にあります。「main.py」を[エディター]で開き、[実行とデバッグ]ビューの[実行とデバッグ]をクリックしてプログラムを起動しましょう。

▼Responderをランダムに切り替えるピティナ

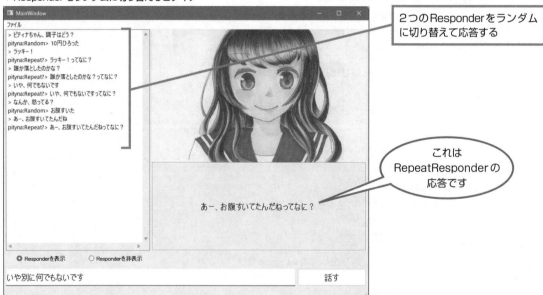

　RepeatResponderの「〜ってなに？」という聞き返しとRandomResponderの脈絡のない応答がミックスされ、微妙なトークが繰り広げられています。ただ、RandomResponderの語彙の少なさのためか、会話の盛り上がりがいまひとつです。ここを強化するにはRandomResponderのresponsesリストにメッセージを追加すればいいのですが、その都度ソースコードを修正するのはスマートではありません。この問題は、「辞書」の仕組みを使って解決することにしましょう。

辞書を小脇に学習しよう

　RandomResponderは、ランダムに選択するための複数の応答例が入ったリストを持っています。いってみればこれも立派な辞書なのですが、応答例を追加するのにソースコードを書き直すのは非常に面倒なので、「外部ファイルを辞書として持たせ、プログラムの実行時に読み込んで使う」ことを考えましょう。

ファイルの読み書き

　「辞書」とは一般的に言葉の意味を調べる書物のことをいいますが、ある言葉から別の言葉をひっぱり出せる機能を持つことから、プログラミングの世界では「オブジェクト同士を対応付ける表」のことを**辞書**と呼ぶことがあります。Pythonの「辞書 (dictionary)」がまさしくそれであり、キーを指定することで関連付けられた値を取り出すことができます。このほかにも、IMEなどの日本語入力プログラムの変換辞書は、読みと漢字を結び付けるものですので、まさしく辞書です。

　本節では、ピティナの応答システムとして基本的な辞書を導入します。チャットボットにとっての「辞書」とは、「ユーザーからの発言に対してどのように応答したらよいか」を示す文例集のようなものであり、そのような情報をプログラム以外の外部ファイルとして用意し、それを「辞書」として使うのが一般的です。

　記述されている「文例」は、ランダムに選択した文章をそのまま返すという単純なものから、キーワードに反応して文章を選択したり、ユーザーの発言の一部を応答メッセージに埋め込んで使ったりと、いかにも「それっぽい」応答のための仕掛けとなります。チャットボットの完成度は、辞書の出来にかかっているといってもよいでしょう。

　辞書はテキストファイルにしておけば手軽に編集できますし、ファイルを適宜編集することで、より高度な受け答えができるようになるかもしれません。

5.2.1　ファイルのオープンと読み込み

辞書を外部ファイルとして持たせ、プログラムの実行時に読み込んで使うことを考えた場合、テキストファイルにしておけば手軽に編集できますし、管理もラクです。

これを実現するには、ファイルを開いて中身を読み込み、それを配列に格納する、という処理が必要になります。Pythonでファイルを開くには**open()関数**を使います。

▼ファイルをオープンする

> **ファイルオブジェクトを格納する変数 = open('ファイルパス',**
> **'オープンモード',**
> **encoding = 'エンコード方式')**

open()関数は'ファイルパス'を第1引数にとり、該当のファイルを開いてファイルオブジェクト（Fileクラスのインスタンス）を戻り値として返します。次表に示したのは、ファイルオブジェクトの種類（**オープンモード**）を指定するために、第2引数として設定する値です。

▼ファイルオブジェクトのオープンモードを指定する文字

文字	意味
'r'	読み込み用に開きます（デフォルト）。
'w'	書き込み用に開きます。指定した名前のファイルが存在しない場合は、新しいファイルが生成されます。
'x'	排他的にファイルを生成（指定した名前のファイルを新規に作成）して開きます。指定した名前のファイルが存在する場合は、生成に失敗します。
'a'	書き込み用に開きますが、ファイルが存在する場合は末尾に追加できる状態にします。
'b'	バイナリモードで開きます。
't'	テキストモードで開きます（デフォルト）。

この中でよく使用するのは、'r'、'w'、'a'の3つです。今回は、作成済みの辞書ファイル（.txt）を読み込み専用で開くので'r'を指定します。ファイルオブジェクトは開いたファイルを表すオブジェクトです。ファイルに対して読んだり書いたり（書くことは今回はしません）するには、このファイルオブジェクトが持つメソッドを呼び出します。実際のファイルはハードディスク上に存在するものですが、ファイルオブジェクトはファイルの中身をメモリ上に展開したもので、ファイルの中身が連なるように並んでいることから**ファイルストリーム**と呼ばれることもあります。ファイルオブジェクトからデータを読んだり書いたりし、書き込んだ場合はファイルオブジェクトそのものでファイルを書き換えます。

第3引数の「encoding」は、文字コードのエンコード方式を指定するための、名前付きの引数です。ファイルがUTF-8形式で保存されている場合は「encoding = 'utf_8'」のように記述します。なお、この引数を指定しない場合は、OS標準のエンコード方式（Windowsの場合はshift-jis）が使われるので注意してください。

ファイルの中身を読み込んで画面に出力してみよう

ファイルを読み込むメソッドはいくつか種類があります。ファイルの中身や使い方に合わせて、いろいろな読み込み方を選べるのが便利なところです。

▼ファイルを読み込むメソッド

メソッド	機能
read()	ファイルの全データをまとめて読み込みます。
readline()	ファイルの各行を1行ずつ文字列として読み込みます。
readlines()	ファイルの全データをまとめて読み込み、各行を要素としたリストを返します。

ここでは、プログラム用フォルダー「fileopen」を作成し、このあとで使用する「read.py」「readlines.py」「with.py」の3モジュールを作成しました。さらに、ピティナの辞書として使用するテキストファイル「random.txt」を「dics」フォルダーの中に作成しています。

「random.txt」を [エディター] で開いて、次図のようにピティナのランダム辞書としてのセリフを入力し、ファイルを上書き保存しましょう。

▼ピティナの辞書用テキストファイル (fileopen/dics/random.txt)

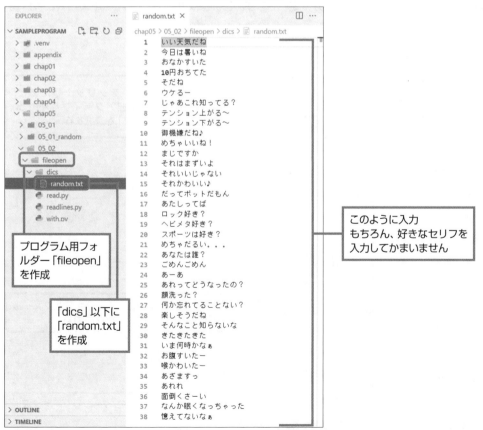

プログラム用フォルダー「fileopen」を作成

「dics」以下に「random.txt」を作成

このように入力
もちろん、好きなセリフを入力してかまいません

●read()メソッド

まず、read()から試してみましょう。このメソッドは、ファイルの中身を単一のカタマリとして読み込みます。プログラム用フォルダー「fileopen」以下に作成した「read.py」を**[エディター]**で開いて、次のように入力しましょう。

▼テキストファイルのデータをまとめて読み込む (fileopen/read.py)

```python
# random.txtのフルパスを取得
path = os.path.join(os.path.dirname(__file__), 'dics', 'random.txt')
# dicsフォルダーのrandom.txtを読み取りモードで開く
file = open(path, 'r', encoding = 'utf_8')
# ファイル終端までのすべてのデータを取得する
data = file.read()
# ファイルオブジェクトをクローズ
file.close()
# 取得したデータを出力
print(data)
```

では、プログラムを実行して結果を見てみましょう。「read.py」を**[エディター]**で表示した状態で**[実行とデバッグ]**ビューの**[実行とデバッグ]**をクリックし、**[Pythonファイル 現在アクティブなPythonファイルをデバッグする]**を選択します。**[ターミナル]**が起動してテキストが出力されます。

▼プログラムの実行

② [実行とデバッグ] をクリックしたあと、[Pythonファイル 現在アクティブなPythonファイルをデバッグする] を選択する

③ [コンソール] が起動して、テキストファイルから読み込んだテキストが出力される

①仮想環境のPythonインタープリターを選択しておく

テキストファイル「random.txt」のフルパスは、次のようにして取得しています。

▼「random.txt」のフルパスを取得
```
path = os.path.join(os.path.dirname(__file__), 'dics', 'random.txt')
```

Pythonでは、__file__を参照することで、実行中のモジュールの相対パスや絶対パス（フルパス）を取得できます。この場合、標準ライブラリのos.pathモジュールのos.path.basename()でモジュール名のみを取得、os.path.dirname()関数でモジュールが格納されているディレクトリのフルパスを取得することができます。

本書の例では、仮想環境をはじめ、Pythonのプログラムを「sampleprogram」フォルダー以下にまとめているので、モジュール「read.py」で

```
os.path.dirname(__file__)
```

を実行すると、

```
C:\Document\PythonPM_version4\sampleprogram\chap05\05_02\fileopen
```

のように、モジュールが格納されているディレクトリのフルパスが取得されます。「fileopen」フォルダーの「dics」フォルダー以下に辞書用テキストファイル「random.txt」があるので、os.path.join()関数を使って、os.path.dirname(__file__)で取得したディレクトリのパスに、'dics'と'random.txt'をパスとして連結し、

```
C:\Document\PythonPM_version4\sampleprogram\chap05\05_02\fileopen\dics\random.txt
```

のように「random.txt」のフルパスを作成しています。このようにして作成したパス情報をopen()関数の第1引数に指定して、

```
file = open(path, 'r', encoding = 'utf_8')
```

とすることで、random.txtを開き、そのファイルオブジェクトを変数fileに格納します。
　続いて、

```
data = file.read()
```

を実行して、ファイルオブジェクトからデータを取り出しますが、ここで1つ重要なことがあります。開いたファイルは使い終わったら閉じるようにしましょう。同時に開けるファイルの数には限りがあるので、開きっぱなしにならないように、用が済んだファイルオブジェクトはclose()メソッドで閉じておくようにします。

5

ピティナのGUI化と［人工感情］の移植

read()で取り出したデータは改行を含むテキストのシーケンスですので、prlnt()関数で出力すると、テキストファイルのデータと同じように、各セリフが1行ずつ改行された状態で出力されます。

● readlines()メソッド

次に、readlines()を試してみましょう。このメソッドは、ファイル全体を読み込んで、各行を要素にしたリストとして返します。各行の終わり（要素の末尾）には改行文字（\n）が付きます。

▼ readlines()メソッドによるリストの作成

1行目	
2行目	── ['1行目\n', '2行目\n', '3行目\n', …]のように取り出される。
3行目	
・	
・	

「fileopen」フォルダーに作成した「readlines.py」を [エディター] で開いて、次のように入力しましょう。

▼ テキストファイルから1行ずつリスト要素として読み込む (fileopen/readlines.py)

```python
import os

# random.txtのフルパスを取得
path = os.path.join(os.path.dirname(__file__), 'dics', 'random.txt')
file = open(path, 'r',encoding = 'utf_8')
# 1行ずつリストの要素として読み込む
lines = file.readlines()
file.close()
print(lines)
```

「readlines.py」を [エディター] で表示した状態で [実行とデバッグ] ビューの [実行とデバッグ] をクリック（必要に応じて [Python ファイル　現在アクティブなPythonファイルをデバッグする] を選択）します。すると [ターミナル] に次のように出力されます。

▼ [ターミナル] に出力されたリストの中身

```
問題    出力    デバッグ コンソール    ターミナル    Python Debug Console  +  ∨  □  🗑  …  ∧  ✕

['いい天気だね\n', '今日は暑いね\n', 'おなかすいた\n', '10円おちてた\n',
'  'テンション下がる〜\n', '御機嫌だね♪\n', 'めちゃいいね！\n', 'まじで
すか\n', 'それはまずいよ\n', 'それいいじゃない\n', 'それかわいい♪\n', 'だ
ってボットだもん\n', 'あたしってば\n', 'ロック好き？\n', 'ヘビメタ好き？\
n',あ\n', 'あれってどうなったの？\n', '顔洗った？\n', '何か忘れてることなあ
\n', 'あれってどうなったの？\n', '顔洗った？\n', '何か忘れてることない
？\n', '楽しそうだね\n', 'そんなこと知らないな\n', 'きたきたきた\n', 'い
ま何時かなぁ\n', 'お腹すいたー\n', '喉かわいたー\n', 'あざますっ\n', 'あ
れれ\n', '面倒くさーい\n', 'なんか眠くなっちゃった\n', '憶えてないなぁ']
```

リストに1行ずつのテキストが要素として格納されている

●withステートメント

readlines()でリスト要素として抽出したデータの末尾には、改行文字 (\n) が付いています。これを取り除くには、withステートメントでファイルをオープンした状態で、リスト内包表記を使って各要素に対してrstrip()メソッドを実行します。rstrip()は、実行元の文字列 (strオブジェクト) から右端の文字を除去し、これを戻り値として返します。

「fileopen」フォルダーに作成した「with.py」を [エディター] で開いて、次のように入力しましょう。

▼readlines()で取得したリスト要素末尾の改行文字を取り除く (fileopen/with.py)

```python
import os

# random.txtのフルパスを取得
path = os.path.join(os.path.dirname(__file__), 'dics', 'random.txt')
# ファイルオブジェクトをfileに保持し、内包表記を使って要素末尾の\nを削除
with open(path, 'r' ,encoding = 'utf_8') as file:
    list = [elm.rstrip() for elm in file.readlines()]
    print(list)
```

「with.py」を [エディター] で表示した状態で [実行とデバッグ] ビューの [実行とデバッグ] をクリックし (必要に応じて [Pythonファイル 現在アクティブなPythonファイルをデバッグする] を選択) します。[ターミナル] には次のように出力されます。

▼[ターミナル] に出力されたリストの中身

各要素の末尾にあった 「\n」 が除去されている

ピティナ、辞書を読み込む

ピティナプログラムの開発に戻りましょう。本書配布サンプルデータでは、現在、プログラム用フォルダー「Pityna」以下には「dics」フォルダーが作成され、辞書用テキストファイル「random.txt」が格納されています。「random.txt」は前項で作成したものと同じものです。

▼プログラム用フォルダー「Pityna」の内部

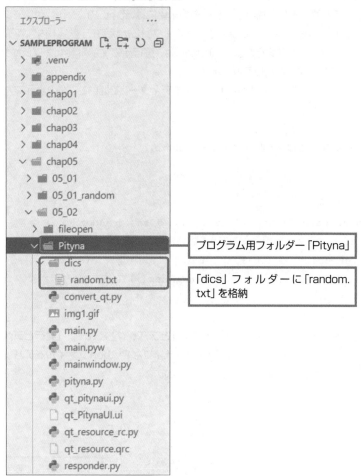

プログラム用フォルダー「Pityna」

「dics」フォルダーに「random.txt」を格納

　　　　これで材料は揃いました。辞書ファイルは「1行に1つの応答メッセージ」というシンプルなフォーマットとし、dicsフォルダーにrandom.txtという名前で保存されています。今後はこの辞書ファイルを「**ランダム辞書**」と呼ぶことにします。

　　　　「responder.py」で定義されているRandomResponderクラスを、次のように修正します。ランダム辞書を使用するための措置として、モジュール冒頭に「os」ライブラリのインポート文が追加され、RandomResponderクラスの初期化メソッド__init__()の内容が大きく変わりました。

▼RandomResponderクラス（Pityna/responder.py）

```
import random
import os ──────────────────────────────────────────────── 追加

........ Responder、RepeatResponderの定義コード省略 ........

class RandomResponder(Responder):
```

```
    """ ランダムな応答のためのサブクラス
    """
    def __init__(self, name):
        """ ランダムに抽出するメッセージのリストを作成する

        Args:
            name(str)   : Responderオブジェクトの名前
        """
        # スーパークラスの初期化メソッドを呼んでResponder名をnameに格納
        super().__init__(name)
        # ランダム辞書のデータを保持するリスト
        self.responses = []                                               ❶
        # random.txtのフルパスを取得
        path = os.path.join(os.path.dirname(__file__), 'dics', 'random.txt')  ❷
        # ランダム辞書を読み取りモードでオープン
        rfile = open(path, 'r', encoding = 'utf_8')                       ❸
        # 1行のテキストを要素とするリストを取得
        r_lines = rfile.readlines()                                       ❹
        # ファイルオブジェクトをクローズ
        rfile.close()
        # 末尾の改行を取り除き、空文字でなければリスト末尾に要素として追加
        for line in r_lines:                                             ❺
            str = line.rstrip('\n')
            if (str!=''):
                self.responses.append(str)

    def response(self, input):
        """ response()をオーバーライド、ランダムな応答を返す

        Args:
            input(str)   : ユーザーが入力した文字列
        Returns:
            str: リストからランダムに抽出した文字列
        """
        # リストresponsesからランダムに抽出して戻り値として返す
        return (random.choice(self.responses))                          ❻
```

●「random.txt」のフルパスを作成

❷では、モジュールの冒頭でインポートしたosモジュールのos.path.join()関数を使って、

```
os.path.dirname(__file__)
```

で取得したモジュールのディレクトリのフルパスに'dics'、'random.txt'のパスを連結し、ランダム辞書のフルパスを作成しています。❸では、作成したpathをopen()関数の第1引数に指定して、ランダム辞書をオープンします。

●1行ごとの応答メッセージから末尾の\nを取り除き、ついでに空白行も削除する

❹のreadlines()は各行の末尾の改行（\n）も読み込むので、❺のforループでこれを取り除く処理を行います。削除しなくても特に支障はないのですが、文字列だけのプレーンな状態の方がスッキリするので、取り除いておくことにします。

まず、r_linesの要素line（1行の文字列）に対してrstrip()メソッドを実行します。rstrip()は、対象の文字列の末尾（右端）から引数に指定した文字列を取り除きます。これをself.responsesに要素として1つずつ追加していけばよいのですが、辞書ファイルのデータの中に空白行が含まれている場合を考慮し、「if (str!=''):」を条件にして、strの中身が空ではない場合にのみself.responsesの末尾に追加します。空白行がある場合は\nを取り除くと空の文字列（''）になるので、これはリストに加えないようにするというわけです。withステートメントでリスト内包表記を使うと簡単に処理できますが、ここでは空白行に対応するifステートメントを使うために、forによる処理にしています。

●response()メソッドは変化なし

一方、response()メソッドは何も変わっていません。今回の場合、responsesにはランダム辞書の文字列リストが格納されているので、ここからrandom.choice()メソッドでランダムに抽出して、これを応答メッセージとして返します（❻）。

今回の修正は以上です。RandomResponderの中身は変化しましたが、その使い方（オブジェクトの生成方法やresponse()メソッドの呼び出し方など）はそのままなので、Pitynaクラスは変更する必要がありません。

実行例は次のページのような感じになります。賢さの点では以前と大差ありませんが、応答のバリエーションは豊富になっているようです。

本書配布サンプルデータでは、前節で作成したピティナプログラムのファイル一式を含む「Pityna」フォルダーを新たな場所にコピーし、「dics」フォルダー内にランダム辞書「random.txt」を作成の上、「responder.py」のみを一部書き換えました。ここで、main.pyを実行してみてください。ランダム辞書については、独自のものに書き換えてピティナにいろんなセリフを覚えさせてみるのも面白いと思います。

では、プログラムを実行して結果を見てみましょう。「main.py」を[エディター]で表示した状態で[実行とデバッグ]ビューの[実行とデバッグ]をクリックし、必要に応じて[Pythonファイル　現在アクティブなPythonファイルをデバッグする]を選択します。

▼実行中のピティナプログラム

辞書ファイルを使った応答が
ランダムに繰り返される

RandomResponder
からの応答です

辞書ファイルを新設したことで、ランダムな応答のバリエーションが増えました。

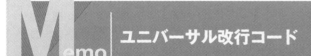

Memo｜ユニバーサル改行コード

　テキストファイルで使用する改行コードは、下表のように、OSの種類によって異なります。

▼OSごとの改行コード

OS	改行コード
Windows	CRLF（キャリッジリターン ＋ ラインフィード）
Mac OS X以後、Linux	LF（ラインフィード）
旧Mac OS	CR（キャリッジリターン）

　このような違いがあるので、Pythonでは改行コードの違いを吸収するための「ユニバーサル改行コード」が有効になっています。プログラム内部ではLF（'\n'）が改行コードとして扱われるようになっているので、テキストファイルを読み込むときには、CRLF（'\r\n'）およびCR（'\r'）がLF（'\n'）に自動で変換されるようになっています。

　また、ファイルへの書き込みの際には、プログラムで使用しているLF（'\n'）が、OSの種類に応じてCRLF（'\r\n'）またはLF（'\n'）、CR（'\r'）に自動変換されます。

5.3 ピティナ、パターンに反応する

Level ★★★　　**Keyword** | 正規表現

応答のバリエーションが増え、辞書を拡張することでさらにメッセージの種類を増やすこともできるようになりました。しかし、ユーザーの発言をまったく無視したランダムな応答には限界があります。時折見せるトンチンカンな応答をなくし、何とかこちらの言葉に関係のある応答ができないか考えてみたいと思います。

応答パターンを「辞書化」しよう

　パターン辞書というものを使うことにしましょう。パターン辞書とは、ユーザーの発言があらかじめ用意したパターンに適合（マッチ）したときに、どのような応答を返せばよいのかを記述した辞書です。辞書といっても前回に引き続き、普通のテキストファイルを使用します。パターンマッチの仕組みで応答できるようになれば、少なくともランダム辞書による脈絡のなさは解消できるはずです。

●パターン [TAB] 応答

　パターン辞書の中身は「パターン [TAB] 応答」のようにパターンと応答のペアをTAB（タブ）で区切って、1行のテキストデータとします。これを必要な行数だけ書いて、テキストファイルとして保存します。ユーザーの発言があれば、辞書の1行目からパターンに適合するかどうか調べていき、適合したパターンのペアとなっている応答を返す、という仕組みです。**パターン**とは「発言に含まれる特定の文字列」のことで、検索に使う「キーワード」と考えることができます。

●パターンに反応する

　ユーザーが「今日はなんだか気分がいいな」と発言した場合、「気分 [TAB] それなら散歩に行こうよ！」というペアがあれば、「気分」という文字列がパターンにマッチしたと判断され、「それなら散歩に行こうよ！」とピティナが返すことになります。「今日の気分はイマイチだな」にも反応します。何か会話っぽくなってきましたね。

●正規表現

この「パターン」、たんなる文字列でもいいのですが、もっとパターンとしての表現力の高い**正規表現**を使うことにしましょう。正規表現とは「いくつかの文字列を1つの形式で表現するための表現方法」のことで、この表現方法を利用すれば、たくさんの文章の中から見つけたい文字列を容易に検索することができます。テキスト処理に強いPerlなどのスクリプト言語ではおなじみですが、Pythonでも当然使えます。

正規表現を使うことで、たんに文字列を見つけるだけでなく、発言の最初や最後といった位置に関する指定や、AまたはBという複数の候補、ある文字列の繰り返しなど、正規表現ならではの柔軟性を生かしたパターンを設定すれば、ユーザーの発言の意味をある程度まではくみ取ることができます。それに応じた応答メッセージを辞書にセットしておくことで、より柔軟な会話を楽しめるでしょう。

見た目はコンパクトな正規表現ですが、その機能は多岐にわたり、網羅的な説明をしようと思ったら書籍1冊ぶんのページ数が必要になりますが、本書ではパターン辞書を書くための機能に絞って紹介していきたいと思います。詳細な解説は、Python 3.5.1ドキュメント (http://docs.python.org/ja/3/index.html) の「ドキュメント ≫ Python 標準ライブラリ ≫ テキスト処理サービス」をご参照ください。

▼このセクションでやること

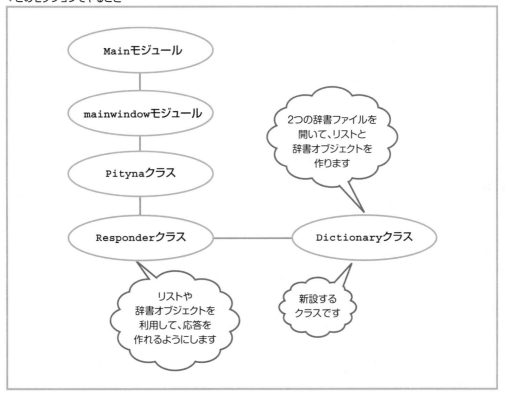

5.3.1　正規表現ことはじめ

　　正規表現は文字列のパターンを記述するための表記法です。ですので、様々な文字列と適合チェックさせるのが目的です。この適合チェックのことを**パターンマッチ**といいます。パターンマッチでは、正規表現で記述したパターンが対象文字列に登場するかどうか調べます。発見できたときは、「マッチした」ことになります。

　　正規表現を使ってパターンマッチを行う方法はいろいろありますが、Pythonで最もオーソドックスなのは、標準モジュールのreに含まれている**match()**や**search()メソッド**を使う方法です。

　　Pythonの仮想環境が格納されているフォルダー内にNotebookを作成して試してみましょう。Notebookを作成したら、Notebook上部のツールバー右端の**[カーネルの選択]**をクリックして、作成済みの仮想環境（Pythonインタープリター）を選択しておきましょう。

▼match()メソッドでパターンマッチを行う (regex.ipynb)

セル1
```python
import re


line = 'ピティナです'
# lineの先頭が'ピティナ'にマッチするか
m = re.match('ピティナ', line)
# マッチした部分を文字列として取得
print(m.group())
```

OUT
```
ピティナ
```

▼match()メソッド

```
match(マッチさせる文字列, 文字列)
```

▼search()メソッド

```
search(マッチさせる文字列, 文字列)
```

　　match()メソッドは、「文字列の先頭に、パターンにマッチする文字列があるかどうか」を調べます。これに対し、search()メソッドは、パターンが文字列のどこにあってもマッチします。この2つのメソッドは、パターンマッチするとMatchオブジェクトを返し、パターンマッチしなければNoneを返します。先の例の「m = re.match('ピティナ', line)」のmには次のようなMatchオブジェクトが格納されます。

▼matchオブジェクトmの内容を出力

セル2
```
m
```

▼Matchオブジェクトの中身

OUT

```
<_sre.SRE_Match object; span=(0, 4), match='ピティナ'>
```

━━━ パターンマッチした文字列を示す

━━━ パターンマッチした位置

パターンマッチした文字列だけを取り出すには、group()メソッドを使います。

正規表現のパターン

正規表現は、「ピティナ」のようなたんなる文字列だけでなく、**メタ文字**と呼ばれる特殊な意味を持つ記号の組み合わせも表現されます。正規表現の柔軟さや複雑さは、メタ文字の種類の多さによるものなのですが、まずは文字列だけの簡単なパターンから見ていきましょう。

●文字列のみ

メタ文字以外の「ピティナ」などのたんなる文字列は、単純にその文字列にマッチします。ひらがなとカタカナの違い、空白のあり／なしなども厳密にチェックされます。また、言葉の意味は考慮されないので、単純なパターンは思わぬ文字列にもマッチすることがあります。

正規表現	マッチする文字列	マッチしない文字列
ピティナ	こんにちは、ピティナ	ばいばい、ぴてぃな
	パピプペピティナ	パピプペピティーナ
	これがピティナだ！	ピ・ティ・ナ
	ピティナ[空白]	ピ[空白]ティナ
やあ	やあ、こんちは いやあ、まいった	ヤア、こんちは やぁやぁやぁ！
	そういやあれはどうなった？	やや、あれはどうなった？

●この中のどれか

メタ文字「|」を使うと、「これじゃなければそれ」という感じで、いくつかのパターンを候補にできます。「ありがとう」「あざっす」「あざます」などの似た意味の言葉をまとめて反応させるためのパターンや、「面白い」「おもしろい」「オモシロイ」などの漢字／ひらがな／カタカナの表記の違いをまとめるためのパターンなどに使うと便利です。

正規表現	マッチする文字列	マッチしない文字列
こんにちは|今日は| こんちわ	こんにちは、ピティナ	こんばんはピティナ、 今日のピティナ
	今日はもうおしまい	今日のご飯なに？
	こんちわ〜ピティナです	ちわっす、 ピティナっす

●アンカー

　「アンカー」は、パターンの位置を指定するメタ文字のことです。アンカーを使うと、「対象の文字列のどこにパターンが現れなければならないか」を指定できます。指定できる位置はいくつかありますが、行の先頭「^」と行末「$」がよく使われます。文字列に複数の行が含まれている場合は、1つの対象の中に複数の行頭／行末があることになりますが、本書で作るPityna システムをはじめ、たいていのプログラムでは行ごとに文字列を処理するので、「^」を文字列の先頭、「$」を文字列の末尾にマッチするメタ文字と考えてほぼ問題ありません。

　たんに文字列だけをパターンにすると、意図しない文字列にもマッチしてしまうという問題がありましたが、先頭にあるか末尾にあるかを限定できるアンカーを効果的に使えば、うまくパターンマッチさせることができます。

正規表現	マッチする文字列	マッチしない文字列
^やあ	やあ、ピティナ	いやあまいった
	やあだ	おっと、やあ、ピティナじゃない。
じゃん$	これ、いいじゃん	じゃんじゃん食べな
	やってみればいいじゃん	すべておじゃんだ
^ハイ$	ハイ	ハイ、ピティナ
		ハイハイ
		チューハイまだ？
		[空白]ハイ[空白]

●どれか1文字

　いくつかの文字を[ ]で囲むことで、「これらの文字の中でどれか1文字」という表現ができます。例えば[。、]は「。」か「、」のどちらか句読点1文字、という意味です。アンカーと同じように、直後に句読点がくることを指定して、マッチする対象を絞り込むテクニックとして使えるでしょう。また「[AA]」のように、全角／半角表記の違いを吸収する用途にも使えます。

正規表現	マッチする文字列	マッチしない文字列
こんにち[はわ]	こんにちは	こんにちへ
	こんにちわ	こんにちば
ども[～ー…！、]	どもーっす	ども。
	毎度、ども～。	女房ともどもよろしく
	ものども！ついてこい！	こどもですが何か？

●何でも1文字

　「.」は何でも1文字にマッチするメタ文字です。普通の文字はもちろんのこと、スペースやタブなどの目に見えない文字にもマッチします。1つだけでは役に立ちそうにありませんが、「...」（何か3文字あったらマッチ）のように連続して使ったり、次に紹介する繰り返しのメタ文字と組み合わせたりして、「何でもいいので何文字かの文字列がある」というパターンを作るのに使います。

正規表現	マッチする文字列	マッチしない文字列
うわっ、…！ └.が3つ	うわっ、出たっ！	うわっ、出たあー！
	うわっ、それか！	うわっ、そっちかよ！
	うわっ、くさい！	うわっ、くさ！

●繰り返し

繰り返しを意味するメタ文字を置くことで、直前の文字が連続することを表現できます。ただし、繰り返しが適用されるのは直前の1文字だけです。2文字以上のパターンを繰り返すには、後述するカッコでまとめてから繰り返しのメタ文字を適用します。

「+」は1回以上の繰り返しを意味します。つまり「w+」は'w'にも'ww'にも'wwwwww'にもマッチします。

「*」は0回以上の繰り返しを意味します。「0回以上」であるところがポイントで、繰り返す対象の文字が一度も現れなくてもマッチします。つまり「w*」は'w'や'wwww'にマッチしますが、'123'や''（空文字列）や'人間失格'にもマッチします。要は、ある文字が「あってもなくてもかまわないし連続していてもかまわない」ことを意味します。繰り返しの回数を限定したいときは{m}を使えばOKです。mは回数を表す整数です。また、{m,n}とすると「m回以上、n回以下」という繰り返し回数の範囲まで指定できます。{m,}のようにnを省略することもできます。+は{1,}と、*は{0,}と同じ意味になります。

正規表現	マッチする文字列	マッチしない文字列
は＋	ははは	ハハハ
	あはは	うふふ
	あれはどうなった？	あれがいいよ
^ええーっ！＊	ええーっ！！！	うめええーっ！
	ええーっ、もう帰っちゃうの？	めっちゃすげええーっ！
	ええーっこれだけ？	おえええーっ！
ぷ{3,}	ぷぷぷ	ぷおーっ
	うぷぷぷぷぷ	うぷぷっ

●あるかないか

「?」を使うと、直前の1文字が「あってもなくてもいい」ことを表すことができます。繰り返しのメタ文字と同じく、カッコを使うことで1文字以上のパターンに適用することもできます。

正規表現	マッチする文字列	マッチしない文字列
盛った[！!]?$	この写真、だいぶ盛った！	いやあだいぶ盛ったねぇ
	盛ったよ、盛った！	マネージャーさんが盛った。
	よし、完璧に盛った	盛った写真じゃだめですか。

●パターンをまとめる

すでに何度かお話ししましたが、カッコ「( )」を使うことで、1文字以上のパターンをまとめることができます。まとめたパターンはグループとしてメタ文字の影響を受けます。例えば「(abc)+」は「abcという文字列が1つ以上ある」文字列にマッチします。メタ文字「|」を使うと複数のパターンを候補として指定できますが、「|」の対象範囲を限定させるときにもカッコを使います。例えば「^さよなら|バイバイ|じゃまたね$」というパターンは、「^さよなら」「バイバイ」「じゃまたね$」の3つの候補を指定したことになります。

アンカーの場所に注意してください。このとき、カッコを使って「^(さよなら|バイバイ|じゃまたね)$」とすれば、「^さよなら$」「^バイバイ$」「^じゃまたね$」を候補にできます。

正規表現	マッチする文字列	マッチしない文字列
(まじ|マジ)で	ま、まじで?	まーじー?
	マジでそう思います	まじ、でそう思います。
(ほんわか)+	君は本当にほんわかした人だ	そのセーターほわほわしてるね
	心がほんわかほんわかする	心がほわってする

パターン辞書ファイルを作ろう

メタ文字の種類はまだまだあるのですが、パターン辞書に使用できるものをまとめてみました。もともと正規表現は、Webのアドレス(URL)やメールアドレスからドメインを抜き出す、といった非常に限定されたフォーマットの文字列に対してパターンマッチを行うためのものなので、会話文のような自然言語(特に日本語)に対しては非力な面があります。とはいえ、工夫次第である程度まで発言の意図をくみ取ることができます。まず、反応すべきキーワードを文字列で設定し、それを補助する目的でメタ文字を使うと、辞書を作りやすいと思います。

次に示すのは、サンプルとして用意したパターン辞書ファイルです。「パターン[TAB]応答」のように、パターンと応答のペアをTAB(タブ)で区切って、1行のテキストデータとしています。工夫次第でいろんなデータを作れるので、いろいろと作ってみるとよいでしょう。

▼パターン辞書ファイルの例 (Pityna/dics/pattern.txt)

```
こんち(は|わ)$        こんにちは|やほー|ちわす|ども|また君か笑
おはよう|おはよー|オハヨウ        おはよ!|まだ眠い…|さっき寝たばかりなんだけど
こんばん(は|わ)        こんばんわ|もうそんな時間?|いま何時?
^(お|うい)す$        おーっす!
^やあ[、。!]*$        やっほー|また来た笑
バイバイ|ばいばい        ばいばい|バイバーイ|ごきげんよう
^じゃあ?ね?$|またね        またねー|じゃあまたね|またお話ししようね!


^どれ[??]$        アレはアレ|いま手に持ってるものだよ|それだよー
```

```
^ [し知] ら [なね]　　　それやばいよ | 知らなきゃまずいじゃん | 知らないの？

おまえ | あんた | お前 | てめー　　%match%じゃないよ！
バカ | ばか | 馬鹿　　そんなふうに言わないで！ | %match%じゃないもん！ | %match%って言う人が%match%な
んだよ！ | ぷんすか！
ごめん | すまん | (許 | ゆる) し　　じゃあお菓子買ってー | もう～ | 知らないよー！
かわいい | 可愛い | カワイイ | きれい | 綺麗 | キレイ　　%match%って言った！？　言った！？ | 本当に%match%
？

何時　　眠くなった？ | もう寝るの？ | まだお話ししようよ | もう寝なきゃ
甘い | あまい　　お菓子くれるの？ | プリンも好きだよ | チョコもいいね

チョコ　　ギブミーチョコ！ | よこせチョコレート！ | ビターは苦手かな？ | 冷やすと美味しいよね
パンケーキ　　パンケーキいいよね！ | しっとり感が最高！
グミ　　すっぱいのが好き！ | たまに飲み込んじゃう
マシュマロ　　そのままでもいいけど焼くのがいいな | パンに塗りたくるのもいいよね
あんこ | アンコ　　アンコならあんぱんじゃ！ | アンコ！よこせ！ | あんまんもいいよね
餃子 | ぎょうざ | キョーザ　　食べたーい！ | ぎぎ、ぎょうざ… | 餃子のことを考えると夜も眠れません
ラーメン | らーめん　　ラーメン大好きピティナさん | 自分でも作るよ | わたしはしょうゆ派かな

自転車 | チャリ | ちゃり　　チャリで行くぜ！ | 雨降っても乗ってるんだ！ | 電動アシストほしいな～

春　　お花見したいね～ | いくらでも寝てられる | 春はハイキング！
夏　　海！海！海！ | プール！　プール！！ | アイス食べたい！ | 花火しようよ！ | キャンプ行こうよ！
秋　　読書するぞー！ | ブンガクの季節なのだ | 温泉もいいよね | キャンプ行こうよ！
冬　　お鍋大好き！ | かわいいコートが欲しい！ | スノボできる？ | 温泉行きたいー
```

5

ピティナのGUI化と[人工感情]の移植

Hint | プロンプト

　ChatGPTで使われている大規模言語モデルの「GPT-3」は、何か話しかけると適切な応答を返すことで、雑談相手になってくれます。このとき「話しかける」ことを専門用語で「プロンプト」と呼びます。プロンプトを適切に処理できないと、正しく応答することができず、プロンプトが何を要求しているのか（タ

スク）を正確に認識することが求められます。
　ここで作成しているパターン辞書は、「ユーザーの発言（プロンプト）に含まれる特定の単語に反応し、応答を返す」というシンプルな処理を通じて、会話を成立させようとしています。

5.3.2 「パターン辞書」「ランダム辞書」「オウム返し」の三つどもえの反応だ！

正規表現の説明が長くなりましたが、そろそろピティナの改造に取りかかることにしましょう。前項でお話ししたように、Pythonには**match()**と**search()**というメソッドがあり、正規表現のパターンと、パターンマッチを行う対象の文字列を引数にすると、マッチした場合はMatchオブジェクト、マッチしない場合はNoneが返されます。これを使えば、パターン辞書から読み込んだ文字列をそのまま引数として渡すことができるので、うまく処理できそうです。

match()とsearch()

match()は文字列の先頭に対してパターンマッチを行いますが、search()はパターンがどこにあってもマッチするので、こちらを使うことにしましょう。

今回のプログラムではおそらく、こんなふうに使うことになると思います。

```
m = re.search(pi[0], input)
if m:
    # 処理A（ユーザーの発言の一部がパターンにマッチしたときの処理）
```

inputにはユーザーの発言、pi[0]にはパターン辞書の正規表現が入っていると考えてください。mにはsearch()メソッドの結果、つまりマッチしたときにはMatchオブジェクトが、マッチしなかったときにはNoneが代入されます。これをifの条件式として、マッチしたときに処理Aが実行されます。ここでピティナの応答メッセージを作成すればうまくいきます。

この仕組みをもとにして、パターン辞書によって応答を返すという、Responderクラスの新しいサブクラスを作ります。名前をPatternResponderとして、仕様を決めていきましょう。

●**パターン辞書の先頭行から順にパターンマッチを行い、マッチした行の応答例をもとに応答メッセージを作る**

ファイルの読み込みはRandomResponderでもやりました。読み込んだ行ごとに上記のような処理を繰り返し、マッチするパターンがないか探すことにしましょう。

●**1つのパターンに対して応答例は「|」で区切って複数設定しているので、ランダムに選択する**

あるパターンにマッチしたときの応答メッセージがワンパターンにならないよう、応答例は複数用意することにします。「晴れ[TAB] お出かけ！|遊園地！|水族館行きたい！」のような感じで、パターン辞書にいろいろなメッセージを用意しましょう。

●**マッチするパターンがなかったときは、ランダム辞書からランダムに選択した応答を返す**

パターン辞書を用いる際に気を付けたいのは、辞書に登録されているどのパターンにもマッチしない可能性があるという点です。このような事態が起きたときの対策として、ランダム辞書を使った無作為な応答を返すことにします。

ただし現状では、ランダム辞書はRandomResponderが保持するようになっているので、PatternResponderからもランダム辞書を使えるようにする必要があります。

そこで、すべての辞書をまとめて管理するDictionaryクラスを新たに作り、このクラスのオブジェクトを各Responderが共有するようにします。Dictionaryからは各辞書に自由にアクセスできるようにして、Dictionaryオブジェクト自身はPitynaクラスが管理し、各Responderの生成時に渡すようにすればよいでしょう。

●応答例の中に「%match%」という文字列があれば、パターンにマッチした文字列と置き換える

マッチした文字列を応答メッセージの一部として使えるようにします。例えば「バカ|ばか|馬鹿」というワルイ言葉のパターンに対して「%match%じゃないもん！」と応答をセットしておけば、「おバカ」「ばかちん」「馬鹿だなあ」などのユーザーの失礼な発言に応じて「バカじゃないもん！」「ばかじゃないもん！」「馬鹿じゃないもん！」をそれぞれ返すことができます。注意してほしいのは、「マッチした文字列」とはユーザーの発言全文ではなく、「パターンがマッチした部分」だということです。

Matchオブジェクトのgroup()メソッドで、マッチした文字列を取得できるので、これを応答文字列中の「%match%」と置き換えれば、リアルな応答ができるはずです。

5

ピティナのGUI化と［人工感情］の移植

Dictionaryクラス

▼VSCodeの［エクスプローラー］

現在、ピティナプログラムを格納する「Pityna」フォルダーには、前節までに作成したファイル群に加え、「dict」フォルダー以下に新設のパターン辞書ファイル「pattern.txt」が格納されています。「Pityna」フォルダー以下に新規のPythonモジュール「dictionary.py」を作成しましょう。

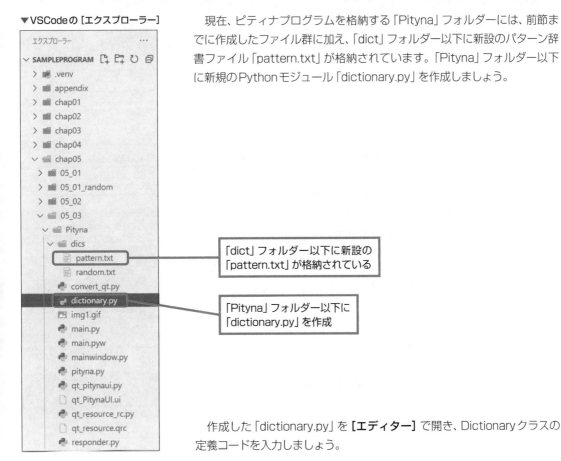

「dict」フォルダー以下に新設の「pattern.txt」が格納されている

「Pityna」フォルダー以下に「dictionary.py」を作成

作成した「dictionary.py」を［エディター］で開き、Dictionaryクラスの定義コードを入力しましょう。

▼Dictionaryクラス (Pityna/dictionary.py)

```python
import os


class Dictionary(object):
    """辞書用の2ファイルを開き、応答データをリストと辞書オブジェクトにそれぞれ格納する

    Attributes:
        random (list): ランダム辞書のフレーズを格納したリストを保持
        pattern (dict): パターン辞書のパターンと応答フレーズを格納する辞書オブジェクト
    """
    def __init__(self):
        """Dictionaryオブジェクトの初期化処理

        """
        # ピティナのランダム辞書を作成
        self.random =  self.make_random_list()                          ①
        # ピティナのパターン辞書を作成
        self.pattern = self.make_pattern_dictionary()                   ②


    def make_random_list(self):
        """ランダム辞書ファイルのデータを読み込んでリストrandomに格納する

        Returns:
            list: ランダム辞書の応答フレーズを格納したリスト
        """
        # random.txtのフルパスを取得
        path = os.path.join(os.path.dirname(__file__), 'dics', 'random.txt')
        # ランダム辞書ファイルオープン
        rfile = open(path, 'r', encoding = 'utf_8')                     ③
        # 各行を要素としてリストに格納
        r_lines = rfile.readlines()
        # ファイルオブジェクトをクローズ
        rfile.close()
        # 末尾の改行と空白文字を取り除いてリストrandom_listに格納
        random_list= []
        for line in r_lines:
            str = line.rstrip('\n')
            if (str!=''):
                random_list.append(str)

        return random_list
```

```python
def make_pattern_dictionary(self):
    """パターン辞書ファイルのデータを辞書オブジェクトpatternに格納

    Returns:
        dict: パターン辞書のパターンと応答フレーズを格納したdictオブジェクト

    ・辞書オブジェクトpatternの構造
    {
        'pattern'  : [パターンのリスト]
        'phrases'  : [パターンに対応する応答フレーズのリスト]
    }
    """
    # pattern.txtのフルパスを取得
    path = os.path.join(os.path.dirname(__file__), 'dics', 'pattern.txt')
    # パターン辞書オープン
    pfile = open(path, 'r', encoding = 'utf_8')                          ④
    # 各行を要素としてリストに格納
    p_lines = pfile.readlines()                                          ⑤
    # ファイルオブジェクトをクローズ
    pfile.close()
    # 末尾の改行と空白文字を取り除いてリストpattern_listに格納
    pattern_list = []
    for line in p_lines:
        str = line.rstrip('\n')                                         ⑥
        if (str!=''):
            pattern_list.append(str)                                    ⑦

    # 1行をタブで切り分けて辞書オブジェクトpattern_dictに格納
    # 'pattern'キー：正規表現のパターン
    # 'phrases'キー：応答フレーズ（メッセージ）
    pattern_dict = {}
    for line in pattern_list:
        ptn, prs = line.split('\t')                                     ⑧
        pattern_dict.setdefault('pattern', []).append(ptn)
        pattern_dict.setdefault('phrases', []).append(prs)
    return pattern_dict
```

●__init__()メソッドの処理

　2つの辞書用のインスタンス変数として、ランダム応答用のリストrandom（❶）とパターン応答用の辞書pattern（❷）を用意し、それぞれmake_random_list()とmake_pattern_dictionary()を実行して初期化します。今回は、2つの辞書ファイルを扱うので、それぞれの処理を専用のメソッドにまとめ、__init__()ではこれらのメソッドの呼び出しのみを行うようにしています。

●make_random_list()メソッドの処理

❸以下では、ランダム辞書（random.txt）を読み込んで、1行ごとのデータを要素としたリストrandom_listを作成しています。戻り値の格納先のインスタンス変数がself.randomであること以外は、従来のRandomResponderが行っていた処理とまったく同じ内容です。最後に、作成したリストを戻り値にして終了です。

●make_pattern_dictionary()の処理

❹以下でパターン辞書ファイルが読み込まれます。ランダム辞書と同じくdicsフォルダー内に「pattern.txt」という名前で置いてあるので、それをopen()メソッドで開き、readlines()で1行ごとのデータを要素としたリストをp_linesに格納します（❺）。1行ごとに末尾の改行（\n）を取り除き（❻）、空白行以外をリストpattern_listの要素として追加する❼の処理は、ランダム辞書のときと同じです。

次のforループではパターン辞書の各行についての処理が行われるのですが、❽の行では、行末の\nと空白行のみの要素を除いた1行データを[TAB]のところで切り分け、ptnとprsに格納します。

これをどうするかというと、事前に用意した辞書オブジェクトpattern_dictに、キーと値のペアとして格納します。'pattern'キーには正規表現のパターン、'phrases'キーには応答例の文字列をそれぞれリストの要素として格納します。

nepoint

Pythonは、「ptn, prs = line.split('\t')」と書くと、split()で2つに切り分けたデータのうち、先頭のデータをptnに、後続のデータをprsに格納してくれます。

▼リストの要素を「キー: 値」の書式で辞書に追加する

```
ptn, prs = line.split('\t')  # 多重代入
```

↓

```
ptn の値 => 'こんち (は | わ) $'
prs の値 => 'こんにちは | やほー | ちわす | ども | また君か (笑)'
```

↓

```
pattern_dict.setdefault('pattern', []).append(ptn)
```
——————— パターンの部分を追加
```
pattern_dict.setdefault('phrases', []).append(prs)
```
——————— 応答例の部分を追加

↓

```
{
    'pattern': ['こんち (は | わ) $', 'おはよう | おはよー | オハヨウ', ... ],
    'phrases': ['こんにちは | やほー | ちわす | ども | また君か笑', ... ]
}
```

forループによる繰り返しなので、'pattern'キーと'phrases'キーには、正規表現のパターンと応答例がリストの要素として追加されていきます。

▼辞書の中身はキーとリストのペア

```
{
    'pattern' : [ 1行目のパターン, 2行目のパターン, ... ],
    'phrases' : [ 1行目の応答フレーズ, 2行目の応答フレーズ, ... ]
}
```

最初の「ptn, prs = line.split('\t')」は多重代入という仕組みを使っています。右辺（「=」の右の式）の値がリストの場合、左辺に複数の変数をカンマで区切って書いておくと、先頭の変数から順に、リストの先頭要素から値が代入されていきます。split()メソッドは切り分けた2つの要素をリストで返すので、patternに正規表現パターン、phrasesに応答例が格納されます。

次に、それぞれの変数の値を「キー: 値」の書式で辞書に追加するのですが、キーは1つでも、値は複数あるので「'キー': [リスト]」のペアを要素にしなくてはなりません。これを可能にしているのがsetdefault()メソッドです。

▼setdefault()メソッドで「'キー': [リスト]」の形式を作り、append()で辞書に追加する

追加する辞書オブジェクト.setdefault('キー名', []).append(追加する値)

setdefault()で「'キー名', []」の書式を指定し、append()でキーのリストに値を追加するというわけです。これで、キー'pattern'で正規表現パターン、'phrases'で応答例にアクセスできるようになります。pattern_dictは「'キー': [リスト]のペアを要素とした辞書」という複雑な構造を持つことになります。

辞書ファイルの読み込みについては以上で完了です。最後に作成した辞書（dict）をreturnしたらメソッドの処理は終了です。

Responderクラスとそのサブクラス群

次に、Dictionaryオブジェクトの間接的なユーザーであるResponderを見てみましょう。

「Pityna」フォルダー以下の「responder.py」を[エディター]で開いて、次のように編集しましょう。パターン辞書を扱うPatternResponderクラスが新設されたほか、既存のRepeatResponderクラスやRandomResponderクラスの内容が変わっています。

▼Responder、RepeatResponder、RandomResponder、PatternResponder（Pityna/responder.py）

```
import random
import re                                                    reモジュールのインポート


class Responder(object):
    """ 応答クラスのスーパークラス

    """
    def __init__(self, name):                                    ❶
```

```
        """ Responderオブジェクトの名前をnameに格納する処理だけを行う

        Args:
            name(str)   : 応答クラスの名前
        """
        self.name = name

    def response(self, input):                                            ❷
        """ オーバーライドを前提としたresponse()メソッド

        Args:
            input(str)   : ユーザーの発言
        Returns:
            str: 応答メッセージ(ただし空の文字列)
        """
        return ''

class RepeatResponder(Responder):
    """ オウム返しのためのサブクラス
    """
    def __init__(self, name):                                             ❸
        """スーパークラスの__init()__の呼び出しのみを行う

        Args:
            name (str): 応答クラスの名前
        """
        super().__init__(name)

    def response(self, input):                                            ❹
        """response()をオーバーライド、オウム返しの返答をする

        Args:
            input (str): ユーザーの発言

        Returns:
            str: 応答メッセージ
        """
        # オウム返しの返答をする
        return '{}ってなに？'.format(input)

class RandomResponder(Responder):
    """ ランダムな応答のためのサブクラス
```

```
        """
    def __init__(self, name, dic_random):                                       ❺
        """ スーパークラスの__init__()にnameを渡し、
            ランダム応答用のリストをインスタンス変数に格納する

        Args:
            name(str): 応答クラスの名前
            dic_random(list): Dictionaryオブジェクトが保持するランダム応答用のリスト
        """
        super().__init__(name)
        self.random = dic_random


    def response(self, input):                                                  ❻
        """ response()をオーバーライド、ランダムな応答を返す

        Args:
            input(str)  : ユーザーの発言
        Returns:
            str: リストからランダムに抽出した応答フレーズ
        """
        # リストrandomからランダムに抽出して戻り値として返す
        return random.choice(self.random)

class PatternResponder(Responder):
    """ パターンに反応するためのサブクラス

    """
    def __init__(self, name, dictionary):                                       ❼
        """ スーパークラスの__init__()にnameを渡し、
            Dictionaryオブジェクトをインスタンス変数に格納する

        Args:
            name(str)    : Responderオブジェクトの名前
            dictionary(dic): Dictionaryオブジェクト

        """
        super().__init__(name)
        self.dictionary = dictionary


    def response(self, input):
        """ パターンにマッチした場合に応答フレーズを抽出して返す
```

```
        Args:
            input(str)   : ユーザーの発言

        Returns:str:
            パターンにマッチした場合はパターンと対になっている応答メッセージを返す
            パターンマッチしない場合はランダム辞書の応答メッセージを返す
        """
        # pattern['pattern'] とpattern['phrases']に対して反復処理
        for ptn, prs in zip(                                              ─── ⑧
            # ptnに正規表現のパターンを代入する
            self.dictionary.pattern['pattern'],
            # prsにパターンに対応する応答メッセージを代入する
            self.dictionary.pattern['phrases']
            ):
            # ユーザーの発言に対してパターンマッチを行う
            m = re.search(ptn, input)                                     ─── ⑨
            if m:                                                         ─── ⑩
                # ユーザーの発言の一部がパターンにマッチしている場合は、
                # prsの応答フレーズを'|'で切り分けてランダムに1文を取り出す
                resp = random.choice(prs.split('|'))                      ─── ⑪
                # 抽出した応答フレーズを返す
                # 応答フレーズの中に%match%が埋め込まれている場合は、
                # インプットされた文字列内のパターンマッチした文字列に置き換える
                return re.sub('%match%', m.group(), resp)                 ─── ⑫
        # パターンマッチしない場合はランダム辞書から返す
        return random.choice(self.dictionary.random)                     ─── ⑬
```

●Responderクラス

　応答クラスのスーパークラスResponderクラスの__init__()メソッド（❶）では、これまでと同じように、応答クラスの名前をインスタンス変数に代入する処理のみを行います。

　❷のresponse()メソッドは、オーバーライドされることを前提にしているので、空の文字列を返す処理のみが記述されています。

●RepeatResponderクラス

　RepeatResponderクラスでは、ユーザーの発言をオウム返しするだけなので、Dictionaryオブジェクトは必要ありません。このため、新設された❸の__init__()メソッドでは独自の処理は行わず、応答クラスの名前を引数にしてスーパークラスの__init__()の呼び出すことだけを行います。

　❹のresponse()のオーバーライドの内容は、これまでと同じです。「○○ってなに？」の書式でオウム返しの応答を返します。

●RandomResponderクラス

　新しく実装されたDictionaryオブジェクトを受け取るため、RandomResponderクラスの__init__()メソッド（❺）が修正されています。ただ、Dictionaryオブジェクトにはランダム辞書（self.random）とパターン辞書（self.pattern）の2つが含まれているので、RandomResponderをインスタンス化する際は、RandomResponderが必要とするランダム辞書のみを引数として渡すようにします。したがって、RandomResponderの__init__()では、パラメーターdic_randomで受け取ったランダム辞書をインスタンス変数randomに代入する処理が行われることになります。

　❻のresponse()のオーバーライドでは、使用するランダム辞書がself.responsesからself.randomに変更されています。

●PatternResponderクラス

　新設のResponderであるPatternResponderクラスの__init__()メソッド（❼）では、Dictionaryオブジェクトを受け取って、インスタンス変数self.dictionaryへの代入を行います。PatternResponderでは、ランダム辞書とパターン辞書の両方を必要とするので、Dictionaryオブジェクトごとパラメーターで受け取るようにしています。

　response()メソッドはちょっと複雑に見えますが、中身を分解すればわかるように、たいして難しいことはやっていません。まず、response()メソッドの内容を大きく分けましょう。大部分を占める❽のforステートメントが「パターンマッチによって応答メッセージを作成する処理」、最後の⓭の行は「マッチしなかったときにランダム辞書から応答を選択する処理」です。ランダム辞書の使い方はRandomResponderとまったく同じです。

●pattern['pattern']とpattern['phrases']に対する反復処理

　❽のforステートメントでは、zip()関数を使ってpattern['pattern']とpattern['phrases']のリストに対して反復処理を行います。pattern['pattern']はpattern辞書のpatternキーの値を参照し、pattern['phrases']はphrasesキーの値を参照します。どちらの値もリストなので、リストから1つずつ取り出された値がforのあとのptnとprsに代入されます。zip()の引数の順番に対応するので、ptnには正規表現のパターン、prsには応答フレーズが格納されます。

　これらの値は1行のデータを分解したものですが、それぞれのリストで1行目のパターン文字も応答例も1つ目の要素となっているのをはじめとして、各行のデータが順番に並んでいるので、zip()で同時に取り出し、パターンを頭からチェックしていく繰り返し処理に入ります。

▼zip()を使った複数のリストの反復処理

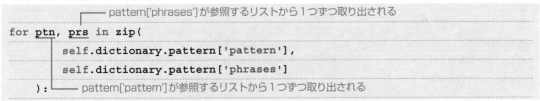

●パターンマッチ

　❾においてsearch()の第1引数に正規表現ptnを渡し、第2引数にユーザー発言inputを渡して、ユーザー発言に対してパターンマッチを行います。

▼パターンマッチを行う

```
m = re.search(ptn, input)
```

　　　パターンにマッチすれば、mにMatchオブジェクトが格納されるので、ifステートメント（⑩）以下に処理が進み、マッチしなければforの冒頭に戻って次のパターンをチェックします。

●マッチしたときの2つの処理

　　　マッチしたときにしなければならない処理は2つです。「|」で区切られた複数の応答フレーズからランダムに1つ選択し、その中に「%match%」が含まれていればマッチした文字列と置き換えます。⑪と⑫の2行がこの2つの処理に対応します。

　　　⑪では、応答フレーズ群であるprsをsplit()メソッドにより「|」で分割し、得られたリストからランダムに1つ選択します。「|」がないとき、つまり複数設定されていないときでも、split()は要素1つだけのリストを返すので問題ありません。

　　　⑫では、reモジュールのsub()メソッドによって「%match%」の置き換えを行っています。sub()は、第1引数に指定した正規表現にマッチしたすべての文字列を第2引数の文字列で置き換え、置き換えた結果の文字列を返します。第3引数には操作対象の文字列を指定します。ただし、第2引数に指定するのは⑨で取得したMatchオブジェクトなので、group()メソッドでマッチした文字列を取り出すようになっています。

　　　⑫の行でreturnしているので、パターンがマッチして応答メッセージを作ることができたらresponse()メソッドは終了します。

　　　⑬は、ランダム辞書からメッセージをランダムにチョイスして戻り値として返すためのコードです。⑧のループがパターンにマッチしないまま終わってしまったときは、⑬に進んで、ランダム辞書から抽出されたメッセージが返されることになります。

　　　以上で、パターン辞書を使って応答を返すPatternResponderクラスの定義ができました。

Pitynaクラス

　　　パターン辞書を使って応答を返すPatternResponderが用意できたので、あとはこれをPitynaクラスでどう使うかです。「Pityna」フォルダー以下の「pityna.py」を**［エディター］**で開いて、次のように編集しましょう。ピティナの本体クラスPitynaの__init__()メソッドとdialogue()メソッドの内容が大きく変わっています。

▼Pitynaクラス（Pityna/pityna.py）

```
import responder

import random

import dictionary ──────────────────────────────── dictionary.pyをインポート


class Pityna(object):
    """ ピティナの本体クラス
```

```
    Attributes:
        name (str): Pitynaオブジェクトの名前を保持
        dictionary (obj:`Dictionary`): Dictionaryオブジェクトを保持
        res_repeat (obj:`RepeatResponder`): RepeatResponderオブジェクトを保持
        res_random (obj:`RandomResponder`): RandomResponderオブジェクトを保持
        res_pattern (obj:`PatternResponder`): PatternResponderオブジェクトを保持
    """
    def __init__(self, name):
        """ Pitynaオブジェクトの名前をnameに格納
            Responderオブジェクトを生成してresponderに格納

        Args:
            name(str)    : Pitynaオブジェクトの名前
        """
        # Pitynaオブジェクトの名前をインスタンス変数に代入
        self.name = name
        # Dictionaryを生成
        self.dictionary = dictionary.Dictionary()                    ❶
        # RepeatResponderを生成
        self.res_repeat = responder.RepeatResponder('Repeat?')        ❷
        # RandomResponderを生成
        self.res_random = responder.RandomResponder(
                'Random', self.dictionary.random)                     ❸
        # PatternResponderを生成
        self.res_pattern = responder.PatternResponder(
                'Pattern', self.dictionary)                           ❹


    def dialogue(self, input):
        """ 応答オブジェクトのresponse()を呼び出して応答文字列を取得する

        Args:
            input(str): ユーザーの発言
            Returns:
                str: 応答フレーズ
        """
        # 1～100の数値をランダムに生成
        x = random.randint(1, 100)                                    ❺
        # 60以下ならPatternResponderオブジェクトにする
        if x <= 60:                                                   ❻
            self.responder = self.res_pattern
        # 61～90以下ならRandomResponderオブジェクトにする
        elif 61 <= x <= 90:
```

```
            self.responder = self.res_random
        # それ以外はRepeatResponderオブジェクトにする
        else:
            self.responder = self.res_repeat
        return self.responder.response(input)                                    ❼

    def get_responder_name(self):
        """ 応答に使用されたオブジェクト名を返す

        Returns:
            str: responderに格納されている応答オブジェクト名
        """
        return self.responder.name

    def get_name(self):
        """ Pitynaオブジェクトの名前を返す

        Returns:
            str: Pitynaクラスの名前
        """
        return self.name
```

●__init__()メソッドの処理

　__init__()メソッドが変わりました。❶でDictionaryオブジェクトを生成、以降の3つのResponderを作るコードが続きます。

　❷でRepeatResponderのオブジェクトを生成します。RepeatResponderは辞書を必要としないので、コンストラクターの引数には、応答クラス名を示す文字列のみが指定されています。

　❸でRandomResponderのオブジェクトを生成します。RandomResponderはランダム辞書を必要とするので、応答クラス名を示す文字列と共に、Dictionaryオブジェクトのrandom（ランダム辞書の応答フレーズが格納されているリスト）を引数にしています。

　❹はPatternResponderのオブジェクトを生成するコードですが、PatternResponderはランダム辞書とパターン辞書を必要とするので、応答クラス名を示す文字列と共に、Dictionaryオブジェクトそのものを引数にしています。

●dialogue()メソッド

　dialogue()メソッドではResponderの選び方が変わっています。以前は2つのResponderのどちらかをランダムに選択していました。今回も、ランダムに選択することには変わりないのですが、選ばれる確率に偏りを持たせています。❺の「random.randint(1, 100)」の結果、1〜100の整数が生成されますが、その値は❻以下のif...elifで評価されます。

　最初のifでは生成された乱数が1〜60の範囲、elifでは61〜90の範囲を条件にしています。つまり、ifではrandint()によって生成される1〜100（100通り）の整数が1〜60（60通り）の範囲に含まれているとき、つまり60％の確率で真となる条件を設定しているわけです。

同様にelifでは61〜90（30通り）で30%、elseは残りの10%となるので、このdialogue()メソッドでは、

　・PatternResponderは60%
　・RandomResponderは30%
　・RepeatResponderは10%

という確率で3つのResponderを選択することになります。せっかく作ったPatternResponderですので、多めに使われるように確率を高く設定してみました。

あとは❼で、responderに代入されたResponderのサブクラスに対してresponse()メソッドを実行して、dialogue()メソッドは終了します。

以上の変更を経て、ピティナはPatternResponderを使ってインプットした文字列に反応することが可能になりました。このほかのファイルについては変更点はないので、ソースコードの掲載は省略します。

では、プログラムを実行して結果を見てみましょう。「main.py」を **[エディター]** で表示した状態で **[実行とデバッグ]** ビューの **[実行とデバッグ]** をクリックし、必要に応じて **[Pythonファイル 現在アクティブなPythonファイルをデバッグする]** を選択します。

▼VSCodeの[実行とデバッグ]ビュー

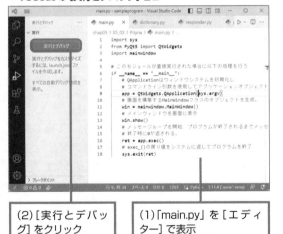

(2)[実行とデバッグ]をクリック

(1)「main.py」を[エディター]で表示

▼実行中のピティナプログラム

入力したパターンに反応しています

うまくパターンに反応しています。ワンパターン化しやすいPatternResponderの応答に対して、たまに混じってくるRandomResponderやRepeatResponderからの応答がワンパターンになるのを防いでいます。

パターンへの反応も覚え、ピティナもかなり賢くなってきたようです。次節では、いつも同じ表情のピティナのイメージに、感情による変化を持たせることを考えてみましょう。

感情の創出

　ここまでのピティナは、パターンに反応するものの、表情を変えることはありませんでした。でも、無表情のまま「いま何て言った？」とか言われても怖いので、本節ではシンプルな感情モデルの仕組みを使って、表情にバリエーションを付けてみようと思います。表情を増やすということは、表示するイメージを増やすということですが、それには、ピティナの感情をモデル化し、感情の表れとしての表情の変化をどのように実現するか、ということを考える必要がありそうです。

プログラムに「感情」を組み込むことについて考える

　ピティナの感情をモデル化する――つまりピティナが感情を持つとはどういうことか、それをプログラムで表すとどうなるのかということを考え、また、感情の表れとしての表情の変化をどのように実現するかを検討しましょう。

●プログラムで感情の仕組みを実現したい！

　ピティナはプログラムですので、人間と同じように悲しんだり喜んだりすることはできません。

　しかし、「感情の揺れ」を数値化し、それをプログラムで表現できれば、あたかも感情を持っているように振る舞えます。そこで、「感情」とはどんな動きをするものなのか、「感情らしさ」を表現するにはどういった仕組みが要るのか、どうすればそれをアルゴリズム（あることをプログラムで達成するための処理手順）として表現できるのか、といったことを考えていきます。

▼pitynaモジュールにEmotionクラスを新設する

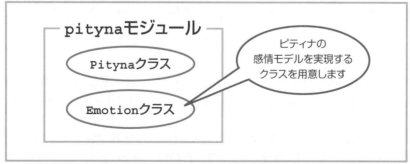

5.4.1　ピティナに「感情」を与えるためのアルゴリズム

　　「喜怒哀楽」という言葉があるように、感情には様々な「状態」があります。それらの状態のいくつかは、「悲しい⇔嬉しい」や「不機嫌⇔上機嫌」というように、1つの軸の両端に位置付けて表現できるかもしれません。さらに、このようなある感情を表すペアの状態は、1つのパラメーター（入力値）でモデル化できるはずです。つまり、「悲しい⇔嬉しい」であれば0の位置を平静な状態であるとして、値がプラス方向に向かえば上機嫌、マイナス方向に向かえば不機嫌、とするわけです。

▼ 1つの感情のパターンをモデル化する

5

感情の「揺れ」はパラメーター値を変化させる仕組みで実現

　　感情は、何らかの刺激を受けることをきっかけに変化します。ピティナにとっての刺激はユーザーの発言だけですので、嫌なことを言われれば（感情を表す値をマイナス方向に動かして）不機嫌になり、嬉しい言葉を言ってもらうと（値をプラス方向に動かして）上機嫌になる、という仕組みを作ればよいでしょう。快と不快をどう判断するかがポイントですが、悪口などの不快なキーワードが入ったパターンにマッチすればパラメーターをマイナス方向に動かして不機嫌に、褒め言葉にマッチすればプラス方向に動かして上機嫌にすればうまくいきそうです。

　　また、感情は揺れ動くものですから、同じ状態が長く続くことはありません。いったんは不機嫌になったとしても、しばらくすれば徐々に平静な状態に戻ってくるのが自然です。ですので、値がプラス／マイナスのどちらかに動いても、何でもない会話を続けているうちに少しずつ0に戻る仕組みを追加すれば、このような動きを実現できるでしょう。

Onepoint｜感情の揺れをパラメーター値で表す

　　ここでは、「感情の揺れ」をパラメーター値で表すことを考えています。さらに、これを発展させて、

・ユーザーの発言を形態素解析にかけてネガティブなワード、またはポジティブなワードを抽出

・ネガティブなワードならパラメーター値を減少させ、ポジティブなワードならパラメーター値を増加

という処理を行います。最終的に、パラメーター値によってピティナの画像を取り換え、その表情で感情を表すところまで持っていく予定です。

感情の表現はイメージを取り換えることで伝える

　いずれにしても感情を表現する手段は必要ですので、不機嫌になればプンプン怒った表情を、上機嫌になればニッコリした笑顔を見せるようにします。また表情だけでなく、応答メッセージにも変化があるとなおよいでしょう。ムッとした表情で「わーい」とか言われても気持ち悪いので、そのときの感情に合わせた応答メッセージが選択されるようにしましょう。

　では、これまでのことをまとめて、プログラムの仕様を決めていきましょう。

●感情の状態は「不機嫌⇔上機嫌」を表す1つのパラメーターで管理する

　−15〜15の範囲を持つパラメーターをインスタンス変数として用意します。このパラメーターは、ピティナの機嫌を表すことから「機嫌値」と呼ぶことにしましょう。機嫌値は−15〜15の範囲の値を保持し、値の範囲を4つのエリアに分け、エリアによってイメージを切り替えます。

・−5 <= 機嫌値 <= 5

　平常な状態です。「talk.gif」を表示します。

・−10 <= 機嫌値 < −5

　やや不機嫌な状態です。うつろな表情をした「empty.gif」を表示します。

・−15 <= 機嫌値 < −10

　とても不機嫌、あるいは怒っています。「angry.gif」を表示します。

・5 < 機嫌値 <= 15

　ハッピーな状態です。「happy.gif」を表示します。

▼機嫌値

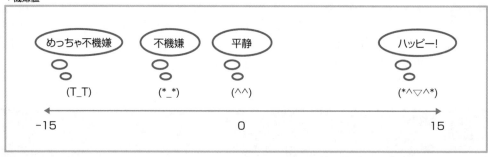

●ユーザーの発言を感情の起伏に結び付けるには、パターン辞書のパターン部分に変動値（機嫌変動値）を設定しておき、マッチしたパターンの変動値を機嫌値に反映する仕組みを用意する

　「×××」という悪い言葉のパターンに−10の「機嫌変動値」が設定されていたら、ユーザーの「君って×××じゃん」という発言で機嫌値は−10だけ変動することになり、かなり不機嫌になります。機嫌変動値が設定されていないパターンの場合は、機嫌値は変化しません。

Onepoint

● パターン辞書の応答フレーズのうち、強い意味を持つものについては「これだけの機嫌値がないと使わない」という仕組みを用意する

　特定の応答については、機嫌値の「最低ライン」を設定します。ここでは「必要機嫌値」と呼ぶことにします。ニコニコしながら「しばいたろか？」と言われるのは怖いですし、逆にぷんすかした顔で「カワイイって言った！？　言った！？」と言われてもそれはそれで不気味です。必要機嫌値はプラス／マイナスのどちらでも設定できるようにして、プラスを設定したときは機嫌値がそれ以上であるとき、マイナスのときはそれ以下であるときに候補となるようにします。「この値以上に不機嫌／上機嫌のときに発言する応答」として設定できるようにして、表情と応答内容がチグハグになることを回避します。一方、必要機嫌値が設定されていなければ、その応答は機嫌値に左右されずに発言の選択対象とします。

● 機嫌値は応答を返すたびに0に向かって0.5ずつ戻っていくようにする

　会話を繰り返すうちに、不機嫌／上機嫌の状態が徐々に平静に戻るようにします。

● 「感情」を表すEmotionクラスを用意する

　感情を扱うEmotionクラスを作り、インスタンス変数に機嫌値を保持させます。またEmotionクラスには、ユーザーの発言内容によって機嫌値を変動させるためのメソッドや、次第に0へ戻すメソッドを用意します。

▼ピティナプログラムの全体像

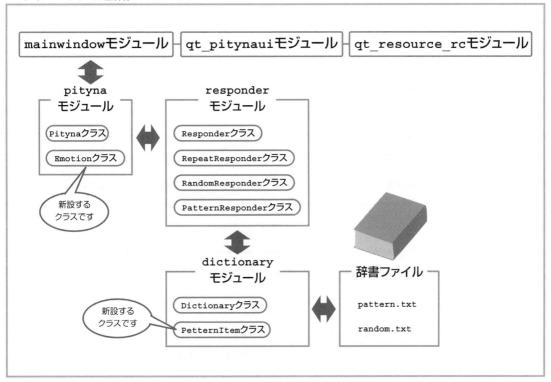

5.4.2 パターン辞書の変更

　　機嫌変動値や必要機嫌値を設定できるように、パターン辞書の書式を変更します。それに伴って、パターン辞書の読み込み手順やDictionaryクラスでの管理方法、PatternResponderのパターンマッチ／応答作成処理にも影響が出てくるので、それぞれを修正する必要もあります。パターンマッチのやり方そのものについてはこれまでどおり、文字列のみでパターンマッチさせることにします。ですので、例えば「ブ○」というキーワードで不機嫌になるように設定したとすると、「ブ○だなんてひどいよね〜」といった発言に対しても不機嫌になってしまう可能性がありますが、これはピティナのナイーブな一面、ということにしておきましょう。

パターン辞書のフォーマットを変更

　　パターン辞書は、次のように変更します。機嫌変動値も必要機嫌値もそれぞれパターンや応答フレーズの先頭に「##」で区切って「機嫌変動値##」「必要機嫌値##」のように書き込みます。

▼フォーマット

```
機嫌変動値##パターン[TAB]必要機嫌値##応答例1|必要機嫌値##応答例2|...
```

　　これまで使用していたパターン辞書（pattern.txt）の、以下の部分を書き換えます。

▼不機嫌になるパターンと応答

```
-2##おまえ|あんた|お前|てめー[TAB]-5##%match%じゃないよ！|-5##%match%って誰のこと？
|%match%なんて言われても…

-5##バカ|ばか|馬鹿[TAB]お%match%じゃないもん！|お%match%って言う人がお%match%さんなんだよ！
|ぷんすか！|そんなふうに言わないで！

-5##ブス|ぶす[TAB]-10##まじ怒るから！|-5##しばいたろか？|-10##だれがお%match%なの！
```

※見苦しい単語が使われていますが、不適切な単語を抽出するためのものなのでご了承ください。

▼上機嫌になるパターンと応答

```
5##かわいい|可愛い|カワイイ|きれい|綺麗|キレイ[TAB]%match%って言った！？　言った！？|本当に
%match%？
```

　　例えば、ユーザーの発言に「おまえ|あんた|お前|てめー」が含まれていた場合は機嫌値を−2します。一方、応答フレーズはランダムに返すわけですが、「%match%なんて言われても…」は無条件で応答にする一方、「%match%じゃないよ！」「%match%って誰のこと？」にはそれぞれ必要機嫌値−5が設定されているので、この値以上（マイナス側に）でなければ選択が行われても却下します。その場合は、ランダム辞書からの応答に切り替えます。

　同様に、「かわいい｜可愛い｜カワイイ｜きれい｜綺麗｜キレイ」にパターンマッチすれば、機嫌値に5が加算され、「%match%って言った！？　言った！？」または「本当に%match%？」が選択されます。前者の応答に必要機嫌値を設定して「10##%match%って言った！？　言った！？」とした場合は、機嫌値が10以上でなければこの応答はチョイスされないようになります。

　あとは、「機嫌値は応答を返すたびに0.5ずつ0に戻る」という地味な処理も必要になりますが、これはEmotionクラスに「0.5ずつ0に戻す」ためのメソッドを用意し、応答を返すPitynaクラスのdialogue()メソッドから呼び出すようにすればよいでしょう。

　こうしてみると、かなりの修正点があります。次項からは、実際のコードを見ながら感情モデルの実装について解説していきます。

▼編集後のパターン辞書（Pityna/dics/pattern.txt）

```
-2##おまえ｜あんた｜お前｜てめー　　　　-5##%match%じゃないよ！｜-5##%match%って誰のこと？
｜%match%なんて言われても・・・
-5##バカ｜ばか｜馬鹿　　　お%match%じゃないもん！｜お%match%って言う人がお%match%さんなんだよ！｜
ぷんすか！｜そんなふうに言わないで！
-5##ブス｜ぶす　　　-10##まじ怒るから！｜-5##しばいたろか？｜-10##だれがお%match%なの！


5##かわいい｜可愛い｜カワイイ｜きれい｜綺麗｜キレイ　　　　　%match%って言った！？　言った！？｜本当に
%match%？
```

```
こんち（は｜わ）$　　　こんにちは｜やほー｜ちわす｜ども｜また君か笑
おはよう｜おはよー｜オハヨウ　　　おはよ！｜まだ眠い…｜さっき寝たばかりなんだけど
こんばん（は｜わ）　　　こんばんわ｜もうそんな時間？｜いま何時？
^（お｜うい）す$　　　おーっす！
^やあ［、。！］*$　　　やっほー｜また来た笑
バイバイ｜ばいばい　　　ばいばい｜バイバーイ｜ごきげんよう
^じゃあ?ね?$｜またね　　　またねー｜じゃあまたね｜またお話ししようね！

^どれ［??］$　　　アレはアレ｜いま手に持ってるものだよ｜それだよー
^［し知］ら［なね］　　　それやばいよ｜知らなきゃまずいじゃん｜知らないの？
ごめん｜すまん｜（許｜ゆる）し　　　じゃあお菓子買ってー｜もう〜｜知らないよー！

何時　　　眠くなった？｜もう寝るの？｜まだお話ししようよ｜もう寝なきゃ
甘い｜あまい　　　お菓子くれるの？｜プリンも好きだよ｜チョコもいいね

チョコ　　　ギブミーチョコ！｜よこせチョコレート！｜ビターは苦手かな？｜冷やすと美味しいよね
パンケーキ　　　パンケーキいいよね！｜しっとり感が最高！
グミ　　　すっぱいのが好き！｜たまに飲み込んじゃう
マシュマロ　　　そのままでもいいけど焼くのがいいな｜パンに塗りたくるのもいいよね
あんこ｜アンコ　　　アンコならあんぱんじゃ！｜アンコ！よこせ！｜あんまんもいいよね
餃子｜ぎょうざ｜キョーザ　　　食べたーい！｜ぎぎぎ、ぎょうざ…｜餃子のことを考えると夜も眠れません
ラーメン｜らーめん　　　ラーメン大好きピティナさん｜自分でも作るよ｜わたしはしょうゆ派かな
```

> 機嫌変動値が設定されたパターンとフレーズは、優先的にマッチングされるよう、ファイルの冒頭に配置します

| 自転車 | チャリ | ちゃり | | チャリで行くぜ！ | 雨降っても乗ってるんだ！ | 電動アシストほしいな～ |

春	お花見したいね～	いくらでも寝てられる	春はハイキング！
夏	海！海！海！	プール！ プール！！	アイス食べたい！	花火しようよ！	キャンプ行こうよ！
秋	読書するぞー！	ブンガクの季節なのだ	温泉もいいよね	キャンプ行こうよ！
冬	お鍋大好き！	かわいいコートが欲しい！	スノボできる？	温泉行きたいー

Memo プログラムをダブルクリックで起動する方法

Pythonのプログラムを、毎回、エディターでソースファイルを開いて実行するのは面倒です。ただし、GUIの画面を持つプログラムは、モジュールをダブルクリックしてもすぐにプログラムが終了してしまい、うまく起動することができません。これは、python.exe がコンソールアプリ用の実行プログラムであるためです。GUI を持つアプリは、pythonw.exe という、ファイル名の末尾に w が付いた実行プログラムで起動することが必要です。

まず、GUIアプリのモジュール（.py）のコピーを作成し、拡張子を「.pyw」に書き換えます。次に、この拡張子を持つファイルの pythonw.exe への関連付けを行います。ここで1つ気を付けたいのが、「仮想環境上の pythonw.exe に関連付ける」ということです。デフォルトの関連付けのままだと、実行プログラムが別の環境にあるため、仮想環境で独自にインストールした外部ライブラリを使うことができません。次の手順で仮想環境上の pythonw.exe への関連付けを行ってください。

① GUIアプリの起動用モジュールの拡張子を「.pyw」に書き換えたものを用意します。ピティナプログラムの場合は「main.py」を「main.pyw」にしたものを用意します。
② プログラムのフォルダーを [エクスプローラー] で開き、「main.pyw」を右クリックして、[プログラムから開く] ➡ [別のプログラムを選択] を選択します。
③ ファイルを開くアプリを選択するダイアログが表示されるので、[PCでアプリを選択する] を選択します。

④ [プログラムから開く] ダイアログが表示されるので、仮想環境のフォルダー内の「Scripts」フォルダーを開き、「pythonw.exe」を選択して [開く] ボタンをクリックします。
⑤ 再び③のダイアログに戻り、[常に使う] ボタンをクリックします。

以上で仮想環境上の「pythonw.exe」への関連付けが完了です。以後は、.pyw ファイル（ここでは「main.pyw」）のアイコンをダブルクリックすればピティナプログラムが起動し、UI画面が表示されるようになります。

▼ Windowsの [エクスプローラー]

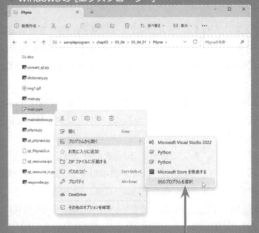

「main.pyw」を右クリックして [プログラムから開く] ➡ [別のプログラムを選択] を選択する

5.4.3 感情モデルの移植（Emotionクラス）

まずは感情モデルのコア（核）となる、Emotionクラスから見ていきましょう。ピティナの感情ですから、定義はpityna.pyモジュールで行うことにしました。

機嫌値を管理するEmotionクラス

Emotionという名前を付けましたが、処理自体はシンプルです。ピティナの感情をつかさどる機嫌値を保持し、ユーザーの発言や対話の経過によって機嫌値を増減させる処理を行います。

「Pityna」フォルダー以下の「pityna.py」を【エディター】で開いて、ピティナの本体Pitynaクラスの定義コードの次に、Emotionクラスの定義コードを入力しましょう。

▼Emotionクラス（Pityna/pityna.py）

```python
import responder
import random
import dictionary


class Pityna(object):
    """ ピティナの本体クラス

    Attributes:
        name (str): Pitynaオブジェクトの名前を保持
        dictionary (obj:`Dictionary`): Dictionaryオブジェクトを保持
        res_repeat (obj:`RepeatResponder`): RepeatResponderオブジェクトを保持
        res_random (obj:`RandomResponder`): RandomResponderオブジェクトを保持
        res_pattern (obj:`PatternResponder`): PatternResponderオブジェクトを保持
    """
    ........変更はないので定義部省略........


class Emotion:
    """ ピティナの感情モデル

    Attributes:
        pattern (PatternItemのlist): [PatternItem1, PatternItem2, PatternItem3, ...]
        mood (int): ピティナの機嫌値を保持
    """
    # 機嫌値の上限／下限と回復値をクラス変数として定義
    MOOD_MIN = -15                                                              ❶
    MOOD_MAX = 15                                                               ❷
```

```
    MOOD_RECOVERY = 0.5 ─────────────────────────────────────── ❸


    def __init__(self, pattern): ──────────────────────────────── ❹
        """インスタンス変数patternとmoodを初期化する


        Args:
            pattern(dict): Dictionaryのpattern(中身はPatternItemのリスト)
        """
        # Dictionaryオブジェクトのpatternをインスタンス変数Patternに格納
        self.pattern = pattern
        # 機嫌値moodを0で初期化
        self.mood = 0


    def update(self, input): ──────────────────────────────────── ❺
        """ 機嫌値を変動させるメソッド


        ・機嫌値をプラス/マイナス側にMOOD_RECOVERYの値だけ戻す
        ・ユーザーの発言をパターン辞書にマッチさせ、機嫌値を変動させる


        Args:
            input(str) : ユーザーの発言
        """
        # 機嫌値を徐々に戻す処理
        if self.mood < 0: ─────────────────────────────────────── ❻
            self.mood += Emotion.MOOD_RECOVERY
        elif self.mood > 0: ───────────────────────────────────── ❼
            self.mood -= Emotion.MOOD_RECOVERY


        # パターン辞書の各行の正規表現をユーザーの発言に繰り返しパターンマッチさせる
        # マッチした場合はadjust_mood()で機嫌値を変動させる
        for ptn_item in self.pattern: ─────────────────────────── ❽
            if ptn_item.match(input): ─────────────────────────── ❾
                self.adjust_mood(ptn_item.modify) ─────────────── ❿
                break


    def adjust_mood(self, val): ───────────────────────────────── ⓫
        """ 機嫌値を増減させるメソッド


        Args:
            val(int) : 機嫌変動値
        """
        # 機嫌値moodの値を機嫌変動値によって増減する
```

```
    self.mood += int(val)
    # MOOD_MAXとMOOD_MINと比較して、機嫌値が取り得る範囲に収める
    if self.mood > Emotion.MOOD_MAX:
        self.mood = Emotion.MOOD_MAX
    elif self.mood < Emotion.MOOD_MIN:
        self.mood = Emotion.MOOD_MIN
```

●Emotionのクラス変数の定義

❶〜❸では、クラス変数を定数として定義しています。Pythonには、いったん代入したら別の値を代入できなくなるような定数という仕組みはないので、すべて大文字で記載するという慣用的な方法を使って、定数のつもりで書いています。ここでは機嫌値の上限（MOOD_MAX）と下限（MOOD_MIN）、および機嫌値を回復させるときに使用する値（MOOD_RECOVERY）を決めています。

●__init__()メソッド

❹の__init__()メソッドは、パラメーターとしてDictionaryオブジェクトのpattern（PatternItemのリスト）を必要とします。パターン辞書に設定されている機嫌変動値を参照するためです。ここで0に初期化されているself.moodが機嫌値の保持、いわばピティナの感情の揺れを保持するインスタンス変数です。

●update()メソッド

❺のupdate()メソッドは、対話のたびに呼び出されるメソッドです。ユーザーからの入力をパラメーターinputで受け取り、パターン辞書にマッチさせて機嫌値を変動させる処理を行います。

●機嫌を徐々に元に戻す処理

機嫌を徐々に元に戻す地味な処理を行うのが❻と❼です。機嫌値プラスのフレーズを連発されたからといっていつまでも喜んでいるのは変ですし、機嫌値マイナスのことを言ったばかりに根に持たれるのも困るので、moodがマイナスであればMOOD_RECOVERYの値（0.5）だけ増やし（❻）、プラスであれば減らす（❼）ことで、機嫌値を0に近付けます。0のときは何もしません。

●パターンにマッチしたら機嫌値を変動させる処理

❽のforステートメントでパターン辞書の各行を繰り返し処理しますが、ここで大きな変更点があります。パターン辞書（dictionary.pattern）はこれまで{キー: [パターンまたは応答例のリスト]}でしたが、今回はPatternItemというオブジェクトのリストになるので、ptn_itemの中身はPatternItemオブジェクトです。PatternItemは「パターン辞書1行ぶんの情報を持ったクラス」ですが、このクラスは次項で作成します。

❾では、PatternItemで定義するmatch()メソッドを使ってパターンマッチを行います。マッチしたら機嫌値を変動させるのですが、その処理は⓫のadjust_mood()メソッドに任せます（❿）。なお、引数にしているPatternItemのmodifyは、そのパターンの機嫌変動値を保持しているインスタンス変数です。

●adjust_mood()メソッド

⓫が機嫌値を増減させるadjust_mood()メソッドの定義です。まずはパラメーターvalに従って

moodを増減させたあと、MOOD_MAXおよびMOOD_MINと比較して、機嫌値が取り得る範囲に収まるようにmoodを調整します。

以上でEmotionクラスの定義は終わりです。

5.4.4 感情モデルの移植（Dictionaryクラス）

次はDictionaryクラスを見てみましょう。このあとで新設するPatternItemクラスの導入に伴い、make_pattern_dictionary()メソッドの処理の一部が変更されています。また、Dictionaryクラスのコメントやmake_pattern_dictionary()メソッドのコメントも変更されました。「dictionary.py」を**[エディター]**で開いて、次のように編集しましょう。

▼Dictionaryクラス（Pityna/dictionary.py）

```python
import os


class Dictionary(object):
    """ランダム辞書とパターン辞書のデータをインスタンス変数に格納する

    Attributes:
        random (strのlist):
            ランダム辞書のすべてのフレーズを要素として格納
            [フレーズ1, フレーズ2, フレーズ3, ...]

        pattern (PatternItemのlist):
            [PatternItem1, PatternItem2, PatternItem3, ...]
    """
    def __init__(self):
        """インスタンス変数randomとpatternの初期化

        """
        # ランダム辞書のメッセージのリストを作成
        self.random =  self.make_random_list()
        # パターン辞書1行データを格納したPatternItemオブジェクトのリストを作成
        self.pattern = self.make_pattern_dictionary()

    def make_random_list(self):
        """ランダム辞書ファイルのデータを読み込んでリストrandomに格納する

        Returns:
            list: ランダム辞書の応答フレーズを格納したリスト
        """
```

```
        # random.txtのフルパスを取得
        path = os.path.join(os.path.dirname(__file__), 'dics', 'random.txt')
        # ランダム辞書ファイルオープン
        rfile = open(path, 'r', encoding = 'utf_8')
        # 各行を要素としてリストに格納
        r_lines = rfile.readlines()
        # ファイルオブジェクトをクローズ
        rfile.close()
        # 末尾の改行と空白文字を取り除いてリストrandom_listに格納
        random_list = []
        for line in r_lines:
            str = line.rstrip('\n')
            if (str!=''):
                random_list.append(str)


        return random_list


    def make_pattern_dictionary(self):
        """パターン辞書ファイルのデータを読み込んでリストpatternitem_listに格納する

        Returns:
            PatternItemのlist: PatternItemはパターン辞書1行のデータを持つ
        """
        # pattern.txtのフルパスを取得
        path = os.path.join(os.path.dirname(__file__), 'dics', 'pattern.txt')
        # パターン辞書オープン
        pfile = open(path, 'r', encoding = 'utf_8')
        # 各行を要素としてリストに格納
        p_lines = pfile.readlines()
        # ファイルオブジェクトをクローズ
        pfile.close()
        # 末尾の改行と空白文字を取り除いてリストpattern_listに格納
        pattern_list = []
        for line in p_lines:
            str = line.rstrip('\n')
            if (str!=''):
                pattern_list.append(str)

        # パターン辞書の各行をタブで切り分けて以下の変数に格納
        #
        # ptn パターン辞書1行の正規表現パターン
        # prs パターン辞書1行の応答フレーズグループ
```

```
    #
    # ptn、prsを引数にしてPatternItemオブジェクトを1個生成し、patternitem_listに追加
    # パターン辞書の行の数だけ繰り返す
    patternitem_list = []                                                    ❶
    for line in pattern_list:                                                ❷
        ptn, prs = line.split('\t')                                         ❸
        patternitem_list.append(PatternItem(ptn, prs))                      ❹
    return patternitem_list
```

●make_pattern_dictionary() メソッド

これまでパターン辞書のデータは、1行ごとに

{ 'pattern' : [**パターンのリスト**],

　'phrases' : [**パターンに対応する応答フレーズのリスト**] }

のような構造の辞書 (dict) オブジェクトにしていましたが、これからは❶で宣言したリストpatternitem_listにPatternItemオブジェクトとして格納します。

❷のforステートメントでは、パターン辞書のデータを1行ずつ要素として格納しているpattern_listから1つずつ要素 (1行データ) を取り出し、❸においてタブの部分で分割し、

・ptnに正規表現のパターン (文字列) を格納

・prsに応答フレーズ (文字列) を格納

という処理を行います。

❹では、このあとで定義するPatternItemクラスのオブジェクト (インスタンス) を、

　　PatternItem(ptn, prs)

のように、ptnとprsを引数にして生成し、❶で宣言したリストpatternitem_listの要素として追加します。したがってpatternitem_listには、パターン辞書の1行データを保持するPatternItemオブジェクトが、パターン辞書の行数と同じ数だけ格納されることになります。

以上のことを頭に入れて、次のPatternItemクラスの定義に進みましょう。

Memo | 応答メッセージをテキストエディットに出力する

　Labelウィジェットはテキストを出力するのに便利ですが、テキストの量が多いと表示エリアに収まりきらず、テキストが途中で切れてしまうことがあります。現在のピティナプログラムでは応答メッセージがそれほど長くないので、このようなことは起きないものの、少々気になるところではあります。

　テキスト専用のText Editというウィジェットは、左端からテキストを出力し、右端に達するとテキストを折り返して表示します。もし、気になるようでした

ら、現状のLabelウィジェットを削除し、代わりにText Editを配置してもよいでしょう。プロパティの設定項目もテキストを出力するメソッドもLabelウィジェットと同じですので、識別名を現状のLabelウィジェットのものと同じにしておけば、プログラム側のコードを書き換える必要もありません。実際に、この先のピティナの改良では、Labelウィジェットに代えてText Editを利用するようにしています。

5.4.5 感情モデルの移植（PatternItemクラス）

PatternItemは、パターン辞書1行の情報を保持するためのクラスです。今回の修正でパターン辞書の書式が複雑になったので、これまでのように辞書（dict）で管理するのが困難になってしまいました。

そこで、パターン辞書を1行読み込むと同時に、その情報を1つのオブジェクトに格納することにしました。それがPatternItemクラスです。

現在、「dictionary.py」を**[エディター]**で開いているので、Dictionaryクラスの定義コードの次に、新設のPatternItemクラスの定義コードを入力しましょう。

▼PatternItemクラス（Pityna/dictionary.py）

```python
import os

import random                                    ── randomモジュールをインポート

import re                                        ── reモジュールをインポート


class Dictionary(object):
    .........変更はないので定義部省略.........


class PatternItem:
    """パターン辞書1行の情報を保持するクラス

    Attributes:  すべて「パターン辞書1行」のデータ
        modify (int):  機嫌変動値
        pattern (str):  正規表現パターン
        phrases(dictのlist):
            リスト要素の辞書は"応答フレーズ1個"の情報を持つ
            辞書の数は1行の応答フレーズグループの数と同じ
            {'need': 必要機嫌値, 'phrase': '応答フレーズ1個'}
    """
    SEPARATOR = '^((-?\d+)##)?(.*)$'                              ❶


    def __init__(self, pattern, phrases):                         ❷
        """インスタンス変数modify、pattern、phrasesの初期化を実行

        Args:
            pattern (str):  パターン辞書1行の正規表現パターン（機嫌変動値##パターン）
            phrases (dicのlist):  パターン辞書1行の応答フレーズグループ
        """
        # インスタンス変数modify、patternの初期化
        self.init_modifypattern(pattern)
```

5

```python
        # インスタンス変数phrasesの初期化
        self.init_phrases(phrases)


    def init_modifypattern(self, pattern):
        """インスタンス変数modify(int)、pattern(str)の初期化を行う

        パターン辞書の正規表現パターンの部分にSEPARATORをパターンマッチさせる
        マッチ結果のリストから機嫌変動値と正規表現パターンを取り出し、
        インスタンス変数modifyとpatternに代入する

        Args:
            pattern(str): パターン辞書1行の正規表現パターン
        """
        # 辞書のパターンの部分にSEPARATORをパターンマッチさせる
        m = re.findall(PatternItem.SEPARATOR, pattern)          ❸
        # 機嫌変動値を保持するインスタンス変数を0で初期化
        self.modify = 0                                         ❹
        # マッチ結果の整数の部分が空でなければ機嫌変動値をインスタンス変数modifyに代入
        if m[0][1]:
            self.modify = int(m[0][1])                          ❺
        # マッチ結果からパターン部分を取り出し、インスタンス変数patternに代入
        self.pattern = m[0][2]                                  ❻


    def init_phrases(self, phrases):
        """インスタンス変数phrases(dictのlist)の初期化を行う

        パターン辞書の応答フレーズグループにSEPARATORをパターンマッチさせる
        マッチ結果のリストから必要機嫌値と応答フレーズを取り出して
        {'need': 必要機嫌値, 'phrase': '応答フレーズ1個'}
        の構造をした辞書を作成し、phrases(リスト)に追加

        Args:
            phrases (str): パターン辞書1行の応答フレーズグループ
        """
        # リスト型のインスタンス変数を用意
        self.phrases = []                                      ❼
        # 辞書(dict)オブジェクトを用意
        dic = {}
        # 引数で渡された応答フレーズグループを'|'で分割し、
        # 1個の応答フレーズに対してSEPARATORをパターンマッチさせる
        # {'need': 必要機嫌値, 'phrase': '応答フレーズ1個'}を作成し、
        # インスタンス変数phrases(list)に格納する
```

```python
        for phrase in phrases.split('|'):                                    ─────── ❽
            # 1個の応答フレーズに対してパターンマッチを行う
            m = re.findall(PatternItem.SEPARATOR, phrase)
            # 'need'キーの値を必要機嫌値m[0][1]にする
            # 'phrase'キーの値を応答フレーズm[0][2]にする
            dic['need'] = 0
            if m[0][1]:
                dic['need'] = int(m[0][1])
            dic['phrase'] = m[0][2]
            # 作成した辞書をリストphrasesに追加
            self.phrases.append(dic.copy())                                  ─────── ❾

    def match(self, str):                                                    ─────── ❿
        """ユーザーの発言にパターン辞書1行の正規表現パターンをマッチさせる


        Args:
            str(str): ユーザーの発言


        Returns:
            Matchオブジェクト: マッチした場合
            None: マッチしない場合
        """
        return re.search(self.pattern, str)


    def choice(self, mood):                                                  ─────── ⓫
        """現在の機嫌値と必要機嫌値を比較し、適切な応答フレーズを抽出する


        Args:
            mood(int): ピティナの現在の機嫌値


        Returns:
            str: 必要機嫌値をクリアした応答フレーズのリストからランダムチョイスした応答
            None: 必要機嫌値をクリアする応答フレーズが存在しない場合
        """
        choices = []
        # インスタンス変数phrasesが保持するすべての辞書 (dict) オブジェクトを処理
        for p in self.phrases:
            # 'need'キーの数値とパラメーターmoodをsuitable()に渡し、
            # 必要機嫌値による条件をクリア (戻り値がTrue) していれば、
            # 対になっている応答フレーズをchoicesリストに追加する
            if (self.suitable(p['need'], mood)):                             ─────── ⓬
                choices.append(p['phrase'])                                  ─────── ⓭
```

```
    # choicesリストが空であればNoneを返して終了
    if (len(choices) == 0):                                        ⑭
        return None
    # choicesリストからランダムに応答フレーズを抽出して返す
    return random.choice(choices)                                  ⑮


def suitable(self, need, mood):                                    ⑯
    """現在の機嫌値が必要機嫌値の条件を満たすかを判定

    Args:
        need(int): 必要機嫌値
        mood(int): 現在の機嫌値

    Returns:
        bool: 必要機嫌値をクリアしていたらTrue、そうでなければFalse
    """
    # 必要機嫌値が0であればTrueを返す
    if (need == 0):
        return True
    # 必要機嫌値がプラスの場合は機嫌値が必要機嫌値を超えているか判定
    elif (need > 0):
        return (mood > need)
    # 必要機嫌値がマイナスの場合は機嫌値が下回っているか判定
    else:
        return (mood < need)
```

パターンや応答例から機嫌変動値を取り出す

PatternItemは、「機嫌変動値」「応答フレーズと必要機嫌値」のリストを管理するためのクラスです。コードの量がかなり多いですが、定義部分を見ていきましょう。

●定数の宣言と__init__()メソッド

❶では、クラス変数SEPARATORに正規表現のパターンを格納しています。この正規表現パターンは、機嫌変動値や必要機嫌値を取り出すためのものです。

❷の__init__()メソッドのパラメーターpatternには、パターン辞書のパターン部分である「機嫌変動値##パターン」という書式の文字列が渡されます。またphrasesには、パターン辞書1行の応答フレーズ（複数ある）が渡されます。patternを引数にしてinit_modifypattern()メソッドを実行し、phrasesを引数にしてinit_phrases()メソッドを実行します。それによって、インスタンス変数modify、pattern、phrasesの初期化が行われます。

●init_modifypattern() メソッド

init_modifypattern() メソッドは、インスタンス変数 modify、pattern の初期化のための処理を行います。1行目 (❸) で、SEPARATOR の正規表現パターンはこの文字列とパターンマッチを試みます。このコードの目的は「機嫌変動値##パターン」の書式から機嫌変動値とパターンを抜き出すことです。

split() メソッドを使ってもできそうですが、「機嫌変動値##」が付いていないパターンもたくさんある上に、もしかしたら「##」という文字列がパターンの一部として使われるかもしれないので、split() による単純な文字列分割では対応できません。

このような、少々複雑な書式から目的の部分だけを抜き出すには、正規表現の「後方参照」という機能が最適です。後方参照を使うと、マッチした文字列の中から特定の部分を変数として取り出すことができます。Notebook を作成して試してみましょう。後方参照を使うには、パターンの中の取り出したい部分をカッコで囲みます。

▼ ( ) でグループを作る (backword_reference.ipynb)

セル 1
```python
import re
result = re.findall('(abc)xyz', '123abcxyz')
```

(abc)xyz としたことで、後方の abcxyz にパターンマッチします。この場合、カッコで囲んだ部分 (グループ) に対応する文字列が取り出せます。

セル 2
```python
result
```
OUT
```
['abc']
```
———————————————— 結果はリストで返される

カッコはいくつでも使えます。パターンに左カッコ「(」が登場するたびに、取り出す文字列を増やすことができます。

▼取り出す箇所を増やす

セル 3
```python
result = re.findall('(a(bc))x(yz)', '123abcxyz')
result
```
OUT
```
[('abc', 'bc', 'yz')]
```
———————— カッコを付けたすべての文字列がリストで返される

マッチしなければ空のリストが返されます。

セル 4
```python
result = re.findall('(a(bc))x(yz)', 'foo')
result
```
OUT
```
[]
```

メタ文字「?」は、直前の文字がまったくないか、1つだけあることを示します。次のように 'Windows?' とすることで、'Windows' と s が省略されている 'Window' にマッチさせることができます。

セル5
```
result = re.findall('Windows?', 'Window')
result
```
OUT
```
['Window']
```

このことを利用すれば、「省略可の部分を除いてパターンマッチさせる」という「省略可」の書式に対応できます。

▼省略可の部分がマッチする場合

セル6
```
result = re.findall('(abc)?xyz', '123abcxyz')
result
```
OUT
`['abc']` ———————————————————— 省略可の部分がマッチした場合はその部分が取り出される

▼省略可の部分がマッチしない場合

セル7
```
result = re.findall('(abc)?xyz', '123xyz')
result
```
OUT
`['']` ———————————————————————— 省略可の部分がマッチしない場合は空文字が返される

2つ目のパターンマッチで、マッチは成功しているものの空文字「''」が返されている点に注意してください。

後方参照とは関係ありませんが、「\d」で任意の数字1文字を表すことができます。「\d+」という正規表現は、整数を表すときによく使われるパターンです。

▼整数部分を省略可にしてパターンマッチさせる

セル8
```
result = re.findall('(\d+)?xyz', '123xyz')
result
```
OUT
`['123']` ———————————————— パターンマッチして省略可の整数が取り出される

セル9
```
result = re.findall('(\d+)?xyz', 'xyz')
result
```
OUT
`['']` ———————————————— パターンマッチはするが、省略可の整数がないので空文字が返される

以上のことに次表のメタ文字を組み合わせて正規表現を作っていきます。

メタ文字	意味
.(ピリオド)	とにかく何でもいい1文字
^	行の先頭
$	行の最後
*	* の直前の文字がないか、直前の文字が1個以上連続する
.*	何でもよい1文字がまったくないか、連続する。いろんな文字の連続という意味

　パターン辞書のパターンと応答例は、それぞれ次のように先頭に「機嫌変動値##」もしくは「必要機嫌値##」が付くものと、何も付かないものがあります。

▼パターン辞書のパターンの部分

```
5##かわいい|可愛い|カワイイ|きれい|綺麗|キレイ ──────── 先頭に「機嫌変動値##」がある
餃子|ぎょうざ|キョーザ ──────────────────────── 先頭に「機嫌変動値##」がない
```

　これらの文字列に対して、「機嫌変動値##」と「必要機嫌値##」の部分を省略可にする正規表現を作ります。

```
^(-?\d+) ──────────── 先頭にマイナス省略可の整数が1つある
^(-?\d+)## ────────── その次に##がある
^((-?\d+)##)? ──────── まとめて省略可にする

(.*)$ ─────────────── 文字列の最後は何でもよい文字がまったくないか連続するグループを作る

'^((-?\d+)##)?(.*)$' ── 上記を連結して''で囲んで完成
```

　では、それぞれ試してみましょう。

▼先頭に「値##」がある場合

セル10
```
SEPARATOR = '^((-?\d+)##)?(.*)$'
result = re.findall(SEPARATOR, '5##かわいい|可愛い|カワイイ|きれい|綺麗|キレイ')
result
```

OUT
```
[('5##', '5', 'かわいい|可愛い|カワイイ|きれい|綺麗|キレイ')]
```

　まず、先頭の「(-?\d+)##」の部分が取り出されます（'5##'）。次に「(-?\d+)」の部分「5」（文字列であることに注意）が取り出され、最後に「(.*)$」の部分「'かわいい|可愛い|カワイイ|きれい|綺麗|キレイ'」が取り出されます。

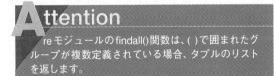

Attention

reモジュールのfindall()関数は、( )で囲まれたグループが複数定義されている場合、タプルのリストを返します。

　以上のように、findall()関数の戻り値であるリスト内のタプルの第1要素が「値##」部分、第2要素が整数部分、第3要素がパターン（または応答例）部分になります。「値##」が省略されている場合、あるいは書式に合致していない場合は、第1要素、第2要素共に空文字が返され、第3要素のパターン（または応答例）が返されます。

5

ピティナのGUI化と［人工感情］の移植

▼先頭に「##値」がない場合

セル11
```
result = re.findall(SEPARATOR, '餃子 | ぎょうざ | キョーザ')
result
```

OUT
```
[('', '', '餃子 | ぎょうざ | キョーザ')]
```
——— マッチはするけれども該当する文字列がない
場合は、空の文字列が返される

▼'^((−?¥d+)##)?(.*)$' によるパターンマッチ

● 「10##カワイイ」の場合

タブルの第1要素	タブルの第2要素	タブルの第3要素
'10##'	'10'	'カワイイ'

● 「カワイイ」の場合

タブルの第1要素	タブルの第2要素	タブルの第3要素
''	''	'カワイイ'

● 「##カワイイ」の場合

タブルの第1要素	タブルの第2要素	タブルの第3要素
''	''	'##カワイイ'

PatternItemクラスのinit_modifypattern() とinit_phrases()

正規表現の説明が長くなってしまいました。PatternItemクラスの説明に戻ります。

●init_modifypattern() メソッド

次に示すのはinit_modifypattern() メソッドの定義部分です。

▼PatternItemクラスのinit_modifypattern() メソッド

```python
def init_modifypattern(self, pattern):
    """インスタンス変数modify(int)、pattern(str) の初期化を行う

    """
    # 辞書のパターンの部分にSEPARATORをパターンマッチさせる
    m = re.findall(PatternItem.SEPARATOR, pattern)        ❸
    # 機嫌変動値を保持するインスタンス変数を0で初期化
    self.modify = 0                                        ❹
    # マッチ結果の整数の部分が空でなければ機嫌変動値をインスタンス変数modifyに代入
    if m[0][1]:
        self.modify = int(m[0][1])                         ❺
    # マッチ結果からパターン部分を取り出し、インスタンス変数patternに代入
    self.pattern = m[0][2]                                 ❻
```

　__init__()から呼び出される1つ目のメソッドで、パターン辞書1行データから機嫌変動値、正規表現パターンを取り出すのが目的です。取り出したデータはインスタンス変数：

　　self.modify（ピティナの機嫌変動値を保持する）
　　self.pattern（パターン辞書1行の正規表現パターン）

に代入します。

●パターンの部分に対してSEPARATORをパターンマッチさせる

　❸のfindall()で、パターン辞書のパターンの部分に対してSEPARATORをパターンマッチさせます。結果として返されるリスト内のタプルには、「機嫌変動値##パターン」の機嫌変動値の部分が第2要素に、パターンの部分が第3要素に格納されています（タプルの第1要素は「機嫌変動値##」です）。

●機嫌変動値とパターンの処理

　❺で機嫌変動値をself.modifyに、❻でパターンの部分をself.patternに代入します。なお、self.modifyは0で初期化しておき（❹）、機嫌変動値が存在しない（空文字として返される）場合は0のまま、機嫌変動値が存在する場合は文字列からint型に変換してからself.modifyに代入します。

▼パラメーターpattern処理後のself.modifyとself.pattern

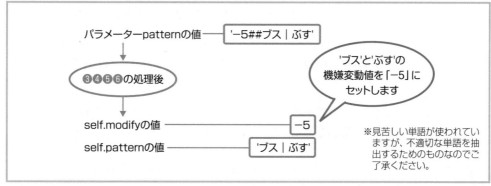

●init_phrases()メソッド

　次に示すのはinit_phrases()メソッドの定義部分です。

▼PatternItemクラスのinit_phrases()メソッド

```python
def init_phrases(self, phrases):
    """インスタンス変数phrases(dictのlist)の初期化を行う



    """
    # リスト型のインスタンス変数を用意
    self.phrases = []                                          ❼
    # 辞書(dict)オブジェクトを用意
    dic = {}
```

```
# 引数で渡された応答フレーズグループを'|'で分割し、
# 1個の応答フレーズに対してSEPARATORをパターンマッチさせる
# {'need': 必要機嫌値, 'phrase': '応答フレーズ1個'}を作成し、
# インスタンス変数phrases(list)に格納する
for phrase in phrases.split('|'):                              ⑧
    # 1個の応答フレーズに対してパターンマッチを行う
    m = re.findall(PatternItem.SEPARATOR, phrase)
    # 'need'キーの値を必要機嫌値m[0][1]にする
    # 'phrase'キーの値を応答フレーズm[0][2]にする
    dic['need'] = 0
    if m[0][1]:
        dic['need'] = int(m[0][1])
    dic['phrase'] = m[0][2]
    # 作成した辞書をリストphrasesに追加
    self.phrases.append(dic.copy())                            ⑨
```

❼からは応答フレーズグループの処理になります。個々の応答フレーズの先頭に「必要機嫌値##」が存在する場合があり、これを考慮したランダム選択という込み入った処理が必要になるので、できるだけ扱いやすいかたちで情報を取り出しておくことにします。パラメーターphrasesには、

> -10##まじ怒るから！|-5##しばいたろか？|-10##だれがお%match%なの！

のような1行あたりの応答フレーズグループが格納されているので、これを'|'で分割したリストにしてイテレート（反復処理）していきましょう（❽）。

まず、forのブロックパラメーターphraseには「-10##まじ怒るから！」のように、辞書の書式のままの1個の応答フレーズが入ってきます。これを必要機嫌値とフレーズ（文字列）とに分解するのですが、パターン部分と書式が同じなのでSEPARATORの正規表現がそのまま使えます。

ここではパターンマッチの結果、mのリスト内のタプルの第2要素（m[0][1]）に必要機嫌値、第3要素（m[0][2]）にフレーズが入っています。'need'キーの値を整数部分（int()で文字列をint型に変換）、'phrase'キーの値をフレーズとした辞書を作成し、リストself.phrasesに追加します（❾）。

これを応答フレーズグループに含まれるフレーズの数だけ繰り返すと、上に例示した応答フレーズグループの場合は次のような辞書のリストになります。

▼応答フレーズグループの処理後のself.phrasesの中身

```
[{'need': '-10', 'phrase': 'まじ怒るから！'},
 {'need': '-5', 'phrase': 'しばいたろか？'},
 {'need': '-10', 'phrase': 'だれがお%match%なの！'}]
```

　以上でforステートメントの処理は終わり、init_phrases()メソッドの処理も完了です。この結果、PatternItemオブジェクトが保持するインスタンス変数の値は次表のようになります。

▼PatternItemオブジェクトの一例

インスタンス変数	値
self.modify	−5
self.pattern	'ブス|ぶす'
self.phrases	[{'need': '−10', 'phrase': 'まじ怒るから！'}
	{'need': '−5', 'phrase': 'しばいたろか？'}
	{'need': '−10', 'phrase': 'だれがお%match%なの！'}]

　このような状態のPatternItemオブジェクトが、パターン辞書のすべての行（空行を除く）に対して作成され、Dictionaryオブジェクトのインスタンス変数patternにリスト要素として格納されます。

▼Dictionaryオブジェクトが保持するPatternItemオブジェクト

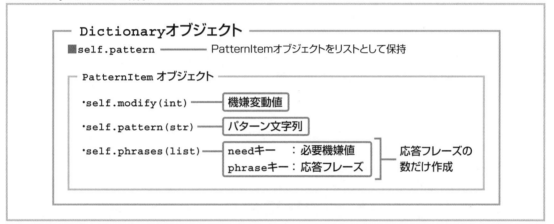

match()、choice()、suitable()

　match()、choice()、suitable()について見ていきましょう。

●match()メソッド
　次に示すのは❿のmatch()メソッドの定義部分です。

▼match()メソッド

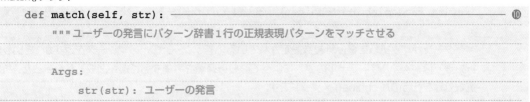

```
        Returns:
            Matchオブジェクト： マッチした場合
            None： マッチしない場合
        """
        return re.search(self.pattern, str)
```

パラメーターで受け取ったユーザーの発言strとself.patternの正規表現とをパターンマッチさせて結果を返します。ユーザー発言の文字列を、パターン辞書の部分要素であるself.patternにパターンマッチさせるのがポイントです。

●choice()メソッド

次に示すのはchoice()メソッドの定義部分です。

▼choice()メソッド

```
    def choice(self, mood):                                           ⑪
        """現在の機嫌値と必要機嫌値を比較し、適切な応答フレーズを抽出する

        Args:
            mood(int)： ピティナの現在の機嫌値

        Returns:
            str： 必要機嫌値をクリアした応答フレーズのリストからランダムチョイスした応答
            None： 必要機嫌値をクリアする応答フレーズが存在しない場合
        """
        choices = []
        # インスタンス変数phrasesが保持するすべての辞書(dict)オブジェクトを処理
        for p in self.phrases:
            # 'need'キーの数値とパラメーターmoodをsuitable()に渡し、
            # 必要機嫌値による条件をクリア(戻り値がTrue)していれば、
            # 対になっている応答フレーズをchoicesリストに追加する
            if (self.suitable(p['need'], mood)):                      ⑫
                choices.append(p['phrase'])                          ⑬
        # choicesリストが空であればNoneを返して終了
        if (len(choices) == 0):                                      ⑭
            return None
        # choicesリストからランダムに応答フレーズを抽出して返す
        return random.choice(choices)                                ⑮
```

パターンがマッチした場合、「複数設定されている応答フレーズのどのフレーズを返すか」という選択処理では、今回の感情モデルの導入によって必要機嫌値を考慮することが必要となりました。この選択処理を行うのがchoice()メソッドです。

choice()メソッドは機嫌値moodをパラメーターとします。これは応答フレーズを選択する上での条件値となり、これ以上の感情の振れを必要とする応答フレーズは選択させないためのものです。

ローカル変数(メソッド内部でのみ使われる変数のことです)choicesは、必要機嫌値による条件を満たす応答フレーズを集めるためのリストです。forループのinでself.phrasesが保持するリストの要素(辞書)一つひとつに対してチェックを行い(⑫)、条件を満たす応答フレーズ('phrase'キーの値)がchoicesに追加されます(⑬)。このチェックを担当するのが⑯のsuitable()メソッドです。

次に示すのは、suitable()メソッドの定義部分です。

▼ suitable()メソッド

```
def suitable(self, need, mood):                                          ⑯
    """現在の機嫌値が必要機嫌値の条件を満たすかを判定

    Args:
        need(int): 必要機嫌値
        mood(int): 現在の機嫌値

    Returns:
        bool: 必要機嫌値をクリアしていたらTrue、そうでなければFalse
    """
    # 必要機嫌値が0であればTrueを返す
    if (need == 0):
        return True
    # 必要機嫌値がプラスの場合は機嫌値が必要機嫌値を超えているか判定
    elif (need > 0):
        return (mood > need)
    # 必要機嫌値がマイナスの場合は機嫌値が下回っているか判定
    else:
        return (mood < need)
```

suitable()メソッドは、choice()メソッドの

```
if (self.suitable(p['need'], mood)):
```

の箇所(⑫)で実行され、パラメーターneedに必要機嫌値、パラメーターmoodにピティナの現在の機嫌値が渡されます。

必要機嫌値needが0(省略されたときも0となる)のときは、無条件にTrueを返して選択候補であることを伝えます。それ以外では、必要機嫌値がプラスのときは「機嫌値 > 必要機嫌値」を、マイナスのときは「機嫌値 < 必要機嫌値」を判定してTrue／Falseのいずれかを返し、その応答フレーズが選択候補か否かを伝えます(choice()の「self.suitable(p['need'], mood)」の結果として)。

では、再びchoice()メソッドに戻って、⑫〜⑬においてsuitable()を呼んだときにどのようなことになるのか、例を見てみましょう。

●おブスだねーと発言があった場合

↓

●パターン「-5##ブス|ぶす」にマッチする

↓

●応答フレーズは

-10##まじ怒るから！|-5##しばいたろか？|-10##だれがお%match%なの！

のどれかを抽出

●機嫌値と必要機嫌値の比較

▼「-5 < 機嫌値」の場合

応答例	choicesに追加される値
-5##しばいたろか？（False）	
-10##まじ怒るから！（False）	[ ] リストの中身は空
-10##だれがお%match%なの！（False）	

▼「-10 < 機嫌値 ≦ -5」の場合

応答例	choicesに追加される値
-5##しばいたろか？（True）	
-10##まじ怒るから！（False）	['しばいたろか？']
-10##だれがお%match%なの！（False）	

▼「機嫌値 ≦ -10」の場合

応答例	choicesに追加される値
-5##しばいたろか？（True）	
-10##まじ怒るから！（True）	['まじ怒るから！', 'しばいたろか？', 'だれがお%match%なの！']
-10##だれがお%match%なの！（True）	

　「-5##ブス|ぶす」の応答例には必要機嫌値が付いているため、suitable()が機嫌値と比較してTrue／Falseを返してくるので、これに従ってchoice()メソッドの⑫～⑬では、ローカル変数choicesのリストに応答を追加していきます。forループが完了したあとは、choicesに集められた中からランダムに選択する（⑮）のですが、choicesが空である場合も考えておかなくてはなりません。応答を選択できなかったときはNoneを返すことにしましょう（⑭）。

▼Dictionaryオブジェクトが保持する2つのオブジェクト

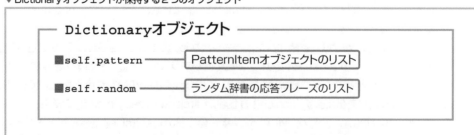

5.4.6　感情モデルの移植（Responder、PatternResponder、Pitynaクラス）

あとはResponderクラスとそのサブクラス、Pitynaクラスの変更作業ですので、このまま進めて
いきましょう。

Responderクラスと RepeatResponder、RandomResponder の修正

Responderクラスは、response()メソッドが機嫌値moodを受け取るように修正します。これに
伴い、RepeatResponder、RandomResponderのresponse()メソッドにパラメーターmoodを追
加します。

「responder.py」を**[エディター]**で開いて、次のようにパラメーターmoodを追加しましょう。

▼Responder、RepeatResponder、RandomResponderクラス（Pityna/responder.py）

```python
import random
import re

class Responder(object):
    """ 応答クラスのスーパークラス
    """
    def __init__(self, name):
        """ Responderオブジェクトの名前をnameに格納する処理だけを行う

        Args:
            name (str)   : 応答クラスの名前
        """
        self.name = name

    def response(self, input, mood):                              # パラメーターmoodを追加
        """ オーバーライドを前提としたresponse()メソッド

        Args:
            input (str): ユーザーの発言
            mood (int): ビティナの機嫌値
        Returns:
            str: 応答メッセージ（ただし空の文字列）
        """
        return ''
```

5

ピティナのGUI化と［人工感情］の移植

```python
class RepeatResponder(Responder):
    """ オウム返しのためのサブクラス

    """
    def __init__(self, name):
        """スーパークラスの__init()__の呼び出しのみを行う

        Args:
            name (str): 応答クラスの名前
        """
        super().__init__(name)

    def response(self, input, mood):
        """response()をオーバーライド、オウム返しの返答をする

        Args:
            input (str): ユーザーの発言
            mood (int): ピティナの機嫌値

        Returns:
            str: 応答メッセージ
        """
        # オウム返しの返答をする
        return '{}ってなに？'.format(input)

class RandomResponder(Responder):
    """ ランダムな応答のためのサブクラス

    """
    def __init__(self, name, dic_random):
        """ スーパークラスの__init__()にnameを渡し、
            ランダム応答用のリストをインスタンス変数に格納する

        Args:
            name(str): 応答クラスの名前
            dic_random(list): Dictionaryオブジェクトが保持するランダム応答用のリスト
        """
        super().__init__(name)
        self.random = dic_random

    def response(self, input, mood):
        """ response()をオーバーライド、ランダムな応答を返す

        Args:
```

`def response(self, input, mood):` ──────── パラメーターmoodを追加

`mood (int): ピティナの機嫌値`

`def response(self, input, mood):` ──────── パラメーターmoodを追加

```
            input(str)  : ユーザーの発言
            mood (int): ピティナの機嫌値
        Returns:
            str: リストからランダムに抽出した応答フレーズ
        """
        # リストrandomからランダムに抽出して戻り値として返す
        return random.choice(self.random)


class PatternResponder(Responder):
    .........内容省略.........
```

パターン辞書を扱う PatternResponder クラスの修正

では、パターン辞書のユーザーであるPatternResponderを編集しましょう。パターン辞書の構造が大きく変わっているので、かなりの影響を受けることになりました。

▼ PatternResponder クラス (Pityna/responder.py)

```python
import random
import re


class Responder(object):
    .........内容省略.........
class RepeatResponder(Responder):
    .........内容省略.........
class RandomResponder(Responder):
    .........内容省略.........


class PatternResponder(Responder):
    """ パターンに反応するためのサブクラス

    """
    def __init__(self, name, dictionary):
        """ スーパークラスの__init__()にnameを渡し、
            Dictionaryオブジェクトをインスタンス変数に格納する

        Args:
            name(str)    : Responderオブジェクトの名前
            dictionary(dic): Dictionaryオブジェクト

        """
        super().__init__(name)
```

ピティナのGUI化と［人工感情］の移植

5

```python
        self.dictionary = dictionary

    def response(self, input, mood):
        """ パターンにマッチした場合に応答フレーズを抽出して返す

        Args:
            input(str)  : ユーザーの発言
            mood (int)  : ビティナの機嫌値

        Returns:str:
            パターンにマッチした場合はパターンと対になっている応答フレーズを返す
            パターンマッチしない場合はランダム辞書の応答メッセージを返す
        """
        resp = None                                                     ❶
        # patternリストのPatternItemオブジェクトに対して反復処理を行う
        for ptn_item in self.dictionary.pattern:                        ❷
            # パターン辞書1行のパターンをユーザーの発言にマッチさせる
            # マッチしたらMatchオブジェクト、そうでなければNoneが返る
            m = ptn_item.match(input)                                   ❸
            # マッチした場合は機嫌値moodを引数にしてchoice()を実行
            # 現在の機嫌値に見合う応答フレーズを取得する
            if m:
                resp = ptn_item.choice(mood)                           ❹
                # choice()の戻り値がNoneでない場合は、応答フレーズの
                # %match%をユーザー発言のマッチした文字列に置き換える
                if resp != None:                                       ❺
                    return re.sub('%match%', m.group(), resp)
        # パターンマッチしない場合はランダム辞書から返す
        return random.choice(self.dictionary.random)                   ❻
```

　パターンマッチから応答フレーズの選択にかけての処理がかなり変わりました。にもかかわらずコードの量がそれほど増えていないのは、PatternItemクラスに用意したchoice()メソッドのおかげもあります。

●ローカル変数resp
　❶では、応答を格納するためのローカル変数respが、Noneで初期化されています。

●リストに格納されたPatternItemオブジェクトに対する処理
　❷のforステートメントは大きく変わりました。パターン辞書を扱うオブジェクトが辞書（dict）からPatternItemオブジェクトのリストになったことから、forのブロックパラメーターptn_itemにはPatternItemオブジェクトが入るようになっています。この部分が大きく変わったことで、以降の処理では、このPatternItemオブジェクトを使ってパターンマッチや応答選択などの処理が行われます。

❸では、PatternItemクラス（dictionary.py）のmatch()メソッドを使ってパターンマッチを行います。Pythonのビルトインのmatch()ではないので注意してください。ユーザーの発言を引数にするので、match()メソッドは「パターン辞書1行の正規表現パターンがユーザーの発言にマッチするか？」を調べます。マッチすればMatchオブジェクトが返り、そうでなければNoneが返ってきます。マッチした場合は応答フレーズを選択するので、ptn_item（PatternItemオブジェクト）のchoice()メソッドを呼び出し、応答フレーズを選んでもらいます（❹）。ここで、引数として現在の機嫌値が必要なので、パラメーターで受け取っているmoodをそのまま引数として渡します。

こんな感じで、応答フレーズ（メッセージ）の選択処理をPatternItem側に任せたので、シンプルなコードになりました。ただし、choice()メソッドは応答例をチョイスできなかった場合にNoneを返してくるので要注意です。思わぬバグにつながらないよう、❺ではrespがNoneでない場合に限って、応答メッセージ中の「%match%」をマッチした文字列と置き換えてreturnします。

▼respがNoneではない場合の処理

```
if resp != None:
    return re.sub('%match%', m.group(), resp)
```

●どのPatternItemもマッチしない場合はランダム辞書から返す

どのPatternItemもマッチしなければ、あるいは選択できる応答例が1つもなければ、❻でランダム辞書から無作為に応答を返しますが、この部分は前と変わっていません。

以上でPatternResponderクラスは完了です。

5.4.7 感情モデルの移植（ピティナの本体クラス）

最後はピティナの本体、Pitynaクラスに感情モデルを移植します。とはいっても、Emotionオブジェクトの生成を含めて変更は3か所だけです。「pityna.py」を［エディター］で開いて、次のように編集しましょう。

▼Pitynaクラス（Pityna/pityna.py）

```
import responder
import random
import dictionary


class Pityna(object):
    """ ピティナの本体クラス

    Attributes:
        name (str): Pitynaオブジェクトの名前を保持
        dictionary (obj:`Dictionary`): Dictionaryオブジェクトを保持
        res_repeat (obj:`RepeatResponder`): RepeatResponderオブジェクトを保持
```

```python
    res_random (obj:`RandomResponder`): RandomResponderオブジェクトを保持
    res_pattern (obj:`PatternResponder`): PatternResponderオブジェクトを保持
"""
def __init__(self, name):
    """ Pitynaオブジェクトの名前をnameに格納
        Responderオブジェクトを生成してresponderに格納

    Args:
        name(str)    : Pitynaオブジェクトの名前
    """
    # Pitynaオブジェクトの名前をインスタンス変数に代入
    self.name = name
    # Dictionaryを生成
    self.dictionary = dictionary.Dictionary()
    # Emotionを生成
    self.emotion = Emotion(self.dictionary.pattern)                ――――❶
    # RepeatResponderを生成
    self.res_repeat = responder.RepeatResponder('Repeat?')
    # RandomResponderを生成
    self.res_random = responder.RandomResponder(
            'Random', self.dictionary.random)
    # PatternResponderを生成
    self.res_pattern = responder.PatternResponder(
            'Pattern', self.dictionary)


def dialogue(self, input):
    """ 応答オブジェクトのresponse()を呼び出して応答文字列を取得する

    Args:
        input(str): ユーザーの発言
        Returns:
            str: 応答フレーズ
    """
    # ビティナの機嫌値を更新する
    self.emotion.update(input)                                     ――――❷
    # 1～100の数値をランダムに生成
    x = random.randint(1, 100)
    # 60以下ならPatternResponderオブジェクトにする
    if x <= 60:
        self.responder = self.res_pattern
    # 61～90以下ならRandomResponderオブジェクトにする
    elif 61 <= x <= 90:
```

```
            self.responder = self.res_random
        # それ以外はRepeatResponderオブジェクトにする
        else:
            self.responder = self.res_repeat

        # print(self.emotion.mood)  # 機嫌値を確認したいときに使う
        return self.responder.response(input, self.emotion.mood)
```
❸

```
    def get_responder_name(self):
        """ 応答に使用されたオブジェクト名を返す

        Returns:
            str: responderに格納されている応答オブジェクト名
        """
        return self.responder.name


    def get_name(self):
        """ Pitynaオブジェクトの名前を返す

        Returns:
            str: Pitynaクラスの名前
        """
        return self.name


class Emotion:
    """ ピティナの感情モデル

    Attributes:
        pattern (PatternItemのlist): [PatternItem1, PatternItem2, PatternItem3, ...]
        mood (int): ピティナの機嫌値を保持
    """
    # 機嫌値の上限／下限と回復値をクラス変数として定義
    MOOD_MIN = -15
    MOOD_MAX = 15
    MOOD_RECOVERY = 0.5


    def __init__(self, pattern):
        """インスタンス変数patternとmoodを初期化する

        Args:
            pattern(dict): Dictionaryのpattern(中身はPatternItemのリスト)
        """
```

```python
        # Dictionaryオブジェクトのpatternをインスタンス変数patternに格納
        self.pattern = pattern
        # 機嫌値moodを0で初期化
        self.mood = 0

    def update(self, input):
        """ 機嫌値を変動させるメソッド

        ・機嫌値をプラス/マイナス側にMOOD_RECOVERYの値だけ戻す
        ・ユーザーの発言をパターン辞書にマッチさせ、機嫌値を変動させる

        Args:
            input(str) : ユーザーの発言
        """
        # 機嫌値を徐々に戻す処理
        if self.mood < 0:
            self.mood += Emotion.MOOD_RECOVERY
        elif self.mood > 0:
            self.mood -= Emotion.MOOD_RECOVERY

        # パターン辞書の各行の正規表現をユーザーの発言に繰り返しパターンマッチさせる
        # マッチした場合はadjust_mood()で機嫌値を変動させる
        for ptn_item in self.pattern:
            if ptn_item.match(input):
                self.adjust_mood(ptn_item.modify)
                break

    def adjust_mood(self, val):
        """ 機嫌値を増減させるメソッド

        Args:
            val(int) : 機嫌変動値
        """
        # 機嫌値moodの値を機嫌変動値によって増減する
        self.mood += int(val)
        # MOOD_MAXとMOOD_MINと比較して、機嫌値が取り得る範囲に収める
        if self.mood > Emotion.MOOD_MAX:
            self.mood = Emotion.MOOD_MAX
        elif self.mood < Emotion.MOOD_MIN:
            self.mood = Emotion.MOOD_MIN
```

__init__()メソッドの❶ではEmotionオブジェクトを生成しています。

Emotionオブジェクトは、対話が行われるたびにupdate()メソッドを呼び出して機嫌値を更新しなければなりませんが、それを行っているのがdialogue()メソッドの❷の部分です。ユーザーの発言で感情を変化させたり、対話の継続によって感情を平静に近付ける処理をここで行います。

❸では、Responderクラスのresponse()メソッドを呼び出すときに、引数として機嫌値self. emotion.moodを追加しています。

これで感情モデルが機能するようになりました。dialogue()メソッドのreturn文（❸）の上の行にコメントアウトした

```
# print(self.emotion.mood)  # 機嫌値を確認したいときに使う
```

がありますが、この部分のコメント化を解除すると、ピティナの機嫌値が[ターミナル]に出力されるようになります。冒頭の#を削除してモジュールを上書き保存してから、プログラムを実行してみましょう。

「main.py」を[エディター]で表示した状態で[実行とデバッグ]ビューの[実行とデバッグ]をクリックし、必要に応じて[Pythonファイル　現在アクティブなPythonファイルをデバッグする]を選択します。

▼実行中のピティナプログラム

いろいろ対話してみる

▼VSCode.の[コンソール]に出力されるピティナの機嫌値

対話の内容によってピティナの機嫌値が刻々と変化する

機嫌値を出力したので、感情の動きがよくわかります。ですが、表情はそのままですので、次項では感情によって表情を変化させる仕組みを組み込みます。

5

ピティナのGUI化と[人工感情]の移植

Memo｜ピティナプログラムのモジュール

　ここで、ピティナプログラムの全体像を確認しておきましょう。

▼ VSCodeの［エクスプローラー］で「Pityna」フォルダー以下を表示したところ

▼ ピティナ本体に関わるモジュール

- pityna.py（Pityna、Emotion クラス）
- dictionary.py（Dictionary、PatternItem クラス）
- responder.py（Responder、RepeatResponder、RandomResponder、PatternResponder クラス）

▼ プログラムの起動、GUIに関するモジュール

- main.py
- mainwindow.py（MainWindow クラス）

▼ GUI画面の本体

- qt_PitynaUI.ui
- qt_resource.qrc（GUI画面のリソースに関する情報）

　上記2ファイルについてはコンバートの処理を行います。

▼ コンバートにより生成されるモジュール

- qt_pitynaui.py（Ui_MainWindow クラス）
- qt_resource_rc.py

5.4.8 ピティナ、笑ったり落ち込んだり

これまでに、感情モデルとしてのEmotionクラスを組み込み、ピティナの本体クラスで操作するようにしました。最後の仕上げとして、機嫌値によって表情を切り替える仕組みを作っていきます。ここでは、次の4つの画像を用意しました。

▼表情を変えるための4つの画像ファイル

```
angry.gif      （怒ったとき）
empty.gif      （やや不機嫌なとき）
happy.gif      （上機嫌のとき）
talk.gif       （平静時）
```

ピティナプログラムのファイル群を確認

今回、「Pityna」フォルダー以下に「img」フォルダーを作成し、上述の4画像を格納しました。「Pityna」フォルダーの構造は次のようになっています。

▼VSCodeの［エクスプローラー］で「Pityna」フォルダーを展開したところ

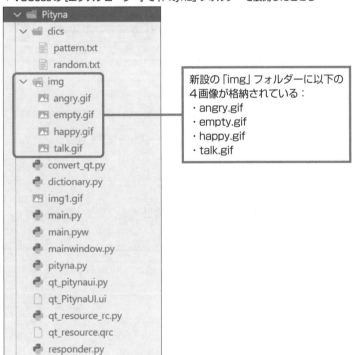

新設の「img」フォルダーに以下の
4画像が格納されている：
・angry.gif
・empty.gif
・happy.gif
・talk.gif

画像ファイルを含むこれらのファイル群は、本書配布サンプルデータに含まれるので、適宜お使いください。

5

ピティナのGUI化と［人工感情］の移植

Qt Designerを起動してリソースファイルを作ろう

新たに4つの画像ファイルを用意したので、QT Designerを使ってリソースファイルの内容を編集しましょう。現状、「img1.gif」がリソースとして登録されていますが、これを破棄して「img」フォルダー以下の「angry.gif」「empty.gif」「happy.gif」「talk.gif」を登録します。

1 QT Designerを起動して、「Pityna」フォルダー以下の「qt_PitynaUI.ui」を開きます。

2 [リソースブラウザ] パネルを表示し、[リソースを編集] ボタンをクリックします。

3 [リソースを編集] ダイアログが表示されるので、「re」以下の「img1.gif」を選択します。

4 [削除] ボタンをクリックします。

▼QT Designerで「qt_PitynaUI.ui」を開いたところ

▼[リソースを編集] ダイアログ

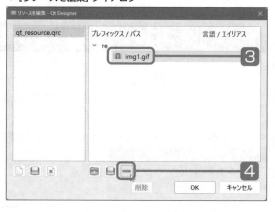

● 「img1.gif」の削除

Onepoint

新たに用意した4画像を登録するので、既存の「img1.gif」をリソースから削除します。

▼[リソースを編集] ダイアログ

5 [ファイルを追加] ボタンをクリックします。

[ファイルを追加] ボタンをクリック

▼［ファイルを追加］ダイアログ

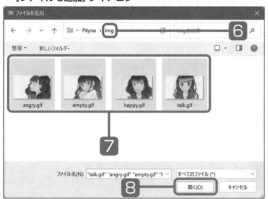

6 ［ファイルを追加］ダイアログが表示されるので、「Pityna」フォルダー以下の「img」フォルダーを開きます。

7 「angry.gif」「empty.gif」「happy.gif」「talk.gif」を選択します。

8 ［開く］ボタンをクリックします。

●複数ファイルの選択

Ctrl キーを押しながらクリックすることで、複数のファイルを選択状態にできます。

9 「re」以下の「img」にイメージの4ファイルが登録されたことが確認できます。

10 ［OK］ボタンをクリックします。

11 ［リソースブラウザ］パネルを見ると、「re」➡「img」以下に4つのイメージファイルが登録されていることが確認できます。

▼［リソースを編集］ダイアログ

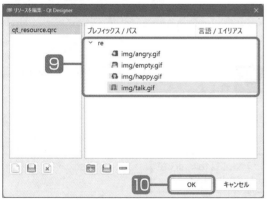

▼［リソースブラウザ］パネル

「re」➡「img」以下に4つのイメージファイルが登録されている

■ イメージを表示するラベルのプロパティを設定する

リソースを変更したことにより、QT Designerではイメージ表示用のラベル（LabelShowImg）に何も表示されなくなっています。ラベルの **[pixmap]** プロパティの値を、新規にリソースに登録した「talk.gif」に変更しましょう。

1 イメージを表示するラベル（LabelShowImg）を選択します。

2 **[プロパティ]** パネルの **[QLabel]** 以下の **[pixmap]** の▼をクリックして **[リソースを選択]** を選択します。

3 **[リソースを選択]** ダイアログが表示されるので、「re」➡「img」以下の「talk.gif」を選択します。

4 **[OK]** ボタンをクリックします。

▼QT Designerの [プロパティ] パネル

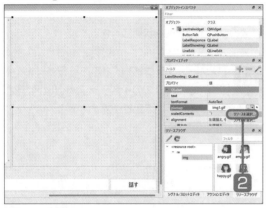

▼ [リソースを選択] ダイアログ

▼QT Designerの画面

5 イメージ表示用のラベルに「talk.gif」が表示されます。

ラベルに「talk.gif」が表示されている

以上で、リソースファイルとイメージの設定は完了です。QT Designerの **[ファイル]** メニューの **[保存]** を選択して、UI形式ファイル「qt_PitynaUI.ui」とQRC形式のリソースファイル「qt_resource.qrc」を上書き保存しておきましょう。

UI形式ファイルとQRC形式ファイルのコンバート

UI形式ファイル「qt_PitynaUI.ui」とQRC形式のリソースファイル「qt_resource.qrc」を更新したので、「pyuic5」と「pyrcc5」を使ってPythonモジュールへのコンバートを行いましょう。

●「qt_PitynaUI.ui」を「qt_pitynaui.py」にコンバートする

VSCodeで開発中の「Pityna」フォルダー以下の任意のPythonモジュールを開いて、仮想環境のインタープリターを選択しておきます。

❶ **[ターミナル]** メニューの **[新しいターミナル]** を選択して、**[ターミナル]** を起動します。
❷ cdコマンドでプログラム用フォルダー「Pityna」に移動します。本書の例では、開発中の「Pityna」は仮想環境「.venv」が格納された「sampleprogram」フォルダー以下のchap05「\05_04\05_04_08\Pityna」にあります。
❸ ディレクトリを移動したら、プロンプトに続けて次のように入力し、**Enter** キーを押します。既存の「qt_pitynaui.py」が新しい内容に書き換えられます。操作完了後は、このあと説明するリソースファイルのコンバートも忘れずに行います。

```
pyuic5 -o qt_pitynaui.py qt_PitynaUI.ui
```

▼cdコマンドによる移動とpyuic5の実行例

```
(.venv) PS C:\PythonPM_version4\sampleprogram> cd chap05\05_04\05_04_08\Pityna
(.venv) PS C:\PythonPM_version4\sampleprogram\chap05\05_04\05_04_08\Pityna>
pyuic5 -o qt_pitynaui.py qt_PitynaUI.ui  ❸                                    ❷
```

●pyuic5の実行手順

5.1.4項の中の「コマンドラインツール『pyuic5』でコンバートする」において実行手順を詳しく解説しているので、併せてご参照ください。

●「qt_resource.qrc」を「qt_resource_rc.py」にコンバートする

リソースファイル「qt_resource.qrc」を「qt_resource_rc.py」にコンバートします。ディレクトリを移動した状態の **[ターミナル]** で、プロンプトに続けて次のように入力し、**Enter** キーを押します。既存の「qt_resource_rc.py」が新しい内容に書き換えられます。

```
pyrcc5 -o qt_resource_rc.py qt_resource.qrc
```

▼pyrcc5の実行例

```
(.venv) PS C:\PythonPM_version4\sampleprogram\chap05\05_04\05_04_08\Pityna>
pyrcc5 -o qt_resource_rc.py qt_resource.qrc
```

●pyrcc5によるリソースファイルのコンバート

　5.1.4項の中の「リソースファイル(.qrc)をPythonにコンバートする」において実行手順を詳しく解説しているので、併せてご参照ください。

感情の揺らぎを表情で表す

　イメージの切り替えは、画面の **[話す]** ボタンがクリックされたタイミングで行います。いまのところ、ボタンクリック時にbutton_talk_slot()がコールバックされ、応答のための処理が開始されるようになっています。画像を切り替えるタイミングとしては、一連の処理が完了した時点が適切です。

　イメージ切り替えの手順に従って、MainWindowクラスを次のように変更します。

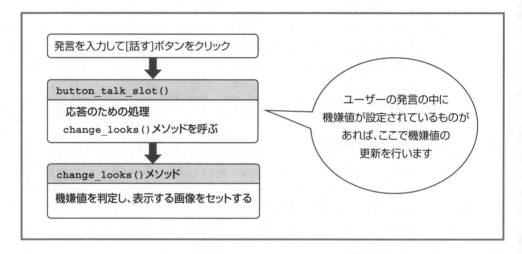

　「mainwindow.py」を **[エディター]** で開いて、次のコードリスト中に示した箇所を編集しましょう。

▼MainWindowクラスの定義コードを編集 (Pityna/mainwindow.py)

```python
from PyQt5 import QtWidgets
from PyQt5 import QtGui     ── ❶
import qt_pitynaui
import pityna


class MainWindow(QtWidgets.QMainWindow):
    """QtWidgets.QMainWindowを継承したサブクラス
    UI画面の構築を行う


    Attributes:
        pityna (obj): Pitynaオブジェクトを保持
        action (bool): ラジオボタンの状態を保持
        ui (obj): Ui_MainWindowオブジェクトを保持
```

```python
    """

    def __init__(self):
        """初期化処理

        """
        # スーパークラスの__init__()を実行
        super().__init__()
        # Pitynaオブジェクトを生成
        self.pityna = pityna.Pityna('pityna')
        # ラジオボタンの状態を初期化
        self.action = True
        # Ui_MainWindowオブジェクトを生成
        self.ui = qt_pitynaui.Ui_MainWindow()
        # setupUi()で画面を構築、MainWindow自身を引数にすることが必要
        self.ui.setupUi(self)

    def putlog(self, str):
        """QListWidgetクラスのaddItem()でログをリストに追加する

        Args:
            str (str): ユーザーの入力または応答メッセージをログ用に整形した文字列
        """
        self.ui.ListWidgetLog.addItem(str)

    def prompt(self):
        """ピティナのプロンプトを作る

        Returns:
            str: プロンプトを作る文字列
        """
        # Pitynaクラスのget_name()でオブジェクト名を取得
        p = self.pityna.get_name()
        # 「Responderを表示」がオンならオブジェクト名を付加する
        if self.action == True:
            p += ':' + self.pityna.get_responder_name()
        # プロンプト記号を付けて返す
        return p + '> '
                                                                    ❷

    def change_looks(self):
        """機嫌値によってピティナの表情を切り替えるメソッド

        """
```

```python
        # 応答フレーズを返す直前のピティナの機嫌値を取得
        em = self.pityna.emotion.mood
        # デフォルトの表情
        if -5 <= em <= 5:
            self.ui.LabelShowImg.setPixmap(QtGui.QPixmap(":/re/img//talk.gif"))
        # ちょっと不機嫌な表情
        elif -10 <= em < -5:
            self.ui.LabelShowImg.setPixmap(QtGui.QPixmap(":/re/img/empty.gif"))
        # 怒った表情
        elif -15 <= em < -10:
            self.ui.LabelShowImg.setPixmap(QtGui.QPixmap(":/re/img/angry.gif"))
        # 嬉しさ爆発の表情
        elif 5 < em <= 15:
            self.ui.LabelShowImg.setPixmap(QtGui.QPixmap(":/re/img/happy.gif"))


    def button_talk_slot(self):
        """ [話す]ボタンのイベントハンドラー


        ・Pitynaクラスのdialogue()を実行して応答メッセージを取得
        ・入力文字列および応答メッセージをログに出力
        """
        # ラインエディットからユーザーの発言を取得
        value = self.ui.LineEdit.text()


        if not value:
            # 未入力の場合は「なに?」と表示
            self.ui.LabelResponce.setText('なに?')
        else:
            # 発言があれば対話オブジェクトを実行
            # ユーザーの発言を引数にしてdialogue()を実行し、応答メッセージを取得
            response = self.pityna.dialogue(value)
            # ピティナの応答メッセージをラベルに出力
            self.ui.LabelResponce.setText(response)
            # プロンプト記号にユーザーの発言を連結してログ用のリストに出力
            self.putlog('> ' + value)
            # ピティナのプロンプト記号に応答メッセージを連結してログ用のリストに出力
            self.putlog(self.prompt() + response)
            # QLineEditクラスのclear()メソッドでラインエディットのテキストをクリア
            self.ui.LineEdit.clear()


        # ピティナのイメージを現在の機嫌値に合わせる    ❸
        self.change_looks()
```

```python
def closeEvent(self, event):
    """ウィジェットを閉じるclose()メソッド実行時にQCloseEventによって呼ばれる

    Overrides:
        ・メッセージボックスを表示する
        ・[Yes]がクリックされたらイベントを続行してウィジェットを閉じる
        ・[No]がクリックされたらイベントを取り消してウィジェットを閉じないようにする
    Args:
        event(obj): 閉じるイベント発生時に渡されるQCloseEventオブジェクト

    """
    reply = QtWidgets.QMessageBox.question(
        self,
        '確認',                    # タイトル
        "プログラムを終了しますか?", # メッセージ
        # Yes|Noボタンを表示
        buttons = QtWidgets.QMessageBox.Yes | QtWidgets.QMessageBox.No
    )

    # [Yes]クリックでウィジェットを閉じ、[No]クリックで閉じる処理を無効にする
    if reply == QtWidgets.QMessageBox.Yes:
        event.accept() # イベント続行
    else:
        event.ignore() # イベント取り消し

def show_responder_name(self):
    """RadioButton_1がオンのときに呼ばれるイベントハンドラー

    """
    # ラジオボタンの状態を保持するactionの値をTrueにする
    self.action = True

def hidden_responder_name(self):
    """RadioButton_2がオンのときに呼ばれるイベントハンドラー

    """
    # ラジオボタンの状態を保持するactionの値をFalseにする
    self.action = False
```

　　MainWindowクラスでは、ピティナのイメージを動的に入れ替える必要が生じたので、❶でPyQt5のQtGuiクラスをインポートしています。

　　❷のchange_looks()が新設のメソッドで、ピティナの機嫌値を参照しつつ表情を切り替える処理を行います。といっても動作は単純で、機嫌値emが「−5 <= em <= 5」の範囲であればtalk.gifが選択され、「−10 <= em < −5」であればうつろなempty.gif、「−15 <= em < −10」であれば怒りのangry.gif、「5 < em <= 15」であればご機嫌なhappy.gifが選択されます。

　　あとは、[話す]ボタンのクリックで呼ばれるbuttonTalkSlot()の最後で、change_looks()メソッドを呼び出せば完了です（❸）。

　　これで特に問題はないでしょう。以上の修正をもって、ピティナは「感情」という新たなパラメーターを持つようになり、感情の揺らぎを表情に表すことが可能になりました。さっそくプログラムを実行して、いくつかのワルい言葉や褒め言葉を言ってみてください。

▼ピティナ実行中

いろいろ言ってみる

物憂げな表情をしています

とうとう怒ってしまいました

気分によって表情が変わります。怒らせてしまったら、よい言葉を投げかけてあげましょう。

▼上機嫌のピティナ

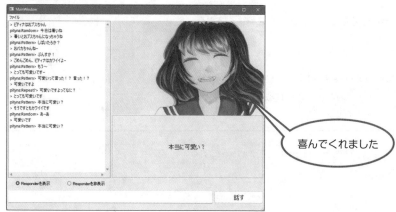

喜んでくれました

Perfect Master Series
Python AI Programming

Chapter 6

「記憶」のメカニズムを
実装する（機械学習）

　「記憶」のメカニズムというお題が付いていますが、ピティナもAIチャットボットを目指しているので、自分がしゃべったことや相手の発言を記憶してもらいたいところです。最初はつたない記憶かもしれませんが、記憶した内容を発言にうまく反映させることで、会話の楽しさが格段にアップするかもしれません。

Section 6.1 機械学習のススメ

Level ★★★　　Keyword　辞書　学習メソッド　記憶メソッド

　ピティナにとって辞書ファイルは「知識」そのものです。絶妙な返しができるかどうかは、辞書の充実度に大きく左右されます。いってみれば辞書を作っていく作業は、すなわちピティナの人格を作り上げる作業です。ところが、辞書を十分に充実したものにするには、それに見合う膨大な作業量が必要になります。そうであれば、ピティナが自ら進んで知識を増やしていってくれるといいですね。本節では、ピティナの「学習」について考えます。

辞書ファイルが ピティナの記憶領域なのです

　辞書を作る作業は楽しいのも確かですが、苦労のわりには思うようなレスポンスがなく、がっかりすることもあります。そこで、自力で辞書を完璧に作り上げることは無理だとあきらめ、代わりにピティナが自ら学習するシステムを作りましょう。以下は本節のポイントです。

●inを使った値の有無テスト

```
セル1    lst = ['a', 'b', 'c']
         'a' in lst
OUT      True ——— 指定した値があればTrue、なければFalseが返る
```

▼withステートメント

```
with open(ファイル名) as ファイルオブジェクト
    ファイルの処理
```

▼ファイルに文字列を書き込むwrite()メソッド

```
ファイルオブジェクト.write(文字列)
```

▼ファイルにリストの要素を書き込むwritelines()メソッド

```
ファイルオブジェクト.writelines(リスト)
```

ピティナが学習するのは「応答のためのフレーズ」です。それを教えてくれるのは、ピティナと対話するユーザー自身です。「ユーザーの発言を分析し、今後の応答を作るための知識として記憶する」すなわち「辞書ファイルにインプットする」ことが、ピティナにとっての「学習」となります。学習するにあたっての分析をどう行うか、どの辞書に、どんなかたちで蓄えるかについては様々な方法があるかもしれませんが、まずはシンプルに「ユーザーの発言をそのまま覚える」ことから始めましょう。

インプット（記録）するのは**ランダム辞書**が最適です。ユーザーが発言するたびに、それをランダム辞書へ追加するのです。ピティナと会話をすればするほどランダム辞書のフレーズが増えていくので、RandomResponderがいろんな応答を返すようになっていきます。

結局のところ、ユーザー自身、自分の発言よりもピティナの応答に注目しているので、絶妙なタイミングで過去の発言を引用してくることができるのであれば、単純ながら効果の高い仕組みになりそうです。ユーザーの語りがそのまま出てしまいますが、むしろ自然な感じがするかもしれません。もし、気になるところがあれば、最終手段として辞書ファイルを直接修正すればよいでしょう。

辞書の学習を実現するためにクリアすべき課題

ランダム辞書の学習を実現する上で、プログラミング的な課題がいくつかあるので、ここで解決しておきましょう。

●ユーザーからの発言はどこに記録するか

ユーザーの発言を辞書ファイルに追加する際に、ユーザーからの発言があるたびにファイルに書き込むというのも非効率です。そこで、プログラムの実行中は、ランダム辞書を保持するインスタンス変数にユーザーの発言を追加するようにします。そうすれば、辞書ファイルの更新を待たずに、覚えたてのフレーズをピティナが返せるようになる、というメリットもあります。

●辞書ファイルはどうやって更新するか

インスタンス変数に保存しただけでは、当然ながらプログラムを終了すると学習内容が失われてしまうので、辞書ファイルに保存しなければなりません。学習した内容を既存のデータの末尾に追加する方法も考えられますが、インスタンス変数には既存の内容も格納されているので、ファイルの中身を丸ごと書き換えることにしましょう。

●辞書ファイルにいつ書き込むか

辞書ファイルに書き込むタイミングですが、プログラムを終了するときに一度だけ行うようにしましょう。ピティナのプログラムでは「ウィンドウを閉じるとき」が「プログラムを終了するとき」なので、そのタイミングを捉えて書き込みの処理を行うようにします。

「学習メソッド」と「記憶メソッド」の追加

では、これらの課題にどう対応するのか、まずはDictionaryクラスから見ていきましょう。

なお、Dictionaryクラスに記述する内容が増えてきたため、同じモジュールに記述していたPatternItemクラスを、今回から新設の「patternitem.py」モジュールとして分離することにしました。

プログラム用フォルダー「Pityna」以下にモジュール「patternitem.py」を作成します。

▼VSCodeの[エクスプローラー]で「Pityna」フォルダーを展開したところ

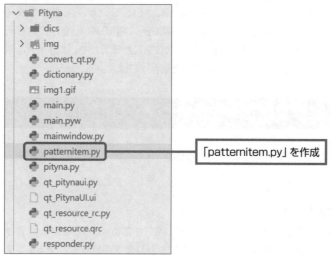

「patternitem.py」を作成

[エディター]で開いて、次のようにPatternItemクラスの定義コードを入力しましょう。「dictionary.py」で定義していたものと同じコードなので、該当部分をコピー&ペーストするのがよいでしょう。ただし、冒頭の2行のインポート文を忘れないようにしてください。

▼PatternItemクラスの定義 (Pityna/patternitem.py)

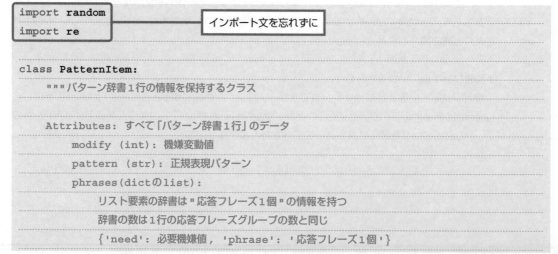

```python
import random
import re


class PatternItem:
    """パターン辞書1行の情報を保持するクラス

    Attributes: すべて「パターン辞書1行」のデータ
        modify (int): 機嫌変動値
        pattern (str): 正規表現パターン
        phrases(dictのlist):
            リスト要素の辞書は"応答フレーズ1個"の情報を持つ
            辞書の数は1行の応答フレーズグループの数と同じ
            {'need': 必要機嫌値, 'phrase': '応答フレーズ1個'}
```

インポート文を忘れずに

```
    """
    SEPARATOR = '^((-?\d+)##)?(.*)$'

    def __init__(self, pattern, phrases):
        """インスタンス変数modify、pattern、phrasesの初期化を実行
```

        Args:
            pattern (str): パターン辞書1行の正規表現パターン (機嫌変動値##パターン)
            phrases (dicのlist): パターン辞書1行の応答フレーズグループ
```
        """
        # インスタンス変数modify、patternの初期化
        self.init_modifypattern(pattern)
        # インスタンス変数phrasesの初期化
        self.init_phrases(phrases)

    def init_modifypattern(self, pattern):
        """インスタンス変数modify(int)、pattern(str)の初期化を行う
```

        パターン辞書の正規表現パターンの部分にSEPARATORをパターンマッチさせる
        マッチ結果のリストから機嫌変動値と正規表現パターンを取り出し、
        インスタンス変数modifyとpatternに代入する

        Args:
            pattern(str): パターン辞書1行の正規表現パターン
```
        """
        # 辞書のパターンの部分にSEPARATORをパターンマッチさせる
        m = re.findall(PatternItem.SEPARATOR, pattern)
        # 機嫌変動値を保持するインスタンス変数を0で初期化
        self.modify = 0
        # マッチ結果の整数部分が空でなければ機嫌変動値をインスタンス変数modifyに代入
        if m[0][1]:
            self.modify = int(m[0][1])
        # マッチ結果からパターン部分を取り出し、インスタンス変数patternに代入
        self.pattern = m[0][2]

    def init_phrases(self, phrases):
        """インスタンス変数phrases(dictのlist)の初期化を行う
```

        パターン辞書の応答フレーズグループにSEPARATORをパターンマッチさせる
        マッチ結果のリストから必要機嫌値と応答フレーズを取り出して
        {'need': 必要機嫌値, 'phrase': '応答フレーズ1個'}
        の構造をした辞書を作成し、phrases(リスト)に追加
```
```

```python
    Args:
        phrases (str): パターン辞書1行の応答フレーズグループ
    """
    # リスト型のインスタンス変数を用意
    self.phrases = []
    # 辞書 (dict) オブジェクトを用意
    dic = {}
    # 引数で渡された応答フレーズグループを'|'で分割し、
    # 1個の応答フレーズに対してSEPARATORをパターンマッチさせる
    # {'need': 必要機嫌値, 'phrase': '応答フレーズ1個'}を作成し、
    # インスタンス変数phrases(list)に格納する
    for phrase in phrases.split('|'):
        # 1個の応答フレーズに対してパターンマッチを行う
        m = re.findall(PatternItem.SEPARATOR, phrase)
        # 'need'キーの値を必要機嫌値m[0][1]にする
        # 'phrase'キーの値を応答フレーズm[0][2]にする
        dic['need'] = 0
        if m[0][1]:
            dic['need'] = int(m[0][1])
        dic['phrase'] = m[0][2]
        # 作成した辞書をリストphrasesに追加
        self.phrases.append(dic.copy())


def match(self, str):
    """ユーザーの発言にパターン辞書1行の正規表現パターンをマッチさせる

    Args:
        str(str): ユーザーの発言

    Returns:
        Matchオブジェクト: マッチした場合
        None: マッチしない場合
    """
    return re.search(self.pattern, str)


def choice(self, mood):
    """現在の機嫌値と必要機嫌値を比較し、適切な応答フレーズを抽出する

    Args:
        mood(int): ピティナの現在の機嫌値
```

```
        Returns:
            str: 必要機嫌値をクリアした応答フレーズのリストからランダムチョイスした応答
            None: 必要機嫌値をクリアする応答フレーズが存在しない場合
        """
        choices = []
        # インスタンス変数phrasesが保持するすべての辞書 (dict) オブジェクトを処理
        for p in self.phrases:
            # 'need'キーの数値とパラメーターmoodをsuitable()に渡し、
            # 必要機嫌値による条件をクリア (戻り値がTrue) していれば、
            # 対になっている応答フレーズをchoicesリストに追加する
            if (self.suitable(p['need'], mood)):
                choices.append(p['phrase'])
        # choicesリストが空であればNoneを返して終了
        if (len(choices) == 0):
            return None
        # choicesリストからランダムに応答フレーズを抽出して返す
        return random.choice(choices)


    def suitable(self, need, mood):
        """現在の機嫌値が必要機嫌値の条件を満たすかを判定

        Args:
            need(int): 必要機嫌値
            mood(int): 現在の機嫌値

        Returns:
            bool: 必要機嫌値をクリアしていたらTrue、そうでなければFalse
        """
        # 必要機嫌値が0であればTrueを返す
        if (need == 0):
            return True
        # 必要機嫌値がプラスの場合は機嫌値が必要機嫌値を超えているか判定
        elif (need > 0):
            return (mood > need)
        # 必要機嫌値がマイナスの場合は機嫌値が下回っているか判定
        else:
            return (mood < need)
```

次に、「dictionary.py」を **[エディター]** で開いて、次のように編集しましょう。PatternItemクラスの定義コードがなくなり、Dictionaryクラスのみが定義されます。冒頭のインポート文が変更され、study()およびsave()という2つメソッドが新規追加されています。

▼ Dictionary クラス (Pityna/dictionary.py)

```python
import os
from patternitem import PatternItem ──────────────────────────────────────── ❶


class Dictionary(object):
    """ランダム辞書とパターン辞書のデータをインスタンス変数に格納する

    Attributes:
        random(strのlist):
            ランダム辞書のすべての応答メッセージを要素として格納
            [メッセージ1, メッセージ2, メッセージ3, ...]

        pattern(PatternItemのlist):
            [PatternItem1, PatternItem2, PatternItem3, ...]
    """
    def __init__(self):
        """インスタンス変数random,patternの初期化

        """
        # ランダム辞書のメッセージのリストを作成
        self.random =  self.make_random_list()
        # パターン辞書1行データを格納したPatternItemオブジェクトのリストを作成
        self.pattern = self.make_pattern_dictionary()

    def make_random_list(self):
        """ランダム辞書ファイルのデータを読み込んでリストrandomに格納する

        Returns:
            list: ランダム辞書の応答メッセージを格納したリスト
        """
        # random.txtのフルパスを取得
        path = os.path.join(os.path.dirname(__file__), 'dics', 'random.txt')
        # ランダム辞書ファイルオープン
        rfile = open(path, 'r', encoding = 'utf_8')
        # 各行を要素としてリストに格納
        r_lines = rfile.readlines()
        # ファイルオブジェクトをクローズ
        rfile.close()
        # 末尾の改行と空白文字を取り除いてリストrandom_listに格納
        random_list = []
        for line in r_lines:
            str = line.rstrip('\n')
```

```
            if (str!=''):
                random_list.append(str)

    return random_list


def make_pattern_dictionary(self):
    """パターン辞書ファイルのデータを読み込んでリストpatternitem_listに格納

    Returns:
        PatternItemのlist: PatternItemはパターン辞書1行のデータを持つ
    """

    # pattern.txtのフルパスを取得
    path = os.path.join(os.path.dirname(__file__), 'dics', 'pattern.txt')
    # パターン辞書オープン
    pfile = open(path, 'r', encoding = 'utf_8')

    # 各行を要素としてリストに格納
    p_lines = pfile.readlines()
    # ファイルオブジェクトをクローズ
    pfile.close()
    # 末尾の改行と空白文字を取り除いてリストpattern_listに格納
    pattern_list = []
    for line in p_lines:
        str = line.rstrip('\n')
        if (str!=''):
            pattern_list.append(str)

    # パターン辞書の各行をタブで切り分けて以下の変数に格納
    #
    # ptn パターン辞書1行の正規表現パターン
    # prs パターン辞書1行の応答フレーズグループ
    #
    # ptn、prsを引数にしてPatternItemオブジェクトを1個生成し、patternitem_listに追加
    # パターン辞書の行の数だけ繰り返す
    patternitem_list = []
    for line in pattern_list:
        ptn, prs = line.split('\t')
        patternitem_list.append(PatternItem(ptn, prs))
    return patternitem_list
```

```python
    def study(self, input):                                          ―❷
        """ ユーザーの発言を学習する

        Args:
            input(str): ユーザーの発言

        """
        # 入力された文字列末尾の改行を取り除く
        input = input.rstrip('\n')                                   ―❸
        # ユーザーの発言がランダム辞書に存在しなければself.randomの末尾に追加
        if not input in self.random:                                 ―❹
            self.random.append(input)

    def save(self):                                                  ―❺
        """ self.randomの内容でランダム辞書ファイルを更新する

        """
        # 各フレーズの末尾に改行を追加する
        for index, element in enumerate(self.random):                ―❻
            self.random[index] = element +'\n'
        # random.txtのフルパスを取得
        path = os.path.join(os.path.dirname(__file__), 'dics', 'random.txt')
        # ランダム辞書ファイルを更新
        with open(path, 'w', encoding = 'utf_8') as f:               ―❼
            f.writelines(self.random)
```

❶ from patternitem import PatternItem

patternitem.pyに移設したPatternItemクラスをインポートします。

❷ def study(self, input):

study()メソッドは「学習する」メソッドで、今回の修正のキモとなるメソッドですが、中身はいたってシンプルです。ifステートメントで重複チェックを行いますが、inを使うとリストの中身に同じ値がないか調べることができます。Notebookで試してみましょう。

▼inを使った値の有無テスト（in.ipynb）

| セル1 | `lst = ['a', 'b', 'c']` |

| OUT | `'a' in lst` |
| | `True` ─────────── 指定した値があればTrue、なければFalseが返る |

否定は論理演算子のnotが使えるので、

```
if not input in self.random:
```

とすれば、ユーザーの発言（input）が辞書にない場合の処理が行えます。Falseが返ってきたら、append()でランダム辞書リストself.randomの末尾に追加します。

　なお、ユーザーが発言するときの状況によって、入力した文字列の末尾に改行文字が付くことがあります。重複チェックを行うランダム辞書（self.random）の各要素には改行文字が付いていないため、文字列が重複していても改行文字が付いているとチェックからもれてしまいます。そこで、そうならないように末尾の改行文字を事前に取り除くことにしました（❸）。それに続いて、inによる重複チェックを行っています（❹）。

❺ def save(self):

　save()メソッドは「記憶する」メソッドです。ここでは、課題の1つである辞書ファイルへの保存を行っていますが、self.randomには、辞書ファイルの各行が「末尾の改行文字が取り除かれた状態」で保持されています。ファイルに書き込むためには、すべての要素に対して末尾に改行文字を追加しなければならないので、まずはこれを追加します（❻）。

　そのためには、リストのすべての要素に対してイテレート（反復処理）を行う必要がありますが、これにはビルトインのenumerate()関数を使うと便利です。

● enumerate()関数

書式	enumerate(イテレート可能なオブジェクト)
戻り値	インデックスと要素のペアをタプルとして返します。

▼リスト要素をインデックスと値のペアで取り出す（in.ipynb）

`セル2`
```
lst = ['a', 'b', 'c']
for index, element in enumerate(lst):
    print(str(index) + ':', element)
```

`OUT`
```
0: a
1: b
2: c
```

　上記の場合、最初の繰り返しで(0, 'a')が返ってくるので、forのブロックパラメーターindexに0、elementに'a'が格納されます。では、save()メソッドの❻の処理を見てみましょう。

▼リストself.randomの全要素の末尾に改行文字を追加する（❻）

```
for index, element in enumerate(self.random):
    self.random[index] = element +'\n'
```
└ リストself.randomの先頭要素から順番に処理する
─ 各要素の末尾に改行文字を追加

6

「記憶」のメカニズムを実装する（機械学習）

❼ with open(path, 'w', encoding = 'utf_8') as f:

ここまでの処理で、self.randomのすべての要素の末尾に改行文字が追加されました。あとは、辞書ファイルを開いてself.randomの中身を書き込めばOKです。今回は、withステートメントを使ってファイルを開きます。

▼withステートメント

```
with open(ファイル名のパス, オープンモード, encording='エンコード方式') as ファイルオブジェクト名:
    ファイルの処理
```

withステートメントでは、処理が終了すると自動的にファイルを閉じるので、close()を実行する必要がありません。ファイルの読み込み／書き込みの両方に使えます。

▼ランダム辞書に書き込む

```
# random.txtのフルパスを取得
path = os.path.join(os.path.dirname(__file__), 'dics', 'random.txt')
# ランダム辞書ファイルを更新
with open(path, 'w', encoding = 'utf_8') as f:
    f.writelines(self.random)
```

open()メソッドの第2引数が'w'と指定されています。

●ファイルのオープンモード

指定文字	機能
'r'	読み込みモードで開きます。
'w'	書き込みモードで開きます。ファイルがなければ新しく作り、すでにあればその内容を空にします。
'a'	追加書き込みモードで開きます。常にファイルの末尾に追加されます。

ファイルオブジェクトに対して呼び出せるメソッドは、書き込みに関するものに限られます。

▼ファイルに文字列を書き込むwrite()メソッド

```
ファイルオブジェクト.write(文字列)
```

▼ファイルにリストの要素を書き込むwritelines()メソッド

```
ファイルオブジェクト.writelines(リスト)
```

ここで呼び出されているのはwritelines()メソッドです。リストself.randomが保持する応答フレーズをまとめてファイルに書き込みます。

ピティナの本体クラスの修正

次にピティナの本体、Pitynaクラスを見てみましょう。学習するメソッド（study()）や記憶するメソッド（save()）がDictionaryクラスに新設されたために、これを呼び出す仕組みが追加されています。「pityna.py」を [エディター] で開いて、次の赤枠で囲んだ箇所を編集しましょう。

▼Pitynaクラス（Pityna/pityna.py）

```python
import responder
import random
import dictionary


class Pityna(object):
    """ ピティナの本体クラス


    Attributes:
        name (str): Pitynaオブジェクトの名前を保持
        dictionary (obj:`Dictionary`): Dictionaryオブジェクトを保持
        res_repeat (obj:`RepeatResponder`): RepeatResponderオブジェクトを保持
        res_random (obj:`RandomResponder`): RandomResponderオブジェクトを保持
        res_pattern (obj:`PatternResponder`): PatternResponderオブジェクトを保持
    """
    def __init__(self, name):
        """ Pitynaオブジェクトの名前をnameに格納
            Responderオブジェクトを生成してresponderに格納


        Args:
            name(str)    : Pitynaオブジェクトの名前
        """
        # Pitynaオブジェクトの名前をインスタンス変数に代入
        self.name = name
        # Dictionaryを生成
        self.dictionary = dictionary.Dictionary()
        # Emotionを生成
        self.emotion = Emotion(self.dictionary.pattern)
        # RepeatResponderを生成
        self.res_repeat = responder.RepeatResponder('Repeat?')
        # RandomResponderを生成
        self.res_random = responder.RandomResponder(
                'Random', self.dictionary.random)
        # PatternResponderを生成
        self.res_pattern = responder.PatternResponder(
```

```
                        'Pattern', self.dictionary)

    def dialogue(self, input):
        """ 応答オブジェクトのresponse()を呼び出して応答文字列を取得する

        Args:
            input(str): ユーザーの発言
            Returns:
                str: 応答フレーズ
        """
        # ピティナの機嫌値を更新する
        self.emotion.update(input)
        # 1〜100の数値をランダムに生成
        x = random.randint(1, 100)
        # 60以下ならPatternResponderオブジェクトにする
        if x <= 60:
            self.responder = self.res_pattern
        # 61〜90以下ならRandomResponderオブジェクトにする
        elif 61 <= x <= 90:
            self.responder = self.res_random
        # それ以外はRepeatResponderオブジェクトにする
        else:
            self.responder = self.res_repeat
```

```
        # 応答フレーズを生成
        resp = self.responder.response(input, self.emotion.mood) ──────❶
        # 学習メソッドを呼ぶ
        self.dictionary.study(input) ──────────────────────❷
        # 応答フレーズを返す
        return resp ───────────────────────────────❸
```

```
    def save(self): ──────────────────────────────────❹
        """ Dictionaryのsave()を呼ぶ中継メソッド

        """
        self.dictionary.save()
```

```
    def get_responder_name(self):
        """ 応答に使用されたオブジェクト名を返す

        Returns:
            str: responderに格納されている応答オブジェクト名
```

```
        """
        return self.responder.name


    def get_name(self):
        """ Pitynaオブジェクトの名前を返す


        Returns:
            str: Pitynaクラスの名前
        """
        return self.name


class Emotion:
    """ ピティナの感情モデル


    Attributes:
        pattern (PatternItemのlist): [PatternItem1, PatternItem2, PatternItem3, ...]
        mood (int): ピティナの機嫌値を保持
    """
    # 機嫌値の上限／下限と回復値をクラス変数として定義
    MOOD_MIN = -15
    MOOD_MAX = 15
    MOOD_RECOVERY = 0.5


    def __init__(self, pattern):
        """インスタンス変数patternとmoodを初期化する


        Args:
            pattern(dict): Dictionaryのpattern(中身はPatternItemのリスト)
        """
        # Dictionaryオブジェクトのpatternをインスタンス変数Patternに格納
        self.pattern = pattern
        # 機嫌値moodを0で初期化
        self.mood = 0


    def update(self, input):
        """ 機嫌値を変動させるメソッド


        ・機嫌値をプラス/マイナス側にMOOD_RECOVERYの値だけ戻す
        ・ユーザーの発言をパターン辞書にマッチさせ、機嫌値を変動させる


        Args:
            input(str) : ユーザーの発言
```

```
        """
        # 機嫌値を徐々に戻す処理
        if self.mood < 0:
            self.mood += Emotion.MOOD_RECOVERY
        elif self.mood > 0:
            self.mood -= Emotion.MOOD_RECOVERY

        # パターン辞書の各行の正規表現をユーザーの発言に繰り返しパターンマッチさせる
        # マッチした場合はadjust_mood()で機嫌値を変動させる
        for ptn_item in self.pattern:
            if ptn_item.match(input):
                self.adjust_mood(ptn_item.modify)
                break


    def adjust_mood(self, val):
        """ 機嫌値を増減させるメソッド

        Args:
            val(int) : 機嫌変動値
        """
        # 機嫌値moodの値を機嫌変動値によって増減する
        self.mood += int(val)
        # MOOD_MAXとMOOD_MINと比較して、機嫌値が取り得る範囲に収める
        if self.mood > Emotion.MOOD_MAX:
            self.mood = Emotion.MOOD_MAX
        elif self.mood < Emotion.MOOD_MIN:
            self.mood = Emotion.MOOD_MIN
```

　　Dictionaryオブジェクトの学習は、ユーザーからの入力があるたびに行います。ということは、応答フレーズを生成するdialogue()メソッドの内部で学習メソッドを呼び出せば、入力のたびに学習することになります。

❶ resp = self.responder.response(input, self.emotion.mood)

　　問題は、学習メソッドを「いつ呼び出すか」です。応答フレーズを生成する前に学習してしまうと、学習したばかりのユーザー発言をいきなりオウム返しする可能性があります。そうならないように、先に応答を作ってから呼び出すようにしましょう（❷）。❶で作った応答は❸で返すようにします。

▼ランダム辞書を使って学習します

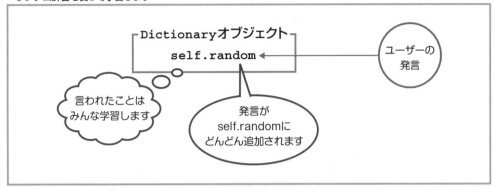

❹ def **save(self):**

　save()メソッドは、Dictionaryオブジェクトが持つsave()メソッドを呼び出すだけです。というのは、ファイルへの書き込みを行うタイミングは「ピティナが終了するとき」です。この終了のタイミングは、画面を表示するMainWindowクラスでしかわからないので、同クラス内のイベントハンドラーとDictionaryクラスのsave()メソッドを中継する「つなぎ役」として存在しています。

　ここまでの修正でランダム辞書への学習が機能するようになり、RandomResponderは学習した内容をもとに応答を返すようになりました。

プログラム終了時の処理

　残るは、プログラム終了時の辞書ファイルの保存です。「mainwindow.py」を【エディター】で開いて、次の赤枠で囲んだ箇所を編集しましょう。

▼MainWindowクラス（Pityna/mainwindow.py）

```
import os          ❶
import datetime
from PyQt5 import QtWidgets
from PyQt5 import QtGui
import qt_pitynaui
import pityna


class MainWindow(QtWidgets.QMainWindow):
    """QtWidgets.QMainWindowを継承したサブクラス
    UI画面の構築を行う


    Attributes:
        pityna (obj): Pitynaオブジェクトを保持
```

```
        action (bool): ラジオボタンの状態を保持
        ui (obj): Ui_MainWindowオブジェクトを保持
    """
    def __init__(self):
        """初期化処理


        """
        # スーパークラスの__init__()を実行
        super().__init__()
        # Pitynaオブジェクトを生成
        self.pityna = pityna.Pityna('pityna')
        # ラジオボタンの状態を初期化
        self.action = True
        # Ui_MainWindowオブジェクトを生成
        self.ui = qt_pitynaui.Ui_MainWindow()
        # ログ用のリストを用意  ❷
        self.log = []
        # setupUi()で画面を構築、MainWindow自身を引数にすることが必要
        self.ui.setupUi(self)


    def putlog(self, str):
        """QListWidgetクラスのaddItem()でログをリストに追加する


        Args:
            str (str): ユーザーの入力または応答メッセージをログ用に整形した文字列
        """
        self.ui.ListWidgetLog.addItem(str)
        # ユーザーの発言、ピティナの応答のそれぞれに改行を付けてself.logに追加  ❸
        self.log.append(str + '\n')


    def prompt(self):
        """ピティナのプロンプトを作る


        Returns:
            str: プロンプトを作る文字列
        """
        # Pitynaクラスのget_name()でオブジェクト名を取得
        p = self.pityna.get_name()
        # 「Responderを表示」がオンならオブジェクト名を付加する
        if self.action == True:
            p += ':' + self.pityna.get_responder_name()
        # プロンプト記号を付けて返す
```

```
        return p + '> '


def change_looks(self):
    """機嫌値によってピティナの表情を切り替えるメソッド


    """
    # 応答フレーズを返す直前のピティナの機嫌値を取得
    em = self.pityna.emotion.mood
    # デフォルトの表情
    if -5 <= em <= 5:
        self.ui.LabelShowImg.setPixmap(QtGui.QPixmap(":/re/img//talk.gif"))
    # ちょっと不機嫌な表情
    elif -10 <= em < -5:
        self.ui.LabelShowImg.setPixmap(QtGui.QPixmap(":/re/img/empty.gif"))
    # 怒った表情
    elif -15 <= em < -10:
        self.ui.LabelShowImg.setPixmap(QtGui.QPixmap(":/re/img/angry.gif"))
    # 嬉しさ爆発の表情
    elif 5 < em <= 15:
        self.ui.LabelShowImg.setPixmap(QtGui.QPixmap(":/re/img/happy.gif"))
```

```
def writeLog(self):                                                  ❹
    """ ログを更新日時と共にログファイルに書き込む


    """
    # ログタイトルと更新日時のテキストを作成
    # 日時は2023-01-01 00:00::00の書式にする
    now = 'Pityna System Dialogue Log: '\
            + datetime.datetime.now().strftime('%Y-%m-%d %H:%m::%S') + '\n'
    # リストlogの先頭要素として更新日時を追加
    self.log.insert(0, now)
    # logのすべての要素をログファイルに書き込む
    path = os.path.join(os.path.dirname(__file__), 'dics', 'log.txt')
    with open(path, 'a', encoding = 'utf_8') as f:
        f.writelines(self.log)
```

```
def button_talk_slot(self):
    """ [話す] ボタンのイベントハンドラー


    ・Pitynaクラスのdialogue() を実行して応答メッセージを取得
    ・入力文字列および応答メッセージをログに出力
    """
```

```python
    # ラインエディットからユーザーの発言を取得
    value = self.ui.LineEdit.text()


    if not value:
        # 未入力の場合は「なに？」と表示
        self.ui.LabelResponce.setText('なに？')
    else:
        # 発言があれば対話オブジェクトを実行
        # ユーザーの発言を引数にしてdialogue()を実行し、応答メッセージを取得
        response = self.pityna.dialogue(value)
        # ピティナの応答メッセージをラベルに出力
        self.ui.LabelResponce.setText(response)
        # プロンプト記号にユーザーの発言を連結してログ用のリストに出力
        self.putlog('> ' + value)
        # ピティナのプロンプト記号に応答メッセージを連結してログ用のリストに出力
        self.putlog(self.prompt() + response)
        # QLineEditクラスのclear()メソッドでラインエディットのテキストをクリア
        self.ui.LineEdit.clear()


    # ピティナのイメージを現在の機嫌値に合わせる
    self.change_looks()
```

```python
def closeEvent(self, event):                                      ❺
    """ウィジェットを閉じるclose()メソッド実行時にQCloseEventによって呼ばれる


    Overrides:
        ・メッセージボックスを表示する
        ・[Yes]がクリックされたら辞書ファイルとログファイルを更新して画面を閉じる
        ・[No]がクリックされたら即座に画面を閉じる


    Args:
        event(QCloseEvent): 閉じるイベント発生時に渡されるQCloseEventオブジェクト
    """
    # Yes|Noボタンを配置したメッセージボックスを表示
    reply = QtWidgets.QMessageBox.question(
        self,
        '質問ですー',
        'ランダム辞書を更新してもいい？',
        buttons = QtWidgets.QMessageBox.Yes | QtWidgets.QMessageBox.No
        )


    # [Yes]クリックで辞書ファイルの更新とログファイルへの記録を行う
```

```
        if reply == QtWidgets.QMessageBox.Yes:
            self.pityna.save()       # 記憶メソッド実行
            self.writeLog()          # 対話の一部始終をログファイルに保存
            event.accept()           # イベントを続行し画面を閉じる
        else:
            # [No] クリックで即座に画面を閉じる
            event.accept()


def show_responder_name(self):
    """RadioButton_1がオンのときに呼ばれるイベントハンドラー


    """
    # ラジオボタンの状態を保持するactionの値をTrueにする
    self.action = True

def hidden_responder_name(self):
    """RadioButton_2がオンのときに呼ばれるイベントハンドラー


    """
    # ラジオボタンの状態を保持するactionの値をFalseにする
    self.action = False
```

MainWindowクラスの修正のポイントは次の3点です。

- ●ユーザーとピティナの会話を記録し、更新時の日時と共にログとして記録するメソッドを用意する。
- ●ピティナのGUIが閉じられるタイミングで、辞書ファイルとログファイルへの書き込みを行う。
- ●辞書ファイルへの書き込みを行う前にメッセージボックスを表示し、「書き込んで終了」と「書き込まずに終了」を選択できるようにする。

「今回の会話はイマイチだったから学習してもらわなくてもいいや」ということもあるので、事前にメッセージボックスを表示して、学習する／学習しないを選べるようにしましょう。

❶「import os」「import datetime」
datetimeモジュールをインポートしています。これを使用してログを書き込むときの時刻を取得します。osモジュールはファイルパスを取得する際に使います。

❷ self.log = []
ユーザーの発言とピティナの応答を順次、追加するためのリストです。プログラムの終了時に、このリストの中身をログとしてログファイルに出力します。

❺ def closeEvent(self, event):

先に、ウィンドウが閉じられる直前に呼ばれる❺のイベントハンドラーcloseEvent()から見てみましょう。

● メッセージボックスの表示

イベントハンドラー内部の1行目は、メッセージボックスを表示するためのコードです。QtWidgets.QMessageBoxクラスのquestion()メソッドで、**[Yes]** ボタンと **[No]** ボタンが配置されたメッセージボックスを表示します。

▼ [Yes]／[No] ボタンのメッセージボックスを表示

```
reply = QtWidgets.QMessageBox.question(
    self,
    '質問ですー',
    'ランダム辞書を更新してもいい?',
    buttons = QtWidgets.QMessageBox.Yes | QtWidgets.QMessageBox.No
    )
```

QtWidgets.QMessageBox.question()メソッドは、**[Yes]** ボタンがクリックされると戻り値としてQtWidgets.QMessageBox.Yesを返してきます。

そこでQtWidgets.QMessageBox.Yesが返ってきた（**[Yes]** ボタンがクリックされた）ときの処理として、まずは記憶メソッドsave()を呼び出します。メソッド本体はDictionaryオブジェクトが保持しているので、Pitynaクラスの中継メソッドsave()を使って間接的に呼び出します。これで、学習から記憶（ファイル保存）までが一連の流れとしてつながりました。

▼ [Yes] ボタンクリック時と [No] ボタンクリック時の処理

```
if reply == QtWidgets.QMessageBox.Yes:
    self.pityna.save()      # 記憶メソッド実行
    self.writeLog()         # 対話の一部始終をログファイルに保存
    event.accept()          # イベントを続行し画面を閉じる
else:
    # [No] クリックで即座に画面を閉じる
    event.accept()
```

▼ メッセージボックス

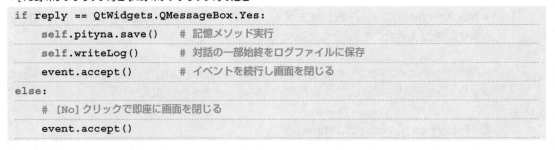

[Yes]ボタンで辞書ファイルおよびログファイル（後述）への書き込み

[No]ボタンでそのまま終了

▼[Yes]ボタンがクリックされてから辞書ファイルへの書き出しが行われるまでの流れ

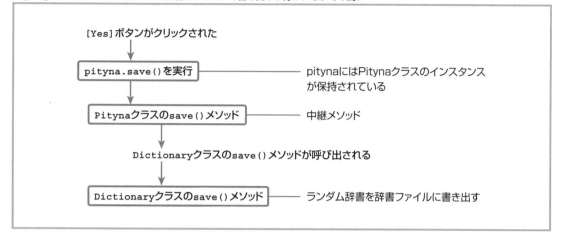

❸ self.log.append(str + '\n')

既存のputlog()メソッドの末尾に、ログを記録するリストlogへの対話文の追加を行うコードが追加されました。

ランダム辞書ファイルへの書き込みと同時に行うログファイルへの書き込みは、インスタンス変数のlog（❷）を使って行います。この変数はリストとして宣言されていて、「**ユーザーの発言とピティナの応答**」「**ファイルに書き込む直前の日時**」の文字列データを要素として保持しています。上記1つ目のデータの収集はputlog()メソッド内で行うのが最適でしょう。UI画面のログエリア（Listウィジェット）に表示するユーザーの発言とピティナの応答のそれぞれについて、末尾に改行文字を付けた上でlogに追加していきます。

▼putlog()メソッド

```
def putlog(self, str):
    """QListWidgetクラスのaddItem()でログをリストに追加する

    Args:
        str (str): ユーザーの入力または応答メッセージをログ用に整形した文字列
    """
    self.ui.ListWidgetLog.addItem(str)
    # ユーザーの発言、ピティナの応答のそれぞれに改行を付けてself.logに追加
    self.log.append(str + '\n')                                        ❸
```

❹ def writeLog(self):

❹が、ログを整形してログファイル（log.txt）に書き込むメソッドです。このメソッドは、❺のイベントハンドラーcloseEvent()で呼ばれます。

1行目で現在日時を含むログタイトルを作成し、リストlogの先頭に追加します。strftime()メソッドで日付の書式を指定しています。

▼ログタイトルと更新日時のテキストを作成

```
now = 'Pityna System Dialogue Log: ' \ ──────────────── 「\」は行継続文字
        + datetime.datetime.now().strftime('%Y-%m-%d %H:%m::%S') + '\n'
```

datetime.now()で現在の日時を取得し、strftime()メソッドを実行することで、変数nowには次のような文字列が格納されます。

▼変数nowに格納される文字列の例

```
Pityna System Dialogue Log: 2023-01-01 19:07::43
```

▼対話中のリストlogの中身

```
[
  > お腹すいたー
  pityna：Random> いい天気だね
  > 天気がいいとよけいにお腹がすくよ
  pityna：Pattern> スポーツって好き？
  > 好きだよ、君はどんなスポーツが好き？
  pityna：Pattern> 面倒くさーい
  ......
]
```

ピティナを起動して対話を続けると、リストlogには、左図のように会話が1行ずつ追加された状態になります。

この状態のリストlogに、insert()メソッドで先頭要素としてnowを追加します。

▼リストの先頭要素にnowを追加

```
self.log.insert(0, now)
```
　　　　　　　　　└── 先頭の位置を指定する

これによって、リストlogの先頭要素としてnowが追加され、リストの中身は次のようになります。

▼nowを追加したあとのリストlogの中身

```
[
  Pityna System Dialogue Log: 2023-10-10 14:25::16
  > お腹すいたー
  pityna：Random> いい天気だね
  > 天気がいいとよけいにお腹がすくよ
  pityna：Pattern> スポーツって好き？
  > 好きだよ、君はどんなスポーツが好き？
  pityna：Pattern> 面倒くさーい
  > やる方じゃなくて観る方が好きなんだ
  pityna：Random> あらもうこんな時間！
  > 今何時ごろなんだろ？
  pityna：Pattern> もう寝なきゃ
]
```

これが済んだらログファイルへの書き込みですが、今回はファイル全体を書き換えるのではなく、過去のデータの末尾に追加するかたちになるので、オープンモードを'a'(追加モード)に指定してファイルを開くようにします。なお、書き込むべきファイルが存在しない場合は新たにファイルを作ってくれるので、事前にlog.txtを作っておかなくても大丈夫です。プログラムでは、辞書ファイルを保存する「dics」フォルダー以下に「log.txt」を配置するようにしています。

▼ログファイルへのログの追加

```
with open(path, 'a', encoding = 'utf_8') as f:
    f.writelines(self.log)          ── 追加書き込みモードを指定
```

ログファイルには次のように、データが1行ずつ記録されます。

▼書き込み後のlog.txtの内容

```
Pityna System Dialogue Log: 2023-10-10 14:25::16
> お腹すいたー
pityna：Random> いい天気だね
> 天気がいいとよけいにお腹がすくよ
pityna：Pattern> スポーツって好き？
> 好きだよ、君はどんなスポーツが好き？
pityna：Pattern> 面倒くさーい
> やる方じゃなくて観る方が好きなんだ
pityna：Random> あらもうこんな時間！
> 今何時ごろなんだろ？
pityna：Pattern> もう寝なきゃ
```

▼実行例

修正箇所は以上です。これでランダム辞書の学習ができるようになりました。ではプログラムを実行してみましょう。

RandomResponderが選択される確率はあまり高くないので、大きな変化は感じられませんが、ユーザーの発言をしっかり覚えているようです。

では、終了して、辞書ファイルとログファイルがどうなっているのか見てみましょう。

▼終了時に表示されるメッセージボックス

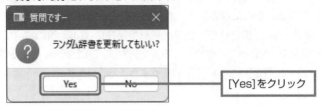

[Yes]をクリック

▼ランダム辞書ファイル (Pityna/dics/random.txt)

辞書ファイルに
新たなフレーズが
追加されています

追加されたフレーズ

▼ログファイル (Pityna/dics/log.txt)

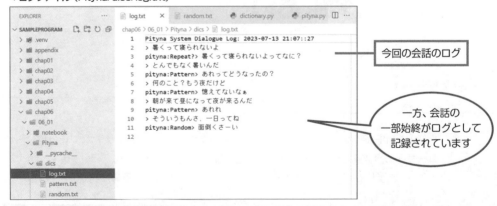

今回の会話のログ

一方、会話の
一部始終がログとして
記録されています

6.2 形態素解析入門

学習／記憶メソッドを実装したことにより、ピティナはユーザーの発言を覚えるようになりました。とはいえ、言われたことを丸ごと覚えるので、応答のときも丸ごと返すしかありません。RandomResponderの応答としてはこれでよいのですが、発言の中に未知の単語があったらそれを覚えてもらったらどうでしょう。覚えた単語を応答フレーズに組み込むことができたなら、もっと楽しい会話ができそうです。

形態素解析で文章を 品詞に分解する

形態素とは、文章を構成する要素で、意味を持つことができる最小単位の表現要素のことです。形態素は「単語」だと考えてもよいのですが、名詞をはじめ、動詞や形容詞などの「品詞」として捉えることもできます。例えば「わたしはPythonのプログラムです」という文章は、次のような形態素に分解できます。

わたし	➡	名詞
は	➡	助詞
Python	➡	名詞
の	➡	助詞
プログラム	➡	名詞
です	➡	助動詞

文章を形態素に分解し、品詞を決定することを**形態素解析**と呼びます。形態素にまで分解できれば名詞をキーワードとして抜き出すなど、文章の分析の幅が広がります。「アンドロメダ星雲には宇宙船で行くものだ」と言われたときに「アンドロメダ星雲」と「宇宙船」という単語を記憶しておけば、「アンドロメダ星雲は好きじゃないけど宇宙船は好き！」という応答が作れます。「○○は好きじゃないけど××は好き！」という文例を作っておいて、記憶した単語を○○と××に順に割り当てていけば、いろいろなパターンの応答が作れそうです。

•形態素解析モジュール「Janome」の導入

形態素解析は次の2ステップで行えます。

◎ janome.tokenizer.Tokenクラスのオブジェクトを生成する。
◎ Tokenクラスのオブジェクトからtokenize()メソッドを実行する。

tokenize()メソッドの引数に解析対象の文字列を渡すと、形態素解析の結果を戻り値として取得できます。tokenize()は、文章を形態素に分解して解析を行い、それぞれの形態素と解析結果をjanome.tokenizer.Tokenオブジェクトに格納し、すべての形態素のTokenオブジェクトのジェネレーターを返してきます。

•形態素解析で名詞を抜き出し、テンプレートに埋め込む

それぞれの情報をプログラムで扱うには、個別に情報を取り出すことが必要です。幸いなことにJanomeには次のようなプロパティが用意されているので、これを使うことにしましょう。

▼解析結果から個々の情報を取り出す

形態素の見出しを取得する ———	Token#surface
品詞の部分を取得する ———	Token#part_of_speech
活用型の部分を取得する ———	Token#infl_type
原型の部分を取得する ———	Token#base_form
読みの部分を取得する ———	Token#reading
発音の部分を取得する ———	Token#phonetic

※#は、Tokenオブジェクト（インスタンス）のプロパティであることを示します。

▼形態素解析

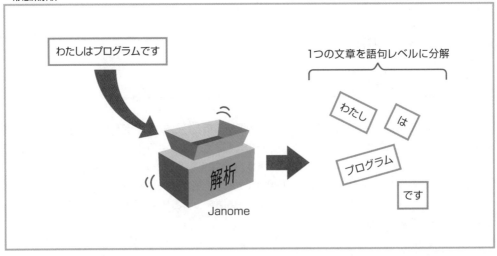

6.2.1 形態素解析モジュール「Janome」の導入

　形態素解析をぜひとも使ってみたいところですが、日本語の文章を形態素解析にかけるのは非常に難しいのです。特に単語の「分かち書き」の問題があります。

　分かち書きとは、文章を単語ごとに区切って書くことを指します。英語の文章は単語ごとにスペースで区切られているので、最初から「分かち書き」されている──つまり、すでに形態素に分解された状態になっています。

　一方、日本語の文章はすべての単語が連続し、見た目からは形態素の区切りを判断することはできません。プログラムによる形態素解析が難しいのはこのためです。これをクリアするには、膨大な数の単語を登録した辞書を用意し、それを参照しながら文法に基づいて文章を分解していく──という、かなり複雑な処理が必要になります。

　幸いなことに、フリーで公開されている形態素解析プログラムがいくつもあります。中でも有名なのが「**MeCab（和布蕪）**」というプログラムですが、MeCabの辞書を搭載した形態素解析プログラムがPythonのライブラリとして公開されています。Tomoko Uchida氏が開発した「Janome」です。インストールしたらすぐに使える*のが特徴で、面倒なセットアップはいっさい不要です。

「PyPI」はPythonライブラリの宝庫

　PyPIは「Python Package Index」の略で、数万件（一説によると7万件以上）ものライブラリが登録されています。PyPIで公開されているライブラリは、pipコマンドでインストールすることができきます。

▼PyPIのサイト（https://pypi.org/）

キーワードを入力してライブラリ
を検索できる

6

「記憶」のメカニズムを実装する（機械学習）

---

*…**すぐに使える**　MeCabをPythonで使う場合、MeCab本体をインストールした上で、Pythonから利用できるように「mecab-python」をインストールする、という手順を踏むことになります。

pip コマンドで「Janome」をインストールする

VSCodeの **[ターミナル]** を使ってJanomeのインストールを行います。

VSCodeの **[エディター]** でピティナプログラムの任意のPythonモジュールを開き、**[ステータスバー]** 右端の領域で仮想環境のPythonインタープリターを選択しておきます。
続いて **[ターミナル]** メニューの **[新しいターミナル]** を選択します。

▼仮想環境に連動した [ターミナル] の起動

(2) [ターミナル] メニューの [新しいターミナル] を選択

(1) ここをクリックして、仮想環境のPythonインタープリターを選択する

[ターミナル] に次のようにpipコマンドを入力して、「Janome」をインストールします。
pip install janome

▼ [ターミナル]

入力して [Enter] キーを押すと、インストールが始まる

「Janome」で形態素解析いってみよう

では、インストールしたJanomeを使って形態素解析をやってみましょう。次に示すのはJupyter Notebookでの実行例です。

▼Notebook上で実行 (analysis.ipynb)

セル1

```
from janome.tokenizer import Tokenizer ────────────────────────── ❶


t = Tokenizer() ────────────────────────────────────────────────── ❷
tokens = t.tokenize('わたしはPythonのプログラムです') ─────────────── ❸
for token in tokens: ───────────────────────────────────────────── ❹
    print(token)
```

OUT

```
わたし    名詞,代名詞,一般,*,*,*,わたし,ワタシ,ワタシ
は        助詞,係助詞,*,*,*,*,は,ハ,ワ
Python    名詞,固有名詞,組織,*,*,*,*,*,*
の        助詞,連体化,*,*,*,*,の,ノ,ノ
プログラム      名詞,サ変接続,*,*,*,*,プログラム,プログラム,プログラム
です       助動詞,*,*,*,特殊・デス,基本形,です,デス,デス
```

形態素解析は次の2ステップで行えます。

- janome.tokenizer.Tokenizerクラスのオブジェクトを生成する。
- Tokenizerクラスのオブジェクトからtokenize()メソッドを実行する。

まず❶で、Janomeのtokenizerモジュールから Tokenizer クラスをインポートします。

インポートが済んだら、❷において Tokenizer クラスのコンストラクターTokenizer()で Tokenizer オブジェクトを生成します。

続く❸で、tokenize()メソッドの引数に解析対象の文字列を渡し、形態素解析の結果を取得します。解析結果はジェネレーターとして返ってくるので、❹のforループでリストの要素を出力してみました。

tokenize()は、文章を形態素に分解して解析を行い、それぞれの形態素と解析結果をjanome. tokenizer.Token クラスのオブジェクトに格納して、それらのジェネレーターを返してきます。戻り値がジェネレーターなので、forのブロックパラメーターtokenに取り出して表示したのが、先の出力結果です。

'わたしはPythonのプログラムです'の1つ目の形態素「わたし」の解析結果は、「品詞」「品詞細分類1」「品詞細分類2」「品詞細分類3」「活用形」「活用型」「原形」「読み」「発音」の順で、次図のように出力されます。

▼形態素「わたし」の解析結果

```
わたし ――――（形態素の見出し）

名詞, ――――  品詞
代名詞, ―――― 品詞細分類1
一般, ―――― 品詞細分類2
*, ―――― 品詞細分類3
*, ―――― 活用形
*, ―――― 活用型
わたし, ―――― 原形
ワタシ, ―――― 読み
ワタシ ―――― 発音
```

Tokenクラスのプロパティを参照することで、個々の結果を取り出すことができます。

● Token#surface

形態素の見出しの部分を取得します。表記上、「Token#surface」の#は、surfaceがTokenのインスタンス変数であることを示しています。

▼見出しを取り出す

```
セル2
t = Tokenizer()
tokens = t.tokenize('わたしはPythonのプログラムです')
for token in tokens:
    print(token.surface)
```

```
OUT
わたし
は
Python
の
プログラム
です
```

● Token#part_of_speech

「品詞」「品詞細分類1」「品詞細分類2」「品詞細分類3」の部分を取得します。

▼品詞情報を取り出す

```
セル3
t = Tokenizer()
tokens = t.tokenize('わたしはPythonのプログラムです')
for token in tokens:
    print(token.part_of_speech)
```

```
OUT
名詞,代名詞,一般,*
助詞,係助詞,*,*
名詞,固有名詞,組織,*
```

助詞 , 連体化 , * , *
名詞 , サ変接続 , * , *
助動詞 , * , * , *

- Token#infl_type

  活用型の部分を取得します。

▼活用形を取り出す

`セル 4`
```
t = Tokenizer()
tokens = t.tokenize('わたしはPythonのプログラムです')
for token in tokens:
    print(token.infl_type)
```

`OUT`
```
*
*
*
*
*
特殊・デス
```

- Token#base_form

  原型の部分を取得します。

▼原型を取り出す

`セル 5`
```
t = Tokenizer()
tokens = t.tokenize('わたしはPythonのプログラムです')
for token in tokens:
    print(token.base_form)
```

`OUT`
```
わたし
は
Python
の
プログラム
です
```

- Token#reading

  読みの部分を取得します。

▼読みの部分を取り出す

`セル 6`
```
t = Tokenizer()
tokens = t.tokenize('わたしはPythonのプログラムです')
for token in tokens:
    print(token.reading)
```

6

「記憶」のメカニズムを実装する（機械学習）

OUT	ワタシ
	ハ
	* ———————————————— アルファベット表記の読みには対応していない
	ノ
	プログラム
	デス

- ● Token#phonetic

  発音の部分を取得します。

▼発音の部分を取り出す

```
IN    t = Tokenizer()
      tokens = t.tokenize('わたしはPythonのプログラムです')
      for token in tokens:
          print(token.phonetic)
```

OUT	ワタシ
	ワ
	* ———————————————— アルファベット表記の発音には対応していない
	ノ
	プログラム
	デス

Memo | datetimeモジュール

Pythonに標準で組み込まれているdatetimeモジュールには、時刻や日付に関する機能がまとめられています。

●今日の日付を取得する

datetimeモジュールのdateクラスからtoday()メソッドを実行すると、プログラム実行時の日付が取得できます。

date型のオブジェクトは「2023, 7, 1」の形式で日付を保持しますが、strftime()メソッドで任意の形式のstrオブジェクトに変換することができます。

▼日付を取得

```
IN    from datetime import date
      date.today()
OUT   datetime.date(2023,12,1)
```

▼日付を任意の書式に変換する

```
IN    from datetime import date
      today = date.today()
      today.strftime('%Y%m%d')
OUT   '20231201'
```

```
IN    today.strftime('%Y/%m/%d')
OUT   '2023/12/01'
```

```
IN    today.strftime('%Y年%m月%d日')
OUT   2023年12月01日'
```

```
IN    today.strftime('%Y %b %d %a')
OUT   '2023 Dec 01 Fri'
```

▼日付の書式指定文字

書式指定文字	表示形式
%Y	年を西暦の4桁で表示。
%y	年を西暦の2桁で表示。
%m	月を2桁で表示。
%d	日を2桁で表示。
%B	英語で月名を表示。
%b	英語で月名を短縮して表示。
%A	英語で曜日を表示。
%a	英語で曜日を短縮して表示。

6

「記憶」のメカニズムを実装する（機械学習）

●現在の日付と時刻を取得する

datetime モジュールの datetime クラスを指定して、now() メソッドを実行すると、プログラム実行時の日付と時刻が取得できます。

▼日付と時刻を取得

```
IN    from datetime import datetime
      datetime.now()
OUT   datetime.datetime(2023,12, 1, 20, 20, 7, 240691)
```

datetime 型のオブジェクトは「2023,12, 1」の日付と「時, 分, 秒, マイクロ秒」の形式で日付と時刻を保持します。date オブジェクトと同じように strftime() メソッドで任意の形式の str オブジェクトに変換することができます。

▼日付と時刻を任意の書式に変換する

```
IN    now = datetime.now()
      now.strftime('%Y-%m-%d %H:%M:%S')
OUT   '2023-12-01 20:07:32'
```

▼時刻の書式指定文字

書式指定文字	表示形式	書式指定文字	表示形式
%H	時を24時間表記で表示。	%M	分を2桁の数字で表示。
%I	時を12時間表記で表示。	%S	秒を2桁の数字で表示。
%p	時刻がAMとPMのどちらであるかを表示。	%f	マイクロ秒を6桁の数字で表示。

6.2.2　キーワードで覚える

　　Janomeの導入により形態素解析が可能になったので、それを生かした学習方法を考えてみたいと思います。形態素解析では、分かち書きと同時に品詞の情報もわかるので、そのことを利用しましょう。ユーザーの発言から名詞だけをキーワードとして抜き出して、パターン辞書（Dictionaryオブジェクトのself.pattern）のパターン文字列として登録するのです。

　　本節の冒頭でもお話ししましたが、「焼きマシュマロ食べたいなあ」という発言があったとき、これに含まれる名詞「焼きマシュマロ」をパターンとして学習すれば、以後、「焼きマシュマロ」が含まれる発言をユーザーがしたときに「焼きマシュマロ食べたいなあ」と応答できるようになります。

　　このような**キーワード学習**を実現する上で、形態素解析に関して必要になる機能がいくつかあります。

● 形態素解析の結果の文字列から形態素の見出しと品詞情報を取り出し、利用しやすいデータ構造として組み立てる。

● 得られた品詞情報から、その単語をキーワード（パターン文字列）と見なすかどうかを判定する。

　　これらは形態素解析に関連する機能なので、Janomeを使う専用のモジュールを用意し、今回必要になった機能を実装することにしましょう。

形態素解析を行うanalyzerモジュールを作ろう

▼本書での作成例（VSCodeの［エクスプローラー］）

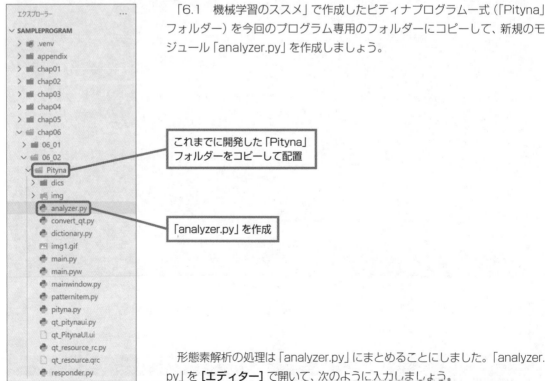

　　「6.1　機械学習のススメ」で作成したピティナプログラム一式（「Pityna」フォルダー）を今回のプログラム専用のフォルダーにコピーして、新規のモジュール「analyzer.py」を作成しましょう。

これまでに開発した「Pityna」フォルダーをコピーして配置

「analyzer.py」を作成

　　形態素解析の処理は「analyzer.py」にまとめることにしました。「analyzer.py」を［エディター］で開いて、次のように入力しましょう。

▼analyzerモジュール (Pityna/analyzer.py)

```python
import re
# janome.tokenizerからTokenizerをインポート
from janome.tokenizer import Tokenizer


def analyze(text):                          ❶
    """ 形態素解析を行う

    Args:
        text(str): 解析対象の文章

        Returns:
            strのlistを格納したlist:
                形態素と品詞のリストを格納した2次元のリスト
    """
    t = Tokenizer()                # Tokenizerオブジェクトを生成
    tokens = t.tokenize(text)      # 形態素解析を実行
    result = []                    # 解析結果の形態素と品詞を格納するリスト

    # ジェネレーターであるtokensから、Tokenオブジェクトを1つずつ取り出す
    for token in tokens:                    ❷
        # 形態素と品詞情報をリスト形式で取得してresultの要素として追加
        result.append(
            [token.surface, token.part_of_speech])

    return(result)

def keyword_check(part):                    ❸
    """ 品詞が名詞であるか調べる

    Args:
        part(str): 形態素解析結果から抽出した品詞の部分

        Returns:
            Matchオブジェクト: 品詞が名詞にマッチした場合
            None: 名詞にマッチしない場合

    """
    return re.match(                        ❹
        '名詞,(一般 | 固有名詞 | サ変接続 | 形容動詞語幹 )',
        part
        )
```

6

「記憶」のメカニズムを実装する（機械学習）

　　analyzer モジュール（analyzer.py）では、❶の analyze() 関数と❸の keyword_check() 関数を定義しました。

❶ def analyze(text):

　　まず、analyze() 関数から見ていきましょう。この関数は、先に示した「形態素解析の結果の文字列から形態素の見出しと品詞情報を取り出し、利用しやすいデータ構造として組み立てる」処理を行います。

　　Tokenizer オブジェクトを生成し、t.tokenize(text) で形態素解析を行うところまでは、前項の例と同じです。tokenize() メソッドは Token オブジェクトのジェネレーターを返してくるので、それぞれのオブジェクトから形態素の見出しと品詞情報を取り出し、この2つの値のペアのリストをリスト result に格納します。

　　では、解析結果が格納されたジェネレーター tokens に対する反復処理（❷）について見ていきましょう。'わたしは Python のプログラムです' を形態素解析した場合、tokens には6つの Token クラスのオブジェクトが格納されることになります。

　　それぞれの Token オブジェクトには、「品詞」「品詞細分類1」「品詞細分類2」「品詞細分類3」「活用形」「活用型」「原形」「読み」「発音」の順に、解析結果が格納されています。先頭の Token オブジェクトの場合は次のようになります。

> わたし　　　名詞,代名詞,一般,＊,＊,＊,あたし,アタシ,アタシ

　　それぞれの情報をプログラムで扱うには、次のプロパティを使います。

▼解析結果から個々の情報を取り出す

プロパティ	説明
surface	形態素の見出しを取得する
part_of_speech	品詞の部分を取得する
infl_type	活用型の部分を取得する
base_form	原型の部分を取得する
reading	読みの部分を取得する
phonetic	発音の部分を取得する

❷ for token in tokens:

　　キーワードの学習では、ユーザー発言の文字列の中から名詞の部分を抜き出し、これを記憶するようにするので、形態素の見出し（分かち書きした文字列）と品詞情報が必要です。まずは for ループで tokens から Token オブジェクトを1つずつ取り出し、surface プロパティと part_of_speech プロパティから値を取得するようにします。

▼tokensからTokenオブジェクトを1つずつ取り出し形態素と品詞情報を取得する

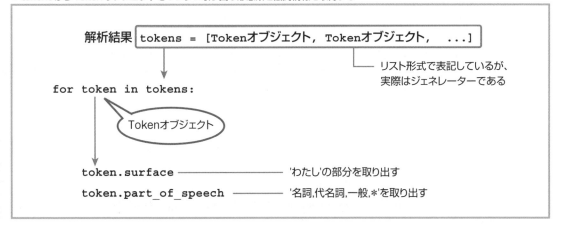

　　　　forループによって順次、Tokenオブジェクトが処理されていくので、取得した情報はresultリストに追加するようにしました。

▼analyze()関数の❷の部分

```
for token in tokens:
    result.append( [token.surface, token.part_of_speech])
                                形態素と品詞情報を要素としたリストを追加する
```

　　　　1つのTokenオブジェクトから取得した形態素と品詞情報を1つのリストとし、resultリストに追加していきます。結果、次のように「リストを格納したリスト」、つまり多重リストが出来上がります。

▼forループ終了後のresultリストの中身

```
[
    ['わたし', '名詞,代名詞,一般,*'],
    ['は', '助詞,係助詞,*,*'],
    ['Python', '名詞,固有名詞,組織,*'],
    ['の', '助詞,連体化,*,*'],
    ['プログラム', '名詞,サ変接続,*,*'],
    ['です', '助動詞,*,*,*']
]
```

　　　　1つの形態素につき、形態素の見出し語（'わたし'）と品詞情報（'名詞,代名詞,一般,*'）がリストになっていて、さらにそれを要素とした多重リストです。呼び出し側では、解析したい文章を引数にして「analyze('わたしはPythonのプログラムです')」のように呼び出せば、形態素解析の結果が多重構造のリストとして返ってくる仕組みです。

6

「記憶」のメカニズムを実装する（機械学習）

❸ def keyword_check(part):

❸のkeyword_check()関数は、品詞情報を引数として受け取り、それがキーワードと見なせるかどうか判断します。ここでの「キーワード」は、いわゆる名詞一般のことを指します。

keyword_check()関数によってキーワードと判断された場合は、これをパターン辞書のパターン文字列として、またキーワードを含むユーザー発言全体を応答例として登録します。ここでのパターン辞書とは、Dictionaryオブジェクトが保持しているパターン辞書 (self.pattern) のことです。プログラムの終了時にパターン辞書の中身をすべてパターン辞書ファイルに書き出して内容を更新する、という手順になります。

ただし、かなり広い範囲の単語が「名詞」として判断されることが予想され、中には、「キーワード」としてふさわしくないものも多く含まれてしまうかもしれません。なので、「名詞」というだけでなく、もう一段詳細な分類までを判断の材料とすることにしましょう。

インプット文字列が'雨かもね'の場合、最初の形態素 '雨' が '名詞,(一般|固有名詞|サ変接続|形容動詞語幹)' にマッチします。

▼インプット文字列が'雨かもね'の場合

```
keyword_check('名詞,一般,*,*')————— 最初の形態素'雨'の品詞情報を引数にする
```

```
'名詞,(一般|固有名詞|サ変接続|形容動詞語幹)'
にマッチするのでMatchオブジェクトが返る
```

```
Matchオブジェクトの中身
<_sre.SRE_Match object; span=(0, 5), match='名詞,一般'>
```

このようにマッチすれば、'雨'をキーワードとして判定し、パターン辞書のパターンとして登録し、'雨かもよ'を応答フレーズとして登録します。

▼パターン辞書に登録される1行のデータ

```
0##雨[Tab]0##雨かもね
```

keyword_check()関数の呼び出しは、次図の手順で行われます。インプット文字列の中からキーワードに適した名詞を抽出したあとは、パターン辞書に登録し、プログラム終了時にパターン辞書ファイルに書き出す、という流れになります。

analyzerモジュールを直接使うのは、Pitynaクラスです。ユーザーの発言を最初に受け取るdialogue()メソッドで形態素解析を済ませておけば、どこで解析結果が必要になろうとも、すぐに利用できます。

▼analyze()による解析からkeyword_check()によるキーワードの判定までの流れ

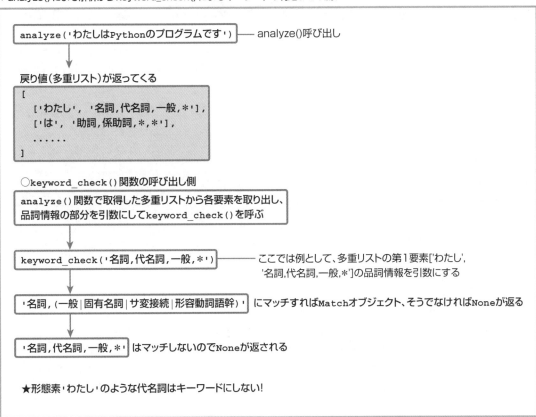

▼'雨かもね'をanalyze()→keyword_check()で処理した場合のパターン辞書（Dictionaryオブジェクトのself.pattern）の処理

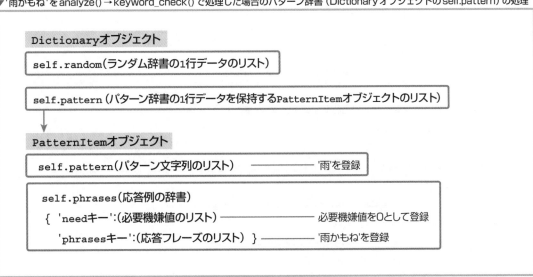

ピティナの本体クラスを改造する

ピティナのGUIの入力欄に入力してボタンをクリックすると、イベントハンドラーbutton_talk_slot()がコールバックされ、続いてPitynaクラスのdialogue()メソッドが呼ばれます。形態素解析は、このdialogue()メソッドの内部で行います。

▼Pitynaクラス (Pityna/pityna.py)

```python
import responder
import random
import dictionary
import analyzer                                                          ──❶


class Pityna(object):
    """ ピティナの本体クラス


    Attributes:
        name (str): Pitynaオブジェクトの名前を保持
        dictionary (obj:`Dictionary`): Dictionaryオブジェクトを保持
        res_repeat (obj:`RepeatResponder`): RepeatResponderオブジェクトを保持
        res_random (obj:`RandomResponder`): RandomResponderオブジェクトを保持
        res_pattern (obj:`PatternResponder`): PatternResponderオブジェクトを保持
    """
    def __init__(self, name):
        """ Pitynaオブジェクトの名前をnameに格納
            Responderオブジェクトを生成してresponderに格納


        Args:
            name(str)    : Pitynaオブジェクトの名前
        """
        # Pitynaオブジェクトの名前をインスタンス変数に代入
        self.name = name
        # Dictionaryを生成
        self.dictionary = dictionary.Dictionary()
        # Emotionを生成
        self.emotion = Emotion(self.dictionary.pattern)
        # RepeatResponderを生成
        self.res_repeat = responder.RepeatResponder('Repeat?')
        # RandomResponderを生成
        self.res_random = responder.RandomResponder(
                'Random', self.dictionary.random)
        # PatternResponderを生成
```

```
        self.res_pattern = responder.PatternResponder(
            'Pattern', self.dictionary)


    def dialogue(self, input):
        """ 応答オブジェクトのresponse()を呼び出して応答文字列を取得する


        Args:
            input(str): ユーザーの発言
            Returns:
                str: 応答フレーズ
        """
        # ピティナの機嫌値を更新する
        self.emotion.update(input)
        # ユーザーの発言を解析
        parts = analyzer.analyze(input) ─────────────────────── ❷
        # 1～100の数値をランダムに生成
        x = random.randint(1, 100)
        # 60以下ならPatternResponderオブジェクトにする
        if x <= 60:
            self.responder = self.res_pattern
        # 61～90以下ならRandomResponderオブジェクトにする
        elif 61 <= x <= 90:
            self.responder = self.res_random
        # それ以外はRepeatResponderオブジェクトにする
        else:
            self.responder = self.res_repeat


        # 応答フレーズを生成
        resp = self.responder.response(input, self.emotion.mood)
        # 学習メソッドを呼ぶ
        self.dictionary.study(input, parts) ─────────────────── ❸
        # 応答フレーズを返す
        return resp


    def save(self):
        """ Dictionaryのsave()を呼ぶ中継メソッド


        """
        self.dictionary.save()


    def get_responder_name(self):
        """ 応答に使用されたオブジェクト名を返す
```

6

```
        Returns:
            str: responderに格納されている応答オブジェクト名
        """
        return self.responder.name


    def get_name(self):
        """ Pitynaオブジェクトの名前を返す

        Returns:
            str: Pitynaクラスの名前
        """
        return self.name


class Emotion:
    """ ピティナの感情モデル

    Attributes:
        pattern (PatternItemのlist): [PatternItem1, PatternItem2, PatternItem3, ...]
        mood (int): ピティナの機嫌値を保持
    """
.........定義部省略.........
```

❶でanalyzer.pyをインポートしています。__init__()メソッドは変わりません。ポイントはdialogue()メソッドです。❷で、ユーザーの発言を引数としてanalyzerモジュールのanalyze()を呼び出し、解析結果の多重リストをpartsに代入します。入力があったら即、dialogue()メソッド内で形態素解析を済ませてしまいます。

このpartsは、そのあとの❸でDictionaryオブジェクトのstudy()メソッドに渡されます。

▼dialogue()メソッドに追加した処理

```
parts = analyzer.analyze(input)                    inputを引数にして形態素解析をします

self.dictionay.study(input, parts)                 インプット文字列および形態
                                                   素解析の結果を引数にして、
                                                   学習メソッドを呼びます
```

Dictionaryクラスを改造する

Dictionaryクラスにはパターン辞書の学習機能を追加し、パターン辞書ファイルへの保存処理が行われるようにしました。

▼Dictionaryクラス (Pityna/dictionary.py)

```
import os
import re                                            ← reモジュールのインポート
import analyzer                                      ← analyzer.pyのインポート
from patternitem import PatternItem

class Dictionary(object):
    """ランダム辞書とパターン辞書のデータをインスタンス変数に格納する

    Attributes:
        random(strのlist):
            ランダム辞書のすべての応答メッセージを要素として格納
            [メッセージ1, メッセージ2, メッセージ3, ...]

        pattern(PatternItemのlist):
            [PatternItem1, PatternItem2, PatternItem3, ...]
    """
    def __init__(self):
        """インスタンス変数random,patternの初期化

        """
        # ランダム辞書のメッセージのリストを作成
        self.random = self.make_random_list()
        # パターン辞書1行データを格納したPatternItemオブジェクトのリストを作成
        self.pattern = self.make_pattern_dictionary()

    def make_random_list(self):
        """ランダム辞書ファイルのデータを読み込んでリストrandomに格納する

        Returns:
            list: ランダム辞書の応答メッセージを格納したリスト
        """
        # random.txtのフルパスを取得
        path = os.path.join(os.path.dirname(__file__), 'dics', 'random.txt')
        # ランダム辞書ファイルオープン
        rfile = open(path, 'r', encoding = 'utf_8')
```

6

「記憶」のメカニズムを実装する（機械学習）

```python
    # 各行を要素としてリストに格納
    r_lines = rfile.readlines()
    # ファイルオブジェクトをクローズ
    rfile.close()
    # 末尾の改行と空白文字を取り除いてリストrandom_listに格納
    random_list = []
    for line in r_lines:
        str = line.rstrip('\n')
        if (str!=''):
            random_list.append(str)


    return random_list


def make_pattern_dictionary(self):
    """パターン辞書ファイルのデータを読み込んでリストpatternitem_listに格納


    Returns:
        PatternItemのlist: PatternItemはパターン辞書1行のデータを持つ
    """
    # pattern.txtのフルパスを取得
    path = os.path.join(os.path.dirname(__file__), 'dics', 'pattern.txt')
    # パターン辞書オープン
    pfile = open(path, 'r', encoding = 'utf_8')
    # 各行を要素としてリストに格納
    p_lines = pfile.readlines()
    # ファイルオブジェクトをクローズ
    pfile.close()
    # 末尾の改行と空白文字を取り除いてリストpattern_listに格納
    pattern_list = []
    for line in p_lines:
        str = line.rstrip('\n')
        if (str!=''):
            pattern_list.append(str)


    # パターン辞書の各行をタブで切り分けて以下の変数に格納
    #
    # ptn パターン辞書1行の正規表現パターン
    # prs パターン辞書1行の応答フレーズグループ
    #
    # ptn、prsを引数にしてPatternItemオブジェクトを1個生成し、patternitem_listに追加
    # パターン辞書の行の数だけ繰り返す
    patternitem_list = []
```

```
        for line in pattern_list:
            ptn, prs = line.split('\t')
            patternitem_list.append(PatternItem(ptn, prs))
        return patternitem_list


    def study(self, input, parts):                                    ❶
        """ ユーザーの発言を学習する

        Args:
            input(str): ユーザーの発言
            parts(strの多重list):
                ユーザー発言の形態素解析結果
                例:[['わたし', '名詞,代名詞,一般,*'],
                    ['は', '助詞,係助詞,*,*'], ... ]
        """
        # 入力された文字列末尾の改行を取り除く
        input = input.rstrip('\n')
        # ユーザー発言を引数にして、ランダム辞書に登録するメソッドを呼ぶ
        self.study_random(input)                                      ❷
        # ユーザー発言と解析結果を引数にして、パターン辞書の登録メソッドを呼ぶ
        self.study_pattern(input, parts)                              ❸


    def study_random(self, input):                                    ❹
        """ ユーザーの発言をランダム辞書に書き込む

        Args:
            input(str): ユーザーの発言
        """
        # ユーザーの発言がランダム辞書に存在しなければself.randomの末尾に追加
        if not input in self.random:
            self.random.append(input)


    def study_pattern(self, input, parts):                            ❺
        """ ユーザーの発言を学習し、パターン辞書への書き込みを行う

        Args:
            input(str): ユーザーの発言
            parts(strの多重list): 形態素解析結果の多重リスト
        """
        # ユーザー発言の形態素の品詞情報がkeyword_check()で指定した
        # 品詞と一致するか、繰り返しパターンマッチを試みる
        #
```

「記憶」のメカニズムを実装する（機械学習）

```python
        # Block Parameters:
        #     word(str): ユーザー発言の形態素
        #     part(str): ユーザー発言の形態素の品詞情報
        for word, part in parts:                                          ❻
            # 形態素の品詞情報が指定の品詞にマッチしたときの処理
            if analyzer.keyword_check(part):                              ❼
                # PatternItemオブジェクトを保持するローカル変数
                depend = None
                # マッチングしたユーザー発言の形態素が、パターン辞書の
                # パターン部分に一致するか、繰り返しパターンマッチを試みる
                #
                # Block Parameters:
                #     ptn_item(str): パターン辞書1行のデータ(obj:PatternItem)
                for ptn_item in self.pattern:                            ❽
                    # パターン辞書のパターン部分とマッチしたら形態素とメッセージを
                    # 新規のパターン/応答フレーズとして登録する処理に進む
                    if re.search(                                        ❾
                            ptn_item.pattern, # パターン辞書のパターン部分
                            word              # ユーザーメッセージの形態素
                            ):
                        # パターン辞書1行データのオブジェクトを変数dependに格納
                        depend = ptn_item
                        # マッチしたらこれ以上のパターンマッチは行わない
                        break

                # ユーザー発言の形態素がパターン辞書のパターン部分とマッチしていたら、
                # 対応する応答フレーズグループの最後にユーザー発言を丸ごと追加する
                if depend:                                               ❿
                    depend.add_phrase(input) # 引数はユーザー発言
                else:                                                    ⓫
                    # パターン辞書に存在しない形態素であれば、
                    # 新規のPatternItemオブジェクトを生成してpatternリストに追加する
                    self.pattern.append(
                        PatternItem(word, input)
                        )


    def save(self):
        """ self.randomの内容でランダム辞書ファイルを更新する


        """
        # 各フレーズの末尾に改行を追加する
        for index, element in enumerate(self.random):
```

```
        self.random[index] = element +'\n'
# random.txtのフルパスを取得
path = os.path.join(os.path.dirname(__file__), 'dics', 'random.txt')
# ランダム辞書ファイルを更新
with open(path, 'w', encoding = 'utf_8') as f:
        f.writelines(self.random)


# パターン辞書ファイルに書き込むデータを保持するリスト
pattern = []                                                      ⑫
# パターン辞書のすべてのPatternItemオブジェクトから
# 辞書ファイル1行のフォーマットを繰り返し作成する
for ptn_item in self.pattern:                                     ⑬
        # make_line()で作成したフォーマットの末尾に改行を追加
        pattern.append(ptn_item.make_line() + '\n')

# pattern.txtのフルパスを取得
path = os.path.join(os.path.dirname(__file__), 'dics', 'pattern.txt')
# パターン辞書ファイルに書き込む
with open(path, 'w', encoding = 'utf_8') as f:                    ⑭
        f.writelines(pattern)
```

　変わったのは、study()メソッドがstudy_random()とstudy_pattern()を呼び出すようになったこと、これらの2つのメソッドが新設されたこと、save()メソッドにパターン辞書への書き込み処理が追加されたこと、の3点です。

Memo | Dictionaryクラスのメソッド

　Dictionaryクラスには、右の7個のメソッドが定義されています。

- ・ __init__()
- ・ make_pattern_dictionary()
- ・ study_random()
- ・ save()
- ・ make_random_list()
- ・ study()
- ・ study_pattern()

6

「記憶」のメカニズムを実装する（機械学習）

学習系メソッドの変更

学習系のメソッドは、study()をベースとし、学習する内容によってstudy_random()とstudy_pattern()の2つのメソッドに分けられました。

❶ def study(self, input, parts):

❶のstudy()メソッドの具体的な変更点は2つです。1つ目の変更は、形態素解析の結果を受け取るためのパラメーターpartsの追加です。

▼「雨かもね」と入力があったときのstudy()のパラメーター

```
input ──────  インプット文字列

              '雨かもね'


parts ──────  形態素解析の結果（多重リスト）

              [
                ['雨', '名詞,一般,*,*'],
                ['かも', '助詞,副助詞,*,*'],
                ['ね', '助詞,終助詞,*,*']
              ]
```

2つ目の変更は、以前ここに書かれていた「ランダム辞書へ応答例を追加する」コードを❹のstudy_random()に分離し、新設した❺のstudy_pattern()とともに、辞書別のメソッドにまとめたことです。このため、study()メソッドでは、ユーザーの発言末尾の改行を取り除く処理と、これらの2つのメソッドの呼び出し（❷と❸のコード）だけを行うようになりました。

❹ def study_random(self, input):

study_random()には、以前のstudy()メソッドの内容がそのまま移されています。なので特に問題はないでしょう。

❺ def study_pattern(self, input, parts):

study_pattern()メソッドの定義を見ていきましょう。パラメーターは2つあります。ユーザーの発言を受け取るinputと、それを形態素解析した結果を受け取るpartsです。この2つの情報をもとに、パターン辞書に学習させるのがstudy_pattern()メソッドの役目です。パターン辞書は1行のデータを保持するPatternItemオブジェクトのリストになっていて、Dictionaryクラスのself.patternが保持しています。

ランダム辞書のときとは違い、複雑な処理が要求されるので、まずはそのパターン辞書のもとになるパターン辞書ファイルについて確認しておきましょう。

▼パターン辞書ファイルのフォーマットとパターンマッチ

> ● 1 行のデータは、複数のパターン文字列に対して複数の応答例を設定できるようになっています。
>
> ● パターンマッチは先頭行から順に行われ、ある行でマッチすれば、それ以降のパターンマッチは行われません。

ここでやりたいのは、

・形態素解析の結果であるpartsの中から、キーワードとして認定された名詞を、パターン辞書のパターン文字列として登録する
・引数inputをパターン辞書の応答例として登録する

という2点です。

例えば、「雨かもね」という発言があれば、'雨'をパターン文字列に、'雨かもね'を応答例にします。次図の例を見ると、機嫌値「0##」が付けられていますが、機嫌値を判断すべき材料がないので、デフォルト値の0としてパターン辞書の行を作っているためです。見た目は変わりますが、辞書としての機能には変化はありません。

▼パターン辞書1行のデータ

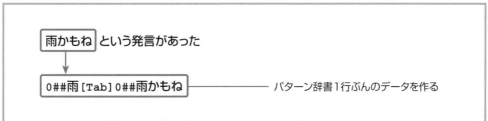

雨かもね という発言があった

0##雨[Tab]0##雨かもね ──── パターン辞書1行ぶんのデータを作る

単純な処理ではありますが、たんに新たな1行としてこれらを追加すると、上記の例の場合は'雨'というキーワードがすでに存在するパターンと重複する可能性が出てきます。

パターンマッチは先頭行から行われるので、ユーザーの発言にそのキーワードが含まれていたとしても、マッチするのは重複していた既存の行となり、せっかくの学習が生かされません。そこで、抽出したキーワードと既存のパターンとの重複チェックを行うことにします。

重複していたら、既存のパターンに対応する応答フレーズの1つとして応答フレーズ群の末尾に追加します。重複していなければ、パターンとユーザー発言を用いて新規のPatternItemオブジェクトを生成し、Dictionaryオブジェクトのself.patternにパターン辞書1行ぶんのデータとして追加する処理を行います。

❻ for word, part in parts:

では、study_pattern()の実装を見ていきましょう。

▼study_pattern()メソッド内部のforブロック

```
for word, part in parts:                                              ❻
    # 形態素の品詞情報が指定の品詞にマッチしたときの処理
    if analyzer.keyword_check(part):                                  ❼
        # PatternItemオブジェクトを保持するローカル変数
        depend = None
        # マッチングしたユーザー発言の形態素が、パターン辞書の
        # パターン部分に一致するか、繰り返しパターンマッチを試みる
        #
        # Block Parameters:
        #   ptn_item(str): パターン辞書1行のデータ(obj:PatternItem)
        for ptn_item in self.pattern:                                 ❽
            # パターン辞書のパターン部分とマッチしたら形態素とメッセージを
            # 新規のパターン/応答フレーズとして登録する処理に進む
            if re.search(                                             ❾
                    ptn_item.pattern,  # パターン辞書のパターン部分
                    word               # ユーザーメッセージの形態素
                    ):
                # パターン辞書1行データのオブジェクトを変数dependに格納
                depend = ptn_item
                # マッチしたらこれ以上のパターンマッチは行わない
                break

        # ユーザー発言の形態素がパターン辞書のパターン部分とマッチしていたら、
        # 対応する応答フレーズグループの最後にユーザー発言を丸ごと追加する
        if depend:                                                    ❿
            depend.add_phrase(input) # 引数はユーザー発言
        else:                                                         ⓫
            # パターン辞書に存在しない形態素であれば、
            # 新規のPatternItemオブジェクトを生成してpatternリストに追加する
            self.pattern.append(
                PatternItem(word, input)
                )
```

　まずは、解析結果を格納した多重リストpartsから、キーワードと見なせる単語を探します。❻の
forブロックのパラメーターがword、partと2つあることに注意してください。

　analyzerモジュールのところで見たように、analyze()関数による解析結果の戻り値は「リストの
リスト」という多重構造を持っているので、本来ならばブロックパラメーターにはリストが入ってく
るはずです。しかし、このように複数のブロックパラメーターを用意することで、そのリストの要素
を直接、ブロックパラメーターword、partに代入することができます。

▼forのブロックパラメーターword、partへの代入

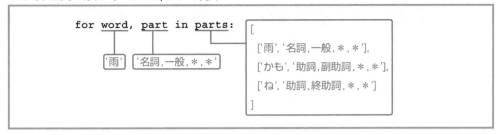

　forループを繰り返すたびに、partsリスト内のリストからwordには形態素、partには品詞情報が順次入ることになります。

●形態素がキーワードとして見なせるかをチェック

　ブロック内での最初の処理❼は、「その単語をキーワードとして見なせるかどうか」のチェックです。analyzerモジュールのkeyword_check()関数は、形態素の品詞がマッチすればMatchオブジェクトを返し、マッチしなければNoneを返してくるので、Matchオブジェクトが返された場合にのみ、ローカル変数dependにNoneを代入して❽のネストされたforブロックに進みます。ユーザー発言の文字列のすべての形態素の品詞がマッチしなければ、study_pattern()は何もせずに終了することになります。

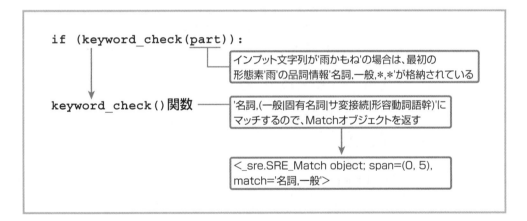

●ネストされたforブロックによる、キーワードとパターン文字列との重複チェック

　ネスト（入れ子）のforブロック（❽）は、重複チェックを行います。パターン辞書であるDictionaryオブジェクトのself.patternは、PatternItemオブジェクトのリストなので、PatternItemオブジェクトを1つずつptn_itemに取り出します。

　❾のre.search()関数で、パターン文字列のグループ（PatternItemオブジェクトのself.patternに格納されています）にwordのキーワード（**形態素**）が含まれているかどうかチェックします。ここで、PatternItemオブジェクトの中身について思い出しておきましょう。

▼パターン辞書の1行のデータ

```
-5##ブス|ぶす[Tab]-10##まじ怒るから！|-5##しばいたろか？|-10##だれが%match%なの！
```

▼上記の1行データを格納したPatternItemオブジェクトの中身

インスタンス変数	値
self.modify	（機嫌変動値）
	− 5
self.pattern	（パターン文字列）
	'ブス|ぶす'
self.phrases	（応答フレーズ）
	[{'need': ' − 10', 'phrase': 'まじ怒るから！'},
	{'need': ' − 5', 'phrase': 'しばいたろか？'},
	{'need': ' − 10', 'phrase': 'だれが%match%なの！'}]

●キーワードがパターン辞書のパターン文字列にマッチした場合

　キーワードがパターン辞書のパターン文字列にマッチすれば、対象のPatternItemオブジェクトをdependに代入（depend = ptn_item）して、breakで❽のforループを抜けます。マッチしない場合はループを繰り返し、self.patternのリストに保持されているすべてのPatternItemオブジェクトのパターン文字列のグループについてマッチを試みます。

●重複チェック後の処理──その1（ユーザーの発言を応答フレーズ群の末尾に追加）

　これまでの処理で重複チェックができました。ユーザーの発言から抽出されたキーワードがパターン辞書ファイルのパターン文字列に一致していれば変数dependに、そのパターン文字列を含むPatternItemオブジェクトが格納されるはずです。そうでなければdependの中身はNoneのままです。

　では、その結果によって辞書への追加処理を変えていきましょう。❿は「重複している」ときの処理です。この場合は、既存のパターン辞書の応答フレーズ群の末尾にユーザーの発言をそのまま追加します。キーワードはパターン文字列と一致しているわけですから、新たに追加する必要はありません。

　方法としては、重複したパターンを持つPatternItemオブジェクトがdependに代入されているので、このあとPatternItemクラスに新設するadd_phrase()メソッドを呼び出します。このメソッドは、対象のPatternItemオブジェクトの応答フレーズ群の末尾に、引数で渡されたユーザーの発言を追加します。

▼重複していたときの処理

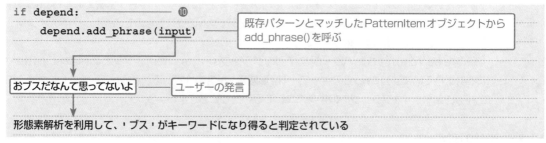

●重複チェック後の処理──その2（新しいPatternItemオブジェクトを生成）

　一方、⑪は重複しなかったときの処理です。重複チェックの結果、dependに代入されているのはNoneなので、ここでの処理が実行されます。解析してキーワードとして認められた形態素とユーザーの発言を引数にして、新しいPatternItemオブジェクトを生成し、これをパターン辞書（self.pattern）に追加します。

▼キーワードが重複しなかったときの処理

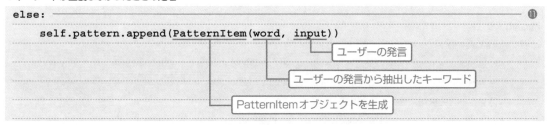

▼ユーザーの発言が'星がキレイだね'の場合は、次のようなPatternItemオブジェクトを生成

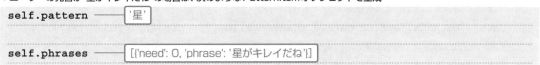

　これで、未知のキーワードとこれに対応するユーザーの発言が、新しいパターン文字列と応答フレーズとしてパターン辞書に登録されます。

　以上でパターン辞書（self.pattern）は、study_pattern()メソッドによって自ら学習できるようになりました。学習内容はself.patternが保持しているので、さっそく次の会話から反映されるようになります。あとは、学習内容を記憶するための辞書ファイルへの保存処理です。

▼ユーザー発言の重複チェック後の処理

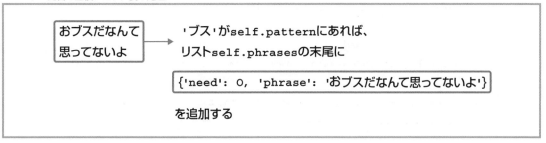

パターン辞書ファイルへの保存

save()メソッドに新たに追加された⓬以降が、パターン辞書オブジェクト (self.pattern) をファイルpattern.txtへ保存するための処理です。パターン辞書オブジェクトには、新たに学習したパターン文字列と応答フレーズを含め、既存のデータも保持されているので、これらを丸ごと書き込もうというものです。

▼ save()メソッド

```python
def save(self):
    """ self.randomの内容でランダム辞書ファイルを更新する

    """
    # 各フレーズの末尾に改行を追加する
    for index, element in enumerate(self.random):
        self.random[index] = element +'\n'
    # random.txtのフルパスを取得
    path = os.path.join(os.path.dirname(__file__), 'dics', 'random.txt')
    # ランダム辞書ファイルを更新
    with open(path, 'w', encoding = 'utf_8') as f:
        f.writelines(self.random)


    # パターン辞書ファイルに書き込むデータを保持するリスト
    pattern = []                                                          ⓬
    # パターン辞書のすべてのPatternItemオブジェクトから
    # 辞書ファイル1行のフォーマットを繰り返し作成する
    for ptn_item in self.pattern:                                         ⓭
        # make_line()で作成したフォーマットの末尾に改行を追加
        pattern.append(ptn_item.make_line() + '\n')


    # pattern.txtのフルパスを取得
    path = os.path.join(os.path.dirname(__file__), 'dics', 'pattern.txt')
    # パターン辞書ファイルに書き込む
    with open(path, 'w', encoding = 'utf_8') as f:                        ⓮
        f.writelines(pattern)
```

●forブロックで、パターン辞書のデータをファイル用のデータに整形する

with open()〜によってファイルを開いて書き込みを行うところ (⓮) は、その上のランダム辞書と同じ構造ですが、そこに至るまでに⓬のリストの用意と⓭のforブロックがあります。

⓭ for ptn_item in self.pattern:

forブロックの処理は、「パターン辞書1行のデータである個々のPatternItemオブジェクトに対してmake_line()メソッドを呼び出し、その戻り値を⓬のpatternリストに追加する」というものです。

　このmake_line()は、前出のadd_phrase()と同じくPatternItemクラスに新設するメソッドで、パターン辞書1行の複雑なフォーマットを作るための処理を行います。

　つまり、PatternItemオブジェクトからmake_line()を実行すれば、パターン辞書ファイルに書き込むための1行ぶんの文字列が返ってきます。

▼パターン辞書1行のデータを作る処理

```
pattern.append(ptn_item.make_line() + '\n')
```

▼こんなデータが返ってくる予定

```
'0##こんち(は|わ)$\t0##こんにちは|0##やほー|0##ちわす|0##また君か笑'
```

　末尾に改行文字を加えれば1行のデータの出来上がりです。これを、self.patternに格納されているすべてのPatternItemオブジェクトについて繰り返し、ローカル変数のpatternに順次追加することで、最終的に次のような巨大なリストを作り上げます。

▼ローカル変数patternの最終的な中身

```
[
  '0##こんち(は|わ)$\t0##こんにちは|0##やほー|0##ちわす|0##また君か笑\n',
  '0##おはよう|おはよー|オハヨウ\t0##おはよ！|0##まだ眠い…\n',
  '##雨\t0##雨かもよ\n',
  ......1行のデータが続く......
  ]
```

　このpatternの中身を、パターン辞書ファイル書き込み用のデータにします。

⑭ with open(path, 'w', encoding = 'utf_8') as f:
　　　f.writelines(pattern)

　あとは、with open()〜ブロックでファイルを開き、writelines()メソッドを実行すれば、リストpatternのすべての要素が1行ずつファイルに書き込まれます。これで、新しいパターンや応答フレーズが追加された辞書ファイルの出来上がりです。

　かなり長くなってしまいましたが、Dictionaryクラスの変更点は以上です。これで、パターン辞書の学習およびファイルへの保存ができるようになりました。最後に、PatternItemクラスに新設したadd_phrase()とmake_line()を確認しておきましょう。

Onepoint

　ピティナプログラムでは、ファイルからの読み込みやファイルへの書き込みなどの処理は、すべてwith文として記述しています。with文にすることで、ファイルをクローズする記述が不要になり（自動でクローズされる）、またブロック内にファイル操作をまとめられるためです。

PatternItemクラスのadd_phrase()とmake_line()

patternitemモジュールのPatternItemクラスには、新たに2つのメソッド、add_phrase()、make_line()を追加します。

▼PatternItemクラス (Pityna/patternitem.py)

```python
import random
import re


class PatternItem:
    """パターン辞書1行の情報を保持するクラス


    Attributes: すべて「パターン辞書1行」のデータ
        modify (int): 機嫌変動値
        pattern (str): 正規表現パターン
        phrases(dictのlist):
            リスト要素の辞書は"応答フレーズ1個"の情報を持つ
            辞書の数は1行の応答フレーズグループの数と同じ
            {'need': 必要機嫌値, 'phrase': '応答フレーズ1個'}
    """
    SEPARATOR = '^((-?\d+)##)?(.*)$'


    def __init__(self, pattern, phrases):
        """インスタンス変数modify、pattern、phrasesの初期化を実行


        Args:
            pattern (str): パターン辞書1行の正規表現パターン (機嫌変動値##パターン)
            phrases (dicのlist): パターン辞書1行の応答フレーズグループ
        """
        .........定義部省略.........


    def init_modifypattern(self, pattern):
        """インスタンス変数modify(int)、pattern(str)の初期化を行う


        パターン辞書の正規表現パターンの部分にSEPARATORをパターンマッチさせる
        マッチ結果のリストから機嫌変動値と正規表現パターンを取り出し、
        インスタンス変数modifyとpatternに代入する


        Args:
            pattern(str): パターン辞書1行の正規表現パターン
        """
```

```
.........定義部省略.........
```

```python
def init_phrases(self, phrases):
    """インスタンス変数phrases(dictのlist)の初期化を行う


    パターン辞書の応答フレーズグループにSEPARATORをパターンマッチさせる
    マッチ結果のリストから必要機嫌値と応答フレーズを取り出して
    {'need': 必要機嫌値, 'phrase': '応答フレーズ1個'}
    の構造をした辞書を作成し、phrases(リスト)に追加


    Args:
        phrases (str): パターン辞書1行の応答フレーズグループ
    """
    .........定義部省略.........


def match(self, str):
    """ユーザーの発言にパターン辞書1行の正規表現パターンをマッチさせる


    Args:
        str(str): ユーザーの発言


    Returns:
        Matchオブジェクト: マッチした場合
        None: マッチしない場合
    """
    return re.search(self.pattern, str)


def choice(self, mood):
    """現在の機嫌値と必要機嫌値を比較し、適切な応答フレーズを抽出する


    Args:
        mood(int): ピティナの現在の機嫌値


    Returns:
        str: 必要機嫌値をクリアした応答フレーズのリストからランダムチョイスした応答
        None: 必要機嫌値をクリアする応答フレーズが存在しない場合
    """
    .........定義部省略.........


def suitable(self, need, mood):
    """現在の機嫌値が必要機嫌値の条件を満たすかを判定
```

```
        Args:
            need(int): 必要機嫌値

            mood(int): 現在の機嫌値


        Returns:
            bool: 必要機嫌値をクリアしていたらTrue、そうでなければFalse
        """
        .........定義部省略.........


    def add_phrase(self, phrase):  ————————————————————————————  ❶
        """ユーザー発言の形態素が既存のパターン文字列とマッチした場合に、
            Dictionaryのstudy_pattern()メソッドから呼ばれる


        パターン辞書1行の応答フレーズグループ末尾に、ユーザー発言を
        新規の応答フレーズとして追加する


        Args:
            phrase(str): ユーザーの発言
        """
        # 既存の応答フレーズにユーザー発言の形態素が一致するかを順次調べ、
        # 一致するフレーズがあった時点でreturnしてメソッドを終了
        #
        # self.phrases(dicのlist):
        #     リスト要素の辞書は"応答フレーズ1個"の情報を持つ
        #     [{'need': 必要機嫌値, 'phrase': '応答フレーズ1個'}, ...]
        #
        # Block Parameters:
        #     p(dic): 必要機嫌値と応答フレーズ1個の情報を持つ
        for p in self.phrases:  ————————————————————————————————  ❷
            if p['phrase'] == phrase:
                return
        # リストself.phrasesに、{'need':0, 'phrase':'ユーザーの発言'}を追加
        self.phrases.append({'need': 0, 'phrase': phrase})  ————  ❸


    def make_line(self):  ——————————————————————————————————————  ❹
        """パターン辞書1行データを作る


        Returns:
            str: パターン辞書用に成形したデータ
        """
        # '機嫌変動値##パターン文字列'を作る
        pattern = str(self.modify) + '##' + self.pattern  ———————  ❺
```

```
        # 応答フレーズ群のためのリスト
        pr_list = []                                              ⑥


        # 応答フレーズ群を作成する
        #
        # Block Parameters:
        #     p(dic): 必要機嫌値と応答フレーズ1個の情報を持つ
        for p in self.phrases:                                    ⑦
            # '必要機嫌値##応答フレーズ' を作ってリストに追加する
            pr_list.append(str(p['need']) + '##' + p['phrase'])

        # '機嫌変動値##パターン文字列[TAB]' に | で区切った
        # '必要機嫌値##応答フレーズ' のグループを連結して返す
        return pattern + '\t' + '|'.join(pr_list)                 ⑧
```

❶ def add_phrase(self, phrase):

　add_phrase()メソッドは、キーワード（ユーザー発言の形態素）が、既存のパターン文字列と一致した場合に、ユーザーの発言をパターン文字列に対応する応答フレーズとして追加する目的で呼ばれます。このメソッドでやるべきことは、ユーザーのメッセージを既存の応答フレーズ群の末尾に追加することです。したがって、パラメーターはselfを除き、応答フレーズとして追加する文字列（ユーザーの発言）を受け取るphraseの1個だけです。

▼宣言部

```
def add_phrase(self, phrase):
```
　　　　　　　　　　　　　　　　　応答フレーズとして追加するユーザーの発言を受け取る
　　　　　　　　　　　　　　　　　study_pattern()メソッドが実行しているPatternItemオブジェクトを受け取る

❷ for p in self.phrases:

　❷のforブロックは、応答例の重複チェックです。重複したらその場でreturnを返してadd_phrase()メソッドを終了します。

▼応答フレーズの重複チェック

```
for p in self.phrases:                                            ❷
    if p['phrase'] == phrase:     必要機嫌値と1つの応答フレーズのペアの辞書を格納しているリスト
        return                    必要機嫌値と応答フレーズのペアを格納している辞書を1つずつ取り出す
```

　ユーザーの発言が'雨かもね'で、既存の辞書ファイルに次の1行があったとします。

▼パターン辞書ファイルの1行データ

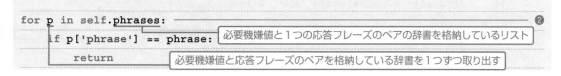

雨[Tab]雨降ってる|明日は雨かなあ

「記憶」のメカニズムを実装する（機械学習）

6

そうすると、study_pattern()メソッドが実行しているPatternItemオブジェクトのself.phrasesのリストの中身は次のようになっているはずです。

▼PatternItemオブジェクトのself.phrasesの中身

```
[
    {'need': 0,   'phrase': '雨降ってる'},
    {'need': 0,   'phrase': '明日は雨かなあ'}
]
```

「if p['phrase'] == phrase:」とすれば、forの反復処理によって1行ぶんの応答フレーズ群の中にユーザーのメッセージがあるかどうかわかります。

❸ self.phrases.append({'need': 0, 'phrase': phrase})

応答フレーズが重複しないときのみ、必要機嫌値の0とユーザー発言のペアを応答フレーズ群に追加します。

```
self.phrases.append({'need': 0, 'phrase': phrase})

    ┌─────────────────────────┐
    │ 応答フレーズ1つぶんの辞書データ │
    │ needキー   ：必要機嫌値      │
    │ phraseキー ：応答フレーズ     │
    └─────────────────────────┘
```

そうするとself.phrasesの中身は、次のようになります。

▼PatternItemオブジェクトのself.phrasesの中身

```
[
    {'need': 0,   'phrase': '雨降ってる'},
    {'need': 0,   'phrase': '明日は雨かなあ'},
    {'need': 0,   'phrase': '雨かもね'}──  追加された辞書データ
]
```

❹ def make_line(self):

make_line()メソッドは、save()メソッドがパターン辞書ファイルに書き込む際に呼ばれるメソッドです。

このメソッドでやるべきことは、パターン辞書1行ぶんのデータを作ることです。save()メソッドでは、Dictionaryオブジェクトのパターン辞書（self.patternリスト）に格納されているPatternItemオブジェクトを1つずつ抽出して、このメソッドを実行します。

メソッドではパターン（機嫌変動値、パターン文字列）、応答フレーズ群（必要機嫌値、応答フレーズ）を取り出し、辞書ファイルのフォーマットに従って1行ぶんのデータを作成します。

❺ pattern = str(self.modify) + '##' + self.pattern

'機嫌変動値##パターン文字列'を作成します。機嫌変動値self.modifyは、そのままでは文字列と連結することができないので、str()関数で文字列化します。そのあとに##を連結し、パターン文字列self.patternを連結します。

▼作成されたパターン文字列の例

```
0##雨
```

❻ pr_list= [] 以降の処理

❻以降で、'必要機嫌値##応答フレーズ'を作成します。1行ぶんの応答フレーズ群には「必要機嫌値」と「応答フレーズ」の組み合わせが複数あるので、この2つを1つにまとめた辞書データがリスト要素としてPatternItemオブジェクトのself.phrasesの中に格納されています。for（❼）のブロックパラメーターpには、リストの中から1つずつ辞書データが取り出されます。

▼self.phrasesの中に格納されている辞書データ

```
{ 'need': 必要機嫌値, 'phrase': 応答フレーズ }
```

▼forブロック内の処理

```
pr_list.append(str(p['need']) + '##' + p['phrase'])
```

str()関数で'need'キーの必要機嫌値を文字列化し、##を連結したあと、'phrase'キーの応答フレーズを連結します。これで応答フレーズが1つ作れるので、append()メソッドでphrasesリストに順次追加していけば、1行ぶんの応答フレーズ群が完成します。

▼作成された応答フレーズ群

```
['0##雨降ってる', '0##明日は雨かなあ', '0##雨かもね']
```

最後に、パターン文字列とタブ文字'\t'のあとに'|'でjoinして連結すると、パターン辞書1行が出来上がります。

▼パターン辞書1行のデータを作る

```
return pattern + '\t' + '|'.join(pr_list)
```

6

「記憶」のメカニズムを実装する（機械学習）

▼ return するデータの例

```
'0##雨\t0##雨降ってる|0##明日は雨かねえ|0##雨かもね'
```

　呼び出し元のsave()メソッドでは、このデータの末尾に改行文字を追加し、パターン辞書に書き込むデータを作っていく処理が行われます。ここでもう一度、save()メソッドのところを見てもらえれば、処理の流れがよくわかると思います。

■ メッセージボックスに表示するメッセージを修正しておこう

　現在、プログラムを終了するときに表示するメッセージボックスには、「ランダム辞書を更新してもいい?」と表示するようになっています。今回からはパターン辞書の更新も行うので、「辞書を更新してもいい?」と表示するようにしておきましょう。

▼ MainWindow クラスのイベントハンドラーcloseEvent() の修正 (Pityna/mainwindow.py)

```
    def closeEvent(self, event):
        """ウィジェットを閉じるclose() メソッド実行時にQCloseEventによって呼ばれる

        Overrides:
            ・メッセージボックスを表示する
            ・[Yes] がクリックされたら辞書ファイルとログファイルを更新して画面を閉じる
            ・[No] がクリックされたら辞書ファイルを更新しないで画面を閉じる

        Args:
            event(QCloseEvent): 閉じるイベント発生時に渡されるQCloseEventオブジェクト
        """
        # Yes|Noボタンを配置したメッセージボックスを表示
        reply = QtWidgets.QMessageBox.question(
            self,
            '質問ですー',
            '辞書を更新してもいい?',
            buttons = QtWidgets.QMessageBox.Yes | QtWidgets.QMessageBox.No
        )

        # [Yes] クリックで辞書ファイルの更新とログファイルへの記録を行う
        if reply == QtWidgets.QMessageBox.Yes:
            self.pityna.save()      # 記憶メソッド実行
            self.writeLog()         # 対話の一部始終をログファイルに保存
            event.accept()          # イベントを続行し画面を閉じる
        else:
            # [No] クリックで即座に画面を閉じる
            event.accept()
```

メッセージボックスへの表示用メッセージを変更する

形態素解析版ピティナと対話してみる

　以上で修正作業は完了しました。これでピティナはパターン辞書の学習ができるようになったはずです。試してみましょう。

▼実行中のピティナプログラム

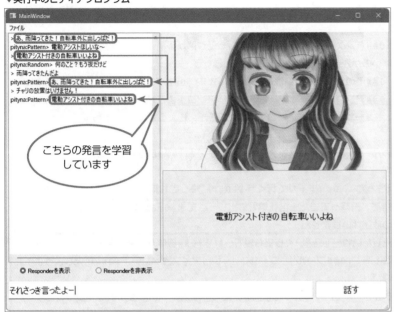

　かなり作為的な会話ですが、「あ、雨降ってきた！自転車外に出しっぱだ！」という発言を学習してすぐに返してきているのがわかります。いったん終了し、パターン辞書ファイル「dics/pattern.txt」を開いて、どんなふうに学習したか確認してみましょう。

▼パターン辞書（Pityna/dics/pattern.txt）

```
-2##おまえ|あんた|お前|てめー        -5##%match%じゃないよ！|-5##%match%って誰のこ
と？|0##%match%なんて言われても···
-5##バカ|ばか|馬鹿        0##お%match%じゃないもん！|0##お%match%って言う人がお
%match%さんなんだよ！|0##ぷんすか！|0##そんなふうに言わないで！
-5##ブス|ぶす      -10##まじ怒るから！|-5##しばいたろか？|-10##だれがお%match%なの！
5##かわいい|可愛い|カワイイ|きれい|綺麗|キレイ        0##%match%って言った！？　言った
！？|0##本当に%match%？
0##こんち(は|わ)$        0##こんにちは|0##やほー|0##ちわす|0##ども|0##また君か笑
0##おはよう|おはよー|オハヨウ        0##おはよ！|0##まだ眠い…|0##さっき寝たばかりなん
だけど
0##こんばん(は|わ)        0##こんばんわ|0##もうそんな時間？|0##いま何時？
0##^(お|うい)す$        0##おーっす！
0##^やあ[、。！]*$        0##やっほー|0##また来た笑
0##バイバイ|ばいばい        0##ばいばい|0##バイバーイ|0##ごきげんよう
```

0##^じゃあ?ね?$｜またね　0##またねー｜0##じゃあまたね｜0##またお話ししようね！

0##^どれ [??]$　0##アレはアレ｜0##いま手に持ってるものだよ｜0##それだよー

0##^ [し知] ら [なね]　　　0##それやばいよ｜0##知らなきゃまずいじゃん｜0##知らないの？

0##ごめん｜すまん｜(許｜ゆる) し　　　0##じゃあお菓子買ってー｜0##もう～｜0##知らないよー！

0##何時　0##眠くなった？｜0##もう寝るの？｜0##まだお話ししようよ｜0##もう寝なきゃ

0##甘い｜あまい　0##お菓子くれるの？｜0##プリンも好きだよ｜0##チョコもいいね

0##チョコ　　　　　0##ギブミーチョコ！｜0##よこせチョコレート！｜0##ビターは苦手かな？｜0##冷やすと美味しいよね

0##パンケーキ　　　0##パンケーキいいよね！｜0##しっとり感が最高！

0##グミ　0##すっぱいのが好き！｜0##たまに飲み込んじゃう

0##マシュマロ　　　0##そのままでもいいけど焼くのがいいな｜0##パンに塗りたくるのもいいよね

0##あんこ｜アンコ　0##アンコならあんぱんじゃ！｜0##アンコ！よこせ！｜0##あんまんもいいよね

0##餃子｜ぎょうざ｜キョーザ　0##食べたーい！｜0##ぎぎぎ、ぎょうざ…｜0##餃子のことを考えると夜も眠れません

0##ラーメン｜らーめん　　　0##ラーメン大好きピティナさん｜0##自分でも作るよ｜0##わたしはしょうゆ派かな

0##自転車｜チャリ｜ちゃり　　　0##チャリで行くぜ！｜0##雨降っても乗ってるんだ！｜0##電動アシストほしいな～｜0##あ、雨降ってきた！自転車外に出しっぱだ！｜0##電動アシスト付きの自転車いいよね｜0##チャリの放置はいけません！

0##春　0##お花見したいね～｜0##いくらでも寝てられる｜0##春はハイキング！

0##夏　0##海！海！海！｜0##プール！　プール！！｜0##アイス食べたい！｜0##花火しようよ！｜0##キャンプ行こうよ！

0##秋　0##読書するぞー！｜0##ブンガクの季節なのだ｜0##温泉もいいよね｜0##キャンプ行こうよ！

0##冬　0##お鍋大好き！｜0##かわいいコートが欲しい！｜0##スノボできる？｜0##温泉行きたいー

0##雨　0##あ、雨降ってきた！自転車外に出しっぱだ！｜0##雨降ってきたんだよ

0##ぱだ　0##あ、雨降ってきた！自転車外に出しっぱだ！

0##電動　0##電動アシスト付きの自転車いいよね

0##アシスト　　　0##電動アシスト付きの自転車いいよね

0##放置　0##チャリの放置はいけません！

新たに追加されたパターンと応答フレーズ群

既存のパターンに新たに追加された応答フレーズ群

▼既存のパターンに新たに追加された応答フレーズの部分

0##自転車｜チャリ｜ちゃり　　　0##チャリで行くぜ！｜0##雨降っても乗ってるんだ！｜0##電動アシストほしいな～｜0##あ、雨降ってきた！自転車外に出しっぱだ！｜0##電動アシスト付きの自転車いいよね｜0##チャリの放置はいけません！

　「雨」などをパターン文字列に、結構いろんな応答フレーズを学んだようです。あと、「自転車」「チャリ」に引っかけた応答フレーズも学んでいます。

「あ、雨降ってきた！自転車外に出しっぱだ！」などの発言が、既存の「0##自転車|チャリ|ちゃり」の応答例として追加され、「雨」などのキーワードから新たなパターンと応答フレーズのセットが追加されました。さらに、これに続く会話で「雨」のパターンに対応する応答フレーズが追加されています。

今回の改造によって、すべてのパターンと応答例に、機嫌値についての情報が付加されるようになっています。機嫌値を省略して辞書に設定していたものにも「0##」が付けられています。これは、PatternItemが「機嫌値が省略されている場合は0として扱う」という仕様であるためです。見た目はだいぶ変わりますが、辞書としての機能には変化はありません。

一方、ランダム辞書にも今回の発言が新たに記録されています。ランダム辞書が応答に使われる場合にも、今回の発言が引用されることが期待できます。

▼ランダム辞書 (Pityna/dics/random.txt)

```
  ⋮
あれれ
面倒くさーい
なんか眠くなっちゃった
憶えてないなぁ
暑くって寝られないよ
とんでもなく暑いんだ
何のこと？もう夜だけど
朝が来て昼になって夜が来るんだ
そういうもんさ、一日ってね
あ、雨降ってきた！自転車外に出しっぱだ！
電動アシスト付きの自転車いいよね
雨降ってきたんだよ
チャリの放置はいけません！
それさっき言ったよー
```

> 今回の発言が新たに
> 追加されています

辞書についての注意点

Janomeは素晴らしいライブラリであり、当モジュールが使用している辞書ファイルMeCabも優秀なのですが、くだけた表現の文章を解析するのが若干苦手です。ここで、先ほどの実行例で入力した「自転車外に出しっぱだ！」を形態素解析してみましょう。

▼「自転車外に出しっぱだ！」を形態素解析した結果

```
[['自転車', '名詞,一般,*,*'],
 ['外', '名詞,接尾,一般,*'],
 ['に', '助詞,格助詞,一般,*'],
 ['出し', '動詞,自立,*,*'],
 ['っ', '動詞,非自立,*,*'],
 ['ぱだ', '名詞,一般,*,*'],
 ['！', '名詞,サ変接続,*,*']]
```

6

「記憶」のメカニズムを実装する（機械学習）

「ぱだ」を名詞であると判定してしまいました。これだと、「ぱだ」がキーワードと見なされ、パターン文字列として学習してしまうことになります。これは、プログラムによる形態素解析というテーマそのものが抱えるとても難しい問題です。やっかいなのは、「ぱだ」が名詞だと誤判定されたとしても、「出しっぱだ」という言い方は口語としては実際に使われるという点です。

つまり、「自転車が外に出しっぱなしだ！」のように正しく表記すれば問題はなかったのですが、ついくだけた口調で「出しっぱだ！」と言ってしまったところ、「ぱだ」が名詞だと認識されてしまったのです。文章にこのような曖昧さがある場合、人間でしたら周囲の状況や文脈や記憶などからたいていは正しい解釈をすることができます。しかし、プログラムにとってそのような判断をすることは難しい問題です。誤った解釈をしてしまうか、曖昧さを残したまま複数の解析結果を出してくるということになるでしょう。

このような問題も考えられますので、パターン辞書をたまに開いてみて、おかしなパターン文字列が登録されていないかチェックしてみてください。

日本語の標準的な表現を対象としているので、くだけすぎた表現や流行の表現は誤って解釈される可能性があります。

Memo | 言語モデルのプロンプトと応答

5章のHintコラムでも触れましたが、言語モデルでは、ユーザーからの話しかけ（発言）を**プロンプト**と呼びます。モデルに解かせたいタスクをプロンプトに記述することで、応答が返ってくる仕組みです。

ここで作成しているパターン辞書は、「プロンプトに含まれる特定の単語を理解し、適切な応答を返す」ことを目指します。ユーザーと対話する機会が増えれば増えるほど、多くのパターンを学習するので、少しずつとはいえ、言語モデルとして進化することを期待しましょう。

テンプレートとして
覚える

　前節では、ユーザーの入力から名詞を抜き出し、これをキーワードとしてパターン辞書に登録しました。この仕組みのポイントはキーワードである名詞そのものであり、これを次回からの応答のためのパターンとして記録するのが前節の学習方法でした。

　ここでは、キーワード以外の部分を学習する方法について考えてみることにします。

テンプレート学習のススメ

　今回は、文章の中の名詞ではなく、それ以外の部分に着目します。名詞を除いた文章というのは、ちょうど国語の穴埋め式文章問題のような感じです。これを文章のテンプレートとして穴埋め式に名詞を当てはめることで、新しい文章を作り出してみたいと思います。例えば「わたしはPythonのプログラムです」をテンプレート化すると、

> わたしは [ ] の [ ] です

となります。ここに「バーチャル」「アイドル」という名詞を当てはめれば、

> わたしは [バーチャル] の [アイドル] です

という文章が出来上がります。穴埋めに使う名詞が必要ですが、これは直前のユーザーの発言から抽出すればよいでしょう。上記のような応答が返されたとしたら、具体的にどんなやり取りがあったかは不明ですが、「バーチャル」と「アイドル」という2つの名詞を含んだ発言があったことになります。

　ランダム辞書やパターン辞書の学習では、ユーザーの発言をそのまま辞書に登録していました。それに対してテンプレート学習では、ユーザー発言の骨組みだけを辞書に登録するというわけです。そのためには、「テンプレートを名詞で穴埋めして応答を作り出す」という新しい仕組みも必要になります。

　そこで今回のテンプレート学習では、ピティナに新しい辞書と新しいResponderオブジェクトを用意することにします。

6.3.1 テンプレート学習用の辞書を作ろう

プログラムを作成するにあたり、今回開発するプログラム用の新規フォルダーを作成し、前回作成したピティナプログラムの必要ファイル一式をコピーしておいてください。

ピティナプログラムに必要なファイル一式

• **main モジュール**

```
main.py
```

• **GUI 関連モジュール**

```
mainwindow.py
qt_Pitynaui.py
qt_resource_rc.py
```

• **辞書ファイル**

```
「dics」フォルダー内に以下のファイルを格納
log.txt
pattern.txt
random.txt
```

• **XML から Python にコンバートするモジュール**

```
convert_qt.py（必要に応じて作成）
```

• **ピティナプログラム**

```
pityna.py
analyzer.py
dictionary.py
patternitem.py
responder.py
```

• **ピティナのイメージ（リソースファイルを作成する際に必要）**

```
「img」フォルダー内に以下のファイルを格納
angry.gif
empty.gif
happy.gif
talk.gif
```

• **Qt Designer の出力ファイル**

```
qt_resource.qrc
qt_PitynaUI.ui
```

▼本書における例（VSCode の［エクスプローラー］）

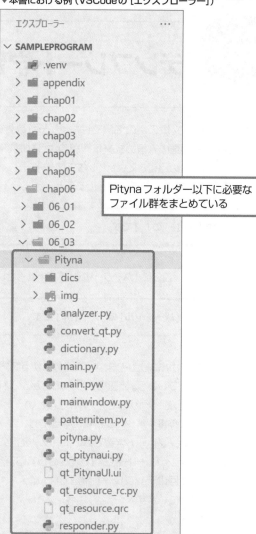

Pityna フォルダー以下に必要なファイル群をまとめている

テンプレート辞書の構造

応答を返すときは、ユーザーの発言から抽出できた名詞の数によってどのテンプレートを使うのかを決めるので、テンプレートに埋め込まれた空欄の数で整理しておくと使いやすそうです。また、1つの発言に含まれる名詞の数は0〜3個、多くてもせいぜい4個か5個くらいでしょうから、テンプレートには空欄の数を表す数値を付けておきましょう。

なお、テンプレートは文字列でよいのですが、名詞を入れるための空欄としては、パターン辞書のところでマッチした文字列と置き換えるために「%match%」というマークを使っていたので、それと同じ形式にしましょう。テンプレートの「空欄」の部分には、次のように「%noun%」というマークを入れておくことにします。

▼テンプレート中の名詞を入れる位置に%noun%を埋め込む

> わたしは%noun%の%noun%です

抽出したキーワードで「%noun%」を置換すれば、穴埋め処理ができます。テンプレート辞書の学習は、「ユーザーの発言からキーワードの数を数え、その部分を%noun%で置き換えたテンプレートを登録する」という処理になります。このことから、テンプレート辞書ファイルの1行は次のようになります。

▼テンプレート辞書ファイルの1行

> 空欄の数 [TAB] テンプレート

おそらく、空欄の数が1か2のテンプレートが非常に多くなるはずです。これをパターン辞書のように1行にまとめてしまうと非常に見づらくなりそうなので、「1行に1テンプレート」ということにしましょう。

ということで、テンプレート辞書を次のリストのように作成してみました。空欄の数を示す数値とテンプレートは[Tab]で区切っています。もっといいテンプレートがあれば、どんどん追加してみてください。テンプレート辞書は「template.txt」というファイル名で、プログラム用フォルダー内の「dics」フォルダー以下に保存しておきましょう。

▼テンプレート辞書 (Pityna/dic/template.txt)

1	%noun%なんだー	1	%noun%じゃないよ
1	%noun%がいいんだね	1	%noun%減ったね
1	%noun%がでしょ！	1	%noun%だって言ったんでしょ？
1	%noun%が嫌だ！	1	%noun%だなんて言ってません
1	%noun%が問題だね	1	%noun%だね！
1	%noun%が？	1	%noun%ってかわいい〜
1	%noun%キター	1	%noun%ってことはないけどね
1	%noun%してるとこだよ	1	%noun%ってことはわかってる

1	%noun%ってすごい！
1	%noun%ってそれオイシイの？
1	%noun%ってよくわかんないよ
1	%noun%ってエモい！
1	%noun%って大事だよ
1	%noun%でしょ！
1	%noun%ですかね？
1	%noun%でもいいの？
1	%noun%なのね！
1	%noun%なんて知らない
1	%noun%なんて言ってませんよ
1	%noun%ねえ…
1	%noun%のことかな？
1	%noun%はないでしょ
1	%noun%はニガテだあ
1	%noun%は広く果てしないのだ
1	%noun%は必要？
1	%noun%みたいだね
1	%noun%もなかなかいいんだけどね
1	%noun%は好きだよ
1	%noun%食べたいの？
1	%noun%！それのことだよ！
1	%noun%？？
1	あ、%noun%ですね
1	あ、%noun%はちょっとね
1	あ、%noun%好きですよ
1	あ、それいいね、%noun%とか
1	うん、%noun%
1	うーん、%noun%かあ
1	ええー、%noun%？！
1	え？%noun%？
1	おおー%noun%！
1	かわいい%noun%
1	これから%noun%に行こうと思ったのに
1	こんなに晴れてるのに%noun%なの？
1	さあ？たぶん%noun%でしょうね
1	じゃあ%noun%するの？
1	すでに%noun%じゃなくなったとか？
1	それいいね！%noun%！
1	それはこっちの%noun%だよ！
1	そんな%noun%なんてないよ
1	そんなの%noun%だよ

1	だから%noun%なのよ
1	だから、%noun%て言ってる
1	だって%noun%なんだもん！
1	ときどき%noun%の話しているから
1	とっても%noun%好きみたいだね
1	どういう%noun%なの？
1	なかなか%noun%だね
1	なるほど、%noun%ね
1	それはこっちの%noun%だよ
1	バイバイ%noun%
1	ぷぷぷ、%noun%だって言われても
1	めっちゃ%noun%好きだね
1	やっぱり%noun%だよね
1	わたしは%noun%ではありません！
1	いいかも、でも今は%noun%じゃないね
1	今日の%noun%は何？
1	最近、%noun%にハマってるんだ
2	%noun%%noun%！
2	%noun%が%noun%なんだね
2	%noun%があるから%noun%があるんだね
2	%noun%がわかると、%noun%のよさがわかるんだ
2	%noun%じゃ%noun%だよ！
2	%noun%減ったね、でも%noun%増えた
2	%noun%って、その%noun%だよ
2	%noun%で%noun%食べたりする？
2	%noun%と%noun%のこと知りたいなあ
2	%noun%と%noun%はもういいよ
2	%noun%とか%noun%ばっかりだね
2	%noun%なら%noun%がいいな
2	%noun%の%noun%にですよ
2	%noun%の%noun%もいいぞ！
2	%noun%は%noun%かな？
2	%noun%は%noun%してますか？
2	%noun%は%noun%してませんよ
2	%noun%は%noun%なのかな
2	%noun%は%noun%のときにやるんだよ
2	%noun%は%noun%？
2	%noun%は何でも%noun%だよ
2	%noun%もいいけど%noun%もね
2	%noun%を%noun%しなくちゃね
2	%noun%を%noun%にするのはどう？
2	%noun%はダメ、%noun%だよ

2	%noun%？%noun%？
2	そんなに%noun%なら%noun%しなきゃだよ
2	そう？%noun%は%noun%なの？
2	まだ早いから%noun%の%noun%しようよ
3	%noun%の%noun%に%noun%がいるよ
3	%noun%は%noun%で%noun%なの？よくわかんないけど
3	%noun%は%noun%と%noun%に任せよう
3	%noun%は%noun%とか%noun%じゃないと思う
3	%noun%は%noun%する%noun%のことだよ
3	%noun%以外に%noun%な%noun%は何？
3	%noun%いいよね、でも%noun%の%noun%がいいかな
3	あ、%noun%と%noun%の%noun%が切れる
3	いいえ、%noun%が%noun%な%noun%です
4	%noun%と%noun%を混ぜると%noun%と%noun%になっちゃうんだよ
4	「%noun%の%noun%」に出てくる%noun%な%noun%
4	あなたは%noun%が%noun%な%noun%の%noun%です
4	なるほど、%noun%が%noun%な%noun%の%noun%なんだね
4	確かに%noun%と%noun%が%noun%な%noun%っていいよね
4	私は%noun%と%noun%が%noun%なしがない%noun%です
5	「%noun%の%noun%」に%noun%と%noun%と%noun%が出てくるよ
6	%noun%%noun%と%noun%が%noun%な%noun%の%noun%です
6	%noun%と%noun%混ぜて%noun%を加えると%noun%と%noun%になっちゃうんだよ
6	%noun%な%noun%の%noun%な%noun%が%noun%な%noun%です

テンプレートを扱う辞書は、次のように、空欄の数を示すキーの値をリストにするのがよさそうです。

▼テンプレートを扱う辞書の中のリスト

```
{
'1':[空欄が1個のテンプレート, ...],
'2':[空欄が2個のテンプレート, ...],
...
}
```

Memo

　たんにユーザーの発言から単語を学習し、それを返すだけでは何も面白くありません。それを補うための「言い回し」のパターンをピティナに与えようというのが、今回のテンプレート辞書の目的です。
　一方、ChatGPTなどのAIチャットプログラムでは、ユーザーの発言（プロンプト）を正しく認識するために、「何を要求するのか」を明確にするためのテンプレートが使われたりします。

Attention｜ピティナの応答エリアをテキストエディットに変更する

　今回のプログラムではピティナの応答フレーズが長くなる場合があり、応答エリアがラベルのままだとフレーズが収まらないことが予想されます。そこで、今回のプログラムからは、ピティナの応答エリアをテキストエディットに変更することにします。テキストエディットなら、文字列を折り返して表示できるからです。

　「qt_PitynaUI.ui」をQt Designerで開いて、現状のLabelウィジェットを削除し、代わりに [ウィジェットボックス] から [Text Edit] をドラッグ＆ドロップして配置してください。このとき、プロパティは、Labelウィジェットのときと同じように設定します。識別名も「LabelResponce」とし、表示位置やサイズ、テキストのフォントサイズも同じとします。ただし、[font]

の [ボールド] にチェックを入れて、太字でテキストを表示するようにしてください。[QTextEdit] にはラベルに存在していた [text] プロパティと [alignment] プロパティはないので、これらのプロパティの設定は不要です。

　設定が済んだらUI形式ファイルを上書き保存し、「convert_qt.py」を実行するか、[ターミナル] でpyuic5コマンドを実行して、「qt_pitynaui.py」を更新します（5.1節参照）。テキストエディットへの出力は、ラベルと同じsetText()メソッドで行え、識別名も同じにしてあるので、プログラム本体の修正は不要です。以上の操作を行えば、ピティナの応答が、新規に配置したテキストエディットに出力されるようになります。

▼ピティナの応答エリアを [Text Edit] に変更する

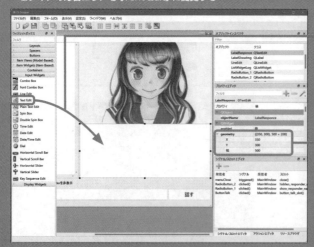

Labelを削除し、ウィジェットボックスから [Text Edit] をドラッグして配置する

識別名、表示位置やサイズ、フォントサイズはLabelのときと同じにする

[font] の [bold] にチェックを入れておく

　仮にこの辞書（dictオブジェクト）をtemplateとすると、空欄が2個のテンプレートには template[2]でアクセスできます。空欄のないテンプレートはあり得ないので、template[0]は存在しません。

　辞書のデータ構造が決まったので、次はその使い方、テンプレート辞書を使った応答の作り方です。まず、形態素解析されたユーザーの発言からキーワードとなる名詞を抽出します。これはパターン辞書の学習部分とほぼ同じ処理です。次にその名詞の数を数え、使えるテンプレートをテンプレート辞書から探します。恐らく複数の候補があるでしょうから、その中からランダムに選択します。テンプレートが決まったら、あとは順番に「%noun%」を名詞に置換して出来上がりです。わりと簡単そうですが、名詞が抽出できなかったり、名詞の数に合うテンプレートがなかったときは、パターン辞書のときと同じくランダム辞書で回避します。

　残るはテンプレート辞書をファイルから読み込んだり書き込んだりする部分です。テンプレート辞書ファイルの1行は、

空欄の数 [TAB] テンプレート

です。空欄の数が1か2のテンプレートが非常に多くあるはずです。これをパターン辞書のように1行にまとめてしまうと非常に見づらくなりそうなので、「1行に1テンプレート」ということにしてあります。

　ファイルから読み込むときは、「同じ空欄の数を持ったテンプレートを1つのリストにまとめる」という処理をすればよいでしょう。逆にファイルに書き込むときは、この形式に従ってリストの先頭要素から順に出力していけばいいので、単純な処理で済みます。

▼文章の作成

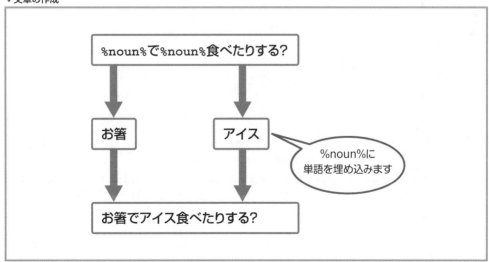

6.3.2　Dictionaryクラスの改造

　では、Dictionaryクラスのコードを見ていきましょう。テンプレート辞書に関する処理が追加されました。追加したのは❶〜⓲の部分です。

▼Dictionaryクラス（Pityna/dictionary.py）

```python
import os
import re
import analyzer
from patternitem import PatternItem


class Dictionary(object):
    """ランダム辞書とパターン辞書のデータをインスタンス変数に格納する


    Attributes:
        random(strのlist):
            ランダム辞書のすべての応答メッセージを要素として格納
            [メッセージ1, メッセージ2, メッセージ3, ...]


        pattern(PatternItemのlist):
            [PatternItem1, PatternItem2, PatternItem3, ...]


        template (dict):
            テンプレート辞書の情報を保持する
            {'空欄の数': [テンプレート1, テンプレート2, ...], ...}
    """
    def __init__(self):
        """インスタンス変数random,pattern,templateの初期化


        """
        # ランダム辞書のメッセージのリストを作成
        self.random =  self.make_random_list()
        # パターン辞書1行データを格納したPatternItemオブジェクトのリストを作成
        self.pattern = self.make_pattern_dictionary()
        # テンプレート辞書を作成
        self.template = self.make_template_dictionary() ─────────────── ❶

    def make_random_list(self):
        """ランダム辞書ファイルのデータを読み込んでリストrandomに格納する


        Returns:
```

```
            list: ランダム辞書の応答メッセージを格納したリスト
        """
        # random.txtのフルパスを取得
        path = os.path.join(os.path.dirname(__file__), 'dics', 'random.txt')
        # ランダム辞書ファイルオープン
        rfile = open(path, 'r', encoding = 'utf_8')
        # 各行を要素としてリストに格納
        r_lines = rfile.readlines()
        # ファイルオブジェクトをクローズ
        rfile.close()
        # 末尾の改行と空白文字を取り除いてリストrandom_listに格納
        random_list = []
        for line in r_lines:
            str = line.rstrip('\n')
            if (str!=''):
                random_list.append(str)


        return random_list


    def make_pattern_dictionary(self):
        """パターン辞書ファイルのデータを読み込んでリストpatternitem_listに格納

        Returns:
            PatternItemのlist: PatternItemはパターン辞書1行のデータを持つ
        """
        # pattern.txtのフルパスを取得
        path = os.path.join(os.path.dirname(__file__), 'dics', 'pattern.txt')
        # パターン辞書オープン
        pfile = open(path, 'r', encoding = 'utf_8')
        # 各行を要素としてリストに格納
        p_lines = pfile.readlines()
        # ファイルオブジェクトをクローズ
        pfile.close()
        # 末尾の改行と空白文字を取り除いてリストpattern_listに格納
        pattern_list = []
        for line in p_lines:
            str = line.rstrip('\n')
            if (str!=''):
                pattern_list.append(str)


        # パターン辞書の各行をタブで切り分けて以下の変数に格納
        #
```

```python
        # ptn  パターン辞書1行の正規表現パターン
        # prs  パターン辞書1行の応答フレーズグループ
        #
        # ptn、prsを引数にしてPatternItemオブジェクトを1個生成し、patternitem_listに追加
        # パターン辞書の行の数だけ繰り返す
        patternitem_list = []
        for line in pattern_list:
            ptn, prs = line.split('\t')
            patternitem_list.append(PatternItem(ptn, prs))
        return patternitem_list


    def make_template_dictionary(self):                                     ❷
        """テンプレート辞書ファイルから辞書オブジェクトのリストを作る

        Returns:(dict):
            {'空欄の数': [テンプレート1, テンプレート2, ...], ...}
        """
        # template.txtのフルパスを取得
        path = os.path.join(os.path.dirname(__file__), 'dics', 'template.txt')
        # テンプレート辞書ファイルオープン
        tfile = open(path, 'r', encoding = 'utf_8')
        # 各行を要素としてリストに格納
        t_lines = tfile.readlines()
        tfile.close()


        # 末尾の改行と空白文字を取り除いてリストに格納
        new_t_lines = []                                                    ❸
        for line in t_lines:
            str = line.rstrip('\n')
            if (str!=''):
                new_t_lines.append(str)


        # テンプレート辞書の各行をタブで切り分けて、
        # '%noun%'の出現回数をキー、テンプレート文字列のリストを値にした辞書を作る
        #
        # new_t_lines: テンプレート辞書の1行データのリスト
        # Block parameter:
        #   line(str): テンプレート辞書の1行データ
        template_dictionary = {}
        for line in new_t_lines:
            # 1行データをタブで切り分けて、以下の変数に格納
            #
```

```
        # count: %noun%の出現回数
        # tempstr: テンプレート文字列
        count, tempstr = line.split('\t')                           ──④
        # template_dictionaryのキーにcount('%noun%'の出現回数)が存在しなければ
        # countをキー、空のリストをその値として辞書template_dictionaryに追加
        if not count in template_dictionary:                        ──⑤
            template_dictionary[count] = []
        # countキーのリストにテンプレート文字列を追加
        template_dictionary[count].append(tempstr)                  ──⑥


    return template_dictionary


def study(self, input, parts):
    """ ユーザーの発言を学習する

    Args:
        input(str): ユーザーの発言
        parts(strの多重list):
            ユーザー発言の形態素解析結果
            例:[['わたし', '名詞,代名詞,一般,*'],
                ['は', '助詞,係助詞,*,*'], ... ]
    """
    # 入力された文字列末尾の改行を取り除く
    input = input.rstrip('\n')
    # ユーザー発言を引数にして、ランダム辞書に登録するメソッドを呼ぶ
    self.study_random(input)
    # ユーザー発言と解析結果を引数にして、パターン辞書の登録メソッドを呼ぶ
    self.study_pattern(input, parts)
    # 解析結果を引数にして、テンプレート辞書に登録するメソッドを呼ぶ
    self.study_template(parts)                                       ──⑦


def study_random(self, input):
    """ ユーザーの発言をランダム辞書に書き込む

    Args:
        input(str): ユーザーの発言
    """
    # ユーザーの発言がランダム辞書に存在しなければself.randomの末尾に追加
    if not input in self.random:
        self.random.append(input)


def study_pattern(self, input, parts):
```

```
            """ ユーザーの発言を学習し、パターン辞書への書き込みを行う


            Args:
                input(str): ユーザーの発言
                parts(strの多重list): 形態素解析結果の多重リスト
            """
            # ユーザー発言の形態素の品詞情報がkeyword_check()で指定した
            # 品詞と一致するか、繰り返しパターンマッチを試みる
            #
            # Block Parameters:
            #     word(str): ユーザー発言の形態素
            #     part(str): ユーザー発言の形態素の品詞情報
            for word, part in parts:
                # 形態素の品詞情報が指定の品詞にマッチしたときの処理
                if analyzer.keyword_check(part):
                    # PatternItemオブジェクトを保持するローカル変数
                    depend = None
                    # マッチングしたユーザー発言の形態素が、パターン辞書の
                    # パターン部分に一致するか、繰り返しパターンマッチを試みる
                    #
                    # Block Parameters:
                    #     ptn_item(str): パターン辞書1行のデータ(obj:PatternItem)
                    for ptn_item in self.pattern:
                        # パターン辞書のパターン部分とマッチしたら形態素とメッセージを
                        # 新規のパターン/応答フレーズとして登録する処理に進む
                        if re.search(
                                ptn_item.pattern,  # パターン辞書のパターン部分
                                word               # ユーザーメッセージの形態素
                                ):
                            # パターン辞書1行データのオブジェクトを変数dependに格納
                            depend = ptn_item
                            # マッチしたらこれ以上のパターンマッチは行わない
                            break

                    # ユーザー発言の形態素がパターン辞書のパターン部分とマッチしていたら、
                    # 対応する応答フレーズグループの最後にユーザー発言を丸ごと追加する
                    if depend:
                        depend.add_phrase(input)  # 引数はユーザー発言
                    else:
                        # パターン辞書に存在しない形態素であれば、
                        # 新規のPatternItemオブジェクトを生成してpatternリストに追加する
                        self.pattern.append(
```

```
                    PatternItem(word, input)
                    )

def study_template(self, parts):                                            ⑧
    """ユーザーの発言を学習し、テンプレート辞書オブジェクトに登録する

    Args:
        parts(strのlistを格納したlist): ユーザーメッセージの解析結果
    """
    tempstr = ''                                                            ⑨
    count = 0


    # ユーザーメッセージの形態素が名詞であれば形態素を '%noun%' に書き換え、
    # そうでなければ元の形態素のままにして、「やっぱり %noun% だよね」のような
    # パターン文字列を作る
    #
    # Block Parameters:
    #     word(str): ユーザー発言の形態素
    #     part(str): ユーザー発言の形態素の品詞情報
    for word, part in parts:                                                ⑩
        # 形態素が名詞であればwordに '%noun%' を代入してカウンターに1加算する
        if (analyzer.keyword_check(part)):                                  ⑪
            word = '%noun%'
            count += 1
        # 形態素または '%noun%' を追加する
        tempstr += word                                                    ⑫


    # '%noun%' が存在する場合のみ、self.templateに追加する処理に進む
    if count > 0:                                                           ⑬
        # countの数値を文字列に変換
        count = str(count)
        # テンプレート文字列の '%noun%' の出現回数countが
        # self.templateのキーとして存在しなければ
        # countの値をキー、空のリストをその値としてself.templateに追加
        if not count in self.template:                                     ⑭
            self.template[count] = []

        # 処理中のテンプレート文字列tempstrが、self.templateのcountを
        # キーとするリスト内に存在しなければ、リストにtempstrを追加する
        if not tempstr in self.template[count]:                            ⑮
            self.template[count].append(tempstr)
```

```
    def save(self):
        """ self.random、self.pattern、self.Templateの内容をファイルに書き込む


        """
        # ---ランダム辞書への書き込み--- #
        # 各フレーズの末尾に改行を追加する
        for index, element in enumerate(self.random):
            self.random[index] = element +'\n'
        # random.txtのフルパスを取得
        path = os.path.join(os.path.dirname(__file__), 'dics', 'random.txt')
        # ランダム辞書ファイルを更新
        with open(path, 'w', encoding = 'utf_8') as f:
            f.writelines(self.random)


        # ---パターン辞書への書き込み--- #
        # パターン辞書ファイルに書き込むデータを保持するリスト
        pattern = []
        # パターン辞書のすべてのPatternItemオブジェクトから
        # 辞書ファイル1行のフォーマットを繰り返し作成する
        for ptn_item in self.pattern:
            # make_line()で作成したフォーマットの末尾に改行を追加
            pattern.append(ptn_item.make_line() + '\n')

        # pattern.txtのフルパスを取得
        path = os.path.join(os.path.dirname(__file__), 'dics', 'pattern.txt')
        # パターン辞書ファイルに書き込む
        with open(path, 'w', encoding = 'utf_8') as f:
            f.writelines(pattern)


        # ---テンプレート辞書への書き込み--- #
        # テンプレート辞書ファイルに書き込むデータを保持するリスト
        templist = []                                                    ──⑯
        # ''%noun%'の出現回数 [TAB] テンプレート \n' の1行を作り、
        # '%noun%'の出現回数ごとにリストにまとめる
        #
        # Block Parameters:
        #     key(str): テンプレートのキー('%noun%'の出現回数)
        #     val(str): テンプレートのリスト
        for key, val in self.template.items():                           ──⑰
            # 同一のkeyの値で、''%noun%'の出現回数 [TAB] テンプレート \n' の1行を作る
            #
            # Block Parameter:
```

```
#        v(str): テンプレート1個
        for v in val:                                        ⑱
            templist.append(key + '\t' + v + '\n')
    # リスト内のテンプレートをソート
    templist.sort()                                          ⑲
    # template.txtのフルパスを取得
    path = os.path.join(os.path.dirname(__file__), 'dics', 'template.txt')
    # テンプレート辞書に書き込む
    with open(path, 'w', encoding = 'utf_8') as f:
        f.writelines(templist)
```

追加したコードのポイントとなる部分を見ていきましょう。

まず、❶でテンプレート辞書を保持する辞書型（dict）のインスタンス変数self.templateを用意し、❷のmake_template_dictionary()を呼び出します。新設のmake_template_dictionary()（❷）では、テンプレート辞書ファイルの各行をt_linesにリストの要素として代入します。続く❸以下の処理で各要素の末尾の改行を取り除き、空白の要素を除いてリストnew_t_linesに代入します。❹で「1[TAB]%noun%なんだー」のような行データをタブのところで切り分け、置き換え用の文字列'%noun%'の出現回数をcountに、テンプレート本体の文字列をtempstrに代入します。

❺でcountの値（現在の行データの'%noun%'の出現回数）がtemplate_dictionaryのキーとして存在しないかチェックし、存在しない場合のみに、countをキー、その値を空のリストとした新規の要素をtemplate_dictionaryに追加します。同じ出現回数のキーが存在しないかチェックする理由は、同じ出現回数がすでに存在するにもかかわらず、辞書の要素がどんどん作成されてしまわないようにするためです。

最後に❻で、countキーのリストにテンプレート文字列を追加します。'%noun%'の出現回数が1のテンプレートの場合は、template_dictionaryの中身は次のようになります。

▼'%noun%'の出現回数が1のテンプレートの場合のtemplate_dictionaryの中身

```
（繰り返し処理の1回目）
{
    '1'  :  ['%noun%なんだー']
}
```

「'%noun%'の出現回数がキー」
「キーの値はテンプレート文字列のリスト」

これを繰り返すことで、'%noun%'の出現回数が同じテンプレートがリストにまとめられます。

6

「記憶」のメカニズムを実装する（機械学習）

▼辞書オブジェクトtemplateDictionaryの中身の例

```
{
  '1' : [ '%noun%なんだー',
          '%noun%がいいんだね',
          '%noun%がでしょ！',
          '%noun%が嫌だ！',
          '%noun%が問題だね',
          '%noun%が？',
          '%noun%キター',
          '%noun%してるとこだよ',
          '%noun%じゃないよ',
          '%noun%だって言ったんでしょ？',
          '%noun%だね！',
          '%noun%ってことはないけどね',
          '%noun%ってことはわかってる',
          '%noun%ってすごい！',
          ‥‥‥
          '%noun%食べたいの？',
          'ときどき%noun%の話しているから ]
}
```

　最終的には、次のようにすべてのテンプレートが'%noun%'の出現回数ごとのリストにまとめられた辞書オブジェクトが出来上がります。

▼forによる繰り返し処理完了後における辞書オブジェクトtemplateDictionaryの中身の例

```
{
  '1' : [ '%noun%なんだー',
          '%noun%がいいんだね',
          '%noun%がでしょ！',
          '%noun%が嫌だ！',
          '%noun%が問題だね',
          '%noun%が？',
          ‥‥‥
        ],
  '2' : [ '%noun%%noun%！',
          '%noun%が%noun%なんだね',
          '%noun%がわかると、%noun%のよさがわかるんだ',
          '%noun%じゃ%noun%だよ！',
          '%noun%って、その%noun%だよ',
          ‥‥‥
        ],
```

```
    '3' : [ '%noun%は%noun%で%noun%なの？よくわんないけど',
            '%noun%は%noun%とか%noun%じゃないと思う',
            '%noun%は%noun%な%noun%のことだよ',
            '%noun%は%noun%と%noun%に任せよう',
            '%noun%と%noun%を混ぜると%noun%になっちゃうんだよ',
            ......
          ],
    '4' : [ '「%noun%の%noun%」に出てくる%noun%な%noun%',
            'あなたは%noun%が%noun%な%noun%の%noun%です',
            '私は%noun%%noun%が%noun%なしがない%noun%です',
            ......
          ],
    '5' : [ '「%noun%の%noun%」に出てくる%noun%と%noun%と%noun%' ],
    '6' : [ '%noun%な%noun%の%noun%な%noun%が%noun%な%noun%です',
            '%noun%%noun%と%noun%が%noun%な%noun%の%noun%です',
            ......
          ],
}
```

6

「記憶」のメカニズムを実装する（機械学習）

❼で呼ばれるstudy_template()メソッド（❽）では、ユーザーの発言を形態素解析にかけた結果からテンプレートを学習します。

▼study_template()メソッド（Dictionaryクラス）

```
def study_template(self, parts):                                    ❽
    """ユーザーの発言を学習し、テンプレート辞書オブジェクトに登録する

    Args:
        parts(strのlistを格納したlist): ユーザーメッセージの解析結果
    """
    tempstr = ''                                                    ❾
    count = 0

    # ユーザーメッセージの形態素が名詞であれば形態素を'%noun%'に書き換え、
    # そうでなければ元の形態素のままにして、「やっぱり%noun%だよね」のような
    # パターン文字列を作る
    #
    # Block Parameters:
    #     word(str): ユーザー発言の形態素
    #     part(str): ユーザー発言の形態素の品詞情報
    for word, part in parts:                                        ❿
        # 形態素が名詞であればwordに'%noun%'を代入してカウンターに1加算する
```

```
        if (analyzer.keyword_check(part)):                          ⑪
            word = '%noun%'
            count += 1
        # 形態素または'%noun%'を追加する
        tempstr += word                                             ⑫


    # '%noun%'が存在する場合のみ、self.templateに追加する処理に進む
    if count > 0:                                                   ⑬
        # countの数値を文字列に変換
        count = str(count)
        # テンプレート文字列の'%noun%'の出現回数countが
        # self.templateのキーとして存在しなければ
        # countの値をキー、空のリストをその値としてself.templateに追加
        if not count in self.template:                             ⑭
            self.template[count] = []


        # 処理中のテンプレート文字列tempstrが、self.templateのcountを
        # キーとするリスト内に存在しなければ、リストにtempstrを追加する
        if not tempstr in self.template[count]:                   ⑮
            self.template[count].append(tempstr)
```

❾のtempstrはテンプレート文字列を保持するための変数、その下の行のcountは'%noun%'の出現回数を保持するローカル変数です。

　「今日の映画は面白かった」というユーザーの発言があった場合、study_template()のパラメーターpartsには、次のようなデータが渡されてきます。

▼study_template()メソッドのパラメーターpartsに渡されるデータ

```
[
    ['今日', '名詞,副詞可能,*,*'],
    ['の', '助詞,連体化,*,*'],
    ['映画', '名詞,一般,*,*'],
    ['は', '助詞,係助詞,*,*'],
    ['面白かっ', '形容詞,自立,*,*'],
    ['た', '助動詞,*,*,*']
]
```

　この多重リストを❿のforステートメントでwordとpartに分解し、ブロック内のif（⑪）で名詞であればwordに格納されている形態素を'%noun%'に置き換えます。これによって⑫では、名詞でない場合は形態素の文字列がそのままtempstrに追加され、名詞である場合は'%noun%'がtempstrに追加されます。

▼「今日の映画は面白かった」の解析結果を、forでwordとpartに分解し、名詞チェックを経てtempstrに追加する流れ

●1回目

変数名	値
word	今日
part	名詞,副詞可能,*,*
チェック後のword	今日
チェック後のtempstr	今日

●2回目

変数名	値
word	の
part	助詞,連体化,*,*
チェック後のword	の
チェック後のtempstr	今日の

●3回目

変数名	値
word	映画
part	名詞,一般,*,*
チェック後のword	%noun%
チェック後のtempstr	今日の%noun%

●4回目

変数名	値
word	は
part	助詞,係助詞,*,*
チェック後のword	は
チェック後のtempstr	今日の%noun%は

●5回目

変数名	値
word	面白かっ
part	形容詞,自立,*,*
チェック後のword	面白かっ
チェック後のtempstr	今日の%noun%は面白かっ

●6回目

変数名	値
word	た
part	助動詞,*,*,*
チェック後のword	た
チェック後のtempstr	今日の%noun%は面白かった

ここでの例では、'今日の%noun%は面白かった'というテンプレートが出来上がりました。テンプレートは変数tempstrに代入されています。これを⑬のif以下でテンプレート辞書self.templateに追加します。

▼⑬のif以下の処理

```
if count > 0:                                              ⑬
    count = str(count)
    if not count in self.template:                         ⑭
        self.template[count] = []
    if not tempstr in self.template[count]:                ⑮
        self.template[count].append(tempstr)
```

'今日の%noun%は面白かった'の場合は、'%noun%'が1個、countの値は「1」なので、ifブロック内の処理に進むことになります。一方、countが「0」、つまり'%noun%'を含まない文であれば、テンプレートにはなり得ないため、ここで弾かれることになります。

さて、ユーザーの発言の名詞部分を'%noun%'に置き換えたテンプレート文字列は、このままテンプレート辞書オブジェクトself.templateに追加したいところですが、その前に⑭で、このテンプレート文字列の'%noun%'の出現回数countがself.templateのキーとして存在していないかどうかチェックし、存在しなければcountの値をキー、空のリストをその値としてself.templateに追加します。

さらに⑮で、処理中のテンプレート文字列tempstrが、self.templateのcountをキーとするリスト内に存在しないかどうかチェックし、存在しなければそのリストにtempstrを追加します。

以上で、「'%noun%'を含む未登録のテンプレート文字列」のみが辞書オブジェクトself.templateに追加されることになります。

▼処理後のテンプレート辞書オブジェクトの例

```
{
  '1': [
    '%noun%かよー',
    '%noun%がいいんだ',
    ......
    '今日の%noun%は面白かった'  ——— 追加されたテンプレート
```

```
    ],
    '2': [ '%noun%%noun%！',  ......],...
    '3': ['%noun%は%noun%で%noun%なの？よくわかりませんが',......  ],...
    '4': ['「%noun%の%noun%」に出てくる%noun%な%noun%',......  ],...
    '5': ['「%noun%の%noun%」に出てくる%noun%と%noun%と%noun%',......  ],...
    '6': ['%noun%な%noun%の%noun%な%noun%が%noun%な%noun%です',  ...],...
}
```

▼テンプレート辞書に追加する直前のテンプレート

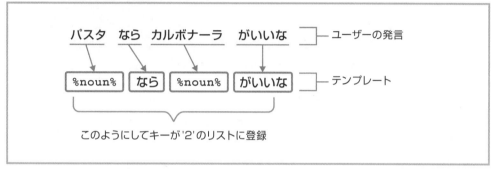

パスタ　なら　カルボナーラ　がいいな ── ユーザーの発言

%noun%　なら　%noun%　がいいな ── テンプレート

このようにしてキーが'2'のリストに登録

新しい文章の構造を発見したら、
それをテンプレートとして辞書オブジェクトに
登録することで学習します。

学習内容は、プログラムの
終了時にテンプレート辞書ファイルに
書き込むことで保存します。

テンプレート辞書ファイルへの保存

　　さて、残るは辞書ファイルへの保存です。save()メソッドの⑯からが、テンプレート辞書の保存処理です。

▼save()メソッド（Dictionaryクラス）

```python
def save(self):
    """ self.random、self.pattern、self.Templateの内容をファイルに書き込む


    """
    # ---ランダム辞書への書き込み--- #
    # 各フレーズの末尾に改行を追加する
    for index, element in enumerate(self.random):
        self.random[index] = element +'\n'
    # random.txtのフルパスを取得
    path = os.path.join(os.path.dirname(__file__), 'dics', 'random.txt')
    # ランダム辞書ファイルを更新
    with open(path, 'w', encoding = 'utf_8') as f:
        f.writelines(self.random)


    # ---パターン辞書への書き込み--- #
    # パターン辞書ファイルに書き込むデータを保持するリスト
    pattern = []
    # パターン辞書のすべてのPatternItemオブジェクトから
    # 辞書ファイル1行のフォーマットを繰り返し作成する
    for ptn_item in self.pattern:
        # make_line()で作成したフォーマットの末尾に改行を追加
        pattern.append(ptn_item.make_line() + '\n')

    # pattern.txtのフルパスを取得
    path = os.path.join(os.path.dirname(__file__), 'dics', 'pattern.txt')
    # パターン辞書ファイルに書き込む
    with open(path, 'w', encoding = 'utf_8') as f:
        f.writelines(pattern)


    # ---テンプレート辞書への書き込み--- #
    # テンプレート辞書ファイルに書き込むデータを保持するリスト
    templist = []                                                    ⑯
    # ''%noun%'の出現回数 [TAB] テンプレート\n'の1行を作り、
    # '%noun%'の出現回数ごとにリストにまとめる
    #
```

```
# Block Parameters:
#     key(str): テンプレートのキー('%noun%'の出現回数)
#     val(str): テンプレートのリスト
for key, val in self.template.items():                                    ⑰
    # 同一のkeyの値で、''%noun%'の出現回数 [TAB] テンプレート\n'の1行を作る
    #
    # Block Parameter:
    #     v(str): テンプレート1個
    for v in val:                                                         ⑱
        templist.append(key + '\t' + v + '\n')
# リスト内のテンプレートをソート
templist.sort()                                                           ⑲
# template.txtのフルパスを取得
path = os.path.join(os.path.dirname(__file__), 'dics', 'template.txt')
# テンプレート辞書に書き込む
with open(path, 'w', encoding = 'utf_8') as f:
    f.writelines(templist)
```

基本的には、「self.templateのキーが持つリストを、ネストされたforで繰り返しながら1行ずつ出力していく」という処理です。

⑯ templist = []
テンプレートを格納するリストを用意します。

⑰ for key, val in self.template.items():
外側のforブロックでは、items()メソッドを使ってself.templateのすべてのキー/値のペアを取り出しています。keyにはテンプレートのキー('%noun%'の出現回数)、valにはテンプレートのリストが順次、格納されます。

⑱ for v in val:
ネストされたforでは、valのリストからテンプレートを1つずつ取り出してvに格納します。内部の処理として、keyに格納されている'%noun%'の出現回数とvのテンプレートをタブで区切って連結し、末尾に改行文字を加えます。これで1行ぶんのテンプレートの出来上がりです。

▼最初に追加されたテンプレートの例

```
['1\t%noun%なんだー\n']
```

⑲ templist.sort()
外側のforブロック(⑰)の処理が済めば、すべてのテンプレートがリストtemplistの要素として格納されます。ただし、ここで気になることが1つあります。⑰においてitems()メソッドでself.

6

「記憶」のメカニズムを実装する(機械学習)

templateからキー／値のペアを取り出す際に、取り出す順序が決まっていない、ということです。このため、出現回数が1のキー／値のペアから取り出される保証はありません。そうすると、templateリストの内部には出現回数の順番でテンプレートが並んでいるとは限らず、ばらばらの順番になることが考えられます。

そこで、sort()メソッドによってtemplateの要素を昇順で並べ替えます。テンプレートの先頭は出現回数を示す数字になっているので、出現回数ごとにきれいに並べ替えられます。

最後にwritelines()メソッドでテンプレート辞書ファイルに書き込んで終了です。templateリストは並べ替えが済んでいるので、出現回数ごとに昇順で並んだテンプレートが順番にファイルに書き込まれます。

▼ファイルに書き込む直前のtemplistリストの中身の例

```
[
    '1\t%noun%なんだー\n,
    '1\t%noun%がいいんだね\n,
    '1\t%noun%がでしょ！\n,
    .........
    '2\t%noun%%noun%！\n,
    '2\t%noun%が%noun%なんだね\n,
    .........
    '2\t%noun%なら%noun%がいいな\n,
    .........
    '3\t%noun%の%noun%に%noun%がいるよ\n,
    '3\t%noun%は%noun%で%noun%なの？よくわかんないけど\n,
    '3\t%noun%は%noun%と%noun%に任せよう\n,
    .........
    '4\t%noun%と%noun%を混ぜると%noun%と%noun%になっちゃうんだよ\n,
    .........
    '5\t「%noun%の%noun%」に%noun%と%noun%と%noun%が出てくるよ\n,
    '6\t%noun%%noun%と%noun%が%noun%な%noun%の%noun%です\n,
    .........
]
```

次は、Responderクラス群に新たに追加されたTemplateResponderクラスについて見ていきましょう。

Responderクラス群の新入り、TemplateResponderクラス

応答フレーズを生成するResponderクラス一族に、テンプレートに反応して応答を返すためのTemplateResponderクラスが新たに追加されました。

▼TemplateResponderクラスが追加されたresponderモジュール（Pityna/responder.py）

```python
import random

import re

import analyzer                         ← analyzer.pyをインポート


class Responder(object):
    """ 応答クラスのスーパークラス

    """
    def __init__(self, name):
        """ Responderオブジェクトの名前をnameに格納する処理だけを行う


        Args:
            name (str)    : 応答クラスの名前
        """
        self.name = name


    def response(self, input, mood, parts):       ← ユーザー発言の解析結果を
        """ オーバーライドを前提としたresponse()メソッド            取得するpartsを追加


        Args:
            input (str): ユーザーの発言
            mood (int): ピティナの機嫌値
            parts(strのlist): ユーザー発言の解析結果
        Returns:
            str: 応答メッセージ（ただし空の文字列）
        """
        return ''


class RepeatResponder(Responder):
    """ オウム返しのためのサブクラス

    """
    def __init__(self, name):
        """スーパークラスの__init()__の呼び出しのみを行う


        Args:
            name (str): 応答クラスの名前
        """
        super().__init__(name)


    def response(self, input, mood, parts):       ← ユーザー発言の解析結果を
        """response()をオーバーライド、オウム返しの返答をする        取得するpartsを追加
```

```
        Args:
            input (str): ユーザーの発言
            mood (int): ピティナの機嫌値
            parts(strのlist): ユーザー発言の解析結果

        Returns:
            str: 応答メッセージ
        """
        # オウム返しの返答をする
        return '{}ってなに？'.format(input)

class RandomResponder(Responder):
    """ ランダムな応答のためのサブクラス
    """
    def __init__(self, name, dic_random):
        """ スーパークラスの__init__()にnameを渡し、
            ランダム応答用のリストをインスタンス変数に格納する

        Args:
            name(str): 応答クラスの名前
            dic_random(list): Dictionaryオブジェクトが保持するランダム応答用のリスト
        """
        super().__init__(name)
        self.random = dic_random

    def response(self, input, mood, parts):
        """ response()をオーバーライド、ランダムな応答を返す

        Args:
            input(str)  : ユーザーの発言
            mood (int): ピティナの機嫌値
            parts(strのlist): ユーザー発言の解析結果

        Returns:
            str: リストからランダムに抽出した応答フレーズ
        """
        # リストrandomからランダムに抽出して戻り値として返す
        return random.choice(self.random)

class PatternResponder(Responder):
    """ パターンに反応するためのサブクラス
```

> ユーザー発言の解析結果を取得する parts を追加

```
    Attributes:
        pattern(objectのlist)：リスト要素はPatternItemオブジェクト
        random(strのlist)：ランダム辞書の応答フレーズのリスト
    """
    def __init__(self, name, dic_pattern, dic_random):  ──────────────── ❶
        """ スーパークラスの__init__()にnameを渡し、
            パターン辞書とランダム辞書をインスタンス変数に格納する

        Args:
            name(str)    ：Responderオブジェクトの名前
            dic_pattern(objectのlist)：リスト要素はPatternItemオブジェクト
            dic_random(strのlist)：ランダム辞書の応答フレーズのリスト
        """
        super().__init__(name)
        self.pattern = dic_pattern  ──────────────────────────────── ❷
        self.random = dic_random  ─────────────────────────────────── ❷

    def response(self, input, mood, parts):
        """ パターンにマッチした場合に応答フレーズを抽出して返す
```

> ユーザー発言の解析結果を
> 取得するpartsを追加

```
        Args:
            input(str)    ：ユーザーの発言
            mood (int)：ピティナの機嫌値
            parts(strのlist)：ユーザー発言の解析結果

        Returns:str:
            パターンにマッチした場合はパターンと対になっている応答フレーズを返す
            パターンマッチしない場合はランダム辞書の応答メッセージを返す
        """
        resp = None
        # patternリストのPatternItemオブジェクトに対して反復処理を行う
        for ptn_item in self.pattern:
```

> インスタンス変数を変更

```
            # パターン辞書1行のパターンをユーザーの発言にマッチさせる
            # マッチしたらMatchオブジェクト、そうでなければNoneが返る
            m = ptn_item.match(input)
            # マッチした場合は機嫌値moodを引数にしてchoice()を実行
            # 現在の機嫌値に見合う応答フレーズを取得する
            if m:
                resp = ptn_item.choice(mood)
            # choice()の戻り値がNoneでない場合は、応答フレーズの
            # %match%をユーザー発言のマッチした文字列に置き換える
            if resp != None:
```

```
                return re.sub('%match%', m.group(), resp)
        # パターンマッチしない場合はランダム辞書から返す
        return random.choice(self.random)
```
インスタンス変数を変更

```
class TemplateResponder(Responder):
    """ テンプレートに反応するためのサブクラス

    Attributes:
        template(dict): 要素は{ '%noun%の出現回数' : [テンプレートのリスト] }
        random(list): 要素はランダム辞書の応答フレーズ群
    """
    def __init__(self, name, dic_template, dic_random):                    ❸
        """ スーパークラスの__init__()にnameを渡し、
            テンプレート辞書とランダム辞書をインスタンス変数に格納する

        Args:
            name(str): Responderオブジェクトの名前
            dic_template(dict): Dictionaryが保持するテンプレート辞書
            dic_random(list): Dictionaryが保持するランダム辞書
        """
        super().__init__(name)
        self.template = dic_template
        self.random = dic_random

    def response(self, input, mood, parts):                               ❹
        """ テンプレートを使用して応答フレーズを生成する

        Args:
            input(str): ユーザーの発言
            mood(int): ピティナの機嫌値
            parts(strのlist): ユーザー発言の解析結果

        Returns:str:
            パターンにマッチした場合はパターンと対になっている応答フレーズを返す
            パターンマッチしない場合はランダム辞書から返す
        """
        # ユーザー発言の名詞の部分のみを保持するリスト
        keywords = []                                                     ❺
        # 解析結果partsの「文字列」→word、「品詞情報」→partに順次格納
        #
        # Block Parameters:
        #   word(str): ユーザー発言の形態素
```

```
#     part(str): 形態素の品詞情報
for word, part in parts:                                                    ⑥
    # 名詞であれば形態素をkeywordsに追加
    if analyzer.keyword_check(part):                                        ⑦
        keywords.append(word)
# keywordsに格納された名詞の数を取得
count = len(keywords)                                                       ⑧
# keywordsリストに1つ以上の名詞が存在し、
# 名詞の数に対応する'%noun%'を持つテンプレートが存在すれば、
# テンプレートを利用して応答フレーズを生成する
if (count > 0) and (str(count) in self.template):                          ⑨
    # テンプレートリストからランダムに1個抽出
    resp = random.choice(
        self.template[str(count)]
    )                                                                      ⑩
    # keywordsから取り出した名詞でテンプレートの%noun%を書き換える
    for word in keywords:                                                  ⑪
        resp = resp.replace(
            '%noun%',  # 書き換える文字列
            word,      # 書き換え後の文字列
            1          # 書き換える回数
        )
    return resp
# ユーザー発言に名詞が存在しない、または適切なテンプレートが
# 存在しない場合は、ランダム辞書から返す
return random.choice(self.random)
```

　Dictionaryクラスにテンプレート辞書が追加されたため、このクラスはランダム辞書、パターン辞書と合わせて3個の辞書オブジェクトを持つようになり、それに伴ってスーパークラスResponderのresponse()メソッドのパラメーターが1つ追加になりました。ユーザーの発言、ピティナの機嫌値に加え、形態素解析のリストを受け取るパラメーターpartsです。そのため、すべてのサブクラスのresponse()メソッドについてもパラメーターpartsが設定されています。

　さらに、Dictionaryクラスにテンプレート辞書が追加されたのに伴い、PatternResponderのインスタンス変数が1個増えました。以前、❶の__init__()メソッドではDictionaryオブジェクトをまるごと受け取るようにしていましたが、今回はパターン辞書とランダム辞書を別々に受け取って、self.patternとself.randomにそれぞれ格納するようになっています（❷）。次に、新設のTemplateResponderクラスについて見ていきましょう。

❸ def __init__(self, name, dic_template, dic_random):

　TemplateResponderクラスでは、応答フレーズの生成にテンプレート辞書とランダム辞書を使います。ランダム辞書は、テンプレート辞書に適当な応答が見つからなかった場合に、代わりとなる応答フレーズを生成するために使用します。

これはPatternResponderのときと同様の処理になります。

❺keywords = []

❹のresponse()メソッドの最初の処理は、ユーザー発言の名詞の部分のみを格納するリストの作成です。

❻for word, part in parts:

forブロックでは、パラメーターpartsから形態素と品詞情報を取り出し、word、partにそれぞれ格納します。

❼if analyzer.keyword_check(part):
　　　keywords.append(word)

ユーザー発言の形態素の品詞情報をチェックし、キーワードになり得る名詞であれば、リストkeywordsに形態素を追加します。

▼ユーザー発言が'パスタならカルボナーラがいいな'の場合、❻のforブロック終了後におけるkeywordsの中身

```
['パスタ', 'カルボナーラ']
```

❽count = len(keywords)

keywordsに格納された名詞の数を数え、countに代入します。

❾if (count > 0) and (str(count) in self.template):

テンプレート辞書が使える条件は、ユーザーの発言から1つ以上の名詞が抽出でき、その数と同じ数の空欄（%noun%）を持ったテンプレートが存在することです。そこで、❾のifブロックではこの2つの条件をチェックしています。

▼ifブロックによるチェック

```
if (count > 0) and (str(count) in self.template):
```
　　　　　keywordsには1つ以上の名詞が存在するか
　　　　　　　テンプレート辞書に同じ数の空欄（%noun%）を持ったテンプレートが存在するか

❿resp = random.choice(self.template[str(count)])

チェックにパスできれば、self.templateにはテンプレートのリストが入っているので、random.choice()によりランダムに1つ選択し、ローカル変数respに代入します。

テンプレート辞書は、空欄の出現回数のキーとテンプレート本体を値にした辞書データでした。これは、TemplateResponderクラスの__init__()メソッドにより、self.templateに（オブジェクトの参照が）格納されているので、「self.template」とすることで辞書データにアクセスできます。

▼辞書 self.template の中身

```
{
 '1': [
        '%noun%なんだー',
        '%noun%がいいんだね',
        ......
      ],
 '2': [
        '%noun%%noun%！',
        ......
      ],
 '3': [
        '%noun%は%noun%で%noun%なの？よくわかんないけど',
        ......
      ],
 '4': [
        '「%noun%の%noun%」に出てくる%noun%な%noun%',
        ......
      ],
 '5': [
        '「%noun%の%noun%」に出てくる%noun%と%noun%と%noun%'
      ],
 '6': [
        '%noun%な%noun%の%noun%な%noun%が%noun%な%noun%です',
        ......
      ]
}
```

self.template['任意のキー'] とすれば、値であるテンプレート本体を取り出せます。

▼空欄の数が一致するテンプレート本体のリストから、ランダムに1つ取り出す

```
resp = random.choice(self.template[str(count)])
```

テンプレート本体のリストから
ランダムに1つ抽出

keywordsに格納されている名詞の数を指定すれば、同じ数の
空欄（%noun%）を持つテンプレート本体のリストを取り出せる

これで、応答に使えるテンプレートが取得できました。

あとは⓫のforブロックで、テンプレートの'%noun%'の部分に、keywordsに格納されている名詞を埋め込んでいけば、応答フレーズの出来上がりです。

▼ '%noun%' をkeywordsリストの名詞に置き換える

```
for word in keywords:                                              ⓫
    resp = resp.replace(
                     '%noun%',   # 書き換える文字列
                     word,       # 書き換え後の文字列
                     1           # 書き換える回数
                     )
```

▼ replace() メソッドの書式

replace (書き換え前の文字列，書き換え後の文字列，書き換える回数)

　replace()によって、テンプレートの'%noun%'の部分が、keywordsリストの名詞に順番に置き換えられます。ユーザーの発言が'パスタならカルボナーラがいいな'の場合は、次のようになります。

▼ keywordsの中身

['パスタ'， 'カルボナーラ']

▼ 抽出されたテンプレート

'%noun%がわかると、%noun%のよさがわかるんだ'

▼ 置き換え後の応答フレーズ

パスタがわかると、カルボナーラのよさがわかるんだ

　ほっとするフレーズが返ってきそうです。ですが、異なるテンプレートが選択されると、まったく違う内容になります。

▼ 抽出されたテンプレート

'%noun%と%noun%はもういいよ'

▼ 応答フレーズ

パスタとカルボナーラはもういいよ

　テンプレートを使った置き換え処理は以上ですので、あとは応答フレーズとしてreturnすれば完了です。

Pitynaクラスの変更

TemplateResponderの用意はできたので、Pitynaクラスを変更します。
pityna.pyを**[エディター]**で開いて、次のように編集しましょう。

▼Pitynaクラス（Pityna/pityna.py）

```python
import responder
import random
import dictionary
import analyzer


class Pityna(object):
    """ ピティナの本体クラス


    Attributes:
        name (str): Pitynaオブジェクトの名前を保持
        dictionary (obj:`Dictionary`): Dictionaryオブジェクトを保持
        res_repeat (obj:`RepeatResponder`): RepeatResponderオブジェクトを保持
        res_random (obj:`RandomResponder`): RandomResponderオブジェクトを保持
        res_pattern (obj:`PatternResponder`): PatternResponderオブジェクトを保持
        res_template (obj:`TemplateResponder`): TemplateResponderオブジェクトを保持
    """
    def __init__(self, name):
        """ Pitynaオブジェクトの名前をnameに格納
            Responderオブジェクトを生成してresponderに格納


        Args:
            name(str)    : Pitynaオブジェクトの名前
        """
        # Pitynaオブジェクトの名前をインスタンス変数に代入
        self.name = name
        # Dictionaryを生成
        self.dictionary = dictionary.Dictionary()
        # Emotionを生成
        self.emotion = Emotion(self.dictionary.pattern)
        # RepeatResponderを生成
        self.res_repeat = responder.RepeatResponder('Repeat?')
        # RandomResponderを生成
        self.res_random = responder.RandomResponder(
                'Random', self.dictionary.random)
        # PatternResponderを生成
```

```python
        self.res_pattern = responder.PatternResponder(
            'Pattern',
            self.dictionary.pattern,  # パターン辞書
            self.dictionary.random    # ランダム辞書
            )
```
— ❶

```python
        # TemplateResponderを生成
        self.res_template = responder.TemplateResponder(
            'Template',
            self.dictionary.template, # テンプレート辞書
            self.dictionary.random    # ランダム辞書
            )
```
— ❷

```python
    def dialogue(self, input):
        """ 応答オブジェクトのresponse()を呼び出して応答文字列を取得する


        Args:
            input(str): ユーザーの発言
            Returns:
                str: 応答フレーズ
        """
        # ピティナの機嫌値を更新する
        self.emotion.update(input)
        # ユーザーの発言を解析
        parts = analyzer.analyze(input)
        # 1～100の数値をランダムに生成
        x = random.randint(1, 100)
```

```python
        # 40以下ならPatternResponderオブジェクトにする
        if x <= 40:
            self.responder = self.res_pattern
        # 41～70以下ならTemplateResponderオブジェクトにする
        elif 41 <= x <= 70:
            self.responder = self.res_template
        # 71～90以下ならRandomResponderオブジェクトにする
        elif 71 <= x <= 90:
            self.responder = self.res_random
        # それ以外はRepeatResponderオブジェクトにする
        else:
            self.responder = self.res_repeat
```
— ❸

```python
        # 応答フレーズを生成
        resp = self.responder.response(
            input,                 # ユーザーの発言
```
— ❹

```
            self.emotion.mood,   # ピティナの機嫌値
        parts                    # ユーザー発言の解析結果
    )
    # 学習メソッドを呼ぶ
    self.dictionary.study(input, parts)
    # 応答フレーズを返す
    return resp


def save(self):
    """ Dictionaryのsave()を呼ぶ中継メソッド

    """
    self.dictionary.save()


def get_responder_name(self):
    """ 応答に使用されたオブジェクト名を返す

    Returns:
        str: responderに格納されている応答オブジェクト名
    """
    return self.responder.name


def get_name(self):
    """ Pitynaオブジェクトの名前を返す

    Returns:
        str: Pitynaクラスの名前
    """
    return self.name


class Emotion:
    """ ピティナの感情モデル

    Attributes:
        pattern (PatternItemのlist): [PatternItem1, PatternItem2, PatternItem3, ...]
        mood (int): ピティナの機嫌値を保持
    """
    ......変更はないので定義部省略......
```

ページ右側の縦書き：

6

「記憶」のメカニズムを実装する（機械学習）

本節のテーマはテンプレート学習機能の追加ですが、Pitynaオブジェクトにとっては、Responderが1つ増えただけですので大きな変化はありません。とはいえ、TemplateResponderオブジェクトを生成し、ユーザー発言を形態素解析した結果をTemplateResponderのresponse()メソッドに渡す、といった重要な処理が追加されています。

▼❶のコード

```
self.res_pattern = responder.PatternResponder(
    'Pattern',
    self.dictionary.pattern,   # パターン辞書
    self.dictionary.random     # ランダム辞書
    )
```

PatternResponderオブジェクトを生成する際の引数のDictionaryオブジェクトとしては、パターン辞書とランダム辞書のみを渡すようになりました。

▼❷のコード

```
self.res_template = responder.TemplateResponder(
    'Template',
    self.dictionary.template,  # テンプレート辞書
    self.dictionary.random     # ランダム辞書
    )
```

新設のTemplateResponderオブジェクトを生成する際のDictionaryオブジェクトとしては、テンプレート辞書とランダム辞書のみを渡すようにしています。

▼❸のコード

```
# 40以下ならPatternResponderオブジェクトにする
if x <= 40:
    self.responder = self.res_pattern
# 41～70以下ならTemplateResponderオブジェクトにする
elif 41 <= x <= 70:
    self.responder = self.res_template
# 71～90以下ならRandomResponderオブジェクトにする
elif 71 <= x <= 90:
    self.responder = self.res_random
# それ以外はRepeatResponderオブジェクトにする
else:
    self.responder = self.res_repeat
```

30パーセントの確率でTemplateResponderオブジェクトが使われるようにしています。

▼❹のコード

```
# 応答フレーズを生成
resp = self.responder.response(
    input,                  # ユーザーの発言
    self.emotion.mood,      # ピティナの機嫌値
    parts                   # ユーザー発言の解析結果
    )
```

　Responderのresponse()メソッドが形態素解析の結果を引数として要求するようになったので、これを保持しているローカル変数partsを引数として渡すようにしました。

テンプレート学習を実装したピティナと対話してみる

　果たしてピティナはテンプレートを学習するようになったのでしょうか。さっそく試してみましょう。

▼実行中のピティナ

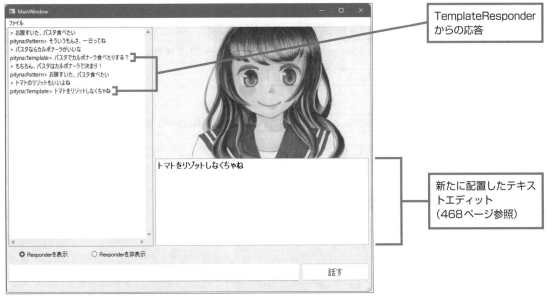

　TemplateResponderからの応答

　新たに配置したテキストエディット（468ページ参照）

　TemplateResponderらしい応答が出てきました。

　うまく応答しているようです。いくつかの新しいテンプレートも辞書ファイルに書き込まれました。テンプレートとはいえ、たんに名詞を入れ替えているだけなので、たまに意味の通らないことを言ったりします。
　今回の実行例では「お腹すいた、パスタ食べたい」という発言から「2　%noun%すいた、%noun%食べたい」をテンプレートとして学習していますが、別の名詞を入れると意味不明の文章になることが考えられます。

「宇宙船でアンドロメダへ行く」と発言した場合、このテンプレートが適用されると「宇宙船すいた、アンドロメダ食べたい」となります。「宇宙船すいた」って、そもそも宇宙船は通勤電車並みに混み合っているものなのか、そして何より、アンドロメダって食べられるものなの!?ってことになってしまいます。できれば、テンプレート辞書ファイルを開いて、「%noun%すいた、%noun%食べたい」を「%noun%すいた、%noun%したいな」くらいのパターンに修正しておくと無難かもしれません。

また、パターン辞書の学習と同じく、形態素解析での判定に誤りがあると、おかしなテンプレートが登録されてしまうこともあります。これをそのままにしておくと、滅茶苦茶なことを言う確率が上がってしまうので、たまには辞書ファイルを開いて整理するとよいでしょう。

▼TemplateResponderの応答

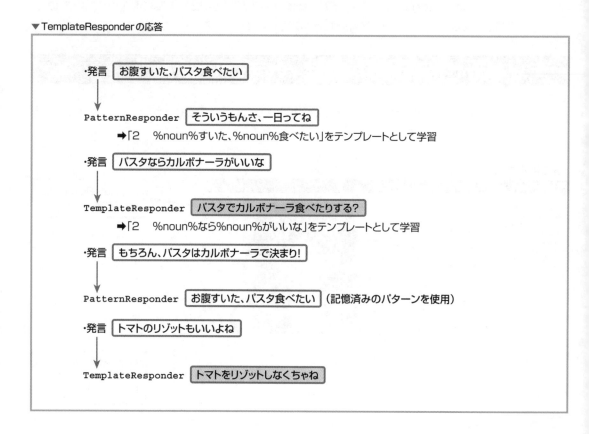

このような感じで、テンプレート辞書を活用した応答は、うまく機能しているようです。何より、こちらの発言にピティナが追従してくれるので、会話する楽しさが増えました。

さて、次章では「マルコフ連鎖」というものを取り入れて、ピティナのさらなる高機能化を試みます。

Chapter 7

マルコフ連鎖で文章を生成する

　テンプレート辞書を使った応答の生成によって、特定の形式に限定されるものの、ピティナは独自の文章を生み出すことができるようになりました。

　ユーザーの発言をそのまま繰り返しているだけだった以前の学習方法と比べると、これはとても画期的なことだといえるでしょう。ついにピティナは自分自身の言葉を発するようになったのです。

　本章では、独自に文章を生成する方法について、新たな手法を取り入れます。形態素解析によりバラバラになった文章をバラバラのまま蓄積し、そこから単語を1つずつつないでいって、文章をまるごと1つ作り出そうというのです。テンプレート方式よりも圧倒的に自由度の高い文章を作れそうです。

マルコフ連鎖で生成AIを目指す

Level ★★★　　Keyword　マルコフ連鎖

　ChatGPTをはじめとする「生成AI」が注目を集めています。一方、ピティナはパターン辞書やテンプレート辞書を駆使して様々な応答を返すようになりましたが、あくまで一定の枠にはめられた定型的な応答です。そこで、ピティナをさらに進化させるべく、「蓄積した単語をマルコフ連鎖によってつないで文章を作り上げる」機能を実装してみましょう。

蓄積した単語からマルコフ連鎖で文章を生成

　文章を生成するには、そのパーツとなる単語の蓄積は不可欠です。そこで、ユーザーの発言を形態素解析にかけて単語単位で記録し、バラバラになった単語を組み合わせれば何とか文章が作れそうです。

　とはいえ、形態素解析によって単語レベルにまでバラバラになったところから、ランダムに単語を選択して文章を作れば、日本語として意味の通じない文になるのが目に見えています。そこで、「ある程度の意味を保ちつつ、ランダムに単語をつないでいく方法」としてよく用いられる**マルコフ連鎖***を利用した文章の生成方法を考えてみたいと思います。

▼マルコフ連鎖

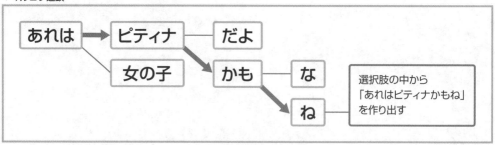

***マルコフ連鎖**　本文525ページ「Memo　マルコフ連鎖」を参照。

7.1.1 マルコフ連鎖を使って文章を生成する

文章を構成する単語がどのようにつながっているか見てみましょう。

わたし–>は–>トーク–>が–>好き–>な–>プログラム–>の–>女の子–>です。

「わたし」の次には「は」があります。「は」の次は「トーク」で、「トーク」の次は「が」……というように続いていきます。もう1つ別の文章を見てください。

わたし–>が–>好き–>な–>の–>は–>トーク–>と–>プリン–>です。

この2つの文章の単語のつながりを1つの表にまとめると、次のようになります。「わたし」や「トーク」などの複数回登場する単語は1つにまとめ、続く単語が複数あるときはカンマで区切って並べています。

▼単語のつながり

単語1	単語2
わたし	····-> は, が
は	····-> トーク
トーク	····-> が, と
が	····-> 好き
好き	····-> な
な	····-> プログラム, の
プログラム	····-> の
の	····-> 女の子, は
女の子	····-> です
です	····-> 。
と	····-> プリン
プリン	····-> です

Memo

マルコフ連鎖は確率論に基づく数学モデルなので、単語をつなぐことを考えた場合、直前の単語に続く単語を確率的に予測することが求められます。これを発展させ、単語間の関係性や全体の文脈のチェックなどの高度なアプローチを行うのが、ChatGPTなどの大規模言語モデルです。

単語がつながっていくときの法則

先の表において、「わたし」の次に続く単語は「は」あるいは「が」ですが、どちらであっても日本語として正しい言葉です。では「は」を選んでみましょう。

> わたし‥‥–>は

「は」に続くのは「トーク」だけなのでこれを選択します。

> わたし‥‥–>は‥‥–>トーク

次に続く「が」あるいは「と」では、「と」を選択します。

> わたし‥‥–>は‥‥–>トーク‥‥–>と

「と」のあとは「プリン」➡「です」、「です」➡「。」と一直線に続くので、次の文章が出来上がります。

> わたし‥‥–>は‥‥–>トーク‥‥–>と‥‥–>プリン‥‥–>です‥‥–>。

何が言いたいのかはよくわかりませんが、日本語として間違った文章ではありません。ポイントは、テンプレートのように「あるパターンに単語を当てはめる」方法をとらずに、独立した1つの文章を作り上げていることです。さらには、適度にランダムでもあります。

文章に登場する単語の順序には法則性があります。例えば「プログラム」の次に「わたし」がくるというつながりはあり得ません。そうであれば、手本になる文章（ユーザーの発言など）から単語と一緒に「つながり」に関する情報を抽出することで、この法則性について学習することができます。文章を生成するときは、単語と単語を「つながり情報」をもとにつないでいきます。複数の選択肢があるときは、ランダムに選択しながら単語をつなぎます。そうすると、単語のつながりは保たれたまま、複数の文章が混ざったような文章が出来上がります。

マルコフ連鎖、マルコフモデルとは

　文章中に単語Aが登場したとき、「次にどんな単語が登場するか」は単語Aによってある程度絞り込めます。「ある状態が起こる確率が直前の状態から決まる」ことを**マルコフ連鎖**と呼び、マルコフ連鎖によって状態が遷移することを表した確率モデルを**マルコフモデル**と呼びます。単語のつながりによって文章を分析する方法や、そこから新しい文章を生成する方法は、このマルコフモデルの考え方をもとにしています。

　では、この手法をプログラムに反映することを考えてみたいと思います。単語のつながりを表した「単語のつながり」表を**マルコフ辞書**と呼ぶことにします。また、A‥‥>Bという単語のつながりにおいてAを「プレフィックス（前にある言葉）」、Bを「サフィックス（後ろにある言葉）」と呼ぶことにします。

●マルコフモデル式の学習の骨格
　マルコフ辞書の学習には、「形態素解析された文章を、プレフィックスとサフィックスのペアとして記録する」方法を用いることにします。

　先の例では「単語のつながり」におけるプレフィックスを1つの単語としましたが、プログラムでは連続する2つあるいは3つの単語をプレフィックスとします。マルコフ連鎖アルゴリズムを使った文章生成では、もとになった文章の単語のつながりが必ず再現されるので、プレフィックスを1単語とした場合、再現される一番短いつながりは2単語になります。ですが、これだと構成要素が細かすぎて、意味の通らない文章となる確率が高くなってしまいます。逆に、プレフィックスの単語数が多すぎると、元の文章がそのまま出力されやすくなります。

　2単語くらいをプレフィックスとすると（一番短いつながりが3単語）、ランダムでありながらもほどほどに意味が通り、3単語をプレフィックスにすればほどほどにランダムで意味が通る文章になるといわれています。4単語だと文章がほとんど固定され、元の文章がほぼそのままのかたちで出力されてしまいます。

　そういうわけで、今回は3単語プレフィックスのマルコフ辞書を採用したいと思います。もし結果に不満があれば、2単語に減らすことは容易なので、まずは3単語で試すことにしましょう。

▼プレフィックスとサフィックス

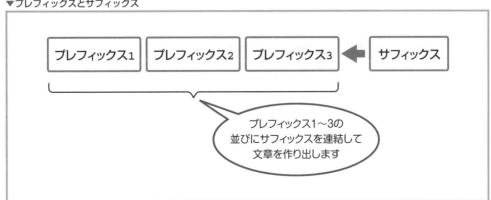

7.1.2　3単語プレフィックスのマルコフ辞書

先ほどの2つの文章を、3単語プレフィックスのマルコフ辞書で表してみましょう。

▼3単語プレフィックスのマルコフ辞書

プレフィックス			サフィックス
プレフィックス1	プレフィックス2	プレフィックス3	
'わたし'	'は'	'トーク'	‥‥> 'が'
'は'	'トーク'	'が'	‥‥>'好き'
'トーク'	'が'	'好き'	‥‥>'な'
'が'	**'好き'**	**'な'**	**‥‥>'プログラム'** —— 重複
'好き'	'な'	'プログラム'	‥‥>'の'
'な'	'プログラム'	'の'	‥‥>'女の子'
'プログラム'	'の'	'女の子'	‥‥>'です'
'の'	'女の子'	'です'	‥‥>'。'
'女の子'	'です'	'。'	‥‥>'わたし'
'です'	'。'	'わたし'	‥‥>'が'
'。'	'わたし'	'が'	‥‥>'好き'
'わたし'	'が'	'好き'	‥‥> 'な'
'が'	**'好き'**	**'な'**	**‥‥>'の'** —— 重複
'好き'	'な'	'の'	‥‥>'は'
'な'	'の'	'は'	‥‥>'トーク'
'の'	'は'	'トーク'	‥‥>'と'
'は'	'トーク'	'と'	‥‥>'プリン'
'トーク'	'と'	'プリン'	‥‥>'です'
'と'	'プリン'	'です'	‥‥>'。'

「重複」と記載している箇所は、プレフィックス1〜3がまったく同じです。この場合は、次のように
サフィックスをまとめてしまいます。

▼プレフィックス1〜3が同じものは1つにまとめる

506

「わたしが好きなプログラムの女の子です。」って？

　最初に見た「単語のつながり」の表（本文503ページ）では、「わたし」と次に続く「は」「が」が1行にまとめられていました。一方、「3単語プレフィックスのマルコフ辞書」の表では、「わたしは」と「わたしが」は別のプレフィックスとして区別されています。

　文章を作っていくときは、プレフィックスの3単語に続くサフィックスをランダムに選択します。次に、プレフィックス2とプレフィックス3、サフィックスを新たなプレフィックス1〜3として、それらに続くサフィックスを選択していきます。ここではまず、適当に「わたし　が　好き」を選択してみましょう。これに続くのは「な」だけなので、次のようになります。

▼1回目

> わたし　が　好き　な

　次は「が　好き　な」に続く単語を選択するのですが、選択できるのは「プログラム」と「の」ですので、「プログラム」を選択します。

▼2回目

> が　好き　な　プログラム

　次の処理では「好き　な　プログラム」に続く単語を選択します。選択できるのは「の」だけです。

▼3回目

> 好き　な　プログラム　の

　「な　プログラム　の」の次は「女の子」のみ選択できます。

▼4回目

> な　プログラム　の　女の子

　「プログラム　の　女の子」の次は「です」のみ選択できます。

▼5回目

> プログラム　の　女の子　です

　「の　女の子　です」に続くのは「。」です。

▼6回目

> の　女の子　です　。

　6回繰り返すことで「。」のところまで来ました。1回目の「わたし　が　好き　な」に2回目以降に選択されたサフィックスだけを順に追加していくと、次の文章が出来上がります。

▼出来上がった文章

> わたしが好きなプログラムの女の子です。

　なかなか微妙な文章になりましたね。次の項目では、マルコフ辞書クラスの実装を見ていくことにします。

▼文章が作られていく流れ

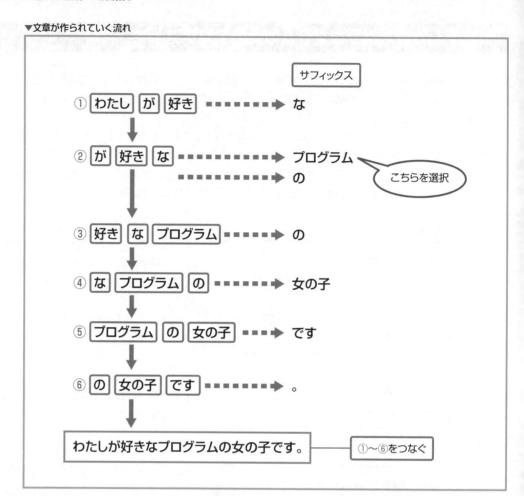

7.1.3 マルコフ辞書の実装

マルコフ辞書の実装です。簡潔になるよう、各処理は関数としてモジュールに組み込みました。

▼marcov_text.py

```python
import os
import re
import random
from janome.tokenizer import Tokenizer

def parse(text):                                               ❶
    """ 形態素解析によって形態素を取り出す

    Args:
        text(str): マルコフ辞書のもとになるテキスト
```

```
    Returns(list):
        形態素のリスト
    """
    # Tokenizerオブジェクトを生成
    t = Tokenizer()
    # 形態素解析を実行
    tokens = t.tokenize(text)
    # 形態素を格納するリスト
    result = []
    # 形態素(見出し)の部分を抽出してリストに追加
    for token in tokens:
        result.append(token.surface)


    return(result)
```

```
# マルコフ辞書のもとになるテキストファイルのフルパスを取得
filepath = os.path.join(os.path.dirname(__file__), 'text.txt')          ②
with open(filepath, "r", encoding = 'utf_8') as f:                      ③
    text = f.read()
# 文末の改行文字を取り除く
text = re.sub("\n","", text)                                            ④
# 形態素解析を実行して形態素のリストを取得
wordlist = parse(text)                                                  ⑤
```

```
# マルコフ辞書を格納するdictオブジェクト
markov = {}                                                             ⑥
# プレフィックスを格納する変数
p1 = ''
p2 = ''
p3 = ''
```

```
# 形態素のリストから要素を取り出し、マルコフ辞書を作成
for word in wordlist:                                                   ⑦
    # p1、p2、p3のすべてに値が格納されているか
    if p1 and p2 and p3:                                                ⑧
        # markovに(p1, p2, p3)キーが存在するか
        if (p1, p2, p3) not in markov:                                  ⑨
            # なければキー:値のペアを追加
            markov[(p1, p2, p3)] = []                                   ⑩
        # キーのリストにサフィックスを追加(重複あり)
        markov[(p1, p2, p3)].append(word)                               ⑪
```

7

```python
        # 3つのプレフィックスの値を置き換える
        p1, p2, p3 = p2, p3, word                                          ⑫


# 生成した文章を格納するグローバル変数
sentence = ''


def generate():
    """ マルコフ辞書から文章を生成する


    """
    # 関数内部からグローバル変数にアクセスできるようにする
    global sentence
    # markovのキーをランダムに抽出し、プレフィックス1～3に代入
    p1, p2, p3 = random.choice(list(markov.keys()))                       ⑬
    # 単語の数を格納するための変数
    count = 0                                                             ⑭
    # 単語リストの単語の数だけ繰り返す
    while count < len(wordlist):                                          ⑮
        # キーが存在するかチェック
        if ((p1, p2, p3) in markov) == True:                             ⑯
            # 文章にする単語を取得
            tmp = random.choice(markov[(p1, p2, p3)])                    ⑰
            # 取得した単語をsentenceに追加
            sentence += tmp                                              ⑱
        # 3つのプレフィックスの値を置き換える
        p1, p2, p3 = p2, p3, tmp                                         ⑲
        count += 1                                                       ⑳


    # 最初に出てくる句点(。)までを取り除く
    sentence = re.sub('^.+?。', '', sentence)                            ㉑
    # 最後の句点(。)から先を取り除く
    if re.search('.+。', sentence):                                      ㉒
        sentence = re.search('.+。', sentence).group()
    # 閉じカッコを削除
    sentence = re.sub('」', '', sentence)                                ㉓
    #開きカッコを削除
    sentence = re.sub('「', '', sentence)                                ㉔
    #全角スペースを削除
    sentence = re.sub('　', '', sentence)                                ㉕


def overlap():
    """ 重複した文章を取り除く
```

```
    """
    # 関数内部からグローバル変数にアクセスできるようにする
    global sentence ─────────────────────────────────── ㉖
    # 文章を'。'のところで分割してリストに格納する
    sentence = sentence.split('。') ───────────────────── ㉗
    # リスト要素に空文字があれば取り除く
    if '' in sentence: ──────────────────────────────── ㉘
        sentence.remove('')
    new = []
    # リストのすべての要素末尾に'。'を付加する
    for str in sentence: ────────────────────────────── ㉙
        str = str + '。'
        # strが'。'だけの場合はforの先頭に戻って次の繰り返しに進む
        if str=='。':
            break
        # リストnewの要素としてstrを追加
        new.append(str)
    # リストnewを集合に変換して重複する要素を取り除く
    new = set(new) ──────────────────────────────────── ㉚
    # 集合newのすべての要素を連結して文章にする
    sentence=''.join(new) ───────────────────────────── ㉛


#======================================================
# 生成した文章の出力
#======================================================
if __name__ == '__main__':
    while(not sentence):
        generate()
        overlap()
    print(sentence)
    input('[Enter]キーを押すと終了します。')
```

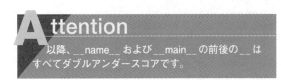

Attention

以降、__name__ および __main__ の前後の__は
すべてダブルアンダースコアです。

形態素解析とファイルの読み込み

冒頭の形態素解析の部分と、テキストファイルを読み込む処理の説明です。

❶ def parse(text):

形態素解析を実行する関数です。Janomeライブラリを使って形態素解析を実行するところはこれまでと同じですが、今回は分かち書きができればよいので、形態素（見出し）の部分だけを取り出してリストにまとめます。

❷ filepath = os.path.join(os.path.dirname(__file__), 'text.txt')

マルコフ辞書のもとになるテキストが保存されているファイルのフルパスを取得します。

❸ with open(filepath, "r", encoding = 'utf_8') as f:

with open() as ...でテキストファイルを読み込みモードで開き、read()メソッドで一気に読み込みます。

❹ text = re.sub("\n","", text)

読み込んだテキストから、文末の改行文字を取り除きます。

❺ wordlist = parse(text)

❶のparse()関数を呼び出し、textの中身を形態素に分解し、これをリストとして取得します。

マルコフ辞書の作成

❻からマルコフ辞書を格納するmarkovの処理が始まります。

▼マルコフ辞書を作成するブロック（marcov_text.py）

```
# マルコフ辞書を格納するdictオブジェクト
markov = {}                                                        ❻
# プレフィックスを格納する変数
p1 = ''
p2 = ''
p3 = ''

# 形態素のリストから要素を取り出し、マルコフ辞書を作成
for word in wordlist:                                              ❼
    # p1、p2、p3のすべてに値が格納されているか
    if p1 and p2 and p3:                                           ❽
        # markovに (p1, p2, p3) キーが存在するか
        if (p1, p2, p3) not in markov:                             ❾
```

```
            # なければキー：値のペアを追加
            markov[(p1, p2, p3)] = []                              ⑩
            # キーのリストにサフィックスを追加（重複あり）
            markov[(p1, p2, p3)].append(word)                      ⑪
        # 3つのプレフィックスの値を置き換える
        p1, p2, p3 = p2, p3, word                                 ⑫
```

❻ markov = {}
　 p1 = ''
　 p2 = ''
　 p3 = ''

　markovを空の辞書として初期化し、3つのプレフィックスを格納する変数p1、p2、p3を空の文字列で初期化します。

　ここで、マルコフ辞書markovの構造について説明しましょう。「3単語プレフィックスのマルコフ辞書」の表を見ると、プレフィックス1、2、3の連なりに対して1まとまりのサフィックスが付いていることがわかると思います。これに基づいて「3単語プレフィックスのマルコフ辞書」表のデータ構造を考えた場合、「3つの要素をキーにした辞書」で表すことができます。キーの値はサフィックスのリストです。

▼マルコフ辞書のデータ構造

```
{ （プレフィックス1，プレフィックス2，プレフィックス3）：［サフィックスのリスト］ }
          キーはタプル                              値はリスト
```

　辞書のキーはイミュータブル（書き換え不可）なので、複数の文字列をキーにする場合はタプルにします。次の2つの文章をマルコフ辞書にすると下のリストのようになります。

▼マルコフ辞書にする元の文章

> わたしはトークが好きなプログラムの女の子です。
> わたしが好きなのはトークとプリンです。

▼マルコフ辞書の中身

```
markov = {
('わたし', 'は', 'トーク'): ['が'],
('は', 'トーク', 'が'): ['好き'],
('トーク', 'が', '好き'): ['な'],
('が', '好き', 'な'): ['プログラム', 'の'],
('好き', 'な', 'プログラム'): ['の'],
('な', 'プログラム', 'の'): ['女の子'],
('プログラム', 'の', '女の子'): ['です'],
```

7

マルコフ連鎖で文章を生成する

```
('の', '女の子', 'です')：['。'],
('女の子', 'です', '。')：['わたし'],
('です', '。', 'わたし')：['が'],
('。', 'わたし', 'が')：['好き'],
('わたし', 'が', '好き')：['な'],
('好き', 'な', 'の')：['は']
('な', 'の', 'は')：['トーク'],
('の', 'は', 'トーク')：['と'],
('は', 'トーク', 'と')：['プリン'],
('トーク', 'と', 'プリン')：['です'],
('と', 'プリン', 'です')：['。'],
}
```

では、❼以降のforブロックの処理を見ていきましょう。

❼ for word in wordlist:

wordlistには、形態素に分解された単語のリストが格納されています。この中から1つずつword
に取り出します。

❽ if p1 and p2 and p3:

markovの3つのキーすべてに値が格納されているかどうかチェックします。というのは、

```
('わたし', 'は', 'トーク')：['が']
```

のようにすべてのキー、すなわちプレフィックス1〜3に値が格納されて初めて、サフィックスの
'が'をキーの値として代入するからです。代入は、forブロックの最後❿のところで行います。

▼forブロック1回目の処理後の状態
```
{ ((空), (空), 'わたし')：[] }
```

▼forブロック2回目の処理後の状態
```
{ ((空), 'わたし', 'は')：[] }
```

▼forブロック3回目の処理後の状態
```
{ ('わたし', 'は', 'トーク')：[] }
```

❾ if (p1, p2, p3) not in markov:

3回繰り返すとすべてのプレフィックスに単語が格納されるので、次の4回目の繰り返しで❽のif文のチェックをパスし、❾のネストされたif文が評価されます。

ここでは、タプル(p1, p2, p3)、つまりプレフィックス1～3の単語が辞書のキーとして存在しているかをチェックします。

❿ markov[(p1, p2, p3)] = []

先のif文のチェックにパスするのは、3つのプレフィックスに単語を登録した直後ですので、当然、この時点でキーは存在しません。ここで初めてキー：値（空のリスト）のペアを作ってmarkovに登録します。

⓫ markov[(p1, p2, p3)].append(word)

❽～❾のifブロックを抜ければ、markovの中身は次のようになっています。

▼forブロック4回目の突入時のmarkovの状態

```
{ ('わたし', 'は', 'トーク'): [] }
```

この時点で、forのブロックパラメーターwordには、単語リストの'わたし'、'は'、'トーク'に続く4番目の要素'が'が入っています。これをappend()メソッドで追加すれば、プレフィックス1～3とサフィックスの出来上がりです。

▼forブロック4回目の処理におけるサフィックスの追加

```
{('わたし', 'は', 'トーク'): ['が']}
```
　　　　　　　　　└──── サフィックスのリストに追加される

⓬ p1, p2, p3 = p2, p3, word

forブロック最後の処理です。プレフィックス1～3の内容を次回の処理のために書き換えます。

▼現状

プレフィックス1	プレフィックス2	プレフィックス3	サフィックス
'わたし'	'は'	'トーク'	'が'

▼書き換え後

プレフィックス1	プレフィックス2	プレフィックス3	サフィックス
'は'	'トーク'	'が'	'が'

次回（5回目）の処理では、プレフィックス1～3がすべて埋められているので、❽のif文によるチェックを難なくクリアし、続いて❾のチェックもクリアします。

7

マルコフ連鎖で文章を生成する

▼for 5回目の繰り返し突入時のmarkovの中身

```
{('は', 'トーク', 'が'): ['が']}
```

　　　すぐに❿によるキー：値（空のリスト）の登録が行われます。

▼2つ目のキー：値の登録

```
{('わたし', 'は', 'トーク'): ['が'], ('は', 'トーク', 'が'): []}
```

　　　続く⓫のappend()メソッドで、単語リストの5番目をサフィックスのリストに追加すれば、2つ目の辞書データの出来上がりです。

```
{('わたし', 'は', 'トーク'): ['が'], ('は', 'トーク', 'が'): ['好き']}
```

　　　forブロックによって単語リストのすべての要素に繰り返し処理することで、先ほどの「マルコフ辞書の中身」で示したマルコフ辞書が完成します。

　　　最後にひとつ。forの1回目から3回目までの処理で、プレフィックス1～3（p1、p2、p3）が埋められていく過程がわかりにくかったかもしれません。これは、「p1, p2, p3 = p2, p3, word」のコードによって次のように処理されます。

▼1回目の処理

```
p1=(空)   p2=(空)   p3='わたし'  word='わたし'
```

▼2回目の処理

```
p1=(空)   p2='わたし'  p3='は'  word='は'
```

▼3回目の処理

```
p1='わたし'  p2='は'  p3='トーク'  word='トーク'
```

　　　順送りするような感じで、うまい具合に3つのプレフィックスが埋められました。forループの最初の3回だけはこんなふうになりますが、4回目以降は3つのプレフィックスに値が入っている状態になるので、❽のif、ネストされた❾のifをクリアし、すぐに辞書データの作成に入ります。

マルコフ辞書から文章を作り出す

作成したマルコフ辞書を使って文章を作り上げるブロックを見ていきましょう。

▼文章を生成する generate() 関数 (marcov_text.py)

```python
# 生成した文章を格納するグローバル変数
sentence = ''


def generate():
    """ マルコフ辞書から文章を生成する


    """
    # 関数内部からグローバル変数にアクセスできるようにする
    global sentence
    # markovのキーをランダムに抽出し、プレフィックス1〜3に代入
    p1, p2, p3 = random.choice(list(markov.keys()))              ⑬
    # 単語の数を格納するための変数
    count = 0                                                    ⑭
    # 単語リストの単語の数だけ繰り返す
    while count < len(wordlist):                                 ⑮
        # キーが存在するかチェック
        if ((p1, p2, p3) in markov) == True:                     ⑯
            # 文章にする単語を取得
            tmp = random.choice(markov[(p1, p2, p3)])            ⑰
            # 取得した単語を sentence に追加
            sentence += tmp                                       ⑱
        # 3つのプレフィックスの値を置き換える
        p1, p2, p3 = p2, p3, tmp                                  ⑲
        count += 1                                                ⑳

    # 最初に出てくる句点 ( 。) までを取り除く
    sentence = re.sub('^.+?。', '', sentence)                     ㉑
    # 最後の句点 ( 。) から先を取り除く
    if re.search('.+。', sentence):                               ㉒
        sentence = re.search('.+。', sentence).group()
    # 閉じカッコを削除
    sentence = re.sub('」', '', sentence)                         ㉓
    #開きカッコを削除
    sentence = re.sub('「', '', sentence)                         ㉔
    #全角スペースを削除
    sentence = re.sub('　', '', sentence)                         ㉕
```

⓭ **p1, p2, p3 = random.choice(list(markov.keys()))**

markovからランダムにキーを取り出し、プレフィックスとして登録されている3つの単語をp1、p2、p3に順に格納します。

keys()メソッドは、辞書のすべてのキーをdict_keysというオブジェクトに格納して返してきます。辞書の要素は順番が保証されていませんので、キーがバラバラに返されてきます。ですが、それでは見にくいので順番どおりに並べ直したのが以下です。

▼markov.keys()によって返されるdict_keysオブジェクト

```
dict_keys(
  [
    ('わたし', 'は', 'トーク'),
    ('は', 'トーク', 'が'),
    ('トーク', 'が', '好き'),
    ('が', '好き', 'な'),
    ('好き', 'な', 'プログラム'),
    ('な', 'プログラム', 'の'),
    ('プログラム', 'の', '女の子'),
    ('の', '女の子', 'です'),
    ('女の子', 'です', '。'),
    ('です', '。', 'わたし'),
    ('。', 'わたし', 'が'),
    ('わたし', 'が', '好き'),
    ('が', '好き', 'な'),
    ('好き', 'な', 'の'),
    ('な', 'の', 'は'),
    ('の', 'は', 'トーク'),
    ('は', 'トーク', 'と'),
    ('トーク', 'と', 'プリン'),
    ('と', 'プリン', 'です'),
  ]
)
```

これをlist()関数でリストに変換してから、random.choice()で1つのキーを選びます。キーはタプルなので、その中身をp1、p2、p3に格納します。

▼('の', '女の子', 'です')が抽出された場合

```
p1= 'の'
p2= '女の子'
p3= 'です'
```

これでプレフィックス1～3が用意できました。

⑭ count = 0

処理回数を数えるカウンター変数です。

⑮ while count < len(wordlist):

　文章を生成するための繰り返し処理を行います。処理回数はlen(wordlist)で、単語リストの単語の数だけ繰り返すようにしています。繰り返しの回数が多いほど、文章をたくさん作ることができ、そのぶんランダムにチョイスする範囲も広がります。

　ただし、単語の数が多い場合は繰り返しがとてつもない回数になることがあるので、マルコフ辞書のもとになるテキストの量が多い場合は、「while count < 30:」のように20～30回程度に指定してください。なお、10回以下になると1つの文が完成しないうちに終わってしまうことがあるので、それ以上の回数を設定した方が無難です。

⑯ if ((p1, p2, p3) in markov) == True:

　markovの中にプレフィックス1～3のキー（p1、p2、p3）が存在するかチェックします。

⑰ tmp = random.choice(markov[(p1, p2, p3)])

　文章を作るための単語として、⑬で取得したプレフィックスをキーとして、その値（サフィックス）を取り出します。サフィックスはリストになっているので、random.choice()メソッドでランダムに1つ取り出すようにします。指定するキーが（'の', '女の子', 'です'）の場合は、サフィックスは'。'のみですので、必然的に'。'が抽出されます。

▼markovのサフィックスのリストからランダムに1つ取得する

```
('の', '女の子', 'です'): ['。']
```
　　　　　　　　　└── リストの中身は1つしかないので'。'が抽出される

　ちなみに、（'が', '好き', 'な'）がキーとなった場合は、サフィックスが2つあるので、このうちのどちらかが抽出されます。

▼サフィックスのリストからランダムに1つ取得する

```
('が', '好き', 'な'): ['プログラム', 'の'],
```
　　　　　　　　└── ランダムに1つ抽出

⑱ sentence += tmp

取得したサフィックスを文章の構成要素として、sentenceに追加します。

⑲ p1, p2, p3 = p2, p3, tmp

プレフィックス1～3を次の処理のための内容に書き換えます。

⑳ count += 1

最後にcountの数を1増やして、whileブロックの1回目の処理を終えます。

文章が作られていく過程

　これでマルコフ辞書のデータから文章が作られていくはずですが、実際にどのような流れになるのか見ていきましょう。まず、⑬で選択されたキーが('の', '女の子', 'です')だったとします。プレフィックス1〜3は次のようになります。

▼⑬で('の', '女の子', 'です')が選択された場合のプレフィックス

```
p1= 'の'
p2= '女の子'
p3= 'です'
```

　続くif文でmarkovに該当するキーがあるかチェックされますが、もちろんキーは存在するので、⑰の処理でキーの値（サフィックス）が取り出されます。

▼1回目のtmp = random.choice(markov[(p1, p2, p3)])

```
markov[(p1, p2, p3) ➡ ('の', '女の子', 'です'): ['。']➡['。']を取得
random.choice('。')
tmp = '。'
```

　次に⑱のsentence += tmpで追加します。

▼1回目のsentence += tmpの結果

```
sentence = '。'
```

　⑲の結果はこうなります。

▼1回目のp1, p2, p3 = p2, p3, tmpの結果

```
p1= '女の子'
p2= 'です'
p3= '。'
```

　countに1加算してwhileの先頭に戻ります。markovの('女の子', 'です', '。')のキー：値のペアは次のようになっています。

▼markovのキー：値のペア

```
('女の子', 'です', '。'): ['わたし']
```

⑯のifのチェックをクリアし、⑰でサフィックスを抽出します。

▼2回目のtmp = random.choice(markov[(p1, p2, p3)])

```
markov[(p1, p2, p3) ➡ ('女の子', 'です', '。'): ['わたし']➡['わたし']を取得
random.choice(['わたし'])
tmp = 'わたし'
```

sentenceに追加します。

▼2回目のsentence += tmpの結果

```
sentence = '。わたし'
```

2回目の⑲の結果はこうなります。

▼2回目のp1, p2, p3 = p2, p3, tmpの結果

```
p1= 'です'
p2= '。'
p3= 'わたし'
```

次回は「('です', '。', 'わたし')」をキーとする「('です', '。', 'わたし'): ['が']」が候補になり、while のsentenceの値は「。わたしが」となります。

　以下は、whileの1回目の処理から最後までにsentenceの値がどう変化していくのかをまとめた ものです。

▼マルコフ辞書のもとになる文章

```
わたしはトークが好きなプログラムの女の子です。
わたしが好きなのはトークとプリンです。
```

▼最初に抽出されたキー（プレフィックス）

```
('の', '女の子', 'です') ➡値（サフィックス）の'。'からsentenceに追加される
```

▼ 文章が作られていく流れ

```
count= 0  sentence= 。
count= 1  sentence= 。わたし
count= 2  sentence= 。わたしが
count= 3  sentence= 。わたしが好き
count= 4  sentence= 。わたしが好きな
count= 5  sentence= 。わたしが好きなプログラム
count= 6  sentence= 。わたしが好きなプログラムの
count= 7  sentence= 。わたしが好きなプログラムの女の子
count= 8  sentence= 。わたしが好きなプログラムの女の子です
count= 9  sentence= 。わたしが好きなプログラムの女の子です。
count= 10 sentence= 。わたしが好きなプログラムの女の子です。わたし
count= 11 sentence= 。わたしが好きなプログラムの女の子です。わたしが
count= 12 sentence= 。わたしが好きなプログラムの女の子です。わたしが好き
count= 13 sentence= 。わたしが好きなプログラムの女の子です。わたしが好きな
count= 14 sentence= 。わたしが好きなプログラムの女の子です。わたしが好きなプログラム
count= 15 sentence= 。わたしが好きなプログラムの女の子です。わたしが好きなプログラムの
count= 16 sentence= 。わたしが好きなプログラムの女の子です。わたしが好きなプログラムの女の子
count= 17 sentence= 。わたしが好きなプログラムの女の子です。わたしが好きなプログラムの女の子です
count= 18 sentence= 。わたしが好きなプログラムの女の子です。わたしが好きなプログラムの女の子です。
count= 19 sentence= 。わたしが好きなプログラムの女の子です。わたしが好きなプログラムの女の子です。わたし
count= 20 sentence= 。わたしが好きなプログラムの女の子です。わたしが好きなプログラムの女の子です。わたしが
count= 21 sentence= 。わたしが好きなプログラムの女の子です。わたしが好きなプログラムの女の子です。わたしが好き
```

形態素の数は22ですので、計22回の反復処理が行われます。

途中、6回目（count=5）のところでは、サフィックスの値が2つあるので、このうちのどちらかが選択されます。例の場合は'プログラム'が選択されたことで、元の文章と流れが変わりました。

▼ 6回目で使用されているプレフィックスとサフィックス

```
('が', '好き', 'な'): ['プログラム', 'の'],
                        └── リストから'プログラム'が抽出された
```

最終的に次のような文章が出来上がりました。

▼ 完成した文章

```
。わたしが好きなプログラムの女の子です。わたしが好きなプログラムの女の子です。わたしが好き
└── 不要                                                                    不要 ──┘
```

生成された文章の加工

しかし、文章が「。」から始まることはあり得ませんし、最後は「わたしが好き」で切れてしまっています。この部分を取り除いてしまいましょう。

▼出来上がった文章を加工する

```python
# 最初に出てくる句点（。）までを取り除く
sentence = re.sub('^.+?。', '', sentence)                          ㉑
# 最後の句点（。）から先を取り除く
if re.search('.+。', sentence):                                    ㉒
    sentence = re.search('.+。', sentence).group()
# 閉じカッコを削除
sentence = re.sub('」', '', sentence)                              ㉓
# 開きカッコを削除
sentence = re.sub('「', '', sentence)                              ㉔
# 全角スペースを削除
sentence = re.sub('　', '', sentence)                             ㉕
```

㉑sentence = re.sub('^.+?。', '', sentence)

最初に出てくる「。」までの削除には、正規表現の '^.+?。' を使いました（ここで「?」は「条件に合う最短の部分に一致」という意味です）。

㉒if re.search('.+。', sentence):
　　sentence = re.search('.+。', sentence).group()

正規表現の '.+。' で、最後に見つかった「。」までの文章を取り出します。

㉓sentence = re.sub('」', '', sentence)
㉔sentence = re.sub('」', '', sentence)
㉕sentence = re.sub('　', '', sentence)

「今日はありがとう。楽しかった」というカギカッコ付きの会話文の場合、楽しかった」で始まってしまう場合や「今日はありがとう。で終わってしまう場合があります。そこで、文章の中のすべてのカギカッコ「」を取り除くことにします。

また、段落のある文章では字下げのための全角スペースが入ることがあるので、これが文章中に紛れ込まないよう、文章から全角スペースを取り除きます。

以上の処理によって、先の例で出来上がった文章は次のようになります。

▼加工前の文章

> 。わたしが好きなプログラムの女の子です。わたしが好きなプログラムの女の子です。わたしが好き

▼加工後

> わたしが好きなプログラムの女の子です。わたしが好きなプログラムの女の子です。

▼マルコフ連鎖で生成された文章の加工処理

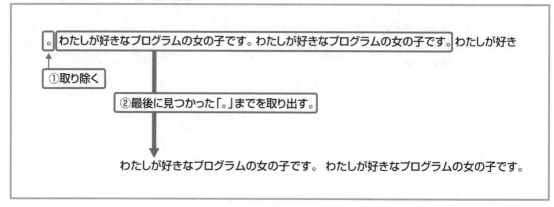

重複した文章を取り除く

　　　最後に、overlap()関数について確認しておきましょう。実行するタイミングによっては、前記の例のように同じ文章が重複して生成されることがあります。それではあまり気持ちがよくないので、重複した文章は取り除いてしまいます。

▼overlap()関数

```python
def overlap():
    """ 重複した文章を取り除く

    """
    # 関数内部からグローバル変数にアクセスできるようにする
    global sentence                                                    ㉖
    # 文章を'。'のところで分割してリストに格納する
    sentence = sentence.split('。')                                    ㉗
    # リスト要素に空文字があれば取り除く
    if '' in sentence:                                                 ㉘
        sentence.remove('')
    new = []
    # リストのすべての要素末尾に'。'を付加する
    for str in sentence:                                              ㉙
        str = str + '。'
        # strが'。'だけの場合はforの先頭に戻って次の繰り返しに進む
        if str=='。':
```

```
            break
         # リストnewの要素としてstrを追加
      new.append(str)
   # リストnewを集合に変換して重複する要素を取り除く
   new = set(new)                                          ㉚
   # 集合newのすべての要素を連結して文章にする
   sentence=''.join(new)                                   ㉛
```

　㉖では、文章を格納するグローバル変数sentenceにアクセスできるように「global」を付けています。

　処理の流れとしては、生成された文章をいったん「。」のところで分割してリストにします（㉗）。リストにしておけば、set()関数で集合に変換することで、重複している要素が自動的に取り除かれます。集合は同じ要素を1つしか持てないためです。

　要素に空文字があればこれを取り除き（㉘）、㉙のforブロックで、再びすべての要素の末尾に「。」を追加します。たまに「。」だけの要素が紛れ込むことがあるので、その場合は先に進まずに次の繰り返しに移ります。append()ですべての要素をリストnewに追加したら、forループを終了します。そして、㉚でリストnewを集合に変換することにより、重複している要素を取り除きます。

　最後の㉛で、join()メソッドでnewのすべての要素を1つの文字列として連結し、グローバル変数sentenceに代入すれば完了です。

7

マルコフ連鎖で文章を生成する

Memo｜マルコフ連鎖

　マルコフ連鎖（Markov chain）とは「確率過程の一種であるマルコフ過程のうち、とりうる状態が離散的（有限または可算）なもの」（Wikipediaより）のことをいいます。

　大雑把にいうと、「時刻 t+1 の状態が，時刻 t の状態のみに依存する（時刻 t−1 以前の状態には依存しない）ようなモデル」です。

　マルコフ連鎖は、ロシア帝国の数学者アンドレイ・アンドレイェヴィチ・マルコフ（1856〜1922年）によって研究され、物理学や統計学の基本的なモデルに応用されています。

もとになる文章量が少ないと文章が作れないことがある

注意点として、マルコフ辞書のもとになる文章の量が少ない場合は、完全な文が出来上がらないことがあります。

▼もとにした文章

> わたしはトークが好きなプログラムの女の子です。
> わたしが好きなのはトークとプリンです。

▼最初に抽出されたキー（プレフィックス）

> （'です'、'。'、'わたし'）➡値（サフィックス）の'が'からsentenceに追加される

▼文章が作られていく流れ

```
count= 0 sentence= が
count= 1 sentence= が好き
count= 2 sentence= が好きな
count= 3 sentence= が好きなの
count= 4 sentence= が好きなのは
count= 5 sentence= が好きなのはトーク
count= 6 sentence= が好きなのはトークと
count= 7 sentence= が好きなのはトークとプリン
count= 8 sentence= が好きなのはトークとプリンです
count= 9 sentence= が好きなのはトークとプリンです。
```

countが9のときに作られたプレフィックスは（'プリン'、'です'、'。'）になりますが、このようなキーはmarkovに存在しないため、ここで処理が終了します。

▼出来上がった文章

> が好きなのはトークとプリンです。

途中から始まっていますが、最初の句点（。）までは取り除くようにしているため、文章自体がなくなってしまいます。

プログラムを実行して文章を作ってみる

　　文書を生成するgenerate()関数とoverlap()関数は、whileブロックの中で実行します。というのは、前ページのコラムでお話ししたように、実行するタイミングやマルコフ辞書のもとになった文章の量によっては、文章が1つも生成されないことがあるためです。sentenceの中身が空であれば、空でなくなるまでgenerate()とoverlap()を実行して文章を作り上げます。

▼文書の生成

```
while(not sentence):
    generate()
    overlap()
```

　　今回作成した「markov_text.py」には、次の実行用のブロックがあるので、モジュール自体を実行すれば、作成された文章が画面に出力されます。

▼プログラムの実行ブロック (markov_text.pyの末尾に記述)

```
if __name__ == '__main__':
    while(not sentence):
        generate()
        overlap()
    print(sentence)
    input('[Enter]キーを押すと終了します。')
```

　　今回は、「青空文庫」（次ページのHint参照）からダウンロードした太宰治「走れメロス」の一節をtext.txtにコピーして、これを使いました。

▼「走れメロス」の一節 (text.txt)

　「おめでとう。私は疲れてしまったから、ちょっとご免こうむって眠りたい。眼が覚めたら、すぐに市に出かける。大切な用事があるのだ。私がいなくても、もうおまえには優しい亭主があるのだから、決して寂しい事は無い。おまえの兄の、一ばんきらいなものは、人を疑う事と、それから、嘘をつく事だ。おまえも、それは、知っているね。亭主との間に、どんな秘密でも作ってはならぬ。おまえに言いたいのは、それだけだ。おまえの兄は、たぶん偉い男なのだから、おまえもその誇りを持っていろ。」

　花嫁は、夢見心地で首肯いた。メロスは、それから花婿の肩をたたいて、

　「仕度の無いのはお互いさま。私の家にも、宝といっては、妹と羊だけだ。他には、何も無い。全部あげよう。もう一つ、メロスの弟になったことを誇ってくれ。」

　花婿は揉み手して、てれていた。メロスは笑って村人たちにも会釈して、宴席から立ち去り、羊小屋にもぐり込んで、死んだように深く眠った。

　眼が覚めたのは翌る日の薄明の頃である。メロスは跳ね起き、南無三、寝過したか、いや、まだまだ大丈夫、これからすぐに出発すれば、約束の刻限までには十分間に合う。きょうは是非とも、あの王に、人の信実の存するところを見せてやろう。そうして笑って磔の台に上ってやる。メロスは、悠々と身仕度をはじめた。雨も、いくぶん小降りになっている様子である。身仕度は出来た。さて、メロスは、ぶるんと両腕を大きく振って、雨中、矢の如く走り出た。

モジュール「markov_text.py」を [エディター] で開いた状態で、[ステータスバー] 右端の
Pythonインタープリターで仮想環境のPythonインタープリターを選択しておきます。[実行とデ
バッグ] ビューを開いて [実行とデバッグ] ボタンをクリックするとプログラムが実行され、生成され
た文章が [ターミナル] に出力されます。

▼生成された文章の例

> 眼が覚めたら、すぐに市に出かける。大切な用事があるのだから、決して寂しい事は無い。
> おまえの兄は、たぶん偉い男なのだから、おまえもその誇りを持っていろ。花嫁は、夢見心
> 地で首肯いた。メロスは笑って村人たちにも会釈して、宴席から立ち去り、羊小屋にもぐり
> 込んで、死んだように深く眠った。メロスは、それから花婿の肩をたたいて、仕度の無いの
> はお互さまさ。私の家にも、宝といっては、妹と羊だけだ。他には、何も無い。全部あげよ
> う。もう一つ、メロスの弟になったことを誇ってくれ。花婿は揉み手して、宴席から立ち去
> り、羊小屋にもぐり込んで、死んだように深く眠った。眼が覚めたのは翌る日の薄明の頃で
> ある。身仕度は出来た。さて、メロスは、ぶるんと両腕を大きく振って、雨中、矢の如く走
> り出た。

実行例では、もとの文章に比べて文字の量が若干減っています。今回は、3単語のプレフィックス
を使用しているので、文章が崩れてしまうような組み替えは行われていません。でも、寝てしまうは
ずのない花婿も羊小屋で眠りについてしまい、律儀にもメロスは彼の目覚めを見届けてから走り出す
──という新たな展開になりました。

タイミングによっては文章の量が減ることもありますが、実行するたびにいろいろな文章が生成さ
れるので、何度か試してみてください。

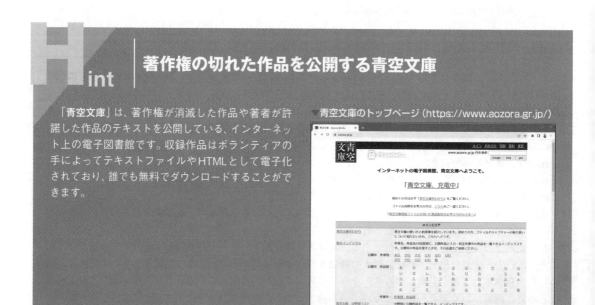

H int ｜ 著作権の切れた作品を公開する青空文庫

「青空文庫」は、著作権が消滅した作品や著者が許
諾した作品のテキストを公開している、インターネッ
ト上の電子図書館です。収録作品はボランティアの
手によってテキストファイルやHTMLとして電子化
されており、誰でも無料でダウンロードすることがで
きます。

青空文庫のトップページ (https://www.aozora.gr.jp/)

マルコフ連鎖を利用した チャットボットの作成

Level ★★★　　　Keyword｜マルコフ連鎖　チャットボット

　前節では、マルコフ連鎖を利用した文章の生成を試みました。続く本節では、ユーザーの発言に対してマルコフ連鎖で生成した文章を返す、ということをやってみたいと思います。マルコフ連鎖による生成AIともいえるチャットボットを目指します。

ここが
ポイント!

生成型「AIチャットボット」の開発

　生成型「AIチャットボット」とはずいぶん大きく出ましたが、その内容はいたってシンプルなものです。生成AI "超入門" 的なものだとお考えください。

　さて、前節ではマルコフ連鎖を使って小説の一部を丸ごと変換してみましたが、今回は、それを会話ボットの応答に使ってみようという試みです。

　最初は、マルコフ連鎖によって生成した辞書からランダムに応答を返すようにしてみますが、最終的には「入力された文字列から単語を拾って、その単語にマッチする文章を応答として返す」ようにしていきます。ランダムに生成されるマルコフ辞書からの応答が、会話として成立するようにしてみたいと思います。

▼マルコフ連鎖で生成した文章を応答として返す（VSCodeのターミナル）

```
問題　出力　デバッグ コンソール　ターミナル　　　　Python Debug Console ＋∨ □ 亩 … ∧ ×

PS C:\Document\PythonPM_version4\sampleprogram> & c:/Document/PythonPM_version4/
sampleprogram/.venv/Scripts/Activate.ps1
( venv) PS C:\Document\PythonPM_version4\sampleprogram> & 'c:\Document\PythonPM
_version4\sampleprogram\.venv\Scripts\python.exe' 'c:\Users\comfo\.vscode\extens
ions\ms-python.python-2023.12.0\pythonFiles\lib\python\debugpy\adapter/../../deb
ugpy\launcher' '56716' '--' 'C:\Document\PythonPM_version4\sampleprogram\chap07\
07_02\markov_bot2.py'
テキストを読み込んでいます...
会話をはじめましょう。
 ＞こんにちは、坊ちゃん
天井てんじょうはランプの油烟ゆえんで燻くすぼってるのみか、低くって、思わず首を縮
めるくらいだ
 ＞家が狭いのですね
兄は実業家になるとか云ってしきりに英語を勉強していたから、毎日少しずつ食ってやろ
う
 ＞英語は勉強しておいたほうがいいですよね
おれの行く田舎には笹飴はなさそうだと答えたら、もう掃溜はきだめへ棄ててしまいま
したが、何だか妙みょうだからそのままにして勉強してやろう
 ＞それはよい心がけです
すると四十円のうちへ朝夕出入でいりして、掘ほったら中から膿うみが出そうに見える
 ＞よほど勉強したいようですね
追っかける時に袂の中の卵がぶらぶらして困るから、どうか今からそのつもりで勉強して
いただきたいへえ？と狸はあっけに取られて、温泉ゆの町の角屋かどやへ行って泊とまっ
たと山嵐は拳骨げんこつを食わした
 ＞懐に卵ですか
おれは一皿の芋を平げて、机の抽斗ひきだしから生卵を二つ出して、茶碗ちゃわんの縁ふ
ちでたたき割って、ようやくおやじの怒いかりが解けた
 ＞|
```

入力した
単語を含む応答が
マフコフ辞書から
返されます

7.2.1 小説を題材にマルコフ連鎖で生成した文章で応答する

マルコフ連鎖をチャットボットの応答に利用するにあたり、ここではマルコフ連鎖に関連する処理を1つのクラスにまとめました。それに伴って、Janomeによる形態素解析の部分は、analyzerモジュールに移してあります。

Markovクラス

では、Markovクラスから見ていきましょう。

▼Markovクラス（markov_bot.py）

```python
import os
import re
import random
import analyzer


class Markov:                                                                   ❶
    """マルコフ辞書のクラス

    """
    def make(self):                                                             ❷
        """ マルコフ連鎖を利用して文章を作り出す
        """
        print('テキストを読み込んでいます ...')                                    ❸
        # マルコフ辞書のもとになるテキストファイルのフルパスを取得
        filepath = os.path.join(os.path.dirname(__file__), 'bocchan.txt')       ❹
        with open(filepath, "r", encoding = 'utf_8') as f:
            text = f.read()
        text = re.sub("\n","", text)
        wordlist = analyzer.parse(text)

        # マルコフ辞書の作成
        markov = {}                                                             ❺
        p1 = ''
        p2 = ''
        p3 = ''

        # 形態素のリストから要素を取り出し、マルコフ辞書を作成
        for word in wordlist:
            # p1、p2、p3のすべてに値が格納されているか
            if p1 and p2 and p3:
```

```
        # markovに (p1, p2, p3) キーが存在するか
        if (p1, p2, p3) not in markov:
            # なければキー：値のペアを追加
            markov[(p1, p2, p3)] = []
        # キーのリストにサフィックスを追加 (重複あり)
        markov[(p1, p2, p3)].append(word)
    # 3つのプレフィックスの値を置き換える
    p1, p2, p3 = p2, p3, word


# 単語の数をカウントする変数と生成した文章を格納する変数
count = 0
sentence = ''
# markovのキーをランダムに抽出し、プレフィックス1〜3に代入
p1, p2, p3 = random.choice(list(markov.keys()))
# マルコフ辞書から文章を作り出す
while count < len(wordlist):
    # キーが存在するかチェック
    if ((p1, p2, p3) in markov) == True:
        # 文章にする単語を取得
        tmp = random.choice(markov[(p1, p2, p3)])
        # 取得した単語をsentenceに追加
        sentence += tmp
    # 3つのプレフィックスの値を置き換える
    p1, p2, p3 = p2, p3, tmp
    count += 1


# 最初に出てくる句点 (。) までを取り除く
sentence = re.sub("^.+?。", "", sentence)
# 最後の句点 (。) から先を取り除く
if re.search('.+。', sentence):
    sentence = re.search('.+。', sentence).group()
# 閉じカッコを削除
sentence = re.sub("」", "", sentence)
#開きカッコを削除
sentence = re.sub("「", "", sentence)
#全角スペースを削除
sentence = re.sub("　", "", sentence)


# 生成した文章を戻り値として返す
return sentence
```

⑥

⑦

⑧

7

マルコフ連鎖で文章を生成する

```
#===============================================
#  プログラムの実行ブロック
#===============================================
if __name__ == '__main__':
    markov = Markov()                                         ⑨
    text = markov.make()                                      ⑩
    ans = text.split('。')                                     ⑪
    if '' in ans:                                             ⑫
        ans.remove('')
    print ('会話をはじめましょう。')

    while True:                                               ⑬
        message = input('>')
        if ans:
            print(random.choice(ans))                         ⑭
```

　Markovクラスのmake()メソッドは、マルコフ連鎖で生成した文章を戻り値として返します。処理内容は前節とほとんど同じです。

❶ class Markov:

　マルコフ辞書の作成から文章の生成までの処理を、Markovクラスにまとめています。

❷ def make(self):

　マルコフ辞書を作成し、文章の生成までを行うメソッドです。

❸ print('テキストを読み込んでいます...')

　大量のテキストを読み込む場合、時間がかかるので、その間はメッセージを表示するようにしました。

❹ filepath = os.path.join(os.path.dirname(__file__), 'bocchan.txt')

　サンプルテキストとして、「青空文庫」からダウンロードした夏目漱石「坊ちゃん」を収録したbocchan.txtを使用します。なお、本書では文字コードの変換方法をUTF-8で統一しているので、ダウンロードしたファイルをUTF-8で保存し直しています。「ファイルを開いて中身を読み込み、文末の改行文字を取り除いて単語リストwordlistに追加する」処理は、前回と同じです。

Attention

使用するテキストファイルの文字コードの変換方法は「UTF-8」にしておきます。

⑤ **markov = {}**

　　⑤以下でマルコフ辞書を作成します。処理の内容は前節と同じです。

⑥ **sentence = ''**

　　⑥以下は、マルコフ辞書を利用して文章を作り出す部分です。これも前節と同じです。

⑦ **sentence = re.sub("^.+?。", "", sentence)**

　　⑦以下では、生成された文章から余計な部分を削除し、カギカッコや全角スペースの削除を行います。

⑧ **return sentence**

　　出来上がった文章を戻り値として返します。

■ プログラムの実行部

　　次に、プログラムの実行部を見ていきましょう。

⑨ **markov = Markov()**

　　Markovクラスをインスタンス化します。

⑩ **text = markov.make()**

　　make()メソッドを実行して、生成された文章を取得します。

7

マルコフ連鎖で文章を生成する

　Markovクラスのmake()メソッドは、analyzerモジュールのparse()関数を実行して文章を語句（形態素）に分解し、マルコフ連鎖を利用して文章を生成します。

⓫ans = text.split('。')

⓾で取得した文章はひとかたまりの文字列であり、そのままでは扱いにくいので、文末の句点「。」のところで切り分けてリストにします。

⓬if '' in ans:

**　　ans.remove('')**

切り分けたリストの中に空の要素が紛れ込んでいる場合は取り除きます。

⓭while True:

対話処理をwhileブロックで開始します。「入力➡応答」が繰り返し実行されます。

⓮print(random.choice(ans))

ansの中からランダムに1つの文章を抽出し、画面に出力します。

analyzerモジュール

Janomeを利用した形態素解析を実行するanalyzerモジュールには、前節の「markov_text.py」で定義したparse()関数と同じものを定義します。analyze()関数とkeyword_check()関数は、前の章の6.2節においてanalyzer.pyで定義したものと同じです。ここでは使用されることはありませんが、次項のプログラムで使用するため、ここで定義しておくことにしました。

▼analyzer.py

```python
import re
# janome.tokenizerからTokenizerをインポート
from janome.tokenizer import Tokenizer

def parse(text):
    """ 形態素解析によって形態素を取り出す

    Args:
        text(str): マルコフ辞書のもとになるテキスト

    Returns(list):
        形態素のリスト
    """
    # Tokenizerオブジェクトを生成
    t = Tokenizer()
    # 形態素解析を実行
    tokens = t.tokenize(text)
    # 形態素を格納するリスト
    result = []
    # 形態素(見出し)の部分を抽出してリストに追加
```

```python
    for token in tokens:
        result.append(token.surface)

    return(result)

def analyze(text):
    """ 形態素解析を行う
    Args:
        text(str): 解析対象の文章

        Returns:
            strのlistを格納したlist:
                形態素と品詞のリストを格納した2次元のリスト
    """
    t = Tokenizer()                  # Tokenizerオブジェクトを生成
    tokens = t.tokenize(text)  # 形態素解析を実行
    result = []                      # 解析結果の形態素と品詞を格納するリスト

    # ジェネレーターであるtokensから、Tokenオブジェクトを1つずつ取り出す
    for token in tokens:
        # 形態素と品詞情報をリスト形式で取得してresultの要素として追加
        result.append(
            [token.surface, token.part_of_speech])

    return(result)

def keyword_check(part):
    """ 品詞が名詞であるか調べる

    Args:
        part(str): 形態素解析結果から抽出した品詞の部分

        Returns:
            Matchオブジェクト: 品詞が名詞にマッチした場合
            None: 名詞にマッチしない場合

    """
    return re.match(
        '名詞,(一般 | 固有名詞 | サ変接続 | 形容動詞語幹)',
        part
        )
```

マルコフ連鎖で文章を生成する

■ プログラムを実行して応答を見てみよう

それでは実際にテストしてみましょう。読み込むファイルはテキストファイルであれば何でもよいのですが、日本語の文章以外のものがあまり含まれていないものがよいと思います。また、ある程度の文章量がないと生成される文章にバリエーションが出ないため、今回は「青空文庫」からダウンロードした夏目漱石「坊ちゃん」のテキストファイルbocchan.txtを使用します。文章量も十分あり、一人称で話が進むので、面白い応答が返ってきそうです。

モジュール「markov_bot.py」を [エディター] で開いた状態で、[ステータスバー] 右端のPythonインタープリターで仮想環境のPythonインタープリターを選択しておきます。[実行とデバッグ] ビューを開き、[実行とデバッグ] ボタンをクリックしてプログラムを実行します。なお、ファイルを読み込んで「形態素解析」➡「マルコフ連鎖の処理」が完了するまで時間がかかります。その間、[ターミナル] に「テキストを読み込んでいます...」と表示されるので、しばらく待ちます。「会話をはじめましょう」に続いてプロンプト「>」が表示されるので、何か入力してみてください。

なお、プログラムを終了する場合は [エディター] 上部に表示されているミニツールバーの [停止] ボタンをクリックするか、[実行] メニューの [デバッグの停止] を選択してください。

以下は坊ちゃんとの会話の一部です。冒頭に > が付いていない行が、坊ちゃんからの返事です。

▼プログラムの実行例

```
テキストを読み込んでいます . . .
会話をはじめましょう。
>こんにちは、坊ちゃん
芸者をつれて、こんな芸人じみた下駄を穿ねるなんて不人情な事をしましたとまた一杯しぼって飲んだ
>何飲んでんですか
赤シャツ自身は苦しそうに袴も脱けたものだ
>酔っぱらっちゃったんですかね
口取に蒲鉾はついてるが、どす黒くて竹輪の出来損ないである
>つまみがあんまりよくなかったんですね
なんでバッタなんか、おれの裕を着ていた
>その人も飲んだんですか
云でたぞなもしと忠告した
>ほう、飲みすぎはいけませんものね
嘘を吐いて来たが、とっさの場合返事をしかねて茫然としている
>飲んでないふりしたかってんでしょうね
赤シャツの片仮名はみんなあの雑誌から出るんだそうだが実は一間ぐらいな、ちょろちょろした流れで、土手に沿うて十二丁ほど下ると相生村へ出る
>その人も飲んだんですか
おれは今度も手を叩きつけてやった
>ひどく酔ってたんですね
だから清の墓は小日向の養源寺にある
>ええっ！そんな . . .
なあるほどこりゃ奇絶《きぜつ》ですね
```

7.2.2　入力した文字列に反応するようにしてみる

　　現状のmarkov_botモジュールは、生成された文章の中からランダムに返すので、どんな応答があるのかは実行してみるまでわかりません。そこで、入力された文字列から形態素解析で名詞を抜き出し、その名詞を含む文章を取り出して応答として返すようにしましょう。そうすれば、もう少しましな会話ができるはずです。

markov_botモジュールの改造

　　改造する箇所は、markov_botモジュールのプログラムの基点となる部分だけです。具体的には、whileブロックにおいて、ユーザー発言に対しての処理を行うようにしています。markov_botモジュールはそのまま残しておいて、新たにmarkov_bot2.pyを作成し、次のように記述します。

▼markov_bot2.py

```
iimport os
import re
import random
import analyzer
from itertools import chain ───────────────────────── インポート文追加

class Markov:
    """マルコフ辞書のクラス

    """
    def make(self):
        """ マルコフ連鎖を利用して文章を作り出す
        """
        print('テキストを読み込んでいます...')
        # マルコフ辞書のもとになるテキストファイルのフルパスを取得
        filepath = os.path.join(os.path.dirname(__file__), 'bocchan.txt')
        with open(filepath, "r", encoding = 'utf_8') as f:
            text = f.read()
        text = re.sub("\n","", text)
        wordlist = analyzer.parse(text)

        # マルコフ辞書の作成
        markov = {}
        p1 = ''
        p2 = ''
        p3 = ''
```

```
# 形態素のリストから要素を取り出し、マルコフ辞書を作成
for word in wordlist:
    # p1、p2、p3のすべてに値が格納されているか
    if p1 and p2 and p3:
    # markovに(p1, p2, p3)キーが存在するか
        if (p1, p2, p3) not in markov:
            # なければキー：値のペアを追加
            markov[(p1, p2, p3)] = []
        # キーのリストにサフィックスを追加(重複あり)
        markov[(p1, p2, p3)].append(word)
    # 3つのプレフィックスの値を置き換える
    p1, p2, p3 = p2, p3, word


# 単語の数をカウントする変数と生成した文章を格納する変数
count = 0
sentence = ''
# markovのキーをランダムに抽出し、プレフィックス1〜3に代入
p1, p2, p3 = random.choice(list(markov.keys()))
# マルコフ辞書から文章を作り出す
while count < len(wordlist):
    # キーが存在するかチェック
    if ((p1, p2, p3) in markov) == True:
        # 文章にする単語を取得
        tmp = random.choice(markov[(p1, p2, p3)])
        # 取得した単語をsentenceに追加
        sentence += tmp
    # 3つのプレフィックスの値を置き換える
    p1, p2, p3 = p2, p3, tmp
    count += 1


# 最初に出てくる句点(。)までを取り除く
sentence = re.sub("^.+?。", "", sentence)
# 最後の句点(。)から先を取り除く
if re.search('.+。', sentence):
    sentence = re.search('.+。', sentence).group()
# 閉じカッコを削除
sentence = re.sub("」", "", sentence)
#開きカッコを削除
sentence = re.sub("「", "", sentence)
#全角スペースを削除
```

```
        sentence = re.sub(" ", "", sentence)


        # 生成した文章を戻り値として返す
        return sentence


#=====================================================
# プログラムの起点
#=====================================================
if __name__ == '__main__':
    # Markovオブジェクトを生成
    markov = Markov()
    # マルコフ連鎖で生成された文章群を取得
    text = markov.make()
    # 各文章の末尾の改行で分割してリストに格納
    sentences = text.split('。')
    # リストから空の要素を取り除く
    if '' in sentences:
        sentences.remove('')
    print ("会話をはじめましょう。")


    while True:
        line = input(' > ')
        # インプット文字列を形態素解析
        parts = analyzer.analyze(line) ─────────────────── ❶

        m = [] ─────────────────────────────────────────── ❷
        # 解析結果の形態素と品詞に対して反復処理
        for word, part in parts: ───────────────────────── ❸
            # インプット文字列に名詞があればそれを含むマルコフ連鎖文を検索
            if analyzer.keyword_check(part): ───────────── ❹
                # マルコフ連鎖で生成した文章を1つずつ処理
                for element in sentences: ──────────────── ❺
                    # 形態素の文字列がマルコフ連鎖の文章に含まれているか検索する
                    # 最後を'.*?'にすると「花」のように検索文字列だけにもマッチするので
                    # + '.*'として検索文字列だけにマッチしないようにする
                    find = '.*?' + word + '.*'
                    # マルコフ連鎖文にマッチさせる
                    tmp = re.findall(find, element) ─────── ❻
                    if tmp:
                        # マッチする文章があればリストmに追加
                        m.append(tmp)
```

7

マルコフ連鎖で文章を生成する

```
        # findall()はリストを返してくるので多重リストをフラットにする
    m = list(chain.from_iterable(m))  ──────────────────────────────  ❼


    if m:
        # インプット文字列の名詞にマッチしたマルコフ連鎖文からランダムに選択
        print(random.choice(m))  ────────────────────────────────────  ❽
    else:
        # マッチするマルコフ連鎖文がない場合
        print(random.choice(sentences))  ──────────────────────────  ❾
```

適宜、コメントを入れたので、だいたいの流れはつかめると思います。ポイントとなる部分のみを見ていきましょう。

❶でインプット文字列を形態素解析にかけます。❷は、インプット文字列にマッチする文章を格納するためのリストです。

❸のforブロックで解析結果を形態素と品詞情報に分解し、keyword_check()関数で品詞情報がマッチしたら（❹）、ネストされたforブロック（❺）に進みます。

forブロックのパラメーターelementに、マルコフ連鎖によって生成された文章のリストsentencesから1つずつ文章を取り出し、インプット文字列の名詞がその中に含まれているかどうか調べます。

▼検索に使用する正規表現

```
find = '.*?' + word + '.*'
```

wordの中には、インプット文字列の名詞の部分が入っているので、これを正規表現の '.*?'（任意の1文字が0回以上繰り返す場合にマッチ。条件に合う最短の部分に一致）および'.*'（任意の1文字が0回以上繰り返す場合にマッチする。条件に合う最長の部分に一致）で挟んで、wordを含む文章全体を抽出します。コメントにも書いていますが、最後を'.*?'にしなかったのは、wordの名詞のみにマッチするのを避けるためです。文章を生成するタイミングで、まれに名詞のみの文が紛れ込むことがあるので、これをチョイスしないようにします。

❻で、検索文字列findがelementのマルコフ連鎖文にマッチすれば、❷で初期化したリストmに文全体を追加します。ここまでの処理を繰り返し、インプット文字列の名詞にマッチするすべてのマルコフ連鎖文をmに格納します。

インプット文字列の中に複数の名詞が含まれていた場合は、外側のfor（❸）の先頭に戻って、次の名詞を含むマルコフ連鎖文が検索され、リストmに追加されていきます。

　なお、❻で使用しているfindall()メソッドは、結果をリストで返してきます。これをリストmに追加していくと、リストのリスト、つまり多重リストになります。

▼ここで作成されている多重リストの例

```
[
  ['赤シャツがおれに聞いた'],
  ['赤シャツも真面目に謹聴していると、さあ君もやりたまえ糸はありますかと来た'],
  ['ある日の事赤シャツが送別の辞を述べた'],
  ['どうもあのシャツはただの曲者くせものだと考えた'],
  ......
]
```

　これでは、あとでランダムに抽出する際に具合が悪いので、内部のリストから文字列のみを取り出して外側のリストの要素にします（❼）。これには、冒頭でインポートしたitertoolsモジュールのchain.from_iterable()メソッドを使います。

▼❼における多重リストのフラット化

```
m = list(chain.from_iterable(m))
```

▼実行後

```
[
  '赤シャツがおれに聞いた',
  '赤シャツも真面目に謹聴していると、さあ君もやりたまえ糸はありますかと来た',
  'ある日の事赤シャツが送別の辞を述べた',
  'どうもあのシャツはただの曲者くせものだと考えた',
  ......
]
```

　あとは、リストmに格納されたマルコフ連鎖文から1つ取り出して画面に出力すれば（❽）、応答の完了です。インプット文字列の名詞にマッチする文章がない場合は、sentencesに格納されているマルコフ連鎖文全体からランダムに抽出し、応答として返します（❾）。

　以上で、markov_botモジュールの改造は完了です。

入力した内容にマルコフ辞書が反応するか確かめる

　　はたして「坊ちゃん」は、入力した文字列に反応してくれるのでしょうか。それでは実際にテストしてみましょう。

▼実行結果

```
テキストを読み込んでいます...
会話をはじめましょう。
  > こんちは、坊ちゃん
清が笹飴を笹ごと食う夢を見た
  > へんな夢ですね
十六七の時ダイヤモンドを拾った夢を見た
  > へえ、すごい夢を見ましたね
嘘をつくのは小供の時から、よく夢を見ると、いつしか艦《とも》の方が好きなのだろう
  > 船が好きなんですか？
船頭は真き込らしている
  > 船頭さんがいるんですね
船頭は真き込らしている
  > わかりました、他には誰が乗ってるんです？
しかし自分の許嫁《いいなずけ》が他人に心を移した
  > 許嫁の人が浮気しちゃったのですね
一人は女らしい
> え？女の人と？
おれの生涯のうちで一番うらなり君の、良教師で好人物な事を附加《つけた》し方を持つべきだ
  > その人はうらなり君って教師ともお付き合いがあったんですね
ついでだからその結果を云うと教師になる気はない
  > はあ、そうなんですか
増給を断わる奴が世の中にたった一人飛び出して来た
  > 結局、教師にならなかったんですね
教師も生徒も帰ってしまった
  > そりゃ、みんな帰っちゃいますよ
そんな夜遊びとは夜遊びが違う
  > えー、教師にならずに夜遊びしてたんですか
三日目にはもう休もうかと思ったら遅刻したが実を云うと教師になる気でいた
  > いったい、どっちなんですか
宿屋だけに手紙で知らせろ
  > 手紙を書いて質問しろと
しかし別段困った質問も掛け出したが、おれは思わずどきりとした
  > いや、まだ書いてませんって
続いて山嵐の返事を待ってる
```

　かみ合っているような、かみ合っていないような微妙な会話ですが、入力した単語にうまく反応しています。

　ほかにもいろいろなテキストファイルで学習させてみるのもよいでしょう。会話文の多いものを選ぶのがポイントです。

▼会話の流れ

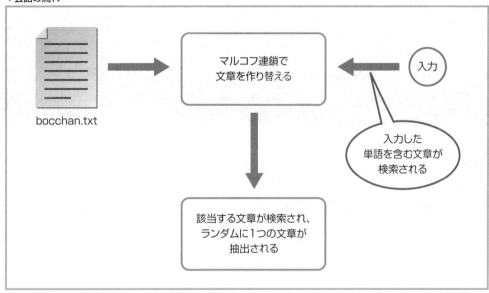

Memo｜マルコフ連鎖の活用例

　Web広告の分析に、マルコフ連鎖の考え方がよく使われています。例えば、広告A、Bと順番に見て、Cの購入ページまで行く確率を知ることで、広告Aの価値が計算できるようになります。このような手法で広告間の価値比較をするといったことも当たり前になっています。

　以前の分析手法では、最後にクリックされた広告のみを評価し、閲覧による効果までは考慮されていませんでした。今日ではユーザーの広告閲覧のログがとれるようになっているので、そこにマルコフ連鎖のモデルを当てはめ、閲覧効果を含んだ価値を考慮した比較が行われているというわけです。

これまでに2つのタイプ、改造版を入れると3つのマルコフ辞書プログラムを作ってきました。これはこれでかなり楽しめますが、最終的な目的は、ピティナにマルコフ辞書を組み込むことです。すでに骨格となる処理は出来上がっているので、組み込み作業自体は難しくありません。

MarkovオブジェクトとMarcov Responderオブジェクトの新設

Dictionaryオブジェクトが管理する辞書の1つとしてMarkovクラスを新設することと、Responderを1つ新設してMarkovオブジェクトから応答を返せるようにすることが本節の目標です。

形態素解析を実行するanalyzerモジュールは、前節で使用したものと同じです。形態素解析を実行するanalyze()関数、名詞のチェックを行うkeyword_check()関数、形態素解析を実行して形態素の部分だけを返すparse()関数が定義されています。

▼analyzerモジュールの構造

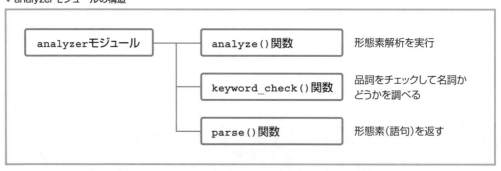

•Pitynaクラスの__init__()メソッドの処理①

Dictionary生成

> **Dictionaryの__init__()メソッド**
>
> ◎マルコフ辞書の作成
>
> 　　　【Markovオブジェクトを生成】
>
> - Markovのmake()メソッド実行
>   ログファイルからマルコフ連鎖で生成された文章群を生成
> - 各文章の末尾の改行で分割してリストに格納
> - リストから空の要素を取り除く

マルコフ辞書完成

•Pitynaクラスの__init__()メソッドの処理②

MarcovResponderオブジェクトを生成

•Pitynaクラスのdialogue()メソッド

- インプット文字列を解析

確率で新設のMarcovResponderオブジェクトを選択し、response()に解析結果を渡す

- 応答フレーズを生成

`resp = self.responder.response(input, parts, self.emotion.mood)`

> **MarcovResponderクラスのresponse()**
>
> \# 解析結果の形態素と品詞に対して反復処理
>
> \# インプット文字列に名詞があれば、それを含むマルコフ連鎖文を検索
>
> \# マッチする文章があればリストmに追加
>
> \# インプット文字列の名詞にマッチしたマルコフ連鎖文から、ランダムに選択

➡【応答】を返す

● Pitynaのdialogue()の戻り値として応答フレーズrespをbuttonTalkSlot()イベントハンドラーへ返す

`return resp`

Pitynaクラスのdialogue()メソッドは、このほかに次の処理を行います。

- 学習メソッドを呼ぶ
- 機嫌値を更新する

7.3.1 マルコフ連鎖文を生成するMarkovクラス

マルコフ辞書は、他の辞書と同様に、Pitynaクラスの__init__()メソッドでDictionaryオブジェクトを生成する際に、Dictionaryの__init__()メソッドによって作成されます。

ただし、他の辞書が「辞書ファイルから読み込んだデータをself.randomやself.patternなどのインスタンス変数に格納し、これをプログラム側で辞書として利用する」のに対し、マルコフ辞書の作成はちょっと複雑です。処理をそのままDictionaryの__init__()メソッドに書くと中身が巨大化してしまうので、この部分を新たなクラスとして抜き出すようにしました。

■ analyzerモジュール

本書の例では、現在、「Chapter07」➡「07_03」フォルダー以下に、6.3節で作成したピティナプログラムを格納した「Pityna」フォルダーがコピーされています。このフォルダー以下に新しいモジュール「analyzer.py」「markov.py」を作成します。

▼VSCodeの[エクスプローラー]

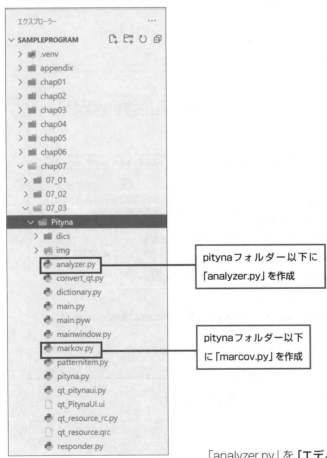

pitynaフォルダー以下に「analyzer.py」を作成

pitynaフォルダー以下に「marcov.py」を作成

「analyzer.py」を[エディター]で開いて、次のように入力します。入力するコードの内容は前節（7.2節）で作成した「analyzer.py」と同じです（parse()関数は末尾に移動しました）。

▼analyzer モジュール (Pityna/analyzer.py)

```python
import re
# janome.tokenizerからTokenizerをインポート
from janome.tokenizer import Tokenizer


def analyze(text):
    """ 形態素解析を行う

    Args:
        text(str): 解析対象の文章

        Returns:
            strのlistを格納したlist:
                形態素と品詞のリストを格納した2次元のリスト
    """
    t = Tokenizer()             # Tokenizerオブジェクトを生成
    tokens = t.tokenize(text)   # 形態素解析を実行
    result = []                 # 解析結果の形態素と品詞を格納するリスト

    # ジェネレーターであるtokensから、Tokenオブジェクトを1つずつ取り出す
    for token in tokens:
        # 形態素と品詞情報をリスト形式で取得してresultの要素として追加
        result.append(
            [token.surface, token.part_of_speech])

    return(result)

def keyword_check(part):
    """ 品詞が名詞であるか調べる

    Args:
        part(str): 形態素解析結果から抽出した品詞の部分

        Returns:
            Matchオブジェクト: 品詞が名詞にマッチした場合
            None: 名詞にマッチしない場合

    """
    return re.match(
        '名詞,(一般|固有名詞|サ変接続|形容動詞語幹)',
        part
        )
```

マルコフ連鎖で文章を生成する

```python
def parse(text):
    """ 形態素解析によって形態素を取り出す

    Args:
        text(str): マルコフ辞書のもとになるテキスト

    Returns(list):
        形態素のリスト
    """
    # Tokenizerオブジェクトを生成
    t = Tokenizer()
    # 形態素解析を実行
    tokens = t.tokenize(text)
    # 形態素を格納するリスト
    result = []
    # 形態素(見出し)の部分を抽出してリストに追加
    for token in tokens:
        result.append(token.surface)

    return(result)
```

Markovクラス

新しく作成した「markov.py」を **[エディター]** で開いて、Markovクラスの定義コードを入力します。

▼Markovクラス (Pityna/markov.py)

```python
import os
import re
import random
import analyzer


class Markov:
    """ Markovクラス

    """
    def make(self):                                              ❶
        """ Pitynaオブジェクト生成時に呼ばれるメソッド
            ログファイルからマルコフ連鎖で文章群を生成する
```

```
        Returns:
            str：マルコフ辞書から生成した応答フレーズ
    """
    # log.txtのフルパスを取得
    path = os.path.join(os.path.dirname(__file__), 'dics', 'log.txt')
    # ログファイルを読み取りモードでオープン
    with open(path, "r", encoding = 'utf_8') as f:
        text = f.read()
    # プロンプトの文字を取り除く
    text = re.sub('> ','', text) ──────────────────────────────────── ❷
    # ピティナの応答オブジェクトの文字列を取り除く
    text = re.sub(
        'pityna:Repeat?|pityna:Random|pityna:Pattern|'\
        'pityna:Template|pityna:Markov|pityna',
        '',
        text) ──────────────────────────────────────────────────── ❸
    # ログのタイトルとタイムスタンプを行ごと取り除く
    text = re.sub(
        'Pityna System Dialogue Log:.*\n',
        '',
        text) ──────────────────────────────────────────────────── ❹
    # 空白行が含まれていると\n\nが続くので、1つだけの\nに置き換えて、空白行をなくす
    text = re.sub('\n\n','\n', text) ──────────────────────────────── ❺
    # ログファイルの会話文を形態素に分解してリストにする
    wordlist = analyzer.parse(text) ──────────────────────────────── ❻


    return self.make_markovdictionary(wordlist)


def make_markovdictionary(self, wordlist):
    """ make()から呼ばれる
        実際にマルコフ連鎖で文章群を生成する


        Args:
            wordlist(strのリスト)：ログの会話文を形態素に分解したリスト
        Returns:
            str：マルコフ連鎖で生成した応答フレーズ
    """
    # マルコフ辞書用のdictオブジェクトを作成
    markov = {} ──────────────────────────────────────────────── ❼
    # 辞書のキー（タプル）に設定する変数
    p1 = ''
```

```
        p2 = ''

        p3 = ''

        # ログの会話文のすべての形態素からマルコフ辞書を作成する

        for word in wordlist:

            if p1 and p2 and p3:

                # p1、p2、p3のすべてに値が格納されていればサフィックスを追加

                if (p1, p2, p3) not in markov:

                    # markovに(p1, p2, p3)キーが存在しなければ

                    # 新しい要素として、{(p1, p2, p3): [空のリスト]}を追加

                    markov[(p1, p2, p3)] = []

                # (p1, p2, p3)キーの値のリストにwordを追加

                # 既存の(p1, p2, p3)キーがあればリスト要素末尾にwordが追加される

                markov[(p1, p2, p3)].append(word)

            # p1をp2、p2をp3、p3をwordの値に置き換える

            # forループでwordの形態素がp3→p2→p1の順で埋められていく

            p1, p2, p3 = p2, p3, word


        # マルコフ辞書から文章を作り出す

        count = 0 ──────────────────────────────── ❽

        sentence = ''

        # markovのキーをランダムに抽出し、プレフィックス1～3に代入

        p1, p2, p3 = random.choice(list(markov.keys()))

        while count < len(wordlist):

            # キーが存在するかチェック

            if ((p1, p2, p3) in markov) == True:

                # 文章にする単語を取得

                tmp = random.choice(markov[(p1, p2, p3)])

                # 取得した単語をsentenceに追加

                sentence += tmp

            # 3つのプレフィックスの値を置き換える

            p1, p2, p3 = p2, p3, tmp

            count += 1


        # 閉じカッコを削除

        sentence = re.sub('」', '', sentence)

        #開きカッコを削除

        sentence = re.sub('「', '', sentence)


        # 生成した文章を戻り値として返す

        return sentence ──────────────────────────── ❾
```

❶ def make(self):

Pitynaクラスがインスタンス化される際に、Pitynaの__init__()メソッドによって、各辞書のデータが作られます。その際に、Markovオブジェクトも生成され、同時にMarkovクラスのmake()メソッドが実行されます。「ログファイルからマルコフ連鎖で生成された文章群を1つの文字列のかたまりにしてPitynaの__init__()メソッドに返す」のが、make()メソッドの役目です。

▼❷～❹のコード

```
text = re.sub('> ','', text) ─────────────────────────────── ❷
text = re.sub(
    'pityna:Repeat?|pityna:Random|pityna:Pattern|'\
    'pityna:Template|pityna:Markov|pityna',
    '',
    text) ──────────────────────────────────────────────── ❸
text = re.sub(
    'Pityna System Dialogue Log:.*\n',
    '',
    text) ──────────────────────────────────────────────── ❹
```

ログファイルには、次のようなフォーマットで記録されているとします。

▼ログファイルの例

```
Pityna System Dialogue Log: 2023-08-01 19:07::43
> じゃじゃじゃじゃーん
pityna：Pattern> いま何時かなぁ
> もう夜でしょ
pityna：Pattern> あれはどうなった？
> とんでもないことになったよ
pityna：Pattern> じゃあこれ知ってる？
> 何でも知ってるんだから
pityna：Pattern> いま何時かなぁ
> 時は金なり
pityna：Random> なんか眠くなっちゃった
  ・
  ・
  ・
```

❷で「>」を取り除き、❸では応答オブジェクトの文字列をre.sub()メソッドで取り除きます。

▼re.sub()メソッド

書式
`re.sub('正規表現のパターン'，置き換える文字列，置き換え対象の文字列)`

❸では、第1引数を

'pityna:Repeat?|pityna:Random|pityna:Pattern|pityna:Template|pityna:Markov|pityna'

とすることで、ピティナのプロンプトに表示される文字列を''に置き換えるかたちで取り除きます。「pityna:Markov」は、今回のマルコフ辞書を使用して応答を返す場合のものなので、これも取り除くようにします。続く❹では、ログを記録した日時（タイムスタンプ）とプロンプトの文字列を取り除きます。

これで、ログファイルから会話文だけを取得することができます。

▼❷～❹処理後の例

```
じゃじゃじゃじゃーん
いま何時かなぁ
もう夜でしょ
あれはどうなった？
とんでもないことになったよ
じゃあこれ知ってる？
何でも知ってるんだから
いま何時かなぁ
時は金なり
なんか眠くなっちゃった
　　・
　　・
　　・
```

❺ text = re.sub('\n\n','\n', text)

ログファイルの中に空白行が紛れ込んでいた場合は、1つの会話文のあとに改行文字が2つ続くことになるので、これを見つけ出して改行文字1つだけに書き換えます。この処理によって空白行が取り除かれます。

❻ wordlist = analyzer.parse(text)

wordlistに格納されている会話文は、analyzerモジュールのparse()関数によって形態素に分解されます。

ところで、前節で使用した小説のような大量の文章をファイルから読み込む際は、すべての改行文字を取り除いてから形態素に分解していました。しかし今回は、改行文字を積極的に利用したいので、取り除くことはしません。ログファイルには、一つひとつの会話文が改行されて収められているので、バラバラに分解した形態素からマルコフ辞書を作成しても、文末の形態素と改行文字のつながりは残ります。これをもとにマルコフ連鎖で文章を生成した場合、改行を含む文字は残るので、これを1つの文の区切りとして分割してリストに保存する、という処理を行います。

> 改行文字を1つの区切りとして
> 利用して、マルコフ連鎖で複数の文章を
> 連結していきます。

▼wordlistの中身（例）

```
[
'いま', '何', '時', 'か', 'なぁ', ' \n',
'もう', '夜', 'でしょ', ' \n',
'時', 'は', '金', 'なり', ' \n'
'今日', 'は', '暑い', 'ね', ' \n',
'ヘビ', 'メタ', '好き', '?', ' \n',
'お', '花', 'が', 'キレイ', ' \n',
'今日', 'は', '晴れ', 'だ', ' \n',
'ヘビ', 'メタ', '好き', '?', ' \n',
'めちゃ', 'ノリノリ', 'の', 'ロック', 'が', 'いい', 'な', ' \n',
'平均', '睡眠', '時間', 'は', '8', '時間', 'くらい', 'か', 'な', ' \n',
'あなた', 'は', 'トーク', 'が', '好き', 'な', 'プログラム', 'の', '女の子', 'です', ' \n',
'ヘビ', 'メタ', '好き', '?', ' \n',
'あなた', 'は', 'おしゃべり', 'が', '好き', 'な', 'Python', 'の', 'プログラム', 'です', ' \n',
'私', 'は', '牛', '丼', 'が', '大好き', 'な', 'しがない', 'プログラマー', 'です', ' \n',
'ヘビー', 'な', 'サウンド', 'の', '重厚', 'な', 'ロック', 'が', '好き', 'な', '青年', 'です', ' \n',
'スポーツ', 'って', '好き', '?', ' \n',
'そう', 'か', '、', 'ヘビー', 'メタル', 'が', '好き', 'な', '女の子', 'って', 'いい', 'よ', 'ね', ' \n',
'ヘビー', 'で', '重厚', 'な', 'ロック', 'が', '好き', 'な', '女の子', 'な', 'ん', 'だ', '。'
]
```

❼マルコフ辞書の作成

❼以降で、wordlistに格納されている形態素からマルコフ辞書を作成します。処理内容は、これまでのものとまったく同じです。

❽文章の生成

マルコフ連鎖を利用した文章の生成手順も、これまでと同じです。なお、生成された文章からは、カギカッコだけを取り除くようにしました。これらの処理を終えると、改行文字で区切られた文章群が1つの文字列データとしてsentenceに格納されます。

❾return sentence

sentenceに格納された文章群をmake()メソッドの戻り値として返します。

7.3.2　Pitynaクラスの改造

　　ここからは、mainwindowモジュールから始まる処理の順番で見ていくことにしましょう。ピティ
ナを起動すると、MainWindowクラスの__init__()内でPitynaクラスがインスタンス化され、その
他の初期化の処理として、Dictionary、Emotionオブジェクトの生成、各Responderオブジェクト
の生成が行われます。

　　また、ピティナの画面でメッセージ（発言）を入力して[話す]ボタンをクリックすると、イベント
ハンドラーbutton_talk_slot()によってPitynaクラスのdialogue()メソッドが実行され、応答フ
レーズが生成されます。

　　今回のPitynaクラスでは、この2つの処理の中に、マルコフ辞書を利用するための処理を加えて
いきます。

▼ピティナの起動時における処理

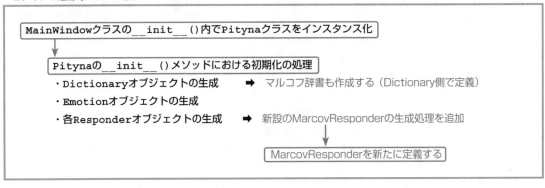

▼[話す]ボタンをクリックしたときの処理

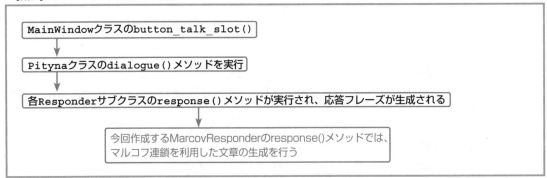

554

Pitynaクラス

次に示すのが今回のPitynaクラスです。「pityna.py」を **[エディター]** で開いて、該当箇所を編集しましょう。

▼Pitynaクラス (Pityna/pityna.py)

```python
import responder
import random
import dictionary
import analyzer


class Pityna(object):
    """ ピティナの本体クラス

    Attributes:
        name (str): Pitynaオブジェクトの名前を保持
        dictionary (obj:Dictionary): Dictionaryオブジェクトを保持
        res_repeat (obj:RepeatResponder): RepeatResponderオブジェクトを保持
        res_random (obj:RandomResponder): RandomResponderオブジェクトを保持
        res_pattern (obj:PatternResponder): PatternResponderオブジェクトを保持
        res_template (obj:TemplateResponder): TemplateResponderオブジェクトを保持
        res_markov (obj:MarcovResponder): MarcovResponderオブジェクトを保持
    """
    def __init__(self, name):
        """ Pitynaオブジェクトの名前をnameに格納
            Responderオブジェクトを生成してresponderに格納

        Args:
            name(str)    : Pitynaオブジェクトの名前
        """
        # Pitynaオブジェクトの名前をインスタンス変数に代入
        self.name = name
        # Dictionaryを生成
        self.dictionary = dictionary.Dictionary()                    ──①
        # Emotionを生成
        self.emotion = Emotion(self.dictionary.pattern)
        # RepeatResponderを生成
        self.res_repeat = responder.RepeatResponder('Repeat?')
        # RandomResponderを生成
        self.res_random = responder.RandomResponder(
                'Random', self.dictionary.random)
```

```
    # PatternResponderを生成
self.res_pattern = responder.PatternResponder(
    'Pattern',
    self.dictionary.pattern,  # パターン辞書
    self.dictionary.random    # ランダム辞書
    )
    # TemplateResponderを生成
self.res_template = responder.TemplateResponder(
    'Template',
    self.dictionary.template,  # テンプレート辞書
    self.dictionary.random     # ランダム辞書
    )
    # MarkovResponderを生成
self.res_markov = responder.MarcovResponder(                    ❷
    'Markov',
    self.dictionary.markovsentence,  # マルコフ辞書
    self.dictionary.random           # ランダム辞書
    )


def dialogue(self, input):
    """ 応答オブジェクトのresponse()を呼び出して応答文字列を取得する

    Args:
        input(str): ユーザーの発言
        Returns:
            str: 応答フレーズ
    """
    # ピティナの機嫌値を更新する
    self.emotion.update(input)
    # ユーザーの発言を解析
    parts = analyzer.analyze(input)
    # 1～100の数値をランダムに生成
    x = random.randint(1, 100)
    # 30以下ならPatternResponderオブジェクトにする
    if x <= 30:
        self.responder = self.res_pattern
    # 31～50以下ならTemplateResponderオブジェクトにする
    elif 31 <= x <= 50:
        self.responder = self.res_template
    # 51～70以下ならRandomResponderオブジェクトにする
    elif 51 <= x <= 70:
        self.responder = self.res_random
```

```
    # 71〜90以下ならMarkovResponderにする
    elif 71 <= x <= 90:
        self.responder = self.res_markov ─────────────────── ❸
    # それ以外はRepeatResponderオブジェクトにする
    else:
        self.responder = self.res_repeat


    # 応答フレーズを生成
    resp = self.responder.response(
        input,                # ユーザーの発言
        self.emotion.mood,    # ピティナの機嫌値
        parts                 # ユーザー発言の解析結果
    ) ──────────────────────────────────────────────────── ❹
    # 学習メソッドを呼ぶ
    self.dictionary.study(input, parts) ───────────────────── ❺
    # 応答フレーズを返す
    return resp


def save(self):
    """ Dictionaryのsave()を呼ぶ中継メソッド

    """
    self.dictionary.save()


def get_responder_name(self):
    """ 応答に使用されたオブジェクト名を返す

    Returns:
        str: responderに格納されている応答オブジェクト名
    """
    return self.responder.name


def get_name(self):
    """ Pitynaオブジェクトの名前を返す

    Returns:
        str: Pitynaクラスの名前
    """
    return self.name


class Emotion:
    """ ピティナの感情モデル
```

```
Attributes:
    pattern (PatternItemのlist): [PatternItem1, PatternItem2, PatternItem3, ...]
    mood (int): ピティナの機嫌値を保持
"""
........変更はないので定義部省略........
```

❶ self.dictionary = dictionary. Dictionary()

Dictionaryクラスのインスタンス化はこれまでと同じですが、今回、Dictionaryオブジェクトの__init__()の初期化処理において、Markovクラスをインスタンス化し、マルコフ辞書を作成する処理が加えられています。

▼❷のコード
```
self.res_markov = responder.MarcovResponder(
    'Markov',
    self.dictionary.markovsentence, # マルコフ辞書
    self.dictionary.random          # ランダム辞書
    )
```

マルコフ辞書を利用して応答フレーズを生成するMarcovResponderクラスをインスタンス化します。MarcovResponderは、マルコフ連鎖を利用して応答フレーズを生成するクラスです。

❸ self.responder = self.res_markov

❷で生成したMarcovResponderが20パーセントの確率で選択されるようにしています。ログファイルが小さいうちはこのくらいにしておいて学習に専念させ、面白い応答ができるようになってきたらもっと高い確率に変えてやる、というのがよいかもしれません。

❹ resp = self.responder.response(input, self.emotion.mood, parts)

この部分は変わっていません。これまでどおり、3つの引数をResponderクラスのresponse()メソッドに渡して、応答フレーズを取得します。

❺ self.dictionary.study(input, parts)

ここも変わっていません。なお、マルコフ辞書はログファイルをもとにして作成するので、材料はすでにあると考えて、辞書自体の学習は行わないことにします。ログの蓄積がすなわちマルコフ辞書の学習になる仕組みです。

▼ピティナの全体像

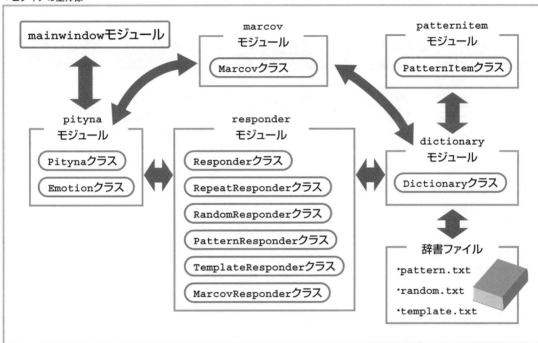

▼プログラムの起点 (main.py) ➡ GUI画面構築➡ピティナの本体

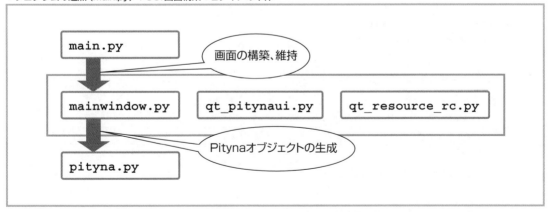

7.3.3　Responderに新たに加わったサブクラス MarkovResponder

　　MarkovResponderクラスはResponderのサブクラスで、Pitynaクラスがインスタンス化される際に、__init__()メソッドの初期化処理によって他のResponderサブクラスと共にインスタンス化されます。

MarkovResponderクラス

　　MarkovResponderクラスにはresponse()メソッドが定義されており、このメソッドによってインプット文字列の名詞にマッチする文章がマルコフ辞書から抽出されます。

　　「responder.py」を【エディター】で開いて、次のようにMarcovResponderクラスの定義コードを追加しましょう。

▼MarkovResponderクラスが追加されたresponderモジュール（Pityna/responder.py）

```
import random
import re
import analyzer
import itertools ──────────────────────────────────────── ❶

class Responder(object):
    """ 応答クラスのスーパークラス
    """
    ‥‥‥‥変更はないので定義部省略‥‥‥‥

class RepeatResponder(Responder):
    """ オウム返しのためのサブクラス
    """
    ‥‥‥‥変更はないので定義部省略‥‥‥‥

class RandomResponder(Responder):
    """ ランダムな応答のためのサブクラス
    """
    ‥‥‥‥変更はないので定義部省略‥‥‥‥

class PatternResponder(Responder):
    """ パターンに反応するためのサブクラス

    Attributes:
        pattern(objectのlist): リスト要素はPatternItemオブジェクト
```

```
        random(strのlist): ランダム辞書の応答フレーズのリスト
    """
........変更はないので定義部省略........


class TemplateResponder(Responder):
    """ テンプレートに反応するためのサブクラス

    Attributes:
        template(dict): 要素は{ '%noun%の出現回数' : [テンプレートのリスト] }
        random(list): 要素はランダム辞書の応答フレーズ群
    """
........変更はないので定義部省略........


class MarcovResponder(Responder):                                    ❷
    """ マルコフ連鎖を利用して応答を生成するためのサブクラス

    Attributes:
        markovsentence(strのlist): 要素はマルコフ連鎖で作成した応答フレーズ
        random(strのlist): 要素はランダム辞書の応答フレーズ
    """
    def __init__(self, name, dic_marcov, dic_random):
        """ スーパークラスの__init()__にnameを渡し、
            マルコフ辞書とランダム辞書をインスタンス変数に格納する

        Args:
            name(str): Responderオブジェクトの名前
            dic_marcov(dict): Dictionaryが保持するマルコフ辞書
            dic_random(list): Dictionaryが保持するランダム辞書
        """
        super().__init__(name)
        self.markovsentence = dic_marcov
        self.random = dic_random


    def response(self, input, mood, parts):                          ❸
        """ マルコフ辞書を使用して応答フレーズを生成する

        Args:
            input(str): ユーザーの発言
            mood(int): ピティナの機嫌値
            parts(strのlist): ユーザー発言の解析結果
```

7

マルコフ連鎖で文章を生成する

```
        Returns:
            str: ユーザーメッセージの形態素がマルコフ連鎖のフレーズに
                [パターンマッチした場合] マッチした中から1個を抽出して返す
                [パターンマッチしない場合] ランダム辞書の応答メッセージを返す
        """
        # 空のリストを作成
        m = []
        # 解析結果の形態素と品詞に対して反復処理
        for word, part in parts:                                          ──④
            # インプット文字列に名詞があればそれを含むマルコフ連鎖文を検索
            if analyzer.keyword_check(part):                              ──⑤
                # マルコフ連鎖で生成した文章を1つずつ処理
                for sentence in self.markovsentence:                     ──⑥
                    # 形態素の文字列がマルコフ連鎖の文章に含まれているか検索する
                    # 最後を'.*?'にすると検索文字列だけにもマッチするので
                    # + '.*'として検索文字列だけにマッチしないようにする
                    find = '.*?' + word + '.*'
                    # マルコフ連鎖文にマッチさせる
                    tmp = re.findall(find, sentence)                     ──⑦
                    if tmp:
                        # マッチする文章があればリストmに追加
                        m.append(tmp)
        # findall()はリストを返してくるので多重リストをフラットにする
        m = list(itertools.chain.from_iterable(m))                       ──⑧
        # 集合に変換して重複した文章を取り除く
        check = set(m)
        # 再度、リストに戻す
        m = list(check)
        if m:
            # ユーザー発言の名詞にマッチしたマルコフ連鎖文からランダムに選択
            return(random.choice(m))                                     ──⑨
        # マッチするマルコフ連鎖文がない場合
        return random.choice(self.random)                                ──⑩
```

❶ import itertools

MarkovResponderクラスのresponse()メソッドで使用するモジュールのインポート文を追加しています。

❷ class MarcovResponder(Responder):

新設のMarcovResponderクラスです。

❸ def response(self, input, mood, parts):

Pitynaクラスのdialogue()メソッドから呼ばれるメソッドです。

❹ for word, part in parts:

partsには、インプット文字列を形態素解析した結果が格納されています。これを1つずつ取り出してブロックパラメーターwordとpartに格納します。

❺ if analyzer.keyword_check(part):

ここから先のifブロックが、response()メソッドのポイントとなる部分です。ユーザー発言の形態素を1つずつkeyword_check()で「キーワードになり得る名詞かどうか」をチェックし、チェックをパスした場合は、続くforブロックで「その名詞を含む文章がマルコフ辞書に存在するかどうか」調べます。

❻ for sentence in self.markovsentence:

ピティナプログラム起動時にマルコフ辞書markovsentenceがDictionaryオブジェクトのインスタンス変数として保持されています。markovsentenceの中身はマルコフ連鎖によって生成された文章のリストなので、これを1つずつブロックパラメーターのsentenceに取り出します。

❼ tmp = re.findall(find, sentence)

re.findall()メソッドで、sentenceにfindの正規表現パターンがマッチするか調べます。findには、次のような正規表現のパターンが格納されています。

```
find = '.*?' + word + '.*'
```

これは、「0文字以上の文字列のあとに、wordの文字列が続き、そのあとに0文字以上の文字列が続く」という意味です。マルコフ連鎖を利用したチャットボットのときと同じく、最後を'.*'にすることで、検索対象の文章が検索文字だけの場合はマッチさせないようにしています。

マッチしたら、次のifブロック内でマッチした文章をリストmに追加します。

❽ m = list(itertools.chain.from_iterable(m))

多重リストm内部のリストから文字列のみをchain.from_iterable()メソッドで取り出して外側のリストの要素にします。多重になったリストをフラットにするための処理です。続いて、リストをいったん集合に変換して重複した文章を取り除き、再びリストに戻します。

❾ return(random.choice(m))

マッチしたマルコフ連鎖文の中からランダムに1つ抽出し、これを戻り値としてPitynaクラスのdialogue()メソッド内部の処理に返します。マッチする文章がない場合は、❿でランダム辞書から抽出し、これを戻り値として返します。戻り値として返した応答フレーズは次ページの図の手順を経て、画面への出力が行われます。

以上で、マルコフ連鎖による応答フレーズ生成の処理は完了です。続いて、応答フレーズ生成の種になる「マルコフ辞書」の作成に取りかかります。

7

マルコフ連鎖で文章を生成する

なお、下図はMarcovResponderクラスからの処理の流れですが、実際にフレーズが生成される過程については、プログラムを実行するところで紹介します。

▼応答フレーズが画面に表示されるまでの流れ

MarkovResponderのresponse()メソッド
マルコフ連鎖（またはランダム辞書）から生成した応答フレーズを返す

Pitynaクラスのdialogue()メソッド
戻り値としてmainwindowモジュールのbutton_talk_slot()イベントハンドラーに渡される

mainwindowモジュールのbutton_talk_slot()イベントハンドラー
画面への出力処理を行う

MarcovResponderクラスが
マルコフ連鎖を利用して文章を生成し、
これを応答フレーズとして
返す処理を行います。

7.3.4 DictionaryクラスにmakeMarkovDictionary()メソッドを追加

　最後になりましたが、マルコフ辞書の作成です。辞書オブジェクトの生成は、Pitynaクラスをインスタンス化する際に、Pitynaクラスの__init__()メソッドによってDictionaryクラスをインスタンス化することで行われます。具体的な処理は、すべて__init__()メソッドから呼び出されるメソッドで行われます。ランダム辞書を作成するmake_random_list()、パターン辞書を作成するmake_pattern_dictionary()、テンプレート辞書を作成するmake_template_dictionary()、それに今回新たに加えるmake_markov_dictionary()の4つです。

Dictionaryクラス

　辞書別にメソッドを分けているのでコード自体は読みやすいのですが、Dictionaryクラス全体がかなり大きくなってしまいました。

　「dictionary.py」を[エディター]で開いて、次のように編集しましょう。

▼Dictionaryクラス（Pityna/dictionary.py）

```
import os

import re

import analyzer

from patternitem import PatternItem

from markov import Markov ──────────────────────────────────── ❶


class Dictionary(object):
    """ランダム辞書とパターン辞書のデータをインスタンス変数に格納する


    Attributes:
        random(strのlist):
            ランダム辞書のすべての応答メッセージを要素として格納
            [メッセージ1, メッセージ2, メッセージ3, ...]


        pattern(PatternItemのlist):
            [PatternItem1, PatternItem2, PatternItem3, ...]


        template (dict):
            テンプレート辞書の情報を保持する
            {'空欄の数': [テンプレート1, テンプレート2, ...], ...}


        markovsentence(strのlist):
            マルコフ連鎖で生成した応答フレーズを保持する

    """
    def __init__(self):
```

```python
        """インスタンス変数random,pattern,template,markovsentenceの初期化


        """
        # ランダム辞書のメッセージのリストを作成
        self.random =  self.make_random_list()
        # パターン辞書1行データを格納したPatternItemオブジェクトのリストを作成
        self.pattern = self.make_pattern_dictionary()
        # テンプレート辞書を作成
        self.template = self.make_template_dictionary()
        # マルコフ辞書を作成
        self.markovsentence = self.make_markov_dictionary() ──────────── ❷


    def make_random_list(self):
        """ランダム辞書ファイルのデータを読み込んでリストrandomに格納する


            Returns:
                list: ランダム辞書の応答メッセージを格納したリスト
        """
        # random.txtのフルパスを取得
        path = os.path.join(os.path.dirname(__file__), 'dics', 'random.txt')
        # ランダム辞書ファイルオープン
        rfile = open(path, 'r', encoding = 'utf_8')
        # 各行を要素としてリストに格納
        r_lines = rfile.readlines()
        # ファイルオブジェクトをクローズ
        rfile.close()
        # 末尾の改行と空白文字を取り除いてリストrandom_listに格納
        random_list = []
        for line in r_lines:
            str = line.rstrip('\n')
            if (str!=''):
                random_list.append(str)
        return random_list


    def make_pattern_dictionary(self):
        """パターン辞書ファイルのデータを読み込んでリストpatternitem_listに格納


    Returns:
        PatternItemのlist: PatternItemはパターン辞書1行のデータを持つ
        """
        # pattern.txtのフルパスを取得
        path = os.path.join(os.path.dirname(__file__), 'dics', 'pattern.txt')
```

```python
        # パターン辞書オープン
        pfile = open(path, 'r', encoding = 'utf_8')
        # 各行を要素としてリストに格納
        p_lines = pfile.readlines()
        # ファイルオブジェクトをクローズ
        pfile.close()
        # 末尾の改行と空白文字を取り除いてリストpattern_listに格納
        pattern_list = []
        for line in p_lines:
            str = line.rstrip('\n')
            if (str!=''):
                pattern_list.append(str)


        # パターン辞書の各行をタブで切り分けて以下の変数に格納
        #
        # ptn パターン辞書1行の正規表現パターン
        # prs パターン辞書1行の応答フレーズグループ
        #
        # ptn、prsを引数にしてPatternItemオブジェクトを1個生成し、patternitem_listに追加
        # パターン辞書の行の数だけ繰り返す
        patternitem_list = []
        for line in pattern_list:
            ptn, prs = line.split('\t')
            patternitem_list.append(PatternItem(ptn, prs))
        return patternitem_list


    def make_template_dictionary(self):
        """テンプレート辞書ファイルから辞書オブジェクトのリストを作る

        Returns:(dict):
            {'空欄の数': [テンプレート1, テンプレート2, ...], ...}
        """
        # template.txtのフルパスを取得
        path = os.path.join(os.path.dirname(__file__), 'dics', 'template.txt')
        # テンプレート辞書ファイルオープン
        tfile = open(path, 'r', encoding = 'utf_8')
        # 各行を要素としてリストに格納
        t_lines = tfile.readlines()
        tfile.close()

        # 末尾の改行と空白文字を取り除いてリストに格納
        new_t_lines = []
```

```
        for line in t_lines:
            str = line.rstrip('\n')
            if (str!=''):
                new_t_lines.append(str)


    # テンプレート辞書の各行をタブで切り分けて、
    # '%noun%' の出現回数をキー、テンプレート文字列のリストを値にした辞書を作る
    #
    # new_t_lines: テンプレート辞書の1行データのリスト
    # Block parameter:
    #    line(str): テンプレート辞書の1行データ
    template_dictionary = {}
    for line in new_t_lines:
        # 1行データをタブで切り分けて、以下の変数に格納
        #
        # count: %noun%の出現回数
        # tempstr: テンプレート文字列
        count, tempstr = line.split('\t')
        # template_dictionaryのキーにcount('%noun%'の出現回数)が存在しなければ
        # countをキー、空のリストをその値として辞書template_dictionaryに追加
        if not count in template_dictionary:
            template_dictionary[count] = []
        # countキーのリストにテンプレート文字列を追加
        template_dictionary[count].append(tempstr)


    return template_dictionary
```

```
def make_markov_dictionary(self):                                        ❸
    """ マルコフ辞書を作成

    """
    # ログからマルコフ連鎖で生成した文章を保持するリスト
    sentences = []                                                       ❹
    # Markovオブジェクトを生成
    markov = Markov()                                                    ❺
    # マルコフ連鎖で生成された文章群を取得
    text = markov.make()                                                 ❻
    # 各文章の末尾の改行で分割してリストに格納
    sentences = text.split('\n')                                         ❼
    # リストから空の要素を取り除く
    if '' in sentences:
        sentences.remove('')                                             ❽
```

```
        return sentences
```

```python
def study(self, input, parts):
    """ ユーザーの発言を学習する

    Args:
        input(str): ユーザーの発言
        parts(strの多重list):
            ユーザー発言の形態素解析結果
            例:[['わたし', '名詞,代名詞,一般,*'],
                ['は', '助詞,係助詞,*,*'], ... ]
    """
    # 入力された文字列末尾の改行を取り除く
    input = input.rstrip('\n')
    # ユーザー発言を引数にして、ランダム辞書に登録するメソッドを呼ぶ
    self.study_random(input)
    # ユーザー発言と解析結果を引数にして、パターン辞書の登録メソッドを呼ぶ
    self.study_pattern(input, parts)
    # 解析結果を引数にして、テンプレート辞書に登録するメソッドを呼ぶ
    self.study_template(parts)


def study_random(self, input):
    """ ユーザーの発言をランダム辞書に書き込む

    Args:
        input(str): ユーザーの発言
    """
    # ユーザーの発言がランダム辞書に存在しなければself.randomの末尾に追加
    if not input in self.random:
        self.random.append(input)


def study_pattern(self, input, parts):
    """ ユーザーの発言を学習し、パターン辞書への書き込みを行う

    Args:
        input(str): ユーザーの発言
        parts(strの多重list): 形態素解析結果の多重リスト
    """
    # ユーザー発言の形態素の品詞情報がkeyword_check()で指定した
    # 品詞と一致するか、繰り返しパターンマッチを試みる
    #
```

7

マルコフ連鎖で文章を生成する

```python
        # Block Parameters:
        #     word(str): ユーザー発言の形態素
        #     part(str): ユーザー発言の形態素の品詞情報
        for word, part in parts:
            # 形態素の品詞情報が指定の品詞にマッチしたときの処理
            if analyzer.keyword_check(part):
                # PatternItemオブジェクトを保持するローカル変数
                depend = None
                # マッチングしたユーザー発言の形態素が、パターン辞書の
                # パターン部分に一致するか、繰り返しパターンマッチを試みる
                #
                # Block Parameters:
                #   ptn_item(str): パターン辞書1行のデータ(obj:PatternItem)
                for ptn_item in self.pattern:
                    # パターン辞書のパターン部分とマッチしたら形態素とメッセージを
                    # 新規のパターン/応答フレーズとして登録する処理に進む
                    if re.search(
                            ptn_item.pattern, # パターン辞書のパターン部分
                            word             # ユーザーメッセージの形態素
                            ):
                        # パターン辞書1行データのオブジェクトを変数dependに格納
                        depend = ptn_item
                        # マッチしたらこれ以上のパターンマッチは行わない
                        break

                # ユーザー発言の形態素がパターン辞書のパターン部分とマッチしていたら、
                # 対応する応答フレーズグループの最後にユーザー発言を丸ごと追加する
                if depend:
                    depend.add_phrase(input) # 引数はユーザー発言
                else:
                    # パターン辞書に存在しない形態素であれば、
                    # 新規のPatternItemオブジェクトを生成してpatternリストに追加する
                    self.pattern.append(
                        PatternItem(word, input)
                        )

    def study_template(self, parts):
        """ユーザーの発言を学習し、テンプレート辞書オブジェクトに登録する

        Args:
            parts(strのlistを格納したlist): ユーザーメッセージの解析結果
        """
```

```python
        tempstr = ''
        count = 0


        # ユーザーメッセージの形態素が名詞であれば形態素を '%noun%' に書き換え、
        # そうでなければ元の形態素のままにして、「やっぱり%noun%だよね」のような
        # パターン文字列を作る
        #
        # Block Parameters:
        #     word(str): ユーザー発言の形態素
        #     part(str): ユーザー発言の形態素の品詞情報
        for word, part in parts:
            # 形態素が名詞であればwordに '%noun%' を代入してカウンターに1加算する
            if (analyzer.keyword_check(part)):
                word = '%noun%'
                count += 1
            # 形態素または '%noun%' を追加する
            tempstr += word


        # '%noun%' が存在する場合のみ、self.templateに追加する処理に進む
        if count > 0:
            # countの数値を文字列に変換
            count = str(count)
            # テンプレート文字列の '%noun%' の出現回数countが
            # self.templateのキーとして存在しなければ
            # countの値をキー、空のリストをその値としてself.templateに追加
            if not count in self.template:
                self.template[count] = []


            # 処理中のテンプレート文字列tempstrが、self.templateのcountを
            # キーとするリスト内に存在しなければ、リストにtempstrを追加する
            if not tempstr in self.template[count]:
                self.template[count].append(tempstr)


    def save(self):
        """ self.random、self.pattern、self.Templateの内容をファイルに書き込む


        """
        # ---ランダム辞書への書き込み--- #
        # 各フレーズの末尾に改行を追加する
        for index, element in enumerate(self.random):
            self.random[index] = element +'\n'
        # random.txtのフルパスを取得
```

```
        path = os.path.join(os.path.dirname(__file__), 'dics', 'random.txt')
        # ランダム辞書ファイルを更新
        with open(path, 'w', encoding = 'utf_8') as f:
            f.writelines(self.random)


        # ---パターン辞書への書き込み--- #
        # パターン辞書ファイルに書き込むデータを保持するリスト
        pattern = []
        # パターン辞書のすべてのPatternItemオブジェクトから
        # 辞書ファイル1行のフォーマットを繰り返し作成する
        for ptn_item in self.pattern:
            # make_line()で作成したフォーマットの末尾に改行を追加
            pattern.append(ptn_item.make_line() + '\n')


        # pattern.txtのフルパスを取得
        path = os.path.join(os.path.dirname(__file__), 'dics', 'pattern.txt')
        # パターン辞書ファイルに書き込む
        with open(path, 'w', encoding = 'utf_8') as f:
            f.writelines(pattern)


        # ---テンプレート辞書への書き込み--- #
        # テンプレート辞書ファイルに書き込むデータを保持するリスト
        templist = []
        # ''%noun%'の出現回数 [TAB] テンプレート\n'の1行を作り、
        # '%noun%'の出現回数ごとにリストにまとめる
        #
        # Block Parameters:
        #     key(str): テンプレートのキー('%noun%'の出現回数)
        #     val(str): テンプレートのリスト
        for key, val in self.template.items():
            # 同一のkeyの値で、''%noun%'の出現回数 [TAB] テンプレート\n'の1行を作る
            #
            # Block Parameter:
            #     v(str): テンプレート1個
            for v in val:
                templist.append(key + '\t' + v + '\n')
        # リスト内のテンプレートをソート
        templist.sort()
        # template.txtのフルパスを取得
        path = os.path.join(os.path.dirname(__file__), 'dics', 'template.txt')
        # テンプレート辞書に書き込む
        with open(path, 'w', encoding = 'utf_8') as f:
```

```
f.writelines(templist)
```

だいぶ長いコードになってますが、上から順に見ていきましょう。

❶ from markov import Markov

マルコフ辞書を作成するmake_markov_dictionary()ではMarkovオブジェクトを使用するので、markov.pyからMarkovクラスをインポートしておきます。

❷ self.markovsentence = self.make_markov_dictionary()

__init__()メソッドに、マルコフ辞書を作成してインスタンス変数markovsentenceに格納する処理が追加されました。

❸ def make_markov_dictionary(self):

マルコフ辞書を作成するメソッドです。

❹ sentences = []

マルコフ辞書を保持するローカル変数を空のリストで初期化しておきます。

❺ markov = Markov()

Markovクラスをインスタンス化してオブジェクトを生成します。

❻ text = markov.make()

Markovクラスのmake()メソッドを実行し、ログファイルからマルコフ連鎖を利用して生成された文章群を取得します。文章の末尾には改行文字が付いていますが、すべての文章がひとかたまりの文字列データとして返ってきます。

　次ページの例のようなデータが1つにまとまって返ってきます。中身を見ると、ログファイルに記録された会話文が適度に組み替えられているようです。続いて、この文字列のかたまりを文章ごとに分解し、ユーザーの発言から名詞が含まれるものを抽出する処理を行っていきます。

Dictinaryクラスは、
ランダム、パターン、テンプレート、マルコフの
4辞書を扱うようになりました。

7

マルコフ連鎖で文章を生成する

▼make()メソッドから返されるデータの例

```
text =
    'ロックは好きかな？
    私は牛丼が大好きなしがないプログラマーです
    なるほど、トークが好きな青年です
    あなたはおしゃべりが好きな女の子なんだ
    あなたはおしゃべりが好きな青年です
    ヘビーなサウンドの重厚なロックが好きな女の子っていいよね
    ヘビーで重厚なロックが好きなPythonのプログラムです
    ヘビーなサウンドの重厚なロックが好きな青年です
    ヘビメタ好き？
    ライブ行きたいな、ノリノリのロックがいいな
    なるほど、トークが好きなPythonのプログラムです
    なるほど、トークが好きなプログラムの女の子なんだ
    あなたはトークが好きなPythonのプログラムです
    例えばクリームシチューなんて体が温まっていいよ
    最近、小説にはまってるんだから
    ねえねえ、それはこっちのセリフだよ
    例えばクリームシチューなんて体が温まって
    ……'
```

❼ sentences = text.split('\n')

　文章の末尾の改行文字で分割したリストをsentencesに代入します。この時点で、先ほどの文字列のかたまりは、次のようなリストになります。

▼sentencesの中身

```
['ロックは好きかな？',
 '私は牛丼が大好きなしがないプログラマーです',
 'なるほど、トークが好きな青年です',
 'あなたはおしゃべりが好きな女の子なんだ',
 'あなたはおしゃべりが好きな青年です',
 ……]
```

▼❽のコード

```
if '' in sentences:
    sentences.remove('')
```

　リストの中に空の文字列があったら取り除きます。

　以上でマルコフ辞書が完成しました。あとは、MarkovResponderクラスのresponse()メソッドが、ユーザー発言の名詞にマッチする文章を探し出し、応答として返してくれるはずです。

7.3.5　マルコフ辞書を手にしたピティナ、その反応は？

　これでピティナは、ランダム、パターン、テンプレート、そしてマルコフという4つの辞書を持つようになりました。文章の生成もできるようになり、AIチャットボットと呼べるまでに進化したことでしょう。なお、今回もピティナのUI画面には、応答メッセージをテキストエディットで出力するものを使用してください。

　では、さっそくピティナプログラムを起動して会話してみましょう。

▼実行中のピティナ

4つの辞書を駆使した応答が続く

　今回は、ユーザー側からの次のような発言がログファイルに記録されていました。

▼ログファイルに記録されたユーザーの発言

> あなたはトークが好きなプログラムの女の子です
> ヘビーなサウンドの重厚なロックが好きな青年です
> なるほど、トークが好きなプログラムの女の子なんだ

　返ってきた応答には、次のようにものがありました。

▼ピティナの応答

> あなたはトークが好きな青年です
> あなたはおしゃべりが好きな女の子なんだ
> ヘビーなサウンドの重厚なロックが好きなプログラムの女の子なんだ

　特に3つ目の応答は、肯定にも問いかけにもとれる意味合いの文章になっていて、うまく組み替えが行われているようです。こうした発言も、ピティナを終了するときログファイルに記録されるので、次回はそれらをもとに、さらに組み替えたパターンの応答を返してくれることでしょう。

7

マルコフ連鎖で文章を生成する

最後に処理の流れを確認しておこう

　マルコフ辞書を実装したことで、プログラムの規模が結構大きくなりました。とはいえ、骨格となる処理は、「データを加工して使いやすいデータ構造にする」ことの繰り返しが大半です。プログラミングにおいては、「適切にデータを取得し、扱いやすい構造のデータにする」ことが、文章生成を含めて大事なポイントになります。

　では、マルコフ連鎖による文章の生成の流れを確認して、本章の締めくくりとしましょう。

▼マルコフ辞書を利用した文章生成の流れ

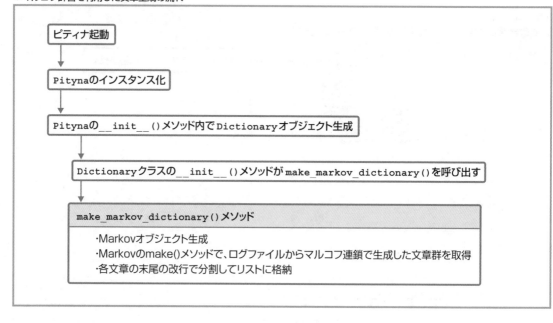

▼完成したマルコフ辞書の例

```
[
    'スポーツは何でも好きだよ',
    '牛丼とスポーツが好きなプログラムの女の子なんだ',
    'いいえ、スポーツが好きな青年です',
    'なるほど、トークが好きなPythonのプログラムです',
    'あなたはトークが好きなプログラムの女の子です',
    'あなたはトークが好きなプログラマーの青年です',
    'あなたはトークが好きなプログラムの女の子なんだね',
    'そうね、ヘビーメタルが好きな青年です',
    'ヘビーで重厚なロックが好きな女の子っていいよね',
    'ヘビーで重厚なロックが好きな女の子なんだね',
    'やっぱり図星だ',
    ‥‥‥‥
]
```

▼ユーザーの発言を形態素解析にかける

> Pitynaの__init__()メソッド内でMarcovResponderオブジェクト生成
>
> > ユーザーの発言「ヘビーメタルは好き？」
> >
> > button_talk_slot()イベントハンドラーがPitynaのdialogue()メソッドを実行
> >
> > Pitynaのdialogue()メソッド
> > > ・ユーザー発言をanalyze()メソッドで形態素解析

▼ユーザー発言を形態素解析

> [['ヘビー', '名詞,一般,*,*'], ['メタル', '名詞,一般,*,*'], ['は', '助詞,係助詞,*,*'], ['好き', '名詞,接尾,形容動詞語幹,*'], ['?', '記号,一般,*,*']]

▼解析結果からのキーワードの取り出し

> 形態素解析の結果を引数にして、Responderオブジェクトのresponse()メソッドを実行
>
> > MarcovResponderのresponse()メソッド
> > ・解析結果の形態素をkeyword_check()でチェックしてキーワードを取り出す

▼ユーザー発言からのキーワードの抽出

ヘビー
メタル
好き

抽出された
キーワード

マルコフ連鎖を利用した
応答フレーズの生成は、ユーザー
発言の中の名詞を含む文章をログ
ファイルから抽出し、マルコフ連鎖で
語句の並びを組み替えることに
よって行われます。

▼マルコフ辞書の検索

マルコフ辞書からキーワードを含む文章を検索してリストにまとめる

▼キーワードにマッチしたマルコフ辞書の文章の例

```
[
'ロック好き？',
'あなたはトークが好きな青年です',
'シチュー以外に好きな食べ物は何？',
'あなたはトークが好きなプログラマーの青年です',
'スポーツは何でも好きだよ',
'ロックは好きかな？',
'スポーツは何でも好きだよ',
'いいえ、スポーツが好きなプログラムの女の子です',
'ヘビーメタルは好き？',
'あなたはトークが好きなプログラムの女の子なんだ',
'あなたはトークが好きな女の子なんだ。',
'スポーツって好き？',
'なるほど、トークが好きなPythonのプログラムです'
]
```

▼マルコフ辞書から応答を返す

マッチした文章の中からランダムに選択して戻り値として返す

　　マルコフ連鎖で生成した文章の蓄積が進まないうちは、ランダム辞書と同じように、以前の会話文をほぼそのままのかたちで繰り返すことが多いと思います。しかし、会話を繰り返していくうちに、いろいろな文章を作るようになってくるはずです。

　　「あれ、前に言ってたことと違うことを言い出したぞ」というように、以前のユーザー発言に自分の考えをかぶせてくることもあると思います。たくさん会話して、じっくりと育て上げてください。

対話を続けていくうちに
ログファイルの中身がどんどん
増えるので、そのぶんいろんな
パターンの応答が返ってくる
ようになります。

Perfect Master Series
Python AI Programming

Chapter 8

インターネットアクセス

この章では、PythonからWebに接続してネット上の情報を収集する方法を紹介します。

8.1 外部モジュール「Requests」を利用してネットに接続する

Level ★★★　**Keyword**　Requestsライブラリ　Web API

皆さんは、インターネットへのアクセスにどんなソフトを使ってますか？　「当然、ブラウザーだよ」と答える人が多いでしょうし、実際、スマホでもPCでもブラウザーを使ってネットにアクセスする機会は多いと思われます。また、特にスマホではメールソフトやLINE、X（旧Twitter）などのアプリを使ってアクセスすることも多いでしょう。

本章では、「Pythonで作ったプログラムでインターネットにアクセスする」ことをテーマとして、解説を進めていきます。

Webへのアクセス

Pythonで**インターネット**にアクセスする方法はいくつかありますが、Webへのアクセスでしたら「**Requests**」ライブラリを使うのが便利です。

●RequestsでWebにアクセス

Requestsを使うと、Webサイトにアクセスして Web ページのデータを取得することが、とても簡単にできます。ただし、取得できるのはブラウザーで表示するためのHTML形式のデータです。ブラウザー用に特化したデータなので、これをプログラム側で使える形にするのはかなり大変です。

そこで、Webサイトの中には「プログラムで使いやすいデータ」を配布する**Webサービス**を運用しているところがあるので、このサービスを利用することにしましょう。Webサービスのユーザーは、「**Web API**」を通じてサービスにアクセスするようになっています。APIは Application Programming Interfaceの略で、「プログラムからプログラムにアクセスするための入り口」という意味を持ちます。PythonのプログラムからWebサイトの Web APIにアクセスすれば、サイト側のプログラムから何らかのデータを提供してもらえます。

もちろん、Webサービスの内容によって、提供されるデータは様々です。天気予報のサイトであれば気象に関する情報、ウィキペディアであれば検索内容に関するデータなどが返されてきます。これらのデータは、「JSON」と呼ばれる方式でフォーマットされており、プログラム側では統一された方法を使って、取得したデータを利用することができます。

8.1.1　外部モジュール「Requests」

　　Pythonの標準ライブラリには、urllibというライブラリがあり、インポートするだけですぐにインターネットへのアクセスが行えます。それとは別に、Requestsという外部ライブラリも公開されていて、これを利用するとより簡単かつ便利にインターネットへのアクセスができます。

Requestsのインストール

　　これから接続しようとしているのは、インターネット上に構築されたWebです。Webは、HTTPという通信規約を利用するネットワークであり、ブラウザーで閲覧するWebページはWeb通信網のサーバーコンピューター（Webサーバー）に保存されています。

　　前置きはさておき、まずはRequestsをインストールすることにしましょう。

▼Requestsのドキュメント（https://requests-docs-ja.readthedocs.io/en/latest/）

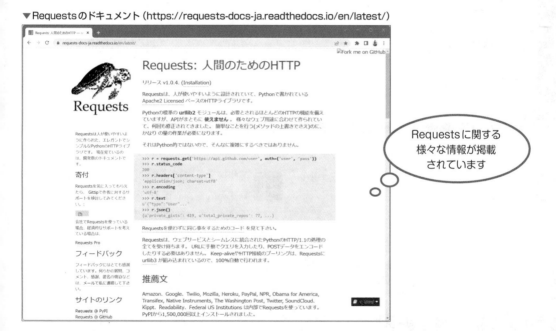

Requestsに関する様々な情報が掲載されています

　　VSCodeを起動し、Pythonの開発用フォルダー内にNotebookを作成してください。本書では「sampleprogram」フォルダー内にPythonの仮想環境「.venv」を作成し、各章のフォルダー内に節ごとのフォルダーを作成してプログラムのファイルを格納するようにしています。ここでは「chap08」➡「08_01」内に「requests_get.ipynb」を作成しました。

1 Notebookを作成したら、Notebookのツールバー右端の [**カーネルの選択**] をクリックします。

2 中央に開いたパネルで、仮想環境のPythonインタープリターを選択します。

▼Notebookを作成して仮想環境のPythonインタープリターを選択

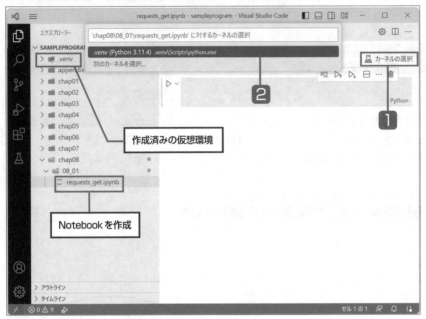

3 [**ターミナル**] メニューの [**新しいターミナル**] を選択します。

4 仮想環境と連携した状態で [**ターミナル**] が起動するので、「pip install requests」と入力して Enter キーを押します。

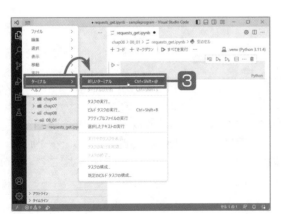

▼Requestsのインストール

8.1.2 Yahoo! JAPANにアクセスしてみよう

インストールが完了したら、まずは「URLを指定してアクセスする」という最も基本的なことをやってみましょう。Requestsのget()メソッドを使うと、簡単にアクセスできます。get()メソッドは、たんにアクセスするだけでなく、アクセス先のWebサーバーからWebページのデータを取得することまでやってくれます。

Requestsを利用してWebサイトにアクセスする

Requestsのget()メソッドは、アクセス先のURLを引数にすることで、Webサーバーから返されたレスポンスメッセージをResponseというオブジェクトに格納し、これを戻り値として返してきます。Responseには次表のプロパティがあるので、これらを指定して必要なデータを取り出すことができます。

▼Responseオブジェクトのプロパティ

プロパティ	内容
status_code	ステータスコード。
headers	ヘッダー情報。
encoding	文字コードのエンコード方式。
text	メッセージボディ。

Yahoo! JAPANのトップページにアクセスして、Webサーバーから返されるデータ（レスポンスメッセージ）を取得してみましょう。

ブラウザーは、Webページの
骨格が記述されたHTMLデータを取得し、
これをもとに画像などのデータを追加でリクエストすることで、
ページ全体の表示に必要なすべてのデータを取得します。

▼ Webサーバーから返されるレスポンスメッセージからメッセージボディを抽出する

セル1

```python
import requests
import pprint

# get()メソッドを実行してRequestオブジェクトを取得
rq = requests.get('https://www.yahoo.co.jp')
# Webサーバーのレスポンスメッセージからメッセージボディ
# (HTMLデータ)を抽出して出力
pprint.pprint(rq.text)
```

OUT

```
('<!DOCTYPE html><html lang="ja"><head><meta charSet="utf-8"/><meta '
 'http-equiv="X-UA-Compatible" content="IE=edge,chrome=1"/><title>Yahoo! '
 'JAPAN</title><meta name="description" '
 'content="あなたの毎日をアップデートする情報ポータル。検索、ニュース、天気、スポーツ、メール、ショッピング、オークションな
ど便利なサービスを展開しています。"/><meta '
 'name="robots" content="noodp"/><meta name="viewport" '
 'content="width=1010"/><link rel="dns-prefetch" href="//s.yimg.jp"/><link '
 'rel="dns-prefetch" href="//yads.c.yimg.jp"/><meta '
 'name="google-site-verification" '
 'content="fsLMOiigp5fIpCDMEVodQnQC7jIY1K3UXW5QkQcBmVs"/><link rel="alternate" '
 'href="android-app://jp.co.yahoo.android.yjtop/yahoojapan/home/top"/><link '
 'rel="alternate" media="only screen and (max-width: 640px)" '
 'href="https://m.yahoo.co.jp/"/><link rel="canonical" '
 'href="https://www.yahoo.co.jp/"/><link rel="shortcut icon" '
 'href="https://s.yimg.jp/c/icon/s/bsc/2.0/favicon.ico" '
 'type="image/vnd.microsoft.icon"/><link rel="icon" '
 'href="https://s.yimg.jp/c/icon/s/bsc/2.0/favicon.ico" '
 'type="image/vnd.microsoft.icon"/><link rel="apple-touch-icon" '
 'href="https://s.yimg.jp/c/icon/s/bsc/2.0/y120.png"/><meta '
 'property="og:title" content="Yahoo! JAPAN"/><meta property="og:type" '
 'content="website"/><meta property="og:url" '
 'content="https://www.yahoo.co.jp/"/><meta property="og:image" '
 'content="https://s.yimg.jp/images/top/ogp/fb_y_1500px.png"/><meta '
 'property="og:description" '
 'content="あなたの毎日をアップデートする情報ポータル。検索、ニュース、天気、スポーツ、メール、ショッピング、オークション
など便利なサービスを展開しています。"/><meta '
 'property="og:site_name" content="Yahoo! JAPAN"/><meta '
 ...
 '    auto: true\n'
 '  });\n'
 " ual('ctrl', 'start');\n"
 '})();</script></body></html>')
```

※データ量が多いので、途中省略されて表示されます。

トップページのHTMLデータが取得できました。次に、通信の状態を示す「ステータスコード」を取得してみます。通信が正常に行われていれば、WebサーバーからステータスコードコードZ「200」が返されます。

▼ステータスコードを取得する

```
セル2  rq = requests.get('https://www.yahoo.co.jp')
       # サーバーから返されるステータスコードを出力
       print(rq.status_code)
```

```
OUT  200
```

Webサーバーから返されるレスポンスメッセージには、通信についての詳細を示すヘッダー情報（レスポンスヘッダー）があるので、これを抽出してみましょう。

▼ヘッダー情報を抽出する

```
セル3  print(rq.headers)
```

```
OUT  {'Server': 'nginx', 'Date': 'Mon, 24 Jul 2023 10:33:48 GMT', 'Content-
     Type': 'text/html; charset=UTF-8', 'Accept-Ranges': 'none', 'Cache-
     Control': 'private, no-cache, no-store, must-revalidate', 'Content-
     Encoding': 'gzip', 'Expires': '-1', 'Pragma': 'no-cache', 'Set-Cookie':
      'B=6jq269libsksc&b=3&s=24; expires=Thu, 24-Jul-2025 10:33:48 GMT;
      path=/; domain=.yahoo.co.jp; Secure, XB=6jq269libsksc&b=3&s=24;
      expires=Thu, 24-Jul-2025 10:33:48 GMT; path=/; domain=.yahoo.co.jp;
      secure; samesite=none', 'Vary': 'Accept-Encoding', 'X-Content-Type-
     Options': 'nosniff', 'X-Frame-Options': 'SAMEORIGIN', 'X-Vcap-Request-
     Id': 'd5d2d5ab-9306-4f0d-4361-02fbd3e685bb', 'X-Xss-Protection': '1;
      mode=block', 'Age': '0', 'Transfer-Encoding': 'chunked', 'Connection':
     'keep-alive', 'Accept-CH': 'Sec-CH-UA-Full-Version-List, Sec-CH-UA-
     Model, Sec-CH-UA-Platform-Version, Sec-CH-UA-Arch', 'Permissions-
     Policy': 'ch-ua-full-version-list=*, ch-ua-model=*, ch-ua-platform-
     version=*, ch-ua-arch=*'}
```

8

インターネットアクセス

8.1.3 Web APIで役立つデータを入手

　インターネットを利用したWeb通信網では、当初、Webページのやり取りだけが行われていましたが、「もっと便利にデータをやり取りする」手段として「**Webサービス**」が開始されました。Webサービスとは、大まかにいえば、Webの通信の仕組みを利用して、コンピューター同士で様々なデータをやり取りするためのシステムのことを指します。

　「様々なデータ」といってもピンときませんが、Web上では日々のニュースや気象情報、災害対策、地図、動画、音楽、さらには検索サービスなど、ありとあらゆる情報が発信されています。これらの情報をWebページとして配信する一方で、必要な情報のみをデータとして配信しているのがWebサービスです。

　「Webサービス」とひと言でいっても、幅広い範囲の技術を用いて構成されていますが、「ネットワーク上にある異なるアプリケーション同士が、相互にメッセージを送受信して連携する」ための技術だと考えてもらえればよいでしょう。

　ブラウザーを利用してWebページを閲覧する仕組みは、いわば「人」対「システム」の関係で成り立っていますが、Webサービスは「プログラム」対「プログラム」の関係でデータのやり取りが行われます。「要求する側のプログラムが何らかのリクエストを送信し、Webサーバーのプログラムがレスポンスを返す」という流れです。

　リクエストを送信するプログラムは、もちろんPythonで作成できます。一方、リクエストに応答するプログラムはWebサーバー側に用意されているのですが、これを「Web API」と呼びます。APIとは「Application Programming Interface」の略で、「何らかの機能を提供するための"窓口"となるプログラム（あるいは仕組み）」のことです。WindowsにもWindows APIが用意されていて、Cなどのプログラミング言語を使うことで、Windowsの機能を直接、利用できるようになっています。

　Web APIの話に戻りましょう。Web APIは、Web経由で利用できるAPIであり、主にWebサービスを運用している企業その他の団体または個人が提供しています。

▼Web APIのイメージ

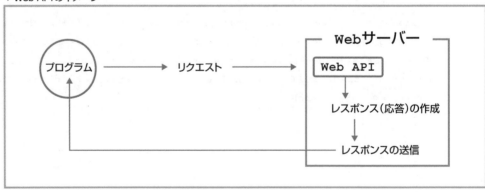

| Level ★ ★ ★ | Keyword | Requests OpenWeatherMap |

Requestsを使えば、Webページのデータを丸ごと取得するだけでなく、様々なWebサービスを利用してデータを取得することができます。

ここが
ポイント！

Webサービスを利用してネットの情報を収集する

数あるWebサービスの中から、天気情報サービス「OpenWeatherMap」、ウィキペディアの「MediaWiki」、さらに「Yahoo!ニュース」のRSSを利用して各種のデータを取得してみます。

▼OpenWeatherMapのページ

▼MediaWikiのページ

▼「Yahoo!ニュース」のRSSを提供しているページ

いろんな情報が
Webサービスとして
公開されています

8.2.1 天気予報のWebサービス「OpenWeatherMap」を利用する

　　「OpenWeatherMap」では、世界の200,000を超える地域の気象データを有料／無料で配信するWebサービスを提供しています。無料のWebサービスは有料サービスの簡易版となりますが、有料サービスの一部が利用できないだけで、日本の市区町村の気象データをピンポイントで取得できます。

▼OpenWeatherMap (https://openweathermap.org/)

▼OpenWeatherMapのWeather APIのページ
(https://openweathermap.org/api)

「OpenWeatherMap」の無料アカウントを取得する

　　無料で登録できるアカウントを取得すれば、APIを利用するためのキーが取得できます。

▼アカウントの取得

1 OpenWeatherMapのトップページ (https://openweathermap.org/) 上部のメニューバーの[Sign In]をクリックし、[Create an Account.]のリンクをクリックします。

▼アカウントの取得

2 必要事項を入力し、[Create Account] ボタ
ンをクリックして、アカウントを取得します。
アカウントを取得したら、再びトップページの
[Sign In] をクリックしてメールアドレスとパス
ワードを入力し、[Submit] ボタンをクリックし
てログインします。

3 ログイン後に表示されるページのメニューバー
の [API keys] をクリックします。

4 アカウントを作成したことで取得できたAPI
キーが表示されます。このキーは、Webサービ
スに接続する際に必要になります。

▼ログイン後に表示されるページ

▼APIキー

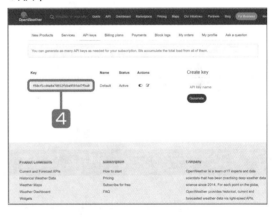

8

インターネットアクセス

5日間/3時間ごとの天気予報を取得するためのURLを作ろう

OpenWeatherMapでは、無料で次表の気象データを取得できます。

▼OpenWeatherMapで取得できる気象データ

データの種類	説明
現在の気象データ	世界の200,000を超える地域の現在の気象データ
5日間/3時間ごとの天気予報	向こう5日間にわたる3時間ごとの気象データ
ワンコール	1回のAPI呼び出しで、現在、予測、および過去の気象データを取得 ・7日間の毎日の天気予報（1時間ごと、および48時間ごとの予報） ・過去5日間の気象データ

ここでは、向こう5日間の3時間ごとの気象データを取得する「5 Day / 3 Hour Forecast」を利用することにします。APIを利用するためのガイドは「https://openweathermap.org/api」のページで [5 Day / 3 Hour Forecast] の [API doc] ボタンをクリックすると表示されます。

▼5 Day / 3 Hour ForecastのAPIドキュメント

「5 Day / 3 Hour Forecast」では、世界の200,000地域の向こう5日間、3時間ごとの気象データを、JSON形式とXML形式で提供しています。APIコール（APIに接続して情報を取得すること）は、5 Day / 3 Hour ForecastのAPIのURLに、「forecast?」とクエリパラメーターで構成されるクエリ情報を追加することで行います。

▼5 Day / 3 Hour ForecastのAPIコールの基本フォーマット

```
api.openweathermap.org/data/2.5/forecast?lat={lat}&lon={lon}&appid={API key}
```
クエリ情報

URL末尾の「forecast?」以下が5 Day / 3 Hour Forecastのクエリ情報です。「forecast?」以降に「キー（パラメーター）＝値」のペアで取得したい情報を付加します。これを**クエリパラメーター**と呼びます。

クエリパラメーターが複数あるときは、「&」で連結して、クエリ情報としてまとめて送信できます。次表は、5 Day / 3 Hour Forecastで使用できるクエリパラメーターです。

▼5 Day / 3 Hour Forecastで使用できるクエリパラメーター

パラメーター	必須／オプション	説明
q	必須	気象データを取得する地域名（県名、市区町村名など）、または各地域に割り当てられたidを指定。必須としているがlat（緯度）、lon（経度）を個別に指定する場合はパラメーターqの設定は不要
appid	必須	取得済みのAPIキーを設定
mode	オプション	気象データはデフォルトでJSON形式で返される。XML形式でデータを取得するには、mode=xmlを設定
cnt	オプション	タイムスタンプ（出来事が発生した日時・日付・時刻などを示す文字列）の数を指定 【例】cnt=3
units	オプション	温度の測定単位。デフォルトはstandard（ケルビン、絶対温度） ・華氏を指定：units=imperial ・摂氏を指定：units=metric
lang	オプション	使用言語を指定。「lang=ja」を追加しておくと、気象データが日本語で返される

▼「city.list.json.gz」を解凍した「city.list.json」の一部

```json
{
    "id": 1860256,
    "name": "Kanaya",
    "state": "",
    "country": "JP",
    "coord": {
        "lon": 138.133331,
        "lat": 34.816669
    }
},
{
    "id": 1860291,
    "name": "Kanagawa",
    "state": "",
    "country": "JP",
    "coord": {
        "lon": 139.338852,
        "lat": 35.417461
    }
},
{
    "id": 1860293,
    "name": "Mitsu-kanagawa",
    "state": "",
    "country": "JP",
    "coord": {
        "lon": 133.933334,
        "lat": 34.799999
    }
},
{
    "id": 1860310,
    "name": "Kamonomiya",
    "state": "",
    "country": "JP",
    "coord": {
        "lon": 139.183334,
        "lat": 35.283329
    }
},
```

「q=」で指定する地域情報は、「Tokyo」「Yokohama」などのアルファベット表記の地域名、または地域名に割り当てられた数字7桁のidを使います。idは別途で調べる必要がありますが、アルファベット表記は多くの地域に対応しているので、これを使うのが手軽です。ちなみに、地域名とidの一覧については、「https://bulk.openweathermap.org/sample/」のページに「city.list.json.gz」のリンクがあるので、これをダウンロード／解凍すれば見ることができます。

ただし、200,000以上の地域の膨大なデータが収録されているので、テキストエディターなどの検索機能を使って、例えば「Tokyo」のように地域名で検索するのがよいでしょう。

東京の気象データを取得するURLは次のようになります。これをrequests.get()の引数にすれば、東京の向こう5日間の気象データが取得できます。

▼東京の気象データを「Tokyo」で取得するURL

```
https://api.openweathermap.org/data/2.5/weather?lang=ja&q=Tokyo&appid=
<APIキー>
```

8

インターネットアクセス

requestsのget()で天気予報をゲット！

OpenWeatherMapから返されるデータは、通常のテキスト形式ではなく、「**JSON**（ジェイソン）」と呼ばれるデータ形式です。JSONはJavaScript Object Notationの略で、XMLなどと同様のテキストベースのデータフォーマットです。名前のとおり、Webアプリの開発に使われるJavaScript言語のデータ形式ではありますが、JavaScript専用ではなく、様々なソフトウェアやプログラミング言語間におけるデータの受け渡しに使えるようになっています。

JSONでは、値を識別するためのキーと値のペアをコロンで対にして記述します。さらに、これらのキーと値のペアをカンマで区切って列挙し、全体は｛｝でくくります。

```
{'name': 'Taro Shuuwa', 'age': 31}
```

注意が必要なのは、キーとして使うデータ型は文字列に限るので、シングルクォート「'」またはダブルクォート「"」で囲むことです。JavaScriptのデータ形式なのですが、これって、どこかで見たことありませんか？　そう、Pythonの辞書（dict）とまったく同じですね。なので、JSONデータはPythonでも容易に扱うことができます。

ただし、JSONの仕様で、データ内のASCII文字（アルファベットや数字、記号など）以外の文字は「Unicodeエスケープ」という変換処理が行われています。この処理によって、Unicode（ユニコード）の文字番号が4桁の16進数に置き換えられ、冒頭に「\u」が付けられています。

▼「東京」をUnicodeエスケープした場合

```
\u6771\u4eac
```

JSONデータも、Webページのデータと同じように、レスポンスメッセージのメッセージボディに格納されて送信されますが、Unicodeエスケープがなされたままだと、まったく意味不明の文字が並ぶことになるので、元の文字に戻す「デコード」という処理が必要です。ありがたいことにRequestsライブラリには、JSONデータを人間が利用しやすい形式にしてくれるjson()メソッドがあります。json()はResponseオブジェクトのメソッドなので、次のようにrequests.get()で返されたデータに対してjson()メソッドを実行するようにしましょう。

▼requests.get()で気象データを取得する

```
data = requests.get(
    URL + 'weather?lang=ja&q=' + place + '&appid=' + API_KEY).json()
```

まずは試しに、向こう5日間ではなく、現在の東京の気象データを取得してみます。Notebookを作成し、セルに次のように入力して実行してみましょう。なお、「APIキー」のところには、取得したAPIキーを記入してください（以下も同様）。

▼現在の東京の気象データを取得する（get_weather.ipynb）

セル1

```python
# 現在の東京の天気を取得する
import requests
import pprint

# APIキー
API_KEY = 'APIキー'
# OpenWeatherMapのURL
URL = 'https://api.openweathermap.org/data/2.5/'
# 地域を指定
place = 'Tokyo'
# 現在の天気を取得
data = requests.get(URL + 'weather?lang=ja&q=' + place + '&appid=' + API_KEY).json()

pprint.pprint(data)
```

OUT

```
{'base': 'stations',
 'clouds': {'all': 20},
 'cod': 200,
 'coord': {'lat': 35.6895, 'lon': 139.6917},
 'dt': 1690200600,
 'id': 1850144,
 'main': {'feels_like': 304.11,
          'humidity': 75,
          'pressure': 1013,
          'temp': 300.97,
          'temp_max': 301.81,
          'temp_min': 299.12},
 'name': '東京都',
 'sys': {'country': 'JP',
         'id': 268105,
         'sunrise': 1690141342,
         'sunset': 1690192364,
         'type': 2},
 'timezone': 32400,
 'visibility': 10000,
 'weather': [{'description': '薄い雲',
              'icon': '02n',
              'id': 801,
              'main': 'Clouds'}],
 'wind': {'deg': 200, 'speed': 7.2}}
```

8

インターネットアクセス

様々なキーがあるので、キーの一覧を出力してみます。

セル 2
```
# JSONデータの辞書のキーを取得
data.keys()
```

OUT
```
dict_keys(['coord', 'weather', 'base', 'main', 'visibility', 'wind',
           'clouds', 'dt', 'sys', 'timezone', 'id', 'name', 'cod'])
```

現在の天気は、'weather'キーの値であるリスト要素のdictオブジェクトにあります。

```
'weather': [{'description': '薄い雲',
             'icon': '02n',
             'id': 801,
             'main': 'Clouds'}],
```

'weather'キーのリストの先頭要素（インデックス0）内のdictオブジェクトのキーは'description'ですので、現在の天気を出力するには次のように書きます。

セル 3
```
# 現在の天候を出力
data['weather'][0]['description']
```

OUT
```
'薄い雲'
```

では、東京の5日間/3時間ごとの気象データを取得してみることにします。

▼5日間/3時間ごとの気象データを取得

セル 4
```
# APIキー
API_KEY = "APIキー"
# OpenWeatherMapのURL
URL = "https://api.openweathermap.org/data/2.5/"
# 気象データを取得
data = requests.get(URL + 'forecast?q=Tokyo&lang=ja&appid=' + API_KEY).json()
# 整形して出力
pprint.pprint(data)
```

OUT
```
{'city': {'coord': {'lat': 35.6895, 'lon': 139.6917},
          'country': 'JP',
          'id': 1850144,
          'name': '東京都',
          'population': 12445327,
          'sunrise': 1690141342,
```

```
        'sunset': 1690192364,
        'timezone': 32400},
 'cnt': 40,
 'cod': '200',
 'list': [{'clouds': {'all': 14},
          'dt': 1690210800,
          'dt_txt': '2023-07-24 15:00:00',
          'main': {'feels_like': 302.65,
                   'grnd_level': 1011,
                   'humidity': 75,
                   'pressure': 1014,
                   'sea_level': 1014,
                   'temp': 300.26,
                   'temp_kf': 0.31,
                   'temp_max': 300.26,
                   'temp_min': 299.95},
          'pop': 0,
          'sys': {'pod': 'n'},
          'visibility': 10000,
...
                   'id': 800,
                   'main': 'Clear'}],
          'wind': {'deg': 179, 'gust': 8.43, 'speed': 6.59}}],
 'message': 0}
```

Notebookでは、出力結果が長いときは途中が省略されて表示されます。全体を見たいときは、すぐ下に表示される [scrollable element] または [text editor] をクリックしてください。

▼辞書のキーを取得

セル5
```python
# JSONデータの辞書のキーを取得
data.keys()
```

OUT
```
dict_keys(['cod', 'message', 'cnt', 'list', 'city'])
```

　向こう5日間の3時間ごとの予報データは、辞書の'list'キーの値のリストに格納されていて、インデックスの0から、3時間ごとの予報データが順番に格納されています。リストの要素はdictオブジェクトになっていて、'dt_txt'キーで予報対象の日時、'weather'キーで予報データを取り出すことができます。

　ただし、'weather'キーの値はリストになっていて、インデックス0にdict形式のデータが格納されています。このdictオブジェクトの'description'キーに「晴れ」や「雨」などの天候を示すデータが格納されています。

セル6

```
# 直近の3時間×2のデータを取り出す
print(data['list'][0]['dt_txt'])
print(data['list'][0]['weather'][0]['description'])
print(data['list'][1]['dt_txt'])
print(data['list'][1]['weather'][0]['description'])
```

OUT

```
2023-07-24 15:00:00
薄い雲
2023-07-24 18:00:00
晴天
```

次に示すのは、ピティナに移植することを想定したプログラムです。today_weather()関数では、3時間ごとの予報4回のうち3回をスキップすることで、12時間ごとに天気予報を取り出して出力するようにしています。新しいNotebookを作成して次のように入力し、各セルを実行してみましょう。

▼ピティナに移植することを想定したプログラム (pityna_weather.ipynb)

セル1

```
# ピティナに移植することを想定したプログラム


import requests


def today_weather(pl):
    API_KEY = 'APIキー'
    # OpenWeatherMapのURL
    URL = 'https://api.openweathermap.org/data/2.5/'
    # 地域を指定
    place = pl
    # 天気予報のデータを取得
    data = requests.get(URL + 'forecast?lang=ja&q=' + place + '&appid=' + API_KEY).json()

    # 3時間ごとの予報を取り出した回数のカウンター
    i = 0
    # 冒頭に出力するメッセージ
    forecast = '天気予報だよ～\n'
    # 取得したデータに'list'キーが存在すれば予報データをすべて取り出す
    if 'list' in data:
        # 12時間ごとの天気予報を取得する
        for d in data['list']:
            if (i + 1) % 4 == 0:
                # 'dt_txt'キーで予報対象の日時を取り出す
                # 'weather'キーのリストのインデックス0に格納されている辞書から
                # 'description'キーの値(天気予報)を取り出す
                forecast += '[' + d['dt_txt'] + ']' + d['weather'][0]['description'] + '\n'
```

```
        i = i + 1
    else:
        # 指定した地域の天気予報が返されない場合
        forecast = 'そこはわかんないよ〜'

    print(forecast)
```

セル2
```
# 成田市の天気
today_weather('Narita')
```

OUT
天気予報だよ〜
【2023-07-25 00:00:00】曇りがち
【2023-07-25 12:00:00】曇りがち
【2023-07-26 00:00:00】晴天
【2023-07-26 12:00:00】晴天
【2023-07-27 00:00:00】晴天
【2023-07-27 12:00:00】雲
【2023-07-28 00:00:00】厚い雲
【2023-07-28 12:00:00】厚い雲
【2023-07-29 00:00:00】薄い雲
【2023-07-29 12:00:00】晴天

8

インターネットアクセス

Memo | Weather APIの呼び出し回数の制限

　OpenWeatherMapでは、無料で利用できるWeather APIの呼び出しについて、呼び出し回数が、

・1分間あたり60コール
・1か月あたり1,000,000コール

に制限されています。とはいえ、個人的な利用であればこの制限に引っかかることは考えにくく、特に問題はないでしょう。ちなみに、有料版で最も安価な「Startup」では、

・1分間あたり600コール
・1か月あたり10,000,000コール

までの呼び出しが可能となっています。

8.2.2 ウィキペディアから情報を収集

オンラインの百科事典「Wikipedia」も、「**MediaWiki**」というWebサービスを提供しています。これを利用すれば、Pythonのプログラムから Wikipedia にアクセスして、膨大なデータの中から任意のデータを取得し、プログラム側で加工や保存などの処理が行えます。

▼MediaWikiのトップページ (https://www.mediawiki.org/wiki/MediaWiki/ja)

> MediaWikiを
> 利用するための詳細が
> 記載されています

MediaWikiのAPI

次に示すのは、MediaWikiのAPIにアクセスするためのURLです。

▼MediaWikiのAPIにアクセスするためのURL

```
https://ja.wikipedia.org/w/api.php
```

このURLに対してクエリ情報を追加し、requests.get()でGETリクエストを送信すれば、Wikipediaから情報が返ってきます。今回は、プログラムを実行してNotebookの出力エリア上で入力したキーワードで検索を行います。ただし、検索しただけでは面白くないので、「検索にマッチしたページがあれば、HTML形式のファイルとして保存する」ようにしたいと思います。あとで結果を見たくなったときは、ファイルをダブルクリックすればブラウザーで中身を確認できます。

では、Notebookを作成して1番目のセルに次のように入力しましょう。ここではNotebookを使用しますが、Pythonモジュール（.py）を作成して同じように記述してもかまいません。

▼ウィキペディアから情報を取得する (wiki_data.ipynb)

セル1
```python
import requests
import sys
```

```python
# プロンプトを表示して検索キーワードを取得
title = input('何を検索しますか? >')                                    ❶
# MediaWikiのAPIにアクセスするためのURL
url = 'https://ja.wikipedia.org/w/api.php'                              ❷
# カテゴリ一覧を取得するためのクエリ情報
api_params1 = {
                'action': 'query',                          ①
                'titles': title,                           ②
                'prop': 'categories',                       ③
                'format': 'json'                            ④
              }                                                          ❸
# 該当するページの本文を取得するためのクエリ情報
api_params2 = {
                'action': 'query',                          ①
                'titles': title,                           ②
                'prop': 'revisions',                        ③
                'rvprop': 'content',                        ④
                'format': 'xmlfm'                           ⑤
              }                                                          ❹

categories = requests.get(url, params=api_params1).json()              ❺
page_id = categories['query']['pages']                                 ❻
if '-1' in page_id:                                                    ❼
    print('該当するページがありません')
    sys.exit()
else:                                                                  ❽
    id = list(page_id.keys())                                         ❾
    if 'categories' in categories['query']['pages'][id[0]]:           ❿
        categories = categories['query']['pages'][id[0]]['categories'] ⓫
        for t in categories:                                          ⓬
            print(t['title'])
    else:                                                             ⓭
        print('保存できるページを検索できませんでした')
        sys.exit()

admit = input('検索結果を保存しますか?(yes) >')                           ⓮
if admit == 'yes':                                                     ⓯
    data = requests.get(url, params=api_params2)                      ⓰
    with open(title + '.html', 'w', encoding = 'utf_8') as f:         ⓱
        f.write(data.text)
```

```
else:
    print('プログラムを終了します')
    sys.exit()
```

　今回は、2つのクエリ情報を用意しました。検索結果のカテゴリ一覧を取得するためのクエリと、該当するページの本文を取得するためのクエリ情報です。検索する際は、まず検索キーワードに該当するページが属するカテゴリの一覧を表示し、それが要求するものかどうかを確認してから、ファイルへの保存を行うためです。

　では、上から順にコードの内容を見ていきましょう。❶でプロンプトを表示して検索キーワードを取得します。❷ではAPIのURLをurlに格納しています。

❸ api_params1 = ……

　検索キーワードにマッチしたページが属するカテゴリの一覧を取得するためのクエリ情報です。

```
api_params1 = {
              'action': 'query', ————————————①
              'titles': title, ————————————②
              'prop': 'categories', ————————③
              'format': 'json' ————————————④
          }
```

① 'action': 'query',

　'action'は、APIの種類を指定するためのキーです。MediaWikiのAPIにはいろんな種類がありますが、最も基本となるキーワード検索には'query'を指定します。

② 'titles': title,

　'titles'は、検索キーワードになる文字列を指定するためのキーです。❶で取得した文字列titleを値に設定しています。

③ 'prop': 'categories',

　'prop'は、調べた結果の何の情報を返すのかを指定します。'categories'を指定した場合は、検索されたページが属するカテゴリの一覧が返されます。

④ 'format': 'json'

　'format'は、返されるデータの形式を指定します。HTMLなどのいくつかの形式を指定できますが、ここではJSON形式を指定しました。カテゴリの一覧といっても、ページの情報などのデータが含まれるので、JSONのデータとして取得しておけば必要な項目のみを取り出しやすいからです。

　MediaWikiのAPIでは、実に多くのキーならびにキーに設定できる値が用意されています。今回使用した'action'キーに設定できる値の詳細は、次に示すURLで確認できます。

▼'action'キーに設定できる値の詳細ページ

```
https://ja.wikipedia.org/w/api.php
```

　また、'action'キーの値に'query'を設定した場合、'prop'キーの値によって、何の情報を取得するかを指定しますが、指定できる値の詳細は次に示すページで確認できます。

▼'action'キーの値に'query'を設定した場合に、'prop'キーで指定できる値の詳細ページ

```
https://ja.wikipedia.org/w/api.php?action=help&modules=query
```

　実にたくさんの値がありますが、「Wikipediaを検索して結果を取得する」という基本中の基本の処理を行う場合は、titleに検索文字列をセットし、'action'に'query'を指定、あとは'prop'で取得する情報、'format'でデータの形式を指定して、データを取得することになります。

❹ api_params2 = ……

　検索キーワードにマッチしたページのデータをHTML形式で取得するためのクエリ情報です。

```
api_params2 = {
              'action': 'query',  ─────────────①
              'titles': title,    ─────────────②
              'prop': 'revisions', ────────────③
              'rvprop': 'content', ────────────④
              'format': 'xmlfm'   ─────────────⑤
          }
```

①'action': 'query',

　キーワード検索のための'query'を指定しています。

②'titles': title,

　'titles'に設定する検索キーワードとして、❶で取得した文字列titleを設定しています。

③'prop': 'revisions',

　'prop'に'revisions'を指定すると、ページ本文を含むデータを取得できます。どのデータを取得するかは、次の'rvprop'で指定します。

④'rvprop': 'content',

　'prop'に'revisions'を指定した場合は、具体的に何のデータを取得するかを'rvprop'キーで指定します。'content'を指定すると、検索されたページの本文テキストが返されます。

▼'action'キーで'query'を設定し、'prop'で'revisions'を指定した場合に、'rvprop'キーで指定できる値の詳細ページ

```
https://ja.wikipedia.org/w/api.php?action=help&modules=query+revisions
```

8

インターネットアクセス

⑤'format': 'xmlfm'

　'format'に 'xmlfm'を指定すると、XML形式のデータをHTML形式に変換したデータを得ることができます。検索されたページはHTMLファイルとして保存したいので、このように設定しておきます。

❺ categories = requests.get(url, params=api_params1).json()

　APIのURLと❸で定義したクエリ情報api_params1を引数にして、get()メソッドを実行します。例えば、検索キーワードが「BABYMETAL」の場合は、次のようなJSONデータが返ってきます。

▼返されたカテゴリ一覧の例

```
{'continue': {'clcontinue': '2463870|MusicBrainz識別子が指定されている記事',
  'continue': '||'},
 'query': {'pages': {'2463870': {'pageid': 2463870,
    'ns': 0,
    'title': 'BABYMETAL',
    'categories': [{'ns': 14, 'title': 'Category:2010年に結成した音楽グループ'},
    {'ns': 14, 'title': 'Category:3人組の音楽グループ'},
    {'ns': 14, 'title': 'Category:BABYMETAL'},
    {'ns': 14, 'title': 'Category:BNF識別子が指定されている記事'},
    {'ns': 14, 'title': 'Category:CDショップ大賞受賞者'},
    {'ns': 14, 'title': 'Category:GND識別子が指定されている記事'},
    {'ns': 14, 'title': 'Category:ISBNマジックリンクを使用しているページ'},
    {'ns': 14, 'title': 'Category:ISNI識別子が指定されている記事'},
    {'ns': 14, 'title': 'Category:LCCN識別子が指定されている記事'},
    {'ns': 14, 'title': 'Category:LOUD PARK出演者'}]}}}}
```

　検索キーワードがヒットしなかった場合は、次のようなJSONデータが返ります。

▼検索キーワードがヒットしなかった場合

```
{
    'query': {
        'pages': {
            '-1': {  ──────────────── 該当ページがない場合はページのidが「−1」になる
                'title': '富士山の雪','ns': 0, missing': ''
            }
                  ┌──────────┐
                  │ 検索キーワード │
                  └──────────┘
        }
    },
    'batchcomplete': ''
}
```

ヒットしない場合は、'pages'キーが保持する辞書データのキーが「−1」になります。

⑥ page_id = categories['query']['pages']

⑤で取得したJSONデータの'query'➡'pages'キーの値として、ページのidをキーとするカテゴリ情報が格納されているので、これを取得します。

⑦ if '−1' in page_id:

⑥で取得したカテゴリ情報（'pages'キーの値）のキーに「−1」が含まれていれば、検索キーワードにマッチするページが存在しないことになるので、メッセージを表示してプログラムを終了します。

⑧ else:

ページidが「−1」ではない、つまり検索キーワードにマッチしたページが存在する場合は、カテゴリ一覧の表示と該当ページの保存を行います。

⑨ id = list(page_id.keys())

⑥で取得したデータは、ページidをキーとする多重構造になっているので、keys()メソッドでキーのみを取り出します。なお、keys()は見つかったキーを辞書型で返してくるので、list()メソッドでリストに変換します。

▼ page_idの中身の例

```
{'pages': {'2463870': {
    'pageid': 2463870,
    'ns': 0,
    'title': 'BABYMETAL',
    'categories': [
        {'ns': 14, 'title': 'Category:2010年に結成した音楽グループ'},
        {'ns': 14, 'title': 'Category:3人組の音楽グループ'},
        {'ns': 14, 'title': 'Category:BABYMETAL'},
        {'ns': 14, 'title': 'Category:BNF識別子が指定されている記事'},
        {'ns': 14, 'title': 'Category:CDショップ大賞受賞者'},
        {'ns': 14, 'title': 'Category:GND識別子が指定されている記事'},
        {'ns': 14, 'title': 'Category:ISBNマジックリンクを使用しているページ'},
        {'ns': 14, 'title': 'Category:ISNI識別子が指定されている記事'},
        {'ns': 14, 'title': 'Category:LCCN識別子が指定されている記事'},
        {'ns': 14, 'title': 'Category:LOUD PARK出演者'}
        ]}}}
```

▼ list(page_id.keys())の結果

```
['2463870']
```

8

インターネットアクセス

⑩ if 'categories' in categories['query']['pages'][id[0]]:

カテゴリの情報は、'query' ➡ 'pages' ➡ '(ページidのキー)' 以下の'categories'キーの値として格納されています。ただし、Wikipediaはあいまい検索に対応していて、例えば「ローリング・ストーンズ」でマッチするページを「ローリングストーンズ」で検索した場合、リダイレクトというページ遷移の仕組みを使って該当ページを表示するようにしています。リダイレクトが行われる場合は、次のようにページid以下の情報に'categories'キーが含まれません。

▼あいまい検索にマッチしたときのページid以下の値の例

```
{'196327': {'pageid': 196327, 'ns': 0, 'title': 'ローリングストーンズ'}}
```

また、この状態でページ本体を取得しても、リダイレクトされる前のダミーのページが取得されるので、保存する意味がありません。

そういうわけで、JSONデータの中に'categories'キーが存在する場合のみ処理を続行し、存在しない場合は⑬のelse以下でメッセージを表示してプログラムを終了することにします。

なお、categories['query']['pages'][id[0]]のid[0]は、⑨で取得したページidを指定しています。'pages'キー以下にはキーが1つしかないので、id[0]でこれを取り出します。

⑪ categories = categories['query']['pages'][id[0]]['categories']

'categories'キーの値はリストです。キーが存在すれば、そのリストを取得します。

⑫ for t in categories:

'categories'キーのリストから1つずつ要素を取り出します。カテゴリの情報は'title'というキーの値として格納されているので、print(t['title'])ですべてのカテゴリ情報を画面に出力します。

⑭ admit = input('検索結果を保存しますか？(yes) >')

検索キーワードにマッチしたページが属するカテゴリを見て、対象のページを保存するかどうかを確認します。

⑮ if admit == 'yes':

「yes」が入力されたら、ページを保存する処理を開始します。

⑯ data = requests.get(url, params=api_params2)

❹で作成したクエリ情報の出番が来ました。APIのURLと共にget()の引数に指定して、検索キーワードにマッチするページのテキストを取得します。

⑰ with open(title + '.html', 'w', encoding = 'utf_8') as f:

保存するファイル名は「検索キーワード + .html」とします。ファイルを開いたら、textプロパティで取得したテキストをwrite()メソッドで書き込みます。

Wikipediaから情報を収集してみよう

セルに入力されたコードを実行して、結果を見てみましょう。

▼セル1を実行中

1 セルを実行すると、検索キーワードを入力するためのパネルが開くので、キーワードを入力して Enter キーを押します。

2 検索結果からCategoryの情報が出力されるので、確認します。

3 検索結果を保存する場合は、パネルの入力欄に「yes」と入力して Enter キーを押します。

4 結果を保存した場合は、検索キーワードをファイル名にしたHTML形式ファイルがNotebookと同じ場所に作成されます。これをVSCode以外のエクスプローラーなどで表示してダブルクリックすると、ブラウザーが起動し、検索された内容が表示されます。

▼セル1を実行中

検索結果の一部の情報が表示される 2

▼保存されたHTML形式ファイルをブラウザーで開いたところ

8.2.3 「Yahoo! ニュース」のヘッドラインをスクレイピングしてみよう

　　Webサイトの情報を配信する仕組みとして、**RSS**というサービスがあります。Webサービスのように APIを使って配信するのではなく、XML言語で書かれた「まとめページ」のようなものを公開するサービスです。

　　具体的には、ニュースサイトやブログなどに掲載された記事の見出しや要約をまとめ、これをRSS技術を使って「RSSフィード」として配信します。このサービスを利用すれば、Webサイトの更新情報や記事の要約などを素早くチェックすることができるというわけです。

　　通常ならば、いつも閲覧するページはブラウザーの「お気に入り」に登録しておいて、定期的にアクセスすることで、更新された最新の情報を読むわけですが、RSSフィードをRSSリーダーと呼ばれる専用のアプリに登録しておくと、それぞれのサイトやブログの新着情報を一度にチェックすることができます。

　　このようなRSSフィードは、XML言語をベースにして書かれているので、これをプログラムから読み込んで利用することももちろん可能です。ただし、RSSフィードを丸ごと読み込んだあと、「必要な情報を取り出す」処理が必要です。Webサイトからページの情報を丸ごと取得することを「クローリング」と呼ぶのに対し、クローリングして集めたデータから必要なものだけを取り出したり、使いやすいようにデータのかたちを変えることを**スクレイピング**と呼びます。「削ってはがす」という意味の「scrape」が由来です。

　　「8.1.2　Yahoo! JAPANにアクセスしてみよう」では、「Yahoo! JAPAN」のトップページのデータを取得しました。これがクローリングです。これに対し、スクレイピングでは、「取得してきたデータの中から、HTMLの本体を示す<body>タグの中身だけを抜き出し、使いやすいように加工する」といったことを行います。

前ページでは、ウィキペディアからアーティストに関する情報を取り出しました。今度はYahoo! ニュースのヘッドラインを取り出します。

スクレイピング専用のBeautifulSoup4モジュール

スクレイピング専用の「**BeautifulSoup4**」というモジュールが公開されています。

Webページの構成に用いられるHTML言語では、タグと呼ばれる目印のような記述を使って、ページ内にテキストや画像などを配置していきます。Webページ全体は<html>と</html>タグの間に書き、ヘッダー部分は<head>～</head>、ページの本体部分は<body>～</body>の間に書く、といった具合です。BeautifulSoup4を利用すると、HTMLの特定のタグの中身を取り出せるので、「Webページから必要な情報だけを抜き出す」ことが可能になります。

BeautifulSoup4が優れているのは、「始まりと終わりのタグが対になっていなくても、中身の取り出しができる」という点です。本来、HTMLのタグは<html>～</html>のように、始まりのタグがあれば、それを閉じるタグを配置しなくてはなりません。ですが、広大なWeb上には「タグを閉じ忘れている」ページがよくあります。BeautifulSoup4は、そのような閉じ忘れのタグもきちんと処理してくれます。もちろん、HTMLとよく似たXMLも同様に処理できるので、RSSのデータを入手してスクレイピングするのも簡単です。

●BeautifulSoup4のインストール

8.1.1項でRequestsをインストールしたときと同じ要領で、仮想環境に関連付けられた状態の**[ターミナル]** を開き、次のように入力して Enter キーを押します。

```
pip install beautifulsoup4
```

▼BeautifulSoup4のインストール

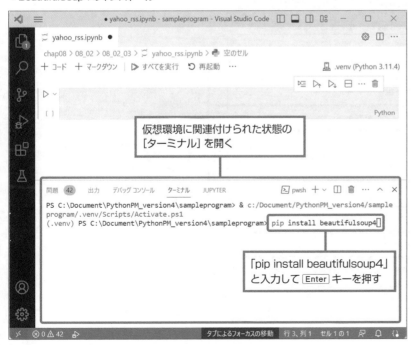

BeautifulSoup4で「Yahoo!ニュース」のRSSをスクレイピング

Yahoo! JAPANでは、様々なジャンルの最新ニュースをRSSで配信しています。

▼「Yahoo!ニュース」が配信するRSSの一覧ページ

（https://news.yahoo.co.jp/rss）

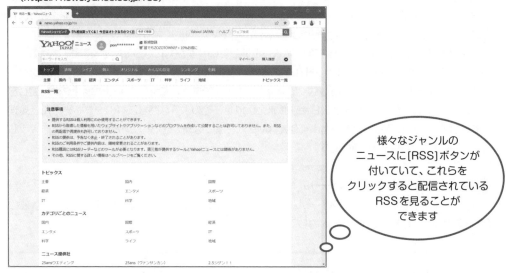

様々なジャンルの
ニュースに[RSS]ボタンが
付いていて、これらを
クリックすると配信されている
RSSを見ることが
できます

▼「トピックス」カテゴリの「科学」のリンクをクリックして配信内容を見たところ

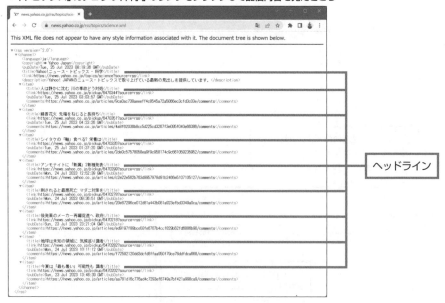

ヘッドライン

RSSとして配信されているXMLのデータ（XMLドキュメント）が表示されました。

XMLドキュメントの中身を見てみると、ニュースの内容を表す「ヘッドライン」が<item>タグの中にある<title>タグで囲まれています。<title>タグの中身だけをスクレイピングすれば、最新ニュースのヘッドラインだけをまとめることができそうです。Notebookを作成し、セルに次のように入力しましょう。

▼「Yahoo!ニュース」が配信するRSSからヘッドラインを抜き出す（yahoo_headline.ipynb）

```
import requests
from bs4 import BeautifulSoup ─────────────────────────────── ❶

xml = requests.get('https://news.yahoo.co.jp/rss/topics/science.xml') ─── ❷
soup = BeautifulSoup(xml.text, 'html.parser') ─────────────── ❸
for news in soup.findAll('item'): ──────────────────────────── ❹
    print(news.title.string) ───────────────────────────── ❺
```

❶では、bs4モジュールからBeautifulSoupをインポートしています。

❷でget()メソッドを実行しますが、URLは特定のジャンルのRSSにアクセスするためのURLです。これは、「Yahoo!ニュース」が配信するRSSの一覧ページで、特定のカテゴリのリンクをクリックしたときに表示されるページのURLです。

リクエストを送信すれば、RSSページのXMLデータが丸ごとダウンロードされます。

❸でBeautifulSoupクラスをインスタンス化します。第2引数で'html.parser'を指定しています。解析の対象としてXMLドキュメントを指定すると警告が出ることもありますが、特に問題はありません。

▼BeautifulSoupクラスのインスタンス化

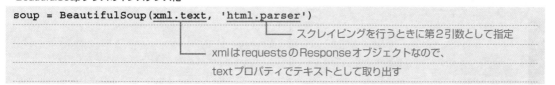

```
soup = BeautifulSoup(xml.text, 'html.parser')
```

　　　　　　　　　　　　　　　　　　　 スクレイピングを行うときに第2引数として指定

　　　　　　　　　　　　 xmlはrequestsのResponseオブジェクトなので、
　　　　　　　　　　　　 textプロパティでテキストとして取り出す

❹で、BeautifulSoupクラスのfindAll()メソッドによるスクレイピングを行います。取り出したいのは<item>タグの中にある<title>タグで囲まれたヘッドラインの文字列なので、まずはfor文で、XMLデータの中にある<item>タグの中身を1つずつ取り出します。なお、<item>を引数にする際は、< >を外してタグの中身（要素）の部分だけを書きます。

▼取り出した<item>タグの1つ

```
<item>
<title>線香花火　先端をねじると長持ち</title>
<link>https://news.yahoo.co.jp/pickup/6470351?source=rss</link>
<pubDate>Tue, 25 Jul 2023 04:23:26 GMT</pubDate>
<comments>https://news.yahoo.co.jp/articles/4a8f62036b8cc5d2.../comments</comments>
</item>
```

❺で画面に出力しますが、findAll()メソッドが返すのはBeautifulSoupのTagクラスのオブジェクトです。そこで、Tagクラスのtitleプロパティで<title>～</title>を取り出します。

▼news.titleで<title>タグを取り出す

```
<title>線香花火　先端をねじると長持ち</title>
```

さらに、stringプロパティで<title>タグの中身を取り出します。

▼news.title.stringの結果

```
線香花火　先端をねじると長持ち
```

これをすべての<item>タグに対して行えば、ニュースのヘッドラインが画面に出力されます。

▼プログラムの実行結果

出力されたヘッドライン

今回は、RSSで配信されているXMLデータをスクレイピングしてみましたが、普通のWebページのHTMLデータをスクレイピングするのも簡単です。「欲しい情報がどのタグに埋め込まれているか」を知る必要はありますが、それさえわかれば、本節のソースコードを改良することでうまくスクレイピングできるはずです。ぜひ、いろいろなサイトで試してみてください。

8.2.4 ピティナ、ネットにつながる

ここでは、「8.2.1 天気予報のWebサービス『OpenWeatherMap』を利用する」で作成したプログラムを、ピティナに移植することにします。

ピティナが今日から5日後までの天気を教えてくれる

ピティナプログラムの改造にあたり、本書では7.3節で作成したピティナプログラムのフォルダー「Pityna」を「chap08」フォルダー以下にコピーしました。続いて、WeatherResponderクラスを定義するためのモジュール「is_weather.py」を「Pityna」フォルダー以下に作成します。

▼ピティナプログラムのフォルダー「Pityna」以下に「is_weather.py」を作成

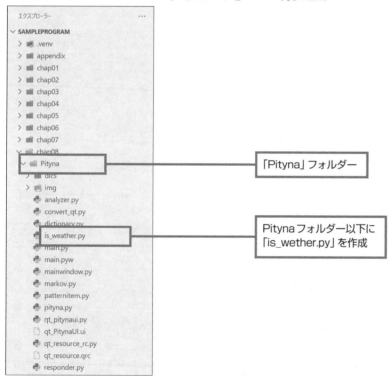

作成した「is_weather.py」を【エディター】で開いて、WeatherResponderクラスの定義コードを入力しましょう。

8

インターネットアクセス

▼WeatherResponderクラス (Pityna/is_weather.py)

```python
import requests


class WeatherResponder:
    """ WeatherResponderクラス
    OpenWeatherMapに接続して、ユーザーが希望する地域の天気予報を取得する

    """

    def is_weather(self, place):
        """ OpenWeatherMapに接続して天気予報を取得する

        Args:
            place(str): ユーザーが希望する地域、アルファベット表記であることが必要

        Returns:
            (str): 5日後までの天気予報

        """
        # APIキー
        API_KEY = 'APIキー'
        # OpenWeatherMapのURL
        URL = 'https://api.openweathermap.org/data/2.5/'
        # 5日/ 3時間ごとの天気予報を取得
        data = requests.get(URL + 'forecast?lang=ja&q='
                            + place + '&appid=' + API_KEY).json()         # ❶
        # 3時間ごとの予報を取り出した回数を数えるカウンター変数
        i = 0
        # 冒頭に出力するメッセージ
        forecast = '天気予報だよ〜\n'                                      # ❷
        # 取得したデータに'list'キーが存在すれば予報データをすべて取り出す
        if 'list' in data:                                               # ❸
            # 12時間ごとの天気予報を取得する
            for d in data['list']:                                       # ❹
                if (i + 1) % 4 == 0:                                      # ❺
                    # 'dt_txt'キーで予報対象の日時を取り出す
                    # 'weather'キーのリストのインデックス0に格納されている辞書から
                    # 'description'キーの値(天気予報)を取り出す
                    forecast += '[' + d['dt_txt'] + ']' \
                                + d['weather'][0]['description'] + '\n'   # ❻
                i = i + 1
        else:
            forecast = 'そこはわかんないよ〜'                              # ❼
```

```
return forecast
```

❶ data = requests.get(URL + 'forecast?lang=ja&q=' + place + '&appid=' + API_KEY). json()

OpenWeatherMapの5日間/3時間ごとの気象データを取得するキーワード「forecast?」にクエリパラメーターを連結して、クエリ用のURLを作成しています。変数placeには、ユーザーが入力した地域名（アルファベット）が格納されています。

❷ forecast = '天気予報だよ〜\n'

天気予報の最初に出力するメッセージです。この文字列に天気予報の情報を追加して、応答フレーズを完成させます。

❸ if 'list' in data:

ユーザーが入力した地域名に該当する気象データがあれば、OpenWeatherMapから返されたJSONデータの中に'list'というフィールド（dictのキー）が存在します。ここで、'list'が存在するかどうかチェックし、存在するのであればデータを取り出して、応答フレーズを作成する処理を開始します。もし、'list'が存在しないのであれば、それはユーザーが入力した地域名にOpenWeatherMapが対応していないことになるので、この場合は❼のelse以下でforecastの値を'そこはわかんないよ〜'に置き換えて、これをis_weather()メソッドの戻り値として返します。

❹ for d in data['list']:

返されたJSONデータの'list'キー以下には、向こう5日間にわたる3時間ごとの気象データが、dict形式のデータとして順番に格納されています。これを1つずつ取り出してブロックパラメーターdに格納します。

❺ if (i + 1) % 4 == 0:

3時間ごとの気象データをすべて取り込むと応答フレーズが長くなりすぎるので、インデックスの0から4回のうち3回をスキップすることで、12時間ごとのデータに限って天気予報を取り出すようにします。

❻ forecast += '[' + d['dt_txt'] + ']' + d['weather'][0]['description'] + '\n'

天気予報の対象となる日時は

```
d['dt_txt']
```

のように'dt_txt'キーで取得し、天気予報は次のようにして取得しています。

```
d['weather'][0]['description']
```

応答で返されるデータのフィールドの一覧を次表に示します。

▼API応答のフィールド

cod	内部で使用するパラメーター		
cnt	API応答で返されるタイムスタンプの数		
list	list.dt	予測時の時刻 (UNIX、UTC)	
	list.main	list.main.temp	温度 (デフォルトはケルビン単位)
		list.main.feels_like	人間が感じる天候の認識を説明
		list.main.temp_min	予測時の最低気温
		list.main.temp_max	予測時の最高温度
		list.main.pressure	海面の大気圧 (hPa)
		list.main.grnd_level	地上の大気圧 (hPa)
		list.main.humidity	湿度 (%)
	list.weather	list.weather.id	気象情報のID
		list.weather.main	気象情報のグループ (Cloudsなど)
		list.weather.description	気象情報
		list.weather.icon	天気アイコンのID
	list.clouds	list.clouds.all	曇りの割合、程度 (%)
	list.wind	list.wind.speed	風速 (デフォルトの単位はメートル/秒)
		list.wind.deg	風向 (度で表示)
	list.visibility	平均視界 (メートル単位)	
	list.pop	降水確率	
	list.sys	list.sys.pod	昼夜の別 (n-夜、d-日)
	list.dt_txt	予測時の時刻	
city	city.id	都市ID	
	city.name	都市の名前	
	city.coord	city.coord.lat	都市の地理的位置：緯度
		city.coord.lon	都市の地理的位置：経度
	city.country	国コード (GB、JPなど)	
	city.timezone	タイムゾーン (UTC時刻から秒単位でシフト)	

❼ forecast = 'そこはわかんないよ〜'

else以下の処理です。ユーザーが入力した地域名に対応していない場合は、forecastに'そこはわかんないよ〜'を代入し、これを戻り値として返します。

mainwindowモジュールの改造

　WeatherResponderクラスとのやり取りは、MainWindowクラスから直接行います。対話を実行するbutton_talk_slot()の構造が大きく変わりました。

▼MainWindowクラス (Pityna/mainwindow.py)

```python
import os
import datetime
from PyQt5 import QtWidgets
from PyQt5 import QtGui
import qt_pitynaui
import pityna
import is_weather                                              # ❶


class MainWindow(QtWidgets.QMainWindow):
    """QtWidgets.QMainWindowを継承したサブクラス
    UI画面の構築を行う


    Attributes:
        pityna (obj): Pitynaオブジェクトを保持
        action (bool): ラジオボタンの状態を保持
        ui (obj): Ui_MainWindowオブジェクトを保持
        log(strのlist): ユーザーの発言とピティナの応答を保持
        weather(obj): WeatherResponderオブジェクトを保持
    """
    def __init__(self):
        """初期化処理


        """
        # スーパークラスの__init__()を実行
        super().__init__()
        # Pitynaオブジェクトを生成
        self.pityna = pityna.Pityna('pityna')
        # ラジオボタンの状態を初期化
        self.action = True
        # Ui_MainWindowオブジェクトを生成
        self.ui = qt_pitynaui.Ui_MainWindow()
        # WeatherResponderを生成
        self.weather = is_weather.WeatherResponder()           # ❷
        # ログ用のリストを用意
        self.log = []
```

```python
            # 天気予報で使用するフラグ
            self.question = False                                                  ❸

            # setupUi()で画面を構築、MainWindow自身を引数にすることが必要
            self.ui.setupUi(self)


    def putlog(self, str):
        """QListWidgetクラスのaddItem()でログをリストに追加する

        Args:
            str (str):ユーザーの入力または応答メッセージをログ用に整形した文字列
        """
        self.ui.ListWidgetLog.addItem(str)
        # ユーザーの発言、ピティナの応答のそれぞれに改行を付けてself.logに追加
        self.log.append(str + '\n')


    def prompt(self):
        """ピティナのプロンプトを作る

        Returns:
            str: プロンプトを作る文字列
        """
        # Pitynaクラスのget_name()でオブジェクト名を取得
        p = self.pityna.get_name()
        # 「Responderを表示」がオンならオブジェクト名を付加する
        if self.action == True:
            p += ':' + self.pityna.get_responder_name()
        # プロンプト記号を付けて返す
        return p + '> '

    def change_looks(self):
        """機嫌値によってピティナの表情を切り替えるメソッド

        """
        # 応答フレーズを返す直前のピティナの機嫌値を取得
        em = self.pityna.emotion.mood
        # デフォルトの表情
        if -5 <= em <= 5:
            self.ui.LabelShowImg.setPixmap(QtGui.QPixmap(":/re/img//talk.gif"))
        # ちょっと不機嫌な表情
        elif -10 <= em < -5:
            self.ui.LabelShowImg.setPixmap(QtGui.QPixmap(":/re/img/empty.gif"))
        # 怒った表情
        elif -15 <= em < -10:
```

```
            self.ui.LabelShowImg.setPixmap(QtGui.QPixmap(":/re/img/angry.gif"))
        # 嬉しさ爆発の表情
        elif 5 < em <= 15:
            self.ui.LabelShowImg.setPixmap(QtGui.QPixmap(":/re/img/happy.gif"))


    def writeLog(self):
        """ ログを更新日時と共にログファイルに書き込む


        """
        # ログタイトルと更新日時のテキストを作成
        # 日時は2023-01-01 00:00::00の書式にする
        now = 'Pityna System Dialogue Log: '\
                + datetime.datetime.now().strftime('%Y-%m-%d %H:%m::%S') + '\n'
        # リストlogの先頭要素として更新日時を追加
        self.log.insert(0, now)
        # logのすべての要素をログファイルに書き込む
        path = os.path.join(os.path.dirname(__file__), 'dics', 'log.txt')
        with open(path, 'a', encoding = 'utf_8') as f:
            f.writelines(self.log)


    def button_talk_slot(self):
        """ [話す] ボタンのイベントハンドラー


        ・Pitynaクラスのdialogue()を実行して応答メッセージを取得
        ・入力文字列および応答メッセージをログに出力
        """
        # ラインエディットからユーザーの発言を取得
        value = self.ui.LineEdit.text()
```

```
        it not value:
            # 未入力の場合は「なに?」と表示
            self.ui.LabelResponce.setText('なに?')
        elif value == '天気予報':                                    ❹
            if self.question == False:
                # '天気予報'と入力があれば予報する地域をたずねる
                self.ui.LabelResponce.setText('どこの天気?')
                # 天気予報フラグをTrueにする
                self.question = True
                # QLineEditクラスのclear() メソッドでラインエディットのテキストをクリア
                self.ui.LineEdit.clear()
        elif self.question == True:                                   ❺
            # 地域名の入力があり、かつ天気予報フラグがTrueであれば、天気予報を取得する
```

8

インターネットアクセス

```
            response = self.weather.is_weather(value)
            # 取得した情報をラベルに出力
            self.ui.LabelResponce.setText(response)
            # 天気予報のフラグをFalseに戻す
            self.question = False
            # QLineEditクラスのclear()メソッドで、ラインエディットのテキストをクリア
            self.ui.LineEdit.clear()
        else:
            # '天気予報'以外の入力があった場合、または天気予報のフラグがFalseであれば、
            #  ユーザーの発言を引数にしてdialogue()を実行し、応答メッセージを取得
            response = self.pityna.dialogue(value)
            # ピティナの応答メッセージをラベルに出力
            self.ui.LabelResponce.setText(response)
            # プロンプト記号にユーザーの発言を連結してログ用のリストに出力
            self.putlog('> ' + value)
            # ピティナのプロンプト記号に応答メッセージを連結してログ用のリストに出力
            self.putlog(self.prompt() + response)
            # QLineEditクラスのclear()メソッドでラインエディットのテキストをクリア
            self.ui.LineEdit.clear()
```

```
        # ピティナのイメージを現在の機嫌値に合わせる
        self.change_looks()


    def closeEvent(self, event):
        """ウィジェットを閉じるclose()メソッド実行時にQCloseEventによって呼ばれる


        Overrides:
            ・メッセージボックスを表示する
            ・[Yes]がクリックされたら辞書ファイルとログファイルを更新して画面を閉じる
            ・[No]がクリックされたら辞書ファイルを更新しないで画面を閉じる


        Args:
            event(QCloseEvent): 閉じるイベント発生時に渡されるQCloseEventオブジェクト
        """
        # Yes|Noボタンを配置したメッセージボックスを表示
        reply = QtWidgets.QMessageBox.question(
            self,
            '質問ですー',
            '辞書を更新してもいい?',
            buttons = QtWidgets.QMessageBox.Yes | QtWidgets.QMessageBox.No
            )
```

```
    # [Yes] クリックで辞書ファイルの更新とログファイルへの記録を行う
    if reply == QtWidgets.QMessageBox.Yes:
        self.pityna.save()        # 記憶メソッド実行
        self.writeLog()           # 対話の一部始終をログファイルに保存
        event.accept()            # イベントを続行し画面を閉じる
    else:
        # [No] クリックで即座に画面を閉じる
        event.accept()


def show_responder_name(self):
    """RadioButton_1がオンのときに呼ばれるイベントハンドラー

    """
    # ラジオボタンの状態を保持するactionの値をTrueにする
    self.action = True


def hidden_responder_name(self):
    """RadioButton_2がオンのときに呼ばれるイベントハンドラー

    """
    # ラジオボタンの状態を保持するactionの値をFalseにする
    self.action = False
```

通常の対話から天気予報の処理に切り替える仕掛けが必要です。そこで、'天気予報' という入力があったら天気予報を応答する処理に切り替えるようにします。そのあと、どこの地域かをたずねて、その地域名 (アルファベット表記) を使って天気情報を取得し応答として返すようにしましょう。

▼天気予報を応答するアルゴリズム

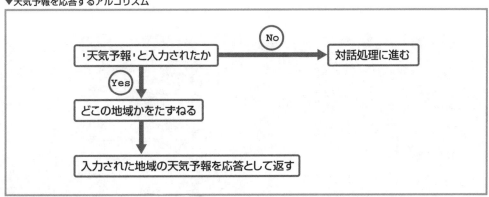

❶でis_weatherモジュールをインポートし、❷でWeatherResponderをインスタンス化してself.weatherに格納します。Pitynaクラスと同じように、MainWindowクラスがインスタンス化された時点で、オブジェクトの生成を済ませてしまいます。

　問題は、'天気予報'と入力されたあとの処理です。引き続き「地域名をたずねる」という処理に進まなくてはなりません。ユーザーからの入力が、天気予報の地域のものなのかを判別する仕組みが必要です。そこで、❸のインスタンス変数self.questionを使います。

　'天気予報'と入力されたのがわかったら値をTrueにし、それ以外はFalseのままにしておきます。いわゆる「フラグ」というものですが、これを使って「天気予報の処理を進めるか否か」を判定するようにします。

●button_talk_slot()イベントハンドラーの処理

　対話を行うbutton_talk_slot()の処理です。

❹ elif value == '天気予報':

　インプット文字列が'天気予報'であったときの処理です。ネストした「if self.question == False:」でフラグがFalseかどうかを調べ、そうであれば'どこの天気?'と応答を返します。それから、フラグの値をTrueにして、天気予報の処理中であることがプログラムにわかるようにします。

❺ elif self.question == True:

　「天気予報を知りたい地域名」が入力されたときの処理です。これまでの処理で'天気予報'と入力があれば'どこの天気?'と応答を返し、questionフラグの値をTrueにする(フラグを立てる)ようにしました。ユーザーは「天気予報を知りたい地域名」を入力してくるので、それをここで捕捉します。

　elifブロックの処理としては、入力されたアルファベット表記の地域名を引数にしてWeatherResponderクラスのis_weather()を実行します。is_weather()は、入力された地域名に対応している場合は、その地域の天気予報を返してきます。入力した地域名が対応外だった場合は、'そこはわかんないよ〜'が返ってきます。返された文字列を画面に表示し、questionフラグをFalseに戻して入力エリアをクリアしたら、elifブロックの処理は完了です。

　ユーザーからの入力が'天気予報'でもなく、questionフラグがTrue(フラグが立っている)でもなければ、通常の対話のための処理が行われます。この場合は最後のelseブロックが実行され、Pitynaクラスを介した対話処理に進みます。

Mmo 「OpenWeatherMap」で、無料で利用できるWebサービス

　「OpenWeatherMap」では、次のWebサービスが無料で利用できます。

●「Current Weather Data」
　200,000を超える地域の現在の気象データを取得します。

●「5 Day / 3 Hour Forecast」
　5日間の3時間ごとの天気予報を取得します。

●「One Call API」
　1回のAPI呼び出しで、以下のように現在、予測、および過去の気象データを取得します。

・1時間の分予報
・48時間の時間予報
・7日間の毎日の天気予報
・過去5日間の履歴データ
・気象警報

ネットにつながるピティナを実行してみよう

　ピティナがネットに接続し、天気予報を教えてくれるようになりました。ピティナプログラムを起動して、天気予報をたずねてみましょう。

▼ネットに接続するピティナ

「天気予報」と入力する

②地域名をアルファベットで入力

①WeatherResponderによる処理が開始される

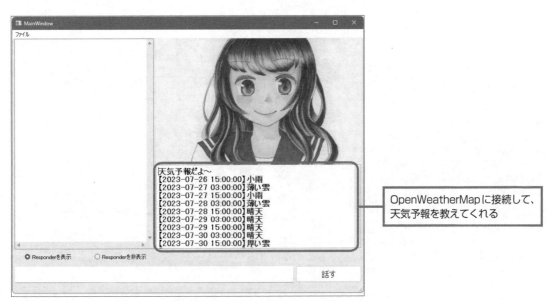

OpenWeatherMapに接続して、天気予報を教えてくれる

8

インターネットアクセス

　今回は、出力する行数が多いので、スクロールバーが表示されます。

　なお、入力した地域名がOpenWeatherMapに登録されていない場合は、「そこはわかんないよ～」と応答が返ります。

Webサービスの Google Colab を便利に使おう！

Google Colaboratory（略称：Google Colab、グーグル・コラボ）は、教育・研究機関への機械学習の普及を目的とした Google の研究プロジェクトです。現在、ブラウザーから Python を記述・実行できるサービスとして、誰でも無料で利用できる Colaboratory（略称：Colab）が公開中です。Colab は、次の特長を備えています。

・開発環境の構築が不要：
Python 本体はもちろん、NumPy や scikit-learn、TensorFlow、PyTorch をはじめとする機械学習用の最新バージョンのライブラリが多数、すぐに使える状態で用意されています。
・GPU／TPU が無料で利用できる：
無料で GPU や TPU を利用できます。

●Colab を利用するには

Colab は、「https://colab.research.google.com/」にアクセスして、Google のアカウントでログインすれば、すぐに使い始められます。利用にあたっては Google のアカウントが必要になりますが、Colab のサイトからアカウントを新規に取得できます。

●Colab の仕組み

Colab では、「Colab ノートブック」と呼ばれる、Jupyter Notebook ライクな環境で開発を行います。Jupyter Notebook と同じようにブラウザー上で動作するので、Colab のサイトにログインすれば、ノートブックの作成、ソースコードの入力、プログラムの実行まで、開発に必要なすべての操作が行えるようになっています。

Colab が人気を集めているのは、GPU が無料で使えることが大きいです。次章で紹介するディープラーニングでは、大規模なデータを延々と学習することが多く、一般的な PC では学習完了までに丸一日かかることもよくあります。でも、Colab の GPU 環境を使えば、大幅な時間短縮が可能です。十数時間かかっていたのが数時間で完了してしまうほどです。ディープラーニングを高速化するために Google 社が開発したプロセッサ、TPU（Tensor Processing Unit）」も使えます。

●Colab の利用可能時間

Colab の利用可能時間には制限がありますが、通常の使用では問題のない範囲です。

・利用可能なのは、ノートブックの起動から12時間です。12時間が経過すると、実行中のランタイムがシャットダウンされます。「ランタイム」とは、ノートブックの実行環境のことで、バックグラウンドで Python 仮想マシンが稼働し、メモリやストレージ、CPU／GPU／TPU のいずれかが割り当てられます。Jupyter Notebook の「カーネル」と同じ意味です。
・ノートブックとのセッションが切れると、90分後にカーネルがシャットダウンします。「ノートブックを開いていたブラウザーを閉じる」「PC がスリープ状態になる」など、ノートブックとのセッションが切れると、そこから90分後にランタイムがシャットダウンされます。ただし、90分以内にブラウザーでノートブックを開き、セッションを回復すれば、そのまま12時間が経過するまで利用できます。

GPU を使用すれば、12時間という制限はほとんど問題ないと思います。なお、ノートブックを開いたあとで閉じた場合、セッションは切れますが、カーネルは90分間は実行中のままなので、12時間タイマーはリセットされません。「一度カーネルが起動されたらそこから12時間」という制限なので、タイマーをリセットしたい場合は、いったんカーネルをシャットダウンし、再度起動することになります。カーネルのシャットダウン／再起動は、ノートブックのメニューから簡単に行えます。

●Colab ノートブックで利用できるストレージ

Colab ノートブックで利用できるストレージ（記憶装置）やメモリの容量は次のようになります。

・ストレージは GPU なしや TPU 利用の場合は40GB、GPU ありの場合は360GB。
・メインメモリは13GB。
・GPU メモリは12GB。

Perfect Master Series
Python AI Programming

Chapter 9

ピティナ、
ディープラーニングに挑戦！

これまで、ピティナは辞書を使ったパターン学習やマルコフ連鎖による文章生成など、チャット
ボットとしての機能向上のための様々な仕掛けに挑戦してきました。

本書の最後を飾るこの章では、いよいよピティナがディープラーニングに挑戦します。

ディープラーニングと いえばPythonなのです

Pythonが定番の開発言語として使われている分野に「ディープラーニング」があります。AI（人工知能）を実現するための技術の1つですが、Pythonはディープラーニング用の外部ライブラリがとても充実しているので、この分野の開発言語として広く使われています。

深層学習（ディープラーニング）とは

人工知能（AI）を実現するための技術として、「機械学習」があります。AIの学習機能を担う技術であり、データの予測や分類をはじめ、画像認識や物体検出、音声認識などの分野で活用されています。具体的には、スパムメールの検知、クレジットカードの不正利用の検知、さらには株式取引や商品レコメンデーション、医療診断などなど、もちろん話題の自動運転技術にも使われています。

●ディープラーニングって何？

改めて人工知能（AI）の定義を見てみると、「コンピューターを使って学習・推論・判断など人間の知能の働きを人工的に実現したもの」とされています。この定義どおりにコンピューターに物事を理解してもらうためには、人間が学習するプロセスと同様に、情報を与えて学習させる必要があります。このようにコンピューターに学習させることを総称して「機械学習（マシーンラーニング）」と呼び、その中でも人間の脳にとりわけ近い仕組みで学習を行わせる手法のことを「深層学習（ディープラーニング）」と呼んでいます。

●Pythonでどうやってディープラーニングするの？

この章では、ピティナに「画像認識」という、ディープラーニングの手法の1つを移植します。たくさんの画像を見せて、それが何の画像であるかを学習してもらうのです。そのためには、人間の脳細胞のネットワークを模した「ニューラルネットワーク」というプログラム（モデル）を作成し、これを使って学習させることになります。

なんだかとても面倒で難解そうです。確かに、数学の結構難しめの知識が必要になります。でもご安心ください。Pythonには、このような難しい部分を覆い隠して「やりたいことを関数呼び出しで実現する」ためのライブラリが、いろいろと用意されています。

　ふつうは上級者向けの書籍でしか紹介できない「ディープラーニング」ですが、これらのライブラリを用いることで、Pythonの学習途上にある方でも、ディープラーニングの醍醐味を味わっていただけます。

▼手書き数字を読み込んで、何の数字かを言い当てるピティナ

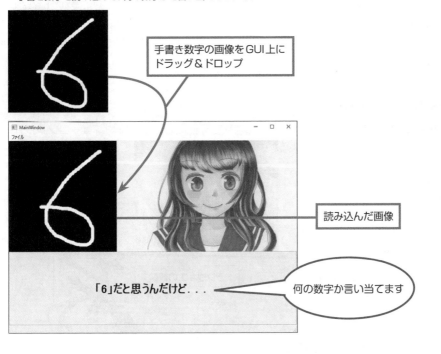

手書き数字の画像をGUI上に
ドラッグ＆ドロップ

読み込んだ画像

「6」だと思うんだけど...

何の数字か言い当てます

9.1.1　ディープラーニングっていったい何？

　これまでにピティナは、自らの辞書を持ちつつ、パターン認識を行い、相手の発言に対して上手に切り返せるように学習を行ってきました。これらは立派な「学習」と呼べるレベルの振る舞いといえそうですが、「ディープラーニング（深層学習）」の一般的な定義とは異なるものです。ディープラーニングを定義付ける要素の1つに、ニューラルネットワークがあります。たんに「機械学習」というのであれば、ニューラルネットワーク以外の、例えば統計学を用いた手法なども入ってきて範囲が広がるのですが、ディープラーニングは「深いニューラルネットワーク」なのです。そこでまずは「ニューラルネットワークとはいったい何なのか」を押さえておけば、ディープラーニングの実体が見えてきます。

ニューラルネットワークのニューロン

　ニューラルネットワークをひと言で表現すると、「動物の脳細胞を模した人工ニューロンというプログラム上の構造物をつないでネットワークにしたもの」です。

　動物の脳は、膨大な演算を瞬時に行う高性能のコンピューターよりもはるかに優れているといわれます。超高速で大量のデータを処理できるコンピューターであっても、小鳥の小さな脳にはかなわないのです。動物の神経回路には、コンピューターのデジタル信号よりも伝送効率で劣るアナログ信号が用いられているにもかかわらず——。

■ 人工ニューロン

　動物の脳は、神経細胞の巨大なネットワークです。神経細胞そのものは「ニューロン」と呼ばれていて、生物学的に表現すると次図のような形状をしています。

▼神経細胞

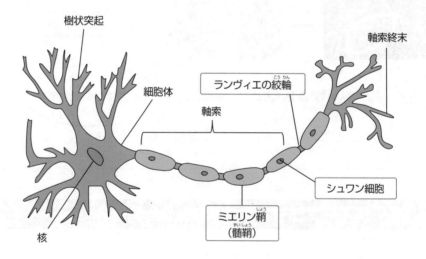

　これが単体のニューロンで、その先端部分には、他のニューロンからの信号を受け取る「樹状突起」があり、**シナプス**と呼ばれるニューロン同士の結合部を介して他のニューロンと接続されています。樹状突起から取り込んだ信号は、軸索と呼ばれる伝送部を通りながら変換され、軸索終末からシナプスによって接続された別のニューロンに伝達されます。例えば、視覚情報を扱うための膨大な数のニューロンが複雑に絡み合ったネットワークがあるとしましょう。ある物体を見たときの視覚的な情報がネットワークに入力されると、ニューロンを通るたびに信号が変化し、最終的に「その物体が何であるか」を認識する信号が出力されます。大雑把にいうと、動物の脳はこのようなニューロンのネットワークを流れる信号により、外部や内部の情報を処理しているというわけです。

▼ニューロンから発せられる信号の流れ

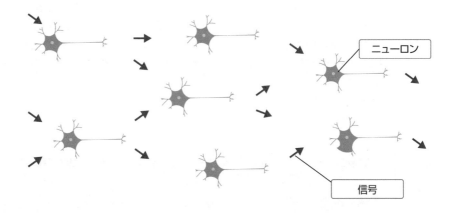

　このような神経細胞（ニューロン）をコンピューター上で「プログラムとして」表現できないものかと考案されたのが、**人工ニューロン**です。人工ニューロンは他の（複数の）ニューロンからの信号を受け取り、内部で変換処理（活性化関数）を実行して、その結果を他のニューロンに伝達します。

▼人工ニューロン（単純パーセプトロン）

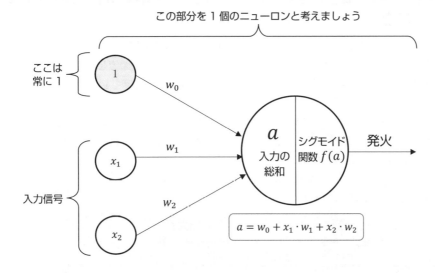

　動物のニューロンは、「何らかの刺激が電気的な信号として入ってくると、この電位を変化させることで**活動電位**を発生させる」仕組みになっています。活動電位とは、いわゆる「ニューロンが発火する」という状態を作るためのものであり、「活動電位にするか、しないか」を決める境界、つまり「閾値」を変化させることで、発火する／しない状態にします。ちなみに、先の図のような単体の人工ニューロンのことを、ディープラーニングの用語で**単純パーセプトロン**と呼びます。

9

ピティナ、ディープラーニングに挑戦！

人工ニューロンでは、このような仕組みを実現する手段として、他のニューロンからの信号（図の1、x_1、x_2）に「重み」（図のw_0、w_1、w_2）を適用（実際には掛け算）し、「重みを通した入力信号の総和」（$a = w_0 + x_1 \cdot w_1 + x_2 \cdot w_2$）に活性化関数（図の$f(a)$）を適用することで、1個の「発火／発火しない」信号を出力します。出力する信号の種類は1個だけですが、同じものを複数のニューロンに出力します。図では出力する信号が1個になっていますが、実際には矢印がもっとたくさんあって、複数のニューロンに出力されるイメージです。

説明を一気に進めてしまいましたが、ニューロン、ニューラルネットワークの基本的な動作はこれだけです。つまり、

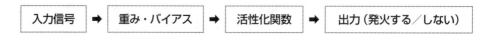

という流れを作ることで、ニューロンのネットワークを人工的に再現します。ここで、発火するかどうかは常に「活性化関数からの出力」によって決定されるので、もとをたどれば「発火するかどうかは活性化関数に入力される値次第」ということになります。ですので、やみくもに発火させず、正しいときにのみ発火させるように、信号の取り込み側には重み・バイアスという調整値が付いています。バイアスとは「重みだけを入力するための値」のことで、他の入力信号の総和が0または0に近い小さな値になるのを防ぐ、「底上げ」としての役目を持ちます。

■ 「学習する」とは、重み・バイアスを適切な値に更新するということ

ここまでを整理すると、人工ニューロンの動作の決め手は「重み・バイアス」と「活性化関数」ということになります。活性化関数には様々なものがあり、「一定の閾値を超えると発火するもの」、「発火ではなく"発火の確率"を出力するもの」といった違いもあります。一方、重み・バイアスについては、値は定まっておらず、プログラム側で適切な値を探すことになります。「ほかのニューロンからの出力に重み（図のw_1、w_2）を掛けた値」と「バイアス（図のw_0）の値」の合計値が入力信号となるので、重み・バイアスを適正な値にしなければ、活性化関数の種類が何であっても人工ニューロンは正しく動作することができません。次の図を見てください。

▼ニューラルネットワーク（多層パーセプトロン）

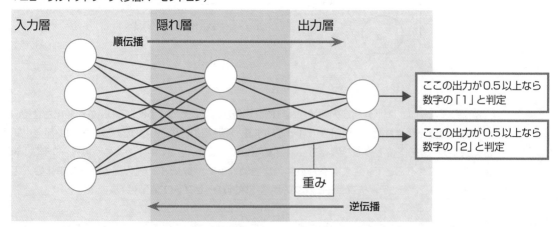

入力層は入力データのグループです。例えば、手書き数字「1」または「2」の画像データ（28×28ピクセル）を入力する場合は、784個（画素）のデータが並ぶことになります。このグループを**入力層**と呼びます。これに接続されるニューロンのグループが**隠れ層**です。図では、ここに**出力層**の2個のニューロンが接続されているので、仮に上段のニューロンが発火した場合は手書き数字の画像が「1」、下段のニューロンが発火した場合は手書き数字の画像が「2」だと判定することにしましょう。発火する閾値は0.5とし、0.5以上であれば発火として扱います。一方、活性化関数はどんな値を入力しても「0か1」もしくは「0〜1の範囲に収まる値」を出力するので、手書き数字が1の場合に上段のニューロンが発火すれば正解、2の場合に下段のニューロンが発火すれば正解です。

しかし、当初の重みとバイアスは場当たり的に決めたものなので、上段のニューロンが発火してほしい（手書き数字は「1」）のに0.1と出力され、逆に下段のニューロンが0.9になったりします。そこで、順方向への値の伝播で上段のニューロンが出力した0.1と正解の0.5以上の値との誤差を測り、この誤差がなくなるように「出力層に接続されている重みとバイアスの値」を修正します。さらに、修正した重みに対応するように「隠れ層に接続されている重みとバイアスの値」を修正します。出力するときとは反対の方向に向かって、誤差をなくすように重みとバイアスの値を計算していくことから、このことを専門用語で**誤差逆伝播**と呼びます。

ちなみに、ニューラルネットワークのことをディープラーニングの用語で**多層パーセプトロン**と呼びます。ニューロン（単純パーセプトロン）をいくつもつないで層構造としていることから、このような呼び方がされます。

■ 順方向で出力し、間違いがあれば逆方向に向かって修正して 1回の学習を終える

機械学習やディープラーニングでいうところの「学習」とは、

順方向に向かっていったん出力を行い、誤差逆伝播で重みとバイアスを修正する

ことです。ただし、学習を1回行っただけでは不十分です。「まったく同じ手書き数字の画像」をもう一度ネットワークに入力すれば、上段のニューロンが間違いなく発火するはずですが、ちょっと書き方を変えた（1を少し斜めにするなど）画像が入力された場合、下段のニューロンが発火するかもしれません。あるいは「どのニューロンも発火しない」、逆に「両方とも発火してしまう」といった場合もあります。なぜなら、このニューラルネットワークは「学習したときに使った画像しか認識できない」からです。

なので、いろいろな書き方の「1」の画像を何枚も入力して重みとバイアスを修正し、どんな書き方であっても「1」と認識できるように学習させることが必要です。そうすれば、いろいろな人が書いた「1」を入力しても常に上段のニューロンのみが発火するようになるはずです。同様に、いろいろな書き方の「2」の画像を何枚も入力して、下段のニューロンのみが発火するように学習させます。こうしてひととおりの画像の入力が済んだら、「1回目の学習が終了した」ことになります。

もちろん、1回の学習ですべての手書き数字の1と2を言い当てられるとは限らないので、同じ画像のセットをもう一度学習（順伝播➡誤差逆伝播）させることもあります。このような処理こそが、ディープラーニングでの「学習」の実体です。いかがでしょう？　何となくイメージがつかめたでしょうか。

9.2 認識率98%の高精度の ニューラルネットワーク を作る

Level ★★★　　**Keyword**　TensorFlow　Keras　MINIST　ニューロン　バイアス　活性化関数

　今回は、ディープラーニングを使った画像認識の一例として、ピティナに「手書き数字の認識」をやってもらいます。（コンピューターなので、「認識」というより「識別」とした方が正確かもしれません）。0から9までの10種類の手書き数字の画像を学習してもらい、学習後は、ユーザーが描いた数字を見せると100パーセント近い確率で言い当ててもらいます。

ピティナに移植するニューラル ネットワークの開発

　画像認識を行うためには、まずはニューラルネットワークを作成し、学習を行わせることが必要です。学習を繰り返して精度が上がったところで、ニューラルネットワークをプログラム用のファイルに保存し、それをGUIを備えたピティナプログラムに移植します。

●ディープラーニング版ピティナの開発手順

　今回の手書き数字の認識には、Pythonのディープラーニング用ライブラリ「Keras（ケラス）」を使います。

●外部ライブラリと学習用の教材（手書き数字）の用意

　Pythonのディープラーニング用ライブラリ「Keras」を仮想環境にインストールします。Kerasには、手書き数字の画像データを60,000セット（！）も収録した「MNIST（エムニスト）」というデータセットが同梱されているので、これを使って学習（ディープラーニング）を行うことにします。

●ニューラルネットワークのプログラミング

　Kerasを使ってディープラーニング用のニューラルネットワークをプログラミングします。とはいえ、前述のようにKerasは難解な処理を関数（メソッド）呼び出しで簡単に実現してくれるので、ソースコードの量も少なくて済み、プログラムの構造自体もとてもシンプルです。

● ディープラーニングを実施して学習結果を保存する

プログラミングが終わったら、MNISTデータセットを読み込んでディープラーニングを実施します。学習した結果は、学習に使用したニューラルネットワークと共にファイルとして保存するようにします。

ピティナに移植するためのニューラルネットワークを完成させるまでが本節の目的です。次の節では、ディープラーニング版のピティナプログラムを作成し、今回作成したニューラルネットワークをピティナに移植します。

● 次節はディープラーニング版ピティナの作成

今回の成果を用いて次節では、ピティナのGUIに任意の手書き数字の画像をドラッグ＆ドロップすると、ピティナがこれを判別し、何の数字かを応答するようにします。これに合わせて新しいGUIを作成し、学習結果を記憶しているニューロン（脳細胞に相当する部分）をピティナに（プログラム的に）移植します。

ドラッグ＆ドロップで画像ファイルを読み込む仕組みや、移植されたニューロンを用い、かなりクセのある書き方であっても、手書き数字を言い当てる仕組みもプログラミングします。

9.2.1　Kerasライブラリをインストールして「手書き数字」の画像データを用意しよう

Pythonは、AI開発の分野で人気の言語だけあって、ディープラーニングを含む機械学習用のライブラリがとても充実しています。どのライブラリも魅力的なのですが、今回は、安定した人気があり、とても使いやすい**Keras**というライブラリを使うことにしました。実はこのKeras、**TensorFlow**（テンソルフロー）という有名なライブラリを「シンプルなコードで使いこなすためのラッパーライブラリ」です。TensorFlowはディープラーニングに特化した高機能なライブラリですが、高機能であるがゆえに、使いこなすには専門的な知識が求められます。バージョンが2になってからは、以前よりはコーディングがやさしくなりましたが、それでもプログラミングの難易度は高めです。

「ディープラーニングの概要がわかる人であれば、数学的な知識がなくても手軽にディープラーニングができる」ように開発されたのがKerasです。例えば、ニューラルネットワークのある部分をPythonの標準機能だけで書いたら20行のコードになったとしましょう。それがTensorFlowを使うと10行程度、Kerasだと5行未満で済んでしまう──という感じです。

以前はKeras単体でインストールする必要がありましたが、TensorFlowバージョン2では、KerasライブラリがまるごとTensorFlowに取り込まれ、TensorFlowのAPIとして利用できるようになりました。このため、TensorFlowをインストールするだけで、従来のTensorFlowの機能（API）はもちろん、Kerasのすべての機能が使えるようになっています。

Kerasが同梱されたTensorFlowを仮想環境にインストールしよう

TensorFlowを仮想環境にインストールしましょう。前述のとおりKerasはTensorFlowに同梱されているので、TensorFlow本体をインストールすれば、Kerasでプログラミングできるようになります。

■ VSCodeの [ターミナル] を使ってTensorFlowをインストールする

VSCodeを起動し、Pythonの開発用フォルダー内にNotebookを作成します。本書では「sampleprogram」フォルダー内にPythonの仮想環境「.venv」を作成し、章のフォルダー内に節ごとのフォルダーを作成してプログラムのファイルを格納するようにしているので、「chap09」➡「09_02」内にこのあとで使用する予定の「learning_MNIST.ipynb」を作成しました。

1 Notebookを作成したら、Notebookのツールバー右端の [カーネルの選択] をクリックします。

2 中央に開いたパネルで仮想環境のPythonインタープリターを選択します。

3 [ターミナル] メニューの [新しいターミナル] を選択して、仮想環境と連携した状態で [ターミナル] を起動します。

4 [ターミナル] で「pip install tensorflow」と入力して Enter キーを押します。

▼Notebookを作成して仮想環境のPythonインタープリターを選択

作成済みの仮想環境

Notebookを作成

▼TensorFlowのインストール

「pip install tensorflow」と入力して Enter キーを押す

■ NumPyのインストール

数値計算用のライブラリNumPyは、機械学習に必須です。仮想環境に関連付けられた状態の [ターミナル] で

```
pip install numpy
```

と入力して Enter キーを押すと、NumPyがインストールされます。

■ Matplotlibのインストール

ディープラーニングとは直接の関係はないのですが、このあとで画像処理を行う場面があるので、画像処理／グラフ作成用ライブラリのMatplotlib（マットプロットリブ）をインストールしておきましょう。仮想環境に関連付けられた状態の**[ターミナル]** で、

```
pip install matplotlib
```

と入力して [Enter] キーを押すと、Matplotlibがインストールされます。

■ Pillowのインストール

Pillowは画像処理用のライブラリです。このあとでPillowを用いて画像処理を行う場面があるので、インストールしておきましょう。仮想環境に関連付けられた状態の**[ターミナル]** で、

```
pip install pillow
```

と入力して [Enter] キーを押すと、Pillowがインストールされます。

なお、インストール済みのPillowをインポートする際の名前は、PillowではなくPILとなるので注意してください。

▼Pillow の Image モジュールをインポートする例
```
from PIL import Image
```

■ MNISTデータセットの中身を見てみよう

TensorFlowにはディープラーニング用の学習教材がいくつか付属していますが、今回使用する手書き数字の画像データ**MNIST**ももちろん付属しています。さっそくNotebookでMNISTデータセットの中身を見てみることにしましょう。

セル1
```
# TensorFlowからKerasをインポート
from tensorflow import keras

# MNISTデータセットを変数に代入する
(x_train, y_train), (x_test, y_test) = keras.datasets.mnist.load_data()
```

上記のコードをセルに入力して実行すると、仮想環境の所定の場所にMNISTデータセットがダウンロードされます。いったんダウンロードしてしまえば、次回からはダウンロード済みのMNISTデータを直接、扱うことができます。MNISTデータセットには、学習に使用する訓練データと正解ラベル（手書き数字が何の数字であるかを示す0〜9の値）、学習結果を評価するためのテストデータと正解ラベルが格納されているので、それぞれを次の変数に格納しました。

x_train	訓練用の画像
y_train	訓練用の正解ラベル
x_test	テスト用の画像
y_test	テスト用の正解ラベル

それぞれの変数に格納されているのは、NumPy配列のデータです。NumPyは数学計算用のライブラリで、NumPyの配列はPythonのリストをそのままNumPyに移植したものです。では、どのような形状になっているのか、次のように入力して確かめてみましょう。

▼データセットのデータを格納した配列の形状を調べる

`セル2`
```python
# MNISTデータセットの形状を調べる
print(x_train.shape)    # 訓練データ
print(y_train.shape)    # 訓練データの正解ラベル
print(x_test.shape)     # テストデータ
print(y_test.shape)     # テストデータの正解ラベル
```

`OUT`
```
(60000, 28, 28)
(60000,)
(10000, 28, 28)
(10000,)
```

shapeは、NumPy配列の形状 (各次元の要素数) を取得するためのプロパティです。

```
(60000, 28, 28)
```

は、カッコの中に数値が3つ並んでいるので、この配列が3次元の配列であることを示しています。(28行, 28列)の2次元配列が60,000セット (!) 格納されていることになります。この(28行, 28列)の2次元配列は数学の行列を表現していて、28×28ピクセルの1枚の画像データに相当します。行列の各要素 (成分) はグレースケールの色調を示す0から255までの値です。では、実際にどんなデータが格納されているのか確認してみましょう。

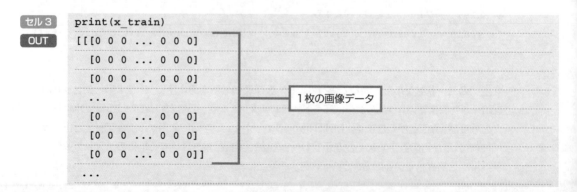

`セル3` `print(x_train)`
`OUT`
```
[[[0 0 0 ... 0 0 0]
  [0 0 0 ... 0 0 0]
  [0 0 0 ... 0 0 0]
  ...
  [0 0 0 ... 0 0 0]
  [0 0 0 ... 0 0 0]
  [0 0 0 ... 0 0 0]]
 ...
```

1枚の画像データ

```
[[0 0 0 ... 0 0 0]
 [0 0 0 ... 0 0 0]
 [0 0 0 ... 0 0 0]
 ...
 [0 0 0 ... 0 0 0]
 [0 0 0 ... 0 0 0]
 [0 0 0 ... 0 0 0]]]
```

60,000枚の画像データなので、出力が省略されています。これでは何もわからないので、画像1枚ぶんのデータだけを出力してみます。

▼x_trainsに格納されている1枚目の画像データを出力

セル4
```
print(x_train[0])
```

出力されるデータは一部が省略されているので、別途でデータを抽出して「メモ帳」に貼り付けてみたのが次です。

▼x_trainsに格納されている1枚目の画像データ

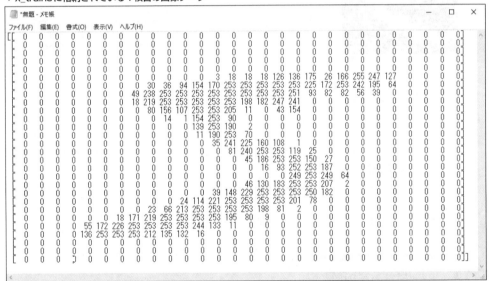

MNISTの手書き数字は、黒の下地に白の数字を描いたものなので、黒を示す0の並びの中にグレースケールの色調を示す数値が収められています。ところでこの数字の並び、全体を見渡すと「5」に見えませんか?

では、グラフィックを処理するMatplotlibライブラリを利用して、画像として出力してみましょう。

▼手書き数字の画像を出力する

セル5
```python
# Matplotlibのpyplotモジュールをpltという名前でインポート
import matplotlib.pyplot as plt


# 訓練データの1枚目の画像をグレースケールで読み込んで出力
plt.imshow(x_train[0], cmap='gray')
plt.show()
```

▼実行結果

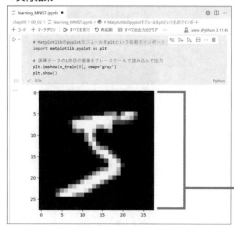

> **Memo**
>
> matplotlib.pyplot.imshow()は、画像ファイルをグラフエリアにプロット（描画）する関数です。引数には、グレースケールの場合、タテ・ヨコのピクセル値が格納された2次元配列を指定します。RGB値を持つカラー画像の場合は、「タテ・ヨコのピクセル値×3」の3次元配列を指定します。

出力された1枚目の画像

28×28ピクセルのグレースケールの画像が出力されました。かなりクセのある書き方のようです。この画像が本当に数字の「5」なのかは、正解ラベルを見るとわかります。正解ラベルは

```
(60000,)
```

の1次元配列でしたので、先頭の要素を取り出せば、この画像が何の数字であるかがわかります。

▼1枚目の画像の正解値を出力

セル6
```python
print(y_train[0])
```
OUT
```
5
```

y_trainには、訓練用の画像データの正解ラベルとして、0～9のどれかの値が60,000個格納されています。先頭要素は5でしたので、先ほど出力した画像は数字の「5」で間違いありません。

9.2.2 ニューラルネットワークをプログラミングする

では、手書き数字を認識するニューラルネットワークをプログラミングしていきましょう。今回プログラミングするのは、次のような形状をした2層構造のニューラルネットワークです。なお、入力層はデータのみなので、層の数には含めません（図にあるように「第0層」と呼ぶこともあります）。

▼2層構造のニューラルネットワーク

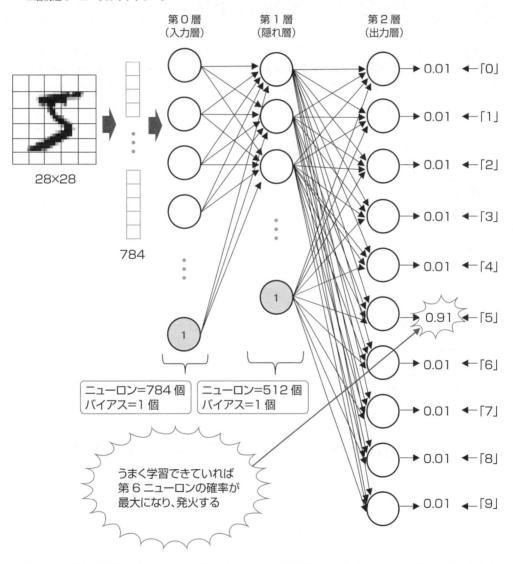

図では、手書き数字の「5」を入力したときのイメージを示しています。丸の中に「1」と書かれたものはバイアスを示します。バイアスは、重みの値だけを出力するための存在なので、バイアスからの出力は常に「1」です。

「入力したデータに重みを掛けて足し合わせ、さらにバイアスの値を足す」ということを隠れ層（第1層）と出力層のすべてのニューロンで行い、最終的に出力層の10個のうちのどれかを発火させるようにします。手書き数字が「5」であれば、上から6番目（0から始まるため）のニューロンを発火させる、という具合です。

図を見ただけでプログラミングがとても大変そうに思えますが、Kerasを使えば各層のソースコードを1行で済ますことができます。

入力層をプログラミングしよう

これから作成するディープラーニングのソースコードは1つのモジュールにまとめたいので、NotebookではなくPythonのモジュールを作成してコーディングすることにします。

本書の例では、仮想環境が保存されているフォルダー内の「chap09」➡「09_02」以下にプログラム用のフォルダー「pityna_ai」を作成し、この中に「learn_mnist.py」を作成しました。

◀「pityna_ai」フォルダーにモジュール「learn_mnist.py」を作成

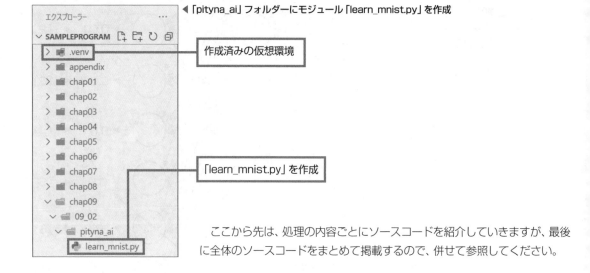

ここから先は、処理の内容ごとにソースコードを紹介していきますが、最後に全体のソースコードをまとめて掲載するので、併せて参照してください。

■ MNISTデータセットを入力層に合わせて加工する

手書き数字の1枚の画像データは、(28行, 28列)の2次元配列です。ところが、前ページの図を見ると入力層のデータは1列に並んでいます。ニューラルネットワークへ入力する配列は2次元である必要はなく、1次元の配列でもかまいません。この方が計算もラクなので、28行の要素（1行につき28列の要素）を先頭行から順に連結して、1次元の配列にする（フラット化する）ことにします。NumPy配列はndarrayクラスのオブジェクトで、このクラスには配列の形状（次元の数も含む）を変更するreshape()メソッドがあるので、これを使いましょう。

```
x_train = x_train.reshape(60000, 784)
```

とすれば、(60000, 28, 28)の3次元配列を(60000, 784〔=28×28〕)の2次元配列に変換できます。さらに、各要素（1ピクセルに相当）のグレースケールの色調を示す0から255までの値を255で割って、0から1.0の範囲に収まるように変換します。これは、各ニューロンに設定する活性化関数が0から1.0の範囲の値を出力するので、入力層の出力もこれに合わせるわけです。

```
x_train = x_train/255
```

とすれば、すべての要素を0から1.0の範囲に変換できます。この処理のことを**スケーリング**と呼びます。機械学習においてスケーリングは重要な処理であり、大きすぎるデータの絶対値を小さくすることで、安定して学習が行われるようにします。以上の処理を、学習用の訓練データと評価用のテストデータの両方に対して行います。

Onepoint

活性化関数が出力するのは0〜1.0の範囲の値ですが、極値として0や1になるだけで、実際に0や1そのものを出力することはありません。0.01〜0.99のようなイメージです。

では、先に作成しておいた「learn_mnist.py」を**[エディター]**で開いて、MNISTデータセットの読み込みと、スケーリングを含む前処理（データの加工処理のこと）までを行うコードを入力しましょう。インポート文が多いですが、このあとで使用するものなので、ここでまとめて記述します。

▼インポート、MNISTの読み込みと前処理（learn_mnist.py）

```python
import os
from tensorflow.keras.datasets import mnist
from tensorflow.keras.utils import to_categorical
from tensorflow.keras.models import Sequential
from tensorflow.keras.layers import Dense, Dropout
from tensorflow.keras.optimizers import Adam

# MNISTデータセットを読み込む
(x_train, y_train), (x_test, y_test) = mnist.load_data()

## データの前処理
# (60000,28,28)の3次元配列を(60000,784(=28×28))の2次元配列に変換
x_train = x_train.reshape(60000, 784)
# (10000,28,28)の3次元配列を(10000,784(=28×28))の2次元配列に変換
x_test = x_test.reshape(10000, 784)
# グレースケールの画素データを色調の最大値255で割って0から1.0の範囲にする
x_train = x_train/255
x_test = x_test/255
```

9

ピティナ、ディープラーニングに挑戦！

■ 正解ラベルの前処理

現状で、正解ラベルを格納したy_trainの中身は次のようになっています。

▼y_trainsの中身

```
print(y_train)        # 出力：[5 0 4 ... 5 6 8]
```

先頭の5は訓練データの最初の手書き数字が「5」であることを示し、次の0は次の画像が数字の「0」であることを示しています。途中が省略されていますが、このように正解を示す数値が配列要素として60,000個格納されています。

今回のニューラルネットワークの出力層のニューロン数は10です。この10という数は、「手書き数字が何の数字であるか」を示す正解ラベルの0〜9に対応しています。0から9、つまり全部で10種類なので、10個のクラスのマルチクラス分類として、手書き数字の認識問題を解くということです。

10個のニューロンの出力は、当初、でたらめな値になりますが、学習を繰り返すことで次図のように手書き数字を認識するようになります。

▼出力層のニューロンの出力と分類結果の関係（学習が進んだあと）

出力層の ニューロン	「3」の場合 の出力	「0」の場合 の出力	「9」の場合 の出力	分類される 数字
①	0.00	0.99	0.00	0
②	0.00	0.00	0.00	1
③	0.01	0.00	0.01	2
④	0.99	0.01	0.00	3
⑤	0.00	0.00	0.40	4
⑥	0.02	0.02	0.00	5
⑦	0.00	0.00	0.01	6
⑧	0.01	0.01	0.00	7
⑨	0.00	0.00	0.00	8
⑩	0.00	0.00	0.99	9

図を見ておわかりかもしれませんが、現在の正解ラベルの値を出力層の信号に合わせて、(10行，1列)の行列、プログラム的には要素数が10の配列にします。例えば、正解ラベルが3の場合は、

```
0. 0. 0. 1. 0. 0. 0. 0. 0. 0.
```

のような配列にします。4番目の要素の1は、正解が3であることを示します。このように、「1つの要素だけがHigh（1）で、ほかはLow（0）」のようなデータの並びで表現することを**ワンホット（One-Hot）表現**といいます。次に示すのは、ワンホット表現に変換するコードです。先のコードの続きとして入力してください。

▼正解ラベルをワンホット表現の配列にする（learn_mnist.py）

```
# 出力層のニューロンの数（クラスの数）
num_classes = 10
# 正解ラベルをOne-Hot表現に変換
y_train = to_categorical(y_train, num_classes)
y_test = to_categorical(y_test, num_classes)
```

変換後のy_trainの1番目の要素を出力してみると、

```
0. 0. 0. 0. 0. 1. 0. 0. 0. 0.
```

のように、正解の「5」を示すワンホット表現になっていることが確認できます。

第1層（隠れ層）をプログラミングしよう

入力層から隠れ層までの構造を図で表すと次のようになります。入力層には、$x_1^{(0)}$ から $x_{784}^{(0)}$ までの出力、そしてバイアスのためのダミーデータ「1」があります。

▼入力層→隠れ層

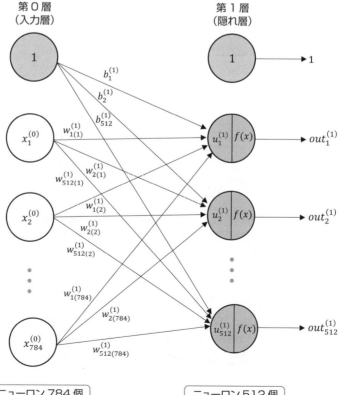

ニューロン784個
＋バイアス1個

ニューロン512個
＋バイアス1個

バイアスをb、重みをwとして、次のように添字を付けています。

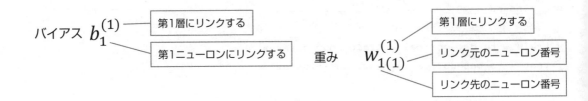

　上付きの(1)は「第1層にリンクしている」ことを示しています。下付きの1は「リンク先が第1
ニューロン」だということを示し、その右隣りの(1)は「リンク元が前層の第1ニューロン」だという
ことを示します。$w_{1(1)}^{(1)}$ は、「第1層の第1ニューロンの重みであり、リンク元は第0層の第1ニューロ
ン」だということになります。

■ ニューロンへの入力や出力は行列計算で一気にやる

　さて、入力層のx_1に着目すると、その出力先は512個のニューロンになっているので、それぞれ
512通りの重みを掛けた値が第1層のニューロンに入力されることになります。入力層にはx_{784}まで
の784個の値があるので、この計算を784回行います。そして、第1層の個々のニューロンは入力
された値の合計を求めてバイアスの値を加算する……という気の遠くなるような計算をしなければ
なりません。そういえば、学習に使う訓練データの画像は60,000個（！）もあります。まともにプロ
グラミングするのはかなり面倒です。

　そこで使われるのが、数学でいうところの**行列**です。NumPy配列は行列の計算に対応しているの
で、2次元化することで、数字が縦横に並んだ行列を表現することができます。今回の入力データは、
784個の画素データからなる画像が60,000セットの2次元配列で、すでに(60000行，784列)
の行列になっています。

▼入力データ

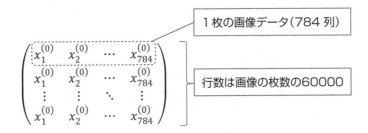

　これに掛け算する第1層のニューロンの重み行列は、(784行，512列)になります。行列の掛け算
はちょっと複雑で、**「行の順番と列の順番の数が同じ要素（成分）同士を掛けて足し上げる」**というこ
とをします。これを行列の「内積」と呼びます。XとYという行列同士の掛け算であれば、まずは「X
の1行目の要素とYの1列目の要素を順番に掛け算してその和を求める」という具合です。例えば、
(2，3)行列と(3，2)行列の内積は、

$$\begin{pmatrix} 2 & 3 & 4 \\ 5 & 6 & 7 \end{pmatrix} \begin{pmatrix} a & d \\ b & e \\ c & f \end{pmatrix} = \begin{pmatrix} 2a + 3b + 4c & 2d + 3e + 4f \\ 5a + 6b + 7c & 5d + 6e + 7f \end{pmatrix}$$

のように計算します。このため、行列Xの列数と行列Yの行数は同じであることが必要です。今回は、入力データが(60000行，784列)の行列なので、(784行，1列)の行列との内積の計算ができます。この場合、出力される行列は(60000行，1列)になります。ここで、先のニューラルネットワークの図をもう一度見てみましょう。第0層（入力層）のデータの個数は784で、これは入力データの行列(60000行，784列)の列の数と同じです。すなわち、入力層のデータをニューロンとして考えると、

「ニューラルネットワークのニューロンの数は行列の列数と等しい」

という法則があることがわかります。そうであれば、前の層の出力に掛け合わせる重み行列の列の数を「設定したいニューロンの数」にすればよいので、(784行，512列)の重み行列を用意すれば、ひとまず第1層（隠れ層）のかたちが出来上がります。このときの内積の結果は、(60000行，512列)の行列になるので、同じ形状のバイアス行列を用意して行列同士の足し算を行えば、バイアス値の入力までを済ませることができます。

▼入力層からの入力に第1層（隠れ層）の重みとバイアスを適用する

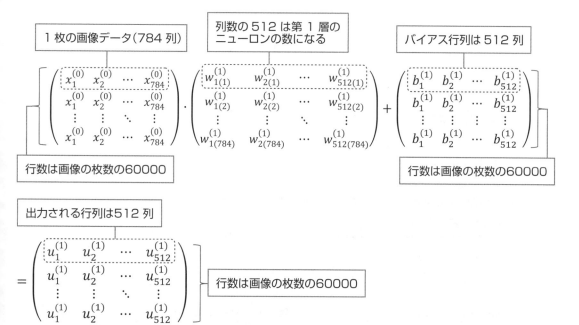

ここでは眺める程度にしておいて、「重みwとバイアスbについては、文字と添え字で示している行列の各要素に、ランダムに生成した値が入る」ということだけ覚えておいてください。

さて、これで第1層のニューロンへの入力が完了したので、あとは各ニューロン内で活性化関数を適用して、

$$
\begin{pmatrix}
\mathrm{relu}\left(u_1^{(1)}\right) & \mathrm{relu}\left(u_2^{(1)}\right) & \cdots & \mathrm{relu}\left(u_{512}^{(1)}\right) \\
\mathrm{relu}\left(u_1^{(1)}\right) & \mathrm{relu}\left(u_2^{(1)}\right) & \cdots & \mathrm{relu}\left(u_{512}^{(1)}\right) \\
\vdots & \vdots & \ddots & \vdots \\
\mathrm{relu}\left(u_1^{(1)}\right) & \mathrm{relu}\left(u_2^{(1)}\right) & \cdots & \mathrm{relu}\left(u_{512}^{(1)}\right)
\end{pmatrix}
=
\begin{pmatrix}
out_1^{(1)} & out_2^{(1)} & \cdots & out_{512}^{(1)} \\
out_1^{(1)} & out_2^{(1)} & \cdots & out_{512}^{(1)} \\
\vdots & \vdots & \ddots & \vdots \\
out_1^{(1)} & out_2^{(1)} & \cdots & out_{512}^{(1)}
\end{pmatrix}
$$

の計算を行います。relu( )とあるのは、ReLUという関数を適用することを示しています。ReLU関数は、入力値が0以下のとき0になり、0より大きいときは入力値をそのまま出力するだけなので、計算が速く、しかも数ある活性化関数の中でも学習効果が最も高い関数だといわれています。

▼ReLU関数の出力を示すグラフ

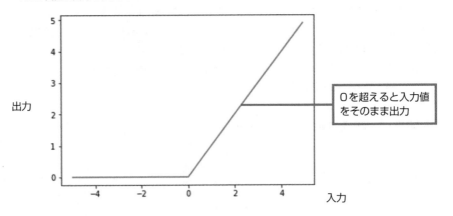

0を超えると入力値をそのまま出力

■ 第1層（隠れ層）のプログラミング

細々とした仕組みを見てきましたが、本題のプログラミングに戻りましょう。先のデータの前処理のコードの続きとして、次のコードを入力します。コメント部分は適宜省いてもかまいません。

▼ニューラルネットワークの基盤オブジェクトの生成と第1層の作成（learn_mnist.py）

```
## ニューラルネットワークの作成

# ニューラルネットワークの基盤になるSequentialオブジェクトを生成
model = Sequential()


# 第1層の作成
model.add(Dense(512,                    # 第1層のニューロン数は512
                input_shape=(784,),     # 第0層のデータ形状は要素数784の1次元配列
                activation='relu'       # 活性化関数はReLU関数
                ))
```

keras.models.Sequentialは、ニューラルネットワークの基盤になるオブジェクトのためのクラスです。Kerasでは、このオブジェクトを生成し、必要な層を追加するかたちで、ネットワークを構築します。ネットワークの層はkeras.layers.Denseクラスのオブジェクトなので、このオブジェクトを生成し、Sequentialクラスのadd()メソッドでネットワーク上に配置します。

　Dense()コンストラクターは、第1引数でニューロンの数を指定し、名前付き引数activationで活性化関数を指定するだけで、ニューラルネットワークの層を生成します。直前に位置する層が入力層の場合にのみ、input_shapeで入力データの形状を指定します。入力例では(784,)のように行列の構造を示す書き方をしていますが、1次元配列なのでたんに

```
input_shape=784
```

としてもOKです。

　いずれにしても、たったこれだけのコードで第1層が作れてしまいます。これをKerasを使わずにやろうとしたら、層の作成だけで数行のコードになるほか、重み行列とバイアス行列の作成と値の初期化を行うコード、さらには活性化関数を定義するコードが必要になります。このことは、これまでの仕組み的な解説を読んだ方なら容易に想像できると思います。重みやバイアスを適用するための煩雑で面倒な行列の計算、さらには活性化関数を適用して出力するまでの処理が、ニューロンの数と活性化関数の種類を指定するだけで済むなんて、これから先のプログラミングが楽しみになってきました！

Onepoint
重みとバイアスの初期値は、デフォルトで−1.0〜
1.0の一様乱数で初期化されます。

ドロップアウトを実装しよう

　さっそく次の出力層のプログラミングに進みたいところですが、第1層の次に**ドロップアウト**というものを配置したいと思います。

　学習を何度も繰り返すと、当然ですが手書きの数字を正確に言い当てられるようになります。しかし、たとえ膨大な数のデータを学習したとしても、同じデータを繰り返し学習すると**過剰適合**が発生することがあります。同じデータを何度も学習すると、学習に使用したデータに適合しすぎて、他のデータを正確に認識できなくなることがあるのです。正確さを求めるあまり、データが少しブレた(手書き数字のある一片の太さが変わるなど)だけで、正確に認識できなくなったりします。

　過剰適合を防ぐために考案されたのが、特定の層のニューロンのうち、半分(50パーセント)あるいは4分の1(25パーセント)など任意の割合でランダムに選んだニューロンを無効にして学習する、「ドロップアウト」と呼ばれる処理です。学習を繰り返すたびに異なるニューロンがランダムに無効化されるので、あたかも複数のネットワークで別々に学習させたような効果が期待できます。そうやって学習を積み重ねたネットワークは、様々なネットワークで得られた結果を盛り込んでいるので、より精度の高い予測が期待できます。

■ ドロップアウトをプログラミングする

　ドロップアウトは、keras.layers.Dropoutクラスで簡単に実装できます。第1層を配置するコードの続きとして、次のコードを入力しましょう。

▼第1層の次にドロップアウトを実装する (learn_mnist.py)

```
# 20パーセントのドロップアウト
model.add(Dropout(0.2))
```

nepoint

「ドロップアウト」は、ディープラーニングでよく使われる手法の1つです。過剰適合を防ぐための試みとしては、**正則化**と呼ばれる手法もよく使われます。

第2層（出力層）をプログラミングしよう

　隠れ層（第1層）から出力層（第2層）までの構造は次図のようになります。隠れ層からの出力は $out_1^{(1)}$ から $out_{512}^{(1)}$ まであり、これにバイアスと重みを適用して10個のニューロンへ出力します。

▼隠れ層→出力層

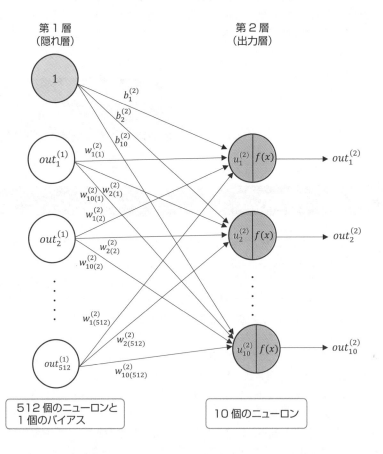

■ 第2層（出力層）のプログラミング

出力層の処理を見ておきましょう。またもや面倒な行列の計算式ですが、これが最後ですので、概要だけでも見ておきましょう。

▼第1層（隠れ層）からの入力に第2層（出力層）の重みとバイアスを適用する

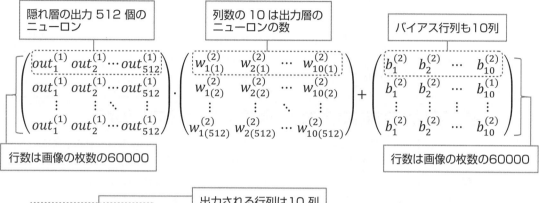

あとは各ニューロン内で活性化関数を適用して、

$$\begin{pmatrix} \text{softmax}\left(u_1^{(2)}\right) & \text{softmax}\left(u_2^{(2)}\right) & \cdots & \text{softmax}\left(u_{10}^{(2)}\right) \\ \text{softmax}\left(u_1^{(2)}\right) & \text{softmax}\left(u_2^{(2)}\right) & \cdots & \text{softmax}\left(u_{10}^{(2)}\right) \\ \vdots & \vdots & \ddots & \vdots \\ \text{softmax}\left(u_1^{(2)}\right) & \text{softmax}\left(u_2^{(2)}\right) & \cdots & \text{softmax}\left(u_{10}^{(2)}\right) \end{pmatrix} = \begin{pmatrix} out_1^{(2)} & out_2^{(2)} & \cdots & out_{10}^{(2)} \\ out_1^{(2)} & out_2^{(2)} & \cdots & out_{10}^{(2)} \\ \vdots & \vdots & \ddots & \vdots \\ out_1^{(2)} & out_2^{(2)} & \cdots & out_{10}^{(2)} \end{pmatrix}$$

の計算を行います。出力層の活性化関数には「ソフトマックス関数」を使います。この関数はマルチクラス分類（多クラス分類）に用いられるもので、0から1.0の範囲の実数を出力するのですが、「各クラスの出力の総和が1になる」という特徴があります。つまり、10個のニューロンから出てくる値を「確率」として解釈できるのですね。1つ目の「0」を示すニューロンの出力は80パーセント、2つ目の「1」を示すニューロンの出力は10.5パーセントという具合です。そうすれば、「一番確率が高いニューロンを正解の数字として採用」という使い方ができます。次に示すのは、第2層を配置するためのコードです。

▼第2層（出力層）の作成（learn_mnist.py）

```
# 第2層（出力層）の作成
model.add(Dense(num_classes, activation='softmax'))
```

バックプロパゲーションを実装しよう

　現在、出力層までがプログラミングできましたが、まだ「誤差を測定して重みやバイアスを修正する」処理が残っています。この処理が済んで1回の学習が終わるのでした。

　さて、これからプログラミングする処理のことを専門用語で**バックプロパゲーション**（**誤差逆伝播**）といいます。「入力とは逆の方向に向かって誤差を修正していく」という意味です。

　では、バックプロパゲーションがいったいどんな処理を行うのか、概要だけでも見てからプログラミングに進むことにしましょう。ただし、数式を含む細々とした説明がしばらく続きます。これを知っていなければプログラミングできないということはないので、すぐにでもプログラミングしたいという方は読み飛ばしていただいてかまいません。

■ 誤差が逆方向に伝播される流れを「眺めて」みよう

　ニューラルネットワークでは、隠れ層や出力層にそれぞれ重みとバイアスが存在します。なので、最終の出力と正解値との誤差の勾配（グラフにしたときの誤差を示す曲線の勾配とお考えください）が最も小さくなるように出力層の重みとバイアスを更新しながら、その直前の層にも「誤差を最小にする情報」を伝達して、さらに直前の層の重みとバイアスを更新することになります。

　このように、「出力層から順に、直前の層に向かって（逆方向に）誤差の情報を伝播し、重みとバイアスを更新する」というのがバックプロパゲーションです。誤差の測定および重みやバイアスの修正には様々な手法がありますが、ここでは個々の手法についての難しい話はひとまず置いて、「誤差がどのように逆伝播されるのか」について見ていきましょう。

▼2層ニューラルネットワークの誤差逆伝播を考える

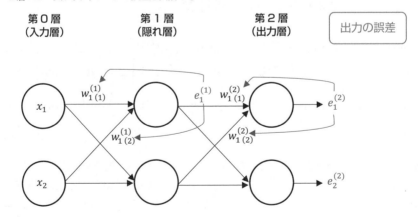

　またもや込み入った図が出てきましたが、バックプロパゲーションの本筋を見るために、各層のニューロンを2個（上がニューロン1、下がニューロン2）にして、ネットワークの構造を思い切りシンプルにしました。出力層のニューロン1からの出力誤差が $e_1^{(2)}$ です。これを出力層の重み $w_{1(1)}^{(2)}$ と $w_{1(2)}^{(2)}$ に分配して、隠れ層の出力誤差としての $e_1^{(1)}$ を求め、さらに $w_{1(1)}^{(1)}$ と $w_{1(2)}^{(1)}$ に分配します。ただし、出力層の出力誤差 $e_1^{(2)}$、$e_2^{(2)}$ は問題ないのですが、隠れ層には正解ラベルがないので、そのままでは誤差を求めることができません。

　そこで、出力層のニューロンには隠れ層の2個のニューロンからのリンクが張られていることに着目します。それぞれのリンク上に $w_{1(1)}^{(2)}$ と $w_{1(2)}^{(2)}$ があるので、出力誤差 $e_1^{(2)}$ を $w_{1(1)}^{(2)}$ と $w_{1(2)}^{(2)}$ に分配します。続いて、出力誤差 $e_2^{(2)}$ を $w_{2(1)}^{(2)}$ と $w_{2(2)}^{(2)}$ に分配することにします。

▼2層ニューラルネットワークの誤差逆伝播を考える

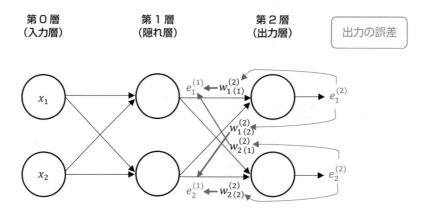

　しかし、問題はここから先です。先にもいいましたが、隠れ層の出力に対する正解値というものは存在しません。そこで、隠れ層のニューロン1の出力誤差 $e_1^{(1)}$ そのものに注目してみましょう。$e_1^{(1)}$ は重み $w_{1(1)}^{(2)}$ と $w_{2(1)}^{(2)}$ に分配された状態で、それぞれの重みは出力層の2個のニューロンにリンクされています。ということは、隠れ層のニューロン1の出力誤差 $e_1^{(1)}$ は、$w_{1(1)}^{(2)}$ と $w_{2(1)}^{(2)}$ に分配された誤差を結合したものということになります。一方、隠れ層のニューロン2の出力誤差 $e_2^{(1)}$ は、$w_{1(2)}^{(2)}$ と $w_{2(2)}^{(2)}$ に分配された誤差を結合したものです。そうすると、隠れ層の誤差 $e_1^{(1)}$ と $e_2^{(1)}$ を次の式で表せるのではないでしょうか。

▼隠れ層の誤差 $e_1^{(1)}$ を求める式

$$e_1^{(1)} = e_1^{(2)} \cdot \frac{w_{1(1)}^{(2)}}{w_{1(1)}^{(2)} + w_{1(2)}^{(2)}} + e_2^{(2)} \cdot \frac{w_{2(1)}^{(2)}}{w_{2(1)}^{(2)} + w_{2(2)}^{(2)}}$$

▼隠れ層の誤差 $e_2^{(1)}$ を求める式

$$e_2^{(1)} = e_1^{(2)} \cdot \frac{w_{1(2)}^{(2)}}{w_{1(1)}^{(2)} + w_{1(2)}^{(2)}} + e_2^{(2)} \cdot \frac{w_{2(2)}^{(2)}}{w_{2(1)}^{(2)} + w_{2(2)}^{(2)}}$$

　これらの式は、$e_1^{(2)}$、$e_2^{(2)}$ を「それぞれのニューロンにリンクされている重みの大きさに応じてそれらの重みに対して分配する」ことを表しています。最終出力の誤差を $e_1^{(2)} = 0.8$、$e_2^{(2)} = 0.5$ として、実際に $e_1^{(1)}$ と $e_2^{(1)}$ を求めてみます。

▼出力層から隠れ層への誤差逆伝播

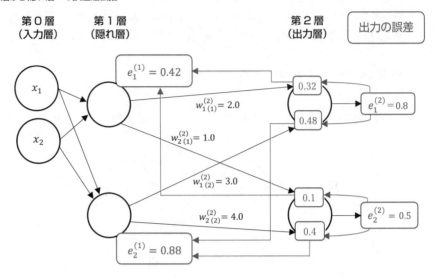

出力層のニューロン1には0.8の誤差があり、このニューロンには重み2.0と3.0のリンクが来ているので、重みの大きさで誤差を分配すると0.32と0.48になります。一方、隠れ層のニューロン1の誤差 $e_1^{(1)}$ は、リンク先から逆伝播される誤差の合計なので、0.32と0.1を足した0.42になります。さらに誤差逆伝播の作業を進めましょう。

▼隠れ層から入力層への誤差逆伝播

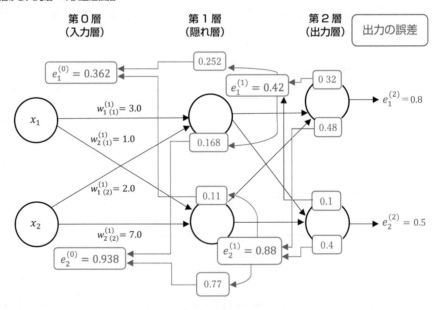

入力層に伝播する誤差 $e_1^{(0)}$、$e_2^{(0)}$ までを計算してみました。このあとは、この誤差を用いて隠れ層にリンクされている重みの値を更新することになります。ここから先、いくつか数式が出てきますが、「Kerasが覆い隠している処理」として、ざっと眺めるだけでかまいません。

▼誤差を逆伝播する式

$$E^{(l-1)} = {}^tW^{(l)} \cdot e^{(l)}$$

上付き文字の (l) は層番号を表します。${}^tW^{(l)}$ は、層に連結されている重み行列を転置（行と列の並びを入れ替えること）した行列で、${}^tW^{(l)} \cdot e^{(l)}$ の計算を行うことで、直前の層の誤差 $E^{(l-1)}$ が求められます。ただし、この式はディープラーニングで実際に用いられますが、最もシンプルなものです。Kerasでは、さらに精度を高めるための「交差エントロピー誤差」というものが使われるので、一応見ておきましょうか。交差エントロピー誤差関数を E、t 番目の正解ラベルを $t^{(t)}$、t 番目の出力を $o^{(t)}$、分類先のクラスを c で表すと、次のような式になります。

▼ソフトマックス関数を用いる場合の交差エントロピー誤差 E を求める関数

$$E = -\sum_{t=1}^{n} t_c^{(t)} \log o_c^{(t)}$$

これは「対数尤度関数」を変形したものですが、Σ（シグマ）の記号が付いているので、行列の要素に対して繰り返し計算するようです。さらに、その先にある重みそのものを更新する数式があるので、ついでに見ておくことにしましょう。

▼重みの更新式を一般化した式

$$w_{(i)h}^{(l)} := w_{(i)h}^{(l)} - \eta \delta_i^{(l)} o_h^{(l-1)}$$

$o_h^{(l-1)}$ は、直前の層のニューロンからの出力値を示しています。η は「学習率」という係数です。「更新しすぎないように、更新値そのものを小さくする」ための係数です。誤差関数の E がどこにも出てきませんが、すでに式の中に織り込み済みです。一方、$\delta_i^{(l)}$ の中身は、出力層とそれ以外の層で異なり、次の数式で表されます。f' は、一般化した活性化関数 f の導関数です。

▼$\delta_i^{(l)}$ の定義を場合分けする（⊙は行列のアダマール積を示す）

l が出力層のとき：

$$\delta_i^{(l)} = \left(o_j^{(l)} - t_j \right) \odot f'\left(u_j^{(l)} \right)$$

l が出力層以外の層のとき：

$$\delta_i^{(l)} = \left(\sum_{j=1}^{n} \delta_j^{(l+1)} w_{(j)i}^{(l+1)} \right) \odot \left(f'\left(u_i^{(l)} \right) \right)$$

9

ピティナ、ディープラーニングに挑戦！

■ バックプロパゲーションをプログラミングする

「Kerasは、難解で面倒な処理を覆い隠す」と何度か言ってきましたが、まさにバックプロパゲーションの実装がそうです。出力層を配置するコードのあとに、次のコードを追加してください。

▼バックプロパゲーションを実装する (learn_mnist.py)

```
# バックプロパゲーションを実装
model.compile(
    loss='categorical_crossentropy',   # 損失関数を交差エントロピー誤差にする
    optimizer=Adam(),                   # 学習方法をAdamにする
    metrics=['accuracy'])               # 学習評価には正解率を使う
```

Sequentialオブジェクトは、compile()メソッドを実行することでプログラム的に完成させます。このとき、lossオプションで誤差を求める関数の種類を指定し、optimizerオプションで学習方法を指定することで、バックプロパゲーションが組み込まれます。学習方法とは、先述した重みの更新式のことです。先ほど紹介した数式は**確率的勾配降下法**と呼ばれ、この場合は「optimizer=SGD()」のようにします。ですが、ここではAdam()としました。実は、確率的勾配降下法を細かな部分で改良し、自動で学習率を調整するなどの機能を持つ様々なアルゴリズムが考案されています。その中でもAdamは優れた手法なので、これを使ってみることにしました。

■ 作成したニューラルネットワークの構造を出力してみよう

ニューラルネットワークが完成しました。Sequentialクラスには、作成したネットワークの概要を出力するsummary()というメソッドがあるので、これを使って出力してみましょう。バックプロパゲーションの実装コードのあとに次のコードを入力してから、プログラムを実行してみてください。

▼ニューラルネットワークの構造を出力 (learn_mnist.py)

```
model.summary()
```

モジュール「learn_mnist.py」を保存し、仮想環境のPythonインタープリターを指定（ステータスバー右端の領域で行えます）してから、**[実行とデバッグ]** ビューの **[実行とデバッグ]** ボタンをクリックします。**[ターミナル]** が起動し、次のようにニューラルネットワークの構造が出力されます。

▼ [ターミナル] に出力されたニューラルネットワークの構造

```
Model: "sequential"
_____
Layer (type)                 Output Shape              Param #
=================================================================
dense (Dense)                (None, 512)               401920
_____
dropout (Dropout)            (None, 512)               0
_____
dense_1 (Dense)              (None, 10)                5130
```

```
======================================================================
Total params: 407050 (1.55 MB)

Trainable params: 407050 (1.55 MB)

Non-trainable params: 0 (0.00 Byte)
```

dense(Dense)は隠れ層です。隠れ層から出力する行列は(None, 512)の形状になっています。列の512は隠れ層のニューロンの数と同数であり、Noneは訓練データをまるごと入力した場合には画像データの枚数の60,000列になるので、(60000, 512)となります。バイアスと重みの数を示すParamは401,920、これは

> 入力層から入力するデータの個数784×隠れ層のニューロン数512 = 401,408
> 401,408 + バイアス512個 = 401,920

であるからです。

dropout(Dropout)はドロップアウトのセクションで、出力される行列は隠れ層と同じ形状をしています。

dense_1(Dense)が出力層です。出力層から出力される行列は (None, 10)で、列の10は出力層のニューロンの数と同数です。訓練データをまるごと入力した場合は、Noneの部分に画像データの枚数の60000が入り、(60000, 10)になります。バイアスと重みの数を示すParamは5,130、これは

> 隠れ層のニューロンの数512×隠れ層のニューロン数10＝5,120
> 5,120 + バイアス10個 = 5,130

であるからです。

ディープラーニングを実行して結果を評価しよう

ニューラルネットワークを動かして順伝播および「バックプロパゲーションによる重みの学習」を行うには、Sequentialクラスのfit()メソッドを使います。引数の指定方法については、ソースコードのコメントを参照してください。epochsオプションで「学習を繰り返す回数」、batch_sizeオプションで「確率的勾配降下法における勾配計算に使用する学習データの数 (サンプル数)」を指定します。確率的勾配降下法とは、与えられた訓練データをすべて使用するのではなく、ランダムに10〜100個程度を抽出 (これをミニバッチと呼ぶ) し、これを用いて順伝播および「バックプロパゲーションによる学習」を行う手法です。

9

ピティナ、ディープラーニングに挑戦！

せっかく学習データとして60,000枚の画像があるのに、もったいない気もしますが、大丈夫なのでしょうか。

実は、用意されたデータを一度に入力するよりも、数十個の単位に分割してから逐次入力して学習を行う方が、メモリの使用量が少なくて済む上に、学習を効率よく行えることが知られています。もちろん、分割したすべてのデータ（ミニバッチ）で学習するので、60,000枚の画像をすべて用いることになります。バックプロパゲーションで重みやバイアスを更新する際は、誤差を最小にするための最適解を見つけるわけですが、「見かけ上"誤差が最小になる"ところが、実際はそうではなかった」ということがよくあります。バックプロパゲーションによって修正されていく誤差をグラフにした場合、きれいなすり鉢状の曲線（すり鉢の底が最も誤差が最小）になることはまれで、いびつな形をした曲線になる場合がほとんどです。そうすると、中にはすり鉢の底に見えるような凹状の部分が何箇所か現れたりします。つまり、「見かけ上の最小値」を示す部分があり、その部分で最適解を見つけようとすると「真の最小値に到達できない」という現象が起こることがあります。これを専門用語で「局所解に捕まる」という言い方をしますが、ミニバッチによる処理はこれを防ぐ効果があるとされます。学習するたびに異なるデータが入力されるので、仮に局所解に捕まっていたとしても、局所解を抜け出せる可能性があります。

今回の場合は60,000枚の画像があるので、これを「50」のミニバッチにランダムに分割した場合、1,200個のミニバッチで学習することになります。個々のミニバッチでの学習を**ステップ**と呼び、すべてのミニバッチのステップが完了した時点で、1回の学習となります。この場合は、「1,200ステップ＝1回の学習」です。

■ ディープラーニングを実行する部分のプログラミング

それでは、これまでに入力したコードの続きとして、次のコードを入力しましょう。

▼ディープラーニングを実行する（learn_mnist.py）

```
## ディープラーニングの実行
# ミニバッチのサイズ(数)
batch = 32
# 学習の回数
epochs = 10


# ディープラーニングを実行
history = model.fit(
    x_train,                # 訓練データ
    y_train,                # 正解ラベル
    batch_size=batch,       # ミニバッチのサイズ
    epochs=epochs,          # 学習の回数
    verbose=1,              # 学習の進捗状況を出力する
    validation_data=(
        x_test, y_test)     # 検証データの指定
    )
```

verboseオプションで1を指定すると、学習の進捗状況として、1回の学習ごとに損失や正解率が出力されるようになります。あと、validation_dataオプションでテストデータを指定していることからわかるように、fit()メソッドは学習だけでなく、学習途上の評価までも行います。1回の学習ごとにテストデータをニューラルネットワークに入力して出力値と正解ラベルを照合し、正解率と損失（誤り率）を測定します。これらの測定値は、verbose=1を指定したことでターミナルに出力されます。

■ 学習結果を評価するコードを入力してプログラムを完成させる

学習が完了したら、「実際にテストデータを入力してみて、どのくらいの精度なのかを調べる」コードも入力しておきましょう。あと、最後になりますが、今回の最も重要な部分があります。それは「ピティナにディープラーニングを移植する部分を作る」処理です。ちょっと大げさな言い方ではありますが、移植するのは「学習後の重みとバイアスを備えたニューラルネットワークそのもの」です。ニューラルネットワーク自体はJSON形式のファイルとして保存し、重みとバイアスはH5形式のファイルとして保存すれば、別のプログラムから読み込んで使うことができます。そこで、この2つのファイルを「ピティナに移植する部分」として保存しておくことにしましょう。保存先は現在、ソースコードを入力している「LearnMNIST.py」と同じフォルダー内とします。

▼学習結果の評価（learn_mnist.py）

```python
# テストデータを使って学習結果を評価する
score = model.evaluate(x_test, y_test, verbose=0)
# テストデータの損失（誤り率）を出力
print('Test loss:', score[0])
# テストデータの正解率を出力
print('Test accuracy:', score[1])
```

▼学習結果の保存（learn_mnist.py）

```python
# モデルをJSON形式に変換して保存する
# model.jsonのフルパスを取得
path_json = os.path.join(os.path.dirname(__file__), 'model.json')
with open(path_json, 'w') as json_file:
    json_file.write(model.to_json())

# 重みとバイアスのすべての値をH5形式ファイルとして保存
# weight.h5のフルパスを取得
path_weight = os.path.join(os.path.dirname(__file__), 'weight.h5')
model.save_weights(path_weight)
```

では、これまでに入力したコードを以下にまとめて掲載します。

9

ピティナ、ディープラーニングに挑戦！

▼ニューラルネットワークの作成から学習、評価、学習結果の保存までの全ソースコード (learn_mnist.py)

```python
import os
from tensorflow.keras.datasets import mnist
from tensorflow.keras.utils import to_categorical
from tensorflow.keras.models import Sequential
from tensorflow.keras.layers import Dense, Dropout
from tensorflow.keras.optimizers import Adam


# MNISTデータセットを読み込む
(x_train, y_train), (x_test, y_test) = mnist.load_data()


## データの前処理
# (60000,28,28)の3次元配列を(60000,784(=28×28))の2次元配列に変換
x_train = x_train.reshape(60000, 784)
# (10000,28,28)の3次元配列を(10000,784(=28×28))の2次元配列に変換
x_test = x_test.reshape(10000, 784)
# グレースケールの画素データを色調の最大値255で割って0から1.0の範囲にする
x_train = x_train/255
x_test = x_test/255
# 出力層のニューロンの数 (クラスの数)
num_classes = 10
# 正解ラベルをOne-Hot表現に変換
y_train = to_categorical(y_train, num_classes)
y_test = to_categorical(y_test, num_classes)


## ニューラルネットワークの作成
# ニューラルネットワークの基盤になるSequentialオブジェクトを生成
model = Sequential()


# 第1層の作成
model.add(Dense(512,                    # 第1層のニューロン数は512
                input_shape=(784,),     # 第0層のデータ形状は要素数784の1次元配列
                activation='relu'       # 活性化関数はReLU関数
                ))
# 20パーセントのドロップアウト
model.add(Dropout(0.2))


# 第2層 (出力層) の作成
model.add(Dense(num_classes,            # 第2層のニューロン数は10
                activation='softmax'    # 活性化関数はソフトマックス関数
                ))
```

```python
# バックプロパゲーションを実装
model.compile(
    loss='categorical_crossentropy',  # 損失関数を交差エントロピー誤差にする
    optimizer=Adam(),                  # 学習方法をAdamにする
    metrics=['accuracy'])              # 学習評価には正解率を使う

# ニューラルネットワークの構造を出力
model.summary()

## ディープラーニングの実行
# ミニバッチのサイズ（数）
batch = 32
# 学習の回数
epochs = 10

# ディープラーニングを実行
history = model.fit(
    x_train,                 # 訓練データ
    y_train,                 # 正解ラベル
    batch_size=batch,        # ミニバッチのサイズ
    epochs=epochs,           # 学習の回数
    verbose=1,               # 学習の進捗状況を出力する
    validation_data=(
        x_test, y_test)      # 検証データの指定
    )

## 学習結果の評価
# テストデータを使って学習結果を評価する
score = model.evaluate(x_test, y_test, verbose=0)
# テストデータの損失（誤り率）を出力
print('Test loss:', score[0])
# テストデータの正解率を出力
print('Test accuracy:', score[1])

## 学習結果の保存
# モデルをJSON形式に変換して保存する
# model.jsonのフルパスを取得
path_json = os.path.join(os.path.dirname(__file__), 'model.json')
with open(path_json, 'w') as json_file:
    json_file.write(model.to_json())

# 重みとバイアスのすべての値をH5形式ファイルとして保存
```

9

ピティナ、ディープラーニングに挑戦！

```
# weight.h5のフルパスを取得
path_weight = os.path.join(os.path.dirname(__file__), 'weight.h5')
model.save_weights(path_weight)
```

■ 手書き数字のディープラーニングを実行！

　では、改めて「learn_mnist.py」を実行して、ディープラーニングを実施しましょう。[実行とデバッグ] ビューの [実行とデバッグ] ボタンをクリックするとディープラーニングが開始され、[ターミナル] に次のように学習の進捗状況が出力されます。

▼ターミナルへの出力（前回出力したサマリーは省略）

```
Epoch 1/10
1200/1200 [====...====] - 6s 5ms/step - loss: 0.2348 - accuracy: 0.9304 - val_
loss: 0.1106 - val_accuracy: 0.9665
Epoch 2/10
1200/1200 [====...====] - 6s 5ms/step - loss: 0.1019 - accuracy: 0.9692 - val_
loss: 0.0865 - val_accuracy: 0.9721
Epoch 3/10
1200/1200 [====...====] - 6s 5ms/step - loss: 0.0705 - accuracy: 0.9786 - val_
loss: 0.0752 - val_accuracy: 0.9771
Epoch 4/10
1200/1200 [====...====] - 6s 5ms/step - loss: 0.0539 - accuracy: 0.9830 - val_
loss: 0.0671 - val_accuracy: 0.9796
Epoch 5/10
1200/1200 [====...====] - 7s 6ms/step - loss: 0.0433 - accuracy: 0.9865 - val_
loss: 0.0640 - val_accuracy: 0.9802
Epoch 6/10
1200/1200 [====...====] - 7s 6ms/step - loss: 0.0355 - accuracy: 0.9878 - val_
loss: 0.0655 - val_accuracy: 0.9815
Epoch 7/10
1200/1200 [====...====] - 7s 6ms/step - loss: 0.0290 - accuracy: 0.9906 - val_
loss: 0.0620 - val_accuracy: 0.9823
Epoch 8/10
1200/1200 [====...====] - 7s 6ms/step - loss: 0.0265 - accuracy: 0.9911 - val_
loss: 0.0570 - val_accuracy: 0.9838
Epoch 9/10
1200/1200 [====...====] - 7s 6ms/step - loss: 0.0219 - accuracy: 0.9926 - val_
loss: 0.0630 - val_accuracy: 0.9817
Epoch 10/10
1200/1200 [====...====] - 7s 6ms/step - loss: 0.0195 - accuracy: 0.9934 - val_
loss: 0.0641 - val_accuracy: 0.9823
```

```
Test loss: 0.06408864259719849
Test accuracy: 0.9822999835014343
```

1回の学習ごとに精度が向上し、反対に損失がどんどん低下していくのがわかります。最後にすべてのテストデータを使って評価した結果は、精度が98パーセント超えとなりました！

今回のプログラムでは、ニューラルネットワークのモデルをJSON形式のファイルとして、また重みとバイアスの値をH5形式のファイルとして、「learn_mnist.py」と同じフォルダー内に保存するようにしました。

▼ [エクスプローラー] で確認

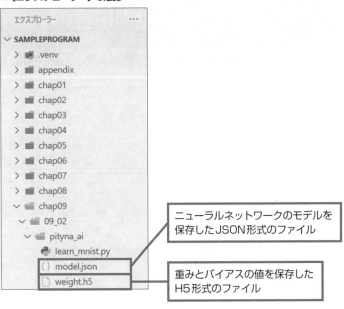

ここで保存された2つのファイルを使って、次節ではディープラーニング版「ピティナAI」の開発に進みます。

Memo ディープラーニングの結果が保存されたファイル

ディープラーニングによる学習の完了後、JSON形式とH5形式の2つのファイルを保存しました。JSON形式ファイルには、学習に使用したモデル（ニューラルネットワークの構造）が保存され、H5形式のファイルには、学習することによって更新された重みとバイアスの値が保存されています。この2つのファイルには「学習完了後のモデル」が保存されていることになるので、あとでファイルを読み込むことで、学習済みのモデルを再現できます。

ピティナAIでは、こうして保存された学習済みのモデルを組み込むことで、手書き数字を認識できるようになります。

ディープラーニング版ピティナ

Level ★★★　　Keyword　学習済みのニューラルネットワークの移植

前節でのディープラーニングによって、「手書き数字を認識するニューラルネットワーク」が生成されました。これをピティナに移植すれば、「ピティナAI」になります。手書き数字の認識しかできないとはいえ、AIの開発に使われる手法が盛り込まれているので、そう呼んであげてもいいかもしれません。

ここがポイント！

新たなインターフェイスで「ピティナAI」にする

　今回のディープラーニング版ピティナは、「手書きの数字を見せると、それが何の数字であるかを言い当てる」ということをします。これまでのようなユーザーとのトークはできませんが、その代わりに「数字を認識する目」が備わります。機能としては、
　「手書き数字の画像をピティナのGUI上にドラッグ＆ドロップすると、その画像を読み込んで画面に表示し、その数字が何であるかを応答フレーズとして返す」
というものです。

▼数字が描かれた画像を読み込んで、何の数字か言い当てる

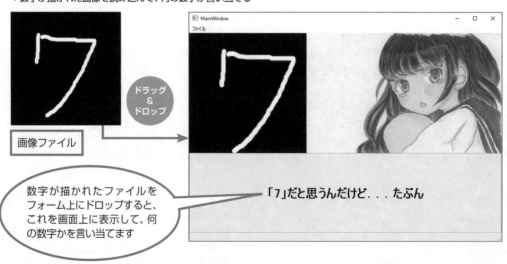

画像ファイル

ドラッグ＆ドロップ

数字が描かれたファイルをフォーム上にドロップすると、これを画面上に表示して、何の数字かを言い当てます

「7」だと思うんだけど．．．たぶん

今回、開発するピティナプログラムでは、モジュールやリソースなどのGUI関連を含めると、結構な数のファイルを扱います。開発中に迷うことがないように、まずは開発の手順および必要となるファイルとその準備方法などを確認しておくことにしましょう。

ディープラーニング版ピティナの開発手順

ピティナの新しい顔であるインターフェイスの開発から始まり、GUIデータの変換用を除くすべてのモジュールを新規に開発します。

■ ピティナのGUIの開発

今回のピティナプログラムのUI画面には、読み込んだ画像を表示するためのラベル、応答フレーズを出力するためのラベル、それにピティナのイメージを表示するためのラベルという合計3個のラベルを配置します。メニューには、これまでと同じ「閉じる」アイテム（項目）のみを設定します。

●UI画面のためのモジュールと関連ファイル

・qt_pitynaui.py

Qt Designerで開発したUI画面をPythonのモジュールに変換したものです。今回、後述の「qt_PitynaUI.ui」と共に新しく作成します。

・qt_resource_rc.py

Qt DesignerでUI画面を開発するときに作成したリソースファイルをPythonのモジュールに変換したものです。具体的には、ピティナの4枚のイメージファイルが格納されます。なお、これまでのピティナプログラムで使用していたものと中身は同じですので、変換前の「qt_resource.qrc」と一緒に（qt_resource.qrcはUI画面構築のときに必要）コピーしておくとよいでしょう。具体的には、8.2節で開発した「Pityna」フォルダー以下からコピーしておくと間違いがありません。

・convert_qt.py

Qt Designerで生成されたUI形式ファイルをPythonのモジュールに変換するためのプログラムです。これまでピティナの開発に使用していたものと同じですので、今回作成するプログラム用のフォルダー内にコピーしておいてください。これも、8.2節で開発した「Pityna」フォルダー以下からコピーしておくと間違いがありません。

・qt_PitynaUI.ui

Qt Designerが出力する、新たなUI画面のデータです。このファイルをPythonのモジュール「qt_pitynaui.py」に変換します。

・qt_resource.qrc

　qt_resource.qrcは、Qt Designerが出力するリソースファイルであり、4枚の画像ファイルを格納しています。これを、コマンドラインツールを使ってPythonのモジュール「qt_resource_rc.py」に変換しますが、このモジュールは以前に作成したことがあるので、それをコピーしておいてください。

・angry.gif、empty.gif、happy.gif、talk.gif

　ピティナのイメージです。前章までのピティナプログラムでは、「img」フォルダーにこれらのファイルをまとめて保存しています。8.2節で開発した「Pityna」フォルダー以下の「img」フォルダーをコピーして配置しておきましょう。

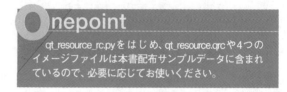

Onepoint

qt_resource_rc.py をはじめ、qt_resource.qrcや4つのイメージファイルは本書配布サンプルデータに含まれているので、必要に応じてお使いください。

　本書の例では、仮想環境が保存されているフォルダー以下の「chap09」➡「09_03」に「pityna_ai」フォルダーを作成し、「qt_resource.qrc」や「qt_resource_rc.py」、「convert_qt.py」および「img」フォルダーを8.2節で開発した「Pityna」フォルダー以下からコピーして配置しました。

▼フォルダーをコピーして配置

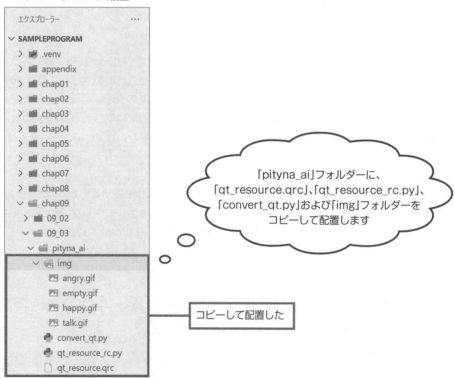

モジュールの開発

以下のモジュールを開発します。

●プログラム関連のモジュール

・main.py

　ピティナのGUIを起動し、プログラムを開始するためのモジュールです。構造はこれまでのピティナプログラムと同じです。8.2節で開発した「Pityna」フォルダー以下からコピーしておくと間違いがありません。

・mainwindow.py

　UI画面を生成し、シグナル➡スロットで呼び出されるイベントハンドラーを設定します。画面処理に関するすべてのことをこのモジュールが担当します。ここでは、モジュールのみを作成しておきましょう。

・pityna.py

　ピティナの本体クラスを定義します。今回の最大のポイント「ニューラルネットワークの移植」はここで行います。学習済みの人工ニューロンを実装し、「手書き数字を認識して応答を返す」というメインとなる処理をすべて担当します。ここでは、モジュールのみを作成しておきましょう。

・model.json（ディープラーニングで作成済み）

　ニューラルネットワークを保存しているファイルです。前節で作成済みなので、今回のプログラム用のフォルダー「pityna_ai」以下にコピーしておいてください。

・weight.h5（ディープラーニングで作成済み）

　ニューラルネットワークのすべての重みとバイアスの値を保存しているファイルです。これも前節で作成済みなので、今回のプログラム用のフォルダー「pityna_ai」以下にコピーしておいてください。

▼現状の「pityna_ai」フォルダー以下のファイル群

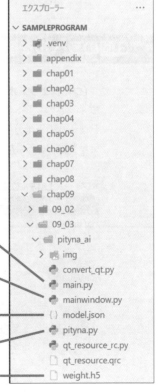

「main.py」をコピーして配置

「mainwindow.py」を新たに作成

「model.json」をコピーして配置

「pityna.py」を新たに作成

「weight.h5」をコピーして配置

9

ピティナ、ディープラーニングに挑戦！

9.3.2　ピティナAIの画面の開発

Qt Designerを起動して、新規のフォームを作成します。起動直後に現れる**[新しいフォーム]** ダイアログの左側のペインに **[templates¥forms]** というカテゴリがあるので、これを展開して **[Main Window]** を選択し、**[作成]** ボタンをクリックして新規のフォームを作成します。作成が済んだら、「qt_PitynaUI.ui」という名前で保存しておきましょう。

フォーム（メインウィンドウ）のプロパティを設定する

メインウィンドウ用のフォームのサイズと識別名を設定します。フォームを選択した状態で、**[プロパティエディタ]** で次表の項目の値を設定してください。acceptDropsは、フォーム上へのドラッグ＆ドロップを可能にするためのプロパティです。ここにチェックを入れると、フォーム上にドラッグ＆ドロップされたファイルに対しての処理ができるようになります。

▼メインウィンドウのプロパティ設定

プロパティ名			設定値
QObject	objectName		MainWindow
QWidget	geometry	幅	800
		高さ	541
	acceptDrops		チェックを入れる

3個のラベルを配置してプロパティを設定する

[ウィジェットボックス] の **[Display Widgets]** カテゴリにある **[Label]** を、フォーム（メインウィンドウ）上へドラッグして配置してください。フォーム上部を二分するようなサイズで2個、フォームの下半分に1個のラベルを配置します。配置が済んだら、次の表のとおりそれぞれのプロパティを設定してください（下部のラベルの表は667ページにあります）。

▼フォーム上部左に位置するラベルのプロパティ設定（読み込んだ画像を表示するラベル）

プロパティ名			設定値
QObject	objectName		LabelDropImg
QWidget	geometry	X	0
		Y	0
		幅	300
		高さ	300
QFrame	frameShape		NoFrame
QLabel	text		空欄にする

▼フォーム上部右に位置するラベルのプロパティ設定（ピティナのイメージを表示するラベル）

プロパティ名			設定値
QObject	objectName		LabelShowImg
QWidget	geometry	X	300
		Y	0
		幅	500
		高さ	300
QFrame	frameShape		NoFrame
QLabel	pixmap		talk.gif
	text		空欄にする

●pixmapプロパティにおけるイメージの設定方法

　フォーム上部の右側に配置したラベルには、ピティナのイメージ「talk.gif」を表示します。プロパティの設定は次の手順で行ってください。

▼ [プロパティエディタ]

① フォーム上部の右側に配置したラベルを選択しておきます。

② [プロパティエディタ] の [QLabel] カテゴリ以下の [pixmap] で▼をクリックして [リソースを選択] を選択します。

③ [リソースを選択] ダイアログが表示されるので、[リソースを編集] ボタンをクリックします。

▼ [リソースを選択] ダイアログ

[リソースを編集] ボタンをクリック

4 [リソースを編集] ダイアログが表示されるので、左側ペイン下の [リソースファイルを開く] ボタンをクリックします。

▼ [リソースを編集] ダイアログ

[リソースファイルを開く]
ボタンをクリック

5 [リソースファイルをインポート] ダイアログが表示されるので、先ほど「pityna_ai」フォルダーにコピーしておいたリソースファイル「qt_resource.qrc」を選択し、[開く] ボタンをクリックします。

▼ [リソースファイルをインポート] ダイアログ

「pityna_ai」フォルダーにコピーしておいたリソースファイル「qt_resource.qrc」を選択

クリック

▼ [リソースを編集] ダイアログ

クリック

6 再び [リソースを編集] ダイアログが表示され、**5**で選択したリソースファイルが読み込まれていることが確認できるので、このまま [OK] ボタンをクリックします。

▼ [リソースを選択] ダイアログ

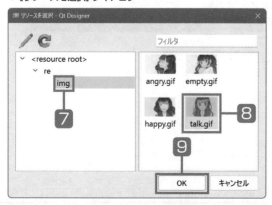

7 [リソースを選択] ダイアログに戻るので、リソースの「re」を展開し、「img」フォルダーを選択します。

8 「talk.gif」を選択します。

9 [OK] ボタンをクリックします。

▼QTDesignerの画面

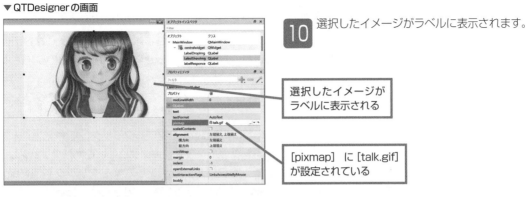

10 選択したイメージがラベルに表示されます。

選択したイメージが
ラベルに表示される

[pixmap] に [talk.gif]
が設定されている

▼フォーム下部に位置するラベルのプロパティ設定（ピティナの応答フレーズを出力するラベル）

プロパティ名			設定値
QObject	objectName		LabelResponce
QWidget	geometry	X	0
		Y	300
		幅	800
		高さ	200
	font	ポイントサイズ	24
		ボールド	チェックを入れる
QFrame	frameShape		Box
	frameShadow		Sunken
	lineWidth		1
QLabel	text		空欄にする
	alignment	横方向	中央揃え（横方向）
		縦方向	中央揃え（縦方向）

［閉じる］メニューの設定

▼［ファイル］メニューの設定

入力する

入力する

1 現在、メニューバーには [ここに入力] という
文字列が見えています。これをダブルクリック
すると編集可能な状態になるので「ファイル」
と入力し、続いてメニュー項目として「閉じる」
と入力します。

2 最後にメニューアイテムの [閉じる] を選択し
た状態で、[プロパティエディタ] の [object
Name] の入力欄に「MenuClose」と入力しま
す。

9

ピティナ、ディープラーニングに挑戦！

■ メニューの [閉じる] 選択でプログラムを終了する仕掛けを作ろう

[ファイル] メニューの [閉じる] が選択されたときに、プログラム本体にあるイベントハンドラー close() を呼び出す仕組みを作ります。5章の最初の方でやったことと同じなので、手順のみを紹介します。

Qt Editorの画面右下のエリアに [シグナル/スロットエディタ] タブがあるので、これをクリックし、上部の [+] ボタンをクリックします。

新規の「シグナル/スロット」が追加されるので、＜発信者＞をダブルクリックして▼をクリックし、[menuClose] を選択します。同じように＜シグナル＞をダブルクリックして▼をクリックし、[triggered()] を選択します。さらに＜受信者＞をダブルクリックして▼をクリックし、[Main Window] を選択します。最後に＜スロット＞をダブルクリックして▼をクリックし、[close()] を選択したら完了です。

ここまでの操作が終わったら、「qt_PitynaUI.ui」を上書き保存しておきましょう。

▼シグナル／スロットの設定

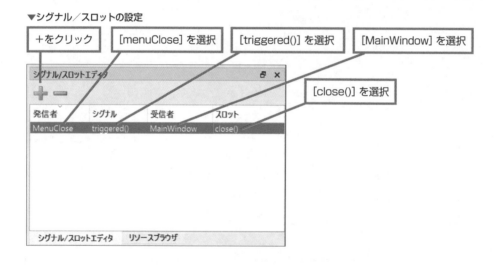

難解な数式が出てきましたが、プログラミングは難しくないので気にせず進んでください。

UI画面をPythonモジュールにコンバートする

現在、プログラム用フォルダー「pityna_ai」には、UI画面のデータとして「qt_PitynaUI.ui」が保存されています。これをPythonのソースコードにコンバート（変換）するのですが、コンバート実行用の「convert_qt.py」がありますので、これを使って処理を行いましょう。

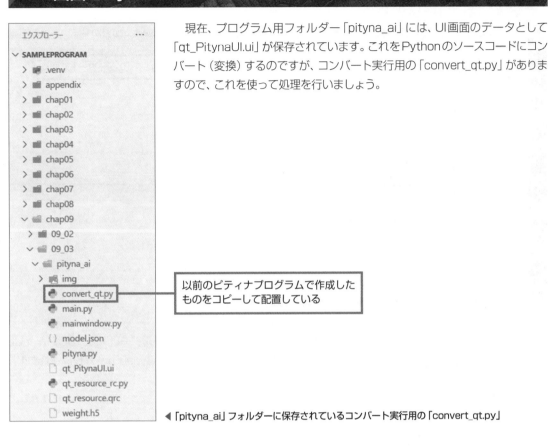

以前のピティナプログラムで作成したものをコピーして配置している

◀「pityna_ai」フォルダーに保存されているコンバート実行用の「convert_qt.py」

▼「convert_qt.py」のソースコード

```python
from PyQt5 import uic

import os

# qt_PitynaUI.uiのフルパスを取得
path_ui = os.path.join(os.path.dirname(__file__), 'qt_PitynaUI.ui')
# Qt Designerの出力ファイルを読み取りモードでオープン
fin = open(path_ui, 'r', encoding='utf-8')
# qt_Pitynaui.pyのフルパスを取得
path_py = os.path.join(os.path.dirname(__file__), 'qt_pitynaui.py')
# Python形式ファイルを書き込みモードでオープン
fout = open(path_py, 'w', encoding='utf-8')
# コンバートを開始
uic.compileUi(fin, fout)
# 2つのファイルをクローズ
fin.close()
fout.close()
```

「convert_qt.py」を[エディター]で開いて、[実行とデバッグ]ビューの[実行とデバッグ]ボタンをクリックします。

▶「convert_qt.py」の実行

「convert_qt.py」を[エディター]で開く

[実行とデバッグ]ボタンをクリック

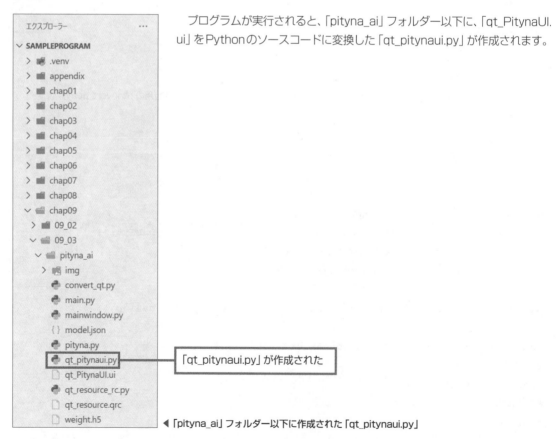

プログラムが実行されると、「pityna_ai」フォルダー以下に、「qt_PitynaUI.ui」をPythonのソースコードに変換した「qt_pitynaui.py」が作成されます。

「qt_pitynaui.py」が作成された

◀「pityna_ai」フォルダー以下に作成された「qt_pitynaui.py」

9.3.3 ピティナAIをプログラミングしよう

UI画面の作成が終わったので、残るはピティナAIのプログラミングです。「main.py」、「main window.py」、ピティナの本体クラスを収録した「pityna.py」を作成します。

ピティナAIを起動するモジュール

ピティナのGUIを起動し、プログラムを開始するためのモジュールです。「main.py」という名前のモジュールをプログラムの保存用フォルダーに作成して、以下のコードを入力します。プログラムの構造は、これまでのピティナプログラムと同じです。もちろん、8-2節で開発した「Pityna」フォルダー以下からコピーしてもかまいません。

▼ピティナAIを起動するモジュール (pityna_ai/main.py)

```python
import sys
from PyQt5 import QtWidgets
import mainwindow

# このモジュールが直接実行された場合に以下の処理を行う
if __name__ == "__main__":
    # QApplicationはウィンドウシステムを初期化し、
    # コマンドライン引数を使用してアプリケーションオブジェクトを構築
    app = QtWidgets.QApplication(sys.argv)
    # 画面を構築するMainWindowクラスのオブジェクトを生成
    win = mainwindow.MainWindow()
    # メインウィンドウを画面に表示
    win.show()
    # メッセージループを開始、プログラムが終了されるまでメッセージループを維持
    # 終了時に0が返される
    ret = app.exec()
    # exec()の戻り値をシステムに返してプログラムを終了
    sys.exit(ret)
```

9

ピティナ、ディープラーニングに挑戦！

UI画面を生成するモジュールを作成しよう

　　UI画面を生成し、シグナル➡スロットで呼び出されるイベントハンドラーを実装したモジュール「mainwindow.py」を作成します。すでに空の「mainwindow.py」は作成済みなので、これを **[エディター]** で開いて次のように入力します。

▼UI画面を生成するモジュール (pityna-ai/mainwindow.py)

```python
import re
from PyQt5 import QtWidgets
from PyQt5 import QtGui
import qt_pitynaui
import pityna

class MainWindow(QtWidgets.QMainWindow):
    """MainWindowクラス

    QtWidgets.QMainWindowを継承したサブクラス
    UI画面の構築を行う

    Attributes:
        ui (obj:`Ui_MainWindow`): Ui_MainWindowオブジェクトを保持
        pityna (obj:`Pityna`): Pitynaオブジェクトを保持
    """

    def __init__(self):
        """初期化のための処理を行う

        ・Pitynaオブジェクトを生成
        ・setupUi()を実行してUI画面を構築
        """
        super().__init__()
        # Ui_MainWindowオブジェクトを生成
        self.ui = qt_pitynaui.Ui_MainWindow()
        # Pitynaオブジェクトを生成
        self.pityna = pityna.Pityna()

        # setupUi()で画面を構築、MainWindow自身を引数にすることが必要
        self.ui.setupUi(self)
        # UI画面上へのドロップ操作を許可する
        self.ui.LabelDropImg.setAcceptDrops(True)
```

```python
    def show_results(self, res):
        """ピティナの応答フレーズとイメージの表示を行う


        Args:
            res(strのlist): 応答フレーズとイメージのファイルパスのリスト
        """
        # ピティナの応答フレーズをラベルに出力
        self.ui.LabelResponce.setText(res[0])
        # ピティナのイメージをセット
        self.ui.LabelShowImg.setPixmap(QtGui.QPixmap(res[1]))


    def dragEnterEvent(self, event):                                           ❶
        """ドラッグイベントでコールされるイベントハンドラー


        Overrides:
        ・ドラッグされているのがファイルであれば、イベントを続行してドロップイベントへつなぐ
        ・ファイルでない場合はイベントを取り消す


        Args:
            event(Event): ドラッグイベント発生時に渡されるオブジェクト


        """
        # ドラッグ中のオブジェクトがファイルならイベントを続行する
        mime = event.mimeData()
        if mime.hasUrls() == True:
            # イベントを続行
            event.accept()                                                     ❸
        else:
            # イベントを取り消す
            event.ignore()                                                     ❹


    def dropEvent(self, event):                                                ❷
        """ファイルのドロップイベント発生時にコールされるイベントハンドラー


        Overrides:
        ・ドロップされたイメージをラベルに出力
        ・イメージのファイルパスを取得し、ピティナ本体に送る
        ・返ってきた応答フレーズをラベルに出力


        Args:
            event(Event): ドロップイベント発生時にドラッグイベント経由で渡されるオブジェクト
        """
```

```
            # ドラッグされたオブジェクトのドロップ操作が許可された場合の処理
            # ドロップされたファイルの情報 (MIMEデータ) を取得
            mimedata = event.mimeData()─────────────────────────────────❺
            # MIMEデータに含まれるURLのリストを取得
            urllist = mimedata.urls()─────────────────────────────────❻
            # PyQt5.QtCore.QUrlリストの先頭要素を抽出し、
            # URLの先頭に付いている '/' までを取り除く
            filePath = re.sub("^/", "", urllist[0].path())──────────────❼
            # ドロップされたイメージを表示する
            self.ui.LabelDropImg.setPixmap(─────────────────────────────❽
                QtGui.QPixmap(
                    filePath              # ドロップされたイメージ
                    ).scaled(300, 300))   # 300×300にスケーリング
            # ドロップされた画像をピティナ本体に渡して応答フレーズを取得
            res = self.pityna.make_prediction(filePath)
            # ピティナの応答フレーズをラベルに出力
            self.show_results(res)


    def closeEvent(self, event):
        """ウィジェットを閉じるclose()メソッド実行時にQCloseEventによって呼ばれる


        Overrides:
        ・メッセージボックスを表示する
        ・[Yes] がクリックされたらイベントを続行してウィジェットを閉じる
        ・[No] がクリックされたらイベントを取り消してウィジェットを閉じないようにする


        Args:
            event(QCloseEvent): 閉じるイベント発生時に渡されるQCloseEventオブジェクト
        """
        # メッセージボックスを表示
        reply = QtWidgets.QMessageBox.question(
            self,
            '確認',
            "プログラムを終了しますか?",
            # Yes|Noボタンを表示する
            buttons = QtWidgets.QMessageBox.Yes | QtWidgets.QMessageBox.No
            )


        # [Yes] クリックでウィジェットを閉じ、[No] クリックで閉じる処理を無効にする
        if reply == QtWidgets.QMessageBox.Yes:
            # イベント続行
            event.accept()
```

```
        else:
            # イベント取り消し
            event.ignore()
```

　ポイントは、ファイルがドラッグ＆ドロップされたときに発生するイベントの処理です。UI画面を作成する際に、フォームのacceptDropsプロパティにチェックを入れて、イベントの処理ができるようにしました。そうしたことで、フォーム上にファイルがドラッグ＆ドロップされると「dragEnterEvent」というイベントが発生し、続いて「dropEvent」というイベントが発生します。この2つのイベント処理は、それぞれ同名のメソッド（イベントハンドラー）で実装できます（❶と❷）。

　名前からもわかるように、dragEnterEventはドラッグ中に発生するイベント、dropEventはドロップされたときに発生するイベントです。そうであれば、dropEventだけ処理すればいいのでは？とも思えますが、PyQt5の仕様上、「dragEnterEventを継続するかどうか」を設定しなければならないようになっています。つまり、「ドラッグイベントが発生したら、イベントを継続して次のドロップイベントに渡すかどうかを決める処理を先にやっておく」というわけです。そこで、dragEnterEvent()では、ドラッグ中のオブジェクトがファイルかどうかを調べ、ファイルならばevent.accept()でイベントを継続し、ファイル以外であればevent.ignore()でイベントを取り消します（❸と❹）。eventは、ドラッグ＆ドロップが発生したときに生成される、ドラッグ中のオブジェクトの情報を格納したオブジェクトです。event.accept()とすれば、オブジェクトeventが次に呼ばれるdropEvent()のパラメーターに渡される仕組みです。

　❷のイベントハンドラーdropEvent()では、ドロップされたファイルパスをオブジェクトeventから取得し、ピティナ本体（クラス）に送ります。そうすると、ピティナがファイルを読み込んで、これが何の数字であるかを応答フレーズとして返してくるので、これをラベルに出力して処理を終了します。要約すると、
・ドロップされたファイルをピティナに渡す
・ピティナから返された応答フレーズを表示する
というUI画面上の処理のみを、このイベントハンドラーが行います。

❺ **mimedata = event.mimeData()**
　イベントハンドラーdropEvent()の最初の処理は、フォーム上にドロップされたファイルの情報を取得することです。

❻ **urllist = mimedata.urls()**
　❺で取得したデータからURL（ファイルパス）のデータを抽出します。この場合、次のようにURLのリストが返されます。

[PyQt5.QtCore.QUrl('file:///C:/Document/PythonPM_version4/sampleprogram/chap09/09_03/pityna_ai/testSet/img_7.bmp')]

❼ **filePath = re.sub("^/", "", urllist[0].path())**
　❻で取得したURLのリスト要素からファイルパスの部分のみを**urllist[0].path()**で抽出します。

このとき

file:///C:/Document/PythonPM_version4/sampleprogram/chap09/09_03/
pityna_ai/testSet/img_7.bmp

のような状態になるので、

re.sub("^/", "", urllist[0].path())

として、冒頭の「**file:///**」を取り除き、次のようにファイルのフルパスの部分だけにします。

　C:/Document/PythonPM_version4/sampleprogram/chap09/09_03/pityna_
ai/testSet/img_7.bmp

❽self.ui.LabelDropImg.setPixmap(QtGui.QPixmap(filePath).scaled(300, 300))
　　フォーム上にドロップされたイメージのファイルパスは❼で取得しています。これを指定して、フォーム上に配置したラベル (LabelDropImg) に表示します。このとき、ラベルのサイズに合わせて300×300 (ピクセル) にリサイズします。

ほんとにAI？　ピティナ本体をプログラミングする

　　いよいよピティナ本体のプログラミングです。実装は驚くほどシンプルです。というのは、

・**学習済みのニューラルネットワークを移植する**
・**手書き数字のイメージを入力して結果を取得する**

ことだけ行えばよいからです。数字を認識する神経細胞は出来上がっているので、これを移植してしまえば、あとはどう使うかをプログラミングするだけです。
　　__init__()メソッドで、ニューラルネットワーク本体「model.json」と重み／バイアスの「weight.h5」を読み込んで、学習済みのニューラルネットワークを生成する処理をします。ニューラルネットワークの移植です。ソースコードには、あと2つのメソッドが定義されていますが、__init__()の次にあるmake_response()は、ピティナの応答フレーズをいくつかのパターンの中から選んで作成し、応答のときに表示するピティナのイメージを選ぶためのものです。ピティナに「感情」があるようなフリをさせるのが目的であり、本筋とは関係ないものです。
　　ポイントとなる処理をするのが、ドロップイベント発生時にイベントハンドラー経由で呼ばれるmake_prediction()メソッドです。ドロップされた画像をニューラルネットワークに入力し、出力された値 (0〜9のいずれか) を取得して応答フレーズを作成し、ランダムに選んだピティナのイメージと共にリストに格納して返します。

Onepoint

作成中のプログラムの保存先のフォルダーに、前節で生成した「model.json」と「weight.h5」が保存されていることを確認しておいてください。

▼ピティナの本体クラスを定義する（pityna_ai/pityna.py）

```python
import os
import random
import numpy as np
from PIL import Image
from tensorflow.keras.models import model_from_json


class Pityna(object):
    """ ピティナの本体クラス
        学習済みのニューラルネットワークで手書き数字を言い当てる
    """
    def __init__(self):
        """ model.json、weight.h5を読み込む

        """
        # model.jsonのフルパスを取得
        path_model = os.path.join(os.path.dirname(__file__), 'model.json')
        # モデルを読み込む
        json_file = open(path_model, 'r')
        loaded_model_json = json_file.read()
        json_file.close()
        self.model = model_from_json(loaded_model_json)

        # weight.h5のフルパスを取得
        path_weight = os.path.join(os.path.dirname(__file__), 'weight.h5')
        # 重みを読み込む
        self.model.load_weights(path_weight)

    def make_response(self, prediction):
        """予測結果から応答フレーズを生成し、ピティナのイメージをランダムに設定する

        Args:
            prediction(int): 予測した数字

        Returns:
            strのlist:    第1要素はピティナの応答フレーズ
                          第2要素はピティナのイメージファイルのパス
        """
        # 応答フレーズとイメージファイルのリスト
        lst = [
            ['「」だよ！', ':/re/img/talk.gif'],
            ['「」以外あり得ないよ！', ':/re/img/happy.gif'],
```

```
                [''」だと思うんだけど... たぶん', ':/re/img/empty.gif'],
                ['''」に決まってるでしょ!', ':/re/img/angry.gif']]
    # ランダムに選ぶ
    response = random.sample(lst, 1)
    # 予測結果から応答フレーズを作成
    msg = '「' + str(prediction[0]) + response[0][0]
    # 応答フレーズとピティナのイメージファイルパスをリストにして返す
    return [msg,                  # 応答フレーズ
            response[0][1]]       # ピティナのイメージ


def make_prediction(self, filePath):
    """ ファイルのドロップイベント発生時にコールされるイベントハンドラー
        dropEvent()から呼ばれる
        ドロップされた画像を読み込み、学習済みモデルで数字を言い当てる


    Args:
        filePath(str): ドロップされたイメージのファイルパス


    Returns:
        strのlist:  第1要素はピティナの応答フレーズ
                    第2要素はピティナのイメージファイルのパス

    """
    # イメージを読み込み、グレースケールに変換し、(28, 28)のNumPy配列にする
    img = Image.open(filePath)
    image = np.array(
        img.convert("L").resize((28, 28)))
    # フラットな1次元配列に変換
    image = image.reshape(1, 784).astype("float32")[0]
    # 画素データを0～255の範囲にスケーリング
    image = np.array([image / 255.])
    # 学習済みモデルで予測，戻り値はモデルが出力する確率値のリスト
    predict_x = self.model.predict(image)                              ①
    # 確率値のリストから最大値のインデックスを取得
    # これが0～9の正解ラベルになる
    # axis=1は配列の列方向(ヨコ方向)に処理するためのもの
    prediction = np.argmax(predict_x, axis=1)                          ②
    # 予測値から応答メッセージを作り、ピティナの画像ファイル名と共に戻り値として返す
    return self.make_response(prediction)
```

❶predict_x = self.model.predict(image)

ディープラーニングで作成した学習済みのモデル（ニューラルネットワーク）にイメージを入力し、モデルの出力値を得ます。作成したニューラルネットワークの出力層には10個のニューロンがあるので、要素数が10の次のようなリスト（配列）が返されます。要素の値は、各クラス（ニューロン）の確率値になっています。

▼predict_xの中身の例

[2.4157820e-12, 2.5241107e-07, 1.7841926e-07, 9.9999857e-01, 9.8594827e-11, 9.5466123e-07, 2.3533927e-12. 1.4317205e-09, 1.0479378e-07, 5.9969635e-10]

❷prediction = np.argmax(predict_x, axis=1)

❶で取得したリストに入っているのは各クラスの確率値なので、NumPyのargmax()関数により、確率値が最も大きい要素のインデックスを取得します。先のpredict_xの中身の例ならば、インデックスの[3]が返されます。すなわち、正解ラベルは数字の「3」ということになります。

ピティナAI、手書きの数字を認識する

さて、はたしてディープラーニング版のピティナAIは、手書きの数字をちゃんと読めるのでしょうか。それを試すために、ここでは0から9までの手書き数字の画像を作成しました。

Windowsの「ペイント」を使って縦300ピクセル、横300ピクセルの黒のキャンバスに白のペンツールを使って数字を（マウスで）手書きし、BMP形式で保存したものを用意しました。画像のサイズがニューラルネットワークのものとは異なっていますが、データの前処理で28×28ピクセルに変換するようプログラミングしているので大丈夫です。

では、「main.py」を実行してピティナAIを起動し、手書き数字のイメージファイルをUI画面上にドラッグしてみましょう。

nepoint

手書き数字のサンプルが、本書のダウンロード用データの中にあります。よろしければお使いください。

次ページの実行例では、ちゃんと認識してくれているようです。縦と横の比率がほぼ同じであれば、極端なサイズでない限り問題ないはずなので、ぜひ手書きの画像を用意してピティナに読ませてみてください。

nepoint

ここでは300×300ピクセルの画像を使いましたが、ペイントツール側で28×28ピクセル、またはそれに近いサイズにリサイズしたものを使ってみてもよいかもしれません。

▼0から5までの数字を認識させてみる

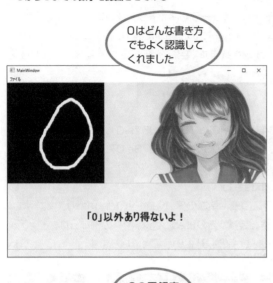

Level ★★★　　Keyword：畳み込みニューラルネットワーク　ゼロパディング　プーリング　正則化

　ピティナはディープラーニングの甲斐あって、手書き数字を98パーセントの確率で見分けられるようになりました。ニューラルネットワークの構造を見直すことで、さらに精度を上げられそうですが、ここではもっと根本的な部分に着目してみたいと思います。

　本節では、ディープラーニングの代表的な手法である「畳み込みネットワーク」を用いて、10種類のファッションアイテムをピティナに識別してもらいます。

ピティナにファッションアイテムの写真を見せて、何であるかを言い当ててもらう

　ディープラーニングの教材の1つに、Tシャツ、スニーカー、シャツ、コートなどの写真を収録した「Fashion-MNIST」というデータセットがあります。TensorFlowから簡単にダウンロードが行え、前節の手書き数字のプログラムの一部を書き換えるだけで簡単に対応できるので、さっそく始めましょう！

●畳み込みニューラルネットワーク

　「畳み込みニューラルネットワーク (Convolutional Neural Network：CNN)」は、主に画像認識の分野でとても高い性能を発揮する、ディープラーニングのモデルです。

・2次元フィルター

　CNNの「畳み込み層」と呼ばれる層に配置される、プログラム上のフィルターです。2次元フィルターではその名のとおり、2次元空間の情報を「畳み込み演算」によって学習します。前回のニューラルネットワークでは、28×28の画像データを784の1次元配列要素として学習しましたが、2次元フィルターは28×28の2次元のデータ構造のまま、画像の特徴を的確に学習します。

・プーリング

　画像をきっちり学習すればするほど、同じ画像であっても少しのズレやノイズが混じると違う画像だと認識されることがあります。これを防止するために考案されたのが、畳み込み層のあとに配置する「プーリング層」です。

9.4.1　ファッションアイテムのデータセットとは？

今回は、「**Fashion-MNIST**（ファッション・エムニスト）」というデータセットを利用して、ディープラーニングによる学習を行います。Fashion-MNISTには、次表の10種類のファッションアイテムのモノクロ画像（28×28ピクセル）が、訓練用として60,000枚、テスト用として10,000枚収録されています。

10種類のアイテムにはそれぞれ0～9のラベルが割り当てられていて、Tシャツ/トップスの画像なら0、パンツの画像なら1を出力するように学習を行います。これは、手書き数字の0～9の画像にそれぞれ0～9のラベルが割り当てられていたのと同じパターンです。

▼正解ラベルとファッションアイテムの対応表

ラベル	アイテム	ラベル	アイテム
0	Tシャツ/トップス	5	サンダル
1	パンツ	6	シャツ
2	プルオーバー	7	スニーカー
3	ドレス	8	バッグ
4	コート	9	ブーツ

次の図は、収録されている画像データの一部を出力したものです。

▼Fashion-MNISTの訓練データの一部

9.4.2　畳み込みニューラルネットワークの仕組みをさらっと紹介

　ファッションアイテムを識別することはわかりましたが、なんだかプログラミングが大変そうです。しかし、冒頭でもお話ししたように、前節の手書き数字のプログラムの一部を書き換えれば、ピティナがアイテムをちゃんと識別できるようになります。

　ここでは、畳み込みニューラルネットワークの仕組みについて見ておくことにしましょう。

2次元フィルター

　ニューラルネットワークを用いた学習では、98パーセントの確率でテストデータの手書き数字を認識できるようになりました。その際に使用したニューラルネットワーク（多層パーセプトロン）では、2次元の画像データを1次元の配列（1階テンソル）として入力し、学習を行いました。

▼2次元の画像データを、要素が728個の1次元配列として入力

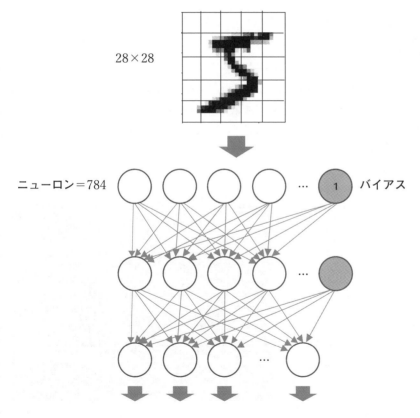

　入力層は(28, 28)の2次元配列（2階テンソル）の画像データを、(784)の1次元の配列（1階テンソル）にしたものなので、2次元の情報は失われている状態です。画像の中に似たような形状の部分があっても、位置が少しでも異なると、似た形状であることを認識できなくなってしまいます。このような問題を解決し、学習の精度を上げるには、2次元空間の情報を取り込むことが必要です。

■ 1個のニューロンに2次元空間の情報を学習させる「畳み込み演算」

　2次元空間の情報とは、直線や曲線などの形を表す情報のことです。このような情報を取り出す方法として、**フィルター**という処理があります。フィルターを使うと、画像に対して特定の演算を加えることで画像を加工できるので、画像レタッチソフトにおける「ぼかし」「シャープ化」「エッジ抽出」などに応用されています。ここでは、このようなフィルターを「2次元フィルター」と呼ぶことにします。

　2次元フィルターですので、フィルター自体は2次元の配列（2階テンソル）で表されます。例として、上下方向のエッジ（色の境界のうち、上下に走る線）を検出する3×3のフィルターを用意します。

▼上下方向のエッジを検出する3×3のフィルター

0	1	1
0	1	1
0	1	1

　フィルターを用意したら、画像の左上隅に重ね合わせて、画像とフィルターの対応する画素同士の積の和を求め、元の画像（重ねたフィルターの中心位置）に書き込みます。この作業を、フィルターをスライドさせながら画像全体に対して行っていきます。これを**畳み込み演算**（Convolution）と呼びます（次ページ上図参照）。

Onepoint

ここでは、タテとヨコにピクセル値が並んだ画像をイメージしています。1ピクセルに1つの値が格納されたグレースケールの画像です。一方、カラー画像の場合は1ピクセルにつきRGB値の3値が存在します。つまり、グレースケールの画像が「タテ・ヨコのピクセル値を格納した2次元配列」であるのに対し、カラー画像は「タテ・ヨコのピクセル値を格納した2次元配列を3個格納した3次元配列」になります。タテ・ヨコのピクセル値が画像の領域に3枚重なったようなイメージです。この場合は、RGB値が格納された3枚のイメージに2次元フィルターを適用していくことになります。

　フィルターを適用した結果、「上下方向のエッジがある領域」が検出され、エッジが強く出ている領域の数値が高くなっています。この例では上下方向のエッジを検出しましたが、フィルターを次ページ下図のようにすれば、左右方向のエッジを検出することができます。

▼畳み込み演算による処理

2次元フィルター

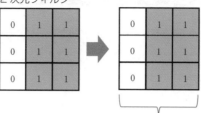

1の数は6

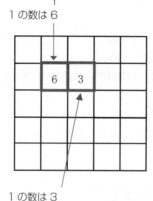

1の数は3

2次元フィルター

フィルター適用後の行列

上下方向のエッジがある領域
の数値が高くなる

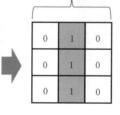

▼横のエッジを検出する3×3のフィルター

1	1	1
1	1	1
0	0	0

Onepoint

　2次元フィルターの大きさは3×3とは限らず、5
×5や7×7とすることもできます。中心を決めるこ
とができるように、奇数の幅とするのがポイントで
す。

9

ピティナ、ディープラーニングに挑戦！

ゼロパディング

入力データの幅を w、高さを h とした場合、幅が fw、高さが fh のフィルターを適用すると、

$$\text{出力の幅}=w-fw+1$$
$$\text{出力の高さ}=w-fh+1$$

のように、元の画像よりも小さくなります。そのため、複数のフィルターを連続して適用すると、出力される画像がどんどん小さくなっていくことになります。このような場合に、画像を小さくしない対応策として**ゼロパディング**という手法があります。

ゼロパディングでは、あらかじめ元の画像の周りをゼロで埋めてからフィルターを適用します。こうすることで、出力される画像は元の画像と同じサイズになるので、さらに計算量が増えた結果、画像の端の情報がよく反映されるようになります。

▼フィルターを適用すると、元の画像よりも小さいサイズになる

▼画像の周りを0でパディング（埋め込み）する

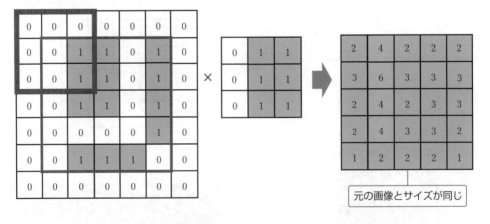

元の画像とサイズが同じ

フィルターのサイズが3×3のときは幅1のパディング、5×5の場合は幅2のパディングを行うとうまくいきます。

プーリング

畳み込みニューラルネットワークでは、その性能を引き上げるための様々な手法が考えられてきました。これらの手法の中で最も効果的だとされているのが、畳み込み層や全結合層の間に挿入する**プーリング層**です。プーリング層の手法には**最大プーリング**や**平均プーリング**などがありますが、最大プーリングがシンプルかつ最も効率的な処理だとされています。

■ 最大プーリングの仕組み

最大プーリングでは、2×2や3×3などの領域を決めて、その領域の最大値を出力とします。これを領域のサイズだけずらし（ストライド）、同じように最大値を出力としていきます。

▼2×2の最大プーリングを行う

出力される画像は
サイズが小さくなる

▼元の画像を1ピクセル右にスライドして、2×2の最大プーリングを行う

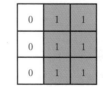

出力される画像は
元の画像からの出力と
似ている

元の画像を1ピクセル右にずらしてみる（左端は0で埋める）

このページ上の図の例では、6×6＝36の画像に2×2のプーリングを適用しています。その結果、出力は元の画像の4分の1のサイズになっています。サイズが4分の1になったということは、そのぶんだけ情報が失われたことになりますが、下の図に示した、1ピクセル右にずらした画像からの出力でも、元の画像の形を維持しているのがポイントです。人間の目で見て同じような形をしていても、少しのズレがあるとネットワークにはまったく別の形として認識されます。でも、プーリングを適用すると、同じ形をしていれば多少のズレがあっても同じものとして認識される確率が高くなるのです。

このようにプーリングは、入力画像の小さなゆがみやズレ、変形による影響を受けにくくするというメリットがあります。プーリング層の出力が2×2の領域からの最大値のみとなるので、出力される画像のサイズは4分の1のサイズになるものの、このことによって多少のズレは吸収されるというわけです。

Onepoint

本節では、畳み込みニューラルネットワークの基本的な機能である、2次元フィルター（ゼロパディング含む）、プーリングに加えて、精度を向上させるための措置として、正則化、ドロップアウトを取り入れました。

本節では紹介しませんでしたが、精度を向上させる手段として、このほかにデータ拡張、学習率減衰（学習の回数に応じて学習率を変化させる）、転移学習があります。

訓練データにばかり適合するのを避けるための「正則化」

データに適合するというのは、すなわち予測の精度が上がるわけですから、当然ながら望ましいことです。しかしながら、訓練に使うデータに**過度に**フィット（適合）すると、テストデータのような未知のデータを入力して予測しようとしても、うまく予測できなくなってしまいます。このような、「学習データにしかフィットしない」状態のことを**過剰適合（Over-fitting）**と呼びます。

過剰適合を抑制するために考案されたのが**正則化**という手法で、正則化を行う具体的な方法として**荷重減衰（Weight decay）**があります。なんだかいかつい名前ですが、処理自体は単純で、「学習を行う過程の中で、パラメーター（重み）の値が大きくなりすぎたら**ペナルティ**を課す」というものです。そもそも過剰適合は、**重み**としてのパラメーターが大きな値をとることによって発生する場合が多いのです。値が大きくなりすぎたパラメーターへのペナルティは、次に示す**正則化項**を誤差関数に追加することで行います。

▼正則化項

$$\frac{1}{2}\lambda \sum_{j=1}^{m} w_j^2$$

λ（ラムダ）は、正則化の影響を決める正の定数で、**ハイパーパラメーター**と呼ばれることがあります。1/2が付いているのは、勾配計算を行うときに式を簡単にするためで、特に深い意味はありません。ここで、数学的に物の**大きさ**を表す場合に使われる量であるL^2ノルムに注目しましょう（L^2ノルムを用いた正則化のことをL2正則化といいます）。

▼L^2ノルム

$$L^2\text{ノルム}: \sqrt{x_1^2 + x_2^2 + \cdots + x_n^2}$$

この式は**普通の意味での長さ**を表していて、**ユークリッド距離**と呼ばれることがあります。ここでノルムの話をしたのは、先の正規化項に　ノルムが用いられているためです。

一般的に、バイアスに対しては正則化は行いません。9.2節で紹介した重みの更新式は次のようになっていました。

▼重みの更新式

$$w_{i(h)}^{(l)} := w_{i(h)}^{(l)} - \eta \delta_i^{(l)} \boxed{o_h^{(l-1)}} \longleftarrow \boxed{\text{直前の層のニューロンからの出力}}$$

これに正則化の式を当てはめると、次のようになります。

▼重みの更新式に正則化項を加える

$$w_{i(h)}^{(l)} := w_{i(h)}^{(l)} - \eta \delta_i^{(l)} o_h^{(l-1)} + \boxed{\lambda w_j^2} \longleftarrow \boxed{\text{正則化項}}$$

プーリング層とドロップアウトを備えた畳み込みネットワークの構築

　畳み込みにプーリング層とドロップアウトを追加し、7層の深層学習（ディープラーニング）を行うネットワークを構築します。

　第1層と第2層を畳み込み層とし、第3層をプーリング層とします。第4層に再び畳み込み層を配置し、第5層としてプーリング層、40%のドロップアウトを経て、フラット化を行うFlatten層、第6層に全結合層、第7層に全結合の出力層を配置します。

▼プーリング層、ドロップアウト層を備えた畳み込みニューラルネットワーク

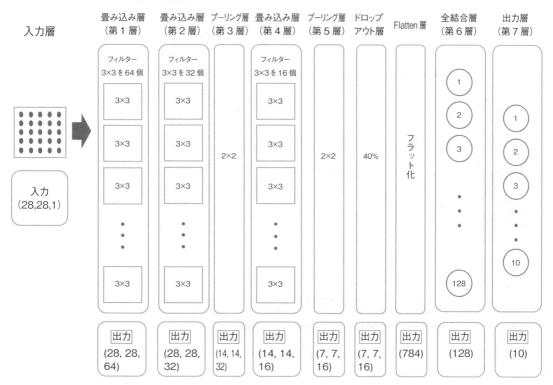

9.4.3　Fashion-MNISTデータを読み込んで学習する

　今回は、ピティナにファッションアイテムの画像を学習してもらって、10種類のアイテムを言い当ててもらいます。ピティナAIの動作としては、前節と同じように、「ファッションアイテムの画像（モノクロ、ネガ／ポジ反転）をアプリ画面上にドラッグ＆ドロップすると、その画像のアイテムが何なのかを答える」というものです。

　アプリの操作画面（GUI）はそのまま流用するので、

・学習を行って結果を保存するモジュール「learn_mnist.py」
・ピティナの本体モジュール「pityna.py」

の2つのモジュールの内容を書き換えることで対応したいと思います。

　開発を始めるにあたり、新たにプログラム用のフォルダー「pityna_ai」を作成し、前節（9.3節）のプログラムで使用した以下のPythonモジュール：

・main.py	・qt_resource_rc.py
・mainwindow.py	・pityna.py
・qt_pitynaui.py	・learn_mnist.py（9.2節で使用）

をコピーして配置し、イメージを格納した「img」フォルダーも同様にコピーして配置しておきます。本書では仮想環境が格納されたフォルダー内の「chap09」➡「09_04」以下にプログラム用のフォルダー「pityna_ai」を作成し、上記のモジュールと「img」フォルダーを配置しています。

▼今回作成したプログラム用のフォルダー「pityna_ai」の中身

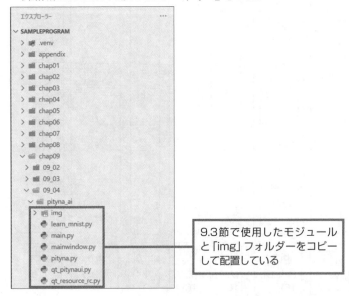

9.3節で使用したモジュールと「img」フォルダーをコピーして配置している

「learn_mnist.py」を畳み込みネットワーク版に改造して ファッションアイテムを学習する

Fashion-MNISTは、tensorflow.keras.datasets.fashion_mnist.load_data()関数で読み込むことができます。

```
from tensorflow.keras.datasets import fashion_mnist
```

でモジュールを読み込んでおいて、

```
(x_train, y_train), (x_test, y_test) = fashion_mnist.load_data()
```

とすれば、訓練データとテストデータ、およびそれぞれの正解ラベルを変数に格納できます。

■ データの「前処理」

このあと、訓練データとテストデータのグレースケールのピクセル値を255で割って0から1.0の範囲に変換するのは、9.2節の手書き数字のときと同じです。続いて画像のデータ構造をネットワークに入力できる形状に変換するのですが、ここでポイントが1つ。

畳み込みニューラルネットワークは、画像の2次元データをそのまま入力します。ニューラルネットワーク (多層パーセプトロン) のときは、2次元の画像データ——(28, 28)の行列——を1次元の784要素のデータに変換 (フラット化) してから入力しましたが、今回はそれは行わず、(28, 28)の行列 (2次元配列) のまま入力します。ただし、畳み込み層を生成するConv2D()というメソッドは、カラー画像対応です。どういうことかというと、1ピクセルあたりRGB (レッド、グリーン、ブルー) 値という3種 (3チャネル) の値を持つカラー画像に対応しているため、本来であれば(28, 28, 3)の形状のデータを入力することになります。もちろん、今回のデータはモノクロ画像なので、この場合は1チャネルの(28,28,1) の形状にしてから入力します。変換には

```
x_train = x_train.reshape(-1, 28, 28, 1)
```

のように、NumPyのreshape()メソッドを使います。ここで第1引数の「−1」は、「該当の次元の形状は変えない」ことを意味します。したがって、reshape(−1, 28, 28, 1)とすれば、1枚あたりの画像データは(28, 28, 1)のように3階テンソルになり、訓練データ全体としての(60000, 28, 28)は(60000, 28, 28, 1)の4階テンソルに変換されることになります。

■ 畳み込み層の配置

では、注目の畳み込み層の配置です。畳み込み層は、tensorflow.keras.layers.Conv2D()メソッドを使って、次のように記述して配置します。

▼畳み込み層の配置

```
model.add(
    Conv2D(
        filters=64,                        # フィルターの数は64
        kernel_size=(3, 3),                # 3×3のフィルターを使用
        input_shape=(28, 28, 1),           # 入力データのサイズ
        padding='same',                    # ゼロパディングを行う
        kernel_regularizer=regularizers.l2(
            weight_decay),                 # 正則化
        activation='relu'                  # 活性化関数はReLU
    ))
```

この場合、64枚のフィルターが用意され、(28, 28, 1)の入力データに対して64枚のフィルターが適用される（つまり64パターンが出力される）ことで、結果として(28, 28, 64)の形状のデータが出力されます。

ゼロパディングは、

```
padding='same'
```

で指定し、正則化は

```
kernel_regularizer=regularizers.l2(weight_decay)
```

で指定しています。regularizers.l2()は、L2正則化を適用するためのオブジェクトを生成するメソッドであり、引数には正則化を行うためのハイパーパラメーターを指定します。上の例のweight_decayには、パラメーター値の基準となる値（0.0001）をあらかじめ代入しておく予定です。

プーリング層の配置

　畳み込み層を通過したデータには、適宜、プーリングの処理を加えることにします。プーリング層は、tensorflow.keras.layers.MaxPooling2D()メソッドを用いて、

```
model.add(MaxPooling2D(pool_size=(2, 2)))
```

のように、ウィンドウサイズ（縮小対象の領域）をpool_sizeオプションで指定します。pool_size=(2, 2)とした場合は、タテ・ヨコ2×2のウィンドウサイズになります。

Flatten層の配置

　出力層は、ワンホット表現に対応した10個のニューロンを配置した全結合型の層になります。これは9.2節の手書き数字を学習するときと同じですが、今回は2次元の画像データをそのまま扱う上に、カラー画像にも対応できるよう、(28, 28, 1)の3次元（3階テンソル）のデータを入力しています。直前のプーリング層からは、(7, 7, 16)の形状のデータが出力されることになりますが、このままだと全結合型の層には入力できないので、これを1次元（1階テンソル）の形状に変換（フラット化）します。そこで、フラット化を行うFlatten層を、tensorflow.keras.layers.Flatten()メソッドを用いて、

```
model.add(Flatten())
```

のようにして配置します。こうすると、直前の層からの(7, 7, 16)の3階テンソルが、(784)の1階テンソルにフラット化されます。

「learn_mnist.py」の内容を書き換える

　9.2節で作成した「learn_mnist.py」を今回の「pityna_ai」フォルダーにコピーしているので、これを [エディター] で開いて、次のコードリストの赤枠で示した箇所を書き換えましょう。ネットワークを構築する部分はほぼ一新するので、書き換えるコードの量は少し多めです。

▼畳み込みネットワークの作成から、Fashion-MNISTの学習、評価、学習結果の保存までの全コード (learn_mnist.py)

```
import os

from tensorflow.keras import regularizers
from tensorflow.keras.datasets import fashion_mnist
from tensorflow.keras.layers import (Conv2D, Dense, Dropout, Flatten, MaxPooling2D)
from tensorflow.keras.models import Sequential
from tensorflow.keras.optimizers import Adam
from tensorflow.keras.utils import to_categorical
```

9

ピティナ、ディープラーニングに挑戦！

```
# Fashion-MNISTデータセットを読み込む
(x_train, y_train), (x_test, y_test) = fashion_mnist.load_data()
```

```
## データの前処理
# (60000, 28, 28)の3階テンソルを(60000, 28, 28, 1)の4階テンソルに変換
x_train = x_train.reshape(-1, 28, 28, 1)
# (10000, 28, 28)の3階テンソルを(10000, 28, 28, 1)の4階テンソルに変換
x_test = x_test.reshape(-1, 28, 28, 1)
```

```
# グレースケールの画素データを色調の最大値255で割って0から1.0の範囲にする
x_train = x_train/255
x_test = x_test/255
```

```
# 出力層のニューロンの数(クラスの数)
num_classes = 10
# 正解ラベルをOne-Hot表現に変換
y_train = to_categorical(y_train, num_classes)
y_test = to_categorical(y_test, num_classes)
```

```
## 畳み込みネットワークの構築
# モデルの基盤になるSequentialオブジェクトを生成
model = Sequential()
```

```
# 正則化の係数
weight_decay = 1e-4
```

```
# (第1層)畳み込み層1
# ニューロン数：64
# 出力：1ニューロンあたり(28, 28, 1)の3階テンソルを64出力するので
# (28, 28, 64)の出力となる
model.add(
    Conv2D(
        filters=64,                  # フィルターの数は64
        kernel_size=(3, 3),          # 3×3のフィルターを使用
        input_shape=(28, 28, 1),     # 入力データのサイズ
        padding='same',              # ゼロパディングを行う
        kernel_regularizer=regularizers.l2(
            weight_decay),           # 正則化
        activation='relu'            # 活性化関数はReLU
        ))
```

```
# (第2層)畳み込み層2
```

```
# ニューロン数：32
# 出力：1ニューロンあたり (28, 28, 1) の3階テンソルを32出力するので
# (28, 28, 32) の出力となる
model.add(
        Conv2D(
            filters=32,              # フィルターの数は32
            kernel_size=(3, 3),  # 3×3のフィルターを使用
            padding='same',          # ゼロパディングを行う
            kernel_regularizer=regularizers.l2(
                weight_decay),   # 正則化
            activation='relu'        # 活性化関数はReLU
            ))


# （第3層）プーリング層1
# ニューロン数：32
# 出力：1ニューロンあたり (14, 14, 1) の3階テンソルを32出力するので
# (14, 14, 32) の出力となる
model.add(
    MaxPooling2D(pool_size=(2, 2))    # 縮小対象の領域は2×2
    )


# （第4層）畳み込み層3
# ニューロン数：16
# 出力：1ニューロンあたり (14, 14, 1) の3階テンソルを16出力するので
# (14, 14, 16) の出力となる
model.add(
    Conv2D(
        filters=16,                  # フィルターの数は16
        kernel_size=(3, 3),      # 3×3のフィルターを使用
        padding='same',              # ゼロパディングを行う
        kernel_regularizer=regularizers.l2(
        weight_decay),               # 正則化
        activation='relu'        # 活性化関数はReLU
        ))


# （第5層）プーリング層2
# ニューロン数：16
# 出力：1ニューロンあたり (7, 7, 1) の3階テンソルを16出力するので
#         (7, 7, 16) の出力となる
model.add(
    MaxPooling2D(
        pool_size=(2, 2)))   # 縮小対象の領域は2×2
```

9

ピティナ、ディープラーニングに挑戦！

```
# ドロップアウト40%
model.add(Dropout(0.4))


# Flatten
# ニューロン数＝7×7×16＝784
# (7, 7, 16) を (784) にフラット化
model.add(Flatten())


# （第6層）全結合層
# ニューロン数：128
# 出力：(128) の1階テンソルを出力
model.add(
    Dense(
        128,                   # ニューロン数は128
        activation='relu')) # 活性化関数はReLU


# （第7層）出力層
# ニューロン数：10
# 出力：(10) の1階テンソルを出力
model.add(
    Dense(
        10,                    # 出力層のニューロン数は10
        activation='softmax')) # 活性化関数はソフトマックス
```

```
# バックプロパゲーションを実装してモデルをコンパイル
model.compile(
    loss='categorical_crossentropy', # 損失関数を交差エントロピー誤差にする
    optimizer=Adam(),                 # 学習方法をAdamにする
    metrics=['accuracy'])             # 学習評価には正解率を使う


# ニューラルネットワークの構造を出力
model.summary()


## ディープラーニングの実行
# ミニバッチのサイズ（数）
batch = 50
# 学習の回数
epochs = 10


# ディープラーニングを実行
history = model.fit(
```

```
    x_train,              # 訓練データ
    y_train,              # 正解ラベル
    batch_size=batch,     # ミニバッチのサイズ
    epochs=epochs,        # 学習の回数
    verbose=1,            # 学習の進捗状況を出力する
    validation_data=(
        x_test, y_test)   # 検証データの指定
    )


## 学習結果の評価
# テストデータを使って学習結果を評価する
score = model.evaluate(x_test, y_test, verbose=0)
# テストデータの損失(誤り率)を出力
print('Test loss:', score[0])
# テストデータの正解率を出力
print('Test accuracy:', score[1])


## 学習結果の保存
# モデルをJSON形式に変換して保存する
# model.jsonのフルパスを取得
path_json = os.path.join(os.path.dirname(__file__), 'model.json')
with open(path_json, 'w') as json_file:
    json_file.write(model.to_json())

# 重みとバイアスのすべての値をH5形式ファイルとして保存
# weight.h5のフルパスを取得
path_weight = os.path.join(os.path.dirname(__file__), 'weight.h5')
model.save_weights(path_weight)
```

tensorflow.kerasの様々なクラスを使うので、冒頭で

```
from tensorflow.keras import regularizers
from tensorflow.keras.datasets import fashion_mnist
from tensorflow.keras.layers import (Conv2D, Dense, Dropout, Flatten,
 MaxPooling2D)
from tensorflow.keras.models import Sequential
from tensorflow.keras.optimizers import Adam
from tensorflow.keras.utils import to_categorical
```

のようにして、個々にインポートを行うようにしています。こうしておくと、例えばConv2D()メソッドは、

```
tensorflow.keras.layers.Conv2D()
```

のようにフルネームで書かず、たんにConv2D()と書いて実行できるようになります。

　あと、学習する回数については、畳み込みニューラルネットワークの学習にはとても時間がかかるので、前回と同じく10回として、10分程度で学習が完了するようにしました。記述が済んだら、さっそく実行してみましょう。

▼実行結果（ターミナルへの出力）

Layer (type)	Output Shape	Param #
Model: "sequential"		
conv2d (Conv2D)	(None, 28, 28, 64)	640
conv2d_1 (Conv2D)	(None, 28, 28, 32)	18464
max_pooling2d (MaxPooling2D)	(None, 14, 14, 32)	0
conv2d_2 (Conv2D)	(None, 14, 14, 16)	4624
max_pooling2d_1	(MaxPooling2 (None, 7, 7, 16)	0
dropout (Dropout)	(None, 7, 7, 16)	0
flatten (Flatten)	(None, 784)	0
dense (Dense)	(None, 128)	100480
dense_1 (Dense)	(None, 10)	1290

```
Total params: 125,498
Trainable params: 125,498
Non-trainable params: 0
Train on 60000 samples, validate on 10000 samples
Epoch 1/10
60000/60000 [==============================] - 176s 3ms/sample
 - loss: 0.4799 - accuracy: 0.8286 - val_loss: 0.3342 - val_accuracy: 0.8792
Epoch 2/10
60000/60000 [==============================] - 175s 3ms/sample
 - loss: 0.3336 - accuracy: 0.8817 - val_loss: 0.2962 - val_accuracy: 0.8971
Epoch 3/10
60000/60000 [==============================] - 175s 3ms/sample
 - loss: 0.2920 - accuracy: 0.8962 - val_loss: 0.2758 - val_accuracy: 0.9039
Epoch 4/10
60000/60000 [==============================] - 192s 3ms/sample
 - loss: 0.2694 - accuracy: 0.9052 - val_loss: 0.2596 - val_accuracy: 0.9085
Epoch 5/10
60000/60000 [==============================] - 187s 3ms/sample
 - loss: 0.2546 - accuracy: 0.9109 - val_loss: 0.2493 - val_accuracy: 0.9128
Epoch 6/10
60000/60000 [==============================] - 190s 3ms/sample
 - loss: 0.2395 - accuracy: 0.9166 - val_loss: 0.2445 - val_accuracy: 0.9167
```

```
Epoch 7/10
60000/60000 [==============================] - 180s 3ms/sample
 - loss: 0.2299 - accuracy: 0.9196 - val_loss: 0.2307 - val_accuracy: 0.9211
Epoch 8/10
60000/60000 [==============================] - 178s 3ms/sample
 - loss: 0.2222 - accuracy: 0.9230 - val_loss: 0.2376 - val_accuracy: 0.9187
Epoch 9/10
60000/60000 [==============================] - 178s 3ms/sample
 - loss: 0.2147 - accuracy: 0.9254 - val_loss: 0.2300 - val_accuracy: 0.9237
Epoch 10/10
60000/60000 [==============================] - 179s 3ms/sample
 - loss: 0.2065 - accuracy: 0.9295 - val_loss: 0.2263 - val_accuracy: 0.9218
Test loss: 0.22628213517665863
Test accuracy: 0.9218
```

　学習回数が10回だけでしたので、すべての進捗状況を掲載しました。先に出力されているのは、畳み込みニューラルネットワークの構造です。

　さて、気になる学習結果は、テストデータの損失が0.2292…、精度が0.9201…となりました。学習回数をもっと増やせばさらによい結果を出せそうですが、精度が92パーセントを超えているので、これでよしとしましょう。学習に使用した畳み込みニューラルネットワークの構造および学習済みのバイアスと重みの値は、ファイルに保存されています。これを使用すれば、きっとピティナは9割超えの確率でファッションアイテムを見分けてくれると思います。

9

ピティナ、ディープラーニングに挑戦！

onepoint

ここでは学習回数を10回としましたが、学習が終わるまでに訓練データ、テストデータ共に正解率（精度）が若干の上下を伴いつつ向上していることが見てとれます。したがって、学習回数を20回あるいは30回と増やせば、もう少し精度が向上する可能性があります。

学習回数を増やせば、そのぶん完了までに時間がかかりますが、精度の向上に興味があればトライしてみるとよいでしょう。

9.4.4　ピティナの本体モジュール「pityna.py」を改造する

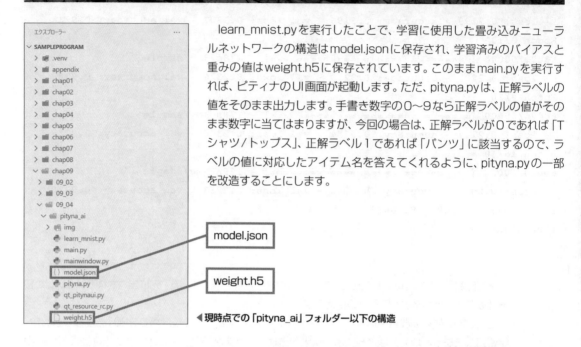

learn_mnist.pyを実行したことで、学習に使用した畳み込みニューラルネットワークの構造はmodel.jsonに保存され、学習済みのバイアスと重みの値はweight.h5に保存されています。このままmain.pyを実行すれば、ピティナのUI画面が起動します。ただ、pityna.pyは、正解ラベルの値をそのまま出力します。手書き数字の0〜9なら正解ラベルの値がそのまま数字に当てはまりますが、今回の場合は、正解ラベルが0であれば「Tシャツ/トップス」、正解ラベル1であれば「パンツ」に該当するので、ラベルの値に対応したアイテム名を答えてくれるように、pityna.pyの一部を改造することにします。

model.json

weight.h5

◀現時点での「pityna_ai」フォルダー以下の構造

pityna.pyの一部を書き換える

次に示すのは、正解ラベルに対応したアイテム名のリストです。

```
items = ['Tシャツ、トップス', 'パンツ', 'プルオーバー', 'ドレス', 'コート',
         'サンダル', 'シャツ', 'スニーカー', 'バッグ', 'ブーツ', ]
```

インデックス0は正解ラベル0の「Tシャツ、トップス」(「/」を「、」にしました)、インデックス1は正解ラベル1の「パンツ」……というように、インデックスと正解ラベルの値が一致するようにしています。こうすることで、予測結果から応答フレーズを作成する際に、

```
msg = '「' + items[prediction[0]] + response[0][0]
```

とすれば、make_prediction()から渡される正解ラベルの予測値(prediction[0])をそのままitemsのインデックスとして指定することで、対応するアイテム名が返されるようにできます。これにピティナの応答フレーズを連結して、応答のメッセージを完成します。

次に示すのはpityna.pyの全コードです。書き換えた箇所を赤枠で示しています。

▼ピティナの本体pityna.pyのコード

```python
import os
import random
import numpy as np
from PIL import Image
from tensorflow.keras.models import model_from_json


class Pityna(object):
    """ ピティナの本体クラス

        学習済みのモデルでファッションアイテムを言い当てる

    """

    def __init__(self):
        """ model.json、weight.h5を読み込む


        """
        # model.jsonのフルパスを取得
        path_model = os.path.join(os.path.dirname(__file__), 'model.json')
        # モデルを読み込む
        json_file = open(path_model, 'r')
        loaded_model_json = json_file.read()
        json_file.close()
        self.model = model_from_json(loaded_model_json)

        # weight.h5のフルパスを取得
        path_weight = os.path.join(os.path.dirname(__file__), 'weight.h5')
        # 重みを読み込む
        self.model.load_weights(path_weight)

    def make_response(self, prediction):
        """予測結果から応答フレーズを生成し、ピティナのイメージをランダムに設定する

        Args:
            prediction(int): 予測した数字

        Returns:
            strのlist:  第1要素はピティナの応答フレーズ
                        第2要素はピティナのイメージファイルのパス
        """
        # 応答フレーズとイメージファイルのリスト
        lst = [
            ['」だよ！', ':/re/img/talk.gif'],
            ['」以外あり得ないよ！', ':/re/img/happy.gif'],
```

```
                  ['」だと思うんだけど... たぶん', ':/re/img/empty.gif'],
                  ['」に決まってるでしょ！', ':/re/img/angry.gif']]

    items = [
        'Tシャツ、トップス', 'パンツ', 'プルオーバー', 'ドレス', 'コート',
        'サンダル', 'シャツ', 'スニーカー', 'バッグ', 'ブーツ', ]
    # ランダムに選ぶ
    response = random.sample(lst, 1)
    # 予測結果から応答フレーズを作成
    msg = '「' + items[prediction[0]] + response[0][0]
    # 応答フレーズとピティナのイメージファイルパスをリストにして返す
    return [msg,                    # 応答フレーズ
            response[0][1]]         # ピティナのイメージ


def make_prediction(self, filePath):
    """ ファイルのドロップイベント発生時にコールされるイベントハンドラー
        dropEvent() から呼ばれる
        ドロップされた画像を読み込み、学習済みモデルで数字を言い当てる

    Args:
        filePath(str): ドロップされたイメージのファイルパス

    Returns:
        strのlist:  第1要素はピティナの応答フレーズ
                    第2要素はピティナのイメージファイルのパス
    """
    # イメージを読み込み、グレースケールに変換し、(28, 28)のNumPy配列にする
    img = Image.open(filePath)
    image = np.array(
        img.convert("L").resize((28, 28)))
    # 訓練データと同じ4階テンソルに変換
    image = image.reshape(1, 28, 28, 1).astype("float32")[0]
    # 画素データを0〜255の範囲にスケーリング
    image = np.array([image / 255.])
    # 学習済みモデルで予測, 戻り値はモデルが出力する確率値のリスト
    predict_x = self.model.predict(image)
    # 確率値のリストから最大値のインデックスを取得
    # これが0〜9の正解ラベルになる
    # axis=1は配列の列方向(ヨコ方向)に処理するためのもの
    prediction = np.argmax(predict_x, axis=1)
    # 予測値から応答メッセージを作り、ピティナの画像ファイル名と共に戻り値として返す
    return self.make_response(prediction)
```

ピティナAI、ファッションアイテムを判別する

ピティナAIは10種類のファッションアイテムを見分けることができるでしょうか。学習の過程では92パーセントの正解率が出ているので、およそ9割方は正解してくれると思われます。

判別してもらうデータとして、10種類のアイテムの写真を用意し、画像編集アプリでモノクロームのネガ／ポジ反転の処理を行って訓練データの状態と同じにして、BMP形式で保存しました。タテ・ヨコのサイズはおおむね200×200ピクセルですが、プログラム側で28×28にリサイズして読み込むようになっているので大丈夫でしょう。

では、「main.py」を実行してピティナAIを起動し、ファッションアイテムのイメージをピティナAIのUI画面上にドラッグしてみましょう。

結果は、用意した10種類のファッションアイテムのすべてを正しく見分けてくれました。モノクロのネガ／ポジ反転の写真で、タテ・ヨコのサイズがほぼ同じであれば問題ないと思われるので、ぜひ、いろいろな画像を用意してピティナに見せてあげてください。

なお、「ドレスとコート」あるいは「シャツとコート」のように輪郭の部分が似ているアイテムについては、誤判別することがありました。そういったことを極力なくしたいときは、学習回数をもっと増やして精度を上げることで、ある程度まで対処できると思われます。

Onepoint
今回の画像認識は、「大量の写真を自動判別してカテゴリごとに分類する」といった応用例が考えられます。

Onepoint
ここで使用した画像は、本書のダウンロード用データの中に含まれるので、よろしければお使いください。

▼10種類のファッションアイテムを識別させてみる（紙面構成上、「パンツ」と「バッグ」の結果は省略）

「Tシャツ、トップス」以外あり得ないよ！

「ブーツ」に決まってるでしょ！

「プルオーバー」だよ！

プルオーバーの場合、裾が広がっているとシャツと誤判別しがちです

「シャツ」だと思うんだけど...たぶん

シャツとコートはシルエットが似ているので、誤判別する傾向があります

「ドレス」に決まってるでしょ！

コートと間違えることも……

「コート」だよ！

シルエットが似ているシャツと間違えることがあります

「サンダル」以外あり得ないよ！

「スニーカー」以外あり得ないよ！

Appendix A

資料

ここではPythonの外部ライブラリについて紹介します。

Pythonの外部ライブラリ

ここでは、Pythonの標準ライブラリ以外の外部ライブラリの中から便利なものをいくつかピックアップして紹介します。

データベース

▼SQLAlchemyのサイト

●SQLAlchemy

オブジェクト指向的な手法でデータベースに接続できます。

SQLAlchemyのサイトです。機能の説明が充実しています

URL：https://www.sqlalchemy.org/

ゲーム開発

▼Pygameのサイト

●Pygame

ビデオゲームを製作するために設計されたライブラリです。Pythonでコンピューターグラフィックスと音声を扱うためのライブラリを含んでいます。

Pygameのサイトです

URL：https://www.pygame.org/news

GIS(位置情報システム)

▼ Google Maps 用のライブラリ

●**googlemaps**

　Google Mapsの機能をPythonから使うためのライブラリです。

PyPIの
googlemapsに
関するページです

URL：https://pypi.org/project/googlemaps/

GUI

▼ python.orgのTkinterに関するページ

●**PyQt**

　クロスプラットフォームなGUIで、モダンな設計が特徴です。

URL：https://riverbankcomputing.com/software/
pyqt

●**Tkinter**

　PythonでGUI画面を構築するためのライブラリです。

URL：https://docs.python.org/ja/3/library/tkinter.
html

A

資料

画像処理

●Pillow

多くの画像フォーマットをサポートし、強力な画像処理機能を持つライブラリです。

URL：https://pypi.org/project/Pillow

Web開発

▼Flask ドキュメント日本語版のトップページ

●Django

URL：https://www.djangoproject.com/

●Flask

URL：https://msiz07-flask-docs-ja.readthedocs.io/
ja/latest/

DjangoやFlaskは、Webアプリ
開発（サーバーサイドプログラミング）に
おいて人気のライブラリです。

Index

用語索引

アルファベット・記号・数字

■記号

■数字

MEMO

■本文イラスト　中西　隆浩

Python プログラミング
パーフェクトマスター
【最新Visual Studio Code対応 第4版】

発行日　2023年11月5日	第1版第1刷

著者　金城　俊哉

発行者　斉藤　和邦

発行所　株式会社　秀和システム
　　　　〒135-0016
　　　　東京都江東区東陽2-4-2　新宮ビル2F
　　　　Tel 03-6264-3105（販売）Fax 03-6264-3094

印刷所　三松堂印刷株式会社　　　　　　Printed in Japan

ISBN978-4-7980-7066-7 C3055

全機能解説のスタンダード
パーフェクトマスターシリーズのご案内

R統計解析
パーフェクトマスター
（R4完全対応）
［統計＆機械学習 第2版］

金城俊哉

定価3190円（本体2900円＋税）

サンプルダウンロードサービス付

「R」は、プログラミングがはじめての人でも簡単に学べる、無料のデータ解析／データマイニング用プログラミング言語です。

本書は、R言語のインストールから基本操作、統計や機械学習の手法までをわかりやすく解説した入門書の第2版です。R統計、機械学習の基礎まで無理なく学べます。

JavaScript
Web開発
パーフェクトマスター

金城俊哉

定価3740円（本体3400円＋税）

サンプルダウンロードサービス付

JavaScriptの初学者向けにWebアプリ開発に必要なノウハウを、ボトムアップ方式で基礎から応用までやさしく解説します。若手プログラマーが、JavaScript未体験のエンジニアに手ほどきをするペアプロ形式で説明し、まるで1対1のレッスンを受けている感覚で読み進めていただけます。※10xEng、電子書籍で読むことができます。

Excel VBA
プログラミング作法
パーフェクトマスター

若狭直道＆アンカー・プロ

定価2530円（本体2300円＋税）

サンプルダウンロードサービス付

Excel VBAは、Excelの操作さえわかっていれば、とっつきやすいプログラミング言語です。VBAで業務を自動化できるようになると、生産性が高まります。本書は、Excel作業の効率化と自動化のノウハウを、実習サンプルを動かしつつ、ソースコードを読み解くことで、実務に役立つ全手法と構文をわかりやすく学べます。※電子書籍で読むことができます。

Javaサーバーサイド
プログラミング
パーフェクトマスター

金城俊哉

定価3850円（本体3500円＋税）

サンプルダウンロードサービス付

本書は、Webエンジニアを目指す人のために、対話形式で基礎からストア構築まで動かしながら学べる解説書です。Javaサーブレットを学び、Java EEを極めていく一方、初心者のためにJavaの基本も説明します。実行環境の構築、ロジックの作成、データベース連携まで動かしながら覚えられます。※10xEngで読むことができます。

AccessVBA
パーフェクトマスター
（Access2019完全対応／
Access2016/2013対応）

岩田宗之

定価3300円（本体3000円＋税）

サンプルダウンロードサービス付

Accessは手軽に始められるデータベースソフトです。本書は、Accessの基本的な使い方を習得している人を対象に、Access 2019 VBAの基礎的な知識と使い方を解説した入門書です。VBAの文法、エディタの使い方、オブジェクトやファイルの操作、フォームの設定、クエリの実行、SQLの基本文法まで紹介します。

PHPサーバーサイド
プログラミング
パーフェクトマスター

金城俊哉

定価3740円（本体3400円＋税）

サンプルダウンロードサービス付

PHPは、情報が多くWebアプリ開発に広く使われています。しかし、情報が多すぎて何から学べばよいかわからなくなることもあります。本書は、プログラミング初心者のために、作りながらPHPの基礎を対話形式でわかりやすく解説します。PHPの学習をコツコツと一歩ずつ、スムーズに進めたい人におすすめです。※10xEng、電子書籍で読むことができます。

Windowsの基本キーボード操作

キーボードにはいろいろなキーがあります。
ここでは、よく使用するキーの名前と主な役割をおぼえておきましょう。

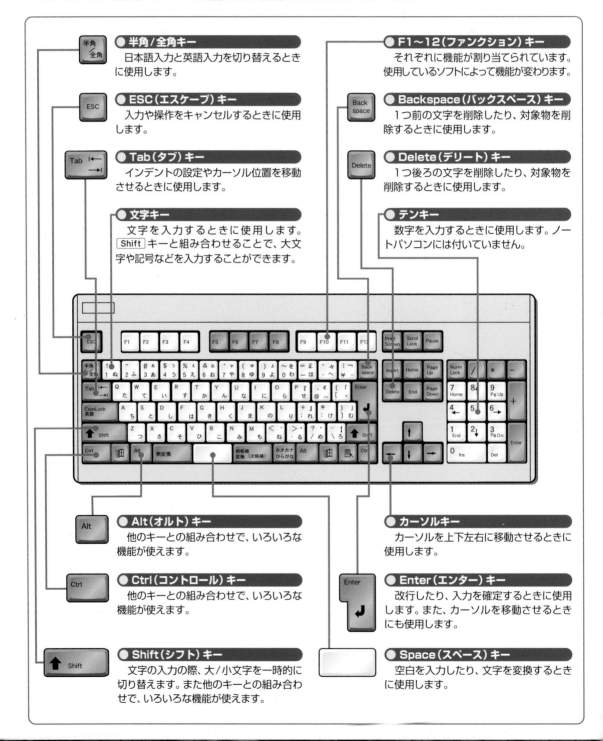

● 半角/全角キー
日本語入力と英語入力を切り替えるときに使用します。

● ESC（エスケープ）キー
入力や操作をキャンセルするときに使用します。

● Tab（タブ）キー
インデントの設定やカーソル位置を移動させるときに使用します。

● 文字キー
文字を入力するときに使用します。Shift キーと組み合わせることで、大文字や記号などを入力することができます。

● F1〜12（ファンクション）キー
それぞれに機能が割り当てられています。使用しているソフトによって機能が変わります。

● Backspace（バックスペース）キー
1つ前の文字を削除したり、対象物を削除するときに使用します。

● Delete（デリート）キー
1つ後ろの文字を削除したり、対象物を削除するときに使用します。

● テンキー
数字を入力するときに使用します。ノートパソコンには付いていません。

● Alt（オルト）キー
他のキーとの組み合わせで、いろいろな機能が使えます。

● Ctrl（コントロール）キー
他のキーとの組み合わせで、いろいろな機能が使えます。

● Shift（シフト）キー
文字の入力の際、大/小文字を一時的に切り替えます。また他のキーとの組み合わせで、いろいろな機能が使えます。

● カーソルキー
カーソルを上下左右に移動させるときに使用します。

● Enter（エンター）キー
改行したり、入力を確定するときに使用します。また、カーソルを移動させるときにも使用します。

● Space（スペース）キー
空白を入力したり、文字を変換するときに使用します。